Dr. Martin Luthers
Briefe,
Sendschreiben und Bedenken,

vollständig

aus den verschiedenen Ausgaben seiner Werke und Briefe, aus andern Büchern und noch unbenutzten Handschriften gesammelt, kritisch und historisch bearbeitet

von

Dr. Wilhelm Martin Leberecht de Wette,
Professor der Theologie zu Basel.

Dritter Theil.

Luthers Briefe von seiner Verheurathung bis zu seinem Aufenthalt auf der Koburger Veste während des Reichstags zu Augsburg.

Mit zwey nachgezeichneten Briefen in Steindruck.

Berlin,
bey G. Reimer.
1827.

Chronik des Lebens Luthers.

Vierter Zeitraum

von Luthers Verheurathung bis zu seinem Aufenthalt auf der Koburger Veste während des Reichstags zu Augsburg.

1525.	
Junius	
27.	L. hält sein Hochzeitmahl.
Julius	
20.	L. betreibt die Anstellung Spalatins und Brisgers als Prediger in Altenburg.
31.	L. und Brisger haben das Kloster und dessen Einkünfte dem Kurfürsten übergeben.
September	
1.	L. schreibt an den König von England und bittet ihn um Verzeihung.
12.	L. bittet für Karlstadt um Erlaubniß sich in Kemberg aufzuhalten.
27.	L. ist mit der Widerlegung des Erasmus de libero arbitrio beschäftigt.
October	
21.	Das Syngramma Suevicum wird von 14 schwäbischen Predigern unterschrieben.
27.	L. widerlegt in einem Briefe eine Meinung von Zwingli.
31.	Die Straßburgischen Prediger haben einen Gesandten an L. geschickt, um ihn zum Frieden mit Zwingli und Oecolampad zu bewegen. L. denkt in 14 Tagen die Schrift gegen Erasmus zu beendigen.

1525.

November

12. L. entschuldigt sich, daß er nicht zu Spalatins Hochzeit kommen kann.

30. L. thut Vorschläge zur Visitation der Pfarreyen.

December

22. L. schreibt an Herzog Georg und bittet ihn um Verzeihung.

unbestimmt. L. beschäftigt sich mit Drechseln.

28. Herzog Georg antwortet.

31. L. sendet die Schrift de servo arbitrio an einen Freund.

1526.

Januar

5. L. schreibt an die Christen zu Reutlingen.

— Deutsche Messe und Ordnung des Gottesdienstes.

Februar

9. L. räth dem Kurfürsten die abgöttischen Ceremonien in Altenburg abzuthun.

18. L. lobt das Syngramma Suevicum, an welchem gedruckt wird.

März

2. Erasmus beschwert sich in einem Briefe an den Kurfürsten über L.'s Schrift de servo arbitrio.

unbestimmt. Sermon vom Sacrament.

27. L. hat den Verdacht, daß Herzog Georg mit andern katholischen Fürsten sich gegen die Evangelischen verbündet habe, und will eine Schrift: wider den rechten aufrührischen, verrätherischen Rathschlag der ganzen Mainzischen Pfafferey ꝛc. herausgeben.

April

23. L. übersendet dem Kurfürsten die ersten Druckbogen jener Schrift, welche unterdrückt werden sollte.

May

4. Bündniß des Kurfürsten von Sachsen mit dem Landgrafen von Hessen in Torgau.

Junius

2. Der Prophet Habakuk ist im Druck.

7. L.'s erster Sohn wird geboren.

12. Das Bündniß vom 4. Mai wird zu Magdeburg erneuert, und mehrere andere Stände treten hinzu.

17. L. treibt Gartenbau.

25. Anfang des Reichstags zu Speyer, auf welchem die Beobachtung des Wormser Edikts soll durchgesetzt werden.

1526.

Julius

3. Karlstadt hält sich in der Nähe von Wittenberg zu Berkwitz auf.

22. Herzog Georg hatte sich über die von L. angefangene Schrift wider den Rathschlag ꝛc. beschwert.

August

8. L. sendet einen Prediger nach Mühlhausen.

11. Wittenberg wird stark befestigt.

27. Abschied des Reichstags zu Speyer, durch welchen die Beylegung der kirchlichen Irrungen auf ein allgemeines Concilium verschoben wird.

29. Schlacht bey Mohacz in Ungarn, welche Ludwig II., König von Ungarn, gegen die Türken verliert.

September

13. L. will gegen Oecolampads Antwort auf L.'s Vorrede zum Syngramma schreiben.

29. Bündniß des Herzogs von Preußen mit dem Kurfürsten von Sachsen.

October

14. Die Schrift: Ob Kriegsleute auch im seligen Stande seyn könnten, ist unter der Presse; Habakuk und Jonas sind fertig, Zacharias soll folgen.

21. Religionsgespräch zu Homburg auf Befehl des Landgrafen Philipp.

November

1. L. schreibt der verwittweten Königin Maria von Ungarn vier Trostpsalmen zu.

22. L. trägt auf eine Visitation der Kirchen an.

1527.

Januar

1. L. sendet an M. Stiefel das Buch von den Kriegsleuten. Er will gegen die Sacramentirer schreiben.

10. Der Kurfürst will die Visitation veranstalten. Zacharias ist unter der Presse, und L. schreibt gegen die Sacramentirer.

13. L. hat einen tödtlichen Anfall gehabt.

Februar

4. L. hat sich vorgenommen die Propheten zu übersetzen, und von der Schrift gegen den König von England: Auf des Königs von England Lästerschrift Titel, sind 2 Bogen fertig.

März

11. Diese Schrift findet vielen Anstoß.

1527.

März

21. Die Schrift: Daß die Worte Christi: das ist mein Leib noch feste stehen wider die Schwarmgeister, ist fertig.

May

4. Zwingli hat seine amica exegesis an L. geschickt.
6. Rom wird vom kaiserlichen Heere erobert.
12. Datum des Packschen Bündnisses zu Breslau.
31. Der Hallische Prediger Winkler ist ermordet worden.

Junius

2. Beylager des Kurprinzen Joh. Friedrich mit der Prinzessin Sibylle von Cleve.

Julius

10. L. hat einen heftigen Krankheits-Anfall gehabt.
13. Die Visitation hat angefangen.

August

1. Herzog Georgs Ausschreiben vor Emsers Uebersetzung des N. T.
2. Die Universität ist wegen einer Pest von Wittenberg nach Jena gewandert.
12. L. hat Zwingli's und Oecolampads Gegenschriften erhalten, aber noch nicht gelesen.
16. Leonhard Kaiser wird verbrannt.
19. L. ist mit Bugenhagen allein in Wittenberg zurückgeblieben.
20. König Ferdinands strenges Edikt gegen die Lutheraner.
21. L. leidet sehr an Anfechtungen.

September

2. Der Commentar über den Sacharias ist zur Hälfte fertig.
13. L. erklärt sich gegen die Vorrede Bucers zum 4. Th. seiner Postille.

October

8. L. hat von M. Stiefel L. Kaisers Geschichte erhalten.
12. L. schreibt an den Kurfürsten über den von Melanchthon aufgesetzten Unterricht für die Visitatoren.
27. L. ist sehr schwermüthig. Er hat Erasmus Hyperaspistes noch nicht gelesen.

November

1. L. möchte den Sacramentirern antworten, kann aber wegen seiner Kränklichkeit nicht. Sein Haus ist voll Kranker.
8. Emser stirbt.

1527.

November

22. Der Zacharias ist bald fertig. L. arbeitet an dem Bekenntniß vom Abendmahl.

28. L. ist in Torgau.

December

10. L.'n wird eine Tochter, Elisabeth, geboren. Die Pest läßt nach. Der Zacharias ist fertig.

28. L. schickt den Zacharias an Spalatin nebst der Geschichte L. Kaisers.

29. Die Universität wird zurück erwartet.

31. L. schreibt zum zweyten und letzten Mal gegen die Sacramentirer und gegen die Wiedertäufer.

1528.

Januar

3. Der Kurfürst schickt L.'n den Unterricht der Visitatoren zur Durchsicht.

6. Der Zacharias ist ausgegeben. Religions-Gespräch zu Bern.

27. Die Ehe-Ordnung ist in der Geburt.

Februar

5. L. schickt an Spalatin seinen Brief von der Wiedertaufe. Der Unterricht der Visitatoren ist unter der Presse, auch das Bekenntniß vom Abendmahl.

18. Otto von Pack verräth dem Landgrafen von Hessen das Bündniß gegen die Evangelischen.

März

7. Es halten sich viele Flüchtlinge aus Ferdinands Staaten in Wittenberg auf.

9. Schutzbündniß des Kurfürsten und Landgrafen.

18. L. ist in Borna.

22. Das Visitationsbüchlein ist fertig.

23. L. ist in Torgau.

28. Das Bekenntniß vom Abendmahl ist erschienen. Die Kurfürstin von Brandenburg ist aus Berlin entflohen.

April

8. L. äussert sich in einem Briefe über eine gegen ihn in Leipzig erschienene Lästerschrift.

23. Das Bündniß vom 9. März wird ermäßigt.

26. Trostschreiben an die Christen zu Halle.

unbestimmt. L. gibt die themata de digamia Episcoporum mit einer Widerlegung heraus.

May

1. L. ist in Weimar.

1528.	
May	
12.	Bugenhagen reist nach Braunschweig, um dort zu reformiren.
18.	L. und Melanchthon rathen zum Frieden in der Packschen Sache.
21.	L. sendet evangelische Prediger nach Franken. Herzog Georg leugnet in einem Schreiben an den Landgrafen das Packsche Bündniß ab.
22.	Manifest des Landgrafen, der bey Herrenbreitungen im Lager steht.
25.	L. ist mit der Uebersetzung des Jesaja beschäftigt.
Junius	
1.	Ferdinand erklärt sich gegen den Landgrafen, und leugnet ebenfalls das Bündniß ab.
14.	Vertrag mit Kurmainz. L. schreibt an W. Link über das Packsche Bündniß.
Julius	
1.	L. schlägt dem Grafen von Nassau einen evangelischen Prediger vor.
14.	Nikolaus von Minkwitz hat die Stadt Fürstenwalde geplündert.
20.	Ferdinand, Herzog Georg, die Pfalz und Brandenburg verlangen die Auslieferung Packs.
24.	Pack wird verhört.
August	
5.	L.'s Töchterlein Elisabeth ist gestorben. Er will vom Türkenkrieg schreiben.
September	
3.	Spalatin ist von einem Besuche in Wittenberg zurückgekehrt.
18.	L. bittet den Kurfürsten, Bugenhagens Aufenthalt in Braunschweig nicht zu verlängern.
24.	L. an den Kanzler Brück über Karlstadt.
October	
5.	L. erläßt an den Kurfürsten von Brandenburg ein Schreiben in Hornungs Angelegenheit.
9.	Zuschrift der Schrift vom Kriege wider den Türken.
20.	Die zweyte Auflage der Uebersetzung des Jesaia ist wieder vergriffen.
25.	L. ist im Begriff nach Lochau zu reisen, um M. Stiefel als Pfarrer einzuführen.
28.	Herzog Georg schreibt an L. wegen des Briefes an Link v. 14. Junius.

1528.

October

31. L. antwortet darauf.

November

1. L. ist auf der Visitation.

11. L. bittet um eine Urlaubs-Verlängerung für Bugenhagen, um noch in Hamburg bleiben zu können.

25. L. ist wieder in Wittenberg.

30. L. schreibt an den Kurfürsten wegen der von Herzog Georg geführten Beschwerde über die von ihm erhaltene Antwort vom 31. October.

— L. ist durch die Visitations-Geschäfte verhindert zu einer Hochzeit nach Lochau zu reisen.

December

26. L. hat von Herzog Georgs Schrift gegen ihn Kenntniß, und schreibt an seiner Schrift von gestohlenen Briefen.

31. Er schreibt von diesem Handel an den Kurfürsten.

1529.

Januar

13. Herzog Georg beschwert sich durch eine Gesandtschaft heftig beym Kurfürsten über L.s Schrift von gestohlenen Briefen.

15. L. ist mit dem Katechismus beschäftigt.

18. Der Kurfürst gibt L.'n einen Verweis wegen des Handels mit Herzog Georg, und befiehlt, daß künftig nichts von ihm ohne Censur gedruckt werde.

31. L. leidet an Schwindel.

Februar

1. L. will am 11. d. M. die Visitations-Geschäfte wieder fortsetzen.

13. Die Schrift wider den Türken war zum Theil verloren gegangen und daher noch nicht erschienen.

28. Melanchthon ist mit dem Kurfürsten zum Reichstage nach Speyer gereist.

März

3. Der Katechismus ist noch nicht fertig. Die Türkenschrift soll um Judica fertig werden.

5. Ferdinand kommt zu Speyer an.

13. L. sendet an Hausmann die deutsche Litaney.

15. Anfang des Reichstags zu Speyer. L. ist nicht mehr Visitator.

21. L. theilt Amsdorfen einen Ruf nach Holstein mit.

unbestimmt. Der Kurfürst zu Brandenburg hat die evangelischen Prediger aus Jüterbock entführt.

1529.	
April	
14.	L. leidet sehr an Heiserkeit.
—	L. stellt ein Bedenken über den Reichsabschied zu Speyer.
19.	Die Protestation der Evangelischen wider diesen Abschied wird vorgelesen.
25.	Die evangelischen Stände stellen eine Appellation aus.
May	
4.	L.'n wird eine Tochter geboren, welche den Namen Magdalena erhält.
5.	Publication der Protestation in Hessen.
6.	L. hält wieder Vorlesungen, kann aber noch nicht predigen.
12.	Publication der Protestation in Sachsen. L. bittet den Kurfürsten um Bugenhagens Zurückberufung aus Hamburg.
22.	L. warnt vor einem Bündniß, von welchem das Gerücht sprach.
25.	Die Uebersetzung des B. der Weisheit ist unter der Presse.
26.	Die Gesandtschaft der protestirenden Stände an den Kaiser wird zu Nürnberg in Pflicht genommen.
unbestimmt.	L. widerräth die Aufnahme der vom Abendmahl anders Lehrenden in ein Bündniß.
Junius	
1.	Convent der Evangelischen zu Rothach.
23.	L. sagt seine Erscheinung beym Marburger Gespräch zu.
Julius	
18.	L. bittet um freyes Geleit für Karlstadt, der aus Friesland nach Sachsen zurückkehren wollte.
29.	L. empfiehlt den flüchtigen Otto v. Pack einem Freunde in Magdeburg.
August	
7.	Convent der Evangelischen zu Zerbst.
15.	Melanchthons Sohn stirbt.
29.	L. mahnt Joh. Brenz von der Besuchung des Marburger Gesprächs ab.
September	
7.	Die Gesandten der evangelischen Fürsten kommen beym Kaiser zu Piacenza an, und werden am 12. in Verhaft genommen.
13.	Die Türken belagern Wien.
30.	Die Wittenberger Theologen kommen in Marburg an.

1529.

October

1. – 4. Das Gespräch zu Marburg.

12. L. ist auf der Rückreise in Jena.

15. Convent der Evangelischen zu Schwabach.

16. Die Türken heben die Belagerung von Wien auf.

20. L. schreibt eine Heerpredigt wider die Türken.

29. Herzog Georg läßt verbieten, in Leipzig Luthersche Bücher feil zu halten.

30. Die Gesandten der evangelischen Stände werden ihrer Haft entlassen.

November

18. L. räth dem Kurfürsten von jedem Bündniß zur Vertheidigung wider den Kaiser ab.

27. L. schreibt an den Herzog von Mecklenburg, um den Druck des Emserschen N. T. zu verhindern.

29. Convent zu Schmalkalden.

1530.

Januar

3. L. sendet die 2. Aufl. der Heerpredigt an Hausmann. Er wird die Schrift von Ehesachen bald beendigen.

6. Convent der Evangelischen zu Nürnberg.

21. Der Kaiser schreibt einen Reichstag nach Augsburg auf d. 8. April aus.

Februar

24. Karls V. Krönung zu Bologna. Seine Verabredung mit dem Pabste, die neue Religions-Parthey in Deutschland zu unterdrücken.

25. L. arbeitet am Daniel.

März

6. L. widerräth in einem Bedenken die Gegenwehr.

14. Der Kurfürst befiehlt den Wittenberger Theologen, bis zum 20. d. M. Religions-Artikel aufzusetzen, zum Behuf der auf dem künftigen Reichstag zu führenden Unterhandlungen, und damit sich in Torgau einzufinden, um mit ihm nach Augsburg zu reisen.

April

3. Der Kurfürst reist mit den Theologen ab.

14. L. predigt am Gründonnerstage in Gräfenthal.

15. Er predigt zu Neustadt an der Haide.

Kritische Bemerkungen.

So eben werde ich durch den Empfang einer kritischen Vergleichung von Ur- und Abschriften Lutherscher Briefe auf der Bibliothek zu Dresden, durch die Gefälligkeit des Hrn. Ob. Hofpredigers Dr. v. Ammon und des Hrn. Bibliothekars Ebert daselbst, in Stand gesetzt, noch Einiges zu den am Schlusse dieses Theils gelieferten kritischen Bemerkungen nachzutragen.

I. Th. S. 11. N⁰. V. Das Original befindet sich im Codex epistolarum Dr. M. Lutheri maximam partem autographarum olim Seidellianus, zu Dresden. Verbesserungen hieraus: Z. 3. des Briefs l. Degenhart Pfeffinger. Z. 4. l. Dolzer st. Dolzigk. Cammerer st. Cammerier. Z. 5. funfzig Rh. Gulden. Micha ist von Luthers eigener Hand durchstrichen.

I. Th. S. 102. N⁰. LX. Hiervon im Cod Seid. eine Abschrift ungefähr von 1530, welche folgende Varianten enthält: Z. 3. mihi jam diu imponunt. Z. 5. B. Paulo st. D. Paulo. Z. 9. Die Lesart Christanno wird bestätigt. Z. 16. Ecclesiasticos st. Mysticos. Z. 17. zeli sui. Z. 22. Ego tamen, Deo propitio, larvas illas nihil curo. Z. 24. dissentire S. Thomae st. a S. Thoma.

III. Th. S. 164. N⁰. DCCCLVII. Hiervon findet sich auf der Dresdner Bibliothek eine sorgfältige Abschrift aus dem Anfang des vorigen Jahrhunderts. Z. 2. d. B. ist zu lesen frumen st. feinen. Z. 3. zum st. zu einem. Z. 5. nachkriegen st. noch kriegen. Z. 11. sie hätte euch, ohne sie.

Vierter Zeitraum.

Luthers Briefe aus der Zeit von seiner Verheurathung bis zu seinem Aufenthalt auf der Koburger Veste während des Reichstags zu Augsburg,

von 1525, 15. Junius bis 1530, 12. April.

1525.

15. Junius. N⁰. DCCXV.

An Joh. Rühel, Joh. Thür, Caspar Müller.

L., der sich am 13. d. mit Katharina von Bora vermählt hat, ladet seine Freunde zu einer Hochzeitfeyer ein auf den 27. d. M.

Wittenb. IX. 228. Jen. III. 158. Altenb. III. 150. Leipz. XIX. 370. Walch X. 861.

Dem Achtbaren, Hochgelahrten, Ehrbarn und Fursichtigen Johann Rühel, der Rechten D., Johann Thür, Caspar Müller, Canzler, meinen lieben Herrn und Freunden sämptlich und sonderlich.

Gnade und Friede in Christo. Welch ein Zettergeschrey, lieben Herren, hab ich angericht mit dem Büchlin wider die Bauren! *) Da ist alles vergessen, was Gott der Welt durch mich gethan hat. Nun sind Herrn, Pfaffen, Bauren, alles wider mich, und dräuen mir den Tod.

Wohlan, weil sie denn toll und thöricht sind, will ich mich auch schicken, daß ich für meinem Ende im Stande, von Gott erschaffen, gefunden, und nichts meines vorigen papistischen Lebens an mir behalten werde, so viel ich kann, und sie noch töller und thörichter machen, und das alles zur Letze und Ade. Denn es mir selbs ahnt, Gott werde mir einmal zu seiner Gnade helfen.

*) Wider die mordischen und räubischen Rotten der Bauren. Martin Luther. 1525. Walch XVI. 91.

So hab ich auch nu aus Begehrn meines lieben Vaters mich verehlicht, und umb dieser [1]) Mäuler willen, daß nicht verhindert würde, mit Eile beygelegen; bin willens auf Dienstags uber acht Tage, den nähesten nach St. Johannis Baptistä, ein kleine Freude und Heimfahrt zu machen. Solchs habe ich euch als guten Freunden und Herrn nicht wollen bergen, und bitte, daß ihr den Segen helft drüber sprechen.

Und dieweil die Läufte also stehen und gehen itzt in den Landen, hab ich nicht durst *) euch dazu bitten und zu foddern zu erscheinen. Wo ihr aber von gutem Willen selbs wolltet oder künntet sampt meinem lieben Vater und Mutter komen, müget ihr selbs wohl ermessen, daß mirs eine besondere Freude wäre; und was ihr mitbrächtet von guten Freunden zu meiner Armuth, wäre mir lieb, ohn daß ich bitte, mich solchs bey diesem Boten zu verständigen.

Ich hätte auch meinen gnädigen Herrn Graf Gebharden und Adelbrecht davon geschrieben, habs aber nicht düren wagen, weil ihr Gnaden anders, denn mit mir, zu thun haben. Ist aber vonnöthen was drinnen zu thun, und euch gut dünkt, bitte ich euer Bedenken mir zu eröffnen. Hiemit Gott befohlen. Amen. Zu Wittemberg am Donnerstag nach Trinitatis. Anno 1525.

Martinus Luther.

---

16. Junius. N°. DCCXVI.

An Spalatin.

L. ladet Sp. ebenfalls zur Hochzeit ein, und äussert sich über die ungünstigen Urtheile der Menschen über seine Heurath.

Bey Aurifaber II. 294. b. Vgl. Cod. Jen. a.; f. 203. Deutsch bey Walch X. 862.

D. Georgio Spalatino, servo Dei, fratri suo charissimo. [2])

Gratiam et pacem. Os obstruxi infamantibus me cum Catharina Borana, mi Spalatine. Si processerit, ut epulum paretur

1) Walch böser. 2) Nach Cod. Jen.

*) Oder thurst d. h. geburft, gewagt.

pro testimonio conjugii mei istius, te non modo adesse oportebit, verum etiam cooperari, si quid ferinae necessarium fuerit. Tu interim nobis benedicito et bene precare. Sic me vilem et contemtum his nuptiis feci, ut angelos ridere et omnes daemones flere sperem. Necdum mundus et sapientes agnoscunt opus Dei pium et sacrum, et in me uno faciunt id impium et diabolicum. Quo nomine magis placet, meo conjugio illorum judicium damnari et offendi, quotquot ignorantiam Dei habere pergunt. Vale et ora pro me. Witenbergae, feria 6. post Trinitatis, anno MDXXV.

Martinus Luther.

---

17. Junius. N°. DCCXVII.

An die Christen in Liefland.

L. ermahnt die Christen in Liefland, wegen der Ungleichheit in äusserlichen Gebräuchen nicht in Zwietracht zu gerathen, indem solche nicht das Wesentliche des Christenthums ausmachen, übrigens sich zu bemühen, so viel als möglich Gleichheit herzustellen.

Dieses Sendschreiben erschien im Druck mit denen des Bugenhagen und Melchior Hofmann unter dem Titel: Ein christlich Vermahnung von äusserlichen Gottesdienst und Eintracht an die in Liefland, durch D. Martinum Luther und Andere. Wittenberg 1525. 4. und befindet sich in den deutschen Ausg. Wittenb. II. 62. Jen. III. 161. Altenb. III. 152. Leipz. XIX. 347. Walch X. 287. Auch in den Consil. theolog. Viteb. III. 6.

Allen lieben Christen in Liefland, sampt ihren Pfarrherren und Predigern, Gnad und Fried von Gott, unserm Vater, und Herrn Jesu Christo.

Wir sollen Gott, dem Vater aller Barmherzigkeit, danken höchlich und allezeit umb euch, lieben Herren und Freunde, der euch nach dem uberschwenglichen Reichthumb seiner Gnaden hat bracht zu dem Schatz seines Worts, darinnen ihr habt Erkenntniß seines lieben Sohns, das ist, ein sicher Pfand eurs Lebens und Seligkeit, die im Himel zukunftig ist, und bereit allen, die in reinem Glauben und brunstiger Liebe beständiglich ans Ende beharren. Wie wir denn hoffen und bitten, daß euch sampt uns der barmherzige Vater wollte erhalten, und vollkommen machen in einem Sinn, zu gleichem Bilde seines lieben Sohns Jesu Christi, unsers Herrn, Amen.

Es ist aber fur mich komen durch redliche Zeugen, wie daß Rotten und Zweyung sich sollen auch unter euch anfahen daraus, daß etliche eur Prediger nicht einhellig lehren noch handeln, sondern einem iglichen sein Sinn und Furnehmen das beste dunkt. Und will deß nicht ubel gläuben, weil wir zu denken haben, es werde mit uns nicht besser seyn, denn es mit den Corinthern und andern Christen zun Zeiten St. Pauli war, da auch Rotten und Spaltung im Volk Christi sich regten. Wie denn St. Paulus selbs bekennet und spricht (1 Cor. 11, 19.): Es müssen Rotten odder Secten seyn, auf daß die, so bewährt sind, offinbar werden. Denn der Satan hat nicht gnug daran, daß er der Welt Furst und Gott ist, er will auch unter den Kindern Gottis seyn, Hiob 1, 9; Und geht umbher wie ein brullender Lewe, sucht, wen er verschlinge, 1 Petr. 5, (8.).

Daher kompt die Klage und Irrunge im Volk, daß man spricht: Es wisse schier niemand, was odder mit wem ers halten sölle; und sehen alle darnach, daß doch allenthalben einerley Weise und Gestalt gelehrt und gehalten möchte werden. Aus wilcher Ursache vorzeiten auch die Concilia gehalten, und so mancherley Ordnung und Gesetz gestellet sind, daß man den Haufen in eine Weise fassen und halten möchte, wilchs darnach eitel Seelstricke und fährliche Aergerniß des Glaubens worden sind, daß auf beyden Seiten große Fahr ist, und gute geistliche Lehrer nott sind, die sich hierinne mit Bescheidenheit zu halten, und das Volk zu weisen wissen.

Denn so man einerley Weise furnimpt und setzt, so fället man drauf, und macht ein nöttlich Gesetze draus, widder die Freyheit des Glaubens. Setzt man aber und stellet nichts, so fähret man zu, und macht so viel Rotten, so viel Köpfe sind; wilchs denn ficht widder die christliche Einfältigkeit und Einträchtigkeit, davon St. Paulus und Petrus so oft lehren. Aber man muß doch ja dazu reden das beste, so man kann, obs gleich nicht alles so gehen will, wie wir reden und lehren.

Und zum ersten hoffe ich, daß bey euch die Lehre vom Glauben, Liebe und Kreuze, und die Summa odder Häuptstucke im Erkenntniß Christi noch rein und unversehret seyen, daß ihr wisset, weß ihr euch im Gewissen gegen Gott halten sollet. Wiewohl auch dieselbige Einfältigkeit der Lehre nicht wird unangefochten bleiben vom Satan: ja, durch die äusserliche Zweyungen in den Cerimonien sucht er hinein zu schleichen, und auch Rotterey im Geist und Glauben anzurichten; wie seine Art ist, bisher in so viel Ketzereyen wohl erfahren.

Derhalben, wie St. Paulus seinen Rottereyen thät, thun wir auch unsern. Er kunnt mit Gewalt nicht wehren, wollts auch mit Gebotten nicht zwingen, sondern durch freundlich Ermahnen abbitten. Denn wer es nicht williglich nachläßt durch Ermahnen, der wird durch Gebot viel weniger nachlassen. So spricht er aber Phil. 2, (1. 2. 3. 4.): Gilt nu unter euch irgend eine Ermahnung in Christo, gilt irgend ein Trost der Liebe, gilt irgend eine Gemeinschaft des Geists, gilt irgend eine herzliche Liebe und Barmherzigkeit, so erfullet meine Freude, daß ihr eins Muths und Sinnes seyd, gleiche Liebe habt, einmüthig und einhellig seyd, nichts thut durch Zank odder eitel Ehre, sondern durch Demuth. Achtet euch unternander selbs, einer den andern seinen Ubirsten, und ein iglicher sehe nicht auf das seine, sondern auf das des andern.[1]) Und setzt dazu das Exempel Christi, wie sich derselbige hat zum Knechte gemacht eins iglichen, gehorsam zu seyn dem Vater.

Also ermahne ich auch zum ersten eur Prediger mit denselbigen Worten St. Paulus, daß sie wollten ansehen alle das Gut, das wir in Christo haben, den Trost, Ermahnunge, Geist, Liebe und Barmherzigkeit, und daneben das Exempel Christi; und dem allen zu Ehren und Dank sich so halten, daß sie einträchtig und eins Sinnes und Muths seyen und bleiben, und auffsehen auf den listigen Einriß des Teufels durch eitel Ehre, wilche insonderheit fährlich ist, und am meisten anficht diejenigen, so des Worts Ampt haben, wilchs sie nicht besser thun mügen, es sey denn, daß ein iglicher sich selbs am meisten verachte und den untersten, die andern aber die ubirsten halte, und wie Christus im Evangelio lehret (Luc. 14, 8.), unten an sich setze unter den Gästen der Hochzeit.

Ob nu wohl die äusserlichen Ordnunge in Gottisdiensten, als Messen, Singen, Lesen, Täufen, nichts thun zur Seligkeit; so ist doch das unchristlich, daß man druber uneinig ist, und das arme Volk damit irre macht, und nicht vielmehr achtet die Besserung der Leute, denn unsern eigen Sinn und Gutdunken. So bitte ich nu euch alle, meine liebe Herrn, lasse ein iglicher seinen Sinn fahren,

---

1) Wittenb. Ist nu bey euch Ermahnung in Christo, ist Trost der Liebe u. s. w.

und kompt freundlich zusamen, und werdet sein eines, wie ihr diese äusserliche Stücke wöllet halten, daß es bey euch in eurem Strich gleich und einerley sey, und nicht so zuruttet, anderst hie, anderst da gehalten werde, und damit das Volk verwirret und unlustig macht.

Denn (wie gesagt ist,) obwohl die äusserlichen Weisen (oder Ordnungen) frey sind, und dem Glauben nach zu rechen, mit gutem Gewissen mugen an allen Orten, zu aller Stunde, durch alle Personen geändert werden; so seyd ihr doch, der Liebe nach zu rechen, nicht frey, solche Freyheit zu vollziehen, sondern schuldig, Acht darauf zu haben, wie es dem armen Volk leidlich und besserlich sey; wie St. Paulus spricht 1 Cor. 14, (40.): Laßt alles zur Besserung unter euch geschehen. [1]) Und 1 Cor. 6, (12.): Es ist mir alles frey, es bessert aber nicht alles. [2]) Und 1 Cor. 8, (1.): Erkenntniß bläbet, [3]) aber die Liebe bessert. Und wie er daselbs redet von denen, die das Erkenntniß des Glaubens und der Freyheit haben, und doch noch nicht wissen, wie sie das Erkenntniß haben sollen, weil sie desselbigen nicht zur Besserunge des Volks, sondern zum Ruhm ihrs Verstands brauchen.

Wo nu eur Volk sich daran ärgert, daß ihr so mancherley uneinige Weise fuhret, und irre druber wird, da hilft euch nicht, daß ihr wöllet furgeben: Ja, das äusserliche Ding ist frey, ich wills an meinem Ort machen wie mirs gefället, sondern ihr seyd schuldig zuzusehen, was Andern dran gelegen ist, und solche Freyheit des Glaubens fur Gott im Gewissen zu halten, und doch daneben zu Dienst gefangen zu geben, dem Nähisten zu gut und Besserunge. Wie auch Röm. 15, (2.) Paulus spricht: Ein iglicher stelle sich gefällig seinem Nähisten im Guten, zur Besserung. [4]) Denn wir sollen nicht uns selbs gefällig fahren; sintemal auch Christus nicht ihm selbs gefällig gefahren hat, sondern uns allen.

Doch daneben muß ein Prediger gleichwohl wacker seyn, und bey dem Volk anhalten, und mit Fleiß unterrichten, daß sie solche einträchtige Weise nicht annehmen fur nöttige Gebot, als musse es also seyn, und Gott wölle es nicht anders haben; sondern daß man ihn sage, wie es nur darumb geschicht, daß sie daran gebessert und

---

1) Wittenb. unter euch ehrlich und ordentlich zugehen. 2) W. Ich habe es alles Macht, es frommet aber nicht alles. 3) W. Das Wissen bläbet auf. 4) Es stelle sich aber ein jeglicher unter uns also, daß er seinem Nächsten gefalle zum Guten, zur Besserung.

erhalten werden, damit die Einigkeit des christlichen Volks auch durch solche äusserliche Dinge (die sonst an ihm selbst nichts vonnötten sind) bestättigt werde. Denn dieweil der Cerimonien odder Weisen keine Noth ist zum Gewissen, odder zur Seligkeit, und doch nütze und nöttig äusserlich das Volk zu regiern: soll man sie auch nicht weiter treiben noch annehmen lassen, denn daß sie dienen, Einigkeit und Friede zwischen den Leuten zu erhalten. Denn zwischen Gott und dem Menschen macht der Glaube Friede und Einigkeit.

Das sey gesagt den Predigern, daß sie die Liebe und ihr Recht ansehen gegen das Volk, und brauchen nicht des Glaubens Freyheit, sondern der Liebe Knechtschaft odder Unterthänigkeit gegen dem Volk, des Glaubens Freyheit aber behalten sie gegen Gott.

So macht nu und haltet Messe, singet und leset einträchtig auf einerley Weise, an einem Ort, wie am andern, weil ihr sehet, daß die Leute so begehren und bedurfen, daß sie nicht irre, sondern gebessert werden durch euch. Denn umb ihrer Besserung willen seyd ihr da, wie St. Paulus spricht (2 Cor. 10, 8.): Die Gewalt ist uns geben nicht zur Verstörunge, sondern zur Verbesserunge. Durft ihr solcher Einträchtigkeit nicht, das dankt Gott; das Volk aber bedarfs. Was seyd ihr aber anders, denn Diener des Volks? Wie St. Paulus spricht: Wir sind nicht Herren eurs Glaubens, sondern eure Diener umb Jesus Christus willen, 2 Cor. 4, 5.

Widderumb bitte ich auch das Volk, daß sie sich gewöhnen, und nicht wundern, ob Rotten und Zweyunge, Weisen odder Lehren einrissen. Denn wer kann dem Teufel mit den Seinen wehren? Man muß wissen, daß imer Unkraut zwischen dem rechten Saamen wächst, wie das auf allen Aeckern Gottis Werk beweiset, und im Evangelio Christus bestätiget, Matth. 13, (25.). Item, es muß auf den Tennen nicht alleine rein Korn, sondern auch Hülsen und Spreu drunter seyn. Und St. Paulus spricht (2 Tim. 2, 20.): In eim Hause sind nicht alleine ehrliche Gefäße, sondern auch unehrliche; aus etlichen isset und trinkt man, mit den andern trägt und fegt man Mist und allen Unflath. Also müssen unter den Christen auch seyn Rotten und uneinige Geister, die den Glauben und Liebe verkehren, und die Leute irre machen. Wenn nu ein Gesinde sich wöllt irren lassen, daß im Hause nicht eitel silbern Becher wären, sondern funde irgend ein Nottstuhl odder Harnfaß, und wöllte das nicht leiden: was wöllt draus werden? Wer kann haushalten ohne unreine Gefäß?

Also thut sichs nicht in der Christenheit, daß eitel ehrliche Gefäße drinnen seyen, sondern wir mussen die unehrlichen unter uns leiden, wie St. Paulus spricht (1 Cor. 11, 19.): Es mussen Rotten seyn. Ja, dabey sollt ihr eben merken, meine lieben Freunde, daß Gott bey euch das recht Wort und Erkenntniß Christi hat geben, so ihr Rotten und Uneinigkeit findet. Denn da ihr päpstisch waret, ließ euch der Satan wohl mitfrieden; und wenn ihr noch eitel falsche Lehrer hättet, er wurde euch nicht viel mit Rotterey anfechten. Aber nu der rechte Saamen gottlichs Worts bey euch ist, kann ers nicht lassen, er muß seinen Saamen auch drunter säen, wie er hier oben bey uns durch die Schwärmergeister auch thut. Und Gott versucht euch dadurch, ob ihr feste stehen wöllet.

Nichts deste weniger sollen beyde, ihr und eure Prediger, allen Fleiß furwenden, daß einträchtig zugehe, und solchem Werk des Teufels gewehret werde. Denn darumb verhängt Gott solchs dem Teufel, auf daß wir Ursache haben uns in Einträchtigkeit zu uben, und dadurch diejenigen, so bewährt sind, offinbar werden. Denn ob wir gleich den hohisten Fleiß daran kehren, wills dennoch Rottens und Uneinigkeit gnug bleiben. Also auch St. Paulus, da er spricht 2 Tim. 2, (20.), daß in eim Hause ehrliche und unehrliche Gefässe sind, setzt er gleichwohl dazu (V. 21.): So nu jemand sich reinigt von solchen Leuten, der wird ein geheiliget Faß seyn zu Ehren, dem Hausherrn bräuchlich, und zu allem guten Werk geschickt.

Diese meine treue Vermahnung wöllet, lieben Freunde, freundlich annehmen, und dazu thun, so viel euch müglich ist, daß ihr Folg geschicht. Das ist euch nutz und nothe, und Gotte, der euch zu seim Licht beruffen hat, ehrlich und loblich. Aber unser lieber Herr Jesus Christus, der sein Werk bey euch hat angefangen, wöllte dasselbige mit Gnaden mehren, und vollfuhren auf den Tag seiner herrlichen Zukunft, daß ihr sampt uns mit Freuden ihm entgegen laufen, und ewiglich bey ihm bleiben (möget), Amen. Bittet fur uns. Zu Wittenberg am Sonnabend nach Trinitatis, Anno 1525.

17. Junius. N°. DCCXVIII.

An Leonhard Koppen, Bürger zu Torgau.

L. sendet seinem Freunde einen Brief, betreffend gewisse hülfsbedürftige Kinder, und ladet ihn dann zu seiner Hochzeit ein.

Eisl. I. 217. Altenb. II. 903. Leipz. XXII. 548. Walch XXI. 92.

Gnad und Fried in Christo. Diesen Klagebrief und elende Schrift lasse ich euch lesen, Wirdiger Vater Prior, *) ob ihr nicht jemand wüßtet, der dazu helfen könnte; denn ich wohl besorge, es sey euer Person zu hoch und zu viel. Wo ihr aber nicht wisset, so schaffet mir den Brief wieder, daß ich anderswo suche Hülfe und Rath; denn es jamert mich der elenden Kinder.

Ihr wisset auch, was mir geschehen ist, daß ich meiner Metzen in die Zöpfe geflochten bin. Gott hat Lust zu wundern, mich und die Welt zu närren und äffen. Grüsset mir euer Audi, und schicket euch, wenn ich das Prandium gebe, daß ihr meiner Braut helft gut Zeugniß geben, wie ich ein Mann sey. Hiemit Gott befohlen. Zu Wittenberg am Sonnabend nach Trinitatis, Anno 1525.

Martinus Luther, D.

17. Junius. N°. DCCXIX.

An Michael Stiefel.

L. bittet seinen Freund, für ihn um Segen zu seiner Verheurathung zu beten.

Bey Aurifaber II. 294. Bey Walch findet sich dieser Brief nicht.

Gratiam et pacem. Remitto tibi signatos mea manu codicillos, mi Michaël, quantum potui. Tu pro me ora, ut genus vitae novum benedicat mihi Deus et sanctificet. Nam vehementer irritantur sapientes inter nostros. Rem coguntur Dei fateri,

*) Verträgt sich aber die Anrede: Würdiger Vater Prior mit dem angegebenen Briefempfänger?

sed personae larva tam meae quam puellae illos dementat et impia cogitare et dicere facit. Sed Dominus vivit, qui major est in nobis, quam ille, qui in mundo est, et plures nobiscum sunt, quam cum illis. Vale in Christo, et Dominus viam tuam et opus tuum fortunet. Ipse enim dixit (pater orphanorum et judex viduarum): *non te deseram, non relinquam*, ut confidenter dicamus: *Dominus mihi adjutor, non timebo, quae faciat mihi homo.* Commenda me hero tuo. Witenbergae Sabbatho post Trinitatis, anno MDXXV.

T. Martinus Luther.

---

20. Junius. N°. DCCXX.

An Wenc. Link.

Nach einer Aeusserung über sein Buch wider die aufrührischen Bauern kündigt L. seinen Hochzeitschmaus an, will aber, daß W. L. kein Geschenk mitbringen soll.

Bey Aurifaber II. 295. b. Deutsch bey Walch X. 863.

Gratia et pax. Scio, mi Wenceslaë, libellum meum *) rusticos rusticanosque vehementer offendere, idque serio gaudeo, ac nisi offenderet eos, me offenderet. Sic produnt, quod hactenus in Evangelio quaesierunt, qui hunc libellum damnant. Miror tamen, cur non totum libellum toti sibi conferunt quidam scioli, cum sese satis exponat, de quibus rusticis, de quibus item magistratibus loquatur: sed qui nolunt intelligere, non intelligant, qui ignorat, ignoret, satis est Christo placere meam conscientiam. Pro Apothecario feci, quicquid potui, satis diligenter.

Dominus me subito aliaque cogitantem conjecit mire in conjugium cum Catharina Borensi, moniali illa. Epulum feria 3. post Joannis dabo, si potero. Nolo te expensis vexari, sed vocationis loco, absolvo **) te a debito reddendi scyphi consensu Dominae meae. Si tamen veneris, nolo prorsus

*) S. No. DCCXV. **) So und nicht absolve muß es wohl heißen.

scyphum aut quicquam offeras: tantum mihi bene preceris ferenti tot contumelias et blasphemias ob hoc opus Dei. Vale et ora pro me. Witenbergae feria 3. post Viti MDXXV.

Martinus Lutherus.

---

21. Junius. N°. DCCXXI.

An den Marschall Johann v. Dolzig.

Einladung zum Hochzeitschmaus und Bitte um Wildpret.

Gedruckt in dem Suppl. zu den Leipz. Th. S. 40. aus der Sammlung des Sagittarius, und hieraus bey Walch XXI. S. 93. Das Original besitzt Hr. Kaufmann Binder in Stuttgard, wovon uns Hr. Prof. Veesenmeyer eine Abschrift gütig mitgetheilt hat.

Dem gestrengen und festen Johann Dolzig, Marschalk zu Sachsen, meinem gonstigen Herrn und guten Freunde.

Gnad und Fried in Christo. Gestrenger, ehrnfester, lieber Herr und Freund! Es ist ohn Zweifel mein abentheuerlich Geschrey für euch komen, als sollt ich ein Ehemann worden seyn. Wiewohl mir aber dasselbige fast seltsam ist, und selbst kaum glaube, so sind doch die Zeugen so stark, daß ichs denselben zu Dienst und Ehren glauben muß, und fürgenomen, auf nähisten Dienstag mit Vater und Mutter, sampt andern [1]) guten Freunden, in einer Collation dasselbe zu versiegeln und gewiß zu machen. Bitte derhalben gar freundlich, wo es nicht beschwerlich ist, wollet mich treulich beratten mit eim Willpret und selbst dabey seyn, und helfen das Siegel aufdrucken mit Freuden, und was dazu gehoret. Hiemit Gott befehlen, [2]) Amen. Am Mittwochen nach Viti oder Corporis Christi 1525.

Martinus Luther.

---

1) Im Original ist ynn, ey ausgestrichen. 2) L. schrieb befolhen.

21. Junius. N⁰. DCCXXII.

An Spalatin.

Einladung zum Hochzeitschmaus.

Bey Aurifaber II. 296. Vgl. Cod. Jen. a; f. 334. Deutsch bey Walch XXI. 977.

Domino Georgio Spalatino.

Gratiam et pacem in Domino. Epulum meum et Katharinae meae futurum est proxime, feria tertia, hoc est, post festum Joannis Baptistae, ad quod, ut serio te intelligam gratulari nuptiis meis, voco te, mi Spalatine, et oro, ne desis. Scripsi quoque Marscalco pro ferina et simul vocavi, tu dabis operam, si quid impetrari valeat. Remitto literas Regis Danorum. *) Ego vero de libris [1]) Regis Angliae nihil scio. Orabo quoque, quantum possum, suoque tempore scribam, **) modo non licuit: monebis tu, cum otium et oportunitas nuntii fuerit. Bene vale et pro me ora. Witenbergae feria 4. post Viti MDXXV.

Martinus Lutherus.

21. Junius. N⁰. DCCXXIII.

An Amsdorf.

L. meldet A. seine Verheurathung und deren Beweggründe und allerley Nachrichten über den Bauernkrieg.

Bey Aurifaber II. 295. Deutsch bey Walch XV. Anh. CXXVII.

Gratia et pax in Domino. Jam nuntius mihi quaerebatur, qui has ad te ferret, mi Amsdorfi, et ecce tuae mihi reddun-

1) Vielleicht literis?

*) Christiern II., der seinen Thron verloren und jetzt in den Niederlanden lebte. Vgl. Seckendorf L. I. sect. 57. **) S. den Brief unten No. DCCXXXV.

tur. Vera est itaque fama, me esse cum Catharina subito copulatum, antequam ora cogerer audire tumultuosa in me, sicut solet fieri. Spero enim me breve tempus adhuc victurum, et hoc novissimum obsequium parenti meo postulanti nolui denegare spe prolis, simul ut confirmem facto quae docui, tam multos invenio pusillanimes in tanta luce Evangelii. Sic Deus voluit et fecit. Ego enim nec amo nec aestuo, sed diligo uxorem. Dabo itaque proxima feria tertia epulum in testimonium conjugii mei, ubi aderunt parentes. Te itaque adesse omnibus modis volui, quare, ut vocare constitui, ita nunc voco et rogo, ne desis, si ullo modo potes.

Fama de Electore falsa est, sed Menningensis, Mellerstatensis, Neustatensis, Marstatensis, cum aliis decem oppidis dederunt se in gratiam Electoris, isque ibi agit, ut omnia pacifice componantur. Certa res est in Franconia caesa esse XI millia rusticorum in tribus locis divisa, captae LXI bombardae bonae, arx Wirtenbergensis liberata. Casimirus Marchio vehementer saevit in suos, ob fidem bis violatam. In Wirtenbergensi ducatu VI millia caesa sunt, alibi in Suevia X millia diversis locis: fertur, Ducem Lotharingiae in Alsatia XX millia cecidisse. Sic ubique caeduntur miseri rustici. Jam Babenbergenses quid patiantur, expectatur. Nihilominus in Brisgavia adhuc pergunt seditionibus et in comitatu Tirolis, ut ab Inspruck usque ad Tridentum omnia in motu sint fugatis Episcopis Brixiensi et Tridentino. Dux Georgius comitia habebit proxima feria 2. in Dessau cum Marchione et Episcopo Moguntino. Rumor est, quod me sit Witenberga petiturus, inflatus successu: credit me similem esse Munzero in doctrina. Christus autem dabit gratiam. Vos videte, ne Magdeburgam petat. Vale et pro me ora. Feria 4. post Corpus Christi, anno MDXXV.

---

25. Junius. N°. DCCXXIV.

An Spalatin.

Wiederholte Einladung zum Hochzeitschmaus.

Bey Buddeus p. 49. Vgl. Cod. Jen. a.; f. 253. Deutsch bey Walch XXI. 980.

Manibus Magistri Spalatini, sui in Domino.

G. et pacem. Ne quid erres, mi Spalatine, ipsa feria tertia erit dies epuli mei, ut in prandio ejusdem diei sit summum et principale convivium. Ne ergo ferina tardius veniat, sed crastina ad vesperam in tempore assit, si fieri potest. Nam uno die volo pompam istam absolvere pro hospitibus vulgaribus. Haec scribo, quod L. Koppe ex meis literis me non intellexerit, *) ne forte et tu non intellexeris. Vale. Dominica post Johannis mane, MDXXV.

Martinus Luther.

Im Junius oder Julius. N°. DCCXXV.

An Caspar Müller, Mansfeldischen Canzler.

Luthers Schrift wider die aufrührischen Bauern, worin er zur strengen Unterdrückung des Aufruhrs rieth, hatte Anstoß gegeben (s. d. Br. an Wenc. Link v. 20. Jun. No. DCCXX.), auch Casp. Müller hatte deßwegen an ihn geschrieben. Auf solche Zweifel und Beschwerden antwortet er nun in diesem Sendschreiben und rechtfertigt die Strenge, mit welcher er sich gegen den Aufruhr erklärt habe, mißbilligt aber die Härte, mit welcher die Fürsten die Verirrten straften.

Dieses Sendschreiben, das sich in den deutschen Ausg. Wittenb. II. 76. Jen. III. 149. Altenb. III. 141. Leipz. IX. 267. Walch XVI. 99. befindet, erschien im Druck unter dem Titel: Ein Sendebrief von dem harten Büchlein wider die Bauern. Martinus Luther. 1525. 4. Da es sehr wenig Briefliches an sich hat, und sich auf L.'s frühere Schriften über diesen Gegenstand bezieht, so lassen wir es billig weg.

---

20. Julius. N°. DCCXXVI.

An den Kurfürsten Johannes.

Dieser Brief betrifft die Anstellung Spalatins und Brisgers als Pfarrer in Altenburg.

Altenb. IX. 1588. Leipz. XXII. 549. Walch XXI. 126.

---

*) L. hatte aber auch dort (No. DCCXVIII.) den Tag nicht angegeben.

Dem Durchlauchtigsten, Hochgebornen Fürsten und Herrn, Johanns, Herzogen zu Sachsen, Kurfürsten, Landgrafen in Thüringen, und Markgrafen zu Meissen, meinem gnädigsten Herrn.

Gnad und Fried in Christo. Durchlauchtigster, Hochgeborner Fürst, gnädigster Herr! Es hat mich M. Georgius Spalatinus bericht, er habe in nächst vergangenen Abschied von E. K. F. G. erlanget, sich weiter zu bedenken umb den Beruf und aufgelegte Bürde des Pfarrampts zu Altenburg, und mich gebeten, derhalben an E. K. F. G. zu schreiben. So gebe ich E. K. F. G. unterthäniglich zu erkennen, daß ich noch auf voriger Meinung bleibe; denn die Person wohl gelehrt, wohl beredt, dazu sittig und züchtig, und, das am höchsten mich bewegt, ein gutes, rechtschaffenes Herz hat, der das Wort Gottes und die Seelen mit Treuen meinet. Und ob er des Leibs halben zu schwach seyn wird, das soll uns die Erfahrung lehren; sonst ist kein Glaube hie. Zudem so hat der Rath in Altenburg an mich geschrieben, umb unsern Prior, als von Doctor Wencelaus angegeben, neben Magister Spalatin zu haben: habe ich meinen Fleiß nicht gesparet. Aber weil obgemeldter Rath solches bey E. K. F. G. sucht, wills vonnöthen seyn, daß E. K. F. G. denselben Prior, Magister Eberharden, *) schriftlich dahin zum Pfarrampt foddere, so er E. K. F. G. gefället. Denn die Person ist geschickt und tüchtig genung; aber weil er sich schwer dazu macht, und anders fürgenommen, will ein stärker Beruf hie noth seyn, denn des Raths und meiner ist. Stelle das alles in E. K. F. G. Bedenken und Wohlgefallen. Aber eines muß ich E. K. F. G. unterthäniglich antragen, daß E. K. F. G. wollten ein gnädiglich Einsehen haben, daß die Pfarrgüter oder Zinsen, von denen, so sie bisher gebrauchet haben, würden den itzigen und neuen Pfarrherrn zugewandt. Denn es ist unleidlich, daß diese arbeiten, und andere den Lohn sollen einnehmen, wie sie bisher gethan, und wohl ewiglich thäten, wo mans ihnen wollte gestatten. So ists auch zu bedenken, daß hinfort mit neuer Versehung dem Rath und Stadt möchte zu schwer werden. Wer nicht will das Evangelium predigen, der soll sich auch von des Evangelions Predigen nicht nähren, es ist ihm lange genung zugelassen.

Und für mich bitte ich, als ein Sorgeträger für das Evangelium billig thun soll, ob die Stiftherren zu Altenburg würden bey E. K.

*) Brisger.

F. G. suchen ihr voriges altherkommend unchristlich Wesen, im Gottes Undienst und verdrießlichen Mißbrauch, zu bestätigen, daß E. K. F. G. ihnen dasselbige gnädiglich abschlage, und sie von sich weise zum Wort Gottes und zum Ebenbilde ander christlichen Gemeinen. Denn es lästerlich wäre, wo die gefallene Abgötterey sollte wieder aufgericht werden, wie mir kein Zweifel ist, daß sie sich bey E. K. F. G. werden fast mühen. Und wiewohl ich gewußt, daß E. K. F. G. von Gottes Gnaden solches alles selbst wohl weiß und zu thun geneigt ist, hab ichs doch unterthäniger Meinung E. K. F. G. zu erinnern nicht mügen lassen. Hiemit Gott befohlen, Amen. Zu Wittenberg, am Donnerstage nach Margarethä, 1525.

E. K. F. G.

unterthäniger

Mart. Luther.

---

21. Julius. N⁰. DCCXXVII.

An Albrecht, Kurfürsten zu Mainz.

Fürbitte für einen wegen Aufruhr gefangenen jungen Menschen.

Wittenb. IX. 224. Jen. III. 166. Altenb. III. 155. Leipz. XXII. 549. Walch XXI. 128.

Dem Durchleuchtigsten, Hochgebornen Fürsten und Herrn, Herrn Albrecht, Erzbischof zu Mainz und Magdeburg zc. Kurfürsten, Markgrafen zu Brandenburg zc., meinem gnädigsten Herrn.

Gnad und Friede in Christo Jesu. Hochwirdigster in Gott Vater, Durchleuchtigster, Hochgeborner Fürst, Gnädigster Herr! Ich bin bericht, wie eines Bürgers Sohn von Eisleben, mit Namen Asmus Günthel, von E. K. F. G. gefangen sey, als sollt er das Fuhrwerk haben helfen stürmen zc. Nu aber sein Vater so jämerlich thut, und anzeiget, wie sein Sohn nicht gestürmet, sondern allein zu der Zeit drinnen gessen und getrunken, mit kläglicher Bitte, daß ich an E. K. F. G. wollte ein Furbitte thun, sein Leben zu retten, welchs ich denn nicht hab können abschlahen: ist derhalben meine unterthänige Bitte, E. K. F. G. wollte ansehen, daß diese Aufruhr nicht durch menschliche Hand oder Rath, sondern aus Gottes Gnaden gestillet, der sich unser aller, und zuvor der Oberkeit erbarmet hat, und wiederumb auch gnädiglich und barmherziglich handeln mit den armen Leuten, wie denn das geistlicher Oberkeit wohl ansteht, und mehr gebührt, denn weltlicher, auf daß damit Gottes Gnade erkannt und gedankt werde, und für der Welt beweist, daß man nicht Lust gesucht und begehrt habe.

Denn sonst leider allzu viel sind, die so grausamlich mit den Leuten umbgehen, und so undankbarlich gegen Gott handeln, als wollten sie muthwillig wiederumb Gottes und der Leute Zorn und Unlust erwecken und auf sich laden, eine neue und ärgere Aufruhr zu stiften. Denn Gott hat bald ein anders zugericht, daß die ohn Barmherzigkeit umbkommen, die nicht Barmherzigkeit erzeigen.

So ist nicht gut, Herr seyn mit Unlust, wider Willen und Feindschaft der Unterthanen; es hat auch keinen Bestand. Es ist gut, daß Ernst und Zorn beweist ist, da die Leute aufrührisch und im Werk störrig und verstockt funden worden. Nu sie aber gestoßen sind, sind es andere Leute, und neben der Straf der Gnaden werth. Zu viel zurisse den Sack auf beyden Seiten; Maß aber ist zu allen Dingen gut, und die Barmherzigkeit pranget wider das Gericht, spricht St. Jacobus (Jac. 2, 13.).

Hoffe, E. K. F. G. werde sich christlich hierinne zu halten wissen. Hiemit Gott befohlen, Amen. Zu Wittenberg, am Freytag Praxedis, Anno 1525.

E. K. F. G.

unterthäniger

Martinus Luther.

---

22. Julius. N°. DCCXXVIII.

An Wenc. Link.

Von Brisgers Berufung nach Altenburg und W. L.'s Abgang von da nach Nürnberg.

Bey Aurifaber II. 296. b. Deutsch bey Walch XXI. 982.

Gratia et pax in Christo. Jam prius ad te scripsi, Prior *) scripserat te vocans ad nuptias, sed nuntius abierat. Ipse

*) Eberh. Brisger.

quidem difficilis est ad eam vocationem, licet idoneus et utilis sit. Nam laicus fieri cogitavit, ego vero ad Principem scripsi,*) ut vocet eum et agat, ut parochiae reditus restituantur ministris verbi, tum ut Canonicis impiis imperetur modus, neque confirmentur opinionibus suis ac ritibus. Bene omnia spero, quae ad hanc rem pertinent. Princeps mihi questus de te est, quod e terra sua discederes, nec mihi sane placeret, nisi sperarem te illic **) fructum factu um, et cogitarem rusticos esse tuos Altenburgenses. Nam tua ratio de scandalo me nihil movet, Bene vale in Domino. **Ich bin an Kethen gebunden und gefangen, und liege auf der Bore,** ***) scilicet mortuus mundo. Salutat autem te tuamque Catenam mea Catena. Witenbergae, sabbatho Magdalenae, anno MDXXV.

Martinus Lutherus.

---

26. Julius. N⁰. DCCXXIX.

An Joh. Heß.

Ein kurzer Brief, den der zum Doctor creirte Moibanus mitbrachte, enthaltend eine Warnung vor den Schwärmern.

Bey Aurifaber II. 296. Deutsch bey Walch XXI. 981.

Gratiam et pacem in Domino. Vivit et redit ad vos D. Moibanus, mi Hesse, a nobis creatus gentilis cum gentibus, in obsequium fratrum et Evangelii. Moneo vero te, ut a prophetis caveas, qui jam passim vagantur et autore Carlstadio et Zwinglio de eucharistia pessime sentiunt et loquuntur. Quanquam de Carlstadio nondum desperavi: Deus faciat, quod bonum est. Omnia vero audies ex Moibano, quae apud nos geruntur. Rustici coërciti sunt fere ubique. Saluta nostros omnes et ora pro nobis. Denique bene in Christi gratia vale. Witenbergae, feria 4. post Margarethae MDXXV.

Martinus Luther.

---

*) S. No. DCCXXVI. **) In Nürnberg. ***) D. h. Todtenbahre: Anspielung an den Namen seines Weibes.

31. Julius. N⁰. DCCXXX.

An Wenc. Link.

Empfehlung eines gewissen Joh. Queyzen. L. u. Brisger haben das Kloster und dessen Einkünfte dem Kurfürsten übergeben.

Bey Aurifaber II. 297. Deutsch bey Walch XXI. 983.

Gratiam et pacem in Domino. Hunc Joannem Queyzen profligatum ac pauperem tibi commendo, mi Wenceslaë, sicubi illi posses providere modico ministerio, quanquam ego modica spe illum ad te mitto, cum tu soleas ad me potius mittere, et nos alias abundamus fratribus pauperibus, tamen quia sic me rogabat fidens tibi, si Dominus aliquid istic praedestinaret forte pro eo. Quod si nihil est, via et iter idem maneat, si redire volet. Prior te salutat, jam non Prior, sed Magister Eberhardus. Resignavimus census monasterii in manum Principis. Bene vale et ora pro me. Feria secunda post Jacobi, anno MDXXV.

Martinus Lutherus.

---

31. Julius. N⁰. DCCXXXI.

An Amsdorf.

L. meldet die Geburt eines Sohnes von Amsdorf's Bruder, und Nachrichten vom Bauernkrieg.

Bey Aurifaber II. 297. Deutsch bey Walch XXI. 983.

Gratia et pax in Domino. Nova tibi nuntio, mi Amsdorfi, fratri tuo Bartolo natum esse filium, ad quem baptizandum vocavit me: ego quoque nihil facerem libentius, sed abire non possum nec abesse ullo modo.

Caesam esse conjurationem Suevicam apud Meiningen constans hic fuit fama, sed heri ex aula scribitur, rusticos illic diffugisse, et nihil esse hanc famam: sed circa Salisburgam 500 equites et aliquot pedites in subsidium Cardinali missos adserunt esse prostratos, et 100 arces in Ferdinandi ducatu captas, sed sic, ut suo Domino illaesas restituant a scribis (ut ajunt) obtentas hactenus. Hungaria in magno quoque motu est. Haec, ut nihil me scribere non possis causari, scripsi. Tu autem ora pro me. Hinrici tui memor ero, quam primum idonea illi mihi vocatio obtigerit. Saluta salutandos in Domino ac vale. Witenb. feria 2. post Jacobi MDXXV.

---

1. August. **N°. DCCXXXII.**

An Wenc. Link. *)

Ueber die übelwollenden Gesinnungen gewisser Höflinge gegen das Evangelium, weßwegen aber doch niemand seine Stelle verlassen dürfe; über W. L.'s Abgang nach Nürnberg und Brisgers Berufung nach Altenburg.

Bey Aurifaber II. 297. b. Deutsch bey Walch XXI. 984.

Gratia et pax. Et credo et experior, aulae tyrannos, **) Friderico mortuo, audere plura quam antea, atque ut plus saevirent in Evangelion, quam Georgiani, si quo modo possent: sed quid inde? non ideo fugiendum est Joachimo aut ulli alii, donec expellantur vi. Christus adhuc regnat etiam in medio inimicorum suorum, ut fremant dentibus et tabescant, tamen desiderium eorum perit. De abitu tuo 1) ad Nurnbergam satis est disputatum et quaestio finita. Si volunt Altenburgenses nostrum. Priorem, opus est, ut instent pro eo: nam proximis literis a Principe ad me datis nulla fit mentio, cum ego id maxime ursissem. Sic est aula illa prorsus negligentissima rerum Christi, sub optimo et christianissimo Principe. Vale et ora pro me. Octava Jacobi, anno MDXXV.

Martinus Luther.

1) Vermuthung statt Deo tuo bey Aurifaber. Vgl. über die Sache d. Brief v. 22. Jul. No. DCCXXVIII.

*) Aurifaber hat die Ueberschrift: Ad amicos quosdam: allein der Brief ist ja offenbar an Einen gerichtet, und dieser ist nach der angegebenen Zeitänderung kein anderer als W. Link. **) Er meint Gewisse am Hofe des Kurfürsten, nicht Herzog Georgs, wie Aurifaber fälschlich angibt.

16. August. N°. DCCXXXIII.

An Joh. Brismann.

L. fodert B. zur Wachsamkeit gegen die Schwärmer auf; der Bauernkrieg habe dem Evangelium Schaden gethan, zur Bewährung desselben habe er daher geheurathet; von dem Beginnen des Herzogs Georg und anderer Feinde des Evangeliums nach Friedrichs Tode u. a. m.

Das Original in der Wallenrodtschen Bibl. in Königsberg in Preußen. Zuerst in der Voglerschen Sammlung, dann in Act. Boruss. T. I. p. 800. bey Strobel-Ranner p. 113.

Charissimo in Christo fratri, Joanni Brismanno, Evangelistae in Prussia Regiomonte.

Gratiam et pacem in Christo. Nuptias tuas fortunet Christus, mi Brismanne. Scripsi antea de Martino Cellario et nunc latius ad Principem Adelbertum simul de ceremoniis instituendis: *) ideo brevissime nunc tecum ago tot scribendis obrutus. Si Carlstadii vel Zwinglii venenum de Sacramento ad vos pervenerit, vide, ut vigiles. Fuit homo miser **) apud me clanculo servatus. [1]) Nunc totus orbis ei angustus est: ita ubique petitur, ut ab hoste coactus sit petere praesidium. Tractavi hominem quantum potui humaniter atque juvi, sed sensu suo non cedit etiam convictus, ut solet hoc genus spirituum. Tu ergo cave eum et dogma ejus. Ego inveni omnia vana esse in ipso, in hac re praesertim.

Munzer et rustici sic apud nos Evangelium oppresserunt, sic animos Papistarum erexerunt, ut videatur de novo esse prorsus erigendum. Qua causa et ego jam non verbo solum, sed et opere testatus evangelium, nonna ducta uxore in despectum triumphantium et clamantium Jo! Jo! hostium, ne videar cessisse, quamvis senex et ineptus, facturus et alia, si potero, quae illos doleant, et verbum confiteantur.

1) Strob. Servetus (?).

*) Beyde Briefe müssen verloren gegangen seyn. **) Näml. Carlstadt. Er hielt sich nach seiner Entweichung von Rothenburg längere Zeit in L.'s Hause auf. S. Köhler Beytr. I. S. 135.

Dux Georgius, Marchio Elector, duo Brunsvicenses habito conciliabulo conjuraverunt, restituturos sese esse omnia. Princeps noster Johannes a Duce Georgio magnis conatibus petitus adhuc fortiter stat, ita ut homo ille paene insaniat et rumpatur ira. Landgravius Hassiae simul fortiter stare mihi creditur, licet a Brunsvicensi Duce, ut legato conciliabuli, pulsetur. Civitates imperiales consultant jam, ut cum Evangelio maneant, licet minantibus maxime iratis Principibus. Summa, facies est majoris belli futuri et quod Principes impios sit oppressurum, nisi Deus caverit.

Dux Georgius mortuo Friderico putat se omnia posse, sed Christus pulchre adhuc eum ridet, magis risurus, si nobiscum vos oraveritis. Rusticorum res quievit ubique, caesis ad centum millia, tot orphanis factis, reliquis vero in vita sic spoliatis, ut Germaniae facies miserior nunquam fuerit. Ita saeviunt victores, ut impleant suas iniquitates.

Saluta maritam novam, et Patrem reverendiss. Episcopum Sambiensem. Jam quia prolixe non potui, volui breviter scribere. Tu quoque vale in Domino, et ora pro me. Witenb. post ascensionis MDXXV. *)

Martinus Lutherus.

---

18. August. N°. DCCXXXIV.

An den Rath und Pfarrherrn zu Domitsch.

Betrifft die Ehescheidung des dortigen Pfarrers, Michael Kramer, welche L. billigt. Vgl. Seckendorf L. II. p. 31.

Eisl. I. 217. Altenb. II. 905. Leipz. XXII. 435. Walch X. 886. Wir verglechen eine alte Abschrift im Weim. Archiv.

Dem Ehrsamen, Weisen und Wirdigen Burgermeister, Rath, und Err Michael, Prediger zu Domitsch, meinen gonstigen Herrn und Freunden.

*) Es muß Mariä Himmelfahrt gemeint seyn; sonst paßt nicht die Erwähnung von Karlstadts Aufenthalt in Wittenberg, und eben so wenig von L.'s Verheurathung.

Gnad und Friede in Christo. Ehrsamen, Weisen, Wirdigen, lieben Herrn. Auf euer Schrift euers Predigers Ehestand betreffend, ist das meine gute Meinung kurzlich. Weil dem also ist, daß sein Weib sich so unehrlich [1]) gegen ihm hält, kann ich sein Recht wedder enger noch weiter spannen, denn es Gott selbst gespannet hat, der durch St Paulum 1 Cor. 7, 17. in solchen Sachen ein solch Urtheil stellt: So der Ungläubige sich scheidet, so laß ihn scheiden; es ist der Bruder oder Schwester nicht gebunden in solchen Fällen.

Also sag ich auch: wer nicht bleiben will, der fahr imer hin, das ander Theil ist darumb nicht verbunden ohn Ehe zu bleiben; wie ich im Buchlin uber dasselbige Capitel weiter geschrieben hab, das ihr lesen muget. Kann er nu ohn Weib nicht seyn, so freye er eine andere im Namen Gottes, weil diese nicht will. Hiemit Gott befohlen. Zu Wittemberg, Freytag nach Assumptionis Mariae, An. MDXXV.

Martinus Luther.

---

1. September. *) No. DCCXXXV.

An Heinrich VIII., König von England.

Auf Veranlassung des mächtigen Königs Christiern II. von Dänemark **) bittet L. den König v. England um Verzeihung, daß er ihn in seiner Gegenschrift (s. Br. v. 15. Jul. 1522. No. CCCCXIX.) beleidigt habe, und erbietet sich, ihn deßwegen öffentlich um Verzeihung zu bitten.

---

1) Eisl. unehlich.

*) Dieses Datum ist in der lat. Wittenb. Ausgabe angegeben: in der deutschen Wittenb. Jen. u. Altenb. Ausg. der 1. Sept. 1526, in Emsers deutscher Uebersetzung der 7. Sept. 1525. **) Mein gnädigster Herr Christiern, König zu Dänemark, machte mich guter Hoffnung so voll, des Königs zu Engelland halben, daß ich gleich dienete: ließ auch nicht ab mit Worten und Schriften, schenkte mir so viel guter Worte ein, ich sollte nur demüthiglich schreiben, es würde Nutzen schaffen, bis ich davon trunken ward und daumelte bey mir selbst also. Luther Antwort auf des Königs in Engelland Lästerschrift. Walch XIX. 512.

Bey Aurifaber II. 290. b. Viteb. II. 533. mit besserem Texte. Deutsch Wittenb. IX. 234. Jen. III. 360. Altenb. III. 486. Leipz. XIX. 358. 549. Walch XIX. 466. Dieser Brief erschien ins Deutsche übersetzt von Emser: Ein Sendbrief M. Luthers an den König in Engelland Heinrichen dies Namens den achten, darinnen er Verzicht und Gnade bittet um das, damit er gemeldten König närrisch und zu jähe verletzet habe, mit Verheißung dasselbe zu widerrufen. Des jetztgemeldten Durchl. Königs ꝛc. Antwort auf obgenannten Sendbrief, einem jeglichen Christen nützlich und christlich zu lesen. 1527. 4.

Serenissimo Principi et Domino, Domino Henrico VIII., Regi Angliae et Hiberniae.

Gratiam et pacem in Christo Jesu Domino et Servatore nostro. Amen. Quanquam vereri merito debuerim, Serenissime Rex, Illustrissimeque Princeps, literis Majestatem tuam tentare, ut qui mihi conscius maxime sim, gravissime offensam esse tuam Majestatem 1) libello meo, quem (non meo genio, sed incitantibus iis, qui Majestati tuae parum favebant) stultus et praeceps edidi: tamen spem et ausum mihi facit, non modo regia illa tua Clementia, sic mihi literis et verbis indies cantata 2) a quam plurimis, ut cum mortalem sese 3) noverit, immortales 4) inimicitias servaturam esse non credam, verum etiam, 5) quod fide dignis testibus didici, libellum sub Majestatis tuae nomine 6) in me editum, non esse Regis Angliae, 7) ut videri volebant subdoli sophistae, qui Majestatis tuae titulo abusi, non senserunt, quam sibi ipsis periculum in regia ignominia pararent, praesertim illud monstrum et publicum odium Dei et hominum, Cardinalis Eboracensis, *) pestis illa regni tui, ita ut vehementer nunc pudefactus metuam oculos coram Majestate tua levare, qui passus sum levitate ista me moveri in talem tantumque regem per malignos illos operarios, praesertim cum sim faex et 8) vermis, quem solo contemtu oportuit victum aut neglectum esse.

Accedit ad haec, quod me serio compulit quamvis 9) abjectum scribere, Majestatem tuam coepisse favere Evangelio,

---

1) Aurif. interpellare de, statt tentare etc. 2) Aurif. praedicata. 3) Aurif. esse. 4) Aurif. + tuas. 5) Aurif. — etiam. 6) Aurif. n. t. M. 7) Aurif. R. A. n. e. 8) Aurif. — faex et. 9) Aurif. quantumvis.

---

*) Eduard Lee.

et non parum taedere istius generis hominum perditorum. Hoc sane nuntium fuit vere Evangelion, id est, laetum nuntium cordi meo. Quare his literis prosterno me pedibus Majestatis tuae, quantum possum humillime, et per Christi amorem, [1]) crucem et gloriam oro et obsecro, Majestas tua dignetur sese submittere, et veniam donare, in quibuscunque Majestatem tuam laesi, sicut Christus oravit, et dimittere debita nos quoque invicem jussit.

Deinde si Majestati tuae serenissimae non videbitur contemnendum, ut alio libello publico palinodiam cantem, et nomen Majestatis tuae rursus honorem, det mihi clementem aliquam [2]) significationem: tum in me mora non erit ulla, faciam illud libentissime. Quamvis enim [3]) sim homo nihili, ad tuam Majestatem [4]) comparatus, tamen non parum fructus Evangelio et gloriae Dei hinc sperare licebit, si mihi ad Regem Angliae scribendi de causa Evangelii [5]) fuerit copia facta.

Interim Majestatem tuam, ut coepit, Dominus augeat, ut pleno spiritu et faveat et obediat [6]) Evangelio, nec sinat aures regias et animum occupari pestilentibus Sirenarum [7]) vocibus, quae nihil nisi haereticum Lutherum vociferari norunt. Tua vero Majestas apud sese cogitet, quidnam mali possim [8]) docere, qui aliud nihil doceam, quam fide Jesu Christi filii Dei, pro nobis passi et suscitati, nos [9]) salvos fieri oportere, sicut testantur Evangelia et Epistolae Apostolorum. Hoc enim est caput et fundamentum doctrinae meae, super quod postea aedifico et doceo charitatem erga proximum, obedientiam erga politicos Magistratus, tum crucifixionem seu mortificationem [10]) corporis peccati, ut itidem praescribit doctrina christiana. [11])

Quid in his capitibus doctrinae christiane [12]) mali est? Expectetur tamen, audiatur et judicetur [13]) primum: cur damnor, neque auditus neque convictus? Porro quod abusum et tyrannidem Pontificum taxo, qui alia, quam ista praedicta capita, imo contraria docent, interim censibus, pompae, ventribus, imo regnis et principiatibus, omniumque opibus inhian-

1) Aurif. — amorem. 2) A. al. cl. 3) A. cum. 4) A. ad Celsitudinem tuam. 5) A. de E. c. 6) A. ob. et fav. 7) A. Syrenum. 8) A. possum. 9) A. — nos. 10) A. — seu mortif. 11) A. Chr. d. 12) A. doctrinarum. 13) A. Exspectetis etc.

tes: [1]) nonne id ipsum et vulgus sentit et damnat, atque ipsimet coguntur confiteri? Cur non emendant sese et recta [2]) docent, si odio et correptione liberi esse volunt.

Videt sane Majestas tua serenissima, quanti Principes in Germania, quot [3]) politiae, deinde quot viri sapientissimi mecum faciant, et Deo gratia doctrinam Evangelii, singulari Christi beneficio per me repurgatam cupiant indemnatam. [4]) Quorum numero utinam Christus [5]) Majestatem tuam adscribat et ab istis animarum tyrannis separet.

Quid mirum vero, si Caesar et aliquot Principes in me saeviunt, nonne ut Psalm. II. dicit, *adversus Dominum et Christum suum fremunt gentes, meditantur populi, conspirant Reges terrae, et conveniunt Principes?* ut miraculum [6]) potius sit, si aliquis Principum ac Regum Evangelio faveat. Huic miraculo in Majestate tua [7]) opto ex totis medullis aliquando gratulari, et ipse Dominus, quo praesente et volente haec scribo, cooperetur meis verbis, [8]) ut Rex Angliae brevi fiat perfectus discipulus Christi Evangeliique [9]) professor, tum Lutheri clementissimus Dominus, Amen.

Responsum si visum fuerit Majestati tuae, expecto clemens et benignum. Witenbergae, prima Sept. anni Domini MDXXV.

Regiae Maj. tuae
deditissimus
Martinus Lutherus.
Manu propria.

---

6. September. N°. DCCXXXVI.

An Spalatin.

Ueber Brißgers Berufung nach Altenburg und die angebliche Abneigung des Kurfürsten gegen die Universität.

Bey Aurifaber II. 298. b. Vgl. Cod. Jen. a.; f. 203. Deutsch bey Walch XXI. 987.

---

1) Aurif. sinnlos: Pontificum reprehendam, interim censibus, pompae, ventribus, imo regnis et principibus, omniumque opibus invidentem. 2) A. recte. 3) A. quae. 4) A. indamnari cupiant. 5) A. — Christus. 6) A. mirandum. 7) A. † quam. 8) A. v. m. 9) A. et Evangelii.

Optimo Viro, D. Georgio Spalatino, Episcopo Altenburgensi, suo in Christo fratri charissimo. [1])

Gratia et pax in Christo. Scripsi et dixi antea, mi Spalatine, M. Eberhardum vocari oportere literis Principis, quod ubi factum fuerit, continuo aderit. Id autem Altenburgenses oportet curare, ut fiat, ut illis dudum significavi. Pro Joachimo scribo Principi. Mori Proceres hoc anno, forte id est, quod tot signa partim et illos tangant. Gaudeo te assuescere paulatim tuae Altenburgae. Fama ad nos venit, Principis animum alienari ab Academia nostra, atque adeo aegre ferre velut improbas nostras submotiones: nos itidem aegre sustinemus studiosos, statim e portis omnibus erupturi in omnem terram, ubi senserimus ea esse vera, sed forte hostis bonorum Satan ea machinatur, Christus gratificet nos sibi, Amen. Vale et ora pro me. Witenbergae, feria 4. post Aegidii, anno MDXXV.

Martinus Luther.

---

6. September. No. DCCXXXVII.

An Leonhard Beier.

Betrifft die Untreue eines Bräutigams gegen seine Braut.

Aus der Sammlung des Casp. Sagittarius zu Jena bey Schütze II. 65 Vgl. Cod. Gud. 214. der Wolfenb. Bibl.

G. et P. in Christo. Recte judicasti, mi Leonharde, in causa perscripta conjugii. Quodsi *) urgeret potestas gladii, esset graviter puniendus, adulter tam impudens et protervus in primis fervoribus, aut extra terram proscribendus. Puella igitur, nisi blanditiis ducta volet persuaderi, ut ignoscat et consentiat, jure cogi nec debet nec potest. Nec spes est felicis conjugii, ubi talia audet ante nuptias sponsus. Vale in Domino. Witenbergae, 4. post Aegid. MDXXV.

T. Mart. Luther.

1) Nach Cod. Jen.

*) Cod. si.

12. September. N⁰. DCCXXXVIII.

An den Kurfürsten Johannes.

L. bittet, daß Carlstadt erlaubt werde, nach Wittenberg zum Verhör zu kommen und sich in Kemberg niederzulassen.

Zuerst aus dem Original im Weim. Archiv gedruckt im Leipz. Supplem. S. 40., dann bey Walch XXI. 129. Wir haben das Original nachgesehen.

Dem Durchleuchtigsten, Hochgebornen Fursten und Herrn, Herrn Johanns, Herzog zu Sachsen und Kurfurst und Landgrafen in Thuringen und Markgrafen in Meissen, meinem gnädigsten Herrn.

Gnad und Friede in Christo. Durchl. Hochgeborner Furst, gnädigster Herr. Ich komme abermal mit einer Mühe und Unlust, aber doch ist E. K. F. G. in dem Amte geschaffen von Gott. D. Carlstadt erbeut sich zur Verhor, sich des Aufruhrs zu entschuldigen, und hat mir daneben einen Widderspruch zugeschickt seines Irrthumbs, welche ich auch will lassen ausgeben. Wiewohl ich nu nicht zu rathen weiß, daß er umb Orlamunde seyn sollte, acht ich doch billig, daß er zur Verhore komen sollte. Wenns nu E. K. F. G. zu thun wäre, acht ich, er mochte zu Wittemberg verhort werden, und wo er unschuldig funden, und sein Widderspruch gnugsam, daß ihn E. K. F. G. zu Kemberg, odder auf eim Dorfe in der Nähe bleiben ließe, weil er doch ohn das fest furgenomen hat, sein Lebenlang nimermehr zu predigen, noch zu schreiben, sondern ewiglich schweigen, und sich seiner Erbeit nähren. Wo er aber aus andern Landen aufruhrisch uberwunden wurde, wäre es ihm so viel fährlicher, daß er allhie kunnt antroffen werden. Das schreibe ich darumb, daß mich des armen Manns treflich jamert, und E. K. F. G. auch weiß, daß den Elenden, und sonderlich den Unschuldigen, Barmherzigkeit sey zu beweisen.

M. Philipps und ich haben auch das Bedenken, daß sein Stillschweigen mit solcher Gonst und Gnade zu keufen wäre, auf daß er nicht anderswo mehr Jamers, entwedder aus Rache oder aus endlicher Verzweiflung, anrichtet. So hulfe das gar mächtiglich widder alle, die seinen Irrthum gefasset haben, denselbigen zu dämpfen, daß er allhie nicht ferne von uns, als unser Meinung und Gnade gelebte. Doch stelle ich das in E. K. F. G. gnädigs Bedenken. Hiemit Gott befohlen, Amen. Zu Wittemberg, Dienstag nach Gorgonii 1525.

E. K. F. G.

unterthäniger

Mart. Luther.

---

15. September. N°. DCCXXXIX.

An den Kurfürsten Johannes.

L. bittet den Kurfürsten, sich der sinkenden Universität anzunehmen, und einen seiner Räthe nach Wittenberg zu schicken.

Zuerst ex Copial. Archiv. Vinar. im Leipz. Supplem. S. 40. Dann bey Walch XXI. 131. Wir haben das Weimarische Original verglichen.

Zu eigen Handen mein allergnädigsten Herrn Herzog Hans Kurfursten z. S. ꝛc.

Gnad und Friede in Christo, Durchleuchtigster, Hochgeb. Furst, G. H. Wiewohl ich mich sampt den Andern trostlich verlassen auf E. K. F. G. gnädigs Zusagen unser Universität halben; so sehen wir doch wohl, daß E. K. F. G. aus nothlichen Sachen, und sonderlich des Landtages halben, verhindert wird: so kann ich doch unterthäniger Meinung nicht lassen, E. K. F. G. zu erinnern und bitten, daß Sie wollten etwa den Dolzken odder sonst Jemand allher lassen komen, oder schriftlich E. K. F. G. Meinunge merken lassen; denn es zu besorgen sonst ist, weil viel Lection itzt nidderliegen und etlich Lection bisher unbelohnet blieben, auch Etlich sich schon davon machen, daß wir die Gesellen nicht mugen zuletzt erhalten. Denn die Burse ist arm, und hat nicht, daß sie mochte langen Verzug erleiden. Das wollt ich E. K. F. G. kurzlich nicht lassen unangezeigt. Versehe mich auch, die Universität werde E. K. F. G. selbst schreiben. Hiemit Gott befohlen, Amen. Freytag nach Crucis 1525.

E. K. F. G.

unterthäniger

Martinus Luther.

27. September. No. DCCXL.

An Nic. Hausmann.

L. ist mit der Widerlegung des Erasmus beschäftigt, denkt aber doch an die Einrichtung der Pfarreyen und Kirchengebräuche. Einstweilen soll H. sich helfen, wie es gehen wolle.

Bey Aurifaber II. 300. Deutsch bey Walch XVIII. 2503.

Gratia et pax. Agite interim, quod agitis, et ferte, quod potestis, mi Nicolaë. Ego jam totus sum in Erasmo confutando: scio reformatione parochiarum opus esse et institutis uniformibus ceremoniis, jamque hoc saxum volvo, et Principem solicitabo. Video frustra conari nos, nisi pastores provideantur: agetur, sicut cum Levitis olim, ministrari sibi volunt. Nec nostra hodie constituta est parochia: quid de aliis fiet, quorum querelis quotidie obruor? Satan est in medio. Tu igitur visita Schnebergenses et quoslibet potes, si vocant et opus habent: qui Principi scias id minime displicere. Catechismum differo, 1) vellem enim uno opere omnia dissolvere. Vale et pro omnibus, sicut facis, ora: salutat te costa mea. Quinto calend. Octobris, anno MDXXV.

Martinus Lutherus.

---

28. September. No. DCCXLI.

An Spalatin.

L. empfiehlt Eberh. Brisger, der sein Amt in Altenburg antreten wollte, und erinnert an die Nothwendigkeit eine Kirchenordnung einzuführen.

Bey Aurifaber II. 299. b. Vgl. Cod. Jen. a.; f. 204. Deutsch bey Walch XVIII. 2502.

Venerabili in Christo Domino Georgio Spalatino, Episcopo Altenburgensis Ecclesiae, suo fratri.

---

1) Vermuthung statt differre bey Aurifaber.

Gratiam et pacem in Christo. Monstrum istud abominor, sicut omnia monstra, cum non abeant sine incommodo, quod significant, licet sophistae naturaliter illa fieri somnient ex suo Aristotele, sed mundus id misere experitur esse falsum. Venit [1]) ad vos M. Eberhard Brisgerus, quem tibi commendo, sicut facis absque mea commendatione. Reliquum nunc est, constituta schola, ut et parochiarum status aggredi suadeamus Principem quam primum reformandos, quod Deus consulat et faciat, Amen. Nurmbergensis Senatus scholam christianam erecturus, Philippum nostrum evocavit pro consilio, isque propediem ibit: spero Christum fortunaturum suum verbum. Ego jam totus in Erasmo et libero arbitrio versor, daboque operam, ut nihil patiar illum recte dixisse, sicut vere nihil dixit recte. Tu ora Dominum, ut assistat mihi, quo maturetur opus suum [2]) in gloriam suam, Amen. Rustici apud Basileam rursus in armis esse dicuntur, quod Principum saevitia sit intolerabilis. Caetera Brisgerus coram. Vale cum tua sponsa et tota Ecclesia tua. Dominus vero conterat Bethaven [3]) illam vestram velociter, Amen. Witenbergae, in vigilia Michaelis, anno MDXXV.

Martinus Lutherus.

---

29. September. N°. DCCXLII.

An Mich. Stiefel.

L. beruhigt seinen Freund wegen des Aergernisses, das er durch seine Verheurathung gegeben, und theilt ihm allerley Nachrichten mit, unter andern, daß er 13 Nonnen aus dem Herzoglich Sächsischen habe entführen lassen.

Bey Aurifaber II. 300. Bey Walch findet sich dieser Brief nicht.

Gratia et pax in Christo. Mi Michaël, fortis esto in Domino, frater charissime, et roborare in potentia virtutis ejus. Si meum conjugium est opus Dei, quid mirum, si in illo caro

---

1) Aurif. Veniat. Wiell. Veniet, denn er kam erst im December. 2) Cod. Jen. — suum. 3) Das Stift.

offendatur, offenditur etiam in carne ipsius divinitatis et creatoris, quam ipse pro salute mundi in pretium et cibum dedit. Si non offenderetur mundus in nobis, ego offenderer in mundo, metuens, ne non esset divinum, quod gerimus. Nunc illo offenso et impatiente in me ego aedificor et consolor in ipso, ita fac et tu. Hac nocte tredecim moniales ex ditione Ducis Georgii afferri curavi, et rapui tyranno furenti hoc spolium Christi. Principes nostri Evangelium palam confitentur et sequuntur. M. Eberhardus fit episcopus Altenburgensis cum Georgio Spalatino: monasterii census Principi resignavimus, vivo ego jam privatus paterfamilias, manens in monasterio, donec Christus volet. Nam non duxi uxorem, ut diu viverem, sed (quod nunc propiorem finem meum suspicarer, cum jam etiam populos cum Principibus in me furere videam) ut meam doctrinam forte mox post meam mortem conculcandam iterum proprio exemplo relinquerem confirmatam pro infirmis. Vale et ora pro me. Saluta dominam tuam et fructum carnis tuae. Die Michaëlis, Witenbergae, anno MDXXV.

Ende Septemb. oder Anfang Octob. *) No. DCCXLIII.

An Nic. Hausmann.

L. entschuldigt sich mit seiner Schrift gegen Erasmus, daß er nichts anders vornehmen könne; gegen Zwingli und Oecolampadius werde er nicht schreiben.

Aus der Hahnischen Sammlung zu Kiel bey Schütze III. 247. Dann bey Strobel-Ranner p. 111. Deutsch bey Walch XXI. 1565.

Nicolao Hausmanno, Episcopo Cygn. Ecclesiae.

Gratiam et pacem in Christo. Spero literas meas ad te venisse, mi Nicolaë. Nunc breviter dico: interim quod in Erasmo sum, aliud nihil possum: quo finito studebo in illis, quae tu scribis. Invadunt nos Zwinglius et Oecolampadius, **) sed hoc aliis

---

*) Die Jahrzahl 1525 gibt Strobel an.

**) Im März d. J. gab Zwingli seine Schrift de vera et falsa religione und zugleich seine ep. ad Alberum heraus, worin er seine Meinung vom Abendmahl vortrug. Bald nachher erschien von Oecolampadius de genuina verborum Domini: Hoc est corpus meum juxta vetustissimos auctores expositione liber. Basil. 1525.

relinquatur,[1]) vel potius contemnatur.[2]) Satan ubique insanit: at Christus sapit atque valet. Carolostadius nostro beneficio, ut spero, resurget et resipiscens in gratiam Principis redibit, Christo adspirante. Quid illi tum dicent? Christus sic vult.[3]) Vale in Christo, charissime mi Nicolaë. Ego jam monialium succedo Abbas.[4]) *) Raptim.

T. Mart. Lutherus.

---

8. October. N⁰. DCCXLIV.

An Leonh. Beier.

Betrifft eine aus dem Kloster entwichene Nonne.

Aus der Gudischen Sammlung auf der Wolfenbüttelschen Bibliothek bey Schütze II. 66. Wir haben diese Sammlung No. 213 verglichen.

G. et pax in Christo. Est mihi inter alias virgines, monasterio nuper liberatas,**) una Gertrudis a Mylen, cujus matrem vel aviam dicunt habitare in Gubena tua, ad quam ipsa hoc nuntio scribit. Tui jam officii est, ut illam[5]) inhorteris, ut auferat ad se filiam vel neptem suam, nisi malit, ut ego eam elocem, quod illam postea fortasse male haberet. Vale, et ora pro me. Dominic. post Francisci, MDXXV

T. Mart. Lutherus.

---

11. October. N⁰. DCCXLV.

An Nic. Hausmann.

Empfehlung des Lic. Basilius zum Physikus in Zwickau.

Bey Aurifaber II. 301. Deutsch bey Walch XXI. 988.

1) Str. relinquam. 2) Str. contemnentur. 3) Fehlt bey Str. 4) Fehlt bey Sch. 5) Sch. + etiam.

*) Es bezieht sich auf die Befreyung von 13 Nonnen. Vgl. den vorigen Brief an Stiefel. **) Vgl. d. Br. an M. Stiefel. No. DCCXXXII.

Gratiam et pacem in Domino. Est mihi, D. Nicolaë, quo tua opera opus mihi sit, rogo, ne graveris mihi inservire. Pervenit ad me aura quaedam famae, quaeri physicum pro vestra civitate. Ad quam conditionem ut alii tendant multi, forte verum est, sed apud nos est Basilius Licentiatus (nescio, hominem noris nec ne, qui illam nonnam a Schonfeld habet, et una in coena tecum affuit): is jam dudum ungues suos suxit, liber ab officio. Quidnam praedicem tibi ejus fidem, artem et usum in re ista? laudatur a potioribus maxime. Hunc ego non modo pro suo commodo, sed quod et Cygneae velim optime consultum et viro esse digno provisum, id muneris obtinere cupio. Si tu nunc velles, aut possis quippiam cooperari, ut illic promoveretur, Christum plane foveres et urbi tuae benefaceres, aut si opus sit, me alio modo ista agere significes. Promiserat illi Princeps Fridericus, si qua in ditione sua vacaret conditio aliquando, se illum provisurum, tanti fecit hominem. Fac, quod spero et praesumo, dignum officium tuo nomine et persona. Proceres Principis hic sunt, agitur de ceremoniis constituendis nobiscum. Postea agetur aliquando de parochiis. Interim sustineto te, Deus benedicat, gratia tecum, Amen. Feria 4. post Dionysii, anno MDXXV.

Martinus Lutherus.

---

21. October. N°. DCCXLVI.

An Joh. Agricola.

Nach einem scherzhaften Eingang und der Berührung einer für uns unverständlichen Angelegenheit, gute Nachrichten von dem Fortgang des Evangeliums und Katharinas angeblicher oder wirklicher Schwangerschaft.

Aus der Schmidischen Sammlung zu Helmstädt bey Schütze II. 67.

Charissimo in Domino fratri Jo. Agricolae, pueritiae Eislebiensis figulo vero et servo Christi.

Gratia et pax in Christo. Cum toties scribam et tot scribam, et ad tot scribam, ut nihil me esse putem aliud, quam scribam, visum est, ut et ad te scribam, charissime Joannes. Quamvis nihil habeam, quod scribam, hoc tamen scribam, quod non sit, quod scribam. Ich kann von dem Schreiben nicht kommen. Mittimus igitur et Syrum et Davum nostrum loco Julichii, gemellum videlicet pro uno, quo facilius redimeremus promissum nostrum. Scripsi de hac re ad Comitem, tu causam juvabis. Sic enim res, quae communis est omnium, postulabat. Caetera Syrus.

Apud nos fama est, Marchionem Badensem et Casimirum Evangelio permittere liberum locum. Nobilitas Franciae idem ab Episcopo Wurzburgensi postulat. Sic regnat Christus in virtute, ut pro Evangelio eveniant, quae Evangelion extinctura atque extinxisse videbantur. Salutes carnem tuam cum racemis et fructibus, uvis et ficubus dulcissimis. Et pro nobis ora. Catena mea simulat vel vere implet illud Genes. 3.: *tu dolore gravida eris*, vosque magno animo salutat, maleque jam habet, quod famulam Catharinam, nescio quam, nulla ratione permovere possit, ut ad vos concedat. Gratia vobiscum, Amen. Sabbatho post Lucae, MDXXV.

M. Lutherus.

---

27. October. N°. DCCXLVII.

An Gottschalk Crusius.

L. widerlegt Zwinglis Behauptung von der Gewißheit des Glaubens.

Bey Aurifaber II. 298. Deutsch bey Walch XXI. 985.

Suo Domino Godsaligo, Evangelistae apud Zellam Luneburgensis regionis.

Gratiam et pacem in Christo. Pauca occupatissimus scribo, mi Godsalige. Tantum has unas accepi literas tuas, postquam hic dux Otto fuit. Compatior autem tibi sic spiritibus novis vexato, sed fortis esto, Dominus aderit virtute sua. Argumentum Zwinglii de certitudine fidei nihil te moveat: loquitur enim de fide prorsus ex auditis et proprie fictis, sine ulla experientia. Possibile est, imo quotidianum, ut simus in aliquot articulis firmi, in aliquibus infirmi: relictus fuit Moses tantae fidei vir infirmus ad aquas contradictionis, tum omnes filii Israël in fide victus et cibi infirmati sunt, qui tot miraculis vicerant per fidem Pharaonem. Deinde non sunt suspecta omnia, quae apud Papistas recepta sunt, alioqui et baptismus et tota Biblia suspecta erunt. Hoc sit magis suspectum, quod Carlstadius primus opinionem illam protulit, cujus argumenta Zwinglius et Oecolampadius in totum respuunt, et tamen opinionem aliis defendere nituntur, ac stulti non nisi potissima argumenta Carlstadii a sese damnata proferunt. Ridiculus mihi spiritus, qui articulum aliquem primo proferat argumentis nihili, et deinde aliis promissis eadem fere jactet, ac sic sibi in totum pugnet. Certant illi de gloria dogmatis istius. Aliud nihil ibi video, sed successu videbis forte alia. Interim perdura in sana sententia. Dominus gratia sua tibi assistat, Amen. Witenbergae, feria 6. post Severi, anno MDXXV.

Martinus Luther.

---

28. October. N°. DCCXLVIII.

An Joh. Lange und die übrigen Erfurtischen Prediger.

Betrifft die Einführung einer Ordnung des Gottesdienstes.

Bey Aurifaber II. 301. b. Deutsch bey Walch XXI. 989.

D. Joanni Lango et reliquis Erfordiae Christi ministris.

Gratiam et pacem in Christo. Fratres charissimi, vehementer nobis placet solicitudo vestra pro formandis ceremoniis, neque forma a vobis descripta ingrata est, si vel Erfordia sola in eam consentiat. Nec referre puto, si caeterae Ecclesiae nolint in eam concedere: quis coget invitos? Nos sane jam delineaveramus formam, Principique nostro misimus, ac nunc jam ejus mandato elaboratur, crastina Dominica publico experimento tentabitur in nomine Christi. Erit autem missa vernacula pro laicis, quotidianus vero cultus Latinus erit, conjunctis lectionibus vernaculis, ut haec brevi, publicis exempluribus editis, *) perspicietis: tum si placuerit, nobis conformari, vel vestris uti poteritis. Interim facite quod facitis, ac in Domino bene valete. Witenbergae, sabbatho Simonis et Judae, MDXXV.

Vester Martinus Lutherus.

---

30. October. N⁰. DCCXLIX.

An den Rath zu Plauen.

Betreffend die Verwendung der Güter eines verlassenen Klosters.

Altenb. VIII. 969. Leipz. XXII. 549. Walch XXI. 134.

Gnad und Friede in Christo. Ehrsame, weise, liebe Herren! Auf euer Schreiben, des Klosters halben bey euch, weiß ich nicht anders zu antworten, denn ich zuvor durch öffentlichen Druck habe in solchen Fällen geschrieben: nämlich, wo das Kloster verlassen, so habe die Stadt oder Herrschaft die Häuser einzunehmen und in guten Brauch zu wenden, die Güter aber und Zinse, wo arme und dürftige Erben sind der Stifter, daß man denselbigen die läßt fahren, oder ihnen eins Theils jetzo werd. Ist derhalben mein Gutdünken, daß ihr euch mit dem Adel freundlich vertraget, ob sie gar oder eins Theils abtreten wollen von der Stiftungen ihrer Eltern, und also zum Gottes Werk anlegen. Solches ist billig, und gefällt Gott als eine Frucht der Liebe; die Kleinod aber bleiben, wo die Behausung bleibet. Hiermit Gott befohlen, Amen. Montags nach Simonis und Judä 1525.

Martinus Luther, D.

---

*) Deutsche Messe und Ordnung des Gottesdienstes. Erschien 1526. Vgl. Br. v. 2. Febr. 1526.

31. October. N°. DCCL.

An den Kurfürsten Johannes.

L. entschuldigt sich, daß er so streng auf die verbesserte Einrichtung der Universität gedrungen, und fodert den Kurfürsten auf, nunmehr auch für die Ausstattung der Pfarreyen und die Untersuchung des weltlichen Regiments zu sorgen.

Zuerst ex Copial Archiv. Vinar. gedruckt im Leipz. Suppl. S. 40. Dann bey Walch XXI. 131. Wir haben das Original verglichen.

Dem Durchleuchtigsten, Hochgebornen Fursten und Herrn, Herrn Johanns, Herzogen zu Sachsen, Kurfurstl. rc. Landgrafen in Thuringen und Markgrafen zu Meissen, meinem gnädigsten Herrn.

Gnad und Friede in Christo. Durchleuchtigister, Hochgeborner Furst, Gnädigster Herr. Ich bitte ganz unterthäniglich, E. K. F. G. wollte mir gnädiglich zu gut halten, daß ich oft mit Schriften Muhe und Unlust zu Hofe bringen muß, angesehen, daß ich freylich nichts davon habe, denn auch Muhe und Unlust genug, und gern E. K. F. G. verschonete, aber weil ich solches Standes und Achtens bin, nicht kann uberhoben seyn.

Erstlich, G. H., entschuldige ich mich, daß ich so hart habe angeregt, die Universität zu ordiniren, denn ich vernomen habe, wie es E. K. F. G. fast befrembdet hat, mein so sorgfältig Treiben, als sollt ich E. K. F. G. Zusagen nicht viel gegläubt haben; nu ists ja nicht also, daß ich E. K. F. G. nicht sollt gläuben, denn wo das, so hätte ich aus Zweifeln mein Anregen lassen anstehen; sondern darumb, daß ich keinen Zweifel hatte an E. K. F. G. Zusagen, darumb hielt ich an, daß nicht durch uberflußig Geschäfte verzogen wurde, wie denn vielen und vielmal bey vorigen unsern gnädigsten Herren rc. geschehen: denn Herrenhofe haben viel zu thun, und ist noth, daselbs anhalten, wie man sagt: so ward ich auch von andern gedrungen, weil die Personen sich verliefen, und die Schule sich trennet, daß Eilens noth wäre.

Doch wie dem allen, ob ich gleich mit Mißtrauen mich an E. K. F. G. vergriffen hätte, sollte mich solche Sund nicht zu sehr reuen, angesehen das gute Werk, das heraus gefolget ist, wilchs wohl mehr solcher Sunde werth ist, und gerne noch mehr mich dermaßen an E. K. F. G. versundigen wollte, wo ich solch Gut schaffen kunnte, der trostlichen Zuversicht, E. K. F. G. werde mir solchs nicht alleine gnädiglich vergeben, sondern auch selbs Wohlgefallen dran haben, weil es gewiß ist, und ja nicht anders seyn kann, denn daß E. K. F. G. im Herzen fuhlen muß, daß solch Werk gut ist, und Gotte wohlgefället; und wiewohl sie kein Verdienst noch Lohn darinnen, vielweniger Ruhm odder Ehre fur der Welt sucht, so muß sich doch das Gewissen freuen, und im Glauben deß stärken, daß Gott durch E. K. F. G. solchs Gut ausgericht, und zum Werkzeug gebraucht hat, und angezeigt, desselbigen weiter zu seinem gottlichen gnädigen Willen zu gebrauchen im Sinn habe, welchs wir herzlich bitten und wundschen, Amen.

Demnach, G. H., weil die Universität nu in ihrer Ordenung steht, und Ordenung Gottsdiensts auch nu gefasset wird, und angehen soll, sind noch 2 Stuck furhanden, welche foddern E. K. F. G. als weltlicher Oberkeit Einsehen und Ordenung. Das erst, daß die Pfarren allenthalben so elend liegen, da gibt niemand, da bezahlet niemand. Opfer- und Seelpfennige sind gefallen, Zinse sind nicht da, odder zu wenig, so acht der gemein Mann widder Prediger noch Pfarrer, daß wo hie nicht ein tapfer Ordnung und stattlich Erhaltunge der Pfarren und Predigstuhlen wird furgenomen von E. K. F. G., wird in kurzer Zeit widder Pfarrhofe, noch Schulen, noch Schuler *) etwas seyn, und also Gotts Wort und Dienst zu Boden gehen. Derhalben wollt sich E. K. F. G. weiter Gott gebrauchen lassen, und sein treues Werkzeug seyn, zu mehrem Trost, auch E. K. F. G. eigen Gewissen, weil sie dazu durch uns und durch die Noth selbs, als gewißlich von Gott, gebeten und gefoddert wird. E. K. F. G. wird da wohl Mittel zu finden. Es sind da Kloster, Stift, Lehen und Spenden, und des Dings gnug, wo nur E. K. F. Gn. Befehl sich drein begibt, die zu besehen, rechen und ordenen. Gott wird dazu seinen Segen und Gedeihen auch geben, daß, ob Gott will, die Ordenung, so die Seelen betrifft, als die hohen Schule und Gottsdienst, nicht verhindert werde aus Mangel und Verlassung des armen Bauchs; das bitten wir auch seine gottliche Gnade, Amen.

Das ander Stuck, daß E. K. F. G., wie ich mit E. K. F. G. einmal zu Wittenberg geredt, auch das weltliche Regiment visitiren ließe, und wie Räthe in Städten und alle ander Amptleut regierten, und dem gemeinen Nutz vorstunden; denn es ist große Klage allent-

*) L. schrieb Stulen.

halben uber böse Regiment, beyde in Städten und auf dem Lande, darein E. K. F. G. als eim Häupt- und Landsfursten zu sehen gebuhrt, und vielleicht vieler Zeddel, Sachen und Klagen zu Hofe weniger wären, wo solche Visitation und gut Ordnung stattlich wurde ganghaftig seyn. Solchs alles wollte E. K. F. G. zur unterthänigen Anregunge von mir gnädiglich annehmen, weil E. K. F. G. siehet und merkt, daß ichs gut meine. Gott gebe dazu gnädiglich in E. K. F. G. Herz seinen Geist mit volligem Licht und Macht, zu thun, was ihm wohlgefället, Amen. Zu Wittenberg, Dienstags nach Simonis und Judä, 1525.

E. K. F. G.

unterthäniger

Martinus Luther.

---

31. October. N°. DCCLI.

An den Rath zu Torgau.

Betreffend den Ruf des Lic. Basilius nach Torgau.

Aus einer Abschrift in Lingkes Luthers Geschäfte und Andenken in Torgau. S. 87.

Den Ehrsamen und Weisen, Bürgermeistern und Rath zu Torgau, meinen gunstigen, weisen und guten Freunden.

Gnad und Fried in Christo, Ehrsamen, feste, lieben Herren. Aus E. E. Schrift habe ich mit dem Licentiaten Basilio *) geredt, und euer Meinung angezeigt. Also wird er, wills Gott, aufs erst sich zu euch finden, wenns Wetter wieder wird, und Gott gebe euch beides Theils seine Gnade zum guten Ausgang, Amen. Hiermit Gott befohlen. Dienstags nach Simonis 1525.

Martinus Luther.

---

*) Vgl. Br. v. 11. October, No. DCCXXXV.

31. October. N°. DCCLII.

An Spalatin.

Sp. soll seine Hochzeit beschleunigen, damit L. zur Feyer desselben mit Brisger nach Altenburg reisen könne. Von der Verhandlung mit den Straßburger Geistlichen über das Abendmahl.

Bey Buddeus p. 49. Deutsch bey Walch XVII. 1912.

Suo in Christo fratri, Georgio Spalatino, servo Dei Altenburgi.

Gnad und Fried in Christo. Festinante nuntio non possum omnibus quaestionibus respondere, alias responsurus, mi Spalatine. Eberhardus noster ascensurus est ad vos, Deo volente, a die Martini statim, qui secum afferet literas. Quamvis si ejus voti eum compotem facere velles, nuptias tuas maturares, ut simul cum eo unis sumtu, via, tempore, curru, studio ascenderemus, et coram omnia diceremus et audiremus.. Ego intra quindenam videro, ut lib. arbitrium absolvam, ante cujus finem abesse non potero. Vale et ora pro me. Evangelistae Argentinenses miserunt legatum cum multis literis, petentes consensum in dogma de Eucharistia. *) Zwinglianum audies et videbis statim. Feria tertia post Simonis et Judae, MDXXV.

Martinus Luther.

---

5. November. N°. DCCLIII.

An die Prediger zu Straßburg.

Bey dem zwischen Zwingli und Oecolampad einer Seits und Bugenhagen, den Verfassern des schwäbischen Syngramma, Wilibald Pirkheimer, Theob. Billican u. A. andrer Seits entbrannten Streit über die leibliche Gegenwart Christi im Abendmahl hatten die friedliebenden Straßburger Prediger, Bucer u. A. den Prof. Georg Chaselius an Luther mit einem (nicht mehr vorhandenen) Schreiben geschickt, worin sie ihn baten, sich nicht in den Streit zu mischen, um nicht die Eintracht zu stören, indem sie es für rathsam hielten, die Gläubigen von solchen

---

*) Vergl. den folgenden Brief.

Streitigkeiten abzuziehen. L. antwortet kurz in diesem Briefe, und verweist auf Chaselius, dem er eine Anweisung mitgab, welche hier folgt, und worin er erklärt, daß er nicht schweigen könne, und die Ansicht nicht theile, daß die Gläubigen von diesem Glaubenspunkt abgezogen werden müssen; der eine oder andere Theil müsse Unrecht behalten und als Parthey des Teufels erscheinen. Vgl. Plank II. S. 316.

Bey Aurifaber II. 302. Deutsch bey Walch XVII. 1906. Von der angeschlossenen Instruction an Chaselius haben wir den deutschen, kürzeren Text, wahrscheinlich in dem von Ch. geschriebenen Concept, welches im Besitz des Herrn Kirchen R. Behr in Carlsruhe ist, gefunden, und liefern denselben zugleich mit.

Venerabilibus in Christo fratribus, Verbi Dei Ministris apud Argentinam, Viris cum bonis tum eruditis.

Gratiam et pacem in Christo. Redit Chaselius, frater in Domino amabilis, ad vos, viri optimi. Et quid multis orem? Christum oro, ut per Chaselium suo spiritu vobis dicat, quid vobis optemus. Res suspirat brevitatem istam et otium tantillum, prudentes estote, viri charissimi, Satan non est homo, neque mundus, sed deus et princeps mundi. Oecolampadii et Zwinglii sanctimoniam et ecclesias eorum laudari a vobis, quis non gaudeat? Sed videte, quorsum eat Zwinglius in peccato originali? Quid vero sanctimoniam et ecclesiam vocetis, non satis intelligo, tam varie literis vestris afficior. Nos nihil tale audemus de nobis affirmare, atque utinam sine nobis regnaretis. Christum a nobis primo vulgatum audemus gloriari, at hujus negationis jam traducit nos Zwinglius. Errare possumus, quid si et vos erretis? Sed ex Chaselio omnia. Dominus autem faciat, quod bonum est in oculis suis, Amen. Witenbergae, Dominica post omnium Sanctorum, MDXXV.

Martinus Lutherus.

A.

Instructio D. Martini Lutheri, data Georgio Chaselio ad Evangelistas Argentinenses.

Referas Dominis ac Fratribus, mi Chaseli, ea quae audisti et vidisti. Primum quando ipsi per sese sentiunt, fore, ut haec causa magnum sit incendium conflatura, acquiescant huic admonitioni spiritus, et revereantur, ne postea frustraneo conscientiae singultu gemant spiritus monitionem a sese fuisse neglectam.

Pace nihil optabilius nobis, ut quam hactenus et docuimus et servavimus, quantum in nobis fuit, cum omnibus soliciti, teste ipsorummet conscientia, quod hanc tragoediam non movimus primi, sed coacti respondimus. Silere vero perpetuo non est integrum, cum ipsi editis libellis (Zwinglium et Oecolampadium puto) animos moverunt, nisi optent nos a verbi ministerio et animarum cura abstinere. Intolerabile est illis loquentibus tacere, et turbantibus nostram ecclesiam, et extenuantibus nostram autoritatem cedere. Cogitent, si suam docendi autoritatem metuunt, ac nolunt minui, nec nostram minuendam esse.

A conviciis abstinere visum est, sed quomodo responderi potest aut contradici, si damnare non licet, et damnandi verbum pro convicio rapitur? An non est convicium, quod illi modestissimi nos carnivoras, esculentum Deum, impanatumque colere, tum negatores redemtionis in cruce factae editis libellis traducunt? Ipsorum est modestia, nos immodesti calumniamur: haec tamen hactenus tulimus, cum ipsi ferre nequeant, si errare dicantur a nobis. An prorsus probari volunt?[1]) plane non feremus talia.

Consilium illud non stat, quod fideles avocandi sint a quaestione corporis et sanguinis praesentis, et solo verbo et fide exercendi. Apud nos verbum et fides sine re, in qua nituntur, non sunt, cum ipsa verba involvant sententiam istam, an sit corpus et sanguis ibi? Nec vulgus avocari ibi potest, tot libellis per illos sparsis et receptis: ipsorum fuerat primo tacere, sero nunc silentium quaeritur.

Quid vero metuunt, si experimento fidei (quod jactant) certi sunt, si non fallunt, neque falluntur. Nos qui sumus, qui illis resistamus? Qui sunt adeo certi de fide ejusmodi, tenentur prodire et nos damnare erroris, ut conscientiis et animabus per nos seductis consulant, scilicet ex officio obstricti. Cum vero et hic trepident et aliud quaerant, monemus, ut jam altera monitione spiritus metuant, et videant quid agant. Qui enim experimento fidei certi sunt, non ista quaerunt, neque consulunt. Spiritus enim non sic trepidat aut disputat.

Deinde non diximus unquam, neutram rem esse carnem et sanguinem Christi, aut non afferre salutem, sed diximus verbum praedicandum, et cibum esse verum animae. Hic ter-

1) Aurif. nolunt.

tio monet eos spiritus, ut sibi caveant, eo lapsi, ut rem necessariam faciant inutilem et neutram, idque nobis falso imputent.

Summa alterutros oportet esse Satanae ministros, vel ipsos, vel nos: ideo hic nulli consilio aut medio locus, confiteri oportet alterutram partem quod credit. Atque hic oramus, quando ita certi sunt, ne dissimulent apud vulgum sese nobis dissentire. Haec quarta admonitio spiritus est, qui non sic simulat. Quod si ipsi pergant dissimulare, nobis incumbit, ut confiteamur esse nos alienos ab invicem, repugnantibus spiritibus. Quae enim conventio Christi et Belial? pacem libenter amplectimur, modo salva sit pax erga Deum nobis per Christum parta.

Rationes nil sunt, tropum non admittimus, nec ipsi probant, et huic monitioni spiritus oro ut cedant. Probandum erat, an verbum: *Est*, in loco isto, pro *significat* debeat accipi. Ipsi vero probant, alicubi in Scripturis pro *significat* accipi, quis hoc ignorabat? Tum hoc maxime metuant, cum manifeste in aliis locis caecutiant, ne etiam hoc loco errent.

Videlicet manifeste caecutiunt in illo: *Petra erat Christus*, *) Paulus enim non de petra corporali dicit, sed de spirituali: sic enim habet: *Bibebant de spirituali consequente eos petra, petra autem erat Christus.* Nonne haec, id est spiritualis petra erat Christus? ubi hic *erat* pro *significat* accipietur? Estne igitur hic manifestus lapsus? Item et aliud: *Agnus est transitus Domini*, manifestus lapsus est, ubi enim hoc habet Scriptura? Sic dicit Moses: *Comedetis festinanter, est enim transitus Domini:* hoc est, ideo haec omnia facietis, quia dies ille est Pascha vel transitus Domini, sicut si dicerem, comede assaturam, quia est dominica dies. Ad tempus vel diem scilicet refertur non ad agnum, nec aliud ex isto loco probabitur.

Sic et illud: *Hoc poculum est testamentum novum*, valeret, si apocopen admitti illic oporteret: nunc autem sic dicit: *Hoc poculum est testamentum novum in meo sanguine*, poculum per sese scilicet nihil est, sed per sanguinem meum est testamentum, quod sanguis sine poculo tradi non potuit: et quae ratio symboli, ut poculum significet testamentum, vel

---

*) Ein Beweisgrund Oecolampads.

vinum significet sanguinem Christi, ubi haec in Scripturis? Nonne haec mera sunt nugamenta et figmenta propriae opinionis, quasi sufficiat dicere, mihi videtur poculum (scilicet quod est aurum et argentum) esse symbolum fusi pro nobis sanguinis, cum illud sit durum et solidum, nec fusibile, atque ut nimium admisceas, vinum bibitur, non funditur.

Quanto rectius veteris Testamenti oblationes vini, quae fundebantur, essent fusi sanguinis symbolum. Sed sint haec nihil: summa est, ut probari possit, *est*, pro *significat* alicubi accipi: probari tamen non potest, hoc loco sic accipi. Jam sine ratione et Scriptura vim facere verbis sacrilegium est.

Quare per Christum et omnia quae in Christo chara habemus, rogamus fratres, ut ab hoc errore, tot signis indicato alienum esse a spiritu, tam nihili argumentis nixo, abstineant, desinantque animas seducere, periculum enim salutis animarum hic maximum agitur.

Quod si omnino (persuasi) desinere nolint aut non possint, Ariani saeculi furoribus id comparabimus, et ira Dei nostram ingratitudinem plectente, tantisper laborabimus, donec misereatur nostri. Damnum maximum patrabunt, sed non pervincent. Quod Zwinglius, vel ipsi, verbo meo offenduntur, quod dixi: Es muß recht seyn, was ich schreib, doleo: significant enim nonnullo animi morbo laborare in me: cur ipsi jactant experimenta fidei? An non est fastuosissima illa vox, si carnem spectes? Verum saluberrima, si vera sit, Petro autore, qui vult nos sic loqui, ut certi sumus, verbum Dei nos loqui. Qua certitudine nisi ipsi inanes essent, meam certitudinem et fiduciam non sic damnarent. Quid est eorum experimentum fidei et spiritus testimonium, si talia de nobis jactare, et ab aliis audire jactata non possimus? [1]) Verum plura dabit res ipsa, cum tractari coeperit. Nos certi sumus eos errare, ipsi viderint, quam certi sint, sese non errare: Dominus det, ut vere non errent, hoc est, resipiscant, Amen.

Caetera tu, mi Chaseli, dices, vides enim nos non unis aut binis negotiis occupatos. Anno MDXXV.

Martinus Lutherus.

---

1) Die ganze Stelle Qui sunt adeo certi — — — jactare non possimus fehlt im deutschen Manuscript.

B.

An Georgen Cassel.

Sage den Herrn und Brüdern, mein Cassel, was du gesehen hast und gehort. Zum Ersten dieweil sie selbs merken, daß diese Sache werde ein groß Ungluck anrichten, daß sie folgen der Vermahnung des Geistes, und ehren denselbigen, daß sie nicht zuletzt mit unnutzem Seufzen ihrer Gewissen beweinen mussen, daß sie die Warnung des Geistes verachtet haben. Uns ist nicht lieber denn Friede; Friede haben wir bisher gelehrt und gehalten, so viel an uns gewesen mit Fleiß und Sorgfältigkeit und mit jedermann, wie auch ihrer selbs eigen Gewissen bezeuget, daß wir diese unlustige Handlung nicht erst haben angefangen, sondern gedrängt werden, darauf zu antworten.

Allezeit schweigen wird nicht billige seyn, so Zwinglius und Oecolampadius mit ausgelassenen Buchlin die Herzen bewegt han. Es wäre denn, daß sie von uns begehrten, das Predigampt und Seelesorge zu lassen. Es leidet sich nicht, daß wir schweigen, weil sie reden, daß wir weichen denen, die do betruben und verwirren unsere Gemein und verringern unser Ansehen vor der Gemein.

Sie sollen bedenken, so sie ihre Ansehen forchten und nicht wollen verkleinert werden, daß sie auch (?) unser Ansehen nicht verkleinern. Ich rede aber von dem Ansehen, das ein christlicher Prediger bey seinem Volk haben soll der Lehre halber. [1])

Daß man sich des Scheltens enthält, ist billig; wie kann man aber antworten und widersprechen dem Irrthumb, wenn man ihn nicht soll verdammen? Verdammet man aber, so spricht man, Verdammen sey Lästern und Schmähen.

Ist das nicht ein Schmähwort, daß diese zuchtige und bescheidene Leute, die niemals [2]) schmähen wollen, uns Fleischfresser heißen und sagen, daß wir einen esserlichen und brödern Gott anbeten und darzu Verleugner der Erlosung, so am Kreuz geschehen ist, seyn, wie sie denn uns offentlich in ihren Buchlin angeben, welches wir bisher von ihnen gelitten haben, so sie doch nicht ertragen können, so man nur von ihnen sagt, daß sie irren. Soll man sie auch loben darzu? Zwar wir werdens nicht dulden.

---

1) Ich rede rc. fehlt im Lat. 2) Oder niemands.

Jener (?) Rath besteht nicht, daß man die Gläubigen davon weise, daß sie nicht fragen von der Gegenwärtigkeit Bluts und Fleisch Christi, und ube sie allein im Wort und Glauben. Bey uns ist das Wort nicht ahn das, davon es sagt, und der Glaub nicht ahn das, daran er gläubt, dweil die Wort die Meinung des gegenwärtigen Bluts und Fleisch in sich begriffen, und man vermag den Pofel *) nicht davon zu weisen, dweil so viele Buchlin von ihnen seyn ausgangen. Sie sollten die ersten geschwiegen haben. Es ist nun verbeitet, **) man sucht nun zu späte das Schweigen.

Wo fur forchten sie sich, dweil sie ihres Dings durch Erfahrung und Entpfindung des Glaubens so gewiß seyn, wie sie rühmen, so sie nicht irren und uns nicht vorführen? Wer sind wir denn, daß wir ihnen sollten oder mochten widerstehen?

Aber die Sach an sich wird viel mehr geben, wenn man sie nur handeln wird. Wir seyn gewisse, daß jene irren, sie sehen zu, wie gewisse sie seyn, daß sie nicht irren. Der Herr verleihe ihnen, daß sie nicht wahrlich irren, das ist, daß sie sich bessern, Amen.

Was mehr zu sagen ist, zeigt ihnen an mundliche, denn ihr sehet, daß ich mehr denn mit einem Geschäfte beladen bin.

---

7. November. N⁰. DCCLIV.

An Lazarus Spengler.

L. schickt an L. Sp. einen Brief an den Buchdrucker Koburger, betreffend dessen Theilnahme an dem Druck der Lutherschen Schriften, und bittet Sp. um seinen Rath in dieser Sache.

Zuerst aus dem angeblich in der Wolfenbüttelischen Bibliothek befindlichen Original gedruckt im Leipz. Suppl. S. 41. Dann bey Walch XXI. 135. Uns ist dieses Original nicht vorgekommen.

Dem ehrbaren und fürsichtigen Lazaro Spengler, Syndico der Stadt Nürnberg, meinem günstigen Herrn und Freunde.

Gnad und Fried in Christo. Ehrbar, fürsichtiger, lieber Herr und Freund! Es geht uns hie zu Wittenberg mit dem Drucken, wie

*) Pöbel. **) verbreitet?

ihr wißt, und ich zuvor dem Rath zu Nürnberg auch geschrieben, daß die Drucker und Buchführer einen Karn über unsere Drucker gemacht, und ihnen alle Schalkheit und Bosheit beweisen. Nun wird dadurch verhindert, daß ich an die Propheten, Postillen, lateinische Bibeln und andere große Werke nicht thue mich machen, noch weiter fortfahren, wiewohl ich meiner Person halben solcher Arbeit gern überhaben, und jener Bosheit mir zur Rüge wohl zu brauchen wüßte. So sind nun etliche am Rhein Buchdrucker, die sich mit meinen Druckern in Bund zu geben antragen, damit solcher Büberey gesteuret werde. Weil aber der Koburger vorlängst mit mir hat reden lassen, und ich mich dazumal erbot, was ich vermocht, solle an mir nicht mangeln: dem Verheißen nach, wie ich mich erinnere, habe ich meiner Drucker Vornehmen unternommen und aufgehalten, und vorgeschlagen, ob sie den Koburger wollten oder möchten leiden in solchem Bund und Handel, sollte vielleicht auf beyden Theilen nützlicher und zuträglicher seyn. Demnach ist meine Bitte und freundlich Ansuchen, wo es euch nicht zu schwer wäre, wolltet solches mein Schreiben an den Koburger lassen gelangen, und darein mit rathen, was das beste zu thun wäre; denn Briefs Zeiger darum von uns abgefertiget, solches mit dem Koburger zu unterreden und zu hören. Ich achte, es solle dem Koburger nicht schädlich seyn, weil wir lebten, so er den Vordruck und Laden bey uns zu Wittenberg überkäme, samt meinen Druckern, davon sie selbst weiter wohl werden sich berathschlagen und unterreden. Laßt euch solches nicht verdrießen, denn es ehe mich und alle fromme Herzen verdrießen soll, daß man die heilige Schrift solle so hindern, und von bösen Leuten solches leiden. Hiemit Gott befohlen, Amen. Zu Wittenberg, Dienstags nach aller Heiligen Tag, 1525.

Martinus Luther.

---

11. November. N⁰. DCCLV.

An den Kurfürsten Johannes.

Betreffend die Besetzung der Pfarrey zu Niemeck.

Zuerst aus dem im Weim. Archiv befindlichen Original gedruckt im Leipz. Supplem. S. 42., dann bey Walch XXI. 136. Wir haben das Original nachgesehen.

An meinen allergnädigsten Herrn, Herzog Johanns zu Sachsen, Kurfurstl. zu S. K. F. G. Handen.

Gnad und Fried in C. Durchl. Hochgeb. Furst, gnädigster Herr. E. K. F. G. haben mir geschrieben umb einen geschickten Mann gen Niemeck zu verordnen. Nu fuge ich E. K. F. G. unterthäniglich zu wissen, daß ich lauts E. K. F. G. Schrift mich halten wollen, finde aber, daß die Pfarr noch nicht ledig sey, und der vorige Pfarrherr noch nichts aufgeben, weil er sich beschweret findet, also mit großem Schaden, dazu auch mit Hohn und Spott zu weichen. Doch damit ich meinem Fleiß genug thue, nenne ich E. K. F. G. einen mit Namen, M. George Wesel, fast gelehrten und geschickten, der wohl dahin taugen soll, mit Gottes Gnaden. Was nu E. K. F. G. schafft beyde mit dem vorigen Pfarrer abzuziehen, und mit diesem genannten aufzuziehen, laß ich Gott walten. Hiemit Gott befohlen, Amen. Zu Wittenberg, Sonnabends S. Martins, 1525.

E. K. F. G.

unterthäniger

Mart. Luther.

---

12. November. N°. DCCLVI.

An Spalatin.

L. entschuldigt sich, daß er nicht zu Sp.'s Hochzeit kommen könne; Antwort auf die Frage, ob ein Fürst das Recht habe, Götzendienst zu verhindern.

Bey Aurifaber II. 304. b. Vgl. Cod. Jen. a.; f. 205. Deutsch bey Walch XXI. 990.

D. Georgio Spalatino, sponso et marito novo servoque Christi, suo in Domino fratri. 1)

Gratiam et pacem in Christo. Quam vellem nuptiis tuis interesse, mi Spalatine, nec paterer me adeo impedire liberum arbitrium Erasmi, quin servire mihi cogeretur. Sed novas

1) Nach Cod. Jen.

ecce turbas mihi parit recentior illa monialium liberatio, *) ibi saevit animis ignobile vulgus nobilium. Et mirum est, quam illis quoque non credi licet, qui hactenus evangelicissimi visi sunt. Amsdorfius nuper ipse in periculo erat apud illos, quos ipsi putabamus cum ipso esse arces et refugia nostra, si opus foret. Vox Amsdorfii erat: Sie sind Buben nicht allein fur Gott, sondern auch fur der Welt. Mirareris, si nomina eorum literis mandare liceret. Haec causa est, ut lacrymis catenae meae retinear, ne te accedam, credentis, nihil minus te optare, sicut et scribit, quam periculum meum, sic enim disputat: Amsdorfii vero autoritas apud me plurimum [1]) valet. Tum nosti, quantum Princeps iste noster est evangelii studiosus, tanto minus est suis formidabilis, quod sperent facile illi verba fieri posse, quicquid etiam ausi fuerint.

Quod quaeris, an Principis sit cohibere abominationes, causantibus adversariis, neminem debere cogi ad fidem et Evangelium, deinde nullo exemplo id fieri, postremo Principes in externis solum jus imperii habere: respondeas, cur ipsi primi non sic faciunt, ut nunc demum argumentantur? ipsi enim non solum cogunt ad externas abominationes, verum et ad internam infidelitatem et cordis impietatem. Ferant ergo mensuram ex parte saltem, qua metiuntur. Quod vero cogunt, satis patet, quod invocant alienum Principem, quo uno meruerant prorsus expelli. Deinde Principes nostri non cogunt ad fidem et Evangelion, sed cohibent externas abominationes. Cum igitur ipsimet fateantur in externis rebus esse jus Principibus, ipsi sese damnant. Debent enim Principes publica flagitia, ut perjuria, blasphemias nominis Dei manifestas, quales istae sunt, cohibere, interim nihil cogentes, sive credant illi, sive non, qui prohibentur, neque si clam maledicant, sive non. Nos enim de publicis maledictis et blasphemiis dicimus, quibus Deum nostrum blasphemant. Hoc (inquam) si possumus, debemus cohibere, si non possumus, cogimur permittere. Hic nemo adhuc cogitur ad fidem et Evangelion, nemo cogitur ad cordis impiam opinionem, qualiter ipsi facerent, si possent:

---

1) Cod. multum.

---

*) S. No. DCCXLII.

modo quia facere non possunt, consentiunt iis, qui faciunt, et probant eos, ideo pari poena digni, Rom. 1. Exemplum credo satis magnum esse, quod Christus flagellis factis vi expulit vendentes et ementes de templo. Perge igitur, illorumque vocibus nihil moveare, ac vale in Domino cum sponsa tua. Veniente M. Eberhardo honorabo quantum possum nuptiolas tuas. Die S. Martini MDXXV.

Martinus Luther.

---

30. November. N^o^. DCCLVII.

An den Kurfürsten Johannes.

L. thut Vorschläge, wie man die Pfarreyen auszustatten und zu visitiren habe.

Wittenb. IX. 229. Jen. III. 183. Altenb. III. 301. Leipz. XIX. 353. Walch XXI. 139.

Gottes Gnad und Friede in Christo. Durchleuchtigster, Hochgeborner Fürst, gnädigster Herr! E. K. F. G. haben mir geantwort auf mein Anregen, die Pfarren allenthalben zu versehen. Nu ist das meine Meinung nicht, daß alle Pfarren sollten aus E. K. F. G. Kammer bestellet werden. Weil aber E. K. F. G. gnädiglich begehrt mein Bedenken, wie es sollt fürzunehmen seyn, gebe ich darauf meine unterthänige Meinung, daß E. K. F. G. alle Pfarren im ganzen Fürstenthum ließen besehen, und wo man fünde, daß die Leute wollten evangelische Prediger haben, und der Pfarren Gut nicht gnugsam wäre, sie zu unterhalten, daß alsdenn aus Befehl E. K. F. G. dieselbige Gemeine, es wäre von dem Rathhause oder sonst, so viel jährlich reichen müßte. Denn wo sie wollen Pfarrherr haben, ist E. K. F. G. Ampt, sie dahin zu halten, daß sie dem Erbeiter auch lohnen, wie das Evangelium setzt (Matth. 10, 10. Luc. 10, 7.).

Solche Besichtigung möchte also geschehen, daß E. K. F. G. das Fürstenthum in vier oder fünf Theil scheidet, und in ein iglich Theil zween, etwa von Adel oder Amptleuten, schicket, solchs Guts und Pfarren sich zu erkunden, und was dem Pfarrer noth seyn sollt, zu erkennen, dazu solchen E. K. F. G. Befehl anzutragen von der jährlichen Steur. Wo aber solche Koste oder Mühe E. K. F. G. zu viel wäre, künnte man aus Städten Bürger dazu brauchen, oder die Landschaft ihr etliche fürnemliche Städte foddern, und solchs mit ihnen handeln. Doch welchs E. K. F. G. am besten gefällt, das geschehe.

Daneben müßte nu auch auf die alten Pfarrherrn oder sonst untüchtigen Acht gehabt werden, daß, wo sie sonst fromm wären, oder dem Evangelio nicht wider, daß sie entweder die Evangelia mit der Postillen selbs zu lesen (wo sie nicht geschickt wären zu predigen), oder lesen lassen, verpflichtet wären: damit dem Volk rechter Dienst im Evangelio geschähe, so sie ihn nähren sollten; denn es nicht gut wäre, die bisher gesessen, zu verstoßen, wo sie dem Evangelio nicht feind sind, ohn Erstattunge. Solchs will ich E. K. F. G. unterthäniglich auf E. K. F. G. Begehr angezeigt haben. Hiemit Gott befohlen, Amen. Zu Wittemberg, Dornstags St. Andreä, An. 1525.

E. K. F. G.

unterthäniger

Martinus Luther.

---

6. December. N°. DCCLVIII.

An Spalatin.

Entschuldigung, daß er nicht zur Hochzeit gekommen (wegen Unsicherheit der Reise), Glückwunsch zur Ehe nebst Hochzeitgeschenk.

Bey Aurifaber II. 305. b. Vgl. Cod. Jen. a. f. 234. Deutsch bey Walch XXI. 992.

Erudito et pio Viro, Magistro Georgio Spalatino, servo Christi et novo homini in Domino, suo charissimo. 1)

Gratiam et pacem in Domino, et jucunditatem in uxorcula suavissima, item a Domino. Quam ingratum est tuum conjugium fratribus tuis Baalitis, *) tam gratum est mihi, quin in

1) Nach Cod. Jen.

*) Der Domherrn und Geistlichen in Altenburg.

te nihil gratius (excepto Evangelio) mihi ostendit Deus, quam ut te mererer videre et audire conjugem. Quanquam et hoc sit donum et fructus Evangelii non parvus. Quo autem animo abfuerim, et quibus causis non venerim ad has dulcissimas tuas nuptias, referet M. Eberhardus. Sic vertuntur omnia sub Principe, Evangelii confessore et satis equestri. Sumus minus tuti in itinere, quam sub Principe dissimulante et feriante, ut [1]) nunc, quos speraris esse arces refugii, metuere cogaris socios latronum et proditores. *) Sed haec illis. Ad te redeo et opto tibi magnam et laetitiam et prolem, benedicente Christo. Certe gestit mihi animus in tuas nuptias, hoc volo mihi credas, non secus quam in meas ipsius. Ego pauperculus vero misissem tibi aureum illum Portugaliensem, quem meae donaras, nisi metuissem, ne offendereris. Mitto itaque adhuc reliquum mihi ex nuptiis, ignarus, an tuus fuerit, nec ne. Animum vero agnosces in munusculo parvo quam maximum. Sed quid verbis opus? Notiorem tibi me esse persuadeo, quam ut egeat confessione mea. Saluta tuam conjugem suavissime, verum ut id tum facias, cum in thoro suavissimis amplexibus et osculis Catharinam tenueris, ac sic cogitaveris: en hunc hominem, optimam creaturulam Dei mei, donavit mihi Christus meus, sit illi laus et gloria. Salutat et te et costam tuam mea costa in Christo. Gratia vobiscum, Amen. Witenbergae, die Nicolai, anno MDXXV.

Martinus Lutherus.

---

8. December. N⁰. DCCLIX.

An Spalatin.

L. antwortet auf eine von Sp. an die Wittenberger Universität gethane Anfrage, die Anfechtungen betreffend, die er wegen seiner Verheurathung von den Domherren und andern Geistlichen in Altenburg zu leiden hatte.

Bey Aurifaber II. 306. b. Vgl. Cod. Jen. a. f. 206. Deutsch bey Walch XXI. 994.

---

1) Cod. J. et.

*) Vgl. No. DCCXLII. u. DCCLVI.

Venerabili in Christo fratri, D. Georgio Spalatino, servo Dei fideli, Altenburgensis Ecclesiae Episcopo. 1)

Gratiam et pacem. Mihi occupatissimo mandatum est, mi Spalatine, respondere tibi super iis, quae Rectori scripsisti et Universitati. Primum ne cedas superbis istis Baalitis, sed contemne eos rursus fortiter, et responde eis sermone magnifico in hunc fere modum. Et te quoque ideo conjugium amplexum esse, ut testatum faceres Deo et hominibus, maxime illis ipsis, te non consentire in illorum sceleratum, impurum, impium et diabolicae Ecclesiae caelibatum sive potius Sodomam igni et sulphuri coelesti devotam, ac propediem devorandam. Proinde te eos adhuc monere, ut a suis abominationibus desistant, ac desinant Dei verbum et opus blasphemare, multo magis vero abstineant a mulcta in te non convictum neque damnatum verbo Dei, alioqui Principis manu invocata cogaris eos rursus sic aggredi, ut malint sese haec nunquam praesumsisse. His scriptis Principem quoque invoces, officii sui memorem facias, ut non sinat tete mulctari innocentem, sed scribat autoritate, qua decet Principem, illis insanis, ut aut te criminis convincant literis sacris, aut te immulctatum sinant, ne cogatur innocentem sic defendere, ut eos suae tyrannidis poeniteat. Non dubium erit, quin his literis deterrebuntur, nisi forte Deus eos indurabit, ut pereant cito. Nam ex aliorum pharetra illae sagittae eorum non veniunt, ideo ne timueris, sed patere opprobrium, ut et tuum judicium in humilitate sublevetur. Vale et saluta catenam tuam et M. Eberhardum habe commendatum. Witenbergae sabbatho post Nicolai, anno MDXXV.

Martinus Luther.

---

22. December. N°. DCCLX.

An Herzog Georg zu Sachsen.

L. sucht den verdrießlichen Händeln mit Herzog Georg dadurch ein Ende zu machen, daß er demüthig an ihn schreibt, ihn wegen der Heftigkeit, mit der er sich bisher gegen ihn geäussert, die aber nur aus dem Bestreben ihn von seinem Irrthum zu überzeugen hervorgegangen, um Verzeihung bittet und ihn flehentlich warnet, sich nicht gegen das Evangelium zu versündigen. Er erreichte aber seinen Zweck nicht, und erhielt eine sehr unfreundliche Antwort.

1) Nach Cod. Jen.

Dieser Brief erschien besonders unter dem Titel: Ein Sendbrief Doctor Martin Luthers an Herzog Georg zu Sachsen rc., darin er ihn freundlich ermahnt zu dem Wort Gottes zu treten. Ein Antwort Herzog Georg zu Sachsen rc. an Doctor Martinum. 1526. Deutsch nebst Herzog Georgs Antwort Wittenb. IX. 230. Jen. III. 208. Altenb. III. 302. 334. Leipz. XIX. 360. Walch XIX. 607. Lateinisch Viteb. II. 531. Wir haben Luthers eigenhändige Schrift in Cod. chart. 379. Bibl. Goth. verglichen.

Dem Durchleuchtigen, Hochgebornen Fürsten und Herrn, Herrn Georgen, Herzogen zu Sachsen, Landgrafen in Thüringen, und Markgrafen zu Meissen, meinem gnädigen Herrn. 1)

Gnad und Fried in Jesu Christo unserm Herrn und Heiland, und mein unterthänige Dienst zuvor, Durchlauchter, Hochgeborner Fürst, gnädiger Herr. Wir wissen, wie alle Schrift von Gott sagt, daß er zuerst scharf und hart mit den Menschen handelt, hernach aber freundlich und väterlich. Also plagete er und verflucht zuerst das ganz israelitisch Volk durch das schwere Gesetz Moses, ehe er sie durch das Evangelium segnet, und freundlich trostet, wie geschrieben stehet 1 Reg. (Sam.) 2, (6.): Der Herr todt't und macht lebendig, rc. Demnach hab ich mit andern Vielen, auch mit E. F. G. umbgangen, und dieselbige mit harter, scharfer Schrift angetastet. Ich hab auch darneben freundlich gebeten, daß mir Gott wollt E. F. G. zum gnädigen Herrn machen, und sust viel lieblicher Prediget und Buchlin 2) lassen ausgehen, darinne iedermann ja wohl mocht greifen, wie ichs mit niemand arg meine, sondern eim iglichen gern zum Besten dienen wollt.

So ich aber merke, daß sich E. F. G. gar nichts von der Ungnade wendet, sondern imer fortfähret, bin ich zu Rath worden, E. F. G. noch einmal demuthig und freundlich zu ersuchen, mit dieser Schrift, vielleicht zur Letze. 3) Denn michs fast ansiehet, als sollt 4) Gott unser Herre gar bald unser ein Theil von hinnen nehmen, und darauf stehet die Sorge, Herzog Jürge, und der Luther mußten auch mit.

Was ich aber thue, deß beruf ich mich auf Gott, so viel mir mein Herz sagen kann, daß ichs E. F. G. zum besten aus meiner Pflicht und Schuld thue, die mich dringet zu vorhuten und zu vor-

1) Die Aufschrift befindet sich nicht im Original. 2) Gew. Text: viel lieblicher und trostlicher B. u. P. 3) G. T. zuletzt. 4) G. T. wollt.

wahren E. F. G. Seelen-Seligkeit; [1]) welchs ich auch meinen Feinden schuldig mich erkenne zu thun. Es nehme nu E. F. G. an, (das Gott gebe,) oder nit, (da Gott fur sey,) so solls doch E. F. G. in korzer Zeit erfahren, daß ichs besser mit meiner harten Schrift gemeinet habe, und noch meine, denn alle die, so itzt E. F. G. hochlich preisen, auch weidlich heucheln.

So kome ich nun, und falle mit Herzen E. F. G. zu Fuße, und bitte aufs allerdemuthigeste, E. F. G. wollte doch noch ablassen von dem ungnädigen Furnehmen, meine Lehre zu vorfolgen. Nicht daß mir viel Schadens moge geschehen durch E. F. G. Verfolgunge: ich hab nichts mehr denn den Madensack zu vorlieren, [2]) der doch nu täglich zum Grabe eilt. So hab ich auch wohl einen großern Feind, nämlich den Teufel, mit allen seinen Engeln; und Gott hat mir doch den Muth bisher gegeben (wiewohl ich ein armer, gebrechlicher, sundiger Mensch,) daß ich fur ihm blieben bin. Und wenn ich sollt meinen Nutz suchen, so kann mir nit bas geschehen, denn daß ich hart verfolgt wurde. Denn wie trefflich mir die Verfolgung bisher genutzet hat, kann ich nicht erzählen, daß ich billig meinen Feinden drumb danken sollt. Und wenn mir E. F. G. Unglück lieb wäre, und nit fur E. F. G. sorget, [3]) wollt ich E. F. G. auch weiter reizen und wünschen, mich imer mehr zu verfolgen. Aber das ist gnug gewesen, E. F. G. hat sich wohl beweiset; nun ists Zeit anders zu thun. Denn wiewohl E. F. G. nicht will gläuben, daß meine Lehre Gottis Wort sey; denn so wüßte sie sich selbs wohl zu weisen, und durfte meiner Vermahnung nichts. Weil ichs aber weiß, und bins gewiß, muß ich bey Fährlichkeit meiner Seelen für E. F. G. Seele sorgen, bitten, flehen und ermahnen, ob ich kunnt etwas ausrichten.

E. F. G. wollte nit ansehen mein geringe Person; denn Gott hat auch einmal durch ein Eselinne geredt (4 Mos. 22, 28. 30.), so schilt er im 13 (14) Psalm, (V. 6.) die des Elenden Rath verschmähen. Es wird doch weder E. F. G. noch kein Mensch mein Lehre dämpfen noch hindern, sie muß fort und soll fort, wie sie denn auch bisher gethan hat; dann sie ist nicht mein. Allein ist mir leid, daß ich soll sehen, wie E. F. G. so gräulich anläuft an den Eckstein Christum (Ephes. 2, 20.), so doch Gott sonst E. F. G. viel mehr [4]) Tugend und Art in andern Sachen

1) Gew. Text: Fährlichkeit. 2) G. T. nichts mehr zu verlieren denn diesen armen M. 3) Und nit — sorget fehlt in G. T. 4) G. T. guter.

gegeben hat. Gott der Allmächtige gebe seine Gnade darzu, [1]) daß ich itzund [2]) zur guten Stunde komme, und meine Schrift ein gnädige Statt finde in E. F. G. Herzen. Dann wo E. F. G. (da Gott fur sey,) solche meine demuthige und herzliche Vermahnung nicht annähme, mußte ichs Gott befehlen.

Will aber hiemit mich fur Gott und E. F. G. [3]) Gewissen entschuldigt haben, daß ich das meine gethan habe, und alles noch zu thun und zu lassen willig und bereit bin, [4]) was ich wußte, das E. F. G. wohl gefiele; ausgenomen meine Lehre; dieselbige kann ich nit lassen fur meinem Gewissen. Sonst bitt ich, und unterwerfe mich, und suche Gnad, worinne ich mich vorwahrlost habe, an E. F. G., es sey mit Schriften oder Worten. Vorgebe auch von Herzen alles, was E. F. G. wider mich gehandelt hat, und will bitten, und auch gewißlich erwerben Vorgebung bey meinem Herrn Jesu Christo uber alles, das E. F. G. wider sein Wort thut und gethan hat. Allein E. F. G. laß sich erweichen in dem einigen Stuck, so ist es alles schlecht, daß Christus Wort, so durch mich an Tag kommen, frey sey: deß werden sich ohne Zweifel alle Engel im Himel, uber E. F. G. freuen (Luc. 15, 10.). Es soll auch [5]) E. F. G. wissen, daß ich bisher fur E. F. G. Herz fleißig gebeten habe, und auch noch bitte, und wollte je gern zuvor kommen mit dieser Schrift, daß ich nicht mußte, aus Noth der Sachen gezwungen, widder E. F. G. bitten. Denn wiewohl wir ein geringes, armes Häuflin sind; so wir aber wider E. F. G. sollten bitten (wie wir gar ungern thun, und uns doch die Länge wird dohin dringen das unabläßlich Vorfolgen des Evangeli und seiner Prediger,) so stunde es darauf, daß E. F. G. nit wohl gelingen sollt [6]); dann wir wissen, was uns Christus hat zugesagt, das wird er halten. Und mocht vielleicht E. F. G. inne werden, daß nicht ein gleich Ding sey, wider den Münzer, und wider den Luther streben. Es wäre mir aber lieber, E. F. G. mußte das nit erfahren. Ich halt mein und der Meinen [7]) Gebet stärker, dann den Teufel selbs, und wo das nit wäre, sollt es längst anders umb den Luther stehen; wiewohl man das große Wunder Gotts an mir nicht siehet noch merket.

Das will ich, wie gesagt, E. F. G. (Gott gebe nit zur Letze [8]) aufs allerdemütbigeste und treulichst geschrieben haben, und Gott

1) E. G. d. fehlt in G. T. 2) itzund fehlt in G. T. 3) G. T. + mein u. vorher — mich. 4) Im Orig. seyn. 5) G. T. Denn das soll. 6) G. T. möcht. 7) u. d. M. fehlt in G. T. 8) G. T. zuletzt.

gebe, daß mir E. F. G. gnädiglich und christlich, mehr mit lebendiger That, denn mit todten Buchstaben, antworte, Amen. Hiemit sey E. F. G. Gott befohlen. [1]) Freytags nach St. Thomas, [2]) Anno 1525.

E. F. G.

williger und unterthäniger Diener

Martinus Luther.

Ende Decembers. N⁰. DCCLXI.

An Wenc. Link.

L. beklagt sich über die unfreundlichen Antworten des Königs von England und des Herzogs Georg (dieser antwortete unter dem 28. Dec.) und bittet um Sämereyen für seinen Garten und um Werkzeuge zum Drechseln, womit er sich beschäftigt.

Bey Aurifaber II. 292. Deutsch bey Walch XIX. 2225.

Gratiam et pacem in Domino. Christum praedicas mihi positum in ruinam et resurrectionem, mi Wenceslaë, sic venit auditus super auditum. Anglorum Rex (cui scripsi suasu Regis Daniae supplices et humiles literas, spe bona certe et simplici candidoque corde) respondit mihi tam hostiliter, ut videatur gaudere vindictae occasione, sicut et Dux Georgius. Tam impotens et muliebris est istis tyrannis animus ac plane sordidus, dignus qui vulgo serviret, sed Christo gratia, et mihi laetitia, sat vindicatus sum, quod contemtus est mihi Deus eorum Satan cum ipsis.

Gratum est, quod semina quoque promittis ad vernum tempus, mitte itaque quantum potes, cupio enim et expecto: si praeterea ego quoque vicissim aliquid possum, impera et factum puta. Nam furente Satana cum suis membris ego interim eum ridebo, et hortos, hoc est, benedictiones Creatoris considerabo, et illis fruar in laude ejus.

---

1) Hiemit u. s. w. fehlt in Orig. 2) Orig. Am Tage Thomä.

Quando autem apud nos barbaros nihil est artis aut culti ingenii, mihi et Wolfgango meo ministro ars tornandi suscepta est. Mittimus hic aureum, rogantes, ut instrumenta aliquot cavandi et tornandi nobis digneris cum tempore mittere, simul duas aut tres (quas vocant Schrauben) ut facile docebit tornator aliquis. Instrumenta habemus, sed aliquot elegantioris et vestrae Nurbergensis artis formae quaerimus. Facies haec: si quid supererogaveris, rependetur: nam credo apud vos vilioris esse omnino pretii, nisi molestum sit, ut si omnino mundus nos noluerit alere propter verbum, discamus [1]) manu victum parare, et serviamus indignis et ingratis ad imaginem Patris nostri in coelis. Gratia Dei tecum. Datae anno MDXXV.

---

31. December. N°. DCCLXII.

An Michael Stiefel.

L. sendet die Schrift de servo arbitrio, äussert sich über den Sacramentsstreit, und dankt für ein von M. St.'s Herrin, der Frau Jörger, zu erwartendes Geschenk.

Bey Aurifaber II. 309. b. Deutsch bey Walch XXI. 996.

Gratiam et pacem in Domino. Mitto tibi Erasmum a me confutatum, ut in brevi et festinantia fieri potuit, mi Michaël. Et placet, quod sentis, quam potens sit Princeps mundi in fructu verbi impediendo, etiamsi audire permittere cogatur, tum in serendis sectis impiorum h. e. zizaniis suis. Habet autem error iste de Sacramento tres sectas in uno sensu. Aliis rationibus Zwinglius contra Carolstadium pergit, aliis Schlesita Valentinus *) contra utrumque et omnes, de quo audies suo tempore. Ista sectarum pugnantia signum est, Satanae esse quod docent, eo quod spiritus Dei non sit dissensionis Deus, sed pacis. Dominam tuam officiose salutabis una cum filiis,

---

1) Vermuthung statt discemus.

*) Krautwald.

et gratias ages pro munusculo misso, licet id nondum venerit, neque forte futurum sit: sed nec refert, sufficit animi voluntas. Vale et ora pro me. Witenbergae, Dominica post Nativitatis Christi, qua tuas accepi literas, anno MDXXVI. *)

Martinus Lutherus.

Ohne Datum. **N°. DCCLXIII.**

An die Christen zu Antwerpen.

Es war ein Schwärmer aus den Niederlanden nach Wittenberg gekommen, und hatte Luthern seine Meinungen zu erkennen gegeben: gegen diese und andere Schwärmereyen ist nun dieses Sendschreiben gerichtet.

Luther schrieb diesen Brief lateinisch, wie Walch Vorrede zum X. Th. S. 90 behauptet, aber Opsopoeus No. 15. gibt ihn nur in einer lat. Uebersetzung (s. Veesenmeyer Litterargesch. d. Br. L. S. 58.) und so findet er sich bey Aurif. II. 281. Viteb. VII. 503. Deutsch erschien er im Druck unter dem Titel: Ein Brief D. Martini Luther an die Christen zu Antorf. Wittenberg 1525. 4. S. Rotermund S. 43. Deutsch befindet er sich auch in den deutschen Ausg. Wittenb. II. 60. Jen. III. 109. Altenb. III. 101. Leipz. XIX. 345. Walch X. 1782. Wir liefern ihn deutsch nach dem ersten Drucke.

Gnad und Friede von Gott unserm Vater, und Herrn Jesu Christo. Allerliebsten Herrn und Freunde in Christo. Ich bin bewegt worden aus christlicher Liebe und Sorge, an euch diese Schrift zu thun. Denn ich erfahren habe, wie bey euch sich regen die irrigen Geister, wilche die christliche Lehre zu hindern und besuddeln sich unterwinden. wie denn an mehr Orten auch geschicht, auf daß ich, so viel an mir ist, meine pflichtige Treue und Warnunge an euch beweise, und nicht auf mich durch mein Schweigen kome irgends Blut, so verführet würde, dem ich hätte mügen helfen. Bitte derhalben euer Liebe, so bisher an mir je nicht anders hat mügen spüren, denn alle Treu und Fleiß, so ich mit allerley Fahr, zu gut gemeiner Christenheit, habe erzeigt, wollte auch diese meine herzliche Meinung fur gut annehmen. Denn ich ja nicht das meine darin, sondern euern Nutz und Heil suche, sintemal, so ich das meine suchte, wohl möcht still schweizen und Ruge haben, odder ander Wege furnehmen.

---

*) D. i. 1525, indem das neue Jahr von Weihnachten an gerechnet ist.

Wir haben bisher lange Zeit unter dem päpstlichen Regiment manche grausame Verführunge erlitten von den Rümpelgeistern odder Poltergeistern, wilche wir gegläubt und gehalten haben fur Menschenseelen, die verstorben sind, und in Pein umbher gehen sollten. Wilcher Irrthum nu von Gottes Gnaden durchs Evangelion ans Licht bracht und aufgedeckt ist, daß man weiß, wie es nicht Menschenseelen, sondern eitel böse Teufel sind, die mit falschen Antworten die Leute betrogen, und viel Abgötterey in aller Welt haben aufgericht.

Nu aber das der leidige Teufel siehet, daß sein Poltern und Rumpeln nicht mehr gelten will, greift er ein neues an, und hebt an in seinen Geliedern, das ist, in den Gottlosen, zu toben, und poltert heraus mit mancherley wilden dunkelen Glauben und Lehren. Dieser will keine Taufe haben, jener leuget *) das Sacrament; ein andrer setzt noch eine Welt zwischen dieser und dem jüngsten Tage; etliche lehren, Christus sey nicht Gott; etliche sagen dieß, etliche das, und sind schier so viel Secten und Glauben als Köpfe; kein Rülze ist jetzt so grob, wenn ihm etwas träumet odder dunket, so muß der Heilig Geist ihm eingeben haben, und will ein Prophet seyn.

Ich muß hie zum Exempel einen erzählen, denn ich mit solchen Geistern viel zu schaffen habe. Es ist niemand, er will gelehrter seyn, denn der Luther, an mir wöllen sie alle Ritter werden; und wollt Gott sie wären, was sie meinen zu seyn, und ich nichts wäre. Unter andern Worten sprach er zu mir: Er wäre zu mir gesandt von Gott, der Himel und Erden geschaffen hat, und gabs prächtig und doch bäurisch gnug fur. Endlich war das sein Befehl, ich sollt ihm Moses Bücher lesen. Da fragt ich, wo das Wahrzeichen wäre seins Befehls? Antwortet er: es stünde im Evangelio Johannis. Da hatte ich sein gnug und sprach, er sollt widder komen ein andermal; denn Moses Bücher zu lesen wäre diese Zeit zu kurz. Ja, lieber Herr, sprach er, der himlische Vater, der sein Blut fur uns alle vergossen hat, weise uns den rechten Weg zu seinem lieben Sohn Jesu, Ade.

Da siehest du, was fur Geister sind, die sich so hoch rühmen, daß sie widder Gott noch Christum verstehen, und reden wie die Unsinnigen. Solcher elender Leute muß ich des Jahrs viel hören; der Teufel kann mir sonst nicht mehr [1]) komen, daß ich muß sagen: Bisher ist die Welt voll leibloser Poltergeister gewesen, die sich fur

1) G. T. eher.

*) L. schrieb und sprach: leuken.

der Menschen Seelen ausgaben; itzt ist sie voll leibhaftiger Rumpelgeister worden, die sich alle fur lebendige Engel ausgeben.

Darumb ein Christen hie muß getrost seyn, und nicht dafur erschrecken, daß sich so mancherley Secten und Rotten erheben; sondern denken nichts anders, denn als regeten sich, wie bisher an manchen Orten, Poltergeister. Der Teufel muß rumpeln und poltern, daß man sehe, wie er noch lebe, und was er vermüge; die Welt ist sein Rumpelspiel: will das Rumpeln in den Winkeln ausserhalb des Leibs nicht helfen, so helfe das Rumpeln in den Schwärmerköpfen und wilden, wüsten Gehirnen; es will doch gerumpelt seyn. St. Paulus spricht (1 Cor. 11, 19.): Es müssen Rotten seyn, auf daß offinbar werden die, so bewährt sind. Da der Papst regierte, war es stille von Rotten, denn der Starke hatte seinen Hof mit Frieden innen. Nu aber der Stärker komen ist, und uberwindet ihn, und treibet ihn aus, wie das Evangelion sagt: so tobet und rumpelt er so, und fähret ungerne aus.

Also, lieben Freunde, ist auch unter euch komen ein leibhaftiger Rumpelgeist, wilcher euch will irre machen, und vom rechten Verstand fuhren auf seine Dunkel. Da sehet euch fur und seyd gewarnet. Auf daß aber ihr deste bas seine Tücke meidet, will ich hie derselben etliche erzählen.

Ein Artikel ist, daß er hält, ein ieglich Mensch hat den Heiligen Geist.

Der ander: Der Heilige Geist ist nichts anders, denn unser Vernunft und Verstand.

Der dritte: Ein ieglich Mensch gläubt.

Der vierte: Es ist keine Helle odder Verdamniß, sondern alleine das Fleisch wird verdampt.

Der funft: Eine iegliche Seele wird das ewige Leben haben.

Der sechste: Die Natur lehret, daß ich meinem Nähisten thun solle, was ich mir will gethan haben; solches wöllen, ist der Glaube.

Der siebent: Das Gesetz wird nicht verbrochen mit böser Lust, so lange ich nicht bewillige der Lust.

Der achte: Wer den Heiligen Geist nicht hat, der hat auch keine Sunde, denn er hat keine Vernunft.

Das sind eitel muthwillige Frevelartikel, ohn was der siebent ist, die nicht werth sind, daß man sie verantworte. Und euer Liebe thät recht dran, daß ihr solchen Geist verachtet. Denn er ist gleich wie viel ander itzt hin und her sind, die nicht viel darnach fragen, was sie lehren; sondern Lust haben, daß man auch von ihn sage und die Leute mit ihn zu schaffen haben müssen. Und der Teufel auch solch Unruge sucht, daß er sich mit uns zerre, und dieweil uns hindere, daß wir der rechten Lehre vergessen oder nicht damit umbgehen; gleich als er pflegt mit andern Gespensten die Leut zu betriegen, daß sie des Weges fehlen rc. Und sperret ihn das Maul auf, daß sie dieweil ihrer Geschäft nicht warten. Eben also thut dieser Geist mit euch in diesen Artikeln.

Darumb seyd umb Gottes willen gewarnet, und sehet drauf, daß ihr alles verachtet und fahren lasset, was sich neu und seltsam erhebt, und nicht noth ist zur Seelen Seligkeit zu wissen. Denn mit solchem Gespenst versucht er die Müßigen zu fahen.

Zwar euer Rumpelgeist, da er bey mir war, leuget er diese Artikel alle, wiewohl er von den andern uberzeugt ward, und auch in der Rede selbst sich verschnappt, und etliche bekannt: daß ich euch in der Wahrheit mag zeugen, es ist ein unbeständiger lügenhaftiger Geist, dazu frech und unverschampt, der zugleich einerley darf sagen und widderumb leugen, und auf keinem Dinge bleiben, alleine die Ehre sucht, daß er wirdig gewesen ist mit uns zu reden, und Lust hat, daß sein Mist auch stinkt; wie viel seiner gleichen thun.

Am meisten aber facht er da hart, daß Gottes Gebot gut wäre, und Gott nicht wollt Sunde haben; wilchs ohn Zweifel wahr ist, und half nicht, daß wir solchs auch bekannten. Aber da wollt er nicht hinan, daß Gott, wiewohl er die Sunde nicht will, so verhängt er doch, daß sie geschiehet, und solch Verhängniß geschicht ja nicht ohne seinen Willen. Denn wer zwingt ihn, daß er sie verhänget? Ja, wie künnt ers verhängen, wenn ers nicht wollte verhängen? Hie fuhr er mit seinem Kopf hinauf, und wollte begreifen, wie Gott Sunde nicht wollt, und doch durchs Verhängen wollt, und meinet den Abgrund göttlicher Majestät, wie diese zween Willen möchten mit einander bestehen, auszuschöpfen. Da ließ er ihm nicht sagen, und wollt schlechts nur den einen Willen in Gott haben. Was er darauf hat, weisen wohl die obberuhrten Artikel.

Mir ist auch nicht Zweifel, er wird mich bey euch dargeben, als habe ich gesagt, Gott wölle die Sunde haben. Darauf will ich hiemit geantwortet haben, daß er mir unrecht thut, und wie er sonst voll Lügen stickt, hie auch nicht wahr sagt; ich sage, Gott hat verbotten die Sunde, und will derselben nicht. Dieser Wille ist uns offenbart und noth zu wissen. Wie aber Gott die Sunde verhänget oder will, das sollen wir nicht wissen, denn er hats uns nicht offenbart. Und St. Paulus selbst wollts und kunnts nicht wissen, Röm. 9, (20.) da er sprach: O du Mensch, wer bist du, der du mit Gott rechtest?

Derhalben ist meine Bitte, ob euch dieser Geist mit der hohen Frage von dem heimlichen Willen Gottes viel wollte bekömern, so weicht von ihm und sprecht also: Ists zu wenig, daß uns Gott lehret von seinem offentlichen Willen, den er uns offenbart hat? Was narrest du uns und willt uns da hinein führen, das uns zu wissen verbotten und unmüglich ist, und du selbst nicht weißest? Laß Gott solchs befohlen seyn, wie das zugehet; uns ist gnug, daß wir wissen, wie er keine Sunde will. Wie er aber die Sunde verhänget odder will, sollen wir lassen gehen. Ein Knecht soll nicht wissen seines Herrn Heimlichkeit, sondern was ihm sein Herre gebeut: viel weniger soll eine arme Creatur ihrs Gotts Majestät Heimlichkeit erforschen und wissen wöllen.

Sehet, lieben Freunde, da merkt ihr, daß der Teufel imer damit umbgehet, daß er unnöttige, unnütze, unmügliche Stücke furträgt, damit die Leichtfertigen zu reizen, und das Maul auffsperret, daß sie dieweil von der rechten Bahn komen. Darumb sehet zu, daß ihr darauf bleibt, das noth ist, und Gott gebotten hat zu wissen; wie der weise Mann spricht: Was dir zu hoch ist, da frage nicht nach, sondern bleib imer in dem, das dir Gott gebotten hat.

Wir haben alle zu schaffen gnug, daß wir Gottes Gebot und seinen Sohn Christum lernen unser Lebenlang. Wenn wir die nu wohl können, wöllen wir denn weiter suchen die heimlichen Stuck, die dieser falscher Geist erregt ohn Ursach, nur daß er Ehre und Ruhm erlange. So bleibt nu auf der Bahn, und lernet was St. Paulus lehret zun Römern, [1]) und besehet daselbs meine Vorrede, wilchs da sey der rechte Orden zu lernen in der Schrift, und entschlahet euch der unnützen Wäscher. Hiemit befiehl ich euch Gott, und bittet fur mich, Amen.

1) S. T. in der Epistel an die Römer.

Ohne Datum. N⁰. DCCLXIV.

An die Christen zu Bremen.

Heinrich von Zütphen, der mit seinem rechten Namen Müller hieß und anfangs Prior der Augustiner in Antwerpen gewesen, hatte im J. 1522 in Bremen, wohin er von Antwerpen vertrieben gekommen war, das Evangelium geprediget (vgl. Br. v. 19. Dec. 1522. No. CCCCXLIV.), nachher war er nach Dithmarschen berufen worden und hatte daselbst den Märtyrertod erlitten (vgl. Br. v. 11. Jan. 1524. No. DCL.). Die Geschichte seines erbaulichen Todes gab L. in Druck, und schrieb sie den Christen in Bremen zu, indem er zugleich die Erklärung des 10. Ps. beyfügte.

Diese Schrift wurde erst 1525. besonders gedruckt unter dem Titel: Von B. Henrico in Diedmar verbrannt sampt dem zehenten Psalmen ausgelegt durch Mart. Luther. Wittemberg 1525. 4. Vgl. Herm. von der Hardt Autogr. Luth. tom. I. p. 107. Panzer Annal. II. S. 360. Hernach in den deutschen Ausg. Wittenb. VI. 382. Jen. III. 32. Altenb. III. 32. Leipz. XIX. 324. Walch XXI. 94, und lateinisch Viteb. VII. 492. Aurif. II. 252. Wir geben den Text nach dem ersten Drucke, lassen jedoch die Erzählung weg.

Martinus Luther, Ecclesiastes zu Wittenberg, allen lieben Gotts auserwähleten Freunden in Christo zu Bremen.

Gnad und Friede von Gott unserm Vater und Herrn Jesu Christo. Allerliebsten in Christo, ich hab die Geschicht und Marter des seligen Bruder Henrichs von Sudphen, euers Evangelisten, so ich durch glaubwirdige frome Leut habe lassen erkunden und eigentlich erfahren, nicht mügen also lassen im Finstern oder Zweifel verborgen liegen, sondern gedacht an den Tag zu bringen, zu Lob und Ehren der göttlichen Gnaden, wilche zu dieser Zeit so reichlich uns Verdampten, Verlornen und Unwirdigen gegeben ist, daß wir nicht alleine das lauter Wort Gottes haben, hören und lesen, und auch an vielen Orten, wie die helle Sonne, sehen aufgehen; sondern auch den Geist Gottes daneben fühlen und spüren mit kräftigen und mächtigen Thatten solchs sein Wort, wie er von Anbeginn gepflegt, beweisen und bestättigen. Sonderlich in dem, daß er so muthige und freye Herzen macht, daß beyde Prediger und Hörer an vielen Orten die Zahl der Heiligen täglich mehr und größer machen, da etliche ihr Blut vergießen, etliche gefangen, etliche von dem Ihren verjagt, und allesampt die Schmach des Kreuzes Christi tragen. Und nu widderkomen ist die Gestalt eines rechten christlichen Lebens, das mit Leiden und Verfolgung fur der Welt gräulich ist anzusehen, aber köstlich und theur fur Gottes Augen; wie der Psalter spricht: Köstlich ist fur dem Herrn der Tod seiner Heiligen; und abermal Ps. 71: Ihr Blut ist köstlich fur seinen Augen.

Unter wilchen freylich dieser euer Henricus Sudphen am allerhellesten leuchtet, der so eine schändliche Marter umb Gottes Wort willen in Diedmar erlitten, und das Evangelion mit seinem Blut so mächtiglich bestättiget hat. Wiewohl die zween, Johannes und Henricus zu Brüssel, die ersten auch zwey feine Lichter worden sind, durch solche schöne Tode, darinnen sie geopfert sind, Gotte zum Opfer eines süßen Geruchts. Hieher gehört auch Caspar Tauber, zu Wien verbrannt, und Georg Buchführer, in Ungarn. Und itzt neulich, als ich bericht bin, zu Prage in Behemen einer verbrannt ist darumb, daß er seinen Orden verlassen der unreinen Keuschheit, und sich begeben hat in den göttlichen Ehestand und Orden der reinen Keuschheit. Diese und ihr Gleichen sinds, die mit ihrem Blut das Papstthum sampt seinem Gott, dem Teufel, ersäufen werden. Sie sinds auch, die das Wort Gottes widder die unreinen Schänder, die neuen falschen Propheten, so sich itzt allenthalben regen und einreißen, rein und lauter erhalten werden. Denn Gott aus Gnaden ohn Zweifel sie darumb so laßt sterben und ihr Blut vergießen, zu dieser Zeit, da sich so mancherley Irrthum und Rotten erheben, daß er uns warne, und durch sie bezeuge, daß das die rechte Lehre sey, da der rechte Geist innen geben wird, wilche sie gelehret, gehalten, und drüber gestorben, und mit ihrer Marter bezeuget haben; wie vorzeiten auch die heiligen Märterer umb des Evangelii willen sturben, und uns dasselbige mit ihrem Blut versiegelten und gewiß machten.

Solchen Ruhm haben noch nie mügen haben diejenigen, so von Werken, Menschengerechtigkeit und freyem Willen die Welt gelehret und verführet haben. Umb solcher Lehre willen tödtet der Teufel niemands, kann sie wohl leiden, ja gibt ihnen große Reichthumb, Ehre und Gewalt dieser Welt, daß sie Ruge haben und süßes Leben fuhren. Und ob sie drüber stürben, sind sie nicht Gottes Märterer, sondern ihr selbs und des Teufels, wie auch die Heiden umb zeitlich Recht, Gut und Ehre gestorben sind, wie St. Paulus sagt Röm. 5, (7.): daß umb Guts willen vielleicht jemand möcht sterben, das ist, umb allerley willen, das die Welt Gut nennet, als Reichthumb, Ehre, Gewalt. Denn umb Rechts willen kaumet jemand stirbet. Aber umb Gottes Wort und Glauben willen sterben, das ist der theure, köstliche, edle Tod, der alleine Gottes Geiste und Kindern zustehet. Denn solch Sterben in und mit sich bringet, daß man fur die Ungerechten, und eben fur die, so den Tod anlegen, stirbt, und fur sie im Sterben bittet, wie Christus than hat, nach dem Spruch Jesaiä: Und er bat fur die Ubertretter (Jes. 53, 12.). Darumb wir auch kein Exempel lesen, daß je ein Christen sey gestorben umb der Lehre willen vom freyen Willen und Werken odder etwas anders, denn umb des Wort Gottes willen.

Weil denn der barmherzige Gott euch zu Bremen so gnädiglich heimsucht, und so nahe bey euch ist, dazu seinen Geist und Kraft so scheinbarlich unter euch in diesem Henrico erzeigt, daß ihrs greifen mügt, hab ichs für gut angesehen, seine Geschicht und Leiden an euch zu schreiben und auszulassen, auf daß ich euer Herz ermahne in Christo, daß ihr nicht betrübt seyed, noch seinen Mördern in Diedmar ubel nachredet, sondern frölich seyd, Gott danket und lobet, der euch wirdig gemacht hat, solche seine Wunder und Gnaden zu sehen und haben. Denn seinen Mördern schon allzu viel und zu groß vergolten ist, daß sie ihre Hände so jämerlich mit dem unschuldigen Blute befleckt, und sich fur Gott so hoch und schrecklich verschuldet haben: also, daß viel mehr Noth ist uber sie zu weinen und zu klagen, denn uber den seligen Henricum, und fur sie zu bitten, daß nicht alleine sie, sondern das ganze Diedmarisch Land bekehret werde und zum Erkenntniß der Wahrheit kome. Wilche Frucht tröstlich zu hoffen ist, daß sie folgen werden aus diesem Leiden Henrici, sonderlich weil bereit viel in demselben Lande des Evangelii begierig sind, und denen leid ist solch Mord, unter ihnen begangen. Denn Gott, der den seligen Henricum hat wöllen da lassen leiden, hats freylich im Sinn, daß er nicht alleine die Gottlosen, so sich nicht bekehren, straffen will, sondern solchen Mord Vielen in demselben Lande heilsam machen, und dadurch zum ewigen Leben helfen.

Derhalben bitt ich und befehl euch, in diesem Fall den 9. Psalmen zu singen und zu lesen, wilcher eben und eigentlich hieher gehöret, so daß man uber die Märterer nicht betrübt sey, sondern fröhlich Gott lobe, umb der Frucht willen, die Gott durch ihre Marter auf Erden wirkt. Und soll mich zwar nicht verdrießen, denselben sampt euch gegenwärtig im Geist ubersingen und kürzlich auszulegen.

Eine kurze Auslegnng des IX. Psalms von den Märterern Christi, wilcher fähet also an:

Ein Psalm Davids hoch zu singen, von der Jugend des Sohns.

Dieser Titel zeigt an, wovon der Psalm singt, und wie er zu singen sey. Hoch soll man ihn singen, das ist, fröhlich und mit Lust, und von der Jugend des Sohns, das ist, von den Märterern Christi des Sohns Gotts, wilche sind seine junge, starke Leute durch den Glauben, im Tod recht völlig worden.

V. 1. Ich danke dem Herrn von ganzem Herzen, und will deine Wunder erzählen.

Diese Wunder sind, wie hernach folget, daß Gott die Welt zwingt und bekehret, nicht mit Gewalt, sondern durchs Blut und Sterben seiner Heiligen, und uberwindet die Lebendigen durch die Sterbenden und Todten: das ist ein wunderlicher Sieg.

V. 2. Ich freu mich und bin fröhlich in dir, und lobe deinen Namen, du Allerhöhister.

Sein Name ist auch wunderlich, gleichwie das Werk; denn vom Werk hat er den Namen, daß er durch den Tod das Leben foddert, und damit einen Herrn sich beweiset uber Leben und Tod. Röm. 14, 9.

V. 3. Daß du meine Feinde hinter sich getrieben hast; sie sind gefallen und umbkommen fur deinem Angesicht.

O ein selig Treiben, Fallen und Umbkommen, wilchs von Gotts Angesicht (das ist,) durch seiner Gnaden Erkenntniß kompt, da die Gottlosen so fallen, daß sie auffstehen und selig werden.

V. 4. Denn du hast mein Recht und Sache ausgefuhrt, du sitzst auf dem Stuhl ein rechter Richter.

Die Sache ist das Wort Gottes, darüber uns feind sind die Gottlosen. Aber Gott fuhret es hinaus, daß unser Lehre recht bleibt, und jene zu Schanden werden. Denn er ist ein rechter Richter: deß tröstien wir uns, daß er unser rechte Sache nicht lassen kann.

V. 5. Du schiltest die Heyden, und bringest umb die Gottlosen, ihren Namen vertilgest du imer und ewiglich.

Also führest du meine Sachen aus, daß du durch dein Wort sie straffest und bekehrest, und alle ihr Ding zunicht machst, daß mans nicht mehr achtet.

V. 6. Die Schwerte des Feinds haben ein Ende, die Städte kehrest du umb, ihr Gedächtniß ist weg mit ihnen.

Das ist, sie lassen ab von Verfolgen, und werden gläubig, daß sie nicht mehr ihr vorigs Wesen preisen, odder gedenken.

V. 7. Der Herr aber bleibt ewiglich, er hat seinen Stuhl bereit zum Gericht.

Das ist, sein Wort und Reich besteht, und verdampt alle Gottlosen mit ihrem Wesen.

V. 8. Er richtet den Erdboden mit Recht, und regiert die Leut aufrichtiglich.

Das ist, durch sein Wort fuhret und lehret er die Welt recht und wohl.

V. 9. Der Herr ist der Armen Schutz, ein Schutz zur Zeit der Noth.

Denn ob er schon uns läßt anfechten und etliche tödten, so schützet er sie doch geistlich, daß sie muthig sind, und den Tod nicht furchten, sondern uberwinden. Dazu erhält er doch daneben, daß wir nicht alle umbkomen, wie die Gottlosen gerne wollten. Und bleibt also immerdar sein Häuflin und nimpt zu.

V. 10. Darumb hoffen auf dich, die deinen Namen kennen; denn du verlässest nicht, Herr, die dich suchen.

Das ist ein großer Trotz und Trost, das Gott uns zusagt, er verlasse nicht die nach ihm fragen: das sind, die sein Wort haben, darinnen sein Name erkannt und gepreiset wird, nicht unser Thun odder Name, wie die Werkheiligen thun.

V. 11. Lobet den Herrn, der zu Zion wohnet, verkündet unter den Leuten sein Thun.

Das ist, sucht und preiset nur seinen Namen, und predigt sein Wort, so wird er widderumb euch suchen und preisen, wie folgt.

V. 12. Denn er gedenkt und fragt nach ihrem Blute, er vergisset nicht des Schreiens der Armen.

Er läßt sie tödten und Blut vergießen, stellet sich, als hab er ihr vergessen; aber er gedenkt gewaltiglich an sie, und schafft, daß ihr Blut gerochen wird, also, daß der Gläubigen imer mehr wird, und der Gottlosen weniger, je mehr sie Blut vergießen.

V. 13. Sey mir, Herr, gnädig, siehe an mein Elende unter den Feinden, der du mich erhebest aus den Thoren des Tods.

Das ist, fahr fort, wie du angefangen hast, und hilf imer weiter, daß wir durch den Tod mehr werden. Denn deine Art ist, aus des Todes Thoren, das ist, aus der Gewalt deren, die da todten, helfest, und sie unterdruckest.

V. 14. **Auf daß ich erzähle alle deine Ehre in den Thoren der Tochter Zion, daß ich fröhlich sey in deinem Heil.**

Daß ich auch je mehr forder zu loben habe, je mehr du hilfest, damit dein Name und Ehre imer größer werde bey den Gläubigen, wie folget.

V. 15. **Die Heiden sind versunken in der Gruben, die sie zugericht hatten, ihr Fuß ist gefangen im Netze, das sie gestellet hatten.**

Das ist, mit ihrem Tödten und Verfolgen todten sie sich selbs, und bringen sich selbs umb. Denn Gott macht dadurch sein Wort stärker, daß es mehr Leute bekehrt, denn sonst.

V. 16. **Der Herr ist erkannt, daß er Recht schafft, der Gottlos ist verstrickt in dem Werk seiner Hände, Sela.**

Er verläßt ja nicht sein Wort, sondern machts zuletzt offenbar, daß es recht sey, und die Gottlosen mit ihren eigen Worten und Sprüchen gefangen werden.

V. 17. **Es müssen die Gottlosen zur Helle gekehrt werden, alle Heiden, die Gottes vergessen.**

So sollen wir widder sie bitten, daß sie Gott im Gewissen rühre, und durch unser Wort erschrecke, daß sie herzu komen.

V. 18. **Denn er vergisset der Armen nicht so gar, und der Elenden Hofnunge wird nicht ewiglich verloren seyn.**

Solchs wollten wohl gerne die Gottlosen, und Gott läßts auch so ansehen, und die Gottlosen obliegen. Aber er tröst uns hie, daß wir nicht nach dem Ansehen uns sollen richten, sondern nach seinem Wort.

V. 19. **Herr, stehe auf, daß Menschen nicht Uberhand kriegen; laß alle Heiden fur dir gerichtet werden.**

Das ist, wie du geredtest, so thu, und laß dein Wort weit erschallen unter allen Heiden, daß sie im Gewissen verdampt und erschreckt werden.

V. 20. **Setze ihnen, Herr, einen Lehrer, daß die Heiden erkennen, wie sie Menschen sind, Sela.**

Wer sich einen Menschen erkennet, der weiß, daß er nichts und eitel ist fur Gott; darumb läßt er sein Toben und Vermessenheit wohl, und ist demüthig von eim iedermann zu lernen. Solch Erkenntniß aber bringt das Wort, äusserlich geprediget. Drumb foddert er Lehrer dazu, wie Christus spricht: Bittet den Hausvater, daß er Erbeiter in seine Ernte sende (Matth. 9, 38.); nicht will er mit Geistern ohn Lehre odder äusserlich Wort an uns handeln, wie itzt etliche tolle Propheten narren.

Also sehet ihr hie, meine liebe Herren und Freunde, wie dieser Psalm uns tröstet, und hoffen heißt, daß durch das theure Blut Henrici Gott viel Guts und Nutzs schaffen wird: darumb laßt euch trösten durch solchen göttlichen Trost, und helft bitten mit diesem Psalmen, daß sein Name geheiliget, und sein Reich gemehret werden, Amen.

Ich bitte euch umb Gottes willen, wölltet die Leutlin in Diedmar euch lassen befohlen seyn, sie freundlich trösten, und helfen, daß sie auch herzu komen. Denn ich höre, daß es Vielen aus der Maßen leid ist solch Unglück, durch die Münich in ihrem Lande ausgericht. Das ist ein guter Funke, von Gott angesteckt; da will wohl ein gut Feur aus werden, wo ihr mit freundlichem, sanften Geist daran handelt, daß er nicht ausgelöschet werde.

Laßt euch auch Jacobum Probst, euren Prediger, sampt den andern befohlen seyn, wilchem Gott mit euch allen Stärke und Gnade gebe, daß ihr bey der Lehre, durch Henrici Blut versiegelt, bleibt, und wo es Gott foddert, ihm fröblich nachfolget, Amen.

Es grüßen euch unser Brüder alle in Christo. Bittet fur uns. Gottes Gnade sey mit euch, Amen. An. 1525.

Ohne Datum. N⁰. DCCLXV.

An den Grafen Albrecht zu Mansfeld.

Antwort auf zwey durch den Canzler Müller an L. gethane Fragen: 1) ob der Graf in der Stiftskirche und in seinem ganzen Lande denjenigen weichen solle, welche die Neuerungen in Religionssachen zu unterdrucken suchten, 2) ob man sich in ein Bündniß einlassen dürfe.

Wittenb. IX. 225. Jen. III. 165. Altenb. III. 99. Leipz. XIX 354. Walch XXI. 122.

Dem Edlen und Wohlgebornen Herrn, Herrn Albrecht, Grafen zu Mansfeld, und Herrn zu Schrappel rc., meinem gnädigen Herrn.

Gnad und Friede in Christo, gnädiger Herr. Es hat mir Caspar Müller, aus E. G. Befehl, auf zwey Stück Antwort angesonnen. Das erst, wie weit E. G. sich begeben und räumen solle in der Stiftkirchen auf dem Schloß, das Sacrament unter beyder Gestalt und andere Neuerunge, wie sie sie nennen, zu wehren. Ist darauf mein unterthänige Meinunge, daß, weil E. G. weiß, daß Gottes Wort und Wille ist, und sie drauf dringen, nicht ein Haarbreit noch Augenblick weichen muß, wie St. Paulus rühmet, daß er zu Jerusalem nicht eine Stunde lang hätte wollen weichen, Titum lassen zu beschneiden (Gal. 2, 3.). Denn von Gottes Wort muß man keinen Widerhandel leiden.

Weil aber der Hader stehet auf der Stiftkirchen, mag E. G. dieselbe lassen fahren als ein äusserlich Ding, das sie mit Gewalt und Frevel einnehmen, und bedingen, daß solchs nicht geschehen mit Willen oder Vollwort E. G. Gewissen, sondern daß sie solchen Frevel und fremdds Rechts und Guts Raub auf ihr Gewissen laden. E. G. müßt nicht mehr thun, denn solchen Frevel leiden, ohn Mitverwilligung.

Daneben mügen E. G. sonst im Schloß, im Saal oder Stuben dennoch sich des Evangelii halten in Gottes Namen, und ihnen die Stiftkirchen als Frevelräubern lassen mit dem Teufel drinnen; es wird doch in zehen Jahren wohl ein anders werden.

Daß aber in gemeiner Herrschaft E. G. auch sollt so weichen, das kann nicht seyn. Denn hie gehet die Sache nicht Holz, Stein oder Raum, sondern die Gewissen an. Denn weil sich die Leute für E. G. Unterthanen erkennen, würden sie sich auf E. G. als einen natürlichen Mitherrn berufen, und ohn E. G. Verwilligung und Vollwort nicht dran wollen, daß damit eine Fahr im Volk entstehen möchte. Wiederumb kann E. G. nicht verwilligen, daß solche gemeine Unterthanen den andern Herrn weichen; denn damit würde E. G. selbst schuldig, als hätte sie selbs gewichen. Wollen aber etliche derselben gemeinen Unterthanen von eignem Gewissen weichen, da kann E. G. nicht zu. Denn sie kann niemand zum Glauben treiben noch dabey behalten, so wenig als sie kann verwilligen, daß jemand davon trete. Derhalben weiche, wer da weichet, stehe, wer da stehet, so kann E. G. nicht drein verwilligen, daß sie weichen oder sagen mügen: Siehe unser Erbherr hats verwilliget und wills haben, darumb thun wirs, und thätens sonst nicht.

Daß aber E. G. sollte darumb die Herrschaft ubergeben, ist noch nicht Zeit: es ist nur eine Versuchung und ein Streit kurzer Zeit lang, darin Gott E. G. bewähren und stärken will. Allein E. G. halte nur fest, dem armen gemeinen Mann zu gute, verwillige nicht, und befehle die Sache Christo, der wirds wohl machen, wie der 37. Psalm (V. 5.) lehret, welchen ich E. G. zu Trost und Stärke zu lesen befehle.

Der Teufel kann nicht alles thun, was er dräuet, und Gott rühmet sich, daß er Fürsten und Herrn Fürnehmen gar gern zunicht mache, und Lust dazu hat. Ps. 33, (10.) Soferne wir nur feste halten, er wird uns nicht lassen feylen: er hat bald einen Herrn zu Mansfeld erwürget, wenn ers ihm will zu viel machen, oder kann ihm wohl wehren ehe man solchs versiehet. Will Gott E. G. aus der Herrschaft haben, so wird ers wohl anders angreifen, sie müssen noch ander Gewalt brauchen. Aber da haben wir einen für, der von sich rühmen läßt: **Die Erde ist des Herrn, und alle die drinnen wohnen.** Psalm 24, (1.) Item, Ps. 76, (13.): **Er nimmet den Fürsten den Muth, und gehet wunderlich umb mit den Königen auf Erden.** Darumb sey E. G. nur frisch und getrost, und lerne hierinnen auch geistlich kriegen, wie der 31. Ps. (25.) spricht: **Seyd getrost, und halt feste, alle, die ihr auf den Herrn wartet.**

Das ander, ob man sich verbinden möge unter, hinter oder wider die Oberkeit, oder wie ihm zu thun sey, daß man solchen Tyrannen widerstehe. Aufs erste weiß E. G. wohl, daß wider die Oberkeit kein Verbindung gilt. Denn Gott will die Oberherren, sie seyn böse oder gut, geehret haben, Röm. 13, (1.) und 1 Petr. 3, (5.).

Aufs ander ist auch verboten, daß man sich selbs rächen oder wehren solle, wie Paulus Röm. 12, (19.) spricht: **Lieben Brüder, vertheidinget euch selbs nicht, sondern gebt Raum dem Zorn.**

Aufs dritte, daß man aber sonst Verbindung möchte auf freyen, unbenannten Unfall, dieser beyder keins fürgewendet, acht ich nicht für unbillig, ob gleich auch der Schein da blieb, da sich die Gottlosen müßten fürchten, als sollte es ihnen gelten. Denn weil sie hören und sehen, daß man nicht will ihnen verwilligen, und sehen doch daneben eine Verbindung aufgeben, ists wohl vermuthlich, sie würden sich besorgen und Argwohn schöpfen. Sonst muß man der Gewalt und Frevel weichen, und das Erdreich umbs Himelreich, das Zeitlich umbs Ewigen willen fahren lassen: gleichwie bisher die Fürsten zu Sachsen sind ganz still gesessen, und hätten sich auch nicht uber der Sachen müssen vertheidingen, wo sie sich derselben annähmen. Dennoch ist der Schein da blieben, als werden und wollten sie sich wehren. Indeß hat Gott der Tyrannen Trotz blöde gemacht, daß sie nichts düren *) wagen. Wer weiß, wo wir gläuben und Gott bitten, E. G. werde auch noch eine Scheu seyn, es sey durch Schein eines Bunds, oder sonst, daß sie nicht werden so trotzig seyn zu thun, als sie dräuen. Der Bogen trifft nicht alles, darauf er zielet, ja triffts selten.

Solchs hab ich E. G. unterthäniger Meinung, auf ihr Begehr, wollen anzeigen, befehl damit dieselbigen in Gottes Hulde, Barmherzigkeit, Schutz und Trost, Amen. Zu Wittemberg, An. 1525.

E. G.

unterthäniger

Martinus Luther.

*) Dürfen.

1526.

3. Januar. N°. DCCLXVI.

An den Kurfürsten Johannes.

Betrifft eine Angelegenheit der Lübecker.

Zuerst aus dem Weim. Archiv im Leipz. Supplem. S. 43, dann bey Walch XXI. 140. Wir haben das Original verglichen.

Dem Durchleuchtigsten, Hochgebornen Fursten und Herrn, Herrn Johanns, Herzog zu Sachsen und Kurfurst, Landgraf in Thuringen und Markgraf zu Meissen, meinem gnädigen Herrn.

Gnad und Friede in Christo. Durchleuchtigster, Hochgeborner, Gnädigster Herr und Furst! Ich schicke allhie eine Antwort der von Lubeck auf E. K. F. G. Schrift; und wiewohl mich etlich daselbst hochlich bitten, daß ich solle anregen E. K. F. G. noch einmal zu schreiben, so weiß ichs doch nicht zu thun, weil ich nicht weiß, was sie schreiben, und sorge, sie haben die erste Schrift abgeschlagen. So stehts drauf, wie man sagt: Wenn man 1) dem Bauren flehet, so wird ihm der Bauch groß. Es mochte diesem Bauren E. K. F. G. auch den Bauch aufblasen. Es wird aber E. K. F. G. wohl sich wissen hierinn zu halten, wiewohl ich den armen Mann gerne los sähe. Hiemit Gott befohlen, Amen. Zu Wittenberg, Mittwochens nach Circumcisionis 1526.

E. K. F. G.

unterthäniger

Mart. Luther.

1) Im Orig. fehlt man.

3. Januar. No. DCCLXVII.

An den Kurfürsten Johannes.

Fürbitte um Unterstützung für einen Mediciner.

Zuerst ex Copial Archiv. Vinar. im Leipz. Supplem. S. 43., dann bey Walch XXI. 142. Wir haben das Original nachgesehen.

Dem Durchleuchtigisten, Hochgebornen Fursten und Herrn, Herrn Johanns, Herzog zu Sachsen u. Kurfursten ꝛc. Landgrafen in Thuringen und Markgrafen zu Meissen, meinem gnädigsten Herrn.

Gnad und Friede in Christo. Durchleuchtigister, Hochgeborner Furst, gnädigster Herr! Ich habe auf E. K. F. G. Schreiben mit dem Licentiaten der Chirurgia halben geredet. Aber das hat sein Bescheid, daß nichts draus wird auf dießmal; nicht daß ers nicht kunnte, odder ungeschickt dazu wäre, sondern daß die Facultät Medicinä achten, es sey nicht furzunehmen, aus der Ursachen, daß eine Kunst sey, da Practica zugehoret, und nicht mit Lesen will ausgericht seyn; denn es gehoret darein die Anatomia, 1) und viel Dings, deß in unsern Landen noch keiner Brauch odder Uebunge ist; und sonderlich, wo man es sollt deutsch lesen, wurden die Balbierer einen Spott draus machen, und nicht zuhoren, weil sie bisher bereit Meister sich achten. Sollt man denn Spott umb Geld käufen und Verachtung? wäre nicht Rath; es ist sonst gnug. Wahr ists, daß wir ihm hiemit gerne zum Dienst und Ampt hätten geholfen, wie er denn auch bey m. G. H. seliger Herzog Friedriche Vertrostung hatte, daß ihm S. K. F. G. etwa einen Dienst wollte verschaffen. Denn er hat der Nonnen eine, deßhalben er fur dem Adel und Tyrannen sich in frembde Furstenthum nicht dar *) begeben, und doch zumal from, treu, gelehrt und wohl gehalten bey unsern Aerzten, daß er wohl wirdig wäre, so ihm E. K. F. G. ein Jahr odder zwey einen Sold odder Manngeld gäbe, bis ihn Gott mit eim Dienst beriethe. Und wo ich sonst E. K. F. G. nicht zu vielmal beschwerete, wollt ich gar unterthä-

1) L. schrieb Autonomia.

*) D. h. darf.

niglich bitten, E. K. F. G. wollte ansehen sein groß Armuth und Durft, darin er nu ins dritte Jahr liegt, und ihm ein Gulden oder dreißig lassen geben aus dem ubrigen Gelde dieses Stifts, ein Jahr nur, odder zwey. Es ist doch ja so wohl angelegt, als an Christo selbst, und ein recht christlich Almosen und Wohlthat. Denn er kanns wohl verdienen, nicht alleine mit seiner Frumkeit, sondern auch wohl in Spitalen, und die Kranken zu besuchen und helfen; welchs er doch ahn das thut. Befehl dieses alles in E. K. F. G. gnädigs Bedenken; ich habe ihm bisher auch geholfen, aber das Kloster war das im Vermugen, denn ich.1) Hiemit Gott befohlen, Amen. Mittwochens nach dem neuen Jahrstage 1526.

E. K. F. G.

unterthäniger

Mart. Luther.

---

3. Januar. No. DCCLXVIII.

An Nic. Amsdorf.

Von Herzog Georgs Antwort, und einem Gerücht von A.'s Verheurathung.

Bey Aurifaber II. 310. Deutsch bey Walch XIX. Anh. No. XII. S. 2227.

Gratiam et pacem in Domino. Mitto cum isto Brunone 7 florenos, mi Amsdorfi, pro butyro et arido pisce. Nam literas tuas amisi, et memoria teneo, tantum debere me ferme. Scripsi ad D. Georgium humiles literas et valde sinceras, at ille mihi respondit pro suo ingenio insigniter stultas et spirantes rusticam illam ferocitatem, quae ei ingenita est ex Bohemico illo sanguine, planeque se dignas: videbis exemplar, ubi transcriptum fuerit. Fama hic multa fuit, te duxisse salutem illam Alemannam*) sponsam meam in uxorem: mirum, si clandestino exemplo me retalies. Vale in Domino. Witenbergae feria tertia post Circumcisionis, anno MDXXVI.

Martinus Lutherus.

1) Walch: jetzt.

*) Veesenmeyer Litter. Gesch. S. 17. vermuthet, es sey die Ave Schönfeld gemeint, welche mit der Katharina von Bora aus Kloster Nimptsch entführt worden; doch bemerkt er selbst, daß die A. Sch. schon im Oct. 1525. an Licent. Basilius verheurathet gewesen. S. No. DCCXLV.

4. Januar. N°. DCCLXIX.

An Matth. Alber.

Dieser Matthäus Alber, ein Reutlinger von Geburt, Schüler Melanchthons, wurde im J. 1519. in Reutlingen als Prediger angestellt, und predigte schon damals freymüthig für die Reformation, die er trotz manchen Hindernissen durchsetzte. Im J. 1524. verehelichte er sich. Zwingli schrieb an ihn den bekannten Brief, und suchte ihn für seine Ansicht vom Abendmahl vergeblich zu gewinnen. Auch benahm er sich sehr klug und standhaft im Bauernkrieg, von dessen Antheil er seine Vaterstadt frey erhielt. L. lobt es, daß die Reutlinger noch von solchen Irrthümern frey geblieben, und billigt die mit den Cerimonien vorgenommene Veränderung.

In J. G. Füsings (eig. Begers) Ref. Hist. v. Reutlingen S. 102.
Bey Strobel-Ranner No. XLII.

Viro Dei Matth. Alberio, Evangelistae Reutlingensis Ecclesiae fidelissimo, suo in Christo fratri.

Gratiam et pacem. Redeunt ad vos fratres vestri charissimi, mi Alberi: utinam tam aedificentur ex nobis, quam grati et jucundi nobis fuerunt, non solum ipsorum propria fide et pietate, verum et jucundissimo nuntio, quo nos valde laetificaverunt, cum referrent statum Ecclesiae vestrae adhuc integrum et purum ab istis nequitiis spiritualibus. Raro enim talia audimus, sed undique sectas, vim, nequitias Satanae, a dextris et sinistris, cogimur et videre et pati. Dominus ipse qui coepit in vobis opus suum et hactenus tutatus est, conservet et perficiat usque in diem suum, Amen.

Ceremoniae mutatae apud vos placent. Mutavimus et nos, ac jam edimus propter vicinos id flagitantes. Tu vero cave, ne denuo tuas mutes ad exemplum nostrum, sed persevera, ut coepisti, ne offendantur infirmiores subitaneis et frequentibus innovationibus. Tantum vide, ne te nimium oneres legendo, et assiduitate nimia fastidium auditoribus tuis parias. Verum hoc docebit ipse usus et diligentia auditorum. Gratia Dei tecum, Amen. Witenbergae, 4. Januarii MDXXVI.

5. Januar. N°. DCCLXX.

An die Christen zu Reutlingen.

Warnung vor dem Irrthum der Sacramentirer.

Dieses Sendschreiben ist zuerst aus einer Straßburger Abschrift gedruckt Eisl. I, 393., dann Altenb. III. 332. Leipz. XIX. 372. Walch XVII. 1913. Besonders abgedruckt in authentischer Treue findet sich dieses Schreiben in Füsings (eig. Begers) Reform. Historie von Reutlingen S. 105, wornach wir den Text liefern.

Allen lieben Christen zu Reutlingen, meinen lieben Herrn, Freunden, Brüdern in Christo.

Gnad und Friede in Christo, unserm Herrn und Heilande! Es haben uns, lieben Freunde in Christo, euere zu uns gesandten Brüder höchlich erfreuet mit der trostlichen Botschaft, so sie uns bracht haben, wie daß der barmherzige Gott euch gnädiglich begabt hat mit rechtschaffnen Predigern und Seelsorgern, durch welche er euch hat geführt und noch täglich führet aus den vorigen Finsternissen, und wie St. Petrus sagt (1 Epist. 1.), aus unserer Vorfahren und Eltern Satzungen und Weisen in seine Wahrheit und wunderbars Licht, zu erkennen seinen Sohn und unsern Herrn Jesum Christum, welcher uns nicht durch unser Werk odder Macht, wie wir bisher gelernt und geglaubt, sondern durch sein eigen Blut hat von Sünden und Tod erlöset und zum Leben und zur Seligkeit bracht, nach dem ewigen Rath Gottes, unsers Vaters, dem es also von Ewigkeit gefallen hat, uns zu dieser Zeit sein Barmherzigkeit, ohn unser Verdienst, Thun odder Gedenken, lauter aus Gnaden, den Unwirdigen und viel anders Verdieneten so reichlich zu schenken; dem sey Lob und Dank, Ehre und Preis in Ewigkeit, Amen.

Wir beten auch von Herzen denselbigen unsern Vater, daß er euch sampt uns in solcher angefangenen Erkenntniß, Gnaden und Licht wollt gnädiglich erhalten, stärken und mehren, auch widder alle listige Angriffe der teuflischen Bosheit in einem aufrichtigen, beständigen Sinn und Verstande beschützen und beschirmen; wie uns das doch vonnötten ist. Denn euch ist ohn Zweifel wohl bewußt, wie sich unser Feind, der Teufel, umb uns gelegt hat, wüthet und brüllet wie ein zorniger Lewe, und sucht, wie er uns verschlinge

(1 Petr. 5.), und hat furwahr sich in diesem Jahr beweiset, was fur ein mächtiger Herr er sey in der Welt, wo ihm Gott verhänget; und das in zwey Stucken.

Erstlich mit Gewalt, daß er Kaiser, Fürsten und Herren widder uns treibt, und zuletzt auch den armen Pöbel zur Aufruhr erweckt hat, unter dem Namen des Evangelii. Da sehet seine teuflische und ubermenschliche Schalkheit, da er durch Papst und Kaiser seine Gewalt nicht mocht gnugsam uben, richt er den Unglimpf an und thut dem Evangelio die Schande auf, daß itzt dem Evangelio wird Schuld gegeben alle das Ubel, so durch und uber den Bauren ergangen ist. Und müssen nu viel Unschuldige ihr Blut drüber vergießen. Das wollte er haben, das sucht er. Also leidet nu das Evangelion beyde Trübsal und Schmach aufs allerhöhest, durch solche List des Teufels zugericht; den Lohn muß es nehmen für alle die Gnade, die es uns bracht hat.

Und wenn mans recht bekennen und sagen will, so haben die Herrn nicht die Bauren geschlagen, wie sie sich rühmen; sondern wo sie nicht zuvor durchs Evangelion wären fur Gott geschlagen gewesen, Fürsten und Herren hätten sie wohl ungedämpft und ungeschlagen gelassen. St. Paulus spricht Röm. 13: Wer Gotts Ordnung widderstrebt, der wird Straffe empfahen. Dieser Spruch schlug sie; der thäts gar und alles, ehe denn kein Waffen odder Wehre da war. Noch muß das Evangelion hören: es sey geschlagen, und habe solch Ubel angericht und verdient. Wohlan, die Lästerung hat er ihm mit der Weise zuwegen bracht, und ihm ist gelungen; aber es soll und wird ihm doch nicht helfen, ob Gott will; es soll seine Schalkheit widder zu Schanden, und das Evangelion widder zu Ehren werden.

Das ander Stück seiner Bosheit ist, daß er uns mit Secten, Rotten, Ketzereyen und falschen Geistern angreift, sonderlich in den heiligen Sacramenten, der Taufe und des Altars. Damit hat er auch gewaltiglich eingerissen, und thut mehr Schaden durch das Stuck, denn durchs erste: daß uns wahrlich wohl zu wachen und aufzusehen ist. Denn er schläfft, noch ruget nicht. Nu wir haben erlebt, daß der Geist, der es zum ersten anfing, zustoben und zuflogen ist, daß niemand weiß, wo er blieben ist. Andere folgen demselbigen nu nach; die sollen auch nicht lange bleiben, wie der erst Psalm sagt: Die Gottlosen bleiben nicht im Gericht, sondern sie zustieben wie Staub vom Winde.

Ich meine die, so uns itzt wollen lehren: es sey im Sacrament des Altars schlecht und eitel Brod und Wein, aber nicht der wahrhaftige Leib und Blut Christi. Und hie siehe und greife doch den groben Teufel, wie unfursichtig er handelt, durch Gotts Gewalt verhindert. Diese Secten hat schon drey Köpfe. Denn darin komen sie uberein, daß im Sacrament schlecht Brod und Wein sey; aber warumb und aus was Grund das so seyn müsse, sind sie gar uneins.

Der erste Geist und Kopf gab diesen Grund, daß das Tuto solle auf den sitzenden Christum, und nicht aufs Brod deuten; wie ihr wisset, daß D. Carlstad hielt, und ich auch dawider geschrieben habe.

Diesen Grund verwirft der ander Geist und Kopf, gibt aber einen andern, nämlich, das Wörtlin Est, odder Ist, sollte Significat, odder Deuten heißen; wie der Zwinglius und Oecolampadius gäukeln, und die Schrift und Sprüche närren und martern, daß Sünd und Schande ist.

Aber diesen Grund verwirft der dritte Geist und Kopf, und will wedder Tuto noch Significat haben; sondern die Wort umbkehren, und also machen: Mein Leib ist für euch gegeben, ist das, vernehmet eine geistliche Speise. Wie etliche umb euch sollen furgeben, und noch das mehr an Tag geben. [1])

Siehe, so windet und ringet sich der aufgeblasene [2]) fleischliche Sinn, und sucht, wie er unter Gotts Wort nicht müsse bleiben. Aber was mag das fur ein Geist seyn, der in einer Sachen so ungewiß, und unter sich selbs so uneins ist? so doch ein iglicher Kopf dieser dreyer schweret theur, er habe recht, und verdampt den andern, und will Recht haben. Solche Stücklin heiße ich nicht einen subtilen, sondern groben, greiflichen Teufel; denn auch Gott uns zu gut sie läßt sich unternander selbs beißen, fressen und verzehren, auf daß das uneinige Reich von ihm selbs verstöret werde, und uns nicht verführe. Denn wir wissen, daß der Heilige Geist ein Gott der Einigkeit ist, und einerley Sinn, Grund und Lehre gibt. Derhalben diese Secte schon ihr Urtheil hat, daß sie nicht vom Heiligen Geist, sondern vom Teufel herkömpt.

Aber mit der Zeit soll und wird auch alle ihrer Grund verlegt werden. Das schreibe ich alleine darumb, daß euer Liebe indeß wollt fest bleiben, und sich nicht kehren an ihr unnütze Geschwätz und

1) Eisl. das wird an Tag komen. 2) Eisl. — aufgebl.

Rühmen, wie gelehrt sie sind und wie viel Geists sie haben. Wäre der Papst noch in der Macht und Furcht, da er zuvor innen war, es sollten solche Umbschweifer 1) und Geistrühmer so stille seyn als die Mäusle. Aber nu sie Raum uberkomen, fahen sie kecklich an, legen sich widder uns, durch welche sie solchen Raum haben, und wollen auch Ehre einlegen, und die Obersten und Besten seyn. Wiewohl sie imer im Munde und in der Federn führen, Gotts Ehre, Gotts Ehre, Gotts Ehre suchen wir; aber das Werk und die Frucht weiset es wohl anders.

Darumb bitt ich, meine Allerliebsten, wollet einfältiglich und schlecht auf den Worten Christi bleiben, darinnen er uns im Sacrament seinen Leib und Blut gibt, und spricht: Nehmet hin und esset, das ist mein Leib, der fur euch gegeben wird rc. Sie mögen schreiben und glosiren. Der Text liegt da, die Wort sind klar und offenbar; sie werden noch lange nicht mit beständigem Grunde etwas anders draus machen nach ihrem Sinn. Ich habe ihre Bücher gesehen; aber da sie es nicht besser wollten machen, wären sie billig daheimen blieben. So D. Carlstadt, des ersten Geists, Grunde nicht gelten, die mehr Scheines hätten denn diese; so werden diese viel weniger gelten; das sollt ihr, ob Gott will, auch mit der Zeit erfahren.

Solchs will ich euer Liebe zur Vermahnung und Warnunge geschrieben haben. Nicht, daß ihrs sonderlich bedürfet; sondern daß ihr sehet, wie wir mit euch in Christo gleich und eines Sinnes sind in Christo 2) widder solche Schwärmergeister und Rotten. Denn der euch ohn uns hat beruffen zu seinem Licht, kann euch auch wohl ohn uns behüten. Doch sollen die Glieder eins fur das ander sorgen, und eins sich des andern freuen odder betrüben. Wollet solchs als in christlicher Liebe und Treu fur Gott also zu gut annehmen, und uns helfen betten, daß Gott sein heilsames Wort wolle in uns allen mehren, und verklären in aller Welt, zu Lob und Ehren seiner reichen Gnade uns geschenkt, Amen. Gotts Gnaden sey mit euch, Amen. Lasset euch Er Matthes Alber und seine Mitarbeiter, als eure treue Hirten an euren Seelen, herzlich befohlen seyn. Zu Wittemberg, Dornstags nach dem Neuen Jahrstage, Anno 1526.

Euer Diener

Martinus Luther.

---

1) Eisl. Buchschreiber. 2) Eisl. — in Christo.

5. Januar. N°. DCCLXXI.

An einen Ungenannten.

L. bestärkt jemanden in der mit seiner Schwester-Tochter getroffenen Verbindung.

Unvollständig Eisl. I. 270. Altenb. III. 516. Leipz. XXII. 434. Walch X. 961. Wir ergänzen das Schreiben aus dem Cod. Palat. 689. p. 66.

Gnad und Friede in Christo. Aus euer Schrift, so ihr am nächsten an mich gethan, hab ich vernomen, mein lieber N., und kann leichtlich gläuben, weiß auch fast wohl, daß sich viel ärgern, und groß Gewäsch draus machen, daß ihr euer Schwester Tochter 1) zu der Ehe nomen habet. Und will 2) nicht helfen, daß ihr es gethan habt mit meinem Rath und Erlaub, das ist, mit Gottes Rath und Erlaub, den ich aus göttlicher Schrift genomen habe. Ja, das macht erst 3) die Aergerniß am größten, daß Ihr den Erzketzer und verdampten Menschen, den Teufelsapostel und Apostaten, den Luther, hierinne zu Rath genomen und 4) gefolget habet.

Dem allerheiligsten Vater, dem Papst, solltet ihr Geld gegeben haben, und demselben Frauenkrämer solche Fraue abgekauft und bezahlet haben. Das wäre recht christlich und göttlich gewesen; da wäre kein Aergerniß geblieben, und ihr wäret als ein fromm Kind geehret worden. Der Bösewicht Luther gibt Recht und nimpt kein Geld dafür: ist das nicht eine große Durstigkeit, wie kann mans leiden?

Nu lieber N., ich bekenne und gestehe es, daß es mein göttlicher Rath und Erlaub sey. Denn da stehet unser Grund und Fels: Was Gott nicht verbeut, sondern frey läßt, das soll iedermann frey bleiben, und niemand zu gehorchen ist, der das verbeut, das Gott will frey haben, sondern schuldig ist iedermann, wider solch Verbot mit Worten und Werken zu thun, und imer das Widerspiel zu Trotz darwider zu treiben Galat. 2. u. 5.

Nu ist das offenbar, es mag auch niemand anders sagen, denn daß Gott nicht verboten, sondern frey gelassen hat, daß sich Schwesterkinder 5) mit einander verehelichen, oder jemand seins Bruders oder Schwester Tochter nimpt. 6) Trotz, der hie einen Buchstaben

1) Eisl. N. N. 2) E. † euch. 3) E. allererst. 4) E. † ihm. 5) E. N. u. N. 6) E. oder — nimmt.

anders anzeige. Wiewohl sich der Papst auch nicht allzu scheuslich wehret, solchs nachzulaßen, wo Geld oder Gunst die Furbitte thun, ob er gleich noch so ein gestrenger Gesetzgeber ist. Wir achten aber, daß Gott der allmächtige sollte je so klug seyn, Gesetze zu machen, und Leute zu regieren, als der Papst ist, und sollt uns sicherer seyn, Gott folgen denn dem Papst. Aber das hilft nicht; hie ist kein Hören. Man sage, schreibe, singe, oder lese, so stehen sie, wie die Stöcke, ja wie die Steine. Kurzumb, Augen und Ohren zugethan, mit dem Kopf hindurch: Ketzer, Ketzer, Ketzer! es ist nicht recht, es ist nicht recht, wie die tollen rasenden Hunde, oder reißenden Thier im Walde.

Wohlan, dieweil sie denn schlechts nicht hören, und mit Gewalt solche gottliche Freyheit gewehret und gedämpft haben wollen: so sollen sie wieder [1]) zum Trotz ihrer tollen Gewalt alles das sehen und hören, was sie nur auf das allerhochste verdreußt, und auf das allerbitterste ärgert. Sie sind nicht anders werth, denn daß sie sehen und hören, was sie ärgert, dieweil sie also toben und rasen wider das, das sie sollte beßern: wie geschrieben stehet: Er will des Segens nicht, so soll er auch ferne von ihm bleiben. Ich habe auch eine Nonne genomen zu der Ehe, wiewohl ich es hätte mügen gerathen, und nicht sonderliche Ursache gehabt, denn daß ich es dem Teufel mit seinen Schupen, den großen Hansen, Fursten und Bischofen, zu Trotz gethan habe, welche schlecht unsinnig wollen werden, daß geistliche Personen sollen frey seyn.

Und wollt gern noch mehr Aergerniß anrichten, wenn ich nur was mehr wußte, das Gott gefiele und sie verdrösse. Denn damit kuhle ich mein Muthlein an ihrem Toben wider das Evangelium, daß sie zurnen, und ich gebe nichts drauf, und fahre immer fort, und thue es je mehr, je mehr sie es nicht wollen. Sie pochen auf Gewalt, so trotze ich auf das Recht, und will warten, ob Gewalt oder Recht endlich gehen und bleiben werde.

Also rath ich euch, daß ihr auch thuet. Leid sollte es euch seyn, wo sie sich nicht an euch ärgerten; denn das wäre ein Zeichen, daß ihr den Feinden des Evangelii zu gefallen lebetet. Daß sie sich aber ärgern, deß sollt ihr lachen und guts Muths seyn, dieweil ihr wisset, daß es Gott gefället.

Daß aber etliche Schwachen auch sich daran ärgern, das ist nicht unser, sondern der Tyrannen Schuld, die dem Evangelio wehren,

---

1) Eisl. wiederum.

daß es nicht dahin komen, und die Schwachen unterrichten kann. Darumb mussen sie dafur antworten. Auch wenn es dahin kompt, daß christliche und gottliche Freyheit will gedämpft oder geschändet werden, ist derselbigen mehr wahrzunehmen, denn der Schwachen; denn an Gottes Wort liegt mehr, denn an der ganzen Welt.

Dräuen sie mit dem Tode, so hat Christus mehr Lebens, denn der Teufel Todes hat. Wollen sie die Güter nehmen, so ist Christus reicher denn sie. Wollen sie ungnädige Herrn und Junkern seyn, so mögen sie ihre Gnade anbinden, daß sie uns nicht nachlaufe, bis daß Christus Gnade nicht mehr taug.

So stehet nu feste und kehret euch an keine Aergerniß, Zorn, Ungnade, Dräuen, Schaden oder Fahr, dieweil Gott nicht wider euch, sondern mit euch ist.

Aufs erste stehet bey euch der klare Text, daß Schwester-Tochter [1]) fur Gott nicht verboten ist.

Zum andern, daß es doch fur dem Papst nicht hoher verboten ist, denn umb Gunst und Geldes willen, und nicht umb Gottes willen, daß wer es hält, nicht umb Gottes willen, sondern umb Geldes willen hält.

Haltet sie nu gegen einander, Gott und Papst, welcher der großeste sey? welchem mehr zu gläuben und zu folgen sey? und welcher redlicher Ursache fur sich habe? Gott läßt es frey umb seiner Gnade und unsers Gewissens willen. Der Papst verbannt es und hälts gefangen umb Geldes und seiner Tyranney willen.

Zum dritten habt ihr das mächtige Exempel Abraham, welcher seine Sara bekennete fur seine rechte Schwester, des Vaters halben und nicht seiner Mutter halben, Genes. 20. Das muß seyn, daß seine Stiefmutter sey gewesen, oder wie der Text lautet, seins Bruders Haran Tochter. Abraham aber ist weit mehr denn alle Päpste. Ist der nicht zum Teufel daruber gefahren, sondern hat Gott gefallen in solcher Ehe, so wird auch dem Exempel nach niemand in Fahr stehen. Aergern sie sich nu, und lästern des heiligen Erzvaters Abraham Werk und Exempel, so laßt sie sich ärgern.

Gott, dem Abraham damit gefallen und gedienet hat, wird sie wohl finden. Alleine verachtet ihr Aergerniß und Lästern so hoch, als sie euer Ehe lästern und verachten. [2]) Hiemit Gott befohlen. Amen. Zu Wittenberg quinta Januarii 1526.

Martinus Luther.

---

1) Eisl. euer Ehe. 2) Eisl. — Zum dritten ꝛc.

7. Januar. N⁰. DCCLXXII.

An Nic. Amsdorf.

Fürbitte für jemand wegen einer Rechtssache.

Bey Aurifaber II. 310. Deutsch bey Walch XXI. 997.

Gratiam et pacem. Hic Georgius Schmid querelis me accessit, quas ad te mitto, mi Amsdorfi, ut videas, an vera sint, quae narrat, deinde illi consulas, et Magistratum moveas. Sic jurat, sic contestatur, deinde persona magnae spei est, ut quantum licet uni homini credere, paene credam, cum tamen incredibile sit, Magistratum vestrum tantae esse tyrannidis, ut non modo jus, sed et responsum negent, et sola vi agant prudenter. Denique liberari ab homine non potui, nisi ut tibi et Magistratui scriberem. Paratus est stare jure, accusari et judicari a quovis, et digna factis recipere. Tu fac quod dederit Christus, quo vel juvetur innocens, vel convincatur reus, ac vale in Domino. Witenbergae 7. Januarii, anno MDXXVI.

Martinus Lutherus.

---

9. Januar. N⁰. DCCLXXIII.

An Leonhard Beier.

L. bestärkt L. B. in dem Vorhaben Gertrud von Mylen zu heurathen. (Vgl. Br. v. 8. Oct. v. J. No. DCCXLIV.)

Aus der Gudischen Sammlung 214. auf der Wolfenbüttelischen Bibliothek bey Schütze II. 68.

G. et P. in Christo. Et mihi sane placuit, et visum fuit, ut Gertrudem a Mylen duceres uxorem, si Dominus donaret. Igitur meo consilio et voto procede in nomine Domini. Multis modis mihi ea mulier prae caeteris sociabus suis placet. Scribo de hac re ad parentem ejus, sicut rogasti. Dominus fortunet consilium tuum, Amen. Fer. 3. post Epiphan. MDXXVI.

T. Mart. Lutherus.

20. Januar. No. DCCLXXIV.

An Nic. Hausmann.

Ueber Herzog Georgs Antwort, die Sacramentirer und Th. Billicanus Schrift gegen dieselben, über L.'s Schrift gegen Erasmus.

Bey Aurifaber II. 310. b. Deutsch bey Walch XIX. 619. Wir vergleichen Cod. chart. 402. fol. Bibl. Goth.

Gratiam et pacem. Spe quidem bona scripsi Duci Georgio, sed falsus sum, perdidi humilitatem meam, nec respondebo ei quicquam. Nihil moveor ejus mendacio 1) et maledictis. Et cur hunc non ferrem, qui cogor ferre filios uteri mei, Absolones meos, qui furiosissime mihi resistunt? Illos puto Sacramentomagistas, 2) prae quorum insania Papistas cogor mites judicare, ita quaerit me Satan per istos. Non credidi antea Satanam esse tam nequitiosum spiritum, nec intellexi verbum Pauli: *Nequitias spirituales*, etc. Sed Christus vivit. Scribit jam Theobaldus Billicanus, Nordlingensis Ecclesiastes, contra Zwinglion, Carlstadium et Oecolampadium. *) Suscitat Deus reliquias suas contra novos haereticos: spes bona est, Christus promoveat. Scriberem et ego contra eos, si otium esset, sed prius videbo istius Domini. 3)

Gaudeo Servum arbitrium tibi placere, sed idem ab illo vel pejora expecto, quam a Duce Georgio. Sentiet enim vipera sese tangi et jugulo 4) peti, neque flectetur 5) mea modestia. Deus det, ut fallar, sed novi hominis ingenium et Satanae organum, nisi Deus mutarit 6) illum. Alia non sunt hic nova. Vale et ora pro me. Sabbato post Antonii, anno MDXXVI.

Martinus Lutherus.

---

1) Cod. G. mendaciis. 2) C. G. mastigas. 3) C. G. potius videre volo illius donum. 4) C. G. jugulum. 5) C. G. flectitur. 6) Aurif. mutaret.

---

*) Die Schrift: De verbis coenae Domini et opinionum varietate Theob. Billicani ad Urbanum Regium epistola. Responsio Urbani ad eundem. 1526. 8. Bey Walch XVII. 1922. 1945.

2. Februar. N⁰. DCCLXXV.

An Justus Menius.

Antwort auf einen empfangenen Empfehlungsbrief; über L.'s Buch von der Ordnung des Gottesdienstes.

Aus dem Original in einem Bande aus der Manheimer Bibliothek, welcher die Original-Briefe L.'s enthält, in der Königl. Bibliothek zu München, mitgetheilt von Hrn. Dr. Docen.

Justo Menio, Evangelistae Erfordiensis populi, suo in Christo fratri.

Gratia et pax. Ubi venerit is, quem commendasti, nihil in me desiderari patiar, mi Juste, modo possim prodesse. Miror vero, qui factum sit, ut ad vos nondum pervenerit cerimonialis nostrae farinae libellus, *) jam plus quam mense toto vagatus ab editione sua, in quo ultima melodia Epistolarum [1]) et Evangelii mihi magis placet, licet nostri non utantur, Te tamen et alios vellem uti. Vale et ora pro me. Witenbergae, die purificationis MDXXVI.

Mart. Luther.

Dabitur opera ut scribatur dem Rath und Meister *vier* (?).

9. Februar. N⁰. DCCLXXVI.

An den Kurfürsten Johannes.

Die Abstellung der päpstlichen Ceremonien im Stift zu Altenburg betreffend.

Altenb. III. 339. Leipz. XIX. 553. Walch XXI. 145.

Gnad und Fried in Christo. Durchleuchtigster, Hochgeborner Fürst, gnädigster Herr! Auf E. K. F. G. Schrift, der Ceremonien halber

1) Orig. Epistol.

*) Deutsche Messe und Ordnung Gottesdiensts, zu Wittemberg fürgenomen. 1526. 4. Vgl. Br. v. 28. Oct. 1525. No. DCCXLVIII.

des Stifts zu Altenburg, gebe ich unterthäniglich mein Bedenken. Erstlich, daß mirs wohl gefället, wie die Prediger zu Altenburg ihr Bedenken gestellet haben. Doch E. K. F. G. Gewissen desto bas in der Sachen zu stärken, und den Götzendiener desto glimpflicher anzugreifen, will ich hiermit diesen Zusatz E. K. F. G. unterthänig dargeboten haben: nämlich, daß E. K. F. G. sich vernehmen läßt, daß es E. K. F. G. Gewissen schwerlich wollte seyn, und ganz untüglich für Gott, solch ihr Wesen länger gestatten, wie es denn auch allerding wahr ist: derhalben gnädiglich ansinne, daß sie entweder ganz abstehen, oder wo nicht, daß sie ihr Thun heimlich ohn Aergerniß halten.

Solches Gewissens haben E. K. F. G. zween Gründe. Der erste, weil E. K. F. G. durch Gottes Wort gewißlich unterricht, daß solcher lästerlicher Gottesdienst unrecht und verdammlich sey, und doch als eine weltliche Obrigkeit müßt sie schützen, und mit Zinsen und Gütern bisher versorget, handhaben, würde zuletzt für Gott alle ihrer Gräuel auch E. K. F. G. Gewissen heimkommen und beschweren, als der zu solchem Gräuel Geld, Gut, Schutz und alle Werk der Verwilligung erzeiget. Und wo solcher Gräuel ohn E. K. F. G. Schutz und Erhaltung gehen möcht oder ginge, wäre sie wohl entschuldiget, und müßte es lassen gehen; nun er aber ohn E. K. F. G. Schutz und Nahrung des Orts nicht kann bleiben: müßte E. K. F. G. Gewissen immer mit eingemengt und mit schuldig seyn, als die es hindern könnte, und thäts nicht. Der andere Grund, daß einem weltlichen Regenten nicht zu dulden ist, daß seine Unterthanen in Uneinigkeit und Zwiespalt durch widerwärtige Prediger geführet werden, daraus zuletzt Aufruhr und Rotterey zu besorgen wäre, sondern an einem Ort auch einerley Predigt gehen soll. Mit diesem Grund haben die zu Nürnberg ihre Münche gestillet, und die Klöster versperret.

Ob sie aber werden ihr Gewissen fürwenden, das soll sie nichts helfen; denn sie sind zuvor erfordert, ihr Gewissen und Fürnehmen mit der Schrift zu beweisen, oder sich unterrichten zu lassen. Deshalben sie sich gewegert, und öffentlich bedinget, sie wollten sich in der Schrift Disputation nicht begeben, sondern auf ihrem hergebrachten Brauch, als von der christlichen Kirchen bewährt, bleiben. Damit geben sie genungsam Zeugniß wider sich selbst, daß sie solch Gewissen erdichten, und nur zum Schein fürwenden. Denn ein recht gut Gewissen thut und begehrt nichts liebers, denn daß es möge der Schrift Unterricht hören, und von seinen Sachen mit der Schrift disputiren. Sie aber verachten die Schrift muthwilliglich; darum wären sie billig aus der einigen Ursach zu stillen oder nicht zu leiden, als die nichts Guts im Sinn haben, weil sie das Licht scheuen, und der Schrift nicht gewarten wollen.

Doch zu mehrerm Glimpf, mag E. K. F. G. ihnen noch einmal anbieten, ja auch mit Ernst fordern lassen, daß sie sich mit den Predigern zu Altenburg in der Schrift versuchen, und mit Schrift gegen Schrift handeln. Können sie mit der Schrift bestehen, wohl; wo nicht, daß denn dem Nürnbergischen Exempel nach, frisch, ihnen zu schweigen und abzustehen, geboten, und also einerley Predigt und Weise zu Altenburg fürgenommen werde.

Damit sie aber nicht sagen, man zwinge sie zum Glauben, ist das nicht die Meinung; sondern man verbeut ihnen nur das öffentliche Aergerniß, welches sie selbst nicht können erhalten, und bekennen müssen, es sey in der Schrift nicht gegründt, und doch, muthwilliglich zu verderben andere Seelen und zu schaden Land und Leuten, auch zu Schmach und Spott Gott und seinem Evangelio, halten wollen. Sie lassen ihnen daran begnügen, daß man sie bey Leib und Gut, bey Schutz und Ehren läßt im Lande, und daß sie in ihren Kammern mögen anbeten und dienen, wem sie wollen, und wie viel Götter sie wollen; öffentlich sollen sie den rechten Gott nicht so lästern, und die Leute verführen, sie beweisen denn aus der Schrift, daß sie deß Recht und Fug haben.

Das habe E. K. F. G. auf ihr Begehr zur Antwort wollen geben, stelle das alles in E. K. F. G. Gefallen und Urtheil. Hiermit Gott befohlen, Amen. Zu Wittenberg Freytag nach Dorotheä 1526.

E. K. F. G.

unterthäniger

Martinus Luther.

---

9. Februar. N⁰. DCCLXXVII.

An den Kurfürsten Johannes.

Melanchthons Besoldung betreffend.

Zuerst ex Copial. Archiv. Vinar. im Leipz. Supplem. S. 43, dann bey Walch XXI. 144. Wir haben das Original verglichen.

Meinem gnädigsten Herrn, Herzog Johanns, Kurfursten zu Sachsen. Zu seiner Kurfurstl. Gn. selbs Handen.

Gnad und Friede in Christo. Durchleuchtigster, Hochgeborner Furst, gnädigster Herr! Es hat E. K. F. G. in der Ordnung der Universität befehlen lassen, M. Philippsen 200 fl. jährlich zu geben. Nu beschweret sich der Mensch solchs zu nehmen, aus der Ursache, denn weil er nicht vermag so steif und täglich in der Schrift zu lesen, mocht ers nicht mit gutem Gewissen nehmen, und meinet, E. K. F. G. foddere solch gestrenge Lesen von ihm, so hilft mein Sagen und Deuten gar nichts bey ihm: ist derhalben mein unterthäniglich Bitte, E. K. F. G. wollte ihr Gemuthe selbs gegen ihn läutern und deuten, als daß sie zufrieden sey, daß er die Theologie helfe handhaben mit der Disputation und Lesen, wie vorhin geschehen, doch so viel er vermag, es sey gleich die Wochen nur einmal, odder wie er kann. Denn wenn gleich E. K. F. G. solchen Sold ihm ein Jahr odder zwey schenkete, wäre ers doch wohl werth, denn er zuvor wohl zwey Jahr ohn Sold in der Schrift gelesen hat, mit großer Erbeit und Frucht, und vielleicht sich auch damit zum Theil so verderbet. Ich wollte ja gerne die Schrift hie in den Schwang widder bringen, weil man bey uns an allen Orten sucht der Schrift Verstand. Hiemit Gott befohlen, Amen. Freytags nach Agathae 1526.

E. K. F. G.

unterthäniger

Martinus Luther.

---

12. Februar. N°. DCCLXXVIII.

An Eberhard Briesger.

Von ökonomischen und häuslichen Angelegenheiten.

Bey Aurifaber II. 312. Deutsch bey Walch XXI. 2000.

D. Magistro Eberhardo Briesger, Pastori Altenburgensi.

Gratiam et pacem. Quid egerim in tua causa, mi Eberharde, cum Nicolao Demut, etiam antequam tu me rogares, intelliges ex istis literis suis. Ego qui obruor sumtibus et profundendis pecuniis, alioqui pro te dedissem interim. Satis autem miror, sic te debitis fuisse involutum: verum recte facis, quod agnoscis, tentationem a Deo esse. Jam reliquum est, ut prudenter ferens finem proventus, quem non vides, nec videre decet, expectes. Non te deseret, qui etiam volucrem nullum sinit fame perire. Stipendium tibi imminui et ligna negari, res digna est verbi contemtoribus, sic etiam meriti sunt, ne verbo inserviant peritura sua substantia.

Illud vero de uxore tua magis movet, sed ferendum est et hoc periculum, rogandusque Deus, ut avertat, quod timetur. Certe negari non potest, si foetus non sentitur, periculum esse: verum si ab initio aliquando sensisti, bona adhuc sperare licet, solent enim (ut audio) foetus aliquando interquiescere: nisi forte uxor tua non intelligit, quid sit sentire foetum, de quo explorandum est. Salutat te et tuam catenam mea, cujus foetus se praebuit sentiendum, jam fere sex hebdomadibus, Deo gratias et gloria. Idem optamus et oramus tibi et tuae, donetque Christus, ut cum gaudio natos videamus, Amen. Vale et pro me ora. Saluta Spalatinum in Domino. Witenbergae, feria 2. Bacchanaliorum MDXXVI.

Martinus Lutherus D.

---

18. Februar. No. DCCLXXIX.

An Joh. Agricola.

Ueber die gegen Zwingli und Oecolampad erschienenen Schriften und den Tod der Königin Elisabeth von Dänemark.

Bey Aurifaber II. 311. Vgl. Cod. Jen. B. 24. n f. 161. Deutsch bey Walch XXI. 998. und nochmals S. 1198. aus den Unsch. Nachr. 1721. S. 873. angeblich aus dem J. 1529.

D. Joanni Agricolae, juventutis Eislebiensis formatori fidelissimo, servo Christi, suo in Domino charissimo. 1)

1) Aurif. — servo etc.

Gratiam et pacem in Christo. Interim nihil habui quod scriberem, mi Agricola: scribo tamen, ut salutem te et uxorem tuam: nam quae proximis literis postulasti, puto tibi interim innotuisse, ut de N. [1] haereticis, Deus convertat eos. Nam in Oecolampadium et Zwinglium egregie scriptum est a Sueviae doctissimis viris, qui liber hic editur denuo, *) insuper et Billicanus breviter **) (hujus [2]) librum hic mitto), illi vero et copiose et erudite. Spero illis sua tandem desperata fore, quae hactenus tam confidenter jactaverunt. [3]) Una illa haeresis jam quinque habet sectas, omnes idem sentientes, sed diversis argumentis: ideo peribunt statim.

Regia illa mulier et vere Regina Elisabeth, Danorum Regis uxor, excessit e vivis, ut ipse mihi scripsit Christiernus Rex: sed magna fide excessit, accepta coena Domini legitimo ritu Christi, nec persuaderi potuit, licet fortiter tentata per Proceres, [5]) ut in Papae fidem rediret: scilicet Christus etiam aliquando Reginam voluit in coelum vehere. Paedagogum herilium filiorum tibi commendo, et salutabis tuam Elsam, et omnes nostros: catena mea quoque te cum tuis salutat, cum reverentia tui saepe memor. Vale in aeternum. 18. Februarii, anno MDXXVI.

Martinus Luther.

---

21. Februar. N^o. DCCLXXX.

An den Kurfürsten Johannes.

Bitte um Unterstützung der Barfüßer-Mönche in Wittenberg.

Aus dem Weim. Archiv im Leipz. Supplem. S. 43., bey Walch XXI. 144. Wir haben das Original nachgesehen.

---

1) Cod. Jen. U. N. Argentinensibus. 2) Cod. J. cujus. 3) U. N. jactitarunt. 4) Cod. J. licet fortiter tentatam reginam voluit per proceres.

*) Das sogenannte Syngramma. L. schrieb eine Vorrede dazu. S. Walch XX. 666. **) S. Br. v. 20. Jan. No. DCCLXXIV

Meim gnädigsten Herrn, Herzog Johanns, Kurfursten ꝛc. Zu Sr. K. F. G. selbst Handen.

Gnad und Fried in Christo. Durchleuchtigster, Hochgeborner Furst, gnädiger Herr! Es klagen hie die armen Bruder zun Bärfussen, wie E. K. F. G. aus ihrer Supplication vernehmen wird. Nun ists je billig, so andere sollen des Klosters genießen, als etlich schon gute Partefen davon haben, daß auch sie nicht so ganz bloß ins Elend in ihrem Alter gestoßen werden, welchs E. K. F. G. großen Unglimpf und Nachreden sampt uns allen und dem Evangelio (brächte). Ich weiß aber fast wohl, daß E. K. F. G. Gemuthe nicht ist, aber die armen Leute konnen nicht furkomen [1]. so nimpt man sich auch ihr nicht so an, wie es christlich und billig wäre, daß E. K. F. G. würde genugsam bericht. Bitte derhalben, E. K. F. G. wollte die armen Leute befehlen vom Klostergut, so lange es währet, zu versorgen; wer weiß wie lange sie leben? Und vielleicht unter ihn einer mocht seyn, der am jungsten Tage unser aller Richter würde seyn. Hiemit Gott befohlen, Amen. Mittwochens noch Invocavit 1526.

Martinus Luther.

Im Februar. N°. DCCLXXXI.

An Nic. Amsdorf.

Von der nicht bewirkten Anstellung eines Predigers und der Taufe eines Kindes von Karlstadt.

Bey Aurifaber II. 311. b. Deutsch bey Walch XXI. 999.

Gratiam et pacem in Domino. Non erat, mi Amsdorfi, quo huic pauperi Joanni Honhof officio aliquo providerem. Multi enim hic sunt, ut si numero liceret Scripturas metiri, posses Evangelio inverso dicere, operarii multi, messis vero modica, sed venter miser et egens tales multiplicat, spiritu nihilominus pauci operarii manent. Heri Carolstadio filium baptisavimus, vel baptisma potius rebaptisavimus. Compatres sunt Jonas,

---

1) Leipz. Walch — aber die armen Leute ꝛc.

Philippus, Ketha mea: ego hospes cum aliis fui. Segrenae haec facta sunt trans Albim, ubi Carolstadius est habitans. Quis ita futurum cogitasset anno superiore, fore ut hi, qui baptisma balneum caninum vocabant, nunc peterent ab ipsis hostibus? Sive id ex animo sive sincere petant, Deo sit servatum, tamen miracula sunt satis magna, si considerentur opera Dei operibus hominum contraria. Vale et pro nobis ora. Die Sponsae Brunonianae, MDXXVI.

Eduntur apud nos duo libelli in Zwinglium et Oecolampadium, unus Theobaldi Billicani, alter 14 ministrorum verbi in Suevia eruditissimi et sincerissimi,[1] qui sanam fidem egregie tuentur in Sacramento: *) videbis gaudens, si nondum vidisti.

---

9. März. N°. DCCLXXXII.

An den Kurfürsten Johannes.

Fürbitte für einen Müller.

Aus dem Weim. Archiv im Leipz. Supplem. S. 44., bey Walch XXI. 148. Wir haben das Original verglichen.

Dem Durchleuchtigsten, Hochgebornen Fursten und Herrn, Herrn Johanns, Herzogen zu Sachsen, Kurfurst, Landgrafen in Thuringen und Markgrafen zu Meissen, meinem gnädigsten Herrn.

Gnad und Friede in Christo. Durchleuchtigster, Hochgeborner Furst, gnädigster Herr! Ich füge E. K. F. G. unterthäniglich zu wissen, wie daß der güte arme Mann, Christophel Mocha, zu Segrehn, itzt neulich durch E. K. F. G. Befehl eines Urtheils und Hulfe, so über ihn gangen ist, merklich beschädigt, und, wie ich sorge, zu geschwind mit Unrecht verkurzt ist einer Mühlen halben; die Schuld ist aber der Befehlhaber, die den guten Mann versäumet, widder zu Verhor, noch zur Beweisung komen lassen, sondern mit Aufschieben, die Mühle zu besichtigen, den Hulfetag haben lassen gehen. Nu hat er

---

1) Sollte heißen eruditissimorum etc.

---

*) Vgl. Br. v. 18. Februar. No. DCCLXXIX.

je gute Kurfürstl. Lehenbriefe uber dieselbige Mühlen, die ich gesehen, dazu mit ganzer Dorfschaft beweisen will, daß ihm Unrecht geschehe: derhalben ist meine unterthänige Bitte fur ihn, wie er denn mich gebeten, weil es ein armer Mann, viel Kinder und wenig dazu hat, daß E. K. F. G. wollen doch Andern Befehl thun, die es gewarten konnten und gelegen wären, als dem Häuptmann zu Heynich a und etwa einem Eddelmann dabey, daß sie solchs besichtigen und erkennen, damit dem guten Manne solcher Schade und Gewalt nicht zu weiter Verderben reiche. Auch hat E. K. F. G. zuvor ihm etliche Stämme Holz zu bauen zugesagt, aber es ist nicht ausgericht, und hemmet sich so lange, bis der Schosser nichts drumb wissen will. E. K. F. G. werden sich hierinnen wohl wissen gnädiglich zu halten. Hiemit Gott befohlen, Amen. Zu Wittenberg Freytags nach Oculi, 1526.

E. K. F. G.

unterthäniger

Martinus Luther.

---

27. März. N⁰. DCCLXXXIII.

An Nic. Hausmann.

Von ökonomischen und andern Angelegenheiten. L. lehnt es ab, eine allgemeine Ordnung des Gottesdienstes zu entwerfen.

Bey Aurifaber II. 313. Deutsch bey Walch XXI. 1001.

Gratiam et pacem in Domino. Gratias ago pro vasculo, mi Nicolaë, nec sperabam tantae operae et industriae studiis paratum iri, vimineis scilicet cratibus implicitum sat fuisset. Nunc vero affectum Kethae meae in illud suscitasti nimium, sicut solent mulierculae. Mineralia valde admiror, sed nollem te istis fraudari. Habes tu, quibus des: si quid superest, ne in meam id perdas curiositatem. Fratri huic literas dedi ad Principem diligenter scriptas: spero illi profuturas.

Ordinarium ceremonialem a me fieri petis generalem, sed quomodo in tot negotiis possum? Utinam tu formam delineares et ad me mitteres, ut et tu aliquid in ista causa faceres, secundum donum Dei tibi datum. Vale, mi charissime frater. Salutat te mea costa. Witenbergae, feria 3. post Palmarum, anno MDXXVI.

Martinus Lutherus.

---

27. März. N⁰. DCCLXXXIV.

An Spalatin.

L. übersendet Briefe vom König Christiern von Dänemark, und äußert sich über Herzog Georg und die Sacramentirer.

Bey Aurifaber II. 313. Vgl. Cod. Jen. a.; f. 266. Deutsch bey Walch XV. Anh. CXXVIII.

Suo in Christo charissimo Georgio Spalatino, servo Christi Altenburgi fidelissimo. 1)

Gratiam et pacem in Christo. Verum est, charissime Spalatine, et tuas nobis et nostras tibi esse rarissimas. Sed tu quid causae habeas, videris, nos honestissimam habemus. Sed quid volumus novi mariti gaudia interturbare intempestive, sed sinere ut nuptiarum tempus plene praeteriret, maxime cum parum laeta sint, quae scribenda fuerunt. Caeterum extra jocum, latores literarum rari sunt, alioqui jamdudum has regis Christierni, hominis longe nunc miserrimi ac soli Christo mirabiliter viventis, literas tristissimas misissem, adjunctis his, quas ad me misit, una cum legatione literis transmissa satis miserabili. Forte Deus aliquando ferinam (ut dicitur) id est, regem et reginam ad coelum vocabit, atque eum regem, de quo minime sperasset 2) sensus humanus, ut sit mirabilis ad ludendum nostrum judicium. Vix credis, quanta moliatur Satan per Ducem Georgium et Episcopos, gustum ejus nequitiae brevi dabo tibi per libellum jam sub prelo positum. *)

---

1) Nach Cod. Jen. 2) Cod. Jen. speraret.

*) Gegen ein angeblich zu Mainz geschlossenes Bündniß der katholischen Fürsten wollte L. drucken lassen: Wider den rechten aufrührischen, verrätherischen Rathschlag der ganzen Mainzischen Pfafferey Unterricht und Warnung Mart. Luthers. Vgl. Walch XVI. 428. ff. u. d. folg. Br.

Nisi Dominus prohibuerit, praeludium dices fuisse delendae Germaniae seditionem illam et caedem rusticorum. Proinde serio te oro, ut omnibus viribus [1]) mecum ores Patrem misericordiarum, ut istas insidias impediat, et furorem frangat, praesertim Ducem Georgium accusando, hominem (ut metuo) deploratum et perditum, ut illum vel convertat, vel, si dignus non est, tollat de medio: alioqui bestia illa non quiescet, non modo proprio furore, sed et Episcoporum impulsu paene Satan ipse. Lutherum autem non occidi, id ita hominem torquet, ut metus sit, ne vel hac sola animi aegritudine conficiatur: non potest dormire nec vigilare. Deus bone, quantum sustinet Princeps noster, non modo ab ipso, sed etiam a suis quibusdam Proceribus nequissimis insidiarum et pessimorum consiliorum. Multa haberem tibi dicere, quae literis non licet mandare. Praeterea vipera illa irritata iterum in me scribit Erasmus Rot. Quam exercebit ibi eloquentiam in sternendo Luthero gloriae istud animal vanissimum? *) Porro eruditissimos scientiae viros contra Oecolampadium scribentes legisse te puto: mirum quam placeat libellus. Scripsit in eundem Bilibaldus Birkheimerus majore et animo et studio, quam mihi de tanto viro promisissem, ut quem aliis occupatiorem credebam. **) Sed surgunt rursum alii, habetque ea sacramentaria secta jam, ni fallor, sex capita uno anno nata: mirus spiritus, qui sic dissentiat sibi. Carolstadii Tuto fuit una, quae cecidit, Zwinglii est altera, quae cadet, Oecolampadii Figuratum tertia, quae cadet; cecidit et quarta Carolstadii, [2]) qui offensus scilicet sic verba disposuit: *Quod pro vobis traditur, est corpus meum.* Quinta surgit jam et stat in Silesia autore Valentino Crautwaldo et Casparo Schwenkfeld, quae [3]) invertit verba hoc modo: *Corpus meum*, quod pro vobis traditur, est hoc, scilicet spiritualis cibus. Hi nos mire vexant scriptis, suntque molestissimi et garruli, opto eis nostrum calculum, fortes sibi visi. Sexta est Coloniae Petri Flori, [4]) quam Phi-

1) Cod. Jen. † jam. 2) Cod. Jen. C....o. Hier ist eine Lücke im Mſ. 3) C. J. qui. 4) C. J. Aloëti.

*) E. gab wider L.'s Schrift heraus: Hyperaspistes diatribae adversus servum arbitrium M. Lutheri 1526. Der zweyte Theil 1527. **) Bilib. Birkheimeri de vera Christi carne et vero ejus sanguine ad J. Oecolampadium responsio. Norimb. 1526. 8.

lippus habet: nondum vidi, nisi epistolam. Vah, quam ille Lutherum reprobat: scio, inquit, Lutherum esse derelictum a Domino. Hi omnes spiritus invicem diversi argutis dimicant [1]) argumentis, omnes jactant revelationes precibus et lacrimis impetratas, et in summa tamen conveniunt. Bene nobis per Christum, qui pro nobis illos facit sibi ipsis pugnare, statim ab initio. Vide, haec tristia quomodo tibi scribere debuerim. Qui addit scientiam, addit dolorem: sed taciturnitatem sic volo prolixitate compensare. Vale cum tua costa. Feria 3. post Palmarum, anno MDXXVI.

T. Martinus Luther.

Im März oder April. *) N⁰. DCCLXXXV.

An den Kurfürsten Johannes.

Auf eine wahrscheinlich erfolgte Warnung vom Hofe aus erbietet sich L., den Druck des Rathschlags (s. d. vor. Br.) einzustellen.

Aus dem Original im Weimarischen Ges. Archiv.

Meim gnädigsten Herrn, Herzog Johanns, Kurfurst zu Sachsen. Zu S. K. F. G. selbst Handen.

Gnad und Friede. Gnädigster Herr; ich hatte ohn das doch furgenomen, Herzog Georgen nicht weiter zu gedenken, denn sein gedacht ist in nähest gedruckten Quatern des Rathschlags. Und wo es E. K. F. G. gefiele, gar abzuschiben (?) und nicht voll auszudrucken, wäre ichs mein halben wohl zufrieden, und truge mir etwas Zeit zu. Denn wie E. K. F. G. damit will fahren odder baren, soll es geschehen. Hiemit Gott befohlen. Amen.

E. K. F. G.

unterthäniger

Martinus Luther.

1) Cod. Jen. mutuo sese damnant.

*) Nach dem 27. März und vor dem 23. April.

Im März oder April. N°. DCCLXXXVI.

An Friedr. Myconius.

L. äussert seinen Verdacht, daß sich die katholischen Fürsten gegen die Evangelischen zum Kriege verbinden. Vgl. Br. v. 27. März. No. DCCLXXXIV.

Bey Aurifaber II. 314. b. Deutsch bey Walch XXI. 1002.

Gratiam et pacem. Abeunte et ad vos redeunte Oswaldc vestro Proconsule committere nolui, mi Friderice, ut vacuus veniret, saltem salutatione scripta. Nam si bene vales, et verbum Dei prosperatur, nihil audierim jucundius: nos valemus, quantum Dominus dat. Commendo autem me precibus tuis, ne Christus deserat me in tentatione. Caeterum vides, quam furiat Satan adversus Principes catholicos, conspirant impii Pontifices (ut dicitur) et bellum etiam minari scribit mihi e Jena Philippus. Quare curabis tu, ut monitus populus strenue pugnet fide et oratione assidua ad Dominum, ut spiritu victi et prohibiti, pacem etiam carnis servare cogantur. Certe ex scriptis et dictis intelligo multorum summum opus, summae necessitatis esse serio orare, nam Satan consilia cogitat. Quare te oro, ut populo hanc rem seriam et necessariam persuadeas, ut in mediis gladiis et furoribus Satanae posito et periclitanti. Dominus tecum gratia et virtute sua, Amen. Altenburgae, *) MDXXVI.

T. Martinus Lutherus.

14. April. N⁰. DCCLXXXVII. a.

An den Kurfürsten Johannes.

Wegen Sendung zweyer Prediger nach Gera und Arnstadt; Fürbitte für einen armen Menschen.

Aus dem Weim. Archiv im Leipz. Supplem. S. 46, bey Walch XXI. 162. Wir haben das Original nachgesehen.

*) War L. damals zu Altenburg?

Meim allergnädigsten Herrn, Herzog Johanns, Kurfürsten.
Zu Sr. K. F. G. selbs Handen.

Gnad und Friede. Durchleuchtigster, Hochgeborner Fürst, gnädiger Herr! E. K. F. G. hat mir umb zween Prediger, einen gen Gera, den andern gen Arnstadt zu verorden, geschrieben, demnach hab ich mich umgethan, und zween furhanden. Nu werde ich bericht, daß die Hirrschaften beydes Orts sich sollen wegern, und nicht begehrt haben von E. K. F. G., Prediger einzusetzen, weil sie das Recht sollen haben allein, und ich auch nicht weiß, ob sie drumb gebeten haben, und wie das E. K. F. G. Macht habe. Das sage ich darumb, daß ich gerne wollte die Prediger also dargeben, daß nicht hernach eine Unlust heraus käme; E. K. F. G. wird aber das alles wohl wissen zu verfugen.

Es ist auch, gnädiger Herr, hie eine Supplication eines armen Menschen, dem ich nicht kann helfen mit so viel Muhe, als ich gehabt habe: bitte derhalben unterthäniglich, E. K. F. G. wolle mit eim Brieflin sein Sache foddern bey denen zum Jessen. Hiemit Gott befohlen, Amen. Sonnabends nach Quasimodogeniti, 1526.

E. K. F. G.

unterthänigster

Martinus Luther.

Gleichzeitig. N°. DCCLXXXVII. b.

An den Kurfürsten Johannes.

Fürbitte für mehrere Personen.

In der Leipz. u. Walchischen Ausgabe a. a. O. ist diese Supplication als ein Anhang des vorigen Briefes angesehen, welches falsch ist. Diese Supplication hat einen eigenen Umschlag.

Dem Durchleuchtigsten, Hochgebornen Fursten und Herrn, Herrn Johanns, Herzog zu Sachsen und Kurfurst und Landgraf in Thuringen und Markgraf zu Meissen, meinem gnadigsten Herrn.

Erstlich ist hie eine Supplication eines, mit Namen Jacob Holzwart, weiland Chorschüler, welchen E. K. F. G. ein Jahr gehalten, mit Vertrostung, wo es angelegt wäre, wolle E. K. F. G. besser Steuer thun, wie die Supplication A. zeiget, und mich dunkt der Gesell geschickt seyn; doch E. K. F. G. solches alles in gnädigen Willen gestellt.

Zum andern ist fur eine Nonne gebeten, mit Namen Else Gaudelitz, aus dem Nympzenkloster bey Grym, daß sie etwas widder aus dem Kloster kriegen mocht, nachdem sie viel hinein gewandt hat; aber die Antwort ist nicht worden.

Zum dritten hat Gott zweene Gardian aus Frankreich uns zugeschickt, die sind unterwegen auch beraubt, allhier komen um Gottes Worts willen, und der Pfarrer und ich sie mit Futterung halten auf E. K. F. G. Gute und Hulfe, wo E. K. F. G. denselbigen umb Gottes willen wollte etwas lassen geben, einen Gulden oder sechs: wäre gut, wo nicht, mussen wir sie abfertigen, und geben, was wir vermugen, und doch am andern Mal E. K. F. G. widder abebetteln. Gott gibt uns viel armer Leute, und sind auch selbst arm, aber dennoch unverdorben.

Zum vierten ist zumal ein frumer Mensch, Bastian Ligarius, mit einer Supplication, welchen ich bedacht, E. K. F. G. nach St. Petri Pauli Tag als einen Prediger gen Arnstadt zu schicken, lauts E. K. F. G. nähst schriftl. Befehl; denn ich, ob Gott will, die zwo Städt Arnstadt und Gera mit zween Predigern versehen will, daß es soll E. K. F. G. gefallen. Derselbige ist nu hie bey drey Jahren gelegen, was ich hab vermocht, hab ich geholfen; denn was ich solchs thue, das thue ich doch aus E. K. F. G. Darreichung, weil ich sonst auch nichts habe. Wenn E. K. F. G. demselbigen auch wollte ein Zehrung um Gottes willen schenken; er ist ja frum, gelehrt und geschickt, aber bloß und arm, so vermag ich ja nicht so viel, als wohl noth wäre. Stelle das auch in E. K. F. G. milde Gute.

Zuletzt, gnädigster Herr, bitte ich für mich, wie vormals, daß E. K. F. G. die Cantorey nicht wollte lassen so zugehen, sonderlich weil die jetzigen Personen drauf erwachsen, und sonst auch die Kunst werth ist, von Fursten und Herren zu erhalten, und doch sonst wohl mehr denn so viel anders, wo vielleicht nicht so wohl Noth, gewandt wird, sie kunnten zu Wittenberg wohl seyn. An solche und dergleichen Person wären der Klöster Güter nützlich gewandt, und geschehe Gott Gefallen dran.

Das sey auf einmal genug, E. K. F. G. halte mir solches gnädiglich zu Gute.

18. April. N⁰. DCCLXXXVIII.

An Joh. Agricola.

Empfehlung eines gewissen Wendelinus zu einem Schulamt; zuletzt von einem aus Zwickau erhaltenen Geschirr.

Aus der Schmidischen Sammlung zu Helmstädt bey Schütze II. 69.

Dn. Johanni Agricolae, Eislebensis juventutis institutori, suo in Domino fratri.

Gratiam et pacem. Ne tot tantaque veniant, quot et quanta metuis tu, mi Agricola, iterum gratiam et pacem. Caeterum Wendalinus nostro testimonio tum sua fide dignus, qui colatur etiam, nedum foveatur. Adest autem, ut si qua spes est scholae vernaculae instituendae, ut opus suscipiat et onus pueritiae erudiendae, sicut dicitur ex te nonnihil auditum esse, quod possit stipendium ejusmodi parari a Comite vel Magistratu. Facies igitur, quod poteris, et hominem meo judicio sanctum Christo juvare non desinas. Hoc de illo: vasculum illud a Zwickavia *) o quale et quantum mutatum ab illo, quod vidisti! Sed de hoc et calice mihi a Meinhardo donato alias. Nolui enim hodie et tam brevibus ista magnifica tractari. Vale cum Elsa [1]) et uvis tuis in Domino. D. 18. Aprilis MDXXVI.

T. Martinus Lutherus.

---

20. April. N⁰. DCCLXXXIX.

An Johann Rübel.

Bezieht sich auf eine undeutliche Angelegenheit.

Eisl. I. 271. Altenb. III. 517. Leipz. XXII. 550. Walch XXI. 149.

1) Sch. Ehla.

*) Vgl. Br. v. 27. März. No. DCCLXXXIII.

Gnad. Lieber Herr Doctor und Schwager! Das ihr meiner Käthen hie zu Wittenberg geben habt, bin ich lang hernach innen worden, meinet nicht anders, ihr hättets wieder mit weg, wie ich bat. Aber da der Mann sölche Aergerniß durch die Firmelung anrichtet, war ich willen, euch sölchs alles wieder zu schicken, und bins auch noch nicht beschlossen zu behalten. Denn ich sollte wohl zuletzt mit theilhaftig werden frembder Sünden, so ichs nähme von dem, der so offentlich christliche Lehre zu Spott setzt. Und sage euch, daß sölchs mich hoch bewegt, und drüber schier Psalter und Psalmen dahinten lasse. Ists doch nicht noth gewest zu firmelen, es hätte wohl ein ander gethan. Lieber Herr, laßt uns hie nicht schimpfen. Ists Ernst umb Gottes Wort, so leidets des Gaukelns nicht. Die Psalmen sind noch nicht fertig; denn ich habe ja zu viel zu thun. Es ist nicht Reden und Thun ein Ding. Euer Psalterlin soll euch werden. Hiemit Gott befohlen, am 20. April 1526.

Martinus Luther, Schrift D.

---

22. April. N°. DCCXC.

An Joh. Heß.

L. tröstet seinen Freund wegen der in Schlesien entstehenden Schwärmereyen.

Bey Aurifaber II. 315. b. Deutsch bey Walch XVII. 2711.

Gratiam et pacem in Christo. Verum dicis, mi Hesse, daß bisher eitel faule Teufel gewest sind, quia pugnatum est hactenus in causis profanis extra Scripturam, ut de Papa, purgatorio, aliisque nugis: nunc ad seria ventum est, et ad victam 1) pugnam de rebus intra Scripturam positis. Hic jam Draconem pugnantem videbimus, vel congrediemur potius ipsi, duce Michaële in coelestibus, ubi tertiam partem stellarum trahet sua cauda in terram: hic jam vires in Christo requiret res ipsa. Hic Satanas quis sit, quantus sit, cognosces, quem hactenus non satis vidisti, neque satis cognovisti. Schwenkfeldius servatus est ad haec mala cum suo Crautwaldo, quod

1) Walch: strictam.

doleo mirum in modum, sed fundamentum Dei stat firmius, habens signaculum hoc: *Novit Dominus, qui sunt ejus;* Haec nostra esto consolatio et insultatio adversus istas portas inferorum: victoria certa defuncta est, sed victores oportet infirmos videri, victos vero celebrari triumphatores juxta illud hodiernum: *Modicum non videbitis me.* Igitur te hortor, mi frater, fortis esto, viriliter age, confortetur cor tuum, superanda et illa fortuna ferendo est. Christus aderit suo tempore. Ego nihil terreor ista Satanae (uti spero) suprema insania, certus, quod blasphemias istas tam saevas mox sit secutura vox Centurionis: *Vere hic filius Dei erat.* Vale et saluta confortaque fratrem tuum Ambrosium Moibanum, et alios omnes in Domino. Tuque noli timere, Christus vivit et regnat quoque. Dominica Jubilate, MDXXVI.

T. Martinus Lutherus.

---

23. April. N⁰. DCCXCI.

An den Kurfürsten Johannes.

L. sendet dem Kurfürsten die ersten Druckbogen der unterdrückten Schrift wider das Bündniß der Fürsten, und räth ihm, was er Erasmus anworten soll.

Aus dem Weim. Archiv unvollständig im Leipz. Suppl. S. 44., bey Walch XXI. 150. Wir geben das Ganze aus dem Original.

Meim gnädigsten Herrn, Herzog Johanns, Kurfursten zu Sachsen 2c. Zu S. K. F. G. Handen.

Gnad und Friede in Christo, Durchleuchtigster, Hochgeborner Furst, gnädigster Herr. Hiemit ubersende ich E. K. F. G. des Buchlins vom Rathschlag *), so viel des gedruckt ist; denn auf E. K. F. G. Schreiben ist das ander in der Fedder blieben und also verwahret, wie E. K. F. G. begehret haben. 1)

1) Dieses alles fehlt im Leipz. Suppl. u. bey Walch.

*) S. Br. an Spalatin v. 27. März No. DCCLXXXIV. und an den Kurf. v. März oder April No. DCCLXXXV.

Auf Erasmus Schrift *) dunkt uns gut seyn, daß sich E. K. F. G. nicht lasse in die Sache mengen, wie die Vipera sucht, sondern antworte dermaßen: wie er selbst wohl wisse, daß E. K. F. G. in der geistlichen Sache nicht muge noch solle Richter seyn; derhalben er E. K. F. G. solchs Ansinnens billig hätte verschonen sollen ꝛc. Will aber E. K. F. G. dazu thun, daß, wenn es gleich weltliche Sache wäre, so hätte er doch dem Luther so vergolten mit Schrift in alle Welt ausgangen, wie er weiß, daß wohl ein großer Richter dazu gehoret, denn ein Furst, auch nicht die rechte Weise ist zu straffen einen durch jemands Schrift odder Klage alleine, sondern mußte Gericht, Klag und Antwort, wie sichs gebuhrt, furgenommen werden ꝛc. Das stehet in E. K. F. G. Gefallen. Hiemit Gott befohlen, Amen. Montags nach Jubilate 1526.

E. K. F. G.

unterthäniger

Mart. Luther.

---

26. April. N°. DCCXCII.

An Nic. Gerbellius.

L. lobt G., daß er und seine Freunde vom Sacraments-Irrthum freygeblieben seyen.

Aus Wolf Conspect. supell. epist. p. 51. bey Strobel-Ranner p. 116. Deutsch bey Walch XXI. 1002. Wir vergleichen eine alte vidimirte Abschrift auf der Wolfenbüttl. Bibl. vom J. 1622, die sich in dem Heft von Lutherschen Handschriften befindet.

Suo in Christo fratri, D. Nic. Gerbellio, servo Domini Argentorati.

Laus et gratia Deo, quod saltem te cum reliquis aliquot, inter quos et Leonicerum meum esse gaudeo, servarit Christus ab istis, qui oderunt nominari Schuermgeister [1]), cum tamen

1) Wolf: Schuermagister; er vermuthet: Schuelmagister, Strobel: Schwermgeister.

*) E. schrieb unter d. 2. März an den Kurfürsten, und beschwerte sich über L. wegen seiner Schrift gegen ihn.

esse pergant: atque unum prae caeteris Oecolampadium ea contagione captum, magno dolori est, quod hunc virum rebus nostris tractandis, tum peritia linguarum, tum autoritate non unius nominis, [1]) Deus idoneum formavit, qui .... [2]) gratia convertat eum. Caeterum quod petis, ut in eos scribam, et coenam Domini tractem, summi est apud me voti, sed hactenus neque otium [3]) neque vis [4]) permiserunt. Christus aderit in tempore. Interim expedit, illos totos prodi, et in publicum effundi. Facile est veritati, qui Christus est, vincere, etiamsi modicum oporteat eum crucifigi, et non videri. Ego gratias ago Christo meo, qui non solum me confirmat in sana sententia, sed et illos spiritus non sivit nisi specie eaque infirma, magno relicto triumphi loco, sua prostituere. Vale et [5]) costam tuam saluta, eamque ad Pentecosten mihi commatrem invita, si filia fuerit; sin [6]) filius, tu esto compater, si Deus faverit, et dignum me fecerit. Saluta Leonicerum meum. Salutat te mea catena. Vale. Witenbergae, f. 5. post Jubilate MDXXVI.

Martinus Luther.

---

26. April. N⁰. DCCXCIII.

An den Kurfürsten Johannes.

Bittschrift für einen gefangenen Prediger in Pommern.

Aus dem Weim. Archiv im Leipz. Supplem. S. 44., bey Walch XXI. 150. Wir haben das Original nachgesehen.

Dem Durchleuchtigsten, Hochgebornen Fursten und Herrn, Herrn Johanns, Herzogen zu Sachsen, Kurfursten und Landgrafen in Thuringen und Markgrafen in Meissen, meinem gnädigsten Herrn.

---

1) Abschrift: hominis. 2) Wolf vermuthet: per gratiam. Strob. sua. 3) Wolf: animus. 4) Str. res. 5) Wolf — et. 6) Wolf: si.

Gnad und Friede in Christo. Durchleuchtigster, Hochgeborner Furst, gnädigster Herr! Es hat der Hochgeborne Furst, Herzog George zu Pomern, durch boser Leute Geschäft, einen evangelischen Prediger, mit Namen D. Amandus, setzen lassen, und viel Unlusts leiden. Nu bitten seine Leute E. K. F. G. um eine Furschrift an obgenannten Herzogen fur den guten Mann. Wiewohl sie ihn beschuldigen als aufruhrisch, so geben doch die Stadt Stettin und Prediger daselbst ein gut Zeugniß von ihm; so hab ich ihn auch allhie neulich verhoret, und kenne ihn wohl; hatte auch gute Briefe mit sich: bitte derhalben unterthäniglich, E. K. F. G. wollte ein christlich Werk thun, und Christum in seinem Geringen helfen suchen im Gefängniß, und eine Furschrift fur den Gefangen uns zufugen, die sollen wir fodder schaffen. Hiemit Gott befohlen, Amen. Dornstags nach Jubilate 1526.

E. K. F. G.

unterthäniger

Mart. Luther.

---

2. May. N°. DCCXCIV.

An Spalatin.

Empfehlung des Laur. Fabri; von Mutianus Tod und Jonas Krankheit.

Bey Buddeus p. 50. Vgl. Cod. Jen. a.; f. 255. Deutsch bey Walch XXI. 1005.

Suo in Domino Georgio Spalatino, Episcopo Altenburgensis populi fidelissimo.

Gratiam et pacem. Mitto hunc Laurentium Fabri, mi Spalatine, sicut rogasti, et Princeps per tuum rogatum mihi scripsit, ut ad te mitterem. Idoneum nos judicamus, poteris igitur illum tuto ad Cronsvicenses Nonnas mittere, aut si quid aliud requiritur autoritatis, facile tu efficies. Mutianum ita defunctum, *) libentissime audivi, uti scribis. Jona noster aegrotat

---

*) M. starb d. 29. März zu Gotha, in dürftigen Umständen; worauf sich das erfreuliche ita bezieht, weiß ich nicht.

calculo (ut dicunt) renali, et vitio epatis simul. Tu pro eo ora. Catena mea augebit me prole circa Pentecosten. Tu ora Christum, ut felicem mihi velit puerperam, sicut et tibi ego imprecor in tua catena, cum qua bene vale. Feria 4. post Cantate MDXXVI.

Martinus Luther.

Diatribes protectorem *) non legi, viperam autem esse audio, et gaudeo detractam ei larvam, et Proteum esse proditum semel. Misit autem exemplar mihi Philippus Hassius Princeps, idem rogans quod tu.

---

8. May. N°. DCCXCV.

An Georg Mohr, Pfarrer zu Borna.

Von Emsers Uebersetzung des N. T.

Zuerst gedruckt Eisl. I. 272., dann Altenb. III. 517. Leipz. XXII. 550. Walch XXI. 155. Wir geben den Text nach einer beglaubigten Abschrift im Cod. chart. 122. Bibl. Goth.

Magistro Georgio Mohr, servo Christi apud Bornam, suo in Domino fratri.

Gnad und Fried in Christo. Freylich hat Emser nicht recht verdeutschet, facere legem, **Gesetz machen.** Ich habe geredet auf die Weise Christi Joh. 7, (19.): Nemo ex vobis facit legem, das ist, implet. Dazu consequentia et praecedentia, ac tota disputatio satis monstrat, non de condendis, sed servandis legibus me loqui; quia de vi liberi arbitrii loquor toto libro. Sed eat impius. Mir gefällt es nicht ubel, ob ihr wider den Leipzigen Verfuhrer schreibet; aber er wird nicht schweigen. Doch schadts nicht, daß seine Thorheit an den Tag kome. Sehet allein zu, daß ihr ihm keine Schrift verlegt, und sonst nicht viel Wort mit ihm macht. Vale in Domino. Feria tertia post Crucis, MDXXVI.

Martinus Luther.

---

*) Eine Schrift für Erasmus.

9. May. N⁰. DCCXCVI.

An Spalatin.

Ueber die Aufhebung der papistischen Gebräuche im Stift zu Altenburg, ein Gerücht über den König von Ungarn, und die fehlerhafte Uebersetzung einer Stelle in Jesaias.

Bey Aurifaber II. 315. Vgl. Cod. Jen. a. f. 207. Deutsch bey Walch XXI. 1006.

Servo Christi D. Georgio Spalatino, Evangelistae Altenburgensi etc. 1)

Gratiam et pacem. Gratulor adventui tuo salvo, et precor Christum, ut det tibi e Spira attulisse Spalatinulum parvulum. Pulchrum et justissimum foret, ut Baalitae tui cogerentur jubente Principe sua monstra ponere, qui falso jactant ipsum jussisse, aut velle ea erigere. Si igitur jactant obedientiam falsam, adigantur ad veram. Ad quod operare et tu, idem ego faciam.

Regem Hungariae item tam certo et constanter affirmant esse caesum, ut plane dubitem. Sed monstra sunt, si vera sunt 2), diem extremum portendentia, dum sic in summis Regibus hoc saeculo operatur Deus. Haec scilicet voluerunt tot signa coeli his annis continuata.

Quis non videt, mendam esse manifestariam in enarratione Esajae IX.? *) Sed exemplar meum non habeo: absque dubio, ubi legitur: 3) geborn werden, ibi aut scriptum fuit aut scribendum: schwanger werden. Id quod tota enarratio postulat, et res de qua agitur. Quis vero omnibus moderari queat, ut non falsificent aut errent? Vale et ora pro me. Feria 4. post Invention. 4) Crucis, anno MDXXVI.

Martinus Lutherus.

---

1) Nach Cod. Jen. 2) Aurif. — si vera sunt. 3) Vermuthung st. legetur. 4) Cod. — Inventiou.

---

*) Wahrscheinlich in der Schrift: Die Epistel des Propheten Jesaia, so man in der Christmesse liefet, ausgelegt und geprediget durch Mart. Luther. Wittenberg 1526.

11. May. N°. DCCXCVII.

An Joh. Agricola.

L. will Agr. ein Geschirr schicken (s. Br. v. 18. April. No. DCCLXXXVIII.), aber seine Käthe hat es sich zugeeignet; übrigens Mehreres kurz berührt.

Aus der Schmidischen Sammlung zu Helmstädt, bey Schütze II. 69.

Suo in Domino fratri, Jo. Agricolae, servo Christi Eislebiensi.

Gratiam et pacem. Mitto vasculum illud stanno-vitreum, antequam alium acquireret Dominum. Nam et Ketha mea valde insidiata est ei. Placet judicium tuum de Erasmo, magis autem praefectus ille paedagogii vestri, ut in tanta hujus saeculi turbatione unum saltem liceat audire verbum bonum. Wenda tuus [1]) abest, sed ex Halli ad vos properabit, ita scripsimus, et tuas illi misimus. Invitabitis hominem, sicut dignus est et nosti. Elsae tuae dicito, si nescit, D. Draconem esse maritum factum, et in spem illius dicitur hic successisse Syrus. Vale cum omnibus, et pro me ora. Fer. 6. post Ascensionis MDXXVI.

Mart. Luther.

Ecce cum jam traditurus essem literas portitori, et vasculum peterem, transtulerat illud insidiatrix Ketha mea. Exegissem autem, sed conspiratione Praepositi et Plebani nostri, qui illud fortasse receperunt ad se, impedierunt. Differ igitur, donec puerperio liberetur, et rursus ad me feret et rapiam.

---

14. May. N°. DCCXCVIII.

An Johann Friedrich, Herzog zu Sachsen.

Fürbitte um einen in Ruhestand versetzten Pfarrer, L.'s ehemaligen Lehrer, wegen seines Gehaltes.

Aus dem Coburg. Archiv in Georg Paul Hönns Coburg. Hist. II. 139. im Leipz. Suppl. S. 44., bey Walch XXI. 151.

---

1) Viell. Wendalinus, wie im Br. v. 18. April. No. DCCLXXXVIII.

Gnad und Fried in Christo. Durchlauchtiger, Hochgeborner Fürst, gnädiger Herr! Dieser Er Vigand, Briefszeiger, hat die Pfarr zu Waltershausen dem Rath aufgegeben, laut eines Vertrags, den E. F. G. selbst aufgerichtet hat, also daß sie ihm jährlich 30. fl. von den Pfarrgüttern sollen reichen. Nun sperrt sichs, daß ihm solch Geld nicht wird, weil vielleicht der Rath die Pfarr nicht hat, wie E. F. G. weiter wird Bericht hören, daß der arme alte Mann so muß laufen um seine Nahrung. Weil er dann mein Schulmeister gewesen, und ich wohl schuldig wäre, ihm alle Ehre zu thun: bitt ich E. F. G. gar unterthänig, E. F. G. wollen meinen Schulmeister nicht lassen solch pflichtig Geld verfallen, sondern gnädiglich verhelfen, daß er nicht müsse in seinen alten Tagen betteln gehen. Hiemit Gott befohlen, Amen. Montags nach Servatii 1526.

E. F. G.

unterthäniger

Martinus Luther.

---

18. May. N°. DCCXCIX.

An Johann Friedrich, Herzog zu Sachsen.

L. beantwortet die Sätze, welche der Herzog vom Grafen von Henneberg bekommen hatte, in welchen man die verpflichtende Kraft der Klostergelübde beweisen wollte.

Eisl. I. 261. Altenb. III. 475. Leipz. XVIII. 545. Walch XIX. 2106.
Wir liefern bloß das vorgesetzte Schreiben.

Gnad und Fried in Christo. Durchleuchtiger, Hochgeborner Fürst, Gnädiger Herr, ich hab selbs müssen auf die Artikel antworten, es hats sonst niemand thun wollen, wiewohl ich viel zu thun hab, daß mein Gott den faulen Schelm im Fleisch ube, noch richte ich wenig aus. Derhalben hab ichs gemacht in Eil, so gut ichs kann. E. F. G. mag sie weiter weisen ins Büchlin von Klostergelübden, und dergleichen. Hiemit Gott befohlen. Gegeben am Freytage nach Servatii, Anno 1526.

Martinus Luther, D.

26. May. N⁰. DCCC.

An Caspar Müller, Mansfeld. Kanzler.

Bitte, seinem erwartenten Kinde Pathe zu seyn.

Aus einer Abschrift des J. A. Schmidt im Leipz. Suppl. S. 45., bey Walch XXI. 153. Wir vergleichen Cod. Jen. B. 24. n. f. 162.

Dem Ehrbaren und Fursichtigen Caspar Müller, Gräfl. Kanzler zu Mansfeld, meinem gunstigen Herrn und Freunde.

G. und F. in Christo. Gerne thät ichs, daß ich M. G. Herrn zu Gevattern bäte, aber ich scheu [1]) des Prangens, das man mir würde zumessen, als der ich mich mit einem Mönchen- und Nonnenkinde so wollt herfurthun, und große Herrn zu Gevattern haben: darumb will ich hienieden bleiben, und bitte euch, daß ihr M. G. H. Kanzler, Caspar Müller genannt, von meinetwegen wollt bitten, daß er sich demuthigen wollt, und so mir Gott die Frucht bescheret, sich derselben annehmen und geistlicher Vater mit seyn, daß sie zum Christenthum möcht geboren werden. Ich kann aber die Zeit nicht stimmen, so wird es zu lang, daß ich nach der Geburt einen Boten sollt senden; wo es aber gefällt, so nehmt einen, der ener Person vertrete, doch daß ihr den Namen und die That habet. Die Wehmutter rechnet mir umb St. Johannis Tag, und das stimmt auch cum tempore conceptionis. Ich habe gerechnet nach dem ersten Fehlen, aber es hat mir gefeylet; denn sie hat nun über zwanzig Wochen gefehlet. [2]) Hiemit Gott befohlen. Sonnabends nach Pfingsten 1526.

Martinus Luther.

---

29. May. N⁰. DCCCI.

An Joh. Gülden. *)

Ermahnung, für das Wesentliche, Glauben und Liebe, zu wirken.

Bey Aurifaber II. 316. Deutsch bey Walch XXI. 1007.

1) Cod. J. zugl. sorg. 2) Wahrsch. Fühlen, gefühlet.

*) Oder Aureus. Er kommt vor No. CCCCLXIX. CCCCLXXXVII.

Gratiam et pacem in Domino. Relatum est mihi de te, mi Joannes, quam verbum tractes paulo severius, et rogatus sum te hortari. Si itaque pateris, rogo, ut ea, quae sunt seria, doceas primo loco, hoc est ut fidem et charitatem urgeas. Nam his non radicatis, quid est quod in stultis ceremoniis vexandis laboremus? quibus nihil fit, nisi quod stultioris vulgi animos levitate et cupiditate novarum rerum instabiles titillemus absque fructu, ne dicam cum jactura gloriae Dei et verbi. Age igitur cum tuis symmystis, ut unanimi corde et ritu omnia gubernetis et faciatis. Noli eos contemnere, qui nescis, quales forte futuri sint, sed placide eos invita, et cum humilitate, non urgens et jactans, quam recta tu moveas et moliaris. Cognoscentur haec postea abunde: *Nihil vivificabitur, nisi prius mortificabitur*. Hanc meam admonitionem boni consule ac vale. Witenbergae, feria 3. post Trinitatis, anno MDXXVI.

T. Martinus Lutherus.

---

2. Junius. N°. DCCCII.

An Nic. Hausmann.

Ein Frauenzimmer, das nach Zwickau als Lehrerin berufen war, kommt nicht; der Prophet Habakuk ist in der Arbeit, u. a. m.

Aus der Hahnischen Sammlung in Kiel, bey Schütze II. 45., bey Strobel-Ranner p. 117. Deutsch bey Walch XXI. 1359.

Viro Dei, Nicol. Hausmanno, Episc. Cygneae Ecclesiae, suo in Christo charissimo.

G. et P. in Domino. Migravit a nobis virgo Hanna ad suos, ideo non est, quod eam exspectetis magistram scholae. 1) Fortasse et non subiret id officii, 2) ut meticulosa, nec 3) par et idonea videretur. Aliam vero nullam habemus tam eruditam. Philippum *) Habacuc propheta onerassem, 4) sed is

---

1) Str. exspectet mag. schola. 2) Str. officium. 3) Sch. ne. 4) Str. onerasset, sinnlos.

*) Vielleicht der Bruder H.'s. S. Br. v. 13. Junius. No. DCCCIV.

vix intra octiduum absolvetur. Nova nulla sunt, nisi quod oppidum nostrum muniunt, [1] quanquam nullos hostes novimus. Salutant [2] te vicissim mea costa, Jonas et Rector, et omnes nostri et nostrae. Catena mea mordicus tenet vitrum abs te ornatum et donatum in memoriam tui: alioqui M. Joannes Eisleben petitione sua mihi [3] extorsisset. *) Vale, suavissime Nicolaë. Sabbatho post Trinitat. MDXXVI. [4]

T. Martin. Lutherus.

---

8. Junius. N⁰. DCCCIII.

An Joh. Rühel.

L. sendet seinem Schwager ein Buch, und meldet die Geburt seines erstgebornen Sohnes.

Aus einer Abschrift des J. A. Schmidt im Leipz. Supplem. S. 45., bey Walch XXI. 152.

Meinem Herrn und Schwager, Doctor Johann Rühel zu Eisleben, freundlich geschrieben.

Gnade und Friede in Christo. Das Psalterlein schick ich euch hiermit, lieber Herr Doctor und Schwager; mit dem ich vermag, will ich auch an die Psalmen. **) Ich habe das Anathema angegriffen, ***) auch zu Dienst und zur Schule ausgestäupet, drum seyd zufrieden. Wollet auch M. Eisleben von meinetwegen sagen, daß mir meine liebe Kethe von großer Gottes Gnaden einen Hansen Luther bracht hat, gestern um zwey, da der Tag im Calender Dat †) heißt, und daß er sich nicht verwundern wolle, daß ich ihn mit solchem Befehl

---

1) Str. muniatur. 2) Str. Salutat. 3) Str. — mihi. 4) Sch. 1522. offenbar falsch.

---

*) Vgl. Brief v. 11. May. No. DCCXCVII. **) Vgl. Brief v. 20. April. No. DCCLXXXIX. ***) L. hat vielleicht etwas gegen den Augsb. Reichstags-Abschied (Walch XVI. 230. ff.) geschrieben, das aber nicht gedruckt zu seyn scheint. Er hat dort kein Datum des Tages, aber nach Seckendorf L. II. p. 413. ist er vom 9. Januar 1526. †) D. h. er gibt.

lasse anrennen; denn er sollt fast um diese Zeit des Jahrs denken, was es sey, Söhne haben. Grüßt mir eure liebe Sohnträgerin und Eislebens Else. Hiemit Gott befohlen, Amen. Jetzt dieses Buchstabens fordert mich die kranke Kethe. Freytags nach Bonifacii, Anno 1526.

Martinus Lutherus.

---

13. Junius. N°. DCCCIV.

An Nic. Hausmann.

Von dem versprochenen Habakuk und der Geburt seines Sohnes.

Bey Aurifaber II. 316. b. Deutsch bey Walch XXI. 1008.

Gratiam et pacem. Habacuc (sicut Philippo tuo promisi) nondum est absolutus, sic distrahor: absolvetur autem, (ut spero) proxima hebdomada, nec fallam Philippum promisso. Nova nulla, nisi quod Christus meus benedixit Ketham meam, et auxit filio Joanne, sano et integro. Gratia et gloria bonitati ineffabili. Salutat te mater et proles valde. In Christo vale bene. Raptim, feria 4. post Barnabae, MDXXVI.

---

17. Junius. N°. DCCCV.

An Spalatin.

Dank für den Glückwunsch wegen der Geburt seines Sohnes.

Bey Aurifaber II. 316. b. Vgl. Cod. Jen. a. f. 255. Deutsch bey Walch XXI. 1009.

Gratiam et pacem. Gratias ago in Domino tibi, mi Spalatine, qui tam ex animo gratularis mihi (si Deus pergat) felici marito, qui ex optima uxore et muliere gratissima filiolum Joannem Lutherculum, Deo benedicente, accepi, paterque factus sum mira Dei gratia. Idemque tibi faveo et precor, etiam feliciore et majore benedictione, quo tu melior me et superior es. Ora vero, ut mihi servet Christus prolem contra Satanam, quem scio nihil omissurum, quo me laedat in filio, si permiserit Deus. Nam et jam nonnihil vexatur infans, nescio quibus morbellis, vel potius lactis insoliti (ut putant) cruditate, qua puerperae primo coguntur nutrire. Doleo M. Eberhardo suum gaudium ereptum, sed bona est voluntas Dei, verum valde abscondita bonitate, ut nihil sentias crudelius. Caeterum quando venis ad nos, visurus aliquando vetera monumenta familiaritatis et amicitiae? Hortum plantavi, fontem aedificavi, utrumque satis feliciter. Veni et coronaberis liliis et rosis. Vale in Domino et ora pro me. Dominica post Viti, MDXXVI.

Martinus Luther.

Im Junius. No: DCCCVI.

An Spalatin.

Kurzer Brief, u. a. die Nachricht von dem Wohlbefinden seiner Frau und seines Söhnleins enthaltend.

Bey Buddeus p. 50. Vgl. Cod. Jen. a.; f. 254. Deutsch bey Walch XXI. 1010

M. Georgio Spalatino suo.

G. et P. Sic festinante nuntio, et me typorum negotio serviente, non potui, quae vellem scribere Eberhardo, scribam alias. Caeterum Johannellus meus valet cum matre, quantum pro infante et puerpera sat est. Christo gratia. Vale cum tua statim (quod precor) puerpera catena. Scripsi pro Matthaeo Luccanensi Principi diligenter.

Martinus Luther.

27. Junius. N⁰. DCCCVII.

An Joh. Agricola.

Empfehlung eines Vitus und über Familien-Angelegenheiten.

Aus der Schmidischen Sammlung zu Helmstädt, bey Schüne II. 70.

Johanni Agricolae, juventutis et pueritiae Eislebensis institutori fictorique, suo in Domino fratri.

Gratiam et pacem. Venit Vitus ad me, mi Agricola, futurus συνεργός vester, (ut graece dicam). Reliquum est, ut comiti Adelberto eum diligenter commendes, qui id quoque meretur, ut est bonus, imo optimus juvenis. Simul et vos eum suscipietis digne, quod scimus. Quod nuper scripsisti, matrem meam impediri, ne veniret, constituto die accepi. Christus faciet, quod placuerit et bonum fuerit. Johannes Lutherulus valet, quantum licet infantulo: mater penuria lactis hactenus laboravit, et adhuc raris stillis aegre palatum ejus humectat. Saluta omnes nostros. Gratia Dei tecum, Amen. Elsam tuam nostro nomine saluta diligenter, cui precamur faustum partum, Amen. Fer. 4. post Joannis, MDXXVI.

T. Martinus Luther.

29. Junius. N⁰. DCCCVIII.

An Andr. Kaugisdorf.

L. räth ihm ab, sein Amt zu verlassen.

Bey Aurifaber II. 317. Vgl. Cod. Jen. B. 24. n. f. 176. Deutsch bey Walch XXI. 1010.

Fratri Andreae Kaugisdorfio, Ecclesiasti et Pastori in Eilenburgo.

Gratiam et pacem in Domino. Mihi non videtur consultum, ut relinquas verbi ministerium, nisi coactus vi, aut alio vocatus. Quid, si impii sint in tuo circulo, cum suo Satana, cum nusquam absit? Ferenda est ea nequitia Satanae propter Christum, ideo constans et patiens esto propter reliquias et faeces Israel servandas. Ego pro Magno cogitabo,[1]) modo non erat, quod possem. Vale et ora pro me. Feria 6. post Joannis MDXXVI.

Martinus Lutherus.

---

3. Julius. N⁰. DCCCIX.

An Spalatin.

Dank für einen Glückwunsch für L.'s Weib und Kind u. a. m.

Bey Buddeus p. 57. Vgl. Cod. Jen. a.; f. 255. Deutsch bey Walch XXI. 1011.

M. Georgio Spalatino, servo Christi sincero, suo in Domino fratri.

Gratiam et pacem in Domino. Agit Johannes meus hinnulus una cum cerva sua tibi maximas gratias, mi Spalatine, pro benedictionis tuae officio, quam sperat et optat sibi fore salutarem felicemque. Simul et ipsa tibi quoque precatur similem hinnulum de tua cerva, cui liceat iterum benedicere, Amen.

Scripsi tandem M. Eberhardo, licet ignarus, quid illi respondendum fuerit, quod tu tam diligenter et amice exegisti. Adhuc omnia sunt salva apud nos, more solito et possibili. Caspar Schalbus apud nos hospitatur a suis vexatus suspicione, imo crimine stupratae famulae. Sic invidia bonum virum agitat. Vale in Domino et ora pro me. Feria 3. post Visitationis Mariae, MDXXVI.

Martinus Luther.

---

1) Cod. Jen. † nunc.

3. Julius. No. DCCCX.

An Nic. Hausmann.

Ueber eine Schrift Karlstadts und dessen Aufenthalt in der Nähe von Wittenberg.

Bey Aurifaber II. 317. b. Deutsch bey Walch XXI. 1011.

Gratiam et pacem. Carolstadii libellum, *) de quo scribis, mi Nicolaë, vidi dudum: editus est enim ante adventum ejus ad me, nunc vero spargitur per adversarios. Sed Deus videbit et judicabit etiam hoc facinus. Caeterum ipse Carlstadius apud nos degit in vicinio Witenbergae, et rusticatur in Berquitz **) miliario ab urbe nostra: hoc impetravi ego vix magnis et assiduis precibus a Principe contra totam aulam: Deus convertat eum tandem perfecte. Joannes meus Lutherulus resalutat te cum matre sua, gratias agens pro benedictionis officio, quo eum dignatus es. Gratia Dei tecum. Feria 3. post Visitationis, anno MDXXVI.

Martinus Lutherus.

---

22. Julius. No. DCCCXI.

An die kurfürstlichen Räthe.

Von jener Schrift: Wider den Rathschlag der mainzischen Pfafferey (s. Br. an Spalatin v. 27. März No. DCCLXXXIV., an d. Kurfürsten v. May od. April No. DCCLXXXV., v. 23. April No. DCCXCI.) war etwas ins Publikum gekommen, so daß sich Herzog Georg darüber beschwert und der Kurfürst L. zur Verantwortung gezogen hatte: L. vertheidigt sich nun in diesem Schreiben.

Aus einer Schrift im Weim. Ges. Archiv, welche ganz das Ansehen eines dictirten Conceptes hat; denn sie ist von einer andern Hand corrigirt, die aber nicht wohl Luthers Hand ist.

---

*) Wahrscheinlich eine anonyme Schrift, dergleichen K. damals verbreitete. S. Kohler Beyträge z. Ergänz. der deutschen Litteratur rc. I. 143. **) Berkwitz bey Kemberg.

Gnad und Fried in Christo. Achtbaren, hochgelehrten, lieben Herrn und gute Freund. Auf eur Forderung, so ihr aus meines gnädigsten Herrn Befelch des Buchleins halben, so ich soll uber der Pfaffen Rathschlag haben lassen drucken, und von Herzog Jorgen, der sichs beschweret, als sollt er darin geschmähet werden, seiner Kurf. Gn. ubersendet und beklaget, ist das mein Antwort.

Erstlich, daß ihr mich gegen meinem gnädigsten Herrn entschuldigen wollet. Nachdem Sein Kurf. Gn. dasselbig Buchlein, da es angefangen, selbst von eigener Bedacht lange zuvor, eher denn Herzog Jorge darumb beten mocht, mir hat ansinnen lassen nicht ausgehen zu lassen, noch von mir zu kommen lassen (welches mir dann auch nun selbst lieb ist, weil Gott den blutgierigen Pfaffen hat ihren mordischen Rathschlag fur Kais. Mat. lassen zu nicht machen, und mehr gethan, denn vielleicht ich mit dem Buchlein hätte ausgericht): so hätt ich mich solch Klagen von Herzog Jorgen nicht vorsehen, und nicht allein das, sondern weil dasselbig Buchlein mir heimlich keiner rechten Weis abgetrogen (?) oder abgeschrieben ist, und mochte wohl leiden, daß erfahren konnt werden, wie dasselbig Buchlein erlangt und zuweg bracht und abgeschrieben ist worden; denn es würde es mein Gn. Hr. Kurfurst und Herzog Jorge selbst nicht gern leiden, daß man Brief und Handel in ihren Canzleyen heimlich umbschrieb und ohne Wissen und Willen wegtrüge: darumb mein Nothdurft auch wohl wäre, dasselbig zu wissen. So schreibt Sanctus Hieronymus, wenns gleich Schmachbücher wären, wo sie aber doch im Kasten heimlich bleiben, sollens nicht vor Schmachbücher gerechnet werden, ob sie durch Buchdieb heimlich entzogen werden oder auskomen. Solchs will ich zu meiner Entschuldigung gegen meinen Gn. Herrn mich befohlen haben, daß mir das Buchlein ist heimlich abgestohlen oder abgeschrieben, damit mein Gn. Herr nicht gedenk, ich hab es wider mein Kurf. Gn. Befelch ausbracht und ausgehen lassen. Hiemit seyd Gott befohlen. Zu Wittenberg, Die Magdalenä [1]) 1526.

Martinus Luther.

1) Das Datum ist wieder ausgestrichen.

8. August. N°. DCCCXII.

An den Rath zu Mühlhausen.

L. sendet der Stadt Mühlhausen auf Befehl des Kurfürsten einen Prediger.

Aus dem Mühlhauser Archiv im Cod. chart. 186. 4. Goth.

Den ehrsamen und weisen Burgermeister und Rath zu Molhusen, meinen gunstigen Herren und Freunden.

Gnad und Friede in Christo, ehrsamen, weise, lieben Herrn. Aus Befehl unsers gnädigsten Herrn Herzog Johannes Kurfursten zu Sachsen ꝛc. haben wir einen Prediger sollen abfertigen, welchen S. K. F. G. zu euch senden wollen. Derselbige kompt nu hie, Er Johann Mantel, unser Kirchen zu Wittenberg Lector, mit welchem ihr, so viel Gott Menschen gibt, hoffe ich, als mit ein gelehrten sittigen stillen fromen Mann sollet versorget seyn. Bitte derhalben, wollet ihn christlich aufnehmen und halten, wie ich mich versehe. Christus aber, unser Herr, wolle euch nach dem elenden Jamer gnädiglich ansehen und helfen, daß die Rotten aufhoren und ihr lernen und thun mügt nach sein heiligen reinen Wort. Ich wäre von Herzen gerne mitkomen, so wills die Sachen allhie nicht leiden. Hiemit Gott befohlen, Amen. Octav. August. 1526.

Martinus Luther.

---

11. August. N°. DCCCXIII.

An Valentin Krautwald.

L.'s Urtheil über eine ihm von Kr. zugeschickte Schrift über das Abendmahl.

Aus einer Breslauischen Sammlung, bey Schütze II. 71.

Mart. Lutherus Valentino Krautwald. 1)

Gratiam et pacem in Domino. Sicut voluisti, legimus tuum libellum, mi Valentine, ubi aliis quidem verbis, scilicet imaginis

1) In der Quelle: V. Cratooldo.

et veritatis, doces rem cunctis triviis notissimam. Quis enim ignorat, esse duplicem manducationem corporis et animae? Quid opus ista tam copiose et anxie? At quod probandum erat, et ego postulaveram, prorsus omittis. Hoc autem ego rogaram, ut quemadmodum clarus est, Joh. VI. sese loqui de duplici manducatione, ita etiam probares, Christum in coena de duplici eadem manducatione loqui, et intelligendum esse. Tua verba video, et violentam verborum Christi applicationem ad ea, quae sunt Joh. VI.: sed applicatio vel assimulatio illa neque probatur, neque unquam probari ex verbis coenae potest. Quare tua non possum admittere. Rogo itaque adhuc te, si ullus est locus voti mei, abstineas ab ista opinione, quae plus satis perdit animarum, ne te quoque reum facias, et pestem augeas in Ecclesia: sin autem tuo judicio traditus es, ut noceas, noce, quantum Christus patitur. Ego persevero in sententia simplicitatis verborum. Tu videris: innocens sum a sanguine tuo, et eorum, quos perdis et perdes. Vale, et redi ad sanum sensum, aut desine nos fratres appellare, aut ulla Christi appellatione communicari. Nolumus in tua dogmata consentire, nec possumus. Witenbergae, die Tiburtii, MDXXVI.

---

11. August. N⁰. DCCCXIV.

An Caspar Schwenkfeld.

Ein dem vorigen ähnlicher Brief.

Aus der Elisabeth-Bibliothek zu Breslau (?) im Leipz. Supplem. S. 45, bey Walch XX. 2072.

Gnad und Fried in Christo. Mein lieber Herr und Freund, wir haben lange verzogen mit Antwort, daß ihr ja merken sollt, wie wir euer Ding nicht überhin rips raps gelesen haben, und schickens euch nun wieder bey eurem Boten. Was soll ich aber sagen? Es will vielleicht Gott so haben, daß ihr sollt so fallen. Ihr sagt mir zu, daß ihr wollet probiren, wie verba coenae sich mit cap. VI. Joannis reimten, und einerley wären; das ist nicht geschehen, und wird auch nimmer geschehen. Was hilfts nun, daß ihr viel de duplici esca imaginis et veritatis lehret, und lasset die Probation aussen, die solche zwo escas sollen in coena anzeigen? Ihr sagt wohl, es sey so, beweiset es aber nicht. Nun mögen wir euch nicht glauben, und unsere Seelen auf euer Wort bauen: ist derhalben meine freundliche Bitte, wollet von dem öffentlichen Irrthum lassen, und euch nicht mengen in die Zahl derer, die jetzt die Welt so jämmerlich verführen. Wills aber nicht seyn, wohlan, so geschehe Gottes Wille, und ist mir doch von Herzen leid, aber rein bin ich von eurem Blute und aller, die ihr damit verführet. Gott bekehre euch, Amen. Zu Wittenberg, die Tiburtii, 1526.

---

11. August. N⁰. DCCCXV.

An den Kanzler Brück.

Eine Angelegenheit die Wittenberger Drucker betreffend.

Aus dem Autograph im Leipz. Suppl. S. 45. bey Walch XXI. 154.

Dem Achtbarn, Hochgelahrten Herrn Gregor. Bruck, der Rechten Doctor und Kurfurstlichen zu Sachsen Kanzler, meinem gunstigen Herrn und Freund.

Gnade und Friede in Christo. Achtbar lieber Herr Kanzler! Es schicken ihm unsre Drucker einen Bothen, um die Freyheit, ihn zugesagt, zu holen, davon auch M. Philipps mit euch reden wird: ist derhalben mein fleißige Bitte, wollet ihm dieselbigen helfen fertigen und zuschicken; was aber in die Kanzley dafur zu geben ist, dabey und neben Anzeigere soll euch unverzüglich werden. Da setz ich mich, und wo das nicht genug, soll M. Philipps auch sich dafur setzen. Hiemit Gott befohlen, Amen. Sonnabends Tiburtii 1526.

Mart. Luther.

11. August. N°. DCCCXVI.

An Mich. Stiefel.

L. schreibt von Mehrerem ganz kurz, unter andern von einer Schrift, die er gegen die Sacramentirer schreiben will.

Bey Aurifaber II. 317. b. Deutsch bey Walch XVII. 1918.

Gratiam et pacem in Domino. Cum nactus essem nuntium, qui ad te usque iret, mi Michaël, volui has salutationis literas ad te dare, cum praeterea nihil fere esset, quod scriberem. In sectas Sacramentariorum meditor scribere, si tantum otii largitur Dominus. Erasmi acervum *) expecto. De Comitiis nondum quidquam scio, nisi quod Episcopi moliuntur pristinum regnum restituere. Nostram urbem Princeps munivit fortiter. Mihi Deus benedixit filio Joanne Lutherulo sano et integro, pro sua magna bonitate. Salutat te Ketha, costa mea, et gratias agit, quod eam literis tuis tam suavibus dignatus es. Ipsa belle habet Dei dono, mihique morigera et in omnibus obsequens est et commoda plus quam ausus fuissem sperare (Deo gratia), ita ut paupertatem meam nollem cum Croesi divitiis commutare. Saluta Dominum et Dominos tuos nomine meo, et bene vale. Witenbergae, 11. Augusti, MDXXVI.

Martinus Luther.

---

28. August. N°. DCCCXVII.

An Wenc. Link.

Ueber die Gewalt der Eltern, und Neuigkeiten. L. ist mit dem Pred. Salom. beschäftigt.

Bey Aurifaber II. 318. Deutsch bey Walch XXI. 1012.

*) Ist dieß vielleicht des Erasmus Hyperaspistae Liber II. Bas. 1527. 8.? L. hatte wohl erfahren, E. lasse auf Liber I. noch etwas folgen. Leider hat Liber II. kein Datum, Lib. I. ist vom Febr. 1526.

Gratiam et pacem in Domino. Sicut scribis, ita sentio in isto casu paternae autoritatis, denique ita scripsi antea aliquot libellis: quam sententiam nondum mutare possum. Neque enim aliis regulis res ista comprehendi potest, quam epiikia, hoc est, ut vis plerumque sit in parentibus, verum quod vel suo arbitratu, vel causa poscente, possint suspendere, ut charitati locus prae jure et legibus relinquatur. Si sunt, qui aliter sentiunt, nos consuetudinem hanc tenemus. Quare frustra est, ut novis libellis eam rem tractarem, sic copiose tractatam.

Spirae Comitia sunt more solito Germanis comitia celebrandi, potatur et luditur, praeterea nihil. Hic nihil novi est, nisi quod Witēnberga sic munitur magno labore, ut vix agnosceres, si priscam conferres cum praesente. Ego Ecclesiasten lego mire invitum et impatientem lectionis, tantum est ibi Ebraismi et ignotae linguae obstaculorum, perrumpo tamen gratia Dei. Tu pro me ora et vale cum tuā costa, quam Deus faciat propediem tecum parentem. Filius meus vivit et valet Deo propitio. Salutat te Philippus paulo melius habens, habiturus commodius, si feriaretur a laboribus. Feria 3. post Bartholomaei, MDXXVI.

Martinus Lutherus.

---

3. September. N°. DCCCXVIII.

An Thomas Neuenhagen.

L. bestärkt N. in seinem bisher beobachteten Verhalten gegen Strauß und dessen Anhänger in Ansehung der Ceremonien.

Bey Aurifaber II. 318. b. Seckendorf. Hist. Luth. I. §. 152. p. 272 Vgl. Cod. Jen. B. 24. n. f. 179. Deutsch Eisl. I. 272. Altenb. III. 518. Leipz. XXII. 551. Walch XIX. 124?

Magistro Thomae Neuenhagen, Evangelistae Isenacensis Ecclesiae, servo Christi, suo in Domino. 1)

Gratiam et pacem in Domino. Locutus sum cum Georgio, Parocho tuo, de his quae postulasti, mi Thoma, placetque

1) Aurif. — servo etc.

ut libertatem evangelicam verbo tractes, tum ceremoniis prorsus libere utaris, contemto Satana cum suis contentiosis, sciens quoniam Satan est. Denique malo te, in despectum Straussii Straussianorumque, excedere in hanc partem, quam uno digito illis in suam partem cedere. Quod si [1]) in te multa blaterent, tu fortiter contemne, ac neque audias, neque noris eos. Imparem te et longe Straussio inferiorem jactabunt: hoc tu pro laude [2]) ducas, et Deo gratias age, quod pernicioso contentiosoque, denique seditioso dissimilis traducaris. Tu servito Christo, ille Satanae serviit: tantum verbo conscientias liberas [3]) serva et id diligenter. Indignae sunt ceremoniae, ut propter eas contendamus, tamen ne contentiosis subiiciamur, fortiter contra eos sunt servandae. Vale et ora pro me. Caetera Georgius. [4]) 3. Septembris, anno MDXXVI.

Martinus Luther.

---

13. September. N⁰. DCCCXIX.

An Nic. Hausmann.

Trübe Aeusserung über den Weltlauf und einen Angriff Oecolampads, gegen den L. sich vertheidigen will.

Bey Aurifaber II. 319. Deutsch bey Walch XVII. 1919.

Gratiam et pacem. O utinam gratiam et pacem in Christo. Credo enim nihil opus esse, optime Nicolaë, novitates invicem significare: advolant sponte et nimio. Christum coepit taedere mundani hujus cursus, ideo tradit eum Satanae, qui vindicet contemtum illum verbi gratiae ineffabilem, hinc furentibus haeresibus, illinc armis hostium et casibus Regum magnorum. Breviter orbis ruit et portendit nimirum ostento magno, affore diem illum extremum in januis.

---

1) Cod. J. — si. 2) Cod. J. ludo. 3) Seck. libera, das folgende ein neuer Satz. 4) Caetera G. fehlt im Deutschen.

Provocatus sum ab Oecolampadio: *) paro scriptum, si otium esset. Sic homo, cum consummaverit, tunc incipiet. Doleo ex corde Oecolampadium, tantum virum, captum frivolis et nihili argumentis in ea secta sacrilega: Dominus misereatur ejus. Tu, vir Dei, fortis esto et ora [1]) nobis. Lutherulus meus valet cum matre, quae te salutat reverenter. Vale in Christo et saluta nostros. 13. Septembris, anno MDXXVI.

Martinus Lutherus, D.

---

20. September. N°. DCCCXX.

An Joh. Agricola.

Von Melanchthons Reise nach Eisleben, und häuslichen Angelegenheiten.

Aus der Schmidischen Sammlung zu Helmstädt, bey Schütze II. 73.

Jo. Agricolae, juventutis Eislebiensis Magistro, suo in Christo fratri.

Gratiam et pacem in Domino. Cum haberem nihil, quod scriberem, hoc ipsum scribo, mi Joannes, maxime, cum adest Philippus, viva epistola, quem laetor isthuc concedere, quo res majore autoritate et serio a vobis agi videant populi. Deus det rigatis incrementum. Saluta **Elsen** majorem tuam et vestram minorem **) et Hannam vestram, simul cum Philippo. Nobis plura illa remittas oro, ut mespila minuscula, [2]) teutonice Elsbeer, quia mea catena glutit talia cupide, magis vero Eberendissa praegnans. Comiti Adelberto, si fors fieri potest, me commenda. Saluta vero D. Joann. Ruhl cum sua carne et Conradum **den Schreiber**, Joan. Durer tuo ore, meo corde. Gratias ago pro pellicio tandem praestito, sed nimio pretio, cui scribam alias. Valete omnes in Domino, Amen. Witenbergae, 5. post Crucis, MDXXVI.

T. Martinus Lutherus.

---

1) Viell. ausgelassen pro. 2) Vermuthung st. munuscula. Er nennt die Elsbeere kleine Mispeln.

---

*) Joh. Oecolampads Antwort auf Luthers Vorrede zum Syngramma. 1526. bey Walch XX. 727. **) A.'s Tochter hieß wohl auch Else.

22. September. N°. DCCCXXI.

An Johann Walther, einen Musiker.

L. will sich für ihn und noch zwey Cantoren verwenden. Vielleicht bezieht sich der Brief auf die in No. DCCLXXXVII. b. berührte Angelegenheit der Kantorey zu Wittenberg.

Aus dem Original im Cod. chart. 380. f. Bibl. Goth.

D. Johanni Walther, Musis amico et amato, suo in Domino charissimo.

Gratia et Pax. Mein lieber Walther, ich will euch der Mühe und Koste lassen mußig gehen, und selbs an m. gn. H. fur euch drey verlassen Cantores schreiben; denn mich dunkt, daß eur Hinausziehen (es wäre denn andere Sache) nichts nutze sey. Denn die Leute sollten wohl denken, ich wurde durch euch so hart getrieben; es ist besser, ich stelle mich, als treibe ichs von mir selber. Spalatinus hab ich auch angerufen: *) der schreibt, er wolle das beste thun. Ich schreibe itzt Herr Conrad auch umb die Bucher und fur euch des Lehns halben, fur das Schweblin zu versorgen, wie ihr wißt. Die Bucher sollen dennoch wohl noch zu Brauch und Nutz dienen, so viel ich vermag. Allein daß man den Leuten eine Gestalt gebe, da sie nicht fur uber kunnten. Hiemit Gott befohlen und grüßt mir eure liebe Coste und sagt, daß sie werde ein gerade und gelenke Riebe (Ribbe). Feria 6. post Lamberti 1526.

Martinus Luther.

---

14. October. N°. DCCCXXII.

An Nic. Hausmann.

Von L.'s schriftstellerischen Arbeiten.

Bey Aurifaber II. 319. b. Deutsch bey Walch XXI. 1014.

---

*) Dieser Brief findet sich nicht.

Gratiam et pacem. Nihil erat hic novi, mi Nicolaë, quod hic bibliopola afferret: nondum enim finitus est libellus de re militari,*) sed sub incude formatur in dies. Zachariam meditor, ut sequatur Habacuc et Jonam. Ecclesiastes Salomonis multum mihi facit negotii, velut nolens legi, cogatur tamen legi, adeo jacuit hactenus is liber. Vere dicis, mundum ruere, spero et ego diem illum imminere illustrationis adventus magni Dei, adeo fervent, ardent, moventur, cadunt, ruunt, fremunt omnia ubique. Tu vero vale et pro me ora. Dominica post Dionysii, MDXXVI.

Martinus Lutherus.

---

25. October. N°. DCCCXXIII.

An Mich. Stiefel.

Aeusserung über die Sacramentirer und die Schrift gegen sie, die L. vorhat.

Bey Aurifaber II. 319. b. Deutsch bey Walch XVII. 1920.

Gratiam et pacem. Vehementer fuerunt jucundae literae tuae, mi Michaël, maxime quod testes sunt constantis et integrae fidei tuae, quae rara est hoc saeculo, in quo tot corrumpuntur istis sectis et opinionibus. Nisi scirem iram Dei esse, et experientiam viderem, multis modis persuasus nunquam fuissem, posse tantos et tot viros, tam leviculis et nihili argumentis, tam puerilibus ineptisque rationibus seduci in hanc pestilentem et sacrilegam haeresim. Quid est, quaeso, hoc argumenti: Christus est in dextera Patris, ergo non est in Sacramento: Caro non prodest quicquam, ergo corpus Christi non est ibi? At haec sunt potissima eorum. Furor est, istis nugis moveri a simplicibus apertisque verbis Christi: *Hoc est corpus meum.* Meditor in eos scribere, si Christus otium dederit. Quisquis sit, qui literas attulit, nihil moror, experior hominem. Dicito Dominae tuae, primum illud confectum, quod antea miserat, tandem (licet sero) venisse. 25. Octobris, MDXXVI.

Martinus Lutherus.

---

*) Ob Kriegsleute auch in seligem Stande seyn können. No. DCCCXXXIII.

28. October. N°. DCCCXXIV.

An Joh. Frosch.

L. ermahnt Fr. in Beziehung auf seinen Kampf mit dem Sacramentirer Mich. Keller; L. will gegen die Sacramentirer schreiben.

Bey Aurifaber II. 320. b. Deutsch bey Walch XXI. 1014.

Doctori Joanni Frosch, fidelissimo Praeconi Christi, in urbe Augusta. *)

Gratiam et pacem. Servet te et tuos Christus, mi Rana, sed in hac tentatione cogita, oportere scandalizari multos, et paucos eligi qui stent. Saevit jam Satan permissu Dei ob ingratitudinem et contemtum sui verbi, quod pauci intelligunt, ut praedixi semper fore, ut bellis et sectis percuteremur ingrati. Tu fortis esto, et sustine paucitatem tuam. Saeviant, regnent et triumphent illi: major est, qui in nobis est, quam qui in illis est. Ardeo meam fidem adhuc semel profiteri, et illorum ludibria paucis verbis ostendere, (nam ipsi non audiunt ultra) fecissemque dudum, nisi otium defuisset, et Satan ipse me impediisset. Dabo autem, et Christo favente et vobis pro me orantibus, operam, ut prodeam. Literae tuae et Martini Weiss apud et coram me sunt, eo quod cogitarem [1]) semper publice ista tractare. Jam festinans nuntius non sinit plura. Vale in Christo, et solare ac saluta fratres. Witenbergae in die Symonis et Judae, anno MDXXVI.

---

29. October. N°. DCCCXXV.

An Nic. Hausmann.

Unmuthige Aeusserung über den Weltlauf und besonders über die Sacramentirer.

Bey Aurifaber II. 320. Deutsch bey Walch XVII. 1921.

1) Viell. cogitaram.

*) Ehemals Carmeliter-Prior und Luthers Wirth.

Gratiam et pacem in Domino. Redit ad vos Domina Stephanissa, quae tuas attulit, meas refert, quanquam nihil novi sit, quod scribam, nisi salutem et gratiam: nam omnia, quae jam fiunt sub sole, terribilia et magna, credo te nosse. Rex Franciae ambit regnum Bohemiae per nuntios: Papam esse captum, dicitur pro certissima re. Pestis sacramentaria saevit, et acquirit vires eundo. Ora, quaeso, pro me torpente et frigente. Nescio enim, quo vel taedio tentor, vel Satana occupor, ut non plura faciam quam facio, sive haec est ingratitudo nostra, sive alia culpa. Quanquam insignis ille contemtus verbi Dei etiam graviorem errorem mereatur mitti. Et verax nimium fui propheta talia praesagiens. Gratia Dei tecum. Salutat te mea Ketha reverenter. Feria 2. post Simonis, MDXXVI.

Martinus Lutherus.

---

1. November. N°. DCCCXXVI.

An Maria, Königin von Ungarn.

Es war diese Königin Philipps I., Königs in Spanien, Tochter und Kaiser Karls V. Schwester, Gemahlin Ludwigs II., Königs von Ungarn. Ihr Gemahl verlor gegen die Türken Schlacht und Leben im J. 1526, und sie war genöthigt in Wien Zuflucht zu suchen. Sie hatte sich mit Luthers Lehre bekannt gemacht, und trug viel zur Verbreitung des Evangeliums in Ungarn bey. Daher schreibt er ihr vier Trostpsalmen zu.

Zuschrift der Schrift: Vier trostliche Psalmen an die Königin zu Hungern, ausgelegt durch D. Martinum Luther. Wittenberg 1526. 1527. 4. Wittenb. III. 45. Jen. III. 303. Altenb. III. 487. Leipz. V. 609. Walch V. 1.

Der Durchleuchtigisten, Hochgebornen Frauen, Frauen Maria, geborne Künigin zu Hispanien u. s. w., Künigin zu Hungern und Behemen, meiner gnädigisten Frauen.

Gnad und Trost von Gott unserm Vatter, und Herrn Jesu Christo. Gnädigiste Frau Künigin, ich hatte mir furgenomen, durch fromer Leute Angeben, E. K. M. diese vier Psalmen zuzuschreiben, zur Vermahnung, daß E. K. M. sollte frisch und fröhlich anhalten das heilige Gotteswort in Hungerland zu foddern, weil mir die gute

Mähre zukamen, daß E. K. M. dem Evangelio geneigt wäre, und doch durch die gottlosen Bischofe (wilche in Hungern mächtig und fast das meiste drinnen haben sollen,) sehr verhindert und abgewendet würde: also daß sie auch etlich unschuldig Blut haben vergießen lassen, und gräulich wider die Wahrheit Gottes getobet. Aber nu sich indeß leider die Sache durch Gottes Gewalt und Vorsehung also gekehret hat, daß der Türke diesen Jamer und Elend hat angericht, und das edle junge Blut König Ludewig E. K. M. liebes Gemahl niddergeschlagen, hat sich mein Furnehmen auch müssen so umbkehren. Hätten nu die Bischofe das Evangelion lassen gehen, so müßte jetz alle Welt voll Geschreies seyn, daß solcher Fall uber Hungerland komen wäre, der Lutherischen Ketzerey halben, wilch ein Lästern sollt da worden seyn. Wem sie nu wöllen die Schuld geben, mügen sie zusehen, Gott hats (als ich sehe) verwehret, daß solchem Lästern keine Ursache entstünde.

Wie dem allen Sant Paulus schreibet zun Römern, daß die heilige Schrift sey eine tröstliche Schrift, und lehre uns Geduld, so hab ich dennoch fortgefahren, und dieselbigen Psalmen lassen ausgehen, E. K. M. zu trösten (so viel Gott uns tröstet und gibt) in diesem großen, plotzlichen Unglück und Elende, damit der allmächtige Gott E. K. M. zu dieser Zeit heimsucht, nit aus Zorn oder Ungnaden, als wir billig sollen hoffen, sondern zu züchtigen und zu versuchen, auf daß E. K. M. lerne trauen allein auf den rechten Vatter, der im Himel ist, und sich trösten des rechten Bräutgames Jesu Christi, der auch unser Bruder, ja unser Fleisch und Blut ist, und sich ergetzen mit den rechten Freunden und treuen Gesellen, den lieben Engeln, die umb uns sind, und unser pflegen. Denn wiewohl es E. K. M. ein bitter schwerer Tod ist, und billig seyn soll, so fruhe eine Wittwe, und des lieben Gemahels beraubt zu werden; so wird doch wiederumb die Schrift, sonderlich die Psalmen, E. K. M. dagegen viel guts Trosts geben, und den süßen lieblichen Vatter und Sohn gar reichlich zeigen, darin das gewisse und ewiges Leben verborgen liegt. Und furwahr, wilchem es da mag hinkomen, daß er des Vaters Liebe gegen uns in der Schrift kann sehen und fühlen, der kann auch leichtlich ertragen alles Unglück, das auf Erden seyn mag. Wiederumb, wer dieselbige nit fühlet, der kann auch nit recht fröhlich seyn, wenn er gleich in aller Welt Wollust und Freuden schwämme. Es kann ja keinem Menschen solch groß Unfall widerfahren, als Gott dem Vater selbs widerfahren ist, daß man sein liebstes Kind fur alle seine Wunder und Wohlthat zuletzt verspent, verflucht, und des allerschändlichsten Tods am Kreuz töbtet, wiewohl eim jeglichen sein Unglück das größest dunkt, und mehr zu Herzen gehet, dann Christus Kreuz, wenn er gleich zehen Kreuz hätte erlitten. Das macht wir seynd nicht so stark von Geduld, als Gott ist: darumb thun uns geringer Kreuze mehr wehe, denn Christus Kreuze. Aber der Vatter der Barmherzigkeit und Gott alles Trostes wollte E. K. M. trösten in seinem Sohn Jesu Christo, durch seinen heiligen Geist, daß sie dieses Elendes bald vergesse, oder doch männlichen tragen künnte, Amen. Zu Wittemberg, am ersten des Wintermondes 1526.

E. K. M.

willigER Diener

Martinus Luther.

---

14. November. N°. DCCCXXVII.

An Wolfgang Fues, Pfarrer zu Coldiz.

Bedenken über einen Ehefall.

Eisl. I. 273. Altenb. III. 518. Leipz. XXII. 435. Walch X. 341.

Dem Wirdigen Herrn Wolfgango Fues, Pfarrherrn zu Colditz, meinem günstigen Herrn und Freund.

Gnad und Fried in Christo. Wirdiger, lieber Herr Pfarrherr, ich habe die Acta, so N. N. und N. N. einer Ehe halben betreffen, sampt euer Schrift gelesen; und weil ihr daruber mein Urtheil begehret, ist das mein Antwort: Wo sich die Jungfrau Anna wegert, wie ihr Bericht lautet, so sollt ihr sie lassen fahren auf ihr Gewissen, und den N. N. los und frey sprechen, sich anderswo zu verändern, wie er will und Gott gibt. Wie ich denn auch hie mit dieser Schrift bey euch, (und so ihr sie offentlich weisen wollet,) für jedermann ihn frey spreche auf Gottes Wort, da St. Paulus spricht 1 Cor. 7, (16.): So sich der Ungläubige scheidet, so laß ihn fahren; der Bruder ist nicht gefangen in sölchem Fall. Und dünket mich, ja ich sehe fast wohl, daß auf der Jungfrauen Seiten juristische Gesellen sind. Aber wo die Zeugen (wie ihr Bericht gibt,) wahr sagen, hat die Jungfrau ganz und gar keinen Schein noch Behelf, weil sie nicht allein den Eltern, sonderlich der Mutter (als die natürliche Tochter,) sollte gehorsam seyn; sondern auch daran sich selbs verdamet, daß sie stille geschwiegen hat, da sie ja wohl gehört und gewußt hat, daß man sie vertrauet. Darumb sie nicht hilft, daß sie nu schreiet; sie sollte zuvor geschrieen haben, da sie es erfuhre, und der Mutter haben widersprochen in der Zeit. Quia tacuit, consentire videtur. Wohlan, wird es ihr wohl gehen, das laß man Gott machen, weil sie weder folgen noch hören will. Bitt aber, diese meine Schrift und auch die Acta wohl zu verwahren, ob mit der Zeit sich die Sache weitern würde, und der Teufel durch sölche Gesellen was anfinge, wir solchen Juristen möchten begegnen und für ihnen uns schützen. Hiemit Gott befohlen. Caetera curabo. Salutat te mea Ketha. Wittemberg, Mittwoch [1]) nach Martini, Anno 1526.

Martinus Luther.

---

22. November. N⁰. DCCCXXVIII.

An den Kurfürsten Johannes.

L. trägt darauf an, daß die Kirchen visitirt werden, und bittet für Karlstadt um die Erlaubniß, in Kemberg wohnen zu dürfen.

Altenb. III. 519. Leipz. XIX. 554. Walch XXI. 156. Hr. Gen. Superint. Großmann in Altenburg hat mir die Haupt-Abweichungen des Originals mitgetheilt.

Gnad und Friede in Christo. Durchleuchtiger, Hochgebarner Fürst, Gnädigster Herr! Ich habe E. K. F. G. lange nicht Supplication bracht, die haben sich nu gesammlet, E. K. F. G. wollte Geduld haben; es will und kann nicht anders seyn.

Erstlich, gnädigster Herr, ist des Klagens über alle Maß viel der Pfarrherrn fast an allen Orten. Da wollen die Bauern schlechts nichts mehr geben, und ist solcher Undank unter den Leuten für das heilige Gottes Wort, daß ohn Zweifel eine große Plage fürhanden

1) Walch: Montag.

ist von Gott; und wenn ichs mit gutem Gewissen zu thun wüßte, möchte ich wohl dazu helfen, daß sie keinen Pfarrherr oder Prediger hätten, und lebten wie die Säue, als sie doch thun: da ist keine Furcht Gottes, noch Zucht mehr, weil des Pabst Bann ist abgegangen, und thut jedermann, was er nur will.

Weil aber uns allen, sonderlich der Oberkeit geboten ist, für allen Dingen doch die arme Jugend, so täglich geborn wird und daher wächst, zu ziehen, und zu Gottesfurcht und Zucht halten, muß man Schulen und Prediger und Pfarrherr haben. Wollen die Aeltern [1]) ja nicht, mügen sie immer zum Teufel hinfahren. Aber wo die Jugend versäumet und unerzogen bleibt, da ist die Schuld der Oberkeit, und wird dazu das Land voll wilder, loser Leute, daß nicht alleine Gottes Gebot, sondern auch unser aller Noth zwingt, hierinn Wegs [2]) fürzuwenden.

Nu aber in E. K. F. G. Fürstenthum päbstlich und geistlicher Zwang und Ordnung aus ist, und alle Klöster und Stift E. K. F. Gn., als dem obersten Häupt, in die Hände fallen, kommen zugleich mit auch die Pflicht und Beschwerde, solches Ding zu ordnen; denn sichs sonst niemand annimmt, noch annehmen kann, noch soll. Derhalben wie ich alles mit E. K. F. G. Kanzler, auch Herr Niclas von Ende geredt, will es vonnöthen seyn, aufs förderlichst von E. K. F. G., als die Gott in solchem Fall dazu gefodert und mit der That befället, von [3]) vier Personen lassen das Land zu visitirn: zween, die auf die Zinse und Güter; zween, die auf die Lehre und Person verständig sind, daß dieselbigen aus E. K. F. G. Befehl die Schulen und Pfarren, wo es noth ist, anrichten heißen und versorgen.

Wo eine Stadt oder Dorf ist, die des Vermögens sind, hat E. K. F. G. Macht, sie zu zwingen, daß sie Schulen, Predigstühle, Pfarren halten. Wollen sie es nicht zu ihrer Seligkeit thun noch bedenken, so ist E. K. F. G. da, als oberster Vormund der Jugend und aller, die es bedürfen, und soll sie mit Gewalt dazu halten, daß sie es thun müssen; gleich als wenn man sie mit Gewalt zwingt, daß sie zur Brücken, Steg und Weg, oder sonst zufälliger Landsnoth, geben und dienen müssen.

Was das Land bedarf und noth ist, da sollen die zu geben und helfen, die des Lands gebrauchen und genießen. Nu ist kein nöthiger

1) Altenb. Alten. 2) Altenb. Fleiß. 3) Altenb. — von.

Ding, denn Leute ziehen, die nach uns kommen und regieren sollen. Sind sie aber des Vermögens nicht, und sonst zu hoch beschweret, so sind da die Klostergüter, welche fürnehmlich dazu gestift sind, und noch dazu zu gebrauchen sind, des gemeinen Manns desto bas zu verschonen. Denn es kann E. K. F. G. gar leichtlich bedenken, daß zuletzt ein bös Geschrey würde, auch nicht zu verantworten ist, wo die Schulen und Pfarren niederliegen, und der Adel sollte die Klostergüter zu sich bringen; wie man denn schon sagt, und auch etliche thun. Weil nun solche Güter E. K. F. G. Kammer nichts bessern, und endlich doch zu Gottesdienst gestift sind, sollen sie billig hierzu am ersten dienen. Was hernach übrig ist, mag E. K. F. G. zur Lands Nothdurft, oder an arme Leute wenden.

Aufs ander: D. Karlstadt hat mich sehr gebeten, an E. K. F. G. zu schreiben um Gnade, daß er möchte zu Kemberg wohnen; denn er sonst auf den Dörfern für der Bauren Bosheit nicht bleiben kann, wie E. K. F. G. aus dieser seiner Schrift, und auch an Hans von Grafendorf vernehmen können, und doch sich scheuet, an E. K. F. G. selbst zuschreiben. Weil er denn bisher noch stille ist gewesen offentlich, und unser eins Theils, auch Hans Metsch Häuptmann, solches für gut ansehen, als daß der Probst zu Kemberg desto bas künnte auf ihn sehen: bitte ich auch unterthäniglich, E. K. F. G. wollte ihm solches gnädiglich vergönnen, wiewohl E. K. F. G. schon viel gethan, und ein großes Reden seinhalben auf sich geladen. Aber Gott wird es desto reichlicher vergelten. Er stehe [1]) für seine Seele: seinem Leibe und den Seinen sollen wir gutes thun. Gottes Gnade sey mit uns Amen. Donnerstag nach Elisabeth 1526.

E. K. F. G.

unterthäniger

Martinus Luther.

---

23. November. N°. DCCCXXIX.

An den Kurfürsten Johannes.

Die Besetzung der Pfarrstelle in Schweinitz betreffend.

Eisl. I. 393. Altenb. III. 657. Leipz. XXII. 551. Walch XXI. 159. Wir liefern den Text nach dem im Weim. G. Archiv befindlichen Original.

---

1) Altenb. sehe.

Dem Durchl. Hochgeb. Fürsten und Herrn, Herrn Johanns, Herzog zu Sachsen und Kurfürst ꝛc., Landgrafen in Thüringen und Markgrafen zu Meissen, meinem gnädigsten Herrn.

Gnad und Friede in Christo. Durchleuchtigster, Hochgeborner Fürst, Gnädigster Herr! Es bitten mich die zur Schweiniz umb Furbitt an E. K. F. G., daß sie den Prediger, so sie itzt haben, und von Doctor Luca bisher bestellet, und nach seinem todtlichen Abgang hinter sich gelassen, an seine Statt zum Pfarrherren geben wollt. Nu ists wahr, er ist ein from gelehrt Mann. Mir ist aber das auch E. K. F. G. anzuzeigen, daß die zur Schweiniz sowohl, als fast alle Gemeinen hin und widder, wollen Pfarrherrn berufen auf frembde Güter, und selbs nichts geben, und keinen ernähren. Wer Macht und Recht will haben zu beruffen, soll auch pflichtig und schuldig seyn zu nähren, und nicht aufs andern Gut ruffen, bauen oder freyen. Sonst mangelt mir an der Person nichts, darin wird sich E. K. F. G. wohl wissen zu halten. Denn die Pfarrgüter und Zinse gemeiniglich von der Oberkeit gestift sind. In Gotts Gnaden befohlen. Freytags nach Elisabeth, An. 1526.

E. K. F. G.

unterthäniger

Martinus Luther.

---

28. November. N⁰. DCCCXXX.

An Conr. Cordatus.

L. schreibt dem C. sein Verhalten in der Gemeinde zu Liegnitz vor, welche theils an Schwärmerey, theils an Trägheit litt.

Aus der Börnerischen Sammlung zu Leipzig bey Schütze II. 73.

G. et p. tibi in Domino. Mi Cordate, mira scribis de tuo Lignitio, ut eodem loco simul tam potens sit spiritus et caro, cum illi nihil nisi spiritum jactent, et hi non nisi carnem vivant. Verum quamvis ea sit communis in orbe pestis, fastidium, inquam, verbi, tamen tentandum vobis est et instandum.

Quis scit, si Deus eo loci contrarium et novum faciat, ut, sicut alibi primo fervet, deinde friget studium Evangelii, ita istuc primo frigeat, deinde ferveat. Quod faxit Deus, ut populus iste sit filius, qui primo recusat ire in vineam, deinde poenitens ivit, et praefertur illi, qui primo promisit ire, et non ivit. Perge itaque fortiter, et Dominus erit tecum. Spiritus autem spiritualiter spiritualissimos ne formides. Stulta sane apud Deum, quae imaginantur. Christus autem sit tecum. Et saepe, dum potes, nobis scribe. Gratae sunt literae tuae, tum quod testes sunt fidei tuae, cujus multum refert apud omnes nostros et vestros, tum quod rebus gestis plenae nos terreant [1]) avidos. Vale in Domino. Witenbergae 28. Nov. MDXXVI.

T. Mart. Lutherus.

---

9. December. N⁰. DCCCXXXI.

An Joseph Levin Metzsch.

L.'s Meinung von der Polygamie u. a. m.

Aus dem Autograph in den Unsch. Nachr. 1712. S. 13. Leipz. Suppl. S. 46. Walch XXI. 160. Wir geben den Text aus den U. N.

Dem Ehrbarn und Festen Joseph Levin Metzsch rc., meinem günstigen Herrn und guten Freunde.

Gnad und Friede. Ehrbar und Fester, lieber Herr und Freund: Auf eure erste Frag: ob jemand mege mehr denn ein Weib zur Ehe haben? ist das meine Antwort: Die Ungläubigen megen thun, was sie wollen, aber christliche Freyheit soll sich richten nach der Liebe, also daß es alles soll zum Dienst des Nähesten sich richten, wo es ohn Noth und Fehler des Glaubens und Gewissens geschehen kann; aber itzt will jedermann die Freyheit suchen, die ihm dienet und nutz ist, gar nichts geacht widder des Nähesten Nutz noch Besserung, so doch St. Paulus sagt: Omnia licent, sed non omnia expediunt 1 Cor. ep. VI. Tantum ne libertatem in occasionem carnis detis etc. Es ist auch frey, sich zu beschwestern, oder ohn dieselben zu leben; aber wer will es thun ohn Noth, mit gutem

---

1) Viell. satiant.

Gewissen? Auch ob die Alten viel Weiber gehabt, ists doch Christen nicht zu thun nach solchem Exempel, weil da kein Noth, noch Besserung, noch sonderlich Gottes Wort ist, das solches befiehlet, und so groß Aergerniß und Unruh daraus kommen möcht. Derhalben nicht den Christen mehr frey achte, es müßte zuvor von Gott befohlen werden über solche Freyheit.

Wie man die Kinder teufen solle, habe ich reichlich in der Postillen nach Epiphanias geschrieben; die Schwärmer thun, was sie wollen. Daß ihr einen Prediger eurem Volk bestellet, und ihn laßt eblich werden (denn es ist Noth, Nutz und Freyheit, auch Gottes Wort dazu), ist billig, so ferne, daß ihr völlige Gewalt und Oberkeit über sie habt, wo nicht, so sollt ihrs Gott lassen befohlen seyn, und ihn ingleichen für sich lassen wagen, ob er predigen wolle. Hiermit Gott befohlen, Amen. Sonntags nach Nicolai 1526.

Martinus Luther.

---

22. December. N⁰. DCCCXXXII.

An Nic. Amsdorf.

Ueber eine von Andern neu herausgegebene frühere Schrift L.'s, welche er vielleicht widerrufen will.

Bey Aurifaber II. 321. Deutsch bey Walch XXI. 1016.

Gratiam et pacem. Articulos illos *) vel sinam ire, vel si otium fuerit, revocabo. Nam et alia nequitia recenter hoc anno sese declaravit, assignato numero anni hujus editi, quasi hoc anno sic sentirem. Sic Satan ludit in ira sua. Vale et ora pro me ac solare Marquardum afflictum. Sabbatho post Thomae, anno MDXXVI.

Martinus Lutherus.

*) Wahrscheinlich Disputir-Sätze.

Ende des Jahres. *) No. DCCCXXXIII.

An Assa von Kram.

Zuschrift der Schrift: Ob Kriegsleute auch in seligem Stande seyn könnten, welche A. v. Kr. veranlaßt hatte.

Diese Schrift erschien Wittenberg 1526. S. V. d. Hardt Autogr. Luth. I. 227. 241. Rotermund S. 44. Panzer II. No. 3020. f. Sonst in den deutschen Ausgaben Wittenb. VI. 684. Jen. III. 343. Altenb. III. 658. Leipz. XXII. 316. Walch X. 570.

Dem Gestrengen und Ehrnfesten Assa von Kram, Ritter ꝛc. meinem günstigen Herrn und Freunde.

Gnad und Friede in Christo. Gestrenger, Ehrnfester, lieber Herr und Freund! Als ihr im nähisten Kurfürstlichen Einzug zu Wittenberg **) mit uns von dem Stande der Kriegesleute redet, unter wilcher Rede mancherley Stücke, so das Gewissen betreffend, wurden fürgebracht, darauf ihr und andere mehr von mir eine schriftliche, offentliche Unterricht begehrtet, weil viel mehr sind, die sich des Standes und Wesens beschweren, etliche in Zweifel stehen, etliche aber sich so gar und ganz erwägen, daß sie nichts mehr nach Gotte fragen, und beyde Seele und Gewissen in den Wind schlahen, wie ich denn wohl selbs solcher Gesellen gehört habe sagen: wenn sie sollten daran gedenken, müßten sie nimermehr in Krieg komen, gerade als wäre Kriegen solch ein trefflich Ding, daß an Gott und Seele nicht zu denken sey, wenn Krieg fürhanden ist, so doch denn, als in Todesnöthen und Fahr, am meisten an Gott und für die Seelen zu denken ist: auf daß nu, so viel an uns ist, den schwachen, blöden und zweifelnden Gewissen gerathen werde, und die Rauchlosen besser Unterricht uberkomen, habe ich eur Bitte bewilliget, und dieß Büchlin zugesagt. Denn wer mit gutem wohlberichtem Gewissen streit, der kann auch wohl streiten: sintemal es nicht feylen kann, wo gut Gewissen ist, da ist auch großer Muth und keckes Herz; wo aber das Herz keck und der Muth getrost ist, da ist die Faust auch deste mächtiger, und beyde Roß und Mann frischer, und gelingen alle Ding besser, und schicken sich auch alle Fälle und Sachen deste feiner zum Siege, wilchen denn auch Gott gibt. Widderumb, wo

---

*) Am 1. Jan. 1527 sendet L. die Schrift einem Freunde. **) Im J. 1525.

das Gewissen blöde und unsicher ist, da kann auch das Herz nicht recht keck seyn; denn es ist unmüglich, daß böse Gewissen nicht sollten feig und zag machen; wie Moses zu seinen Jüden sagt (5 Mos. 28, 25.): Wenn du ungehorsam bist, so wird dir Gott ein verzagtes Herz geben, daß, wo du eines Weges widder deine Feinde zeuchest, sollt du durch sieben Wege zurstreuet werden, und kein Glück haben. So gehts denn, daß beyde Roß und Mann faul und ungeschickt ist, und kein Anschlag für sich gehet, und muß zuletzt unterliegen. Was aber rohe, ruchlose Gewissen sind im Haufen, wilche Tollkühne und Wagehälse heißen, mit den gehts alles plumpsweise zu, sie gewinnen odder verlieren. Denn wie es denen gehet, die gute odder böse Gewissen haben, so gehts solchem rohen Vieh mit, weil sie im Haufen sind. Umb ihrenwillen wird kein Sieg gegeben, denn sie sind die Schalen, und nicht der rechte Kern des Kriegshaufen.

Demnach schicke ich euch nu diese meine Unterricht, so viel mir Gott verliehen hat, damit ihr und andere, so gerne wollten wohl Krieg führen, auf daß sie auch Gotts Hulde und das ewige Leben nicht verlören, sich wissen zu rüsten und unterweisen. Gotts Gnade sey mit euch, Amen.

Ohne Datum. N°. DCCCXXXIV.

An Philipp Gluenspies zu Mansfeld.

Daß man den Schwachen nachgeben soll, wenn sie sich nicht etwa aus Schalkheit so stellen.

Eisl. I. 272. Altenb. III. 518. Leipz. XXII. 551. Walch XIX. 1241.

Gnad und Fried in Christo. Mein lieber Philippe, acht ich doch, ihr sollet selbs wohl auf die Frage Antwort und Bericht geben können. Ich kann hie nicht anders rathen, denn daß die Liebe soll jedermann dienen, wie Paulus sagt 1 Cor. 9, 2.: Ich bin denen, die unter dem Gesetz sind, worden als unter dem Gesetz. Darumb wo es die Liebe und Besserung foddert, ists recht, daß man nicht Fleisch esse, und alles mit ihnen halte, was sie begehren. Aber wenn sie so schalken wollten, und fürgeben, sie wären so schwach, und weil sie hören, daß die Liebe sölches zulasse, wollen sie damit hereinbrechen, und den Schein machen, als sollts nicht Noth, noch Gesetze seyn, sondern ihn zu Dienst geschehen, wie itzt Markgraf Casimirus thut: das sind falsi subintroducti fratres, Galat. 1, (2.), quibus etiam nec ad horam cedendum est, ut ibidem.

Weil es denn nu nicht mehr zu vermuthen ist, daß es aus Schwachheit geschehe, was sie fürgeben, weil das Evangelium so helle am Tage ist, achte ich, es sey eitel Schalkheit, damit sie wollen unter der Liebe Deckel und Schwachheit Schein ihre Tyranney erhalten. Wo es aber nicht Schalkheit ist, da mag man bekennen und sagen: wohlan, dir zu Dienst will ichs gerne mit dir halten; aber nicht, als sey es für Gott geboten. Solche Bedingung ist alsdenn gnug, bis man sehe, obs Schalkheit sey, oder nicht. Gratia Dei sit tecum.

Martinus Luther D.

Ohne Datum. N⁰. DCCCXXXV.

An einen Pfarrherrn.

Bedenken über einen Ehefall.

Eisl. I. 273. Altenb. III. 581. Leipz. XXII. 435. Walch X. 817.

Gnad und Fried, lieber Pfarrherr. N. N. ist von seinem Weibe nicht uberzeuget, und sie auch nicht durch Urtheil von ihm geschieden; sondern sie selbs mit N. N. machen sich zu Richter und Scheider, führen auch aus das Urtheil, unverhort und unuberwunden N. N. Derhalben sie als eine offentliche Ehebrecherin soll von meinem gnädigsten Herrn geladen, verhöret, geurtheilet und gestrafft werden. Wo alsdenn N. N. sie nicht will haben, muß sie das Land räumen, oder sonst gestrafft werden, sampt demjenigen, der sie weggeführet hat, als sichs gebühret, und darnach durch sölch Gericht ihm erlaubet werden, eine andere zu nehmen.

Ohne und für solchem Urtheil soll er Geduld haben, und nichts thun, auf daß er auch nicht die Sache verderbe, und sein eigen Richter werde. Sölches möget ihr ihm anzeigen und lesen lassen, wie ich ihn auch mündlich bericht hab. Gratia tecum. An. 1526.

Ohne Datum. N°. DCCCXXXVI.

An den Kurfürsten Johannes.

Die Strafe eines Ehebrechers betreffend.

Eisl. I. 393. Altenb. III. 656. Leipz. XXII. 436. Walch X. 816. Wir geben den Text nach dem im Weim. Ges. Archiv befindlichen Original.

Meinem gnädigsten Herrn, Herzog Johanns, Kurfursten zu Sachsen ꝛc. Zu Seiner K. F. G. Handen. 1)

Gnad und Friede in Christo. Durchleuchtigster, Hochgeborner Furst, Gnädigster Herr! Auf Hans Schotten 2) Sachen, davon mich E. K. F. G. hat lassen fragen, zeige ich mein unterthänigs Bedenken an, dermaßen. Des Gewissens halben hats kein Fahr, und kann E. K. F. G. mit gutem Gewissen die Straffe aufheben, und Hans Schotten widder zu Gnaden nehmen, angesehen daß solche Straffe in E. K. F. G. freyer Macht stehet, und Gott keine Zeit bestimpt hat, sonderlich weil Hans Schott ziemlich wohl gebüßet und sich gebessert, E. K. F. G. Befehl gehorsamlich nachkomen ist, auch so viel trefflicher 3) Furbitte nicht gar zu verachten sind; denn auch Gott selbs die Besserung des Sünders für gnugsame Buße hält. Aber daneben wird sichs auch regen, daß dem armen Jakob Haffener 4) Gnade gleichermaßen erzeigt werde, zu verhüten Aergerniß und Nachrede; wie er denn jämerlich bittet. Stelle solches in E. K. F. G. Wohlgefallen. Hiemit Gott befohlen, Amen. 5)

E. K. F. G.

unterthäniger

Martinus Luther.

1) Fehlt in den Ausg. 2) Der Name fehlt in den Ausg. 3) Ausg. † Leute. 4) Ausg. dem Manne, dem das Weib entführt worden ist. 5) Ausg. † Anno 1526.

1527.

1. Januar. N⁰. DCCCXXXVII.

An Joh. Agricola.

Von häuslichen Angelegenheiten; von dem Kaltsinne der Wittenberger und L.'s Vorhaben gegen die Schwärmer zu schreiben.

Aus der Schmidischen Sammlung zu Helmstädt bey Schütze II. 75.

Johanni Agricolae, juventutis christianae institutori Eislebiae, suo fratri.

Gratiam et pacem in Domino. Gratias agere jussit tibi Domina et Hera mea Ketha pro panno donato, quamquam nihil opus erat tam superbo dono in pauperes. Fideliter agitur ut veniat [1]) ad Elsam tuam Elsa haec famula: Deus faxit, ut recte obsequatur.

Nos hic belle valemus et munitionibus intenti sumus, ut Witteberga sit juncta, interim in Evangelio Dei frigidi atque paene saturi. Ego accingor in Swermerinos foris (?): ora Deum pro me, ut Satanam conterat. Nova alia non sunt, quae non apud vos vulgata putem. Vale cum tuis omnibus in Christo et saluta nostros. Calendis Januarii MDXXVII.

Martinus Luther.

---

1) Vermuth. statt igitur ut veniret.

1. Januar. N°. DCCCXXXVIII.

An Spalatin.

L. entschuldigt sich wegen seines langen Stillschweigens, rechtfertigt sich gegen einen grammatikalischen Vorwurf Dolzigs und klagt über die schlechte Verwendung der Klostergüter.

Bey Aurifaber II. 322. Zum Theil bey Schütze II. 76. Deutsch bey Walch XXI. 1019. Wir haben das Original im Cod. chart. 122. fol. Bibl. Goth. verglichen.

Gratiam et pacem in Domino. Quod non sit culpa mea, quod rarius ad te scribam, mi Spalatine, has inclusas volo testes meas esse, nam coram oculis semper versatae nuntium expectant. Tu ex eo mense, die et causa intelliges, quibus datae sunt, ut ego ipse rerum oblitus, tandem taedio victus, resignarem, visurus quid scripsissem. Denique proximus nuntius, quem omnino ne abiret sine literis meis Quaestoris Eisenbergensis causa ad vos, valde caveram, sed nec sic profeceram, cum descendens eum quaererem, forte mihi tardius nuntiata ejus praesentia, abiisse dicebatur impatientia superatus. Ego simul indignatione superabar familiae: [1]) sic est, quod non tangit, non movet. Sed tu ipse recole, num sic solitus sim differre, cum in aula esses, hoc est, cum mihi certos nuntios aut certos publicanos designares, qui tibi meas redderent. At nunc fortuitis nuntiis utendum est, quorum quotusquisque, rogo, vel quaerit, vel reddit, vel petit, vel expectat literas? Haec pro mea apologia, nam occupationes nolo praetexere, cum nullae sint quae scribere ad te non sinant, quandoquidem de tuo ingenio mihi perspecto certus sum, etiam inter coenandum scriptas tibi gratas esse.

Ad rem. [2]) Dolzig nostro charissimo dicito, quod si amicas fert (sicut facit) altercationes, nobis non deest ratio, ut aliquando scribendum esse contendamus, **darumb**, aliquando, **drumb**. Cur enim nos Germani non imitemur Graecos, Latinos, Ebraeos in contractis et syncopis, si modo est ulla lingua

---

1) Orig. familia. 2) Der jetzt folgende Theil des Briefes bis Haec joco bey Schütze.

magis syncopisans Germanica? Syncope dicimus: du sollsts mirs thun, quod Dolzika severitate dicendum esset: du solltest mir es thun. Vide, quae gratia syncopes et quae nausea regulae. Si quaeras: Warumb thust du das? regulariter dicimus, darumb, voce solitudinis: rursus voce aggregati, syncope eleganti dicitur: Ich wills drumb nicht lassen, quod quanto odio diceretur: Ich will es darumb nicht lassen? Ad Thuringos cum istis barbaris Germanismis. Vides, quam arguti nos quoque simus. Caveat ergo Dolzikus sibi a grammatica pugna, praesertim si nos lacessere tentet, qui nobis Aristarchi bis, ter, quater, videmur. Haec joco. [1])

Seria sunt valde, mi Spalatine, de rapina monasteriorum, et crede, macerat res ista me vehementer. Ego scriptis egi jamdudum, quod petis. Hoc non contentus irrupi (dum hic erat Princeps) invitis omnibus etiam in cubile Principis, ut solum convenirem super hac re, Unus Ritesel astabat, improvisum adoriebar Principem, quaestus ea, quae tu scribis ferme, cum idem ante fores Juniori Principi quoque fuissem quaestus, et ille se ostenderet aegre ferre hujusmodi. Responsum est, cautum iri, ut recte fierent omnia. Quid dicam? sub optimo Principe metuo mihi et nobis omnibus fumos, fucos, fabulas obtrudi, etiam ita ut autores nescire cogamur. Fridericum esse mortuum putant, hac opinione Reges sunt in hac terra, utinam non tam feliciter. Et est illud acetissimum mihi acetum, quod antea ii, qui Evangelio hostes (nunc hostes perseverantes) Friderico Principi dissentiebant in pietate, nunc praedae occasione ludunt, rident, [2]) exultant ditati, [3]) quod sub Evangelii nomine eis licet simul et summos esse Evangelii hostes, et omnibus frui Evangelii licentiis. Nunquid huic vidisti simile iniquitati? Ego qui Principem obrutum video frustra moneri, consilium aliud non habeo, quam quod mihi publico libello monendus esse videtur Princeps, ut monasteria aliter administret, si forte sic illi pudefiant. Nam quod tu mones, ut exemplo fratris ductet et imperet ipse, nosti esse insperabile. Homo fidelis est omnium expositus versutiis, et qui credat homines esse sui similes, bonos et fideles. Nequam esse oportet, qui princeps esse debet, et tyrannum

1) Aurif. † ad te scribo. 2) Aurif. irrident. 3) Aurif. dilatati.

decet regem esse, hoc exigit mundus. Vides prolixum me factum necessitate simul et voluntate. Tu si quid praeterea per Christum habes consilii, impartire, nos sequemur libentissime, adeo Satanae odimus ubique, undique, assidue furorem, insidias, nequitias, ut voluptati fuerit illi quovis modo occurrere vel nocere. Vale cum tua costa in Domino. Meus Johannellus te salutat, qui dentionis mense incipit tattare, et jucundis offensionibus quosvis increpare. Ketha quoque tibi omnia optima imprecatur, maxime Spalatinulum, qui te doceat, quod se doctam jactat a suo Johannello, hoc est, fructum et gaudium conjugii, quibus indignus erat Papa cum suo mundo. Die Circumcisionis MDXXVII.

Martinus Lutherus.

---

1. Januar. N⁰. DCCCXXXIX.

An Mich. Stiefel.

L. bietet dem auch in Oestreich verfolgten St. eine Freystätte an, berichtet von seinen schriftstellerischen Arbeiten, und sendet ihm das Buch von den Kriegsleuten. St. kam aber in diesen Tagen schon nach Wittenberg. S. d. folg. Br. v. 6. Jan.

Bey Aurifaber II. 321. b. Deutsch bey Walch XIX. 2231.

Gratiam et pacem. Nihil erat, quod modo sciberem, mi Michael: audieram autem, te fugatum nunc rediisse ad Dominam tuam. Laus Deo, si ita est: sin aliter, iterum benedictus: ad me tibi patet accessus et locus, si forte alibi manere non possis, mecum vives et feres, quae Christus dederit. Ac interim bene vale, et Dominae tuae meo meaeque Kethae nomine magnifice gratias age pro donato peplo. *) Scripsissem tibi plura, sed tot erant scribenda his nundinis, ut tempus non suffecerit. Et Zachariam in lucem molior, simul cum sacramentariis turbatoribus congrediar: **) tu ora Christum, ut det

*) Vgl. Br. v. 31. Dec. 25. No. DCCLXII. **) In der Schrift: daß diese Worte Christi „das ist mein Leib" noch feste stehen, wider die Schwärmgeister, welche im März fertig wurde (s. Br. v. 21. März No. DCCCLVIII.) und welche er schon in den Briefen vom 26. April 11. Aug. 13. Sept. 25. 28. Oct. v. J. angekündigt hat.

mihi Satanam recte tractare, in quo bene vale. Mitto libellum de militari christianismo. Witenbergae, Calend. Januarii MDXXVII.

Martinus Lutherus.

---

6. Januar. N°. DCCCXL.

An Christoph Jörger.

Mich. Stiefel war genöthigt worden, sein Amt in Tollet in der Jörgerschen Familie (vgl. Br. v. 3. Jun. 1525. No. DCCXI.) niederzulegen, und nach Wittenberg zurückzukehren (vgl. d. vor. Br.). Luther schrieb deßwegen an Chr. Jörger folgenden Brief.

Bey Raupach Evangel. Oesterreich Erste Forts. S. 40. f. Bey Moseder Glaubensbekenntniß S. 67. In der Quartalschrift für ältere Litterat. u. neuere Lectüre von Canzler u. Meißner III. 2. S. 31. aus einer gleichzeitigen Abschrift.

Gnad und Friede in Christo Jesu. Gestrenger, Fester, lieber Herr und Freund, ich habe Michel Stiefel fürwahr mit Freuden empfangen, insonderheit, weil euer Zeugniß so gut von ihm gehet. Christus wird ob sein'em Wort wohl halten, daß es Euch nicht die Länge entzogen werde, sondern mit großer Frucht wieder 1) kommen lassen. Indeß müßt ihr Geduld haben, bis das Wetter uberhin gehet. Ihr habt recht gethan, daß ihr Herrn Michel habt lassen ziehen, 2) weil sichs nicht gebührt, ihr auch nicht vermügt ihn zu schützen. Denn ein jeglicher 3) muß für sich selbst stehen 4) und bekennen 5) in diesem Fall. Dazu euch Gott Gnad gebe, welche Stunde es euch Noth seyn 6) wird. Grüßet in Christo euere liebe Gemahl, die euch Gott segne nach seinem Lob und Ehren, Amen. Hiemit Gott befohlen, Amen. Wittenberg Epiphaniae Domini MDXXVII. *)

D. Martinus Luther.

1) Moseder: wird. 2) Quart. Schr. sitzen. 3) Q. S. fehlerhaft: der ihm geliehen. 4) M. sehen. 5) Q. S. erkennen. 6) Q. S. er euch heimsuchen.

*) Raupach bemerkt hierzu: „Das ist 1528 nach der alten Art das Jahr zu rechnen." Damit wäre ein schwieriges Räthsel gelöst. Nämlich da nach diesem und dem folg. Briefe M. St. nach Wittenberg zurückgekehrt seyn müßte, so fällt es auf, daß er nach einem im May d. J. geschriebenen Briefe No. DCCCLXVII.

6. Januar. No. DCCCXLI.

An Frau Dorothea Jörgerin. *)

Aehnlichen Inhalts mit dem vorigen.

In der angeführten Quartal-Schrift III. 2. S. 30. aus der Urschrift.

Der Edlen und Tugendreichen Frauen Dorothea Jörgerin, Wittwe zu Tollet, meiner besten treuen Freundin in Christo.

Gnad und Friede in Christo, unserm Herrn. Tugendsame Frau, ich hab Er Michael Stiefel mit Freuden empfangen, und sonderlich weil ihr demselbigen so gut Zeugniß gebt, daß er sich so christlich und fruchtbarlich bey euch erzeigt, wie ich mich denn auch versehen zu ihm habe, und Gott mir diese Zuversicht nicht hat lassen zu Schanden werden. Ich danke euch auch samt meiner Kethen freundlich euers theuren und treuen Geschenks. Gott, der allmächtig, wolle euch gnädiglich in seinem heiligen Wort, wie er hat angefangen, und erhalten und mehren bis auf seine Zukunft. Die Tyranney wird Gott wohl richten und schicken zu seinem Lob und eurem Heil. Hiemit Gott befohlen, Amen. Am Tage Epiphye 1527. **)

Martinus Luther.

---

7. Januar. No. DCCCXLII.

An Spalatin. ***)

L. will, daß die Ehestreitigkeiten derer, die sich nicht in Güte wollen leiten lassen, an das weltliche Gericht verwiesen werden.

---

von diesem Orte abwesend, u. noch mehr, daß er nach dem Briefe vom 8. Oct. No. DCCCCIV. wieder im Jörgerschen Hause zu seyn scheint, und erst am 16. Oct. 1528 als Pfarrer in Lochau erscheint. Aber ist jene Bemerkung richtig? Strobel Neue Beytr. B. 1. St. 1. nimmt an, daß St. gegen das Ende des J. 1526 habe Oestreich verlassen müssen und wieder dahin zurückgekehrt sey, aber er setzt diese Rückkehr vor den vor. Br. L.'s, wo er die Worte Audieram etc. darauf bezieht. Damit ist unser Räthsel nicht gelöst.

*) Die Mutter des Chr. J. **) S. d. Anm. z. vor. Br. ***) Nach Aurif. an Joh. Heß.

Bey Aurifaber II. 324. b. an Joh. Heß. Bey Buddeus p. 57. Cod. Jen a.; f. 708. an Spalatin, so auch deutsch Jen. III. 474. Altenb. III. 806. Leipz. XXII. 436. Walch X. 818., vgl. Vorrede S. 87. b. Deutsch ohne Angabe des Empfängers in Consiliis theol. Viteb. IV. 24.

Suo fratri in Domino, M. Georgio Spalatino, servo Christi Altenburgi.

Gratiam et pacem in Domino. Et nos tot vexant matrimonia per Satanam, ut deliberemus rem istam profanam profanis judiciis committere. Hactenus stulta spe praesumebam de hominibus aliud quam humanum, id est, 1) posse eos Evangelio duci. Sed res ipsa docet, quod Evangelio contemto volunt 2) legibus et gladio cogi. Evangelium docet, ut pater proli licita petenti indulgeat, proles parenti obtemperet, utrinque bona voluntate. Sed hoc apud pios valet. Nunc cum audiant 3) impii, per Evangelium parentibus asseri autoritatem, abusi ea autoritate, fiunt tyranni. Rursus filii audientes, sibi licentiam 4) sub Papa dari et Caesare, abutuntur usque in contemtum parentum. Utriusque iniquitatis 5) exempla abundant.

Quare in isto casu duo tibi proponenda assumes. Primum Evangelium, hoc est, ut filia patrem adhuc semel humiliata roget pro viro sibi marito dando, sive hoc per se, sive per alios faciat. Si igitur filia amat et juvenis dignus est, debet pater jure Evangelii filiam exaudire. Si hoc nolit, jam filiae nihil est contra tyrannum patrem agendum. Sed vobis ad secundum est eundum, hoc est, ut denuntietis patri, quandoquidem filiae amanti et petenti ea, quae suae sint et salutis 6) et commoditatis, secundum Evangelium non vult paterne et amice concedere, ad jus profanum, hoc est, caesareum (sub quo vivimus in carne) relegandus sit: et sic vos exonerabitis. Quid autem juris caesarei in hac causa fuerit, hoc Principis et profani judicis est statuere et definire. Nam nobis Evangelistis non est agendum cum pertinacibus, aut in causis pertinacium, 7) sed inter voluntarios, quietos et cupientes ceu ignari 8) doceri et duci. Duros et obstipos a nostro foro mittimus ad Caesaris tribunal: illic duris occurritur suo competenti

---

1) Aurif. scilicet. 2) Aurif. velint. 3) Aurif. audient. 4) Aurif. lic. sibi. 5) Aurif. immanitatis. 6) Aurif. quae sunt salutis. 7) Aut etc. fehlt bey Budd. 8) Aurif. st. ceu ignari: sese caecos et ignaros.

judicio. Sic Caesar est dominus et defensor etiam filiorum contra parentes tyrannos, a Deo ordinatus. Quod si Caesar non defendit, proles ferre debet paternam tyrannidem. Memini de hac re libellum a me editum. Haec ratio mihi hodie est, ut qui volunt, facile eos concordem secundum Evangelium, qui nolunt, mox a me ad Caesarem relegem. Sic enim tutus sum. Qui enim nolunt Evangelium audire, Evangelio nec frui debent.

Illud vero cavillum est ridiculum, quod verba de futuro non obligent: scit tota Germania, [1] quod nostra lingua praesentem animum et praesentem promissionem istis verbis eloquitur: Ich will dich haben, ich will dich nehmen. Quod si copula [2] corporum et impletio promissionis futura istis verbis intelligitur, nunquid ipse quoque animus aut promissio quoque futura potest intelligi? [3] Non enim aliter posses illud Germanicum: Ich will dich haben, latine vertere, quam ego volo te habere, vel, volo te accipere, etiamsi ad verbum transferas. At volo est praesentis verbum. Sic [4] loquimur. Sed juris quidam consulti [5] illud sic somniant verti: Ich will dich nehmen, id est, ero te accipere, vel in futurum te accipiam, quo tamen ipso modo nullus Germanus intelligit futuram promissionem, sed omnes praesentem. Quin si pater dicit: dabo tibi filiam uxorem, intelligitur promissio praesentis animi: alioqui non video, quomodo possis filiam promittere, nisi verbo futuro praesentem animum et promissionem firmes. Verbum vero praesens, *do*, *accipio*, est potius solennis copulae [6] et ipsa traditio realis ac personalis, quae sponsalia dici nisi ab imperitis nugigerulis non possunt.

Summa et Caesari opus hic est ἐπιεικία, sicut et in omnibus aliis, ut nec parentibus saeviendi et proterviendi, rursus nec filiis audendi et contemnendi licentiam praebeat. Nos quibus cum piis, audientibus, mansuetis, agendum est, ista incommoda non gravant, si volumus sapere. Vale et ora pro me. 7. Januarii, MDXXVII.

Martinus Luther.

---

1) Aurif. sc. tota Germania novit. 2) Aurif. copia. 3) Aurif. int. pot. 4) Aurif. si. 5) Budd. constulti, viell. ein Wortspiel. 6) Aurif. copula.

7. Januar. N°. DCCCXLIII.

An den Kurfürsten Johannes.

L. überschickt Karlstadts Entschuldigung (?), und bittet um Fürsprache für einen vertriebenen Danziger Prediger.

Zuerst aus dem Weim. Archiv im Leipz. Suppl. S. 47., dann bey Walch XXI. 164. Wir haben das Original nachgesehen.

Dem Durchleuchtigsten, Hochgebornen Fursten und Herrn, Herrn Johanns, Herzog zu Sachsen, Kurfursten und Landgrafen in Thuringen und Markgrafen zu Meissen, meinem gnädigsten Herrn.

Gnad und Friede in Christo. Durchl. Hochgeb. Furst, Gnädiger Herr! Ich sollte am nähesten E. K. F. G. zugeschickt haben, wie ich schriebe, D. Carlstadts Entschuldigung, und ward versehen und vergessen, schicke dieselb noch hiemit; über das bittet Er Niclas von Amsdorf, und ich auch mit ihm unterthäniglich, umb ein Allmosen, das ist, um eine Schrift an den Rath zu Danzig fur einen frumen Pfaffen, Er Johann Bonholt, durch den König zu Pohlen daselbst verjagt, welcher auch sein Leben zuvor aufgegeben, damit er seins Guts und seins Weibs Guts sich mocht ernähren. Nu halten sie ihm beyde Weib und Gut fur, so hofft er sehr, so E. K. F. G. fur ihm schriebe, es sollt helfen, wie es andere geholfen hat, auch von Fursten verschrieben, wie E. K. F. G. so es gelust, aus dieser seiner Schrift, und aus Er Amsdorf weiter vernehmen mugen. Gotts Gnaden sey mit E. K. F. G. allezeit, Amen. Montags nach Epiphaniä 1527.

E. K. F. G.

unterthäniger

Mart. Luther.

10. Januar. N°. DCCCXLIV.

An Nic. Hausmann.

Von der Visitation, L.'s schriftstellerischen Arbeiten und dem um sich greifenden Sacraments-Irrthum.

Bey Aurifaber II. 325. b. Deutsch bey Walch XXI. 1025.

Gratiam et pacem in Christo, mi Nicolaë. Nihil et ego praeterea novi habeo, nisi quod Princeps Universitati respondet, sese velle maturare visitationem parochiarum, quod ubi factum fuerit, tum constitutis Ecclesiis poterit usus excommunicationis praesumi: laceris autem ita rebus, quid praesumas? Zacharias sub prelo formatur ad lucem, crescitque liber in dies sub manu mea: simul aggredior Sacramentarios. *) Tu ora, ut Christus dirigat calamum meum in Satanam feliciter et salubriter. Vehementer gaudeo etiam de testimonio tuo, quod adhuc intactus es ab isto fermento: nam apud me semper ita de te credidi. Dolet mihi valde nobilissimum virum Oecolampadium tam ludicris et nihili cogitationibus in hoc barathrum prolapsum, pulsat eum Satanas, Dominus eripiat eum. Urbanus Regius in idem malum vel inclinat, vel jam cecidit, Dominus servet suos. Vires Caesaris in Italia secundas credo te audiisse. Papa ubique visitatur, ut destruatur: venit enim finis et hora ejus, licet passim saeviat persequutio et multi exurantur. Salutat te mea Ketha reverenter. 10. Januarii, anno MDXXVII.

T. Martinus Lutherus.

---

13. Januar. N°. DCCCXLV.

An Spalatin.

Von der Angelegenheit eines gewissen Baders und eine Klage über den Hof. Entschuldigung des seltenen Schreibens (vgl. Br. v. 1. Jan. No. DCCCXXXVIII.) und Nachricht von einem erlittenen tödtlichen Unfall.

---

*) Vgl. Br. v. 1. Januar an M. Stiefel. No. DCCCXXXIX.

Bey Aurifaber II. 326. Vgl. Cod. Jen. a. f. 210. Deutsch bey Walch XXI. 1026.

D. Georgio Spalatino, servo Christi, fratri, imo Majori suo in Domino, apud Altenburgam. [1])

Gratiam et pacem in Christo. Quamvis novissime ad te scripsi, mi Spalatine, quas credo ad te pervenisse, [2]) tamen quando ita sancte me adjuras, novissimas literas iterum scribere cogor. Primum de Simone Balneatore quod scribis, videro, sed in aula non est ulla spes reliqua: adeo omnia praesumunt et efficiunt quoque Nobiles, unde illis incredibilis attollitur confidentia et regni tantus fastus, ut ruinam celerem sibi videantur provocare. De hoc satis. Raro me scribere confiteor, sed hoc nulla mea culpa fieri velim te credere, aut ulla offensionis vel provocationis causa me moveri: libere enim (sicut antea scripsi) te monerem, si quid tale contingeret, sicut a te volo moneri. Tabellarii rari sunt, deinde quidam tam superbi et imperiosi, ut prorsus exigant me sedere et illos adventantes otiosum suspicari oportuisse. Omnia hic sunt salva, ut hactenus. Saluta Eberhardum et omnes nostros, ac optime cum tua Ketha vale. Verum est, nuper me subito sanguinis coagulo circum praecordia angustiatum, paeneque exanimatum fuisse, sed repente mihi remedio fuit aqua cardui benedicti [3]) quam vocant, hausta: mire praesentis salutis ea aqua est, quanquam a [4]) medicis neglecta vel ignota potius. 8. post Epiphaniae, anno MDXXVII.

T. Martinus Lutherus.

---

23. Januar. N⁰. DCCCXLVI.

An Wenc. Link.

Von einem Wunderzeichen, das sich in Magdeburg ereignet hat, und L.'s Schrift wider die Sacramentirer.

Bey Aurifaber II. 326. b. Deutsch bey Walch XXI. 1027.

---

1) Nach Cod. Jen. 2) Cod. Jen. — : quas credo ad te pervenisse. 3) Aurif. cardi benedicti ut. 4) Cod. Jen. — a.

Gratiam et pacem. Nihil novi est quod ad te scribam, mi Wenceslaë: et quid nos vermes in hoc calo mundi latitantes ad vos scriberemus, qui in vertice mundi sedetis, et faciem mundi coram videtis et auditis? A vobis potius hominibus re et auditu divitibus nos miseri et inopes accipere debemus lucem, et quae sunt lucis in hoc mundo. Scribit mihi tamen Nicolaus Ambsdorf, Magdeburgae nocte Circumcisionis sub matutinis in summo templo omnes candelas et lampadas subito extinctas esse, excepta una coram Sacramento. Sunt autem valde multae, praesertim quae sub officio accenduntur, deinde tot anguli capellarum abditi, ut impossibile sit vento (cui non patet istic accessus) extingui. Interpretantur quidam portendi obitum Canonicorum, sic et antea factum ajunt, ut morituro Episcopo Ernesto major candela ceciderit extincta et fracta, aliamque jacens ambusserit. Deus viderit. Signa multa fiunt non irrita futura. Ego in Sacramentarios rursus prodeo: ora pro me, ut felix sit mihi Christus in sua causa. Semina in hortum expecto ad futurum aequinoctium. Vale cum tua et omnibus in Domino. 23. Januarii, MDXXVII.

Martinus Lutherus.

---

29. Januar. N°. DCCCXLVII.

An Conr. Cordatus.

C. soll seinen bisherigen Wohnort verlassen und sich anderswo hin begeben. Vgl. Br. v. 28. Nov. 1526. No. DCCCXXX.

Aus der Börnerischen Sammlung zu Leipzig bey Schütze II. 77.

Ego vero mallem, mi Cordate, ut quam primum illos relinqueres Christi adversarios et ad illum te promoveres, de quo scripsi, maxime cum sic habeant omnia tecum, ut scribis. Verum tamen ne laqueum tibi injiciam, neque necessitatem imponam, liberum esse tibi volo tempus veniendi. Isti fastidium tui habent, illic vero exspectaris. Quicquid tu statueris, hoc ratum esto et tutum apud Dominum. Plura modo non licuit penuria temporis et festinantia bajuli. Tu perge in Christo, et constans esto, in quo bene vale. Ex Witenberga MDXXVII. fer. 3. post Pauli Conversionem.

Mart. Lutherus.

---

1. Februar. N⁰. DCCCXLVIII.

An Eberhard Briesger.

L. entschuldigt sich, eine verlangte Auslage nicht machen zu können.

Aus der Sammlung des Casp. Sagittarius zu Jena bey Schütze II. 78. Vgl. Cod. 185. 4. Bibl. Goth.

G. et P. in Christo. Petis, ut pro te exponam octo florenos, mi Eberharde: sed unde recipiam? Ego, ut scis, gravi oeconomia obruor, deinde mea imprudentia plus paene quam centum florenos ipse passim debeo, hoc anno contractos. Tres scyphi stant pignori pro 50 florenis uno loco. Dominus autem, qui meam imprudentiam sic punit, rursum me liberabit. Accedit, quod Lucas et Christianus amplius me nolunt fidejussorem admittere, experti scilicet, quod hac ratione aut nihil plus accipiant, aut ego exhauriar. Denique quartum scyphum illis reddidi, pro 12 florenis, quos Hermanno illi pingui me a fide traditis exemplaribus commodarunt. Quid autem me unum sic exsugi totum, imo non exsugi, sed in tanta quoque debita conjici? Hoc jam non est de meo, sed de alieno tribuere eleemosynam. Arbitror mihi non posse parcitatem aut avaritiam imputari, qui sic prodigus sum etiam alieni. Hoc igitur faciam: loquar illis, si quo modo queam placare, deinde consilio Reineri utar. Quod si pecunia mihi contingeret, non gravarer interim exponere. Vellem denique, ut ipse veniens semel illis loquereris et rem tuam disponeres, atque adeo domum locares. Quid enim ita stat otiosa? cum hoc anno tibi potuisset aliquam summam meruisse. Vale in Domino. Vigilia Purificat. 1. Febr. MDXXVII.

T. Mart. Lutherus.

1. Februar. N⁰. DCCCXLIX.

An Spalatin.

Von L.'s Schrift wider den König von England: Auf des Königs in England Lästerschrift Titel; Empfehlung eines ausgetretenen Mönchs.

Bey Aurifaber II. 328. b. Deutsch bey Walch XIX. 2214. Wir haben das Original im Cod. chart. 122. fol. Bibl. Goth. verglichen.

Servo Christo D. Georgio Spalatino, Episcopo Altenburgensi, suo charissimo fratri. 1)

Gratiam et pacem. Jactent et sperent, imo etiam vincant Baalitae tui, mi Spalatine, quid tum? Nostra est ista crux et salus, illorum vero perditio. An sine cruce vivendum nobis est? Regi Anglorum (quem Erasmi larvam putant) *) brevi epistola respondeo, maxime ob titulum, quem palinodiam fecerunt. **) Istae blasphemiae, technae, nequitiae Diaboli et suorum sunt cibus et sagina mihi. Hic est enim cibus, de quo gloriatur Christus Joan. IV: *Cibus meus est, ut faciam voluntatem Patris*, id est, moriar et blasphemer. Eodem et nos ali oportet. Incredibile est, quam Satan undique et per omnia furit, diem forte sentit extremum: sed Deo gratia, qui nos confortat, ut contemnamus.

Caeterum hunc adolescentem Martinum aliquot menses fere alui, spe officii aut famulaturae: sed hic omnia plena videns alio migrare constituit. Tu, qui multis notus es, et multos nosti, si alicubi posses ad servitium vel opus promovere: pauper et bonus est, sed mire simplex, e Cella aufugit monachus: commendo igitur 2) eum tibi. Benefeceris Christo, si alicubi promoveris. Vale cum tua catena. Vigilia Purificationis, anno MDXXVII.

Martinus Luther.

1) Bey Aurifaber fehlt diese Zuschrift. 2) Aurif. — igitur.

*) L. hielt Erasmus für den Vf. der königlichen Schrift, die sich bey Walch XIX. 471. befindet. **) L.'s Schrift war vorzüglich gegen den Titel der königlichen Schrift gerichtet, auf welchem er des Widerrufs war beschuldigt worden.

2. Februar. N°. DCCCL.

An Joh. Draco.

L. ermahnt J. Dr. sich nicht durch die Feindseligkeit etlicher böser Menschen in seiner Gemeinde entmuthigen zu lassen.

Bey Aurifaber II. 327. b. Deutsch bey Walch XXI. 1028.

Venerabili in Domino Viro, D. Joanni Draconi, Episcopo Waltershusensi fideli, suo fratri charissimo.

Gratiam et pacem in Christo. Ego vero modis omnibus suadeo, mi Draco, ne vinci te sinas a malo, ut locum eum mutes, sed vincas bono malum, juxta consilium Pauli. Cogita, quaeso, te propter malos non esse istic positum, sed propter paucos bonos, quos si relinqueres propter malos, quantum, quaeso, aculeum mortis in conscientiam tuam figeres? Tu si illic non esses, tamen accurrendum tibi esset propter bonos, nulla malorum ratione habita. Nunquid solus tu vis sine persecutore, sine spinis rosa, sine Satana filius Dei esse? Atque alios malles impios quam istos? Fidendum est, quod hac tentatione Deus proventum faciat, et tandem lucreris, quos postea poeniteret esse desertos. Alet te Dominus, ne dubita: scribo autem Principi pio, *) ac rogo, ut condones, si peccavit in te aliquid: 1) invicem peccatores sumus, invicem confiteri et condonari oportet, sic est haec vita. Ritus et ceremoniae tuae satis placent, tantum age, ne speres omnes bonos et quietos tuos habiturum te, sed gratias potius agas, si tres te ament et cupiant, caeteri oderunt et persequuntur. Quotos, quaeso, Christus in tanto suo populo proprio habuit adhaerentes? vix faeces, reliquias et purgamenta de toto illo Israël electo Dei populo. Vale et pro me ora. 2. Februarii, anno MDXXVII.

Martinus Lutherus.

---

1) Viell. aliquis.

---

*) Vgl. den folgenden Brief.

3. Februar. No. DCCCLI.

An den Kurfürsten Johannes.

Bittschrift für den Pfarrer in Waltershausen. Vgl. d. vor. Br.

Wittenb. IX. 237. Jen. III. 436. Altenb. III. 690. Leipz. XXII. 552. Walch XXI. 165.

Gnade und Friede. Durchleuchtigster, Hochgeborner Fürst, Gnädigster Herr! Es klagt N. N. Pfarrherr zu Waltershausen, wie er sich mit den Leuten treiben müsse, so ihm sollen zinsen, und bitt mich, an E. K. F. G. zu schreiben, daß E. K. F. G. wollten verschaffen, daß ihm nicht noth sey zu treiben. Denn es ärgerlich ist, als sey es der Geiz, so es doch die Noth ist. Ich tröste sie aber alle mit der zukünftigen Visitation. Aber es wird ihnen lange, und sagen auch etliche große Hansen, sie werde nachbleiben.

Wo dem so ist, so ists aus mit Pfarren, Schulen und Evangelio in diesem Land; sie müssen entlaufen. Denn sie haben nichts, geben und sehen, wie die dürren Geister. Doch davon andermals weiter. E. K. F. G. werden sich wohl wissen zu halten. Zu Wittenberg, Sonntags nach Purificationis, Anno 1527.

E. K. F. G.

unterthäniger

Martinus Luther.

4. Februar. No. DCCCLII.

An Joh. Lange.

L. erkundigt sich nach einem Freunde, der in schweren Anfechtungen war; von seinen schriftstellerischen Arbeiten. Bitte um Erfurtische Rettige und Samen davon.

Bey Aurifaber II. 328. Deutsch bey Walch XIX. 2212.

Gratiam et pacem in Domino. Cum esset hic Sebastianus per Erfordiam iturus ad Rhenum, mi Lange, rogavi, ut te adiret visurus, ut haberes, ac admoneret, uti ad me perscriberes, quo in statu essent res C. S., si forte nosses: cogito enim pro homine in sua tentatione, ne Satan ei facessat negotium plus, quam ferre valeat. Nam de te omnia bene cogito.

Justi Menii commentarius formatur typis. Ego Zachariam explano, et Prophetas Germanice vertendos assumsi, dignissimum opus gratitudine, qua me hactenus excepit barbara haec et vere bestialis natio: deinde simul in Schwermerios vehor. Nam ad Regis Angliae (si non est Erasmi) blasphemias duobus quaternionibus absolutis respondeo. Peto quoque, ut memor sis in futura quadragesima ad me mittere (si commode potes) raphanos istos decumanos et maximos Erfordienses: nam illos monstro nostris ostentare volo, glebae vestrae gloriam jactaturus: si praeterea semen eorundem mittere potes, gratum erit. Vale in Domino sancte et feliciter. 4. Februarii, anno MDXXVII.

Martinus Lutherus.

---

5. Februar. N⁰. DCCCLIII.

An Hans Attensassen.

L. tröstet den gefangenen A. mit der Nachricht, daß er an den Landgrafen um seine Befreyung geschrieben.

Aus der Winklerischen Sammlung zu Hamburg bey Schütze II. 372.

Dem Ehrsamen Hans Attensassen, Bürgermeister zu Hersfeld, itzt gefangen zu Spangenberg, meinem guten Freund.

G. u. F. Mein Hans, wie leid ist mirs, daß ihr seit so lang gefangen, und habs nicht gewußt, allererst gestern ist mir euer Schrift zukommen. Ich hab mit Fleiß M. Gn. H. dem Landgrafen geschrieben und eilend, weil eben zufällig Bottschaft fürhanden war. Gott gebe, daß es helfe, wie ich hoffe. Den M. Adam hab ich auch angeruffen, denn euch zu dienen bin ich willens. Gott befollen, denn ich viel zu thun hab. Am Tage S. Agathä 1527.

Martinus Luther.

1. März. N⁰. DCCCLIV.

An den Kurfürsten Johannes.

Fürbitte für einen Eisenachischen Bürger.

Zuerst aus dem Weim. Archiv im Leipz. Supplem. S. 47, dann bey Walch XXI. 166. Wir haben das Original verglichen.

Dem Durchleuchtigsten, Hochgebornen Fursten und Herrn, Herrn Johanns, Herzogen zu Sachsen und Kurfursten und Landgrafen in Thuringen, Markgrafen zu Meissen, meinem gnädigsten Herrn.

G. u. F. in Christo. D. H. F. G. H! E. K. F. G. haben zuvor M. Caspar Schelben *) zu Eisenach Bürger gnädiglich vertrostet, wo er sich mit der Magd, so ihn berüchtiget, vertragen, wollten sie gnädiglich ihm widder zu dem Seinen helfen; weil nu das geschehen und doch etliche des Raths zu Eisenach ihm abgonstig seine Schande gleichwohl suchen zu stärken: ist derhalben meine unterthänige Bitte, E. K. F. G. wollten also fortfahren, und ihn gnädiglich wider solcher Leute Maul und Furnehmen beschutzen und handhaben, wie er sich auf E. K. F. G. verstehet und vertrostet. E. K. F. G. wird sich ohn Zweifel gnädiglich hierinnen wissen zu halten. Zu Wittemberg, Freytags nach St. Peter Stuhlfeyer 1527.

E. K. F. G.

unterthäniger

Mart. Luther.

Im März. **) N⁰. DCCCLV.

An Spalatin.

Kurzes Schreiben, das Eberh. Brisger mitbrachte.

Bey Buddeus p. 58. Vgl. Cod. Jen. a. f. 256. Deutsch bey Walch XXI. 1079.

*) Vgl. Br. v. 3. Jul. 1526. No. DCCCIX. **) Vgl. d. folg. Br.

M. Georgio Spalatino, suo in Domino.

G. et P. Cum Cygneo Pastore plura, modo cogitationibus et scriptionibus intentus in Sacramentarios, ut noluerim nec tu velles perdi ideam talem in animo. Referet autem M. Eberhardus omnia. Vale et ora pro me. MDXXVII.

Martinus Luther.

---

11. März. N⁰. DCCCLVI.

An Spalatin.

L. schreibt durch N. Hausmann von dem Eindrucke, den seine Schrift wider den König von England macht; von dem Buch wider die Sacramentirer, mit dem er umgeht.

Bey Aurifaber II. 330. Vgl. Cod. Jen. a. f. 210. Deutsch bey Walch XVII. 2696.

Suo in Christo fratri, D. Georgio Spalatino, servo Dei Altenburgae sincero et fideli. 1)

Gratiam et pacem. Nuper paucis per M. Eberhardum scripsi, *) occupatus et immersus, quanquam is (credo) omnia melius ore retulerit, quam ego literis possum scribere, quae scire cuperes: idem faciet hic D. Nicolaus Hausmann, vir optimus et pius. Ex Polonia nova si non audisti, ex hoc audies, caetera apud nos adhuc bene se habent gratia Dei. Libellus meus in Regem Angliae mirum est quam multos etiam ex nostris offendat, cum mihi valde necessarius videatur adversus tantam superbiam Satanae, sed Christus judicabit. Praeterea Urbanus Regius minari dicitur in me scripta, si Oecolampadium et Zwinglium tantos viros (ut sentit) offendero: 2) sic mutatus est ab illo. Sic furiunt, etiam antequam videant solo auditu libelli mei: quid erit, ubi viderint? scilicet examina librorum

---

1) Nach Cod. Jen. 2) Aurif. scilicet — non vult offendere.

---

*) Vgl. d. vor. Br.

in me unum extendent illi multi. Sed ego unum Oecolampadium deinceps apprehendam, caeteris contemtis, nec dimissurus (Christo operante), nisi Satanam traduxero. Augusta in sex divisa est sectas, solus ibi Joannes Frosch et Stephanus fortiter et sincere agunt in Christo, qui eos servet. Et tu pro nobis ora, ac vale cum tua costa. Feria 2. post Invocavit, anno MDXXVII.

T. Martinus Luther.

---

17. März. N°. DCCCLVII.

An Hans von Dolzig.

Empfehlung eines Gärtners.

Aus den Papieren des Sagittarius im Leipz. Supplem. S. 47., bey Walch XXI. 166. Aus der Urschrift in der Quartal-Schrift für ältere Litteratur und neuere Lectüre, herausgegeben von Canzler u. Meißner III. 2. S. 29.

Dem Gestrengen und Festen Hans von Dolzig ꝛc. zu Torgau, meinem günstigen Herrn und Freunde.

Gnade und Friede in Christo. Gestrenger, fester, lieber Herr und Freund, ich bitte gar freundlich, ihr wollet euch diesen feinen Mann, Er Heinrich, befohlen seyn lassen, ob er mocht etwa zu einem Dienst und Ampt komen; denn ihr wisset, daß er ein guter Gärtner ist, und hat auch nichts aus dem Kloster noch kriegen, 1) so der andern ein iglicher 2) doch hundert Gülden davon kriegt. Ich hoffe, ihr werdet Freund der beste seyn. Hiemit Gott befohlen, Amen. Domin. Reminiscere 1527.

Martinus Luther.

Mein Kethe schickt euch zwo Pomeranzen. Hätte sie gewußt, sie hätte sie euch längst mit eigem Boten geschickt, denn sie euch gerne gesund hörete; hatt auch keine mehr. 3)

---

1) Leipz. S. nachgekriegt. 2) Quart. Schr. izlicher (?). 3) Diese Nachschrift fehlt im L. S.

21. März. N°. DCCCLVIII.

An Clemens Ursinus.

Rathschläge und Warnungen im Beziehung auf die Amtsführung, und Antworten auf geschehene Anfragen; von L.'s Schrift gegen die Sacramentirer.

Bey Aurifaber II. 330. b. Deutsch bey Walch XXI. 1030.

Ad Clementem Ursinum, Pastorem in Brucka.

Gratiam et pacem in Domino. Quod rogasti me, charissime Clemens, omnino dissuadeo, ut locum deseras, nisi coactus, sicut et Christus toleravit diu Judaeorum tarditatem. Hoc est tum vere pulverem excutere, si expellamur coacti: quis scit, si aliqui sint, qui adhuc credent? Heroëm tuum, ut incognitum, nondum audeo literis meis tentare, metuens, ne rem faciam pejorem, id quod mihi saepe alias accidit. Tu loquere et perge commissa causa Deo, sic tutus eris.

De missae legitimo usu restaurando jam multi sunt editi libelli Germanici a me et aliis, unus vero a me de missae abusu Latinus, sed qui venditus et distractus est, ut non haberem, quem ad te mitterem. Zwingliana et Oecolampadiana sententia late serpit, habetque jam inter sese varias sectas, verum a diversis est contra eam scriptum et Latine et Germanice. Ego quoque jam librum Germanice in eos absolvo. *) Tu si meam recipis exhortationem, fugies eam opinionem, ut pestem, quia blasphema est in Christi verbum et fidem. Sic nos credimus et scimus. Idem sentio de parvulorum baptismo contra Balthasarem Hubmeier. 1) Quod si omnino docendum tibi est, saltem suspende in his articulis sententiam, et interim fidem, charitatem, libertatem spiritus, crucem, et obedientiam Magistratus exerce, et bene instructos redde: alia venient suo tempore. In Apocalypsin nemo adhuc scripsit.

1) Aurif. Huebner. Es ist jener Wiedertäufer, Pfarrer zu Waldshut, gemeint, der einige Jahre später in Wien verbrannt wurde.

*) S. Br. v. 1. Jan. an M. Stiefel No. DCCCXXXVIII., v. 10. Jan. an N. Hausmann No. DCCCXLIV.

Catalogum librorum meorum ipse non habeo, sed nec ipsos libros, ut qui optem, Biblia pura legi pro meis. Sum in opere Biblia corrigendi ad veritatem Ebraicam, ora pro nobis. Polygamia Judaeis et gentibus concessa olim, non potest fideliter apud Christianos probari, ac tuta conscientia tentari, nisi extrema foret necessitas, ut altera conjuge separata per lepram aut simile. Ideo carnalibus dices: si volent esse christiani, debent fidem colere et carnem cogere, non frena laxare: si volent esse gentes, faciant, quod volent suo periculo. Summa, Evangelion sic doce, ut dicas, quae christiano cognoscenda sint omnia, sive firmi sive infirmi sint. Sed a facto temperabis, nec quicquam mutabis, nisi prius roborati fuerint, et te coëgerint, ne tua voluntate, sed mera coactione ordinetur, si quid ordinandum fuerit. Interim sine, ut verbum currat et faciat, quae Dominus voluerit. Salutabis Ambros. Buxium in charitate: Philippus Melanchthon te officiose salutat. Et tu in Domino optime vale, pro me oraturus in charitate, Amen. Witenbergae, feria 5. post Reminiscere, MDXXVII.

T. Martinus Lutherus.

---

29. März. N⁰. DCCCLIX.

An Nic. Hausmann.

H. soll einem seiner Amtsgenossen (P. Lindenauer) Einhalt thun, der sich auf der Kanzel Angriffe gegen den Rath erlaubt.

Altenb. VIII. 970. Leipz. XXII. 553. Walch XXI. 167.

Gnad und Friede in Christo. Würdiger, lieber Herr Pfarrherr! Es ist mir gesagt, auch durch N. angezeiget, wie euer Prediger einer *) sich auf der Kanzel anfahe ungeschickt zu machen, und greife die Person des Raths an unordentlich, welches denn dem Pöbel gefällt; und funkelt also der Geist noch immer mit zu, der eigene Ehre und Anhang sucht. Derhalben ist meine freundliche Bitte, ihr auch samt dem Rath wollet Einsehen hie haben, daß uns

*) Vgl. Br. v. 10. Febr. 1528.

nicht abermals der Schlaf und Hinlässigkeit zu schaffen gebe. Ihr wisset ja wohl von Gottes[1]), daß solch Strafen der Person gehöret nirgend hin, denn unter die Sammlung der Christen. Nu habt ihr ja noch keine Sammlung verordnet, wie wir hoffen, daß sie durch die Visitation soll angerichtet werden. Darzu wenn schon die Sammlung geordnet wäre, so wäre dennoch solch Schelten nicht recht, weil St. Paulus sagt: Seniorem ne increpes, sed obsecra ut patrem; und Christus Matth. 18. zuvor will vermahnet haben insonderheit. Welcher Geist diese Ordnung nicht hält, der hat nichts Guts für. Aber in der öffentlichen theatrali concione, da Christen und Unchristen bey einander stehen und zuhören, wie in der Kirchen geschicht, soll man auch ingemein strafen, und allerley Unglauben und Untugend, auch niemand sonderlich ausmalen. Denn es ist eine gemeine Predigt, soll auch gemein bleiben, und niemand für andern beschämen und roth machen, bis sie abgesondert und in die Sammlung kommen, da man ordentlicher Weise vermahnet, bittet und strafet. Hat er aber ja Lust zu strafen öffentlich, so thue ers denen, die ihn öffentlich am ersten antasten; wie ich den Papisten und Schwärmern thue. Sonst halte er inne, und mache keinen Anhang, noch Verachtung der Personen. Denn solch Strafen bessert niemand, kützelt den Pöbel, und büßet dem Strafer seine Lust. Solches, bitte ich, wollet ihr von meinetwegen, und auch für sie selbst und euch, dem Ehrbarn Rath auch anzeigen, und mit Fleiß drauf sehen. Denn der Satan schläft nicht, sucht immer Unglück anzurichten. Hiermit Gott befohlen, Amen. Freytag nach Oculi, 1527.

---

9. April. N°. DCCCLX.

An Justus Menius.

Betrifft eine Vertheidigungsschrift des J. M., wahrscheinlich die gegen den Franciscaner Conr. Kling, zu welcher L. eine Vorrede schrieb (Walch X. 1778). Sie hatte den Titel: Schutzred und gründliche Erklärung etlicher Hauptartikel christlicher Lehre.

Bey Aurifaber II. 331. b. Deutsch bey Walch XXI. 1032.

D. Justo Menio, servo Christi Erford. fideli, in Christo fratri.

Gratia et pax. Data est opera, ut Apologeticus tuus excudatur, mi Juste, qua ratione autem convenerint typographus et

1) Wahrsch. ausgel. Gnaden.

tuus tabellarius, idem tibi referet. Erfordia tua est Erfordia: tam cito sequitur ira de coelo, ut simulac coeperit gratia lucere, statim concurrat et furor Dei excaecantis et gravantis cor Pharaonis. Tu ora pro me Dominum, et salutabis D. Langum et omnes nostros in Christo. Feria 3. post Judica, MDXXVII.

Martinus Lutherus.

---

22. April. N°. DCCCLXI.

An Friedrich, Abt zu Nürnberg.

Dank für eine überschickte Uhr.

Bey Aurifaber II. 332. b. Deutsch bey Walch XXI. 1035.

Venerabili in Christo Viro, D. Friderico, Abbati Aegidianae Familiae apud Norimbergenses, suo in Domino Majori.

Gratiam et pacem. Ignotus ignoto, Vir optime, scribo, id facit meus ac jam plusquam tuus Wenceslaus Lincus, qui tuo nomine mihi aeneum horologium a te donatum misit, donum gratissimum, ita ut cogar fieri mathematicis nostris discipulus, donec intelligam omnes istas formas et regulas unius horologii: nam antea non vidi nec observavi tale, rudis scilicet harum rerum mathematices. Utinam possem animo tuo respondere, quem intelligo hoc dono significari intime, nihil esset quod magis vellem praestare. Hoc pro jucunda familiaritate velim candide (ut spero) accipias, ac bene valeas, oraturus pro me. Feria 2. Paschae, anno MDXXVII.

Martinus Lutherus.

---

28. April. N°. DCCCLXII.

An den Kurfürsten Johannes.

Fürbitte für einen Bürger von Mühlhausen.

Zuerst aus dem Weim. Archiv im Leipz. Supplem. S. 47., dann bey Walch XXI. 168. Wir haben das Original verglichen.

Dem Durchl. Hochgeb. Fursten und Herrn, Herrn Johanns, Herzog zu Sachsen und Kurfurst ꝛc., Landgrafen in Thuringen, Markgrafen zu Meissen, meinem gnädigsten Herrn.

Gnad und Friede in Christo. Durchleuchtigster, Hochgeborner Furst, Gnädigster Herr! Ich kom abermals fur den armen Mann Michael Koch, Bürger zu Molhusen, und bitte unterthäniglich, daß E. K. F. G. wollte ihm gnädiglich zu dem Seinen widder helfen und komen lassen, denn er nu lange gnug im Elende umbgetrieben, und wie er bericht, ist er durch den Bürgermeister unschuldig dazu komen; nu aber viel sind eingelassen und widder einkomen, die auch schuldig sind gewest im Aufruhr: bittet er umb Gotts willen auch einzukomen, und erbeut sich auf das Hohest und Beste er imer kann. E. K. F. G. wollte sein Elend ansehen, und, wo es taug, meiner Furbitte genießen lassen; denn mich des armen Mannes fast erbarmet. Hiemit Gott befohlen, Amen. Sonntags Quasimodogeniti 1527.

E. K. F. G.

unterthäniger

Mart. Luther.

---

29. April. N⁰. DCCCLXIII.

An Spalatin.

Von einem satirischen Buche auf das Papstthum.

Bey Buddeus p 53. Deutsch bey Walch XXI. 1038.

Suo in Domino Georgio Spalatino, charissimo fratri.

Gratiam et pacem. Redit M. Eberhardus, a me acceptus pro mea tenuitate: is referet, quae vidit et audivit. E Nurmberga missus et editus est libellus imaginibus prophetalibus, quas Hieroglyphia vocari credo, cursum et fata papatus mira proprietate praemonstrans, quem hic recudemus, alioqui misissem, licet exemplar sit nobis unicum, deinde alienum. *)

*) Vgl. Brief v. 19. May. No. DCCCLXXIV. Es ist die Schrift gemeint: Ein wunderliche Weissagung von dem Papstthumb, wie es ihm bis an das End der Welt gehen soll, in Figuren oder Gemäl begriffen, gefunden zu Nürmberg, im Karthäuser-Kloster, und ist sehr alt. Ein Vorred Andreas Osianders. Mit gutter, verständlicher Auslegung, durch gelehrte Leut erklärt, welche Hans Sachs

Ora pro me Christum, in quo et vale. Feria 2. post Quasimodogeniti, MDXXVII.

Mart. Luther.

---

2. May. N⁰. DCCCLXIV.

An Else von Kanitz.

Einladung nach Wittenberg zu kommen, um Mädchen zu unterrichten, nebst Trost wegen Anfechtungen.

Aus Cod. Closs.

Der Ehrbarn und Tugendsamen Jungfrauen Elsen von Kanitz, itz zu der Eiche, meiner lieben in Christo Freundin.

G. u. F. in Christo Jesu. Ehrbare, Tugendsame Jungfrau Else, ich habe euer lieben Mühmen Hanna von Plausig geboten schriftlich, daß sie euch wollte zu mir schicken eine Zeit lang; denn ich gedacht eur zu brauchen, junge Maigdelein zu lehren und durch euch solch Werk andern zum Exempel anzufahen. Bey mir sollt ihr seyn zu Hause und zu Tische, daß ihr keine Fahr noch Sorge haben sollt, so bitte ich nu, daß ihr mir solchs nicht wollet abschlahen. Ich höre auch, daß euch der böse Feind mit schweren Gedanken anficht. O liebe Jungfrau, laßt euch solchs ihn nicht erschrecken; denn wer hier den Teufel leidet, der darf eben dort nicht leiden, es ist ein gut Zeichen. Christus hat auch solchs alles gelitten und viel heiligen Propheten und Apostel, wie der Psalter wohl anzeigt. Drumb seyd getrost und leidet solche Ruthe vom Vater gerne, er wird euch auch wohl davon helfen in seiner Zeit. Wenn ihr kommet, so will ich euch weiter davon sagen. Hiemit Gott befohlen, Amen. Zu Wittemberg, Dornstags nach Agap. 1527.

---

in teutsche Reimen gefaßt und dazu gesetzt hat. Im DCXXVII. Jahr. 4. 5 Bog. Auf dem letzten Blatt steht L. cum salce, wie es No. DCCCLXXIV. heißt. Der Verkauf dieser Schrift wurde vom Magistrat verboten, und Osiander, Sachs und der Drucker (Hans Güldemund) erhielten einen Verweis. S. hist. diplom. Magazin I. 344. f.

4. May. No. DCCCLXV.

An Spalatin.

Litterarische Neuigkeiten, besonders von einem Briefe und Schriften Zwingli's.

Bey Buddeus p. 54. Deutsch bey Walch XXI. 1038.

Suo in Domino charissimo fratri, D. Georgio Spalatino, Episcopo Altenburgensi.

Gratiam et pacem. Has literas e Prussia accepi ad te mittendas, praeterea nihil novi hic est. Zwinglius mihi epistolam *) scripsit, superbiae, calumniae, pertinaciae, odii, ac paene malitiae totius plenam, sub optimis tamen verbis. Ita furit iste Spiritus. Adjecit tres libellos. Praeterea assunt commentarii Oecolampadii in tres minores Prophetas ultimos, Buceri in Johannem et Matthaeum, Brentii in Johannem contra illum, et Prophetae omnes Germaniae donati.**) Sed omnia praeveniunt, nihil sumus nos. Quid putas facient, viso meo libello? ***) Sic prodibit tandem spiritus ille. Tu ora oro me Christum et vale in Domino. MDXXVII, Sabbatho post Quasimodogeniti.

Martinus Luther.

Im May. No. DCCCLXVI.

An Wenc. Link.

Ueber Zwingli's Streitschriften, und L.'s Uebersetzung der Propheten.

Bey Aurifaber II. 332. Deutsch bey Walch XXI. 1034.

Gratiam et pacem. Hoc solum habeo novi, quod scribam, mi Wenceslaë, quod Zwingel una cum libello suo †) vanis-

*) Bekannt gemacht von Veesenmeyer Litterargesch. d. Briefsammlungen Luthers S. 194. **) Uebersetzt von Hätzer u. Denk. S. Panzer Beschr. der ältesten Ausg. der Bibel S. 111. f. ***) Daß diese Worte Christi: „das ist mein Leib" noch feste stehen. †) Wahrscheinlich: Amica exegesis i. e. expositio eucharistiae negotii ad Martinum Lutherum. Zürich 1527. 4.

simo epistolam quoque ad me misit, manu sua scriptam, dignam scilicet illo superbissimo spiritu. Ita modestissime fuerit, saevit, minatur ac fremit, ut mihi videatur irrecuperabilis etiam manifesta veritate convictus. Libellus meus verbosus multis sane profuit. Prophetas vernacula donatos Wormatiae*) non contemno, nisi quod Germanismus obscurior est, forte natura illius regionis. Fecerunt diligentiam, quis autem omnia attingat? Ego tamen jam accingor, et ipsos vernacula extrudere, lecturus simul Jesaiam, ne otiosus sim. Tu pro me ora Dominum et pro Ecclesia ejus. Christus faciat me audire natam tibi et salvam prolem, Amen. Mea Ketha rursus nauseat ac vomit spe secundi foetus. Spenglerum saluta et gratias age, nam omnia quae misisti semina oriuntur, tantum melones et cucurbitae differunt, quanquam in aliis hortis etiam prodeant. Vale. MDXXVII.

Martinus Lutherus.

Im May. N⁰. DCCCLXVII.

An Mich. Stiefel.

Ueber L.'s Schrift gegen die Sacramentirer und Zwingli's Exegesis und Brief (vgl. d. vor. Briefe). Wo war aber damals St.? S. Anmerk. zu No. DCCCXL.

Bey Aurifaber II. 345. Deutsch bey Walch XXI. 1049.

Gratia et pax. Misi ad te nudius tertius, mi Michaël, literas una cum libello Antischwermerio, quem spero et accepisse te et ipsum placuisse. Nam multi sunt eo libello Dei gratia confirmati in sana fide: rursus expecto illorum furiosam responsionem, quibus occurram, quando Christus dederit ac voluerit, virtute et sapientia. Nam Zwinglius ad me scripsit Exegesin quandam adjecta epistola manus suae plena superbia et temeritate. Nihil est scelerum aut crudelitatis, cujus non me reum agat, adeo ut nec Papistae me sic lacerent hostes mei,

---

*) Vgl. den vor. Br.

ut illi amici nostri, qui sine nobis et ante nos nihil erant, ne hiscere quidem audebant, nunc nostra victoria inflati in nos vertunt impetum. Hoc est gratias agere, sic est mereri apud homines: summa, nunc demum intelligo, quid sit, mundum esse in maligno positum, et Satanam esse Principem mundi. Hactenus putabam haec tantum esse verba, sed nunc video rem esse, et Diabolum vere in mundo regnare. Anno MDXXVII.

Martinus Lutherus.

Im May. N°. DCCCLXVIII.

An Joh. Agricola.

Empfehlung eines gewissen Stephanus; eine Einladung für A. kränkliches Weib.

Bey Aurifaber II. 333. b. Deutsch bey Walch XXI. 1037.

Gratia et pax. Si quid potes, mi Agricola, in causa quam tibi exponet Stephanus iste (potes autem maxime), adjuva. Nam etsi simus hactenus varie decepti, tamen hac persona videor mihi non decipi nos aut nostra studia, si qua in illam conferamus. Misera est et eget officiis charitatis, in quam rem propensos habes tuos Comites.

Elsae tuae nobis videtur consultum, si mutandi aëris, cui assuevit, causa, huc concederet aliquot dies. Tu in hac re consules simul, nam uxorculae tibi gratissimae et mulierculae simplici et probae nos libenter faciemus, quicquid illi potest ullo modo prodesse. Vale. Ketha mea vomit et nauseat aegrotatque rursus, sed bona (ut spero) aegritudine, nempe capitis et vertiginis (nescio cujus), quae te Elsamque tuam valde salutat. Joannellus meus laetus et robustus est, atque homo vorax ac bibax, Deo gratia. MDXXVII.

Martinus Luther.

Im May. No. DCCCLXIX.

An Spalatin.

Von Luthers Schrift wider die Sacramentirer und der Aufhebung des Stifts in Altenburg.

Bey Aurifaber II. 331. b. Vgl. Cod Jen. a. f. 211. Deutsch bey Walch XXI. 1033.

Suo in Domino charissimo fratri, D. Georgio Spalatino, servo Christi Altenburgae fideli. 1)

Gratia et pax. Jucundum et gratum est, tibi placuisse libellum meum in Sacramentarios, *) mi Spalatine, sed miror qui fit, 2) ut tam tarde ad vos vehantur exemplaria, cum Paulum Knothum arbitrer procuratorem tuum esse, alioqui ipse misissem. Non dubito, quin vehementer commoverim Sacramentarios: videor enim et mihi, quamvis verbosus et modicae eruditionis liber sit, me eos tetigisse. Bucerus autem et antea virulentissimas in me scripsit literas ad nostrum Jonam: 3) prorsus Satan est Lutherus apud illos, quid putas facient libello isto stimulati? Sed Christus vivit et regnat, Amen.

Bethaven tuam arbitror usque ad Visitationem sinendam esse suo furori: nam et nuptiis Principis **) quoque impediretur, si quid interim scriberem et peterem: finito vero tumultu nuptiarum, ipse cogor instare omnibus modis pro Visitandis Parochis. Pro Simone Balneatore ***) diligenter scripsi, sicut rogasti. Tu vale et saluta nostros, ac pro me ora. Witenbergae, anno MDXXVII.

Martinus Luther.

---

1) Nach Cod. Jen. 2) Cod. Jen. fiat. 3) Cod. Jen. Jonam nostrum.

---

*) Daß diese Worte Christi: „das ist mein Leib" noch feste stehen ꝛc. **) Der Kurprinz Joh. Friedrich hielt am 2. Jun. sein Beylager mit Sibylle Prinzessin von Cleve. ***) Vgl. Br. v. 13. Jan. No. DCCCXLV.

5. May. N⁰. DCCCLXX.

An Andreas Kaugisdorf.

Betrifft die Streitigkeit mit einem Amtsgenossen.

Aus dem Cod. Jen. B. 24. n.

Venerabili in Christo fratri, Andreae Kaugisdorfio, Ecclesiasti et Pastori in Eilenburgo, fideli et sincero.

G. et p. in Christo. Qui tibi has reddit litteras, mi Andrea, queritur [1]) se expelli a te ab officio docendi. Itaque rogat, ut pro se intercedam. Ego vero qui unius partis vocem, praesertim a longe, nullam vocem reputo, et tuam simul perspectam habeo charitatem, ignoro, quid sit inter vos dissidii. Quamobrem si quid est quod mea intercessio pro ipso apud te debet efficere, velis facere quod Christus te docuerit, et ego de te confido. Gratia tecum, Amen. Dominica post Crucis, MDXXVII.

T. M. L.

---

6. May. N⁰. DCCCLXXI.

An Joh. Brismann.

Vom Druck eines von B. geschickten Commentars über die Apokalypse, zu welcher L. eine Vorrede schrieb (Walch XIV. 201.), und Luthers neuesten Schriften.

Das Original in der Wallenrodtschen Bibl. in Königsberg in Preußen. Zuerst bey Vogler l. c. Dann Act. Boruss. I. 801. Strobel-Ranner p. 118.

Venerabili Viro, Johanni Brismanno, servo Christi in Prussia, suo fratri.

G. et P. Vix tibi ipsi credo, quantum spectatae fidei apud me habearis, mi Brismanne, adeo miror, quod scribis, in

1) Cod. querit.

sesquianno non accepisse te a me litteras. Longe aliter, me nisi fallat, memoria mea mihi dicit: sed forte intercipiuntur litterae. Apocalypsis a te missa sub typis jam mittitur: nam is qui attulit, nunc demum solicitavit.

Spiritus Sacramentarius immodice saevit, cui Christus occurrit infirma sua, ut solet, fortitudine. Ego illos in me provocavi proximo libello, *) nam me nominatim fere omnes petunt et provocant. Tu ora pro me, ut Christus nobis confusis solus glorificetur. Indignari Proceres libello meo de militibus, recte accipio. Nam et hic nobiscum etiam egregios ex nobis offendit. Verum carnem habemus, sensum nostrum tangi male nos habet. Vale in Christo, et saluta omnes nostros. Pomeranus graviter aegrotat, ac te salutat, optans ut pro se ores. Sexta Maji, MDXXVII.

Martinus Luther D.

---

6. May. N°. DCCCLXXII.

An den Kurfürsten Johannes.

L. bittet, daß das Barfüßer-Kloster in Wittenberg zu einer Armen-Herberge eingerichtet werde.

Wittenb. IX. 237. Jen. III. 437. Altenb. III. 761. Leipz. XXII. 552. Walch XXI. 170.

Meinem gnädigsten Herrn, Herzog Johannes, Kurfürsten zu Sachsen ꝛc. Zu Sr. K. F. G. selbs Handen.

Gnad und Friede in Christo Jesu. Durchleuchtigster, Hochgeborner Fürst, Gnädigster Herr! Es haben E. K. F. G. neulich dem Rath zu Wittemberg das Barfüßerkloster daselbs eingethan fur die Kranken; demnach haben wir, der Pfarrherr und ich, sampt dem Rath, dasselbige besichtiget, und befunden, daß Greger Bürger das beste und nützlichste Stück, als Born, Röhrkasten, Badstuben, Brauhaus, und andere gebräuchliche Gemach und Raum, ohn welche das

*) Daß diese Worte Christi: das ist mein Leib ꝛc.

ander Theil des Klosters wenig nütz seyn kann, von E. K. F. G erlanget. Als wir aber mit ihm drumb geredt, hat er sich williglich erboten, den armen Leuten zu gut, abzutreten, der Hofnung, E. K. F. G. ihn wohl mit eim andern begnaden würden.

Weil denn solch Kloster, als ein alt fürstlich Begräbniß, nirgend zu billiger gebraucht wird, nachdem beyder Jüden und Heiden Begräbniß in großen Ehren gehalten, denn daß mans zu Gottes Dienst und armen Leuten, an welchen man Christus selbs dienet, verordne: ist derhalben, neben dem Rath, mein unterthänige Bitte, E. K. F. G. wollten solch Kloster sampt Greger Burgers Raum und Gebäu unserm Herrn Jesu Christo zu einer Herberg und Wohnung fur seine arme Glieder verordnen und geben; denn er spricht: Was ihr meinen Geringsten thut, das thut ihr mir (Matth. 25, 40.): daneben dem Rath auch ernstlich befehlen, daß sie es bräuchlich und ohn Abbruch zurichten, auf daß nicht mit der Zeit Greifenklauen dran fallen, und herab zwacken möchten. Hiemit Gott befohlen, Amen. Montag nach Crucis, Anno 1527.

E. K. F. G.

unterthäniger Diener

D. Martinus Luther.

---

18. May. N°. DCCCLXXIII.

An Nic. Amsdorf.

Von einer deutschen Uebersetzung von L.'s Commentar über das 5. B. Mose. Warnung vor dem Wiedertäufer Melchior Hofmann.

Aus der Sammlung eines Predigers Lysmann in Altenmedingen bey Schütze II. 79.

G. et P. Deuteronomium meum Latine edidi, sed translatum ne vidi quidem, tantum abest, ut ipse transtulerim. Rursum cupio scire, qua causa id a me petieris scire. Melchiorem illum prophetam Livoniensem, *) si venerit, ne suscipias

*) Vgl. Br. v. 14. März 1528. Krohn Gesch. der fanat. Wiedertäufer. Leipz. 1758. Bayle dictionnaire hist. et crit. Art. Hofmann. Er war aus Schwaben, der Beyname Livoniensis gründet sich darauf, daß er in Liefland gepredigt hatte.

amice, neque familiariter. Passus sum serias litteras ob meum testimonium, quod illi stultus et deceptus dedi. Nam hoc fretus coepit illic ipsos praedicatores contemnere et superbire. Prorsus mihi displicet homo et spiritus ejus, qui injussus et non vocatus insanit ambulans in mirabilibus supra se. Si venerit, jube eum suae vocationi h. e. pellificio vacare et a prophetando vacare cessareque, donec in ecclesiam admissus fuerit, auditus et judicatus. Vale et semel aliquando tandem nos visita, ostensurus tuam gratissimam faciem et mutuam praesentiam. Fer. 6. post Servatii, MDXXVII.

T. Mart. Lutherus.

---

19. May. N°. DCCCLXXIV.

An Wenc. Link.

Dank für empfangene Drechsel- und andere Instrumente; von einem satirischen Buche; Empfehlung Veit Dietrichs.

Bey Aurifaber II. 333. b. Deutsch bey Walch XXI. 1039.

Gratiam et pacem in Domino. Et instrumenta tornandi accepimus simul et quadrantem cum cylindro et ligneolo horologio, gratias agentes. Unum autem omisisti, quod non significaris, quantum restaret pecuniae mittendum, duos enim scilicet missos putamus non esse satis. Alioqui instrumentorum satis est hac vice, nisi habeas aliqua novi generis, quae per sese tornare possint, stertente Wolfgango *) aut negligente. Nam horologii sum ego magister paene perfectus, praesertim cum sint horae signandae ebriis meis Saxonibus, qui potius cantharos quam horas spectant, nec valde cruciantur errore sive solis, sive horologii aut magistri ejus. Nihil novi apud nos nisi libellus vester imaginarius de Papatu, **) in quo imaginem meam cum falce valde probe, ut qui mordax et acerbus tot annis ante praedictus sum futurus, sed rosam pro meo signo interpretari dubito, magis ad officium etiam pertinere putarim:

---

*) L.'s Diener. **) Vgl. Br. v. 29. April. No. DCCCLXIII.

caetera nunc placent, si vera sunt quae vulgastis. Vale in Domino, 19. Maji, MDXXVII.

Martinus Lutherus.

Vitum Theodorum tibi Philippus commendabit, sicut et ego facio, si forte ejus sit aliquis usus.

---

20. May. N⁰. DCCCLXXV.

An Leonhard Kaiser.

L. K. war vom Bischof in Passau wegen seiner Theilnahme an der Reformation gefangen gesetzt worden und wurde späterhin zu Scherding verbrannt. L. schrieb diesen Trostbrief an ihn.

Das von uns verglichene Original befindet sich auf der Stadt-Bibliothek zu Frankfurt a. M. Hieraus hat Tenzel in seiner curiosen Bibliothek I. 451. den Brief geliefert. Deutsch erschien er in der Schrift: Historie odder das wahrhaftig Geschicht des Leidens und Sterbens Lienhart Kaisers sel. zu Scherding verbrannt. 1527. (Rotermund S. 45.) Abgedruckt Wittenb. VI. 398. Jen. III. 442. Altenb. III. 780. Leipz. XIX. 577. Walch XXI. 173.

Venerabili in Christo fratri, D. Leonhardo Keyser, vincto Christi et servo ejus fideli et charo, suo in Domino.

Gratiam, fortitudinem et pacem in Christo. Captus est homo tuus vetus, mi Leonharde, sic volente et vocante Christo, salvatore tuo, qui etiam novum suum hominem pro te tuisque peccatis dedit in manus improborum, ut sanguine suo te redimeret in fratrem et cohaeredem vitae aeternae. Dolemus quidem pro te agimusque et oramus, ut libereris, non tibi, sed aliis victurus in gloria Dei, si ipse voluerit. Sin autem voluntas est in coelo, ut non libereris, tu liberrimus tamen in spiritu vide, ut fortiter et constanter infirmitatem carnis vincas, aut toleres saltem per virtutem Christi, qui tecum est in carcere, erit etiam in tribulatione quacunque, sicut promittit fideliter et suaviter, dicens: *Cum ipso sum in tribulatione.* Opus igitur est, ut orationibus ad ipsum clames cum fiducia, tum Psalmis consulationis tete erigas et sustentes, inter furores istos Satanae, ut possis in Domino roborari, ne quid humile aut molle istis dentibus Behemoth loquaris, quasi victus superbiam Satanae metuas. Sed invocato Christo ubique praesente et potente, insulta et ride ferociam et arrogantiam ejus, certus, quod nihil nocere poterit, atque eo minus, quo magis saevierit, sicut Paulus dicit: *Si Deus pro nobis, quis contra nos?* Omnia sub pedibus ejus posita: ipse potest his, qui tentantur, auxilio esse, tentatus et ipse per omnia. Ita, mi charissime frater, confortare in Domino, et esto robustus in potentia virtutis ejus, ut sive libereris, sive minus, paternam Dei voluntatem in te agnoscas, toleres, ames ac laudes bono corde. Quod ut praestare queas, in laudem Evangelii ejus, efficiat pater Domini nostri Jesu Christi, pater misericordiarum, et Deus totius consolationis, secundum divitias gloriae gratiae suae, Amen. In quo bene vale, oraturus simul et pro nobis. Wittebergae feria secunda post Cantate, MDXXVII.

Martinus Lutherus.

---

20. May. N⁰. DCCCLXXVI.

An Spalatin.

Empfehlung eines betrogenen Ehemanns zur Entschuldigung bey seinen Verwandten. Von Zwingli's Brief.

Bey Buddeus p. 55. Vgl. Cod. Jen. a. f. 257. Deutsch bey Walch XXI. 1041.

Suo charissimo Georgio Spalatino, servo Christi Altenburgi, Viro in Domino venerabili.

G. et P. Hunc Georgium molendini hujus operarium tibi commendo, mi Spalatine, ut hac mea manu illi apud cognatos suos bonum testimonium cedas. Offendit enim eos, quod hic duxit legitimo quidem ritu monialem illam (si tamen monialis fuit) Dorotheam, quae postea ut meretrix deseruit et fugit hinc clanculo, sublatis mariti omnibus et rebus et pecuniis, matre ejusdem meretricis hic conscia et socia nequitiae et fugae, quae hic aliquandiu morata omnibus nobis fucum fecit, specie pietatis magnifica, et filiam commendabilem, denique his nuptiis dignam reddidit. Desinant igitur cognati ejus offendi: absque sua culpa patitur et ipse hoc dedecoris et damni, atque nos hoc eximium monstrum scandali. Deus reddet lenae et meretrici quod merentur, quae Evangelii favore sic abutuntur in fuas fraudes et malitias, in omnium nostrum ignominiam. Haec vera sunt, ideo rogo, ut illi assis, et ejus relationi credas, ac apud suos prosis. Literae Zwingli *) non erant ad manum, vagantur alicubi inter amicos, nescio quos: habebis autem eas. Vale in Domino. 20. Maji, MDXXVII.

Martinus Luther.

---

20. May. N°. DCCCLXXVII.

An den Abt Friedrich zu Nürnberg.

L. bezeugt dem Abte seine Freundschaft.

Bey Aurifaber II. 334. Deutsch bey Walch XXI. 1040.

Domino Friderico, Aegidianae familiae Oeconomo Nurnbergae.

Gratiam et pacem. Ego vero quam libentissime communi et mutua familiaritate tibi conjungar, Vir in Christo venerabiliter suscipiende: quin hoc, quod tu petis fieri, hoc mihi apud te fuit summis votis ambiendum, ut qui maxime vexatus tum a peccatis, tum ab ipso Satana, opus habeam multis amicis apud Deum, qui me precibus juvent in tanto negotio mersum. Vehementer autem gaudeo, tibi donatum esse, ut Evangelii veritas placeat in hoc corrupto et nequam saeculo, ubi rari sunt qui sincere teneant. Christus qui coepit in te bonum opus, perficiat etiam, in quo bene vale. 20. Maji, MDXXVII.

Martinus Luther.

---

*) Vgl. Br. v. 4. May No. DCCCLXV. u. folg.

31. May. N°. DCCCLXXVIII.

An Spalatin.

L. übersendet Zwingli's Brief, und berichtet unter andern die Ermordung des Hallischen Predigers Georg Winklers. Vgl. das Sendschr. an die Hallischen Christen No DCCCXCVI.

Bey Buddeus p. 55. Vgl. Cod. Jen. a. f. 212. Deutsch bey Walch XXI. 1042.

Charissimo in Christo fratri, Georgio Spalatino, servo Christi Altenburgae.

G. et p. Johannem Pachman excepi ut potui, mi Spalatine. Is redit et tibi affert Zwingli literas ad me datas, ut videas ferocem illum Helvetium, qui rem Christi putat agi Helvetica ferocia. Nihil praeterea novi, quam quod M. Thomas Spiess redimendus et dimittendus esse dicitur. Moguntinus Papa concionatorem Hallensem ad se vocatum arguitur perdidisse: Deus novit. Certe miserabiliter occisus est concionator, vir optimus. Cain denuo vult Abelum dolo perdere, non intelligens sese hac ratione perdi. Ora pro me et vale in Domino. MDXXVII. ultima Maji.

Martinus Luther.

---

10. Junius. N°. DCCCLXXIX.

An Elisabeth, Agricola's Eheweib.

L. tröstet sie, wahrscheinlich in einer Krankheit.

Eisl. I. 415. Altenb. III. 756. Leipz. XXII. 498. Walch X. 2121. Wir liefern den Text nach der Eisl. Samml., womit wir Cod. Jen. B. 24. a. f. 162. verglichen.

Der ehrhaftigen und tugendsamen Frau Elisabeth Agricolä, Schulmeisterin zu Eisleben, meiner lieben Freundin.

Gnad und Fried, mein liebe Elsa! Ich hatte am nähesten Willen dir zu schreiben, aber Er Matthes war weg, ehe ichs mich versahe: so acht ich, dein Herr Magister sey auch wieder heimkomen, daß, ob Gott will, besser mit dir seyn wird. Du mußt aber nicht so kleinmuthig und zage seyn, sondern denken, daß Christus nahe ist, und hilft dir dein Ubel tragen. Denn er hat dich nicht so verlassen, als dir dein Fleisch und Blut eingibt. Allein ruff du nur mit Ernst von Herzen, so bist du gewiß, daß er dich erhöret, weil du weißt, daß es seine Art ist, helfen, stärken und trösten alle die, so sein begehren.

So sey nu getrost, und denke, daß er selbs mehr und gar viel [1]) gelitten hab für dich, denn du imer leiden kannst, umb seinen und deinen willen: so wollen wir auch bitten, und bitten ernstlich, daß Gott dich in [2]) seinem Sohn Christus wollt annehmen, und in solcher Schwachheit Leibs und Seelen stärken. Hiemit Gott befohlen, Amen. Grüße deinen Magister und alle die [3]) Deinen von aller unser wegen. Gegeben [4]) am Pfingstmontag, Anno 1527.

Mart. Luther.

---

16. Junius. N°. DCCCLXXX.

An den Kurfürsten Johannes.

Fürbitte für einen Verwandten.

Aus dem Weim. Archiv im Leipz. Suppl. S. 48. Walch XXI. 169.
Wir haben das Original nachgesehen.

Dem Durchleuchtigsten, Hochgebornen Fursten und Herrn, Herrn Johanns, Herzogen zu Sachsen und Kurfursten ꝛc. Landgrafen in Thuringen und Markgrafen in Meissen, meinem gnädigsten Herrn.

Gnad und Friede in Christo. Durchleuchtigster, Hochgeborner Furst, Gnädiger Herr! Es ist hie meines lieben Vaters Bruder und mein Vetter, Heinz Luther von More, aus sonderlicher Zuversicht zu mir komen, umb eine Fürbitt an E. K. F. G. eines Hofes halben, bey Eisenach gelegen, wie E. K. F. G. aus dieser seiner Supplication seine Bitte und Begehr vernehmen mugen. Wiewohl

---

1) Cod. J. auch, und noch mehr. 2) Cod. J. † und durch. 3) Cod. J. — die. 4) Cod. J. — gegeben.

ich nu mit solchen Sachen E. K. F. G. gar ungern bemuhe, besorge auch, ich bitte zu viel und oft; aber doch angesehen, daß ich meinen Freunden zuvor, so mir auch etwa gedienet, schuldig bin zu dienen, und der gute Mann so fernen Weg zu mir gangen, kann ich seine Zuversicht nicht so lassen feylen: bitt derhalben unterthäniglich, wo seine Bitte ziemlich, und E. K. F. G. zu thun ist, wolle ihm ein gnädigs guts Antwort lassen widderfahren. Ich kann den Mann nicht verdenken, er sucht sich und seine Kindlein mit seiner Arbeit gottlich zu nähren, und begehrt nichts umbsonst, sondern will thun, was sich gebuhrt, von demselbigen Hof und noch mehr, so es E. K. F. G. gefället. Hiemit Gott befohlen, Amen. Sonntags nach Pfingsten, 1527.

E. K. F. G.

unterthäniger

Martinus Luther.

---

16. Junius. N°. DCCCLXXXI.

An den Kurfürsten Johannes.

Fürbitte für einen Verwandten.

Aus dem Weim. Archiv im Leipz. Suppl. S. 48. bey Walch XXI. 169. Wir haben das Original nachgesehen.

Dem Durchl. Hochgeb. Fursten und Herrn, Herrn Johanns, Herzogen zu Sachsen, Kurfurst 2c., Landgrafen in Thuringen und Markgrafen zu Meissen, meinem gnädigsten Herrn.

Gnad und Friede in Christo. Durchleuchtigster, Hochgeborner Furst, Gnädigster Herr! Noch eine Furbitt bringe ich hie meines Schwagers halben, Werner Bergk zu Salzungen, welchem seine Zinse gehemmet werden im Henneberger Lande, umb etlicher gekaufter Glockenspeise willen, und will ihm nichts helfen sein Erbieten zu Recht und Gute. Bitt ich derhalben demuthiglich, E. K. F. G. wollte das Exempel nicht leiden, daß frembde Herrschaft in E. K. F. G. Oberkeit greift, und E. K. F. G. Unterthanen zu straffen unterwinden ohn E. K. F. G. Wissen und Willen; denn da ist Geduld inne zu haben, weil es E. K. F. G. Amt und Pflicht betrifft, die Unterthanen zu schutzen. Seine Klage aber und Bitt wird E. K. F. G. aus seiner Supplication wohl vernehmen, und sich gnädiglich gegen ihn wissen zu erzeigen. Hiemit Gott befohlen, Amen. 1527. am Sonntag nach Pfingsten.

E. K. F. G.

unterthäniger

Martinus Luther.

---

18. Junius. N°. DCCCLXXXII.

An Friedr. Myconius.

Betrifft die Absetzung eines Predigers.

Bey Aurifaber II. 334. b. Deutsch bey Walch XXI. 1043.

Gratiam et pacem. Conquestus mihi est hic Paulus Salfeld, literarum portitor, mi Friderice, quasi agatur cum eo, ut a parochia Goldbach deponatur, velut parum idoneus et nescio, quae alia. Ego vero qui tuam fidem et integritatem perspectam mihi habere videor, difficile credere potui, te quidquam indigne adversus ullum etiam hostem tentare: tamen ne frustra questus esse videretur, consului, ut ad visitationis usque tempus rem differret, quod idem te facturum esse (si quid tentasses) et facile credo, et illi sine dubitatione pollicebar. Tu igitur facito, quaeso, ut superes hominis sive justitiam sive injustitiam tua bonitate et suavitate, sicut mihi persuadeo de te certissime. Vale in Domino, charissime. Feria 3. post Trinitatis, MDXXVII.

Martinus Lutherus.

5. Julius. No. DCCCLXXXIII.

An Wenc. Link.

Glückwunsch wegen der Geburt einer Tochter, Versprechen von Büchern an einen Freund.

Bey Aurifaber II. 342. Deutsch bey Walch XXI. 1044.

Gratiam et pacem. Gratulor tibi filiam Margaretham dono Dei datam, id quod magno desiderio expectavi, ut et tu experieris στοργὴν τὴν φυσικὴν πρὸς τὰ τέκνα. Vide, quam subito sim factus Barbarograecus. Caeterum tornandi vasa accepimus cum quadrante et horologio, et operam dabo, ut ideam scyphi mei habeas: tam subito fieri non potuit. Nicolao Eudrisso salutem multam dicito, simul ut audax sit petere a nobis exemplaria quorumlibet librorum. Nam pecunia et ipsi pauperes sumus valde, sed jure quodam licet modico utor in typographos, ut cum nihil ab eis pro vario labore meo accipiam, aliquando, cum libet, exemplar tollam. Hoc credo mihi deberi, cum alii scriptores, imo translatores pro quaternione aureum accipiant. Proinde et Wolfgango meo dedi mandatum, ut quicquid pauper Eudrissus petierit exemplarium, illi mox procuret, hoc credat firmiter. Vale cum tuis omnibus. Melones sive pepones crescunt, et ingentia cogitant spatia occupare, idem et cucurbitae et citrulli, ne frustra missa vestra semina cogites. Vale iterum, MDXXVII. 5. Julii.

Martinus Lutherus.

---

10. Julius. No. DCCCLXXXIV.

An Spalatin.

Von einem Krankheits-Anfall, den L. gehabt.

Bey Buddeus p. 56. Vgl. Cod. Jen. a. f. 213. Deutsch bey Walch XXI. 1045.

Venerabili Viro, D. Magistro Georgio Spalatino, servo Christi Altenburgi, suo in Domino charissimo fratri.

Gratiam et pacem in Domino. Et scribitur et dicitur hic, te valetudine laborare, mi Spalatine. Quod si ita est, oro Dominum Jesum, ut te recreet et divinitus servet in gloriam verbi sui. Tu interim benignitatis ejus manum patienter feres, sicut es institutus, non modo ut scias, sed et alios quoque idem doceas. Faciet enim Dominus cum tentatione proventum. Ego quoque nudius tertius repentina syncope ita corripiebar, ut desperans prorsus arbitrarer me extinctum iri inter manus uxoris et amicorum, ita viribus destituebar omnibus subito. Sed Dominus misertus mei restituit me velociter. Tu itaque pro me, quaeso, roga Dominum, ut non deserat peccatorem suum. Vale in Domino. Pestem apud nos esse rumor est, sed vanus et falsus, salva et quieta sunt omnia Christo propitio. 10. Julii MDXXVII.

T. Martinus Luther.

---

13. Julius. N⁰. DCCCLXXXV.

An Nic. Hausmann.

Ueber einen Ehefall, die begonnene Kirchen-Visitation, Roms Einnahme durch die kaiserlichen Truppen, und den Krankheits-Anfall L.'s.

Aus der Hahnischen Sammlung in Kiel bey Schütze II. 80. Bey Strobel-Ranner p. 118. ohne Angabe der Quelle. Deutsch bey Walch XXI. 1367.

Venerabili sanctoque Viro, Domino Nicolao Hausmanno, Ecclesiae Cygnensis Pastori, suo in Christo Majori. 1)

G. et P. Si causa istius viri est, ut narrat, 2) mi Nicolaë, arbitror, eum licite retinere uxorem istam, quandoquidem vir prior eam deseruit tanto tempore et se ipsum simul cum illa exposuit omnibus periculis. Sic sentio. Visitatio incepit. Pro-

1) Fehlt bey Str. 2) Str. narratus.

fecti enim sunt ante octiduum Dominus Hieronymus et Magister Philippus in opus istud. Christus dirigat eos, Amen.

Roma vastata est miserabiliter sic regnante Christo, ut Caesar pro Papa Lutherum persequens, pro Luthero Papam cogatur[1]) vastare. Omnia scilicet serviunt Christo pro suis et contra adversarios. Nihil praeterea novi. Salutat te mea Ketha et Joannulus meus. Vale in Christo. Passus sum gravem syncopen, ita ut caput adhuc cogatur feriari a legendo et scribendo. Die Margarethae, MDXXVII.

T. Mart. Lutherus.

---

26. Julius. N⁰. DCCCLXXXVI.

An den Kurfürsten Johannes.

Fürbitte für Jemanden.

Aus dem Original in dem Großherz. Weim. Archiv.

Meinem allergnädigsten Herrn Herzog Johanns, Kurfürst zu Sachsen ꝛc. Zu Seiner K. F. G. Handen.

Gnad und Friede in Christo. Durchleuchtigster, Hochgeborner Fürst, gnädigster Herr. Es hat mich Er Simon Funke gebeten umb diese Fürschrift an E. K. F. G., damit seine Supplication deste mehr angesehen werde des Häuschens halben, so er käufen will mit E. K. F. G. Gunst und Wissen. Mich dünkt zwar, die Sache sey schlicht, nnd E. K. F. G. wird sich wohl wissen gnädiglich gegen ihm zu halten, denn ich ihm seine Bitte nicht wußt zu versagen. Hiemit Gott befohlen, Amen. Freytags nach Jacobi 1527.

E. K. F. G.

unterthäniger

Martinus Luther.

---

1) Verm. st. cogetur.

2. August. N⁰. DCCCLXXXVII.

An Melanchthon.

Dieser befand sich damals mit der Universität in Jena, während in Wittenberg die Pest herrschte. L. empfiehlt ihm einen Polen, und schreibt von seiner Krankheit (vgl. Br. v. 10. Jul. No. DCCCLXXXIV.) und der herrschenden Seuche.

Aus einer Münchener Abschrift.

Gratiam et pacem in Christo. Hunc Polonum Andream, mi Philippe, nobis per amicos Vratislavienses commendatum, tibi quoque commendatum volumus, tui videndi gratia profectum tanto itinere. Vir bonus est, eruditus et multarum linguarum peritus, placebitque tibi, scio, ubi audieris, quod jam (?) domo abest ob Evangelii adversarios.

De me referri et scribi varia credo ab aliis. Ego sane [1]) ea quae nuper scripsi, plus tota hebdomada in morte et inferno jactatus, ita ut toto corpore laesus adhuc tremam membris. Amisso fere toto Christo agebar fluctibus et procellis desperationis et blasphemiae in Deum. Sed Sanctorum precibus motus Deus misereri me coepit et eruit animam meam de inferno inferiori. Tu quoque ne desinas orare pro me, sicut et ego pro te. Credo autem meum agonem etiam ad alios pertinere. Pestem hic esse persuasimus et recte, sed lentam et clementem fore speramus, ut qui Christi sumus, paremtus (?) illi et comemtus grex, publico odio orbis et nostris malis satis adflicti, ut inopiam et alias humilitates taceam. Desidero te videre in Christo, si dignus fuero. Hans Luft jam nono die aegrotat, heri quasi alienari mente visus, speratur tamen reparandus. Vale cum omnibus vestris ac nostris, et habete nos in orationibus vestris, ut mortuos vivi, ut captos vivi, ut laborantes securi. Christus autem victor mortis, victor inferni, victor peccati, mundi, carnis, spiritu suo sit et vigeat in nobis et vobis, Amen. Altera Augusti, MDXXVII.

M. L.

---

1) Hier ist etwas unleserlich; vielleicht revoco.

12. August. N°. DCCCLXXXVIII.

An Justus Menius.

Antwort auf erhaltenen Trost, Auftrag an Ickelsamer, von Zwingli's und Oecolampads Schriften gegen L.

Bey Aurifaber II. 342. b. Deutsch bey Walch XXI. 1046.

Gratia et pax tibi in Christo Jesu. Gratias ago tibi, mi Juste, quod pro me oras Dominum, deinde consolaris, utrunque mihi hoc tempore necessarium: proinde rogo, ne desinas fortiter orare pro me, et consolari, quia agon iste meus supra vires est. Christus hactenus fidelis servator fuit, nec despero, quin futurus quoque sit in aeternum: non solum corpore aegrotavi, sed multo maxime spiritu, sic me Satan fatigat cum angelis suis permissu Dei Salvatoris nostri. Itaque in preces vestras me commendo, certus, quod Dominus exaudiet vos, et conculcabit Satanam sub pedibus nostris, Amen.

Icolsamero *) scripsissem, sed capitis infirmitas non sinit me occupari studiis: dices tamen ei, me ignovisse ei omnia, etiam antequam rogaret, sicut et omnibus inimicis aliis et ignosco et misereor, ut et mihi Christus et Pater justus ignoscat et misereatur. Miror, quid de grammatica sua 1) scribas: nam ad me nihil horum est delatum, nec resciscere possum, ubi sit, aut quis excudat, quare nihil possum tibi super hac respondere.

Zwinglius **) et Oecolampadius ***) responderunt, sed nondum legi, nec legere possum, donec restituar: totus enim ferior et otior, ut languens Lazarus et aegrotus Christi. Vale

1) So vermuthet B., so daß es auf J.'s Grammatik geht, welche 1527. herauskam. Aurif. tua.

*) Valentin Ickelsamer, der die erste deutsche Grammatik herausgegeben. S. Veesenmeyer Beyträge zur Kulturgeschichte der deutschen Sprache St. 1. 2. Dessen Litterargesch. der Br. Luthers S. 18. **) Daß diese Worte Christi, das ist myn Lychnam, der für üch hingeben wird, ewiglich den alten einigen Sinn haben werdend, und M. Luther mit sinem letzten Buch sinen und des Bapst Sinn gar nit gelert noch bewährt hat. Huldrych Zwinglis christenlich Antwurt. Zürich 1527. 8. ***) Daß der Mißverstand S. Martin Luthers auf die ewige beständige Worte, das ist mein Leib, nicht bestehen mag. Die andere billige Antwort Joh. Oecolampadii. Basel 1527. 4.

in Domino, mei memor, uti facis, Witenbergae, MDXXVII. feria 2. post Laurentii.

Martinus Lutherus.

Academiae nostrae homines jam in Jena, vobis vicinos, tibi et nostris omnibus commendo.

---

19. August. N°. DCCCLXXXIX.

An Spalatin.

Von der Visitation und der Pest in Wittenberg.

Bey Aurifaber II. 345. b. Vgl. Cod. Jen. a. f. 213. Deutsch bey Walch XXI. 1050.

Gratiam et pacem. Restitutum te esse gaudeo, et gratias ago Christo Domino nostro. Ora, quaeso, pro me, ut et ego plane revalescam, si est voluntas Dei Salvatoris. Ne te quoque conturbent visitationis rumores, nam heri Princeps acta visitationis ad me misit, ut viderem et judicarem, dignane essent editione. Omnia pulchra sunt, si modo, sicut constituta sunt, administrentur, uti videbis. Sine, ut adversarii glorientur in mendaciis, sicuti solent, cum veritate consolari se nequeant.

Pestis hic coepit quidem, sed satis propitia est: sed mirus est hominum pavor et fuga, ut tale monstrum Satanae antea non viderim, adeo terret, imo gaudet, se posse sic corda pavefacere, scilicet, ut dispergat et disperdat unicam istam Academiam, quam odit non frustra prae omnibus aliis. Attamen toto tempore pestis ultra 18 funera usque in hanc diem non fuerunt, computatis iis, quae intra oppidum fuerunt, puellis, infantibus, et omnibus numeratis. Scilicet in suburbano piscatorum atrocius saeviit, in suburbano nostro [1]) nullum adhuc funus, licet omnia ibi sepeliantur. Hodie Tilonis Deni uxorem sepelivimus, quae fere inter brachia mea expiravit heri, atque hoc primum funus in media urbe. Illa 18 funera circum me

---

1) Cod. — : atrocius saeviit, in suburbano nostro etc.

am Elsterthor habita sunt. Inter quae et Barbara soror Eberhardinae vestrae fuit jam nubilis, id quod M. Eberhardo dices, sed et Joannis Gronebergi filia periit, Hans Luft resurrexit et vicit pestem, ac multi alii resurgunt, [1]) si utuntur medicina: sed tam barbari sunt multi, ut medicinam contemnant et moriantur sine causa. Justo Jonae filiolus Johannes etiam defunctus est. Ipse cum domo profectus in patriam, ego maneo, et necessarium est propter monstrum pavoris istius in vulgo. Itaque Pomeranus et ego hic soli sumus cum Capellanis, Christus autem adest, ne soli simus, qui et triumphabit in nobis serpentem illum antiquum homicidam et peccati artificem, utcunque mordeat calcaneum ejus. Orate pro nobis et vale, Witenbergae, feria 2. post Assumtionis Mariae, [2]) anno MDXXVII.

Saluta M. Eberhardum et omnes nostros, et nos illis commenda. Schwermeri in me scripserunt, *) libellos nondum habeo: Zwinglii autem epistolam alteram **) ferocem ad me volebam mittere, sed non erat ad manum. [3])

Martinus Luther.

---

20. August. N°. DCCCXC.

An Nic. Hausmann.

Aehnlichen Inhalts mit dem vorigen.

Bey Aurifaber II. 34[illegible]. b. Deutsch bey Walch XXI. 1052.

Gratiam et pacem in Christo, qui febrim tuam jubeat desinere, Amen. Optime frater, nec ego libros Sacramentariorum ***) vidi, mirorque quod non advehantur: quamvis Zwinglius epistola ad me missa, sane quam feroci et minaci, significet sese responsum mittere, sed non est cum epistola redditum.

---

1) Aurif. surgunt. 2) Cod. —: assumtionis. 3) Cod. — Die Nachschrift: Saluta — manum.

---

*) S. d. Anmerk. zum vor. Br. **) Von diesem zweyten Brief Zw.'s ist nichts bekannt. ***) S. Anm. z. Br. v. 12. Aug. No. DCCCLXXXVIII.

Insanire eos dicunt qui legunt, quod facile credo. Jonas abiit cum domo sua in patriam metu pestis, quae licet sit modica apud nos, incredibili tamen pavore omnium corda percutit Satan, ita ut ego et Pomeranus hic soli simus: et non sumus soli, sed Christus nobiscum est, triumphaturus et protecturus nos in semet ipso adversus Satanam, sicut credimus et speramus. Philippum expectamus omni die. Spes est, visitationem facile processuram, jam per visitatores composita pulcherrima ordinatione, quam Princeps editurus est, ut nobis postea facile sit convenire et ordinare, quae necessaria sunt pro Ecclesiis. Haec tibi in consolationem scribo, et ut ores Christum, quo dignetur coeptum opus perficere, in quo bene vale, Amen. Feria 3. post Assumtionis Mariae, anno MDXXVII.

Martinus Lutherus.

---

21. August. N°. DCCCXCI.

An Joh. Agricola.

L. ist sehr traurig oder, wie er sagt, vom Satan angefochten.

Bey Aurifaber II. 347. Vgl. Cod. Jen. B 24. n. fol. 160. Deutsch bey Walch XXI. 1053.

M. Joanni Agricolae.

Gratiam et pacem in Christo. Gratias ago, mi Agricola, pro consolatione quam dedisti, dum scribis Ecclesiam vestram esse solicitam, et orare pro me: Deus consoletur et vos in tribulatione. Ego [1]) oro, ne desinatis me et consolari et orare, quia inops et pauper sum. Non quod Sacramentarii *) nos moveant, quorum furias nondum legi nec vidi, speroque per Christum, me contemtorem fore ejus Satanae, atque adeo victorem. Ipse Satan per se cum tota virtute sua in me furit, posuitque me Dominus illi, velut alterum Hiob, in signum,

1) Cod. Jen. Et.

*) S. Br. v. 12. Aug. No. DCCCLXXXVIII.

et tentat me mira infirmitate spiritus, sed per Sanctorum preces non derelinquor in manibus ejus, quamvis vulnera cordis, quae excepi, difficile sanentur. Spes mea est, agonem hunc meum ad multos pertinere, quanquam nihil est malorum, quod peccata mea non meruerint: vita est vero, quod scio et glorior me verbum Christi pure et sincere pro multorum salute docuisse, id quod Satanam urit, et vellet me una cum verbo submersum et perditum. Ita fit, ut a tyrannis mundi nihil patiar [1]) quidem, dum alii occiduntur, exuruntur et pereunt pro Christo, verum eo plus a Principe ipso mundi patior in spiritu. Per omnia benedictus Deus, et Pater Domini nostri Jesu Christi, qui voluntatem suam sanctam, et o Deus quam occulte bonam et placentem in me perficiat, Amen. Salutat te Joannes Pomeranus, qui solus hic est mecum una cum Capellanis, sed non sumus soli, Christus et vestrae [2]) preces et omnium Sanctorum simul cum sanctis Angelis sunt nobiscum, invisibiliter, sed efficaciter. Gratia Christi vobiscum, Amen. 21. Augusti, MDXXVII.

Martinus Lutherus.

---

23. August. No. DCCCXCII.

An Johann Weißbach.

Bedenken in einem Ehefall.

Ohne Namen Eisl. I. 415. Altenb. VIII. 970. Leipz. XXII. 437. Aus dem Original mit dem Namen des Empfängers im Leipz. Supplem. S. 49. Num. 60. bey Walch XXI. 220., der es auch ohne den Namen des Empfängers im X. Th. S. 963. aufführt.

Gnade und Friede in Christo. Gn. Hr. Euer Schreiben von wegen H. B. hab ich vernommen, und auf euer Bitte ist dieß mein Antwort. Wo derselbige H. B. sein Hanshalten nicht weiß noch mag, wie er anzeiget, zu besorgen, ohn ein Eheweib erhalten: so weiß und kann ich ihm nicht wehren noch verbieten, ein ander Eheweib

1) Verm. st. patior. 2) Cod. Jen. nostrae.

zu nehmen; acht auch, er sey von Gott wohl entschuldiget, weil sein voriges Weib von ihm williglich sey geschieden, sich ewiglich seiner verzeihet, dadurch (so billig) für todt und er selbst frey von ihr zu urtheilen ist. Wo sie aber nicht hätte so ganz bewilliget, wäre es ein ander Ding; dann sonst allenthalben so viel Muthwillen vorgenommen wird in Ehesachen, daß nicht leichtlich einzuräumen ist so viel Aergernissen. Hiermit Gott befohlen. *) 1527.

Mart. Luther.

---

26. August. N°. DCCCXCIII.

An Nic. Hausmann.

L. bittet um die Fürbitte seines Freundes wegen seiner Anfechtung.

Aus der Hahnischen Sammlung zu Kiel bey Schütze II. 82. Ohne Angabe der Quelle bey Strobel-Ranner p. 119. Deutsch bey Walch XXI. 1368.

Venerabili Viro Dei, Domino Nicolao Hausmanno, Episcopo Cygnensis Ecclesiae. 1)

Salvus sis in Christo, charissime et venerabilis Nicolaë. Venit ad vos 2) M. Stephanus Rothe, 3) ex quo intelliges omnia nostra. Scis, quod vir est nobis 4) et probatus et amatus, nec egens apud te ulla commendatione. Te per Christum oro, ut adjuves me orationibus tuis adversus Saatnam et angelos ejus, quos habeo infensos ultra modum, ne me Christus deserat, quem hactenus ad Evangelium suum promovendum elegit, 5) sed glorificet nomen suum in infirmitate mea sive per mortem, sive per vitam. Non frustra haec peto, quia opus est mihi fratrum precibus et auxilio, in quibus Christum meum veneror et adoro. Vale in eodem Jesu Christo, Salvatore dulcissimo. 6) Feria 2. post Bartholomaei, MDXXVII.

T. Martin. Luther.

---

1) Fehlt bey Str. 2) Verm. st. nos. 3) Sch. Rode. Es ist der nachherige Stadtschreiber von Zwickau, Herausgeber der Postille. S. Walch XI. Vorr. S. 12. 4) Nach Walch. Sch. Str. lesen notus. 5) Sch. falsch: eleget. 6) Str. — Salv. dulc.

*) Die Eisl. Samml. hat das Datum in Vigilia Bartholomaei.

26. August. N°. DCCCXCIV.

An Johann Rühel.

Betrifft den Trostbrief an die Christen zu Halle No. DCCCXCVI.

Eisl. I. 415. Altenb. III. 777. Leipz. XIX. 576. Walch X. 2286.

Gnad und Friede, lieber Herr Doctor und Schwager! Ich bin ja freylich willens, wo mir Gott Gnade verleihet, daß ich zu Kräften kome, den schändlichen Mord, den zu Halle zu Trost, an Tag zu geben, und hab wohl selbs bedacht, des Bischofs Person nicht zu rühren. Aber das kann ich dennoch nicht umbgehen, daß der Prediger aufs Bischofs Foddern gehorsamlich erschienen, und also umbbracht ist.

Und wo nicht dazu gethan wird, daß solcher Mord und verbrochener Landsfriede möglicher Weise gestrafft und entschuldiget wird: wie kann ein menschlich Herz entweder die Pfaffen oder den Bischof rein achten, weil sie stille dazu schweigen? Qui tacet, consentire videtur. Nu, ich will thun, wie ich aufs säuberlichst kann, so ferne, daß ich nicht mit Heucheln mich in die Schuld flechte. Hiemit Gott befohlen, Amen. Montags nach Bartholomäi, An. 1527.

31. August. N°. DCCCXCV.

An Joh. Agricola.

Von der christlichen Freyheit, und der Visitation.

Bey Aurifaber II. 347. b. Deutsch bey Walch XVII. 2706.

Ad Joannem Agricolam, Moderatorem Scholae Eislebianae.

Gratiam et pacem in Christo. Ea, quae de libertate conscientiarum scribis, mi Agricola, recta et sana sunt, ita enim hactenus docuimus, quod christianus teneatur eam confiteri, atque si cogant tyranni contrarium, fortiter tueri: licet 1) pro

1) Aurif. liceat.

infirmis, et qui non cogunt, neque impugnant, possit pro ipsis docendis et lucrifaciendis interdum omitti, sicut Paulus circumcidebat Timotheum, ubi docendi erant Judaei, sed Titum non est passus circumcidi, ubi cogebatur, et Petrum reprehendebat, quod gentes coëgit judaisare. Cum igitur tyranni non hoc agant, ut tanquam infirmi discant, sed ut servi Papae et ministri Satanae extinctam volunt libertatem nostram: ne pilo quidem eis cedendum est, aut ullo puncto, sed confidenter pronuntiandum, ac cum Paulo proclamandum: *Si circumcidamini, Christus vobis nihil proderit.* Ita si unum Jota tyrannici praecepti admiseris, totum Christum negasti. Nec enim refert Christum in magno aut parvo praecepto neges, idem Christus in magno et parvo est, quamvis libertas non sit parva res, etiamsi in parva re versetur, ut est esca et potus et uxor, sanguine enim filii Dei constat et nobis parta est. Nihil est itaque charitatem jactare, ut libertatem laedas, nam si hoc licebit charitati in libertatem, licebit idem in totum Evangelion, quod etiam quaerunt tyranni. **Wenn der Teufel einen Fingerbreit einreißt, so reißt ers ganz und gar umb.** Reliqua tu latius et scripsisti et nosti, haec pro meo testimonio tibi addere volui.

De visitatoribus nostris et eorum decretis agemus, cum aderit Philippus: nam hic excudentur, quantum intelligo ex Principe Electore. Interim patientiam habeto, et disputationes super hac re coërceto,*) ne opus istud necessarium visitationis ante tempus et ante causam impediatur in cursu suo. Christus dabit, ut omnia recte fiant. Mundus et ratio non capit, quam sit cognitio ardua, Christum esse justitiam nostram: ita operum opinio nobis incorporata agnataque et innaturata est. Commendo in preces tuas Evangelii et Ecclesiae causam, simul et pro me orato Christum, ut roboret me. Saluta Elsam tuam et omnes. Ultima Augusti, MDXXVII.

Martinus Lutherus.

---

*) Agricola war mit dem Unterricht der Visitation unzufrieden. S. Br. v. 27. Oct. an Melanchthon. No. DCCCCIX.

Im September. (?) *) No. DCCCXCVI.

An die Christen zu Halle.

G. Winkler, Prediger zu Halle, war vom Erzbischof von Mainz nach dieser Stadt gefordert und auf dem Wege ermordet worden, was man jenem Fürsten Schuld gab (S. Br. v. 31. May No. DCCCLXXVIII.). L. tröstet dessen Gemeinde und äussert dabey seinen Unwillen und seinen Verdacht gegen die Domherrn von Mainz. Da W. wegen Austheilung des Abendmahls unter beyden Gestalten angeklagt gewesen war so schaltet er eine Vertheidigung derselben ein.

Dieses Sendschreiben erschien unter dem Titel: Trostunge an die Christen zu Halle uber Herr Georgen ihres Predigers Tod. Wittenberg 1527. 4. Durch Hans Luft. S. Rotermund S. 40. Wittenb. VI. 374. Jen. III. 367. Altenb. III. 741. Leipz. XIX. 567. Walch X. 2260. Da das Schreiben zu lang ist und zu sehr die Natur einer Schrift an sich hat, so geben wir nur den Anfang.

Allen lieben Freunden Christi zu Halle Martinus Luther.

Gnad und Friede in Christo Jesu, unserm Herrn und Heilande, Amen. Ich hab mir längest furgenomen, meine lieben Herren und Freunde, euer Liebe zu schreiben eine Vermahnung und Trost widder den Unfall, so euch der Satan zugefugt hat durch den Mord, welchen er begangen hat an dem guten, frummen Mann, Magister Georgen, und euch also eurs treuen Predigers und Gottes Wort beraubt. Es hat mich aber allerley bisher verhindert, sonderlich meine Schwachheit; und wiewohl ich noch nicht recht heraus bin, kann ich doch nicht länger verziehen. Und wenn wir uns gleich in diesem Fall nicht trösten wollten, so wäre es doch unbillig, solchen schändlichen, verrätherischen Mord zu schweigen, und also lassen hingehen, und solch Blut in die Erden verscharren, damit das heilige Wort Gottes bezeuget und bekannt ist.

Darumb will ichs in Schrift bringen, und ihm helfen ruffen und schreien gen Himel, auf daß, so viel an uns ist, solcher Mord nimermehr verschwiegen werde, bis so lange, daß Gott, der barmherzige Vater und gerechter Richter, solch Geschrei erhöre, wie er des heiligen Habels Blut erhöret, und schaffe Recht und Rache uber

---

*) Am 26. Aug. (s. Br. an Rühel v. d. T.) hatte L., wie es scheint, die Schrift noch nicht angefangen; viel länger konnte er aber diese Gelegenheitsschrift wohl nicht aufschieben.

den Mörder und Verfuhrer, den alten Feind, der solchs hat angericht, und gebe, daß Magister Georgen Blut musse ein göttlicher Same seyn, den er durchs Satans und seiner Glieder Hände in die Erden gesäet hat, und hundertfältige Frucht bringe: also daß anstatt eines ermordeten Georgen hundert ander rechte Prediger aufkomen, die dem Satan tausendmal mehr Schadens und Leides thun, denn der einige Mann gethan hat; und weil er nicht einen hat wollen leiden noch hören, daß er musse viel und aber viel leiden, hören und sehen; gleichwie dem Papst auch geschehen ist durch Johannes Hussen Blut, welchen er nicht mocht in einen Winkel lassen mucken, und muß ihn nu lassen in aller Welt schreien, bis daß ihm Rom selbst und schier die (ganze) Welt zu enge worden ist, und ist dennoch kein Aufhören da, Amen.

2. September. N⁰. DCCCXCVII.

An Gerard Viscampius. *)

Dank für der Freunde Fürbitte und Nachricht von Wittenberg.

Aus der von Ludwigschen Sammlung in Halle bey Schütze II. 81.

Suo in Christo venerabili fratri, Gerardo Xantio, [1]) *servo Dei fidelissimo.*

G. et P. Ante scripsi Montano, non tibi: nunc tibi scribo, non Montano, mi Gerarde, postquam video, vos esse unum cor et animam in Domino. Tu ergo his literis Montano ostensis gratias agas, quod pro me orent tam solicite, qua oratione et opus nobis est, mihi inprimis: et gaudeo, nos esse tantae curae piis hominibus. Zachariae commentarius dimidio absolutus hactenus mea valetudine differtur. Prophetae vernacula donari coepti itidem nostri dispersionem suspenderunt

1) Sch. falsch Xanthri.

*) Mit dem Beynamen Xantius von seinem Geburtsort Xanten oder Santen im Klevischen. Er war Pater im Kloster zu Herford.

organa. *) Hoc Jacobo **) ideo dices, ut eo instantius orari curet pro nobis, ut rumor pestis nostrae verius quam mortis Christo medico occidat, et rursus nostri congregentur ad implendum, quae sunt sub incude. Satanas enim istum pavorem et rumorem concitavit, ut verbi cursum moretur, quem vestris precibus Christus sub pedibus nostris conteret, Amen. Uxores nostrae valde laetae tuo et animo et dono gratias agunt. Philippi uxor cum ipso. Abest nunc Academia. Pomeranus cum sua et mea mecum te officiose salutant, promittentes, se facturos, Deo favente, quae praescribis. Tu quoque a meo filio salutatus, vale in Domino. Altera Septembris, MDXXVII.

T. Martinus Luther.

---

2. September. N^0^. DCCCXCVIII.

An Nic. Hausmann.

Von H.'s Genesung, der Visitation und der Pest in Wittenberg.

Aus der Hahnischen Sammlung zu Kiel bey Schütze II. 81.

Brevibus te saluto, mi Hausmanne, cum aliud non sit, quod scribam. Et gratias ago Domino Jesu, qui te restituit nobis, qui sit benedictus in saecula, Amen. Visitatores spero, ubi paululum quieverint, rursus officium suum obituros: interim patientia solare te ipsum. Simul, ut pro nobis ores, si Christus vellet pestem pestisque rumorem a nobis tollere, et dispersos congregare, propter nomen suum et verbum suum adhuc diu propagandum, Amen. Vale in Christo. Altera Septembris, MDXXVII.

T. Martin. Lutherus.

*) Der Sinn dieser fehlerhaften Stelle soll wohl seyn, daß die Uebersetzung der Propheten durch die von der Pest veranlaßte Zerstreuung der Universitäts-Mitglieder unterbrochen sey. **) Jacobus Montanus.

13. September. N⁰. DCCCXCIX.

An den Buchdrucker Joh. Secerius in Basel, auch unverändert an Herwagen in Straßburg.

Bucer hatte die Postille Luthers ins Lateinische übersetzt und in seiner Vorrede zum vierten Theil Einiges in Beziehung auf die Sacramentslehre angemerkt, worüber er anderer Meinung als Luther war; dieß nahm L. sehr übel und foderte deßwegen diese Buchdrucker auf, beym neuen Druck des vierten Theils diesen seinen Brief mitabzudrucken zum Gegengift gegen das sacramentirische Gift. Bucers Antwort findet sich bey Walch XVII. 1967.

Bey Aurifaber II. 348. b. Deutsch bey Walch unter d. J. 1526. XVII. 1962.

Martinus Lutherus Joanni Secerio Typographo.

Gratiam et pacem. Quod Postillam meam (ut vocant) in tomos quatuor divisam, interprete Bucero, Latinam factam edis, mi Seceri, non displicet, quando vobis spes est, non nihil fructus eo libro alienae linguae hominibus proventurum in Christo, quod ardentibus votis opto. Placuitque et adhuc placet interpres Martinus Bucerus, qui pro facili et parata sua facundia satis dextre feliciterque prae aliis mea reddit Latine, quanquam alicubi vocabula et figuras meas non tenuerit, sed hoc in paucissimis iisque parvi momenti locis, ut cum caetera constent, in his mihi quoque veniam 1) dem, parum forte dilucide locuto. Caeterum opus ipsum digne absolvit, sensu et verbis meis redditis, idque hoc testimonio meo confirmo. Sed proh dolor! in mediis his laudibus et laboribus (permissu Dei) lapsus est in monstrum illud blasphemum Sacramentarii spiritus, et donum illud facundiae et intelligentiae contaminatur, imo perditur pestilenti illi veneno. Prioribus enim tomis et pie et pure absolutis, in quarto tomo temperare sibi non potuit anhelus ille et sui sensus propagandi incredibili furore cupidus spiritus, quin praefatione dira et sacrilega, tum annotationibus virulentis meum opus crucifigeret: ita ut non fuerint contenti miseri homines suum virus propriis et jam infinitis libris sparsisse, nisi et alienos libros eo veneno illito perdant. Idem fecit et antea Joanni Pomerano in suo Psalterio insigni

---

1) Walch vermuthet vitio.

perfidia, quem non ignorabat per disdiapason ab illa impia secta dissentire. Sic nuper et mihi quidam insanus Leopoldus fecit, edito libello contendens, Erasmum, Lutherum, Melanchthonem, Pomeranum et totam Witenbergam cum illis sentire. Quid fiet nobis mortuis, cum talia contingant viventibus? Quis jam non suspectos habeat omnium Patrum libros? scilicet haeretici illi esse non possunt sine nobis? Nec moventur quicquam (ut de me dicam), quod ante tres annos libro vernaculo ad Valdenses de adoratione Sacramenti inter alios sermones de Eucharistia editos abunde testatus sim, non modo quid sentiam, sed et ipsos Significatistas confutaverim, antequam ullus cogitaret eos futuros esse, idque argumentis adhuc invictis. Deinde acerrimo libello (ipsis etiam testibus) adversus Carolstadium, anno proximo toti orbi notum feci sensum et dogma meum, necdum video ullum prodire, qui eum librum confutare possit, cum alioqui tam sint verbosi, ut libros pluere possint. Adhuc clamant, cur Lutherus tacet? cur suam sententiam non prodit? Finge, quaeso, me mille libros scribere, quid promovero inter istos surdos et furiosos, qui nihil audiunt nec vident? Syngramma Suevorum est in publico, quod a me laudari illis dolet, siquidem et in ipso, quod laudo, meam sententiam confiteor, nec hoc audiunt. Cupiebat Oecolampadius ipsum confutare, sed non est alia cogitatione hoc aggressus opus, quam: satis est contra scribere, argumenta diluere non opus est: vulgus denique nobis credet, contentum, quod audierit librum esse contra illud editum. Nisi forte hoc est argumenta diluere, quod Bucerus hac praefatione dicit: Mirabilia Christi fuerunt talia, ut cum diceret: Hoc est illud, mox sensibile quoque fuerit: ideo et Christi corpus oportere esse visibile in Sacramento, aut non est in Sacramento. Videlicet istis ludibriis firmandae sunt conscientiae nostrae in rebus Dei, super verba clarissima Scripturae: Hoc est corpus meum. In triviis ridentur pueri, qui sic dialecticantur: aliquod animal currit, ergo omne animal currit, et tamen hic gloriosissimus spiritus triumphat secure, dum sic disputat: aliqua miracula Christi sunt visibilia, ergo necesse est, omnia esse visibilia. Ita Christum sedere ad dextram Patris, regnare, vivere, agere, est falsum, quia est miraculum invisibile. His spiritibus credat doceri veritatem, si quem perire delectat, cum non nisi manifestis mendaciis ortum dogma susceperint, mendaciis asserant, tum perfidia alienos libros corrumpendi propagent. Deinde dum optime tuentur similitudinibus, conjecturis, absurditatibus et argumentis a particulari ad universale nituntur vitiosissimi disputatores. Nullus vero angustias conscientiarum nostrarum clamantes dignatur audire, ubi dicimus: Clara apertaque verba sunt Christi: *Comedite, hoc est corpus meum:* hic conscientiae (inquam) nostrae captae sunt. Monstrari cupimus locum, qui cogat nostrum sensum in his verbis esse falsum: at hic nemo hiscit in tot libris eorum. Objiciunt nobis, carnem nihil prodesse, at hoc sciebamus: quaerimus aliud, nempe de isto loco: *Hoc est corpus meum.* Objiciunt, absurdum esse, at hoc quoque sciebamus, sed aliud quaerimus. Objiciunt miracula visibilia, et hoc sciebamus: quaerimus aliud. Semper aliud occinunt, quam quod quaerimus. Quaerimus quae? ipsi reddunt ble. Nihilominus jactant, nos non prodire, neque eos confutare. Fateor, si multos libros scribere est dogma tueri, nimirum illi triumphant etiam super totam Scripturam. Si autem dogma tueri est argumentis solidis pugnare, et conscientias securas reddere, verum est, illos necdum unam coepisse chartulam scribere.

Hanc epistolam, mi Seceri, ideo ad te scribo, ut si editurus es denuo tomum illum quartum, omnibus modis eam praefigas vel subnectas, ut sit lectori in meo libro antidotum adversus Buceri praefationem: ea vero causa permitto, edas Buceri versam Postillam, quod (ut dixi) facilis styli et dextre vertendi dono per bonitatem Dei pollet, utinam gratus agnosceret: deinde, quod ea ipsa praefatione mihi testimonium perhibet, esse me vehementem adversarium suae sectae, (atque utinam per negotia liceret esse vehementiorem), quanquam velit rem videri leviculam istam dissensiunculam, denique citra fidei jacturam. Sic enim sentit ille spiritus, fidem non perdi, si Christus mendax in verbis suis blasphemetur, quo argumento satis declarat, qua aestimatione dignetur Christum cum toto suo regno. Nam cum utrinque Christum sic et sic dicere contendamus, sintque ea contraria, necesse est, aut nos aut illos Christo falsum et mendacium impingere. Sed Christum mendacem facere, si hoc non est Christum negare et fidem ejus blasphemare, quid est tum Christum, quaeso, blasphemare? tam acute scilicet videt iste spiritus, ut rem tanti momenti pro re levicula et innoxia habeat. Atque hoc est, quod semper dixi, Sacramentarios illos haereticos habere Christum pro ludo, et serio nunquam esse ab eis cognitum aut doctum, quantumlibet magnifice jactant, Evangelium et gloriam Dei se quaerere. Pius non sic quaerit gloriam Dei, ut blasphemari Christum ignoret, aut putet esse rem leviculam. Verum satis admoniti sumus: qui perit, pereat. Mundus jamdudum contemtu verbi Dei meruit hanc iram Dei, sectas vastratrices inducentis, sicut Paulus praedixit: *Mittet illis Deus operationem erroris, ut credant iniquitati, qui non receperunt dilectionem veritatis.* Hoc verbum coepit impleri et implebitur, ut probentur electi et damnentur reprobi. Gratia Dei tecum. Idib. Sept. anno MDXXVII.

Martinus Lutherus.

---

13. September. N⁰. DCCCC.

An Spalatin.

Ueber die Kirchen-Visitation.

Bey Aurifaber II. 351. Vgl. Cod. Jen. a. f. 212. Deutsch bey Walch XXI. 1055.

Suo in Christo fratri charissimo, D. Magistro Georgio Spalatino, servo Dei Altenburgae [1])

Gratiam et pacem. Mitto hic exemplaria duo pro te et Eberhardo, ut videatis, visitatoribus nostris non satis digne referri gratias ab iis, qui eos ita traducunt vobis. De industria quaedam non correxi, ne videretur meum [2]) commentum. Si de his statutis gloriantur adversarii, misera est eorum gloriatio nec diu durabilis. Quin igitur sinimus eos falsa et spe et laetitia (sicut hactenus soliti sunt) sese solari, inflare, jactare: mihi satis placet ista ordinatio. Nam cum non ubique sint hactenus eadem servata, sed unusquisque pro suo sensu egerit, addiderit, demserit, fieri non potest uniformitas, nisi aliquibus aliquid addatur et dematur. Cum vero nemo sit, qui

1) Nach Cod. Jen. 2) Cod. Jen. † esse.

sua mutari ferat ulla parte, quid mirum, si querelae et ejusmodi judicia vi oriantur contra visitatores? qui pro necessitate illorum aliqua mutarunt, ut summa tamen capita optime statuerent. Lege et probabis (spero), deinde ora, quaeso, pro me Dominum, ut Satanam conterat. Pestis nostra mitis est, ut rumori vix decima parte respondeat, denique spero per Christum tollendam, Amen. In quo bene vale. Witenbergae, MDXXVII. Vigilia Crucis.

Martinus Luther.

---

19. September. N°. DCCCCI.

An Joh. Agricola.

L. sendet einen gewissen Mensarius (Tischer), und meldet von der Pest.

Bey Aurifaber II. 351. b. Deutsch bey Walch XXI. 1056.

Gratiam et pacem in Christo. En venit Joannes Mensarius ille, de quo heri tibi respondi et promisi me missurum: dabis itaque operam, ut Hederlebensibus mittatur. Nihil praeterea, quod scribam habeo. Pestem nostram superat suus rumor longissime, quod facit fuga ista et metus inauditus nostrorum. Sic Satanas nos divexat, ubi morte non satis potest pro libidine regnare, metu mortis regnet: Christus conterat eum sub pedibus nostris, Amen. Ora pro nobis et vale in Domino cum Elsa et prole tua, omnibusque nostris. Feria 5. post Lamberti, anno MDXXVII.

Martinus Lutherus.

Im September oder October. *) N°. DCCCCII.

An Johann Heß und die übrigen Breslauischen Prediger.

L. antwortet auf die an ihn gestellte Frage, ob man bey herrschenden Seuchen sich entfernen dürfe.

*) Dieses Sendschreiben ist während der herrschenden Pest in Wittenberg geschrieben, also nicht vor dem M. August; und da L. damals Zwingli's und Oecolampads Gegenschriften noch nicht gesehen hatte, welche er seit d. 27. Oct. u. 10. Nov. gesehen und gelesen hatte (vgl. d. Br. v. d. Tagen No. DCCCCIX. u. DCCCCXIV.): so fallt die Abfassung in die Zwischenzeit.

Dieses Sendschreiben erschien im Druck: Ob man vor dem Sterben fliehen muge. Martinus Luther. Wittenberg 1527. 4. Wittenb. IV. 408. Jen. III. 425. Altenb. III. 761. Leipz. XXII. 331. Walch X. 2321. Wir liefern den Text nach dem obigen ersten Druck, jedoch nur den Anfang und das Ende.

Dem wirdigen Herrn Doctor Johanni Heß, Pfarrherr zu Breßlau, sampt seinen Mitdienern im Evangelio Christi, Martinus Luther.

Gnad und Friede von Gott, unserm Vater, und dem Herren Jesu Christo. Euer Frage, so ihr anher gen Wittemberg zu uns geschickt habet, nämlich: Ob eim Christenmenschen gezieme zu fliehen in Sterbenslauffen? haben wir langst empfangen, und sollten auch wohl langest drauf haben geantwortet; aber Gott der Allmächtige hat mich etliche Zeit her in der Zucht und Staupe so hart gehalten, daß nicht viel Lesens noch Schreibens hat bey mir seyn mügen. So habe ich auch gedacht, weil Gott, der Vatter aller Barmherzigkeit, euch so reichlich begabet hat mit allerley Verstand und Wahrheit in Christo, würdet ihr durch desselbigen Geist und Gnade wohl selbst, ohn unser Zuthun, solche und wohl größere Fragen entscheiden und richten. Nu aber eur Anhalten nicht abläßt, und euch so fast demüthiget, daß ihr auch unser Meinung hierin zu wissen begehret, auf daß wie St. Paulus allenthalben lehret (2 Cor. 18, 11.), einerley Sinn und Lehre bey uns allensampt erfunden werde (Phil. 2, 2.): so geben wir euch hiemit unsere Meinung, so viel uns Gott verleihet, und wir immer begreifen mügen zu erkennen, und wöllen dieselbige mit aller Demuth eurem Verstand und aller frummer Christen, wie sichs gebührt, zu urtheilen und richten unterworfen haben. Und nachdem auch bey uns allhie und anderswo mehr des Sterbens Geschrey geht, haben wirs durch den Druck lassen ausgehen, ob vielleicht auch andere solchen unser Unterricht begehren und brauchen wurden.

Am Ende aber vermahnen und bitten wir euch umb Christus willen, daß ihr sampt uns helft kämpfen mit Bitten zu Gott und Lehren wider die rechte geistliche Pestilenz des leidigen Satans, damit er jetzt die Welt vergift und beschmeißt, sonderlich durch die Sacramentslästerer; wiewohl auch sonst darneben viel andere Rotten aufgehen. Denn Satan ist zornig, und fühlet vielleicht den Tag Christi verhanden: darumb tobet er so gräulich, und will uns den Heiland Jesum Christ nehmen durch seine Geisterey. Unter dem Papstthum war er eitel Fleisch, daß auch Münchkappen mußten heilig seyn: nun will er eitel Geist seyn, daß auch Christi Fleisch und

Wort soll nichts seyn. Sie haben mir auf mein Büchlin längst geantwortet; mich wundert aber, daß bis auf diesen Tag nicht her gen Wittenberg komen ist. Ich will, so Gott verleihet, noch einmal drauf antworten, und darnach sie lassen fahren. Ich sehe doch, daß sie nur ärger darvon werden, und seind wie ein Wanze, welche von ihr selbs übel stinkt, und aber je mehr man sie zurreibet, je ärger sie stinket; und hoffe, wer zu erhalten ist, dem sey durch mein Büchlin genug geschrieben. Wie denn, Gott Lob, viel dadurch aus ihrem Rachen gerissen, und noch viel mehr in der Wahrheit gestärket und bestätiget seind. Christus, unser Herr und Heiland, behalte euch alle im reinen Glauben und brünstiger Liebe unbeflecket und unsträflich auf seinen Tag, sampt uns allen, Amen. Bittet für mich armen Sünder.

---

6. October. N°. DCCCCIII.

An Severinus, einen östreichischen Mönch.

Abmahnung vom Mönchsleben.

Bey Aurifaber II. 351. b. Deutsch bey Walch XXI. 1057.

Dei gratiam et pacem per Christum. Hic vero, mi amicissime Severine, ipse videris, quid agas: quem enim potius tibi consiliarium in tanta admoveris causa, quam tuam ipsius conscientiam? tibi omnia dicturam in aurem, quanti facere debeas primo Hieronymi sententiam ad Heliodorum de monastice, deinde tuam imbecillitatem, mox senem et inopem patrem: deinde quanti habendum sit, si etiam vulgus pro temeritate dixerit, te vestem Deo ignotam 1) rejecisse, tum quae vocatio sit vera: et rursum annon maximo sit ducendum periculo, quod contra conscientiam toties tam impie celebras, imo Deum crucifigis Christum? Quid enim hic miser dissimules? deinde cur non potius pro impietate habeas, si diutius istic in ista manseris Babylone, quam temeritate, si exieris? Nam si latius me voles audire tecum loquentem, primo nihil prorsus tribuo hac in re Hieronymo, siquidem video, quamvis alioqui in aliquibus magnum virum, hic tamen in monastice et in caelibatu nihil

1) Viell. gratam.

penitus christiani fuisse judicii. Nam qui ausus est monasticen comparare baptismati, totus insaniit, et sensu etiam communi caruit, ut stipitem potius quam bestiam dixeris talia garrientem. Quid? tune credas Hieronymo tam impie contra Deum loquenti, praecipientem 1) statim post se ipsum parentes in summo habendos honore? Et tu potius Hieronymum audias, toties errantem, toties peccantem, breviter hominem, quam Deum ipsum? I ergo nunc et puta, ut scribit Hieronymus, calcandos parentes, ut perrumpas in eremum. Deinde neque imbecillitas hoc erit in loco, ut contra Dominum valeat. Sic enim ait Dominus Paulo in Corinthiis: *Virtus in infirmitate perficitur.* Sed ne pater quidem inops pluris habendus fuerit, quam Dei gloria: nosti enim verbum Christi, in Matthaeo et Luca, illum, qui plus parentes diligat, non esse se dignum, hunc non posse suum esse discipulum. Praeterea, si vestem aliqui infeliciter rejecerint, ipsi viderint. Tuum vero, qui non adeo fortassis ignotum habes Dei verbum, quid aliud fuerit, quam nihilominus hypocrisin larvis istis diutius sustinere? Etiamsi totus orbis hic tibi contradixerit, nisi enim me fallunt omnia, sola hic conscientia tua pervincet totius orbis terrarum judicium. Mihi imponi poterit, Deo autem καρδιογνώστῃ nihil minus.

Quod autem ad vocationem attinet, et ipse suaserim, ut expectes Domini voluntatem: hoc enim erat, quod nollem te acciri, imo evocari ad hunc modum, nisi voluntate Domini, vocante populo, cui servires ministerio verbi. Jam vero quod objicis, nonne vel id solum, etiam te ipso, sive volente, sive invito, prodit, te parum bona in monastice conscientia, revelato Evangelio, manere? Quid enim, tune sacrifices diutius, et interim, si Deo placet, praeco verbi divini esse detrectas? Quid, quaeso, hic tuta conscientia dixeris? Postea vides, pro qua temeritate possit haberi, si exueris monachum, a Deo nunquam praeceptum, nunquam destinatum, nunquam designatum, nunquam descriptum. Lege Esajae XXIX. Matth. XV. Marc. VII. Illic enim videbis, quanti faciundae sint traditiones humanae, et tamen adhuc haeremus in tam sordido luto. Hic igitur optarim tibi Christum prorsus benignum et illustrantem,

1) So muß es wohl heißen statt praecipienti.

quicquid est adhuc istic tenebrarum: nam spero nonnihil illuxisse splendoris divinae et voluntatis et benevolentiae. In summa sio sentio, Deum ante omnia invocandum, ut verbo et voluntati ejus te totum permittere possis, sic enim credendo et tibi et patri consulueris. Nosti enim locum in Actis Apostolorum, Paulum custodi carceris interroganti viam salutis, dixisse: *Crede in Dominum Jesum, sic enim et tu et tota domus tua erit salva.* Quid enim timeas vel te vel patrem fame moriturum, Deo credentem? Prius coelum videris ruiturum, quam alimoniam defuturam credentibus: nosti enim promissionem Christi locupletissimam, Matth. VI: *Primum quaerite regnum Dei et ejus justitiam, et omnia haec adjicientur vobis.* Quod ergo hactenus Dominus mihi dedit, orabo, ut te quamprimum liberet ex ista monastice, ipsissima hypocriseos larva fallacissima. Quid enim hic blandiar? quid lactem? nonne jussit Christus Matth. XXIV: *Quando videritis abominationem desolationis, stantem in loco sancto, praedictam a Daniele, tum iis, qui sunt in Judaea, fugiendum esse in montes?* Nonne jam videmus abominationem illam desolationis? et adhuc tamen dubites fugiendum istinc? Sed tamen serio prius consule Dominum, quam exieris monastica. Nisi enim Christo plus credideris dicenti, ut nosti: *Ego sum via, et veritas, et vita,* quam toti mundo, laterem (quod ajunt) lavero, etiam multo plura scripturus. Bene vale in Domino, et pro nobis ora. Cursim Dominica post Remigii, MDXXVII. 1. Octobris.

T. Martinus Lutherus.

---

8. October. N⁰. DCCCCIV.

An Mich. Stiefel.

Ueber L. Kaisers Geschichte und Erasmus, Zwingli's und Oecolampads Schriften gegen Luther. Wo befand sich damals M. St.? Vgl. die Anm. zu No. DCCCXL.

Bey Aurifaber II. 353. Deutsch bey Walch XXI. 1060.

Gratia et pax. Mi Michaël, accepi literas tuas, simul cum Leonhardi Keisers Historia. Licet antea venerit alibi excusa:

tamen opera dabitur, ut ex tua excudatur denuo, quantum visum fuerit. Erasmus viperinus duas Hyperaspites vel Hyperaspides *) potius in me peperit, fere viperias et superviperias: tum Zwingel et Oecolampadius non cessant: ego videro, quid Christus sit daturus in illos. Quando vero scribis, meum libellum tibi esse ereptum, non mitto, miror autem, quis meum interceperit missum ad te: mitto vero octonarium Davidis. **) Nam fere tres menses langui non tam corpore quam animo, ita ut nihil aut parum scripserim: sic me Satan cribravit. Tu ora pro me Dominum, ut sustentet me, sicut et facit. Salutat te mea Ketha. Dominae tuae ex nobis multam dices salutem. Vale in Christo. 8. Octobris, anno MDXXVII.

Martinus Lutherus.

---

9. October. N°. DCCCCV.

An den Kurfürsten Johannes.

Bitte um die Anstellung eines Pfarrers.

Aus dem Weim. Archiv im Leipz. Supplem. S. 48., dann bey Walch XXI. 217. Wir haben die Urschrift verglichen, und den Text berichtigt.

Dem Durchleuchtigsten, Hochgebornen Fursten und Herrn, Herrn Johanns, Herzogen zu Sachsen, Kurfursten ꝛc., Landgrafen in Thuringen, Markgrafen zu Meissen, meinem gnädigsten Herrn.

Gnad und Friede in Christo. Durchleuchtigster, Hochgeborner Furst, Gnädigster Herr! Es bitt mich der Schosser zu Beltitz gebeten, 1) diesen Briefes-Zeiger, Er Stephan Gretz, zu verschreiben, daß er die verledigte Pfarr zu Schwanbeck erlangen mochte, wie sein Brief hiebey anzeigt. Weil er denn zu Beltitz Caplan gewest, daselbst gar ein feiner Mann Pfarrherr ist, acht ich, er werde nicht untaugliche Caplan haben.

1) Leipz. Es hat mich — gebeten: so sollte es heißen.

*) Wortspiel mit hyperaspistes, wie E.'s Schrift betitelt war. Vgl. Br. v 27. März 26. No. DCCLXXXIII. **) Octonarius David. Psal. CXIX. Ex Ebraeo versus. Mart. Luther. Wittemb. s. a. 1 Bog. 8.

Und weil die Leutlin selbs um ihn bitten, auch dennoch nahe bey Beltitz gelegen, halt ich, es solle wohl zugehen: bitte derhalben, wie ich gebeten bin, E. K. F. G. wollte ihm gnädiglich solch Pfarre befehlen, damit die Leute nicht länger ohn Seelsorger bleiben. Es ist ein armes Pfärrlein und soll ein Häuslein davon komen seyn, welches E. K. F. G. auch wohl mit befehlen kunnte, und was mehr Gerechtigkeit dazu gehoret, widder dazu zu bringen. Hiemit Gott befohlen, Amen. Zu Wittemberg, Mittwochens Dionysii 1527.

E. K. F. G.

unterthäniger

Martinus Luther.

---

12. October. N⁰. DCCCCVI.

An den Kurfürsten Johannes.

Ueber den von Melanchthon aufgesetzten Unterricht für die Visitation.

Wittenb. IX. 238. Jen. III. 437. Altenb. III. 780. Leipz. XXII. 553. Walch XVII. 2641.

Gnade und Friede in Christo Jesu. Durchleuchtigster, Hochgeborner Fürst, Gnädiger Herr! Unser Pfarrherr, Herr Johann Pomer, und ich, haben der Visitatoren Acta uberlesen, und wenig darinnen geändert, wie E. K. F. G. dabey verzeichnet vernehmen werden. Denn es uns alles fast wohlgefället, weil es für den Pöbel aufs einfältigst ist gestellet. Daß aber die Widerwärtigen möchten rühmen, wir krüchen wieder zurück, ist nicht groß zu achten; es wird wohl still werden. Wer was Göttlichs fürnimet, der muß dem Teufel das Maul lassen, dawider zu plaudern und liegen, wie ich bisher hab thun müssen.

Und ist mehr drauf zu sehen, daß die Unsern, so den Predigern ungeneigt, nicht hieraus schöpfen Ursach und Gewalt wider sie, daß sie predigen müssen, was sie wöllen, wie etliche an viel Orten schon fürgenomen. Auch kann mans nicht alles auf einmal stellen, wie es gehen soll. Es ist nichts damit denn der Samen geworfen; wenns nu aufgehet, wird sich Unkraut und der Fälle so viel finden, daß Getens und Flickens gnug seyn wird.

Denn Ordnung stellen, und gestellete Ordnung halten sind zwey Ding weit von einander. Ecclesiastes (11, 6.) lehret, man müsse thun, so viel man kann, und nicht ablassen, das ander gehen lassen, wie es gehet, und Gott befehlen; wie es denn im weltlichen Regiment auch zugehet. Christus, unser Herr, sey mit E. K. F. G. seliglich zu leben und regieren, Amen. Den 12. Octobr. Anno 1527.

E. K. F. G.

unterthäniger

Martinus Luther.

---

19. October. N°. DCCCCVII.

An Justus Jonas. *)

Ueber Erasmus Gegenschrift und die Pest in Wittenberg.

Bey Aurifaber II. 353. b. Deutsch bey Walch XXI. 1061.

Gratiam et pacem per Christum. Gratulor tibi, optime Jona, de tua palinodia, qua nunc tandem Erasmum illum tuum suis pingis coloribus, viperam illum laetalibus aculeis refertam recte cognoscis, quem ante multis nominibus praedicabas. Gaudeo te ex unius hyperaspistae **) lectione tantum profecisse, et tuum de illo mutasse judicium. Cumque ego hanc epistolae tuae partem legerem uxori, continuo illa inquit: Ist nicht der theur Manne zur Kröten worden? Siehe da! Gaudet et ipsa idem te nunc mecum sentire de Erasmo. Intelligis, mi Jona, recte quidem sensisse, qui praeceperunt neminem ante supremum diem laudandum. Sed haec hactenus.

Nondum restituit me Dominus pristinae valetudini ex integro, quin adhuc permittit me juxta consilium bonae suae voluntatis angelo Satanae, ut me caedat et tentet, neque tamen interim deest Dominus adjuvans et protegens. Accessit ante duos dies satis vehemens dolor gingivarum (ut apparet), qui principio valde me discruciabat, sed nunc remissius habeo:

---

*) Er hatte sich damals von Wittenberg der Pest wegen nach Nordhausen, seiner Vaterstadt, entfernt. **) Vgl. Br. v. 8. Oct. No. DCCCCIV.

ne igitur cesses orare pro nobis Dominum. De pestilitate nostra hoc accipe, in hospitali non plures quam quindecim hoc toto pestilitatis tempore vita defunctos, cum ad centum omnino eo deducti sint. Deinde ex quadraginta hominibus, quos Magister Bohemus sub suam curationem accepit, solum sex defuncti sunt. Ita in media etiam morte apud nos Dominus liberator et salus. Nos integro animo et adfectu oramus Deum et Patrem misericordiarum, ut auferat a nobis hanc pestilitatem, propter gloriam nominis sui, ne inimici nostri laetentur de nobis. Neque tu cessa orare, maxime cum hos videas orationis fructus, ex tanto aegrotantium numero tam paucos perire. Bene vale. Salutabis tuum Dictative multis basiis, vice mea et Johannelli mei, qui hodie didicit flexis poplitibus solus in omnem angulum cacare, imo cacavit vere in omnem angulum miro negotio. Alioqui plura ad te mandasset, si otium illi fuisset, mox enim balneatus dormitum abivit. Mirari desines, quod de cacando scribo, alias de aliis scribam. Salutat te mea Ketha, et orare pro se rogat puerpera propediem futura, Christus assit. Unum te latere nolo, ut videas orationes non esse vacuas. Bohemus ex XLVIII patientibus octo amisit, in hospitali vero tantum XV funera fuerunt, toto pestis tempore, cum ultra centum illati et ingressi illic decubuerint, ut videas Christum audire orantes. Haec rata sunt et vera. Joh. Weber jam in quintum diem ἄλογος desperatus est, sed Dorothea ejus, quae simul decubuit minore spe vitae, incipit vivere et vivet. Saluta Ketham tuam et omnes. Sabbatho post Lucae, MDXXVII.

Martinus Lutherus.

---

22. October. N⁰. DCCCCVIII.

An Mich. Stiefel.

Ueber L. Kaisers Märtyrer-Tod.

Bey Aurifaber II. 354. b. Deutsch bey Walch XXI. 1063. Eine deutsche Uebersetzung des Briefs bis auf Dominae tuae gratias agit findet sich in der Historie des Leidens und Sterbens Lienhard Kaisers nebst dem Briefe an diesen No. DCCCLXXV. und in den Ausgaben a. a. O., jedoch nicht in der Wittenberger.

Gratia et pax. Accepi, mi Michaël, de Leonhardo Keiser Historias, sed interim ab ipsius patruele etiam omnia ipsius Leonhardi manu scripta. Dabo igitur in lucem propediem, Christus adspiret. Caeterum, tu pro me ora, qui satis a Satanae angelo colaphisor, ne Christus me deserat. O me miserum, qui Leonhardo tam sum impar, verbosus praedicator illi tam potenti verbi operatori. Quis me dignum faciet, ut non duplo, sed dimidio ejus spiritu Satanam vincam et hac vita cedam? Benedictus Deus, qui inter tot monstra saltem hoc unum gloriosum spectaculum suae gratiae nobis indignis ostendit, ne in totum nos deseruisse videatur. Ora pro me, frater Michaël, Christus faxit, ut et Leonhardum imitemur. Non solum rex, sed Caesar merito appellatur, quia vincit illum, cujus potestati nulla est aequalis super terram. Non solum sacerdos, sed et summus Pontifex et Papa verus, qui suum corpus sic obtulit, in sacrificium Deo gratum, vivum, sanctum. Imo et Leonhard recte dicitur, id est Leonis robur, certe Leo fuit robustus et impavidus, omnia sunt in eo fatalia nomina. Primus ipse suae familiae cognomen consecravit et implevit.

Dominae tuae gratias agit et salutat paene balbutiens Joannellus meus, cui ego et Ketha mea precamur, ut beata vivat in Christo una cum prole. Pomeranus te valde amat et salutat. Vale in Christo. Feria tertia post Lucae, 1) anno MDXXVII.

T. Martinus Lutherus.

---

27. October. No. DCCCCIX.

An Phil. Melanchthon. *)

Von M.'s Krankheit, Karlstadts Entfernung, einer angefochtenen Stelle in der Visitations-Ordnung, L.'s Schwermuth, Erasmus Gegenschrift u. a. m.

Bey Aurifaber. II. 355. Deutsch bey Walch XV. Anh. CXXI. Ein verwandter deutscher Brief ohne den Namen des Empfängers Altenb. III. 795. Walch X. 2012.

---

1) In der deutschen Uebers. in der Jen. Ausg. ist der Brief vom 8. October, wie No. DCCCCIV.

*) Vgl. No. DCCCLXXXVII.

Gratiam et pacem in Domino. Penuria tabellarii istae literae apud me delituerunt, mi Philippe, donec per hunc D. Georgium ad te ferrentur. Quod cholica te discruciat, doleo, oroque Christum quantum possum, ut te sanet et servet. Nam te superstitem mihi valde cupio in tantis perturbationibus Ecclesiae, ut sint adversus Satanae furores inaestimabiles aliquot reliqui, qui se pro domo Israël muros opponant in hoc die furoris Domini, visitantis nostram (sicut dignum est) ingratitudinem. O Christe, quaenam erunt tempora futura, quorum tam sunt horrenda principia?

Carolstadius a suo loco jam aliquot hebdomadas abest, ad suos profectus et nidum sibi quaerere creditur: vadat sane ad locum suum, quando nullis officiis revocari potest.

Scribis te flagellari a quodam,*) quod poenitentiam a timore Domini incipi docueris in visitatione vestra. Scripsit similia fere Magister Eislebius, sed ego pugnam istam verborum non magni puto, praesertim apud vulgum. Nam timor poenae et timor Dei quam differant, facilius dicitur syllabis et literis, quam re et affectu cognoscitur. Timeant poenam et infernum omnes impii: Deus aderit suis, ut simul timeant Deum cum poena. Neque fieri potest, ut sine timore poenae sit timor Dei in hac vita, sicut nec spiritus sine carne, etiamsi timor poenae sit inutilis sine timore Dei. Dando igitur timorem Dei, credo id agi, quod agitur docendo libertatem spiritus, ut hanc alii in securitatem carnis, ita illum alii in desperationem seu timorem poenae rapiant. Quis vero illis resistet?

Exaudit nos Christus, et pestem nostram mitigat misericorditer satis. Dabimus operam, si visitatio vestra nobis excudenda mittetur, ut, quae mones, faciamus. 1)

Ora pro me misero et abjecto verme, tristitiae spiritu bene vexato, pro bona voluntate Patris misericordiarum, cui sit gloria etiam in mea miseria. Gloria mea est haec una, quod verbum Dei pure tradidi, nec adulteravi ullo studio gloriae aut opulentiae. Spero, quod qui incepit, miserebitur in finem, cum aliud non quaeram aut sitiam, quam propitium Deum,

---

1) Das ganze Stück von Scribis te flagellari bis hieher fehlt im andern Briefe.

---

*) Von Agricola, welcher M. beschuldigte, er gehe von der Lehre vom Glauben ab. Vgl. Seckendorf I. §. 34.

qualem sese obtrudit et suscipi exigit etiam a contemtoribus et hostibus suis. 1) Saluta omnes fratres, et orationibus eorum nos commenda. Christus, qui docuit nos docere Evangelium suum adversus furentem Satanam, idem faciat nos spiritu suo certo et liberali id ipsum credere, et perseveranter confiteri in medio nationis istius pravae et perversae. 2)

Zwinglium credo sancto dignissimum odio, qui tam procaciter et nequiter agit in sancto verbo Dei. Hyperaspisten *) nondum legi, et quid legam, qui infirmus Christi vix vivam, nedum aliquid agam aut scribam? Itane omnes fluctus suos inducit super me Deus? Et illi qui debebant misereri, etiam compunctum mortificant. Deus misereatur eorum, et convertat eos, Amen. Dominica Vigilia post 3) Simonis et Judae. MDXXVII.

T. Martinus Lutherus.

---

1. November. N⁰. DCCCCX.

An Nic. Amsdorf.

Ein Brief voll Klagen, L.'s Haus ist voll Kranker.

Bey Aurifaber II. 344. b. Deutsch bey Walch XXI. 1047.

Gratiam et pacem. Sicut Domino placet, ita fit, mi Amsdorfi, ut ego, qui alios hactenus omnes consolari solebam, ipse consolationis omnis indigus sim. 4) Unum hoc peto, tuque petes mecum, ut Christus meus faciat mecum quod placuerit, tantum servet, ne ingratus et hostis ejus fiam, quem tanto

1) Hier ist im andern Briefe eingeschaltet: Wie er durch den Propheten spricht, und mit einem theuern Ende bekräftiget: So wahr ich lebe, spricht der Herr, ich habe nicht Gefallen an des Sünders Tod, sondern daß er sich bekehre und lebe. 2) Die Stelle Ora pro me misero bis hieher macht in dem andern Briefe den Anfang. 3) Soll wohl heißen: Am Sonntag, den Vorabend S. J., wie auch der deutsche Text hat. 4) Aurif. sum.

*) Vgl. Br. v. 8. u. 19. Oct. No. DCCCCIV. u. DCCCCVII.

studio et fervore hactenus praedicavi et colui, licet interim non sine peccatis multis et magnis eum offenderim. Satan petit sibi dari denuo Hiob aliquem, et cribrare Petrum cum fratribus: Christus autem dignetur ei dicere: Animam ejus serva, et mihi: Salus tua ego sum, sicut adhuc spero, quod non irascetur peccatis meis in finem. Cupio respondere Sacramentariis, sed nisi fortior fiam animo, nihil possum. Exemplar tuum servabo, sed suo tempore reddam.

In domo mea coepit esse hospitale. Hanna Augustini pestem intrinsecus aluit, sed resurgit. Margaretha Mochinna suspecto apostemate et aliis signis nobis timorem peperit, quanquam et ipsa revalescit. Valde metuo Kethae meae partui vicinae, nam et filiolus meus jam triduo aeger nihil edit et male habet; dicitur esse violentia dentium, et creditur utrumque esse in tanto periculo. Nam Georgii Capellani uxor et ipsa vicina partui peste correpta jam exercetur, si quomodo infans redimi possit: Dominus Jesus adsit illi misericorditer. Sic sunt foris pugnae, intus pavores, satisque asperae, Christus nos visitat. Unum solatium est, quod Satanae furenti opponimus, scilicet verbum saltem Dei nos habere, pro servandis animabus credentium, utcunque corpora devoret. Proinde nos fratribus commendes et tibi ipsi, ut pro nobis oretis, ut feramus fortiter manum Domini, et Satanae vim et dolum vincamus, sive per mortem, sive per vitam, Amen. Witenbergae die omnium Sanctorum, anno decimo Indulgentiarum conculcatarum, quarum memoria hac hora bibimus utrinque consolati, anno MDXXVII.

T. Martinus Lutherus.

---

4. November. N°. DCCCCXI.

An Justus Jonas.

Nachrichten von den Gestorbenen und Kranken in Wittenberg.

Bey Aurifaber II. 356. b. Deutsch bey Walch XXI. 1065.

Doctori Justo Jonae, Nordhusiae latenti.

Gratiam et pacem in Domino. Quod scribam non habeo sane, mi Jona, ego qui tempestate et pusillanimitate spiritus aegre spiro. Paene fui perditus die Sabbathi, cum abortiret uxor Georgii Capellani, ipsaque mox secuta prolem obiit, duplici morte, primum dolore puerpurii, deinde veneno pestis intoxicatior quam intoxicatissima: nec Christus tunc vel lacrymas vel preces nostras pro ea servanda audivit, consolabatur utcunque, quod optimo fine, id est plena fide et spiritu, migravit ad Christum. Concussis igitur omnibus pavore, parochum cum sua familia ad me accepi. Mea Ketha adhuc fortis est fide et sana corpore. Johannellus meus jam octiduo aegrotat, dubio morbo (ut fere suspicio hujus temporis), tamen dentium violentia dicitur, et ita creditur. Post Capellani uxorem heri et hodie nihil fuit funeris: Christus faxit, ut sit finis iste pestis. In suburbano piscatorum jam quidem desiit pestis, incipiuntque denuo nuptiae ibidem, et repetunt sua gaudia, sed nihil est quod certi promittas. Nam ante octiduum paene cesserat in civitate pestis, ut vix singulis diebus singula essent funera, sed subito mutata aura, intra biduum erant uno die XII funera simul, licet infantes maxima pars. Augustini uxor decubuit octiduo et amplius, apostemate intrinseco, nec aliud quam pestem licet suspicari, revalescit tamen. Margaretha Mochinna similiter apud me adhuc decumbit, menstrui dicitur esse morbus, sed timetur esse pestis. Sic, si suspicionem spectes, in peste media versor domi meae: si rem vero consideres, vita est et salus, licet tentata. Orationibus tuis nos volo commendatos. Dorotheae maritus obiit, ipsa utcunque salva, licet apostema pertinaciter stet indomitum, neque cedens neque maturescens. Ketha mea te salutat, et causatur, cur non advenias visitatum nos, cum in finibus nostris sit pax. Salutat te Pomeranus, hodie cacator purgandus factus. Christus nobiscum, Amen. MDXXVII. feria secunda post omnium Sanctorum.

T. Martinus Lutherus.

---

7. November. N°. DCCCCXII.

An Nic. Hausmann.

Von der Visitation, und L.'s Lage in Wittenberg.

Bey Aurifaber II. 357. Deutsch bey Walch XXI. 1067.

Ad Nicolaum Hausmannum, Episcopum Cygneae Ecclesiae.

Gratiam et pacem in Christo. Visitatio coepta non relinquetur, mi Nicolaë, quantum ego intellexi, ideo bene speremus, etiamsi loquantur adversarii quaecunque voluerint. Nos hic pestem speramus finiri, licet varie nos ipsa vexet: aliquando saevit, aliquando mitescit. Pavore vario tenemur, ego mea tentatione, deinde solicitudine pro uxore vicina partui: tu pro nobis ora. Pestem in domo habui ter: filiolus plus octiduo aegrotavit, ut nihil ederet, solo potu alitus, ut desperarem: nunc incipit melius habere. Ego tempestate et pusillanimitate spiritus nunc multis mensibus angor, Christo sic volente: tu ora, ut non deficiat fides mea. Ketha mea pro lineo panno emendo mittit nescio quid pecuniae: ego nolui te hoc opere gravare. Salutat te Pomeranus quam officiosissime, apud me habitans, non tam sui quam mei causa, licet in Parochia pestis Capellani uxorem tulerit, ut solatium solitudinis meae sit. Ketha etiam salutat te, et sese precibus tuis commendat in Christo Jesu. Vale, charissime frater. Feria 5. post omnium Sanctorum, anno MDXXVII.

T. Martinus Lutherus.

---

9. November. N°. DCCCCXIII.

An Andreas Kaugisdorf.

Ermahnung zur Verträglichkeit mit den Amtsgenossen.

Aus dem Cod. Jen. B. 24. a.

G. et pacem in Domino. Scripsi et antea ad te, *) mi Andrea, de quaestione inter te et concionatorem Junonem in templo ante arcem, ut pax et charitas inter vos firmaretur. Nunc iterum scribere cogit, quod relatum est mihi, et cum M. Aegidio tibi non convenire, ortasque esse inter vos querelas, maxime contra te, quasi parum humaniter et fraterne cum eo agas, onerans eum nescio qua invidia. Tu vero, mi frater,

*) S. Br. v. 5. May, No. DCCCLXX.

qui scis cogitationes Satanae, ut qui ex modicis causis quaerit infinita mala suscitare, et irruit quaerens quem devoret, noli contemnere fratrum infirmiorum querelas aut offensas, sed potius cura per Christum, ut bonitate et caritate excedas et superes, si quid est vel infirmitatis vel offensae in illis, ne sic cogar audire querelas contra te, sicuti per gratiam Christi ex literis sacris etiam sine me nosti et nosse potes. Ego alias satis habeo quid molestet, ne etiam vestra discordia me discruciet. Ita fac, mi frater, ut de vobis potius gaudeamus [1]) in Christo, qui sit vobiscum pace sua, Amen. Sabbatho post Leonhardi MDXXVII.

T. M. L.

---

10. November. *) N°. DCCCCXIV.

An Justus Jonas.

Ein sehr trauriger Brief, enthaltend Klagen über die Feindschaft der Sacramentirer und des Erasmus, und Nachrichten von den Pestkranken in Wittenberg; zuletzt Neuigkeiten.

Bey Aurifaber II. 343. Deutsch bey Walch XV. Anh. CXXX.

Gratiam et pacem in Domino Jesu Salvatore. Gratias ago, quod et pro nobis oras et aliquando ad nos scribis, mi Jona. Credo autem literas pridianas a me profectas interim venisse in manus tuas. Erasmum et Sacramentarios nondum legi, nisi Zwinglii tres ferme quaterniones. Recte faciunt, si me miserum conculcent, ut impleant Judae exemplum, cogentes et me cum Christo queri: *Et persequutus est inopem et pauperem et contritum corde ad mortificandum.* Ego enim porto iram Dei, quia peccavi ei, Papa et Caesar, Principes, Episcopi et totus mundus odit et petit me, nec est hoc [2]) satis,

1) Cod. gaudemus. 2) Aurif. haec.

*) So läßt sich nach dem Br. v. 1. Nov. No. DCCCCX., wo gesagt wird, daß der kleine Johann seit 3 Tagen nicht esse, das Datum dieses Briefes bestimmen, wo es heißt: er esse seit 12 Tagen nicht. Nur ist das eine Schwierigkeit, daß von literis pridianis die Rede ist: sind diese nicht verloren gegangen, sondern ist der Brief vom 4 gemeint, so ist dieser vom 5. Nov.

nisi fratres mei devexent me: quin peccata mea, mors, Satan cum angelis suis sine fine saeviunt. Et quid est, quod me servet et soletur, si etiam Christus me relinquat, propter quem illi me oderunt? Sed non relinquet in finem peccatorem miserrimum, arbitror enim me esse novissimum omnium hominum. O utinam et iterum utinam Erasmus et Sacramentarii unius horae quarta cordis mei experiri possent miseriam: quam securus ego pronuntiarem, eos sincerissime converti et sanari. Nunc ipsi inimici mei firmi sunt et vivunt, denique addunt dolorem super dolorem, et quem Deus percussit, persequuntur. Sed haec satis, ne sim querulus et impatiens virgae Dei, qui percutit et sanat, occidit et vivificat, benedictus in sua sancta placente et perfecta voluntate. Fieri non potest, ut quem mundus et Princeps ejus sic odit, quin Christo placeat: si de mundo essemus, mundus, quod suum esset, diligeret. Solicitus sum et pro uxoris partu, ita me pavefacit exemplum Capellani uxoris: sed magna mihi fecit, qui potens est, magna etiam a me requiruntur quae feram, Christus meus, quem pure docui et confessus sum, sit petra et fortitudo mea, Amen.

Johannellus meus jam non salutat te prae aegritudine, sed optat orationes tuas pro se. Hodie XII dies sunt, quod nihil comedit, solo potu alitus utcunque: nunc parum incipit edere. Mirum, quam infans ille vellet more suo laetus et fortis esse, sed non potest debilitatus nimio. Margarithae Mochinnae apostema heri incisum est, et pure pestilente emisso incipit melius habere: inclusi eam hybernaculo nostro usitato, nos in anteriore magna aula versamur. Henschen in meo hypocausto, Augustini uxor in suo: speramus pestis finem. Vale et osculare filiam et amplectere matrem ejus, memores nostri precibus vestris,

Atque ut novi aliquid scribam, literas vidi, quas Frater Christianae Goldschmid ille juvenis scripsit, in quibus confitetur, se contraxisse cum Dorothea Felkinna, si utrinque permiserint cognati, firmo et vero [1]) conjugio, imploratque sororis et Christiani consilium et auxilium: quid fiat ignoro, hoc sorori ejus certo poteris narrare. Romam nollem exustam, magnum enim portentum esset. Utinam rursus liceret cohabitare,

---

1) Aurif. raro.

et Ecclesiasten edere, antequam moriamur. Commendo me precibus tuis. Christianus *) cum domo sua Berlinam migraverat, sed Marchio Joachim jussit eodem die cedere sua ditione tota, causatus periculum pestis. Vide nequitiam Satanae et hominum. Ita Witenbergenses sumus omnibus odio, nauseae, timori, ut Psalmus ait, opprobrium hominum et contemtus populorum, sed gaudium et corona (uti speramus) Angelorum et Sanctorum, Amen.

Martinus Luther, Christi lutum.

---

17. November. N°. DCCCCXV.

An Nic. Hausmann.

Dank für empfangenen Trost.

Bey Aurifaber II. 358. Deutsch bey Walch XXI. 1068.

Ad Nicolaum Hausmannum, Episcopum Ecclesiae Cygneae.

Gratiam et pacem in Christo. Sic te rursum consoletur Christus noster, mi Nicolaë, ut tu me consolaris. Ego quidem peccator gratias ago Domino meo, qui hactenus Satanam non permisit voluntatem suam in me implere, quantumvis miris et magnis viribus et astutiis id quaesierit. Tu ora, ut in finem triumphet Christus in me adversus impetum ejus. Ego sane suspicor non gregarium aliquem, sed Principem istum daemoniorum in me insurrexisse, tanta est ejus potentia et sapientia Scripturis in me armatissima, ut nisi alieno verbo haeream, mea scientia in Scripturis non sit satis: quae dico, ut eo magis pro me ores, et si quando casus contingat, altitudinem Satanae (ut dicunt) nosse possis. Ketha mea hodie dolores sentire coepit parturientis: Christus assit, Amen. Dominica post Martini, anno MDXXVII.

Martinus Lutherus.

---

*) Th. Baier.

19. November. N⁰. DCCCCXVI.

An den Kurfürsten Johannes.

Bitte um Anstellung eines Vertriebenen als Pfarrer.

Aus dem Weim. Archiv im Leipz. Supplem. S. 48. No. 58. bey Walch XXI. 218. Wir haben das Original verglichen.

Meinem gnädigsten Herrn, Herzog Johannes, Kurfürsten zu Sachsen ꝛc. Zu Sr. K. F. G. Handen.

Suppl. Mart. Luth.

Gnad und Friede in Christo. Durchleuchtigster, Hochgeborner Fürst, gnädigster Herr. Es hat hie Er Werner Stechau, ein feiner Mann, der sich mit Er Peter Ehlen, so von E. K. F. G. neulich mit der Pfarre zu Lüttau begnadet, beredet, also, daß er von der vorigen Pfarre Buchholz und Ludersdorf abgetreten, und bis auf E. K. F. G. Ordnung ihm gönnen und lassen wollen. Nu aber obgenannter Er Werner umbs Evangelions aus der Mark verjagt, und bey den Seinen etwas ansehenlich, als ein Dumbherr zu Brandenburg, alles hat mussen lassen, und also im Elend und Armuth leben: ist mein unterthänige Bitt, E. K. F. G. wollten ihn mit derselben Pfarre begnaden; denn wer weiß, wozu er noch nutze seyn mochte? Er wäre viel bessers werth, aber weil sonst nichts verhanden, muß er sich der Noth so lange leiden, bis besser wird. Hiemit Gott befohlen, Amen. Dienstags nach Martini 1527.

E. K. F. G.

unterthäniger

Martinus Luther.

---

21. November. N⁰. DCCCCXVII.

An den Abt Friedrich zu Nürnberg.

Wegen eines an L. gewiesenen Reisenden.

Bey Aurifaber II. 358. Deutsch bey Walch XXI. 1069.

Domino Friderico Abbati Norimbergensi.

Gratiam et pacem in Christo Jesu. Nimis magnifacis, mi Pater, meam erga te tenuitatem: utinam liceret digna praestare tanta tua gratitudine et charitate. Hofmannus non accessit me, sed Jenae substitit, missis ad me literis. Itaque non satis capio, quid illi mandaris: ubi autem venerit, et mecum locutus fuerit, factum habebis. Nam et ego nihil fecero libentius, quam tibi tuique similibus viris in Christo obsequi, si qua dignus essem et possem, non modo ob reverentiam Christi mei in vobis regnantis, sed etiam ob necessitatem mei, ut vestris precibus et fide adjuver in meis tentationibus. Commendo itaque me tuis sanctis orationibus et fratrum tuorum. Haec brevia, festinatio vecturae coëgit abrumpere, alias Deo volente plura. Feria 5. post Elisabeth, anno MDXXVII.

Martinus Lutherus.

---

22. November. N⁰. DCCCCXVIII.

An Wenc. Link.

Von zu überschickenden Schriften Luthers, seinen schriftstellerischen Arbeiten und der Pest.

Bey Aurifaber II. 358. b. Deutsch bey Walch XXI. 1069.

Gratiam et pacem. En solvo silentium, mi Wenceslaë charissime, et quid mirum, si sileam? Misericordia Dei, quod vivo, corpore satis valeo, sed spiritu quid sim aut agam, ipse nescio certe. Quid agat mundus, Papa, Caesar, Reges, parum curo, Christum suspiro et gratiam ejus in salutem. Wolfgango meo certe mandavi, ut libros Bidisso *) mitteret et tibi, quae velles: et nisi impediat, quod hac ipsa hora tradendae sunt hae literae, qua tuas accepi, iterum mandavi, ut pararet. Quanquam tibi de novo integram Genesin arbitror misisse, ac paene certus sum, sed iterum mitto vel mittam integram. 1)

---

1) So und nicht integrum muß es wohl heißen.

---

*) Im Br. v. 5. Jul. No. DCCCLXXXIII. heißt wahrscheinlich derselbe Eudrissus.

Zachariam jam paene absolvi. Adhuc semel Swermionibus respondeo cum professione fidei meae. *) Satan agit et vellet, ut nihil amplius scriberem, sed secum ad inferna descenderem: Christus conculcet eum, Amen. Et tu pro me ora, mi frater. Apud nos pestis nulla esset, nisi fama sparsa nos peste laborare infamaret, sic mititer Christus mirabiliter agit nobiscum. In hospitali plus minus XV defuncti sunt, cum ultra C illati sint aegrotantes: puerorum major est pars morientium. Uxor mea vicina partui est, ora pro ea. Vale in Domino felix cum tuis. Feria sexta post Elisabeth, anno MDXXVII.

---

27. November. N⁰. DCCCCXIX.

An Eberhard Brisger.

Antwort auf erhaltenen Trost nebst Nachrichten.

Bey Aurifaber II. 359. Unvollständig bey Schütze III. 235. Deutsch bey Walch XXI. 1071.

Ad M. Eberhardum Brisger, Pastorem Altenburgensem.

Gratia et pax in Christo Jesu. Consolaris me per literas tuas, mi Eberharde, pro qua re gratias ago. Dominus rursus te consoletur in tempore oportuno, sed adde et hoc unum, ut pro me ores serio ad Dominum, quoniam infirmus sum, ne Christo destituar. Scio opus mihi esse tentatione, ut humilier, et Deus in me glorificetur, sed ne succumbam. Vere credo, Satanam in me furere: nam multa in ipsum feci, et dixi et scripsi: sed solamen est, si fortiter credo, ea ipsa placuisse Domino et Christo ejus. Ita et ego inter istos duos adversantes Principes medius jactor, 1) et miserrime collidor. Verum adhuc spero, quod Christo meo placeam, etiamsi multa feci et facio, quae Satanae sunt, ipse enim misericors est et

1) Aurif. victor, sinnlos.

*) Vom Abendmahl Christi Bekenntniß. Mart. Luther. Wittenb. 1528. 4. bey Walch XX. 1118. erschien im März d. f. J.

ignoscit: quae autem in Satanam pecco, pro Christo facta, non me poenitet, nec veniam ab ipso peto, cum sit homicida et mendacii pater.

Orationibus igitur tuis et fratrum me commendo, eo magis, quo tu ipse intelligis serio me peti a Satana, incredibili ira et furore saeviente, id quod valde sentire cogor. Mirum, quam sese transfiguret in Christum ipsum (ut angelum lucis taceam) omnes vires suas in me exercet, ut perdat: Christus autem adhuc fideliter servavit, qui et servabit usque in finem, ne glorietur hostis in viribus suis, Amen. In quo bene vale cum tua Margaretha. Brunonis filiolus etiam abiit. *) Socero tuo natus est filiolus Joannes, cui ego compater factus sum. Ketha mea partum expectat omni hora. Ora pro nobis. Uxor Augustini revaluit. Feria 4. post Katharinae, MDXXVII.

Martinus Lutherus.

Im November. (?) **) N°. DCCCCXX.

An Justus Menius.

Glückwunsch zur Geburt eines Kindes, vom Druck der Vertheidigungsschrift des J. M. (Vgl. Br. v. 9. April No. DCCCLX.)

Bey Aurifaber II. 360. b. Deutsch bey Walch XXI. 1074.

Gratia et pax. Gratulor nunc tibi denuo parenti: si prior gratulatio fefellit, Dei tamen non fallit. Mihi quoque terribile exemplum est irae Dei, posse tantos viros ***) sic labi, ut istas Satanae ineptias pro salva veritate arripiant: servet nos Christus: quis crederet, tantam esse potestatem Principis tenebrarum? Sed furor iste curret suum cursum, donec Deo placuerit. Apologia tua jam sub prelo est, nescio qua causa distulerit eam typographus. Vale in Domino. MDXXVII.

Martinus Lutherus.

---

*) Freylich im Br. v. 29. Nov. ist erst vom erwarteten Tode des Kindes die Rede, aber die Nachricht in unserm Briefe kann voreilig seyn, auch wäre es möglich, daß fer. 4. p. Kath. der 29. Nov. seyn sollte. **) Dahin scheint Aurifaber diesen und den folgenden Brief zu setzen. ***) Wahrscheinlich Zwingli und Oecolampad. Oder geht es auf Erfurtische Theologen? Vgl. Br. v. 9. April No. DCCCLX.

Im November. (?) N°. DCCCCXXI.

An Justus Menius.

L. überschickt dem J. M. seine in Wittenberg gedruckte Vertheidigungsschrift.

Bey Aurifaber II. 360. b. Deutsch bey Walch XXI. 1074.

Gratia et pax. Venit hic bibliophorus afferens tuum commentariam adversus Klingum, tardius quidem, sed sic fieri oportuit. Christus suam gloriam apud vos suscitabit (spero) per hanc sui ignominiam, quando nihil glorificatur Dei, quod non prius crucifigatur in mundo, nisi Erfordia sit, quae meruerit verbo recens nato et contemto spoliari: verum mihi bona polliceor, ac meliora spero, quod in hac Corintho multos sibi habeat Christus electos, ideo sic furit et formidat Satan, eripi illos suis faucibus. Has literas (rogo) Jacobo Koch, in foro Piscatorio zum Wolfen, reddi curato. Gratia Dei tecum. MDXXVII.

Martinus Lutherus.

Im November. (?) N°. DCCCCXXII.

An die Christen zu Erfurt.

Vorrede zu Justus Menius Buch: Schutzred und gründliche Erklärung etlicher Hauptartikel christlicher Lehre (s. Brief vom 9. April No. DCCCLX.) Vgl. Walch Vorrede S. 25. zum XIV. Th., wo S. 240. die Vorrede zu einer andern Schrift des J. M. v. 1528. befindlich ist.

Wittenb. IX. 245. Eisl. II. 498. (mit der Bemerkung, daß dieses Stück nicht in der Wittenb. und Jen. Ausgabe zu finden). Altenb. III. 808. Leipz. XIX. 539. Walch X. 1778.

Allen frommen Christen zu Erfurt.

Gnade und Friede in Christo. Es hat mir einer euer Prediger, Herr Just Menius, ein Büchlin zugeschickt, so er wider den Prediger zun Barfußen bey euch gemachet, daß ich dasselbige solle urtheilen, ob es wirdig und genugsam wäre, an den Tag zu geben. Nu bin ich nicht gesinnet, Gott soll mich auch dafur behüten, daß ich mich uber ander Prediger Gewalt unterwinde, [1]) Richter oder Regierer zu seyn, daß ich nicht auch ein Papstthum anfange; sondern will sie Christo befehlen, welcher alleine regieren soll uber seine Prediger in der Christenheit: das bin ich aber schüldig, und will es auch gerne thun, daß ich aus der Liebe Pflicht, eim ieglichen zu Dienst und den Christen zu Nutz, Zeugniß gebe seiner Lehre, wo sie recht ist, und fur den falschen Lehrern warne, und auch wider sie zeuge, so viel mir Gott verleihet; wie ich denn bisher gethan habe.

Demnach gebe ich diesem Büchlin mein Zeugniß, daß es ja wohl gemacht ist, recht und rein die Lehre des christlichen Glaubens handelt und verficht, mit guten feinen deutschen Worten, im Evangelio und ander heiliger Schrift wohl gegründet, und je billig ist, ihr auch schüldig seyd, solche Gnade und Gaben Gottes zu erkennen, wenn er euch gleich nicht mehr, denn solchen einen Mann gegeben hätte. Nu aber hat er euch mit vielen berathen und gleich uberschütt. Sehet zu, daß ihr nicht uberdrüssig und undankbar erfunden werdet, und euch die Ohren jücken lasset, anders zu hören und zu wissen, damit denn der Satan Räum gewinnet, mit aller Gewalt Irrthum einzuführen, durch Gottes Verhängniß und Zorn, wie St. Paulus die Thessalonicher auch warnet. Denn er will sein theures Wort in Ehren gehalten haben, und seine Prediger und Boten unveracht; oder wills gar gräulich rächen; wie er dräuet Capernaum, Chorazin, Bethsaida, Matthäi am 11.

Ihr habt bey euch viel Jahr eine Hohe Schule gehabt, darinn ich auch etlich Jahr gestanden bin; aber das will ich wohl schweren, daß alle die Zeit uber nicht eine rechte christliche Lection oder Predigt von irgend einem geschehen ist, der ihr itzt alle Winkel voll habet. O wie selig hätt ich mich dazumal gedaucht, wenn ich ein Evangelium, ja ein Psälmlin hätte mögen einmal hören; da ihr itzt die ganze Schrift klar zu hören habt. Wie theuer und tief lag da die Schrift vergraben, da wir so trefflich hungerig und durstig darnach waren, und war niemand, der uns etwas gab; und ging doch so viel Mühe, Kost, Fahr und Arbeit drauf. Itzt aber seyd ihr für grosser Fülle und Reichthum des Worts gleich satt und faul worden, und habts ohn Kost, Mühe und Arbeit.

Es sprach einmal Doctor Sebastian, Prediger auf unser lieben Frauen Berge bey euch, da es so wohlfeil zu Erfurt war: Gott

1) Eisl. uberwinde.

plaget ander Leute mit Theurunge, uns strafet er mit Fülle. Sehet zu, daß nicht das von der geistlichen Fülle wahr sey. Zu unsern Zeiten hatten wir die Plage, daß uns das Wort theuer und verhalten ward; euer Plage will itzt seyn, daß ihrs zu voll und zu viel habet, darumb es verachtet wird sampt seinen Dienern.

Aus der Ursache, besorge ich, kömets, daß euch Gott in solchem großen Licht noch lässet mit dem Prediger der Finsterniß, Doctor Conrad Klingen, zun Barfußern, anfechten, und gibt euern Rathherren nicht den Muth, daß sie es angriffen und dazu thäten, auf daß Zwietracht der Prediger beygethan würd, daß man sie ließe gegen einander sich hören, und welche nicht bestehen könnten, daß die schweigen müßten, wie andere Städte, als Nürnberg und dergleichen, gethan haben. Denn es ist ja keiner Stadt gut, daß im Volk Zwietracht gelitten werde durch offentliche Anreger und Prediger. Es sollt ein Theil weichen, es wären die Evangelischen oder die Päpstischen, wie Christus lehret Matthäi am zehenten Kapitel: In welcher Stadt sie euch nicht hören wollen, da weichet von, und schüttelt den Staub euer Schuhe uber sie. Wer uns nicht hören will, von dem sind wir leicht und bald gescheiden.

Also bitte ich nu umb Gottes willen, daß ihr diese meine Vermahnung gedüldiglich und christlich wollet annehmen, und euch ja dankbar erzeigen Gott, dem Vater aller Barmherzigkeit, der euch solche tröstliche Prediger zugesandt, und aus dem vorigen schweren Finsterniß berussen hat in sein wunderbarlichs Licht. Und hütet euch für der Finsterniß Lehrern, welche euch suchen, und nicht feyren werden. Denn der Satan schläft nicht, wie ihr wohl sehet und erfahret. Darumb habe ich das Büchlin nicht wollen lassen liegen, sondern durch den Druck ausbracht, euch und alle ander damit zu stärken. Denn das ist ja der rechte Weg, den das Evangelium uns lehret. Und schicke und schenke es euch hiemit in einer geistlichen Gabe; Gott gebe, daß es viel Nutzes bey euch schaffe, Amen. Anno 1527.

---

28. November. N⁰. DCCCCXXIII.

An Joh. Brentius.

L. belobt J. Br. (den Verf. des schwäbischen Syngramma) wegen seiner Treue gegen die rechte Lehre.

Bey Aurifaber II. 361. Vgl. Cod. Jen. B. 24. n. f. 160. Deutsch bey Walch XV. Anh. CXXII.

D. Joanni Brentio, fideli Ecclesiastae Hallae in Suevia.

Gratiam et pacem in Jesu Christo, [1]) Domino nostro. Ostendit mihi Spalatinus charissimus meus literas tuas ad ipsum datas, quas cum gaudio certe legi, mi Brenti, videns gratiam Dei in te habitantis per Christum filium suum, qui tam constans et sincerus verbum Christi serves et doceas in medio istius pravae nationis atque perversae. Benedictus Deus et Pater Domini nostri Jesu Christi, qui in tot malis quibus circumdor saltem aliquot fratres verum et legitimum semen Israel videre concedit, alioqui non nisi monstra undique et furiunt et saeviunt. Carolstadium in sinu hactenus alimus officiose satis, spe bona, quod esset rediturus in viam: at miser homo de die in diem magis induratur, et tamen silere cogitur pusillanimitate: etiam suum *Tuto* adhuc tuetur, quamvis reprobatum etiam a suis. Tanta est ira, si quis semel verbum Dei impugnaverit. Christum oro, ut te et fratres tuos nobiscum servet in sinceritate et simplicitate sua, usque ad diem gloriae suae, Amen.

Has literas, (quamvis lubenti et spontaneo) extorsit tuus Spalatinus, ut et literis scribendis tuam familiaritatem mihi parem, qui spiritu et unanimitate sumus (gratia Dei) conjunctissimi. Ora autem cum fratribus tuis, ut hoc gaudium Christus plenum et perpetuum in nobis efficiat. Salutat te Pomeranus unicus socius meus, [2]) absentibus aliis metu pestis. Commenda nos passim me et [3]) miserum peccatorem Ecclesiae tuae: nam Satan solutus in me, machinis suis mihi Christum eripere tentat privatim, postquam videt publice et professione verbi se nihil posse mihi eripere. Miror, quid hominis sit Zwinglius, qui tam rudis sit grammaticae et dialecticae, ut taceam alias artes, et tamen sic audet jactare victorias: gloria ista properat in ipso [4]) ad confusionem. Tu charissimum meum gaudium et corona mea in Christo, cum Magistro et Domino quam optime vale, cum fratribus omnibus. Torgae apud Spalatinum, MDXXVII. quarto Calendas Decembris.

Tuus ex animo frater

Martinus Luther.

---

1) Cod. J. † Jesu. 2) Cod. J. — meus. 3) Cod. J. — et. 4) Cod. J. uno.

Im November. (?) N°. DCCCCXXIV.

An Andreas Karlstadt.

Dieses Schreiben wurde durch eine Eingabe Karlstadts an den Kanzler Brück veranlaßt, in welcher er die Gründe für seine Lehre zusammengestellt hatte, und welche man L. mittheilte. Karlstadt sagt in seinem Schreiben an den Kanzler Brück v. 12. Aug. 1528. er habe diese Schrift vor einem Jahre eingereicht; ins J. 1527. scheint auch L.'s Antwort zu gehören nach der Aeusserung, daß er mehrmals habe nach Torgau reisen müssen, was im November d. J. scheint geschehen zu seyn. Auch führt auf diese Zeitbestimmung die Erwähnung Karlstadts im vor. Br. v. 28. Nov.

Bey Aurifaber II. 196. fälschlich unter dem Jahr 1524. Aus einer andern Handschrift in Löscher Histor. motuum suppl. p. 4., welchen Text ich aber nicht vergleichen konnte. Deutsch unter d. J. 1528. Wittenb. IX. 277. Jen. IV. 382. Altenb. IV. 447. Leipz. XIX. 701. Walch XX. 426.

Domino Doctori Andreae Carlstadio.

Gratiam et pacem in Christo. Speraveram te producturum argumenta, mi Carolstadi, quae te moverent aut movissent ad tuam opinionem, sed ex ipso tuo commentario super verbo *dedit* intelligo, te argumenta potius exquirere ex syllabis et literis. Quod aliud nihil esse potest, quam quod data opera lucem fugias. Nam quis erit finis disputandi, si sic pergas syllabas violenter mugire et pungere? Cur non potius ad rem accedis? Breviter me accipe, clarissime enim dicam. Duo sunt in ista causa proposita, nempe verba et res: de verbis est quaestio, an demonstrari possit, ea debere aliter accipi, quam sonant? de re quaestio, an corpus Christi in coena corporaliter detur et edatur? Nos igitur per verba vobis rem extorquere nitimur, sicut vos per rem nobis verba extorquere nitimini. Quia si verba accipienda sunt, ut sonant, absque dubio nos vicimus et rem vobis extorsimus: contra si vos rem demonstraveritis, absque dubio verba nobis extorsistis, scilicet aliter intelligenda quam sonant. Nunc sine controversia prior quaestio de verbis est tractanda, hoc est, primum videndum, quid nominis, deinde quid rei. Hic nos stamus et dicimus (quandoquidem neque tu, neque ullus vestrum hactenus demonstrarit haec verba: *Hoc est corpus meum*, aliter accipienda quam sonant) simpliciter eis esse inhaerendum, ut sonant. Nam neque tu unum jota ex Scripturis produxisti, quo probares τοῦτο ad corpus sedentis Christi spectare, sed ex capite tuo hoc fingis, sicut nec Zwinglius nec Oecolampadius probant ulla ex Scripturis syllaba *est* pro *significat*, aut *corpus* pro figura corporea accipi, sed et ipsi talia e suo capite fingunt. Cum igitur hic vos palam teneamus fictores arbitrarios verborum, contra usum et naturam omnium linguarum, possumusne moveri in vestram sententiam? Imo quomodo vos non movet conscientia, quae aculeum hunc sentit, et inclamat vos dicens, verba sic sonant, et vos non probatis aliter accipi debere? Nam et demus per impossibile, vos rem demonstrare, scilicet corpus Christi non dari in coena, quid facietis, cum conscientia haec verba opponit: *Hoc est corpus meum?* Aliter accipienda sunt, inquies? Quomodo? Hic omnes cogimini obmutescere, cum neque tu probes tuum τοῦτο, nec illi suum *significat* aut figuram. Et sic prorsus nullum textum nobis relinquitis, quia nihil aliud concluditis, quam verba esse aliter accipienda, quam sonant. Quomodo autem sint accipienda, prorsus dicere non potestis, atque sic conscientiae clamorem transitis, quae verbis, ut sonant, mordetur, cum nunquam ea aliter accipi audierit, quam sonant. Qualis autem sit ille spiritus, qui solum haec efficit, ut nullus textus sit in coena Domini, deinde aliter accipienda verba quam sonant, contendit contra omnium linguarum usum, nec vult nec potest probare, id ipsum facile est judicare. Cum igitur perverso ordine vos transiliatis, quid nominis, deinde quid rei, sive quid nominis quaeratis, stamus contra vos invicti, dicentes, verba sic sonant, nec contrarie aut aliter accipienda esse ulla syllaba probatis, imo contemtim transilitis: ideo certum est, vos errare. Praesertim in sacris literis necesse est, quid nominis primum et certissimum habere, quia de rebus incognitis et tantum fide perceptis agitur.

Nunc ad tuum perversum ordinem venio, quo, contemto [1]) quid nominis, sudas in quid rei. Ac primum valde vellem te omisisse plurima, quae absque dubio me tibi non concedere nosti, ne tempus et verba perdere opus esset. Sed quia id forte non potes, novellus, ut video, rhetor ex libellis absque praeceptore factus, donandum est hoc tibi et ferendum.

---

1) Aurif. contemtu.

Primum quod doces me, esse locos Scripturae per collationem aliorum locorum exponendos, et hac regula fretus incipis, et Joannis caput sextum velut lucem in verba coenae Domini adferre, hic, quaeso, me patienter audi. Si omnis locus Scripturae per alium locum est exponendus, quis erit finis conferendi locos Scripturae? Quia hac ratione fiet, ut nullus locus sit in Scriptura certus et clarus, et erit quaedam mutua collatio loci ad locum in infinitum. Sic alius praesumet exponere sextum caput Joannis per coenam, sicut tu contra per VI. caput Joannis praesumis coenam exponere, et utetur tua regula, scilicet locum per locum esse exponendum. Sentisne hic te satis infidele fundamentum jecisse, et ex particulari ad universale procedere? Nam ista regula: locus per locum exponi debet, absque dubio particularis est, scilicet locus ambiguus et obscurus debet per locum clarum et certum exponi. Nam claros et certos locos velle per collationem aliorum exponere, est nequiter veritatem illudere, et nebulas in lucem vehere. Similiter omnes locos velle per collationem aliorum exponere, esset totam Scripturam in infinitum et incertum chaos confundere. Suntne haec satis clara? Absque dubio intelligis pulchre haec ita habere. Quando igitur hac regula conferendi uti voluisti ceu fundamento, primum erit tibi certum et demonstratum faciendum, locum coenae esse ambiguum et obscurum, hoc est, qui egeret ista conferendi regula ad caput Joannis sextum. Tu vero neutrum istorum facis, nec demonstras, ambiguum esse locum coenae, nec probas, cum Joannis capite sexto conferendum esse, sed utrumque fortiter indemonstratum et incertum apprehendis, praesupponens tanquam certum et demonstratum. Quid mirum, si nihil nisi monstra disputes et concludas? Ambiguitatem autem coenae sic aut simili modo docuisses dicendo: Quia vocabula ista: *corpus meum* etc. vel ista oratio: *hoc est Corpus meum*, in Scripturis varie et ambigue accipitur, ideo aliunde petenda est certa intelligentia. Hoc modo si processisses, occurrisset tibi veritas, et dixisses: parce, frater, locus coenae non est ambiguus, aut demonstra ambiguitatem, quia verba ista: *hoc est corpus meum*, omnium linguarum usu sunt clara, et nusquam in Scripturis aliter accepta aut intellecta, quam ut sonant, nisi tu contrarium probaveris. Quare tibi non potest concedi, ut ea ad caput sextum Joannis conferas juxta regulam praedictam.

Nam regula haec non habet hic locum. nisi probaveris ambiguitatem sive in vocabulis sive in syntaxi.

Secundo, quod multum contendis, Christum Joannis sexto definivisse, ubi, quomodo, quibus, quando, quoties, quo consilio, quibus instrumentis corpus suum datum sit in cibum, laudo conatum tuum rhetoricandi: sed, mi vir, hoc nosti a me non negari, nec erat opus eo produci Joannis caput sextum, mihi satis notum est, ac scio ibi doceri corpus Christi seu potius carnem Christi esse animarum cibum. Iterum agis, quod agendum est, ex particulari infers exclusivam, scilicet: Christi caro docetur capite sexto manducari spiritualiter, ergo Christi caro docetur manducari tantum spiritualiter: ubi didicisti hanc dialecticam? Manducari spiritualiter est idem quod manducari tantum spiritualiter, vel quod Christi caro spiritualiter comeditur, ergo non potest etiam corporaliter comedi. Ostende locum Joannis VI., qui hanc consequentiam probet, quam tu hic fingis. Quomodo possum credere te isto syllogismo moveri, certe illo nos non posse moveri arbitror te plane videre. Nam eadem consequentia dixeris: Gal. IV. Christus spiritualiter paritur in Galatis, ergo non potest corporaliter pari de Maria: Christus habitat spiritualiter in credentibus Ephes. II., ergo non potest corporaliter habitare Capernaum, aut in coelo: Christus crucifigitur spiritualiter Gal. III., ergo non potest corporaliter crucifigi a Judaeis in cruce. Et hujus generis infinita possunt adduci, ut de tactu, visu, auditu, spiritualibus, ut negentur corporaliter fieri potuisse. Vides itaque, in quantis deficiat hoc tuum argumentum, scilicet, quod ex definito facis exclusivam, deinde quod locum Joannis VI. ad locum coenae per vim torques et nihil probas.

Tertio, quod satis longa et paene obscura verbositate urges, pugnantiam esse in nostra sententia, videlicet, quod verbum *dedit* ponitur ante hunc textum: *Hoc est corpus meum*, id efficere, ut datio jam facta sit, antequam Christus dixit: *Hoc est corpus meum:* ergo discipulos necesse est panem accepisse a Christo datum, et sic finita datione et acceptione, tum Christum dixisse: *Hoc est corpus meum*, ut necessario ad Christi corpus ibi sedentis pertineat, cum jam ante panis sit datus et acceptus. Haec, nisi fallor, est vis et lux illa verbi *dedit*, tam magnifice a te tractata. Ego vero te per Christum oro, ut tecum ipse consideres et observes, si potes, quam insigni caecitate hic labores. Timeo, ne sic in poenam tam sacrilegi dogmatis percussus sis. Age, loquamur crasse. Verborum quaedam sunt Evangelistae historiam recitantis, puta haec: *Accepit panem, gratias egit, deditque discipulis suis dicens:* quaedam sunt Domini loquentis, puta haec: *Accipite, comedite, hoc est corpus meum.* Jam tu inter haec verba Evangelistae recitantis historiam, et inter verba Christi loquentis aliquod ponis intervallum temporis, in quo Christus dederit, et discipuli acceperint ac vorarint panem, vorato autem pane tum sequatur Christus dicens: *Hoc est corpus meum*, ubi necessario *hoc* demonstrant *corpus* Christi, quia panis jam abest, puta datus et acceptus, forte et comestus, ut per hoc demonstrari non possit. Quis hic non videat ridiculam tuam cogitationem vel studium potius volentis et quaerentis errare? Cur non observasti hanc Evangelistae vocem dicentis, qua [1]) clare significat, inter dicendum datum esse panem, et quid dixerit, addit: *Accipite et comedite, hoc est corpus meum.* Ex quo perspicuum est, dationem panis esse factam simul sub dictione vel cum dictione, sonantibus et prolatis istis verbis Christi: *Hoc est corpus meum*, ut tua cogitatio prorsus nihil sit, qua panem datum imaginaris ante prolationem verborum, sicut in libro vel papyro, *dedit*, ante hanc orationem, *Hoc est corpus meum*, ponitur. Igitur juxta tuum sensum augendus esset textus hoc modo: Christus fregit deditque discipulis, et illi acceperunt et comederunt: tunc dixit Christus: *Hoc est corpus meum* etc. Sic enim tu cogitas mox esse factum, ubi Evangelista verbum *dedit* legendum descripsit, et non vides factum ab Evangelista repraesentari his verbis: *Accipite et comedite, hoc est corpus meum.* Nam finge, te adesse coenae illi primae Christi, spectareque et observare Christum agentem et loquentem. Hic vide manus ejus, quibus accipit panem, nihil dicens de dando, sed retinente in manibus panem, profert gratias, gratiis actis iterum tacet et nihil de dando dicit, sed profert haec verba: *Accipite, comedite, hoc est corpus meum.* Sub his verbis vel mox post ipsa aut cum ipsis, et non necessario ante, ipsa fit datio, ut cogit natura facti et historiae sentire, ut nemo possit negare panem datum esse corpus suum, ut quod dando appellat corpus suum.

---

1) Aurif. falsch: quia.

Proinde cum tu intervallum ponis inter dationem et appellationem, fingis contra naturam facti. Certe ad impossibile te obligas, hoc est ad probandum istud intervallum, cum Evangelista per participium illud (dicens) prorsus tollat intervallum, et inter dicendum, vel cum dicendo fractum[1]) panem esse datum et corpus Christi appellatum testatur. Ita manet nuda et mutilis cogitatio tua de intervallo temporis et dationis, quam in ipso factam fingis. Nam quod postulas tibi responderi, an Christus suum corpus dederit, antequam primam literam eloqueretur hujus orationis: *Hoc est corpus meum*, quid est nisi mera captio et insidiosa verborum Christi cavillatio? Nam finge panem esse datum vel post orationem completam, vel ante inceptam: quid hoc, quaeso, ad rem? aut quid hoc te juvat? cum participium (dicens) demonstret dantem Christum dixisse: *Hoc est corpus meum.* Certe si tibi centum florenos darem, nihil referret, sive post sive ante dationem sic dicerem: Hic sunt 100 fl. Quanquam natura facti et narratio historiae persuadeat, dare et dicere simul fuisse, ut simul dederit panem, et simul dixerit: *Hoc est corpus meum.* Nam sic solet in omni actione fieri, ut dator simul det et dicat seu appellet id quod dat. Nisi forte illam vetulam quaestionem nobis revocas de instanti consecrationis, ubi Papistae docent, post ultimam syllabam adesse corpus Christi et non ante. Nos istas cogitationes contemnimus, et Deo non designamus instantia aut tempora, contenti simpliciter credere, id fieri certo, quidquid Deus fieri aut esse dixerit. Neque enim nos contendimus, quo instante leprosus sit mundatus, quando Christus dixit Matthaei VIII: *Volo, mundus esto.* Sed satis est, nos credere illum fuisse mundum factum, sicut Christus dixerat. Sic filium Reguli Joannis quarto credimus sanatum, sicut Christus dixerat: *Vade, filius tuus vivit,* non curiosi, quo syllabarum tempore aut instanti factum sit. Et Lazarum revixisse, sicut verbum Christi sonat: *Lazare, veni foras*, otiosis et vaniloquis relinquimus, an sub voce, *veni foras*, vel *Lazare*, revixerit, et talia multa. Sic et hic panem esse corpus Christi dicimus, quia Christus dicit: *Hoc est Corpus meum*, aliis λογομάχοις concedentes, ut de instantibus et syllabis disputent. Nobis enim praeceptum est, verba Dei vera esse credere, non au-

1) Aurif. factum.

tem disquirere, quo instanti, aut quomodo vera sint et impleantur.

Ex istis puto satis clarum esse, quod verbum *dedit* male trahas ad actionem coenae, cum sit verbum Evangelistae praeteritam coenam narrantis: ideo coactus est verbo praeteriti temporis uti. At ipsa actio verbis praesentibus imperativi et indicativi modi repraesentatur, puta, *Accipite*, *comedite*, *hoc est corpus meum*, quae non sinunt intervallum aut praeteritam dationem imaginari. Sed objiciunt, praesentem dationem a Christo fieri eo ipso, quo dicit: *Hoc est Corpus meum.* Quod vero panem appellari jactas 1. Cor. X. *Panis*, *quem frangimus* etc. quis negat? sed quod solum panem facis, quomodo probabis? Sed de his in novissimo meo libello leges. Nam contra tuum τοῦτο fortis est idem locus: *Panem*, *quem frangimus*, *non est solum panis*, *sed communicatio*, *seu participatio corporis Christi.* Et hae sunt Scripturae, quas flagitas, quibus corpus datum discipulis probamus, nec possunt a te subverti, quod scimus. Equidem admiror, cur dicas, frustra tibi objici haec verba: *Hoc est corpus meum*, nulla alia causa, nisi quod dicis, hic de dandi verbo controverti: deinde aliud significare verbum *dedit*, et aliud verbum *est*, ut autem diversa significant, ita diversa probant. Quid hic velis, non intelligo, nisi quod contemni a te credo ista verba: *Hoc est corpus meum*, et tamen nihil affers, quam quod aliud significent *dedit*, aliud *est.* Quasi non et nos similiter possimus tuum *dedit* contemnere et dicere: aliud significat corpus, aliud meum. Imo quodlibet vocabulum suum significatum significat: nunquid recte hinc sequitur, orationem ex talibus constitutam esse falsam aut contemnendam?

De translatitia significatione, qua datum corpus et fractum pro nobis disputas, permittimus, ut dicas quantum voles. Nam et nos asserimus, Christum in cruce datum pro nobis, quamvis fractum in cruce negemus. Nec tu id probabis, nec probasti hactenus. Sed esse in coena Domini translatitiam dationem non est verum, quamvis verum sit, corporalem ibi dationem figurare spiritualem dationem, qua Spiritus sanctus nobis in cor donat Christi carnem credere, sicut idem dat in coena corporaliter comedere eandem carnem. Nec duae istae dationes sese mutuo impugnant aut vicissim excludunt, sed pulchre conveniunt, sicut cum sese dedit ministrum corporaliter discipulis lavando pedes et ministrando mensae, non impedit, quo minus spiritualiter sese det credendum. Tu consequentias facis pessimas, scilicet: est spiritualis datio, ergo non est corporalis in coena. Consequentias, inquam, ejusmodi probare deberes, qui transis semper et probas nobis antecedens, quod nos tamen concedimus, nec opus habet probatione. In summa petis, ut Scripturam apertam proferam, quae dicat, Christum accepisse et dedisse corpus suum, sicut tu probaveris, Christum accepisse et dedisse panem. Bene, si hoc vis urgere et non vis credere, nisi istas syllabas et literas produxero: Christus accepit corpus suum, et fregit et dedit discipulis suis: victor esto et sequere caput tuum: ego tales syllabas non possum producere. Sed simul vide tamen, si talem possem textum producere: Christus accepit corpus suum et fregit et dedit discipulis suis: quid opus esset, ipsum appellare et dicere: *Hoc est corpus meum?* An otiosum battologum cupis fieri tantum, ut loquatur verbis a te sibi praescriptis? Nos scimus in his verbis: *Accipite et comedite*, ipso gestu significari praesentem dationem, quod nemo negare potest, ita ut si quis glossam super illis verbis velit ponere, sic scribere posset super verbum *accipite:* ecce hic fit datio quaedam praesens. Habita autem datione ista praesenti sub verbo *accipite*, cogit appellatio statim sequens sine intervallo, sine personae mutatione, scilicet *hoc est corpus meum*, qua appellat panem, vere dari corpus Christi. Nam contra omnem sensum est, aliud datum intelligi, quam id quod appellatur a dante eo facto et tempore, quo datur et apellatur ab ipso, ut etiam in primo libro contra te vernaculo declaravi. Ideo tuum praeteritum verbum *dedit* prorsus corruit, et tollitur per verbum praesens *accipite*, in quo non dedit, sed dat necessario intelligitur. Et relinquitur *dedit* in ore Evangelistae praeterita narrantis, et *dat* in ore praesentia narrantis, et Christum praesenter dantem et eloquentem, panemque acceptum corpus suum appellantem audientis et videntis. Et quantum tu urges verbum *dedit*, quod est Evangelistae praeterita narrantis, tantum nos urgimus verbum *accipite*, quod est Christi praesenter agentis.

Cum autem ex Christo agente pendeat intelligentia coenae, manifeste patet vitiosa tua disputatio, dum de actione Christi instituisti loqui, et ea omissa apprehendis narrationem Evangelistae. Imo non narrationem, sed tempus narrantis, scilicet, quia Evangelista longe post coenam narrat, cogitur propter elapsum tempus verbo praeteriti uti, quod tu paralogista confundis in ipsam actionem Christi ante tempus praeteritum praesenter factum. Nec cogitas, si Evangelista potuisset praesens praesentem actionem describere, non fuisset dicturus *dedit*, sed sic: *Jesus accipit et dat, dicens accipite* etc. Tu igitur vide tuum syllogismum, qui a tempore arguis ad opus, ac si dicas: Evangelista diu post ita scripsit, ergo Christus tunc sic non fecit, quia ille in praeterito scripsit, dedit igitur Christus, praesenter non dat. Mirum, quomodo possint tam nihili cogitationes tibi occurrere, magis mirum, te sic illis inniti. Fusius illa dixi, quia video te fidere et multa hic jactare, quae tamen solo verbo *accipite* statim confutassem, sed volui late loqui, ne putares te contemtum in tuo multiloquio.

Post haec de persona dantis disputas, multis verbis agens, Christum esse unicum illum et insignem illum, qui corpus suum dat. Quasi hoc ullus ignoret aut dubitet, cum satis scias, nos plane sentire et docere, Christum solum ipsum esse datorem sui corporis in coena. Neque enim ullus nostrum dicit in persona sua: *Accipite, hoc est corpus meum:* imo nullus dicit: *Accipite, hoc est corpus Christi*, sed Christus loquitur, et *corpus meum* dicit, mandans nobis sic dicere. Quid est igitur, quod ita copiose argumentaris, a nobis dari corpus Christi, cum tibi potius probandum fuerat, Christum non dare corpus suum per nos tanquam per organa sua. Nonne et baptismum suum dat ipse solus et unicus, sed per nos? Nonne remittit peccata solus ipse et unicus, sed per nos? Nonne solus docet Evangelium et praedicat et exhortatur (ut ait Paulus), sed per nos? Nonne solus ipse dat cibum, potum et vestem, uxorem, domum et omnia, sed tamen per alios tanquam instrumenta? Quare non opus erat docere, Christum solum esse, qui dat corpus suum, hoc enim nemo negat. Sed istam consequentiam debebas probare, quam praesupponis et non probas, scilicet quod per homines non possit dare corpus suum, cum omnia alia det per homines, ipsum filium dederit per virginem Mariam, et ipsam divinitatem dederit per humanitatem. Verum tua argumenta sunt quaesita potius resistendi studio, quam oblata aut moventia affectum discendi. Eadem ratione negares, Spiritum sanctum esse datum per Apostolos, imo nec Christum quidem sufflatu suo corporali Spiritum sanctum dedisse dicetur, cum ipse solus Deus spiritum dare possit. Si istis argumentis praescivissem te moveri, non fuissem tecum pactus de hac re disputare. Quid enim obstat, quo minus usque ad finem mundi, omnibus horis talium argumentorum multa plaustra producas, quae scias nihil ad rem facere, et tempus et opus melius interim impedire? Speraveram argumenta audire, quae te moverent, nunc mihi satis alias occupato audire datur, quam varia et impertinentia tu fingere possis aut cogitare, quasi hoc nemo alius possit quam tu solus.

Quare te iterum oro, ut deinceps si argumentari voles, mihi parcas, et hac molestia leves, ne me doceas, quae me nosse et concedere nosti, hoc est, ne assumta proponas tantum, sed subsumta et consequentias discutias et probes. Assumta tua fere omnia concedo, sed subsumta et consequentias nego. His probandis velim te insudare, sed perpetuo his neglectis insudas in probandis assumtis, quae nemo negat, ut hic: Christus solus dat suum corpus, ergo nos non damus, probari debet consequentia. Nam assumtum conceditur, Christum esse solum datorem sui corporis, sed consequens, nos non dare, hoc probari debet. Nam etiamsi nos non damus, tamen quia Christus per nos dat, recte et nos dare dicimur tanquam ministri, sicut eleemosynam, quam dat herus, recte et servus dare dicitur heri sui jussu et mandato, cum et Paulus Evangelium suum dicat, cum tamen sit Dei, et Christus doctrinam suam non suam dicat, atque majora facturum promittit eum, qui credit, quam ipse fecerit, cum tamen ipse faciat in nobis omnia. Haec, inquam, diluere et consequentias tuas contra talia stabilire oportuit. Cogor hic sistere calamum: nam cum ista interruptis vicibus scribere vix potuerim, tum aliis occupationibus impeditus, tum quod tertio Torgam vocatus, et in aulam profectus sum, et jam quarto vocatus sum, volo interim ista legi a te et videre institutam responsionem, plura ubi rediero, et quam primum potero, responsurus.

29. November. N⁰. DCCCCXXV.

An Justus Jonas.

Einladung nach Wittenberg zurück zu kehren, und Nachrichten von da.

Bey Aurifaber II. 359. b. Deutsch bey Walch XXI. 1072.

Gratiam et pacem in Domino. Quod pro me oras, mi Jona, facisque id sedulo, facis rem necessariam mihi misero Christi peripsemati: vicissim pro te oro ex animo, ut tui misereatur Christus, nam audio, iterum te graviter conflictatum esse cum calculo. Ego paene consulerem, ad nos ut redires propediem: nam pestis nostra, Christo favente, mitior facta est, populares certe nostri nuptias repetunt, et quasi victa peste secure agere incipiunt. Deinde regio tua, post Ignatii uxorem et Joannem Dorotheae maritum, paene pura adhuc consistit, usque ad Parochiam et forum. Dominus consulat tibi, ut facias quod illi placet et tibi commodet, Amen. Saluta Ketham tuam et Justulum. Augustini uxor resurrexit. Margaretha Mochinna si evadet, evadet difficulter, speramus tamen vitam: decubuit plus minus VII hebdomadas, auditu privata aegre loquitur. Ketha mea omni hora partum expectat, Christus faveat, Amen. Vigilia Andreae, MDXXVII.

Martinus Luther.

Domum tuam adhuc puram, sicut et totam illam regionem Coswicensem habemus, unde ego tibi absenti hospitem constitui alterius Joannis Capellani uxorem cum liberis, eo quod mulier ista nimis consternata sociae amissae decessu, ut aliter ei provideri non possit consolatio: ipsi tamen Capellani ambo in Parochia manent et dormiunt. Tu igitur vide, ut hanc meam necessariam audaciam in res tuas grassantem boni consulas, hac tamen fide, ut si pestis illic quoque aliquem ex illis invaserit, mox ad Parochiam sim revocaturus. Sic te Christus domo Nordhusiae augeat, dum tua hic fruimur in necessitatem istam. Brunonis nostri filiolus hodie vix vivet, sic agonisat infans pupillus. Vale in Christo.

2. December. N⁰. DCCCCXXVI.

An den Kurfürsten Johannes.

Fürbitte für einen gefangenen Pfarrer.

Wittenb. IX. 238. Jen. III. 438. Altenb. III. 808. Leipz. XXII. 553. Walch XXI. 218.

Gnade und Friede in Christo. Durchleuchtigster, Hochgeborner ꝛc. E. K. F. G. haben den Pfarrherr zu N. lassen setzen zu N. seines Urthels halben, so er unfürsichtiglich hat in einer Ehesachen gefället. Weil er aber seine Schuld bekennet, wie es denn ja nicht wohl gethan ist, und sich so demüthiglich zur Besserung erbeut, ist er der Vergebung und Gnaden werth. So bitte ich unterthäniglich, E. K. F. G. wollten dem armen Mann gnädig seyn, und losgeben, angesehen, daß er guter redlicher Freundschaft hie zu Wittenberg ist, um welcher Ansehen willen, durch solche ernste Strafe vermahnet, er ohn Zweifel hinfort sich besser fürsehen wird. Der Satan hat leichtlich einen Menschen in Unrath und Schande gefuhret, sonderlich die, so andern sollen furstehen, wie wir täglich wohl erfahren. Drumb es nicht Wunder ist, daß er auch diesen guten Pfarrherr mit dieser Sache ubereilet, und in Schande geführt hat. E. K. F. G. werden sich, hoffe ich, gnädiglich gegen ihm halten. Hiermit Gott befohlen, Amen. Montags nach St. Andreas, Anno 1527.

E. K. F. G.

unterthäniger

Martinus Luther.

---

10. December. N⁰. DCCCCXXVII.

An Justus Jonas.

Nachricht von der Entbindung seiner Frau, von dem Selbstmord eines K., der Visitation, Herzog Georgs Vorrede zu Emsers N. T., von dem Aufhören der Pest in Wittenberg.

Bey Aurifaber II. 362. b. Deutsch bey Walch XVII. 2708.

Gratia et pax. Hac hora decima regressus domum a lectione, tuas accipio literas, quibus ad decem versus lectis, edita mihi simul hoc ipso momento filiola nuntiatur ex mea Ketha, gloria et laus Patri in coelis, Amen. Sana, sed aegra puerpera. Sed et filiolus Joannes salvus et laetus est, uxor Augustini quoque valet, denique Margaretha Mochinna mortem insperato evasit. Quinque porcos pro his dedimus, quos amisi: Christus solatium nostrum faciat, ut pestis isto censu contenta desinat. Ego sum, qui sum hactenus, scilicet ut Apostolus, quasi mortuus et ecce vivo.

De Emsero et Teutleben similia nobis quoque dicta et scripta sunt. De K. longa est fabula, summa, octo vulneribus concidit, uno tantum lethali: conscientia dicitur agitatus negati Christi, hoc est, utriusque speciei porrigendae, alii addunt et consilii dati ad Georgii Hallensis sive necem sive pulsam. In cubiculo suo solus, et seris obfirmatis, pecunia sua numerata, et in quos vellet usus disposita ac descripta, mane cum a filia vocaretur solito more, recusavit venire et admittere, interrogatus, num quid deesset? respondit, allzuviel. Hora prandii iterum vocatus, non respondit: fractis autem foribus, ecce indutus caligis et diploide, jacet in gradibus lecti mortuus juxta pugionem, sed nullis vulneribus apparentibus praeter unum in jugulo, exutus autem in pectore et latere reliqua exhibuit videri. Quis scit, si extremum poenituerit, quando sic sanus et compos periit?

Famosa dissensio nostra *) Torgae, paene plus quam nihil fuit: hoc unum, quod tu ex Eislebio accepisti, proponebatur, moxque sedabatur, atque per omnia consensimus pulchre, denique excudetur propediem tota illa visitatio. Maximum, quod fecimus, erat, quod sumtu Principem oneravimus, optimum autem, quod factum est, quod ea dissidii fama vel suspicio ibi sepulta est, Deo gratia et gloria: proinde quod nihil ad te scripsi de ista tragoedia, fecit, quod adeo nihil esset et contemta haberetur.

Tui calculi tyrannidem gaudeo mitigatam: vellem, ut saltem solus huc venires spatiandi gratia, visurus quam pestis nihil facta sit, Deo gloria. Nam in hospitali modo duo reliqui sunt, qui et ipsi valescunt bene: in civitate nihil est cum ullis

---

*) Melanchthons und Agricolas Streit über die Visitations-Ordnung. S. Br. v. 27. October, No. DCCCCIX.

infirmis aut medico aut Capellanis negotii, magno signo, pestem desiisse. Saluta, quaeso, honorifice hospitem tuum et meum Michaëlem, *) cui non credis, quanto gaudio gratuler, donatum esse, ut verbo faveat: Christus augeat et perficiat hoc donum suum in illo ad gloriam suam, Amen.

Dicito quoque, cogitasse quidem me scribere Duci Georgio compassionis literas, quod indignissime ferrem, Principis sui nomine tam impudenter abusos eos, qui sub sua umbra vivunt. Nam si suo Principi illi parcere noluissent, saltem communi Saxonici nominis honori et generi parsum oportuit. Neque enim delector, sed detestor, etiam hostis mei, Principis nomen tam turpiter et foede conspurcari ignominia sempiterna istius praefationis. **) Sed Emsero extincto, tum ipso Principe Georgio aegrotante, muto consilium.

Capellanus Johannes secessum e domo tua molitur, ac reditum in Parochiam. Pomeranus suae uxoris apud me partum expectabit. Revertuntur paulatim studentes, tum ipse D. Hieronymus ad Natalia adventum parat, si stabit, ut stat modo, pestis: Christus congreget nos in unum, Amen. Nuptiae apud nos certe crebrescunt: in suburbano Piscatorum paene bimestri nihil de peste aut morte auditum est. Dominus servet ac reddat te nobis cum omnibus tuis brevi, Amen. Saluta mihi Justulum et matrem ejus, cui scribo. Gratia Dei vobiscum, Amen. 10. Decembris, MDXXVII.

T. Martinus Lutherus.

Apud nos fama est, Caesarem cum Papa et Gallo in gratiam rediisse, qua et Anglus et Veneti includi putantur. Turcam vero maximam expeditionem parare, incertum, an in Apuliam vel Hungariam: si in Hungariam, certe metu Germaniam concutiet et Ferdinandum fugabit.

---

*) M. Meyenburg. **) Dieß bezieht sich auf das der Emserschen Uebersetzung vorgesetzte Ausschreiben Herzog Georgs vom 1. Aug. 1527. bey Walch XIX. 596., wo aber das Jahr 1528 angegeben ist. Vgl. Seckendorf L. I. §. CXXVII. add. I. h.

10. December. N⁰. DCCCCXXVIII.

An den Kurfürsten Johannes.

Bitte um Besoldung für den Pfarrer in Belgern.

Witenb. IX. 235. Jen. III. 425. Altenb. III. 761. Leipz. XXII. 552. Walch XXI. 172.

Gnad und Fried in Christo. Durchleuchtigster, Hochgeborner Fürst, gnädigster Herr! Es hat der Rath und Gemeine zu Belgern nu etlich Mal E. K. F. G. gebeten umb Herr Balzer Seiger, ihren Prediger, der nu bey vier Jahren ihnen gedienet, und der Münch zu Buch die Pfarrgüter innen hat, auch nicht des Ampts wartet, noch zu verwalten tüchtig ist. Nu ists ja unbillig, daß ein Prediger sich selbs soll ernähren, wie er bisher gethan, dem Volk zu Gut, und fort nimer thun kann: daß zu besorgen ist, Gott dadurch höchlich erzürnet, eine Strafe darüber möcht gehen lassen.

Nu ist der Mann, Herr Balzer, fast wohl geschickt, und viel umbs Evangelion willen erlitten, daß ich wohl geneigt, ihn anderswo helfen zu verbitten. Aber weil ich hoffe, E. K. F. G. werde solchs Unbillig nicht leiden: so ist mein unterthänige Bitte, E. K. F. G. wollte mit Ernst verfügen, daß obgenanntem Herrn Balzer ein Handreichung oder doch Steuer von den Pfarrgütern geschehe, bis die Visitation dahin kome. Denn Gott kanns ja nicht gefallen, daß ein ander soll die Pfarr versehen ohn Genieß, und ein ander soll der Güter gebrauchen ohn Arbeit, welchs doch nu bey vier Jahren hie ist geschehen. Hiemit Gott befohlen, Amen. Dienstags nach Nativitatis Mariä, An. 1527.

E. K. F. G.

unterthäniger

Martinus Luther.

---

13. December. N⁰. DCCCCXXIX.

An Spalatin.

Ueber eine Fürbitte L.'s beym Kurfürsten, einen gewissen zu besorgenden Brief, und Nachrichten von Wittenberg.

Bey Buddeus p. 57. Vgl. Cod. Jen. a. f. 257. Deutsch bey Walch XXI. 1075.

Venerabili Viro, D. Magistro Georgio Spalatino, suo in Christo fratri.

Gratiam et pacem in Domino. Scribo ad Principem, mi Spalatine, pro isto homine misero, speroque nihil fore periculi, simul ista ratione admoneri Principem, (quod ego in literis moneo) quam fideliter ejus mandatum exequantur sui proceres, si quid miseris istis hominibus dandum praecipitur. Sed tu mihi prorsus nihil neque respondes neque mittis quicquam responsi super literas, quas tibi Torgae ad Mylen mittendas, ac meo sumtu nuntium remittendum usque ad me. 1) Res enim nuptialis, hoc est, maxima agitur. Igitur tua culpa fiet, si ille puellam amiserit. Nam urget me procus hoc loco, ut Penelopen tradam absente Ulysse. Ketha mea decima decimae Decembris peperit mihi filiolam Elisabetham, sic enim a matre Johannis appellare libuit. Deo gratia et gloria. Salvi sumus omnes, ac pestis prorsus et omnino desiit, ut ne ullus 2) quidem hodie aegrotet, imo tota septimana. Ketha mea te valde salutat cum tua Ketha. Vale in Christo. Die Luciae MDXXVII.

Martinus Luther.

---

14. December. N⁰. DCCCCXXX.

An Nic. Hausmann.

Nachricht von der Geburt einer Tochter L.'s, der nachlassenden Pest in Wittenberg, L.'s Gemüthsstimmung und Arbeiten.

Bey Aurifaber II. 362. Deutsch bey Walch XXI. 1076.

Gratiam et pacem in Domino. Agit gratias Ketha mea tibi, vir optime, pro studio et officio tuo, quo illi lintea Kemnicia procurasti, peperit vero mihi filiolam Elisabeth 10. Decembris: Christo sit laus et gloria, Pestis quoque apud nos omnino cessavit, Deo Patri misericordiarum sit gloria. Nam neque medicis neque Capellanis quicquam fuit hac hebdomada

1) Hier fehlt etwas. 2) Cod. usus.

negotii cum aegrotis, nec ullus aegrotat uspiam. In hospitali duo novissimi et reliqui convaluerunt quoque: nam plus XIV solebant simul ibi decumbere, itaque toto pestis tempore in ipso hospitali vix XV defuncti sunt, cum longe ultra centum illati sint aegri, et tanto numero simul decubuerunt: sic misertus est nostri Christus. Ego quidem tentatione mea nondum sum liberatus, nec liberari cupio, si est gloria Dei mei, Salvatoris suavissimi, Amen. Tamen ne desinas pro me orare, et agonisare in isto agone sane acerrimo cum Satana Principe potentissimo: offendi eum multis libris, hoc est, quod furit, sed furiat in Christum, qui potius offendit eum, per me infirmissimum vasculum suum. Vale, mi frater in Christo cum omnibus nostris. Ordinationem ecclesiasticam Dominus providebit propediem. Ego Zachariam dabo istis nundinis Lipsensibus, postea ad missas Frankfordianas alteram contra Sacramentarios et ipsam novissimam confutationem, Christus modo assit nobis, Amen. Sabbatho post Luciae, MDXXVII.

T. Martinus Lutherus.

---

16. December. N°. DCCCCXXXI.

An den Kurfürsten Johannes.

Fürbitte für einen um des Evangeliums willen seines Gutes beraubten Mann.

Aus dem Weim. Archiv im Leipz. Suppl. S. 49. No. 59. bey Walch XXI. 219. Wir haben das Original nachgesehen.

Dem Durchleuchtigsten, Hochgebornen Fursten und Herrn, Herrn Johanns, Herzogen zu Sachsen und Kurfursten zc. Landgrafen in Thuringen und Markgrafen in Meissen, meinem gnädigsten Herrn.

Gnad und Friede in Christo. Durchleuchtigster, Hochgeborner Furst, Gnädigster Herr! Es hat E. K. F. G. vormals diesen Er Simon Mannewitz verschrieben, welcher von dem Bischof von Meissen beschweret und seines väterlichen Erbes beraubt ist, als umbs Evangelions willen, wie er mich bericht: bitt ich unterthäniglich, E. K. F. G. wollte noch einmal den armen Mann verschreiben, sonderlich weil sein Gütlin unter dem Wurzischen Strich in E. K. F. G.

Landschutz gelegen, daß er nicht so unbillig beschweret, und des Seinen entsetzt werde, sondern durch ein sicher Geleit daselbs sein Recht bekomen muge. E. K. F. G. wird sich wohl wissen gnädiglich und christlich hierinnen wissen [1]) zu halten. Hiemit Gott befohlen. Montags nach Luciä 1527.

E. K. F. G.

unterthäniger

Mart. Luther.

---

28. December. N°. DCCCCXXXII.

An Spalatin.

L. sendet Papiere, den Handel der Einsiedel betreffend, mit seinem Gutachten zurück, und legt den Zacharias und L. Kaisers Geschichte bey.

Bey Buddeus p. 57. Vgl. Cod. Jen. a. f. 258. Deutsch bey Walch XXI. 1073.

Suo in Christo fratri charissimo, Georgio Spalatino, Episcopo Altenburgensi fidelissimo.

Gratiam et pacem in Christo. Remittimus omnia, mi Spalatine, quae Einsiedeli per te ad nos miserunt, respondentes, quae nostra conscientia dictet. *) Nondum sunt iniquitates istius Amalec completae, complebuntur autem suo tempore. Condoleo juvenibus nobilibus et fidelibus, et Christum oro, ut sit illis protector et adjutor in tribulatione oportunus, Amen. Mitto etiam Zachariam et historiam martyris Bavarici Leonhard Keisers. Nihil novi habemus, nisi quod Anabaptistae dicuntur augeri et dispergi in omnes locos. Deus conterat Satanam sub pedibus nostris velociter, Amen. Ketha mea te salutat, simul et Pomeranus. Speramus reditum nostrae scholae. Vale in Christo. Witenbergae Sabbatho ipso sponsaliorum Hannae a Sala. MDXXVII. [2])

Martinus Luther.

---

1) Im Orig. steht wissen noch einmal. 2) Kapp Reform. Urk. I. 91. vermuthet 1528. wegen des folgenden Br. an Jonas d. d. Dom. post Nativ. Chr. 1528, No. DCCCCXXXIII., wo es heißt: Hannam a Sala desponsavimus heri. Aber dieser Brief gehört eben zum J. 1527.

*) Vgl. No. DCCCCXLVII. 1528.

29. December. *) No. DCCCCXXXIII.

An Justus Jonas.

Einladung nach Wittenberg zurückzukehren, da die Pest vorüber sey.

Bey Aurifaber II. 364. Deutsch bey Walch XXI. 1080.

Gratiam et pacem. Nec dum rediisti, mi Jona, quod miror, cum ita sit pestis mortua ac sepulta, vel visitares saltem tribulatos, nostris scilicet expensis. Redeunt turmatim qui fugerant, cives fere omnes, cras etiam Magistratus aderunt, denique Academia brevi aderit, ut Philippus scribit. Deus est misertus nostri satis magnifice et mirifice, ut declararet orationes nostri Evangelii sibi valde placere, quantumvis simus ipsi peccatores. Margaretha Mochinna ex morte ipsa rediit plane desperata, ut quae nec audiret nec saperet amplius: fratrem in Segren pro se obtulit. Denique omnes valemus. Et Ketha mea cum filiola Elisabeth valet, quae te valdissime salutat, sed magis valde te adesse cupit cum tota familia salvum. Hannam a Sala desponsavimus heri: die circumcisionis vesperi, si voles, nuptiis adesse licebit: nubit autem cuidam Petro sacerdoti ex Halla, bona et honesta familia, in qua et Pastor Dresdensis Petrus, hostis verbi, proximus censetur. Ego corpore sanus, animo quantum Christus juvat, qui tenui filo ex me, et ego ex illo pendemus. Satan autem potentibus rudentibus et adeo camelis ex me pendet ad profunda trahens: sed Christus infirmus per vestras orationes adhuc superat vel saltem pugnat fortiter. Igitur pergite et infirmum 1) illum Christum efficite fortem precibus vestris, ut sua impotentia frangat potentiam, imo ferociam Satanae. Vindicate me in illius superbia confundenda, qui vos vindicavi in illius sapientia et astutia revelanda, sed omnia et omnes in Christo et ex Christo. Vale sanissime in Christo. Saluta tuum 2) Dictative,

1) Aurif. infimum, was nicht so passend scheint. 2) Aurif. falsch illum. S. No. DCCCCVII. S. 213.

*) Dieser Brief gehört ins J. 1527, da L.'s Töchterchen Elisabeth als lebend erwähnt wird, welches im J. 1528. d. 3. Aug. starb. Vgl. auch Br. v. 1. Novemb. No. DCCCCX. Die Jahreszählung ist die alte von Weihnachten an.

et omnes tuos, ac cito redi et veni. Witenbergae Dominica post Nativitatis Christi, MDXXVIII.

T. Martinus Lutherus. ✝

---

29. December. N°. DCCCCXXXIV.

An Wenc. Link.

Nachrichten, besonders von L.'s Angelegenheiten.

Bey Aurifaber II. 365. b. Deutsch bey Walch XXI. 1082.

Gratiam et pacem in Domino. Dedit mihi Dominus filiolam, et me simul solicitudine illa liberavit, qua praegnanti uxori misere metuebam, ne peste inficeretur, sicut fieri solet, et multis hic contigit. Nam intra parietes erat pestis mecum, sed Dominus prohibuit, et in porcos meos illam misit. Nova nulla, nisi quod Turca erupturus dicitur maximo belli apparatu: Deus dissipet eos, qui bella volunt, Amen, sicuti spero futurum. Pro me vide ne desinas orare et mecum certare in agone meo: Dominus itidem tui miserebitur tempore suo. Osiandrum salutabis, et hortaberis, ut fortis sit in spiritum sacramentarium. Ego quoque jam secundo in illos vehor, *) et Anabaptistas provocabo epistolio praeludii vice: **) Christus aderit. Pestis desiit gratia Dei, et ubi Academia reversa fuerit, alia Christus dabit operari. Plura semina in hortum meum curabis, varia quaecunque poteris: nam si vixero, hortulanus ero. Vale et filiolam osculare, et matrem ejus amplectere in odium Satanae, qui nos persequitur. Dominica post Nativitatis Christi, MDXXVIII.

Martinus Lutherus.

---

*) Vgl. Br. v. 22. Nov. No. DCCCCXVIII. **) Sendschreiben von der Wiedertaufe 1528. No. DCCCCXLVIII.

30. December. N°. DCCCCXXXV.

An Nic. Amsdorf.

Von Melch. Hofmann, übele Nachrichten aus Heßens Briefen u. a. m.

Bey Aurifaber II. 364. Deutsch bey Walch XXI. 1078.

Gratiam et pacem in Christo. Has Philippus ad te scribit, mi Amsdorfi, credo, sese purgans tibi, nescio de qua causa. Melchior ille Hofmann *) ad me misit quaternionem a te editum, cum scholiis in te. Sed Marquardus sic testimonium de eo scribit, ut mihi totus sit suspectus multis modis, etiam vanus, vix quieturus, nisi malum sibi conciliet: monebo ubi potero, ut sibi caveant ab illo. Nova pessima ex literis Hessi volo te legere: sic furit Satan, argumento certo, quod verbum nostrum sit Dei verbum, quo sic offenditur furor ejus. Turca dicitur reditum in Hungariam parare maxima expeditione fusurus sanguinem, etiam Germanorum, ut timeo. Remitte Hessi chartulam inclusam. Vale, et pro me perdito vase ora, ne deficiat fides mea, sicut ego praesumo te orare. Feria 2. post Nativitatis Christi, MDXXVIII.

T. Martinus Lutherus.

---

30. December. N°. DCCCCXXXVI.

An Justus Jonas.

L. klagt über seine Anfechtungen und wünscht die Rückkehr seiner Freunde.

Bey Aurifaber II. 321. Deutsch bey Walch XXI. 1016.

Suo in Christo charissimo fratri, Justo Jonae, servo Christi sincero, Nordhusiae.

Gratiam et pacem in Christo. Vide, ut non cesses pro me orare, et mecum agonisare, mi Jona (nam tentatio mea ali-

*) Vgl. Br. v. 18. May, No. DCCCLXXIII.

quando quidem mitigatur, sed suis horis saevior redit), ut Christus me non deserat, nec sinat esse impiorum cruciatus, sed filiorum, ne deficiat fides mea in finem. Utinam hic omnes rursum adessetis. Oravimus Dominum contra pestem, et videmur exaudiri, nam plane nulla est pestis amplius, ne in suburbano quidem Piscatorum. *) Aër insuper purus et salubris. Tu quoque idem orabis, ut verbum suum glorificet in nobis, quod periculo et opprobrio patet per nostri dispersionem. Et laetatur Satan cum suis, nos esse sic separatos. Saluta omnes nostros, praecipue Ketham tuam. Pomeranus te salutat valde, et mea Ketha. Christus tecum et nobiscum sit, Amen. Feria 2. post Nativitatis Christi. Anno MDXXVII.

Schwermerii libri nondum hic videntur, recte ergo facies, si istos remiseris ad nos.

Martinus Lutherus.

---

31. December. N⁰. DCCCCXXXVII.

An Nic. Hausmann.

Von der Visitation, L.'s Schriften gegen die Sacramentirer und Wiedertäufer u. a. m.

Bey Aurifaber II. 366. b. Deutsch bey Walch XXI. 1083.

Gratiam et pacem in Domino. Spero visitationem nostrorum propediem typis tradendam, deinde Christum ei benedicturum, ut salutaris sit multis, Amen. Ora pro me, vir in Christo, sicuti facis, ut fortis sim in fide adversus Satanam et suos ministros. Ego in Schwermerios sacramentarios secundo et novissime scribo, **) similiter et primo in Anabaptistas. Satan furit incredibiliter, sentiens se modicum tempus habere; Christus conterat eum cito sub pedibus nostris, Amen. Nihil novi hic est, nisi quod Turca dicitur maximo apparatu in Hungariam redire, Dominus dissipet gentes, quae bella volunt, Amen. Salutat te Pomeranus noster et Ketha mea officiose. Vale in Christo cum omnibus nostris. Vigilia Circumcisionis, MDXXVIII.

Martinus Lutherus.

---

*) Aber da war sie ja von Anfang nicht gewesen. **) Vgl. Br. v. 22. Nov. u. 29. Dec. No. DCCCCXVIII. u. DCCCCXXXIV.

31. December. N⁰. DCCCCXXXVIII.

An Jac. Probst.

Dank für Fürbitte, Klage über die Zunahme der Wiedertäufer; von L.'s Schriften gegen diese und die Sacramentirer.

Bey Aurifaber II. 366. Deutsch bey Walch XVII. 2717.

Jacobo Probst, Pastori Ecclesiae Bremensis.

Gratiam et pacem in Domino. Gratias ago, quod pro nobis estis soliciti, mi Jacobe, id enim et necessarium est nobis, ut vestris orationibus nos juvetis in tanto furore Satanae circumcirca frementis. Secta nova Anabaptistarum mire crescit magna specie viventium, magna audacia per ignem et aquam morientium. Filiolus meus mortuus erat, sed revixit, nam XII diebus nihil edebat, solo potu desperate sustentatus. Auxit me Dominus filiola. Sacra et vigella pestis, quae nos hactenus pavore mortis undique circumdedit, cesssavit Dei misericordia. Pomerano quoque filius natus est Johannes. Valemus autem omnes praeter Lutherum ipsum, qui corpore sanus, foris a toto mundo, intus a Diabolo patitur, et omnibus angelis ejus. Ego secundo et ultimo in Sacramentarios vaniloquos scribo, propter simpliciores, nam mihi ne unum quoddam argumentum solvit volatilis ille subdolus spiritus. Anabaptistas quoque epistola brevi provocabo, propter eosdem simpliciores. *) Ora diligenter pro me, mi Jacobe. Ketha mea te salutat cum costa tua. Pomeranus quoque in Christo tibi precatur omnia bona. Saluta nostros omnes. Vigilia Circumcisionis, MDXXVIII.

T. Martinus Lutherus.

---

*) Vgl. Br. v. 22. Nov., 29. u. 31. Dec., No. DCCCCXVIII., DCCCCXXXIV u. DCCCCXXXVII.

1528.

1. Januar. N°. DCCCCXXXIX.

An Gerard Viscampius.

Dank für erhaltenen Trost in seiner Schwermuth.

Aus der Sammlung des Casp. Sagittarius zu Jena bey Schütze II. 84. Wir haben Cod. chart. 451. f. und Cod. 185. 4. Bibl. Goth. verglichen.

Gerardo Vitokam (?) de Xantis.

G. et P. Novissimas tuas accepi literas consolatorias, mi Gerarde, magno gaudio et gratitudine: Christus reddat tibi ministerium. Verum est, hanc tentationem esse multo gravissimam et mihi etiam ab adolescentia non incognitam: sed ita nunc ingravescentem non sperabam. Christus tamen hactenus triumphavit, sed tenuissimo facto sustentans. Orationibus tuis et fratrum me commendo. Ego alios salvos feci, me ipsum non possum salvum facere. Benedictus Christus meus etiam in media desperatione, morte et blasphemia, qui faciat nos mutuo videre in illo suo regno. Interim tamen certi sumus, quod quae struimus in verbo et opere suo, (?) sed non in hoc justificati, imo servi inutiles sumus, nisi quod gloria nostra est, tamen in mundo etiam vixisse secundum Christum, oblitos prioris vitae pessimae: reliquum est, ut Christus sit vita et justitia [1]) (ah quam ardua et ignota carni) semper in Deo abscondita. Gaudeo, me Petrum nunc (te teste) intelligere, quod eandem passionem implemus, quae

1) Cod. 185. † nostra.

fratribus in mundo contingit, sed acerbissimae sunt sub finem istum mundi. Saluta Montanum nostrum et omnes fratres. Die Circumcisionis, anno MDXXVIII.

T. Mart. Lutherus.

---

6. Januar. *) N⁰. DCCCCXL.

An Justus Jonas.

Ueber Jonas, Mich. Meyenburgs und L.'s Gesundheits-Umstände. Der Zacharias ist ausgegeben.

Bey Aurifaber II. 323. b. In Frid. Hofmanni Medicina consultoria p. 231. (?) Deutsch bey Walch XXI. 1023.

Domino Justo Jonae, Nordhusiae haerenti.

Gratias agit meus Joannes pro Joanne misso, mi Jona. Ego vero gaudeo et gratias ago Christo, quod tui misertus calculo mandavit pro te, ut dimittat te, oroque, ut ratum faciat opus suum in perpetuum. Nam hoc unice cupio, ut si ego periero, vos saltem superstites mei, vindicetis me in Satana furente cum suis apostolis. Zacharias editus est, quem mitterem, nisi spe tuum adventum expectarem, tum Joannes meus tibi offeret Zachariam suum. Omnes valemus Dei gratia. Tu vide, ne credas, si qua fama nos de peste reliqua maculet: vellet Satan, ne in aeternum conveniremus. Atque adeo nuper in ipsa urbe vulgare tentavit, reversam esse pestem tribus denuo correptis, sed mendacio detecto, putabant ideo fictum esse ab iis, qui Magistratu absente regnant, ut absterrerent reversuros, quo diutius liceret regnare. Sed nos verius Satan sic tentat, ut dispersos et divisos teneat.

Valde doleo pro Michaële **) vestro, et mitto quae Eschhaus dictavit, sed senex est, deinde medicorum more peregre mederi difficile putat, maxime cum existimet apud vos esse

---

*) Das Datum des Briefes ist falsch: er gehört ins J. 1528, weil der Zacharias erst zu Ende des J. 1527. fertig wurde, und damals die im Sommer 1527. ausgebrochene Pest vorüber war. S. Br. v. 22. Nov. u. 29. Dec. 1527. No. DCCCCXVIII. u. DCCCCXXXIII. **) Meyenburg.

medicos, aut saltem Erfordiae vicinos. Meus morbus talis erat, ut egestione simul prodiret ani labium tumens in modum fere juglandis in circuitu toto, in quo erat scabies minutula, quantum est granum cannabis, quae parvula scilicet: quo laxior esset egestio, hoc plus dolebat, quo durior, hoc minus cruciabat. Si autem cruor mixtus ibat, tum erat salus atque adeo suavitas et voluptas quaedam egerendo. Atque quo plus cruoris, hoc plus voluptatis, ita ut delectatio provocaret me per diem saepius ad cacandum, et si digito tangeretur, suavissime pruriebat et fluebat cruor. Proinde, me judice, minime omnium sistendus aut cohibendus est iste cruor egestionis, dicunt enim, auream esse venam, et vere aurea est. Nam eo cruore effluere dicunt, quicquid est mali in toto corpore, velut per sterquilinii portam omnium morborum, solereque hos homines diutissime vivere, ut qui hoc loco et apothecam et omnes doctores medicinae habeant inclusos. Sistitur autem per sese suo tempore absque nostra cura. Tu ergo prospice, si tale quid illi contigerit, ne cruorem cohibeat. Reliqua in schedula. Vale et ora pro me. Witenbergae. Salutat te et tuos omnes Ketha mea cum liberis. In die Epiphaniae Domini, MDXXVII.

T. Martinus Lutherus.

---

9. Januar. N⁰. DCCCCXLI.

An den Kurfürsten Johannes.

Gutachten wegen eines gewissen Hans Mohr zu Koburg (er war ein Militär, nicht Prediger, wie Walch angibt), welcher Zwinglische Meinungen geäussert hatte. L. urtheilt sehr unduldsam, auch wurde der Mann deßwegen verabschiedet. S. Seckendorf II. XLIII.

Dieses Schreiben befindet sich in Hoens S. Coburg. Histor. II. 143. Aus dem Weim. Archiv im Leipz. Supplem. S. 49. No. 61. Dann bey Walch XV. 2500. Wir haben das Original verglichen.

Dem Durchleuchtigsten, Hochgebornen Fursten und Herrn, Herrn Johanns, Herzog zu Sachsen und Kurfursten, Landgrafen in Thuringen und Markgrafen zu Meissen, meinem gnädigsten Herrn.

Gnad und Friede in Christo. Durchleuchtigister, Hochgeborner Furst, Gnädigster Herr! Auf die Sache, Hans Mohr zu Coburg betreffend, der Zwinglischen Meinung halben, gebe ich E. K. F. G. mein unterthänige Meinunge. Erstlich, weil derselbige Hans Mohr keinen Befehl hat, von solchen Sachen offentlich zu reden, und doch ärgerlich ist den andern, dazu von Niemand gefoddert odder gedrungen wird, seinen Glauben zu bekennen, soll er bey den Einfältigen davon zu reden sich enthalten, bis er dazu gedrungen wird. Zum andern, weil er der Sachen nicht gewiß ist, noch gewiß seyn kann, soll er auch bey Niemand davon reden, es sey gelehrt oder ungelehrt, der Meinung, daß ers fur gewiß halten wolle, auch nach göttlichem Recht, 1 Petr. 3. sondern zu dem Prediger (wo er ja nicht schweigen will), und dem Pfarrherr daselbst am ersten horen und fragen, daß dieselbigen seine Ursache und Grund am ersten vernehmen, und drauf nach christlicher Weise mit ihm handeln. Zum dritten, weil er mit offentlicher Lugen unsern Glauben lästert, da er spricht, daß wir aus der Creatur den Schöpfer machen, soll er damit billig ewigs Schweigen verdient haben, als er damit gnugsam anzeigt, daß er wedder unsern noch seinen Glauben verstehet, und aus lauter muthwilligem Unverstand seine Lust mit Lästern bußen, und den armen Pofel zu gleicher Lugen und Lästerung reizen wolle. Denn wir nicht sagen, daß die Creatur zum Schöpfer gemacht werde, wenn wir sagen, daß Christus Leib im Abendmahl odder das Brod sey. Er will nicht wissen, daß wir Brod und Leib nicht ein Wesen und Natur machen, sondern allein daß Brod und Leib zugleich da sind, wie denn aller Schwärmer Art ist zu lästern. Und wenn man gleich spräche, Creatur ist Schöpfer worden (wie wir in diesem Artikel nicht thun), so wäre es dennoch nicht allerding falsch, denn wir glauben ja und sagen alle, daß Gott Mensch, und Mensch Gott sey in Christo, so doch Mensch Creatur, und Gott Schöpfer ist. Darumb solch Rede bey den Christen nicht so gräulich ist, wie sie lästern, und damit hinan wollen, daß zuletzt auch falsch soll werden, daß Gott Mensch sey. Darumb sollt solch Lugen und Lästern Ursach genug seyn, daß seinem Maul gesteuret wurde, als zu dem sich zu vermuthen sey, er gehe mit Lugen und Lästern lieber umb, denn mit der Wahrheit. Solch befehl ich E. K. F. G. unterthäniglich zu urtheilen. Hiemit Gott befohlen, Amen. Dornstags nach Trium Regum, 1528.

E. K. F. G.

unterthäniger

Martinus Luther.

24. Januar. N°. DCCCCXLII.

An Spalatin.

Bezieht sich auf den Einsiedelischen Handel. Vgl. No. DCCCCXLVI. C. D.

In Kapp Nachlese I. 97. Strobel-Ranner p. 120. Vgl. Cod. 185. 4. Bibl. Goth.

G. et P. Redit ad te nuntius Einsidelorum, mi Spalatine, nostris utinam salutaribus et efficacibus consiliis oneratus. Salomo dicit: *Si stultum in pila contuderis, non tamen recedet ab eo stultitia.* Et pius si cum stulto agit, sive rideat, sive irascatur, non habet requiem. Orandum est, ut Dominus illuminet eum, si dignus est: sin [1]) ut faciat Dominus per ejus tyrannidem Evangelii proventum, donec veniat hora ejus. Munzeri spiritus non desinit spirare, ut videmus in illis monstris, quorum tu unum [2]) de Erfordia scribis. Christus assit nobis miseris tot et tantos Satanae impulsus sustinentibus. Amen. 24. Januarii, MDXXVIII.

T. Martinus Lutherus.

Im Januar. N°. DCCCCXLIII.

Ein Bedenken.

L.'s Bemerkungen über den ihm vom Kurfürsten zur Durchsicht mitgetheilten, von Melanchthon verfaßten Unterricht der Visitatoren, von denen auch wirklich Einiges: Und nachdem das heilig Evangelion ...... doch dergestalt, daß solchs den Visitatoribus ꝛc. in diesen Unterricht aufgenommen worden ist. Vgl. Seckendorf L. II. §. 36. No. 3. 4. Walch Vorrede zu X. Th. S. 93. ff. Diese Schrift findet sich Wittenb. IX. 251. Jen. IV. 341. Altenb. IV. 389. Leipz. XIX. 622. Walch X. 1912.

Aus dem Original von Luthers Hand im Weimarischen Archiv.

Wo der Artikel von beyder Gestalt sollt ausgelassen werden, wäre desselbigen auf diese odder dergleichen Weise zu gedenken.

1) Viell. sin minus. 2) Cod. verba.

Und nachdem das heilig Evangelion (Gott Lob) an Tag komen ist, darin wir klärlich bezeuget werden, daß beyder Gestalt des Sacraments zu reichen und zu nehmen seyn allen Christen-Menschen nach der Einsetzunge und Befehl unsers Herrn Jesu Christi, und keinen Menschen gebuhrt, solch gottliche Einsetzunge zu ändern, denn auch keins Menschen letzter Wille zu ändern ist, wie Paulus zun Galatern schreibt, viel weniger soll Gottes selbs letzter Wille verändert werden: demnach haben wir die Pfarrherrn und Prediger unterricht, solche Lehre des Evangelii von beider Gestalt stracks und frey zu lehren fur iedermann, er sey stark, schwach odder halsstarrig, und in keinen Weg die eine Gestalt billigen, sondern strafen als unrecht und widder die Einsetzunge und letzten Willen unsers Heilands und Herrn Jesu Christi, daß also die Lehre an ihr selbs frey und rein offentlich getrieben werde.

Dieweil aber Niemand zum Glauben zu zwingen, noch von seinem Unglauben mit Gebot odder Gewalt zu dringen ist, sintemal Gott kein gezwungen Dienst gefället, und eitel freiwillige Diener haben will, befinden auch die Leute so mancherley gesinnet und geschickt, daß uns unmäglich gewest und noch ist, gewiße Maß odder Personen zu stimmen, denen solch beyder Gestalt nach der Lehre Christi zu reichen odder zu wegern seyn sollt: derhalben, ob wir die Lehre rein und frey zu predigen leichtlich Unterricht geben mugen, als die Christus selbs gegeben, so ist doch der Brauch und Ubunge solcher Lehre nicht also in gewiße Maß und Weise odder Personen zu stellen, angesehen, daß durch so alten und gemeinen Brauch einer Gestalt die Leute hart gefangen gewest, und nu fast und schwerlich zweifeln. Und haben also dem Tage seine zwelf Stunden mußen laßen, und die Sachen Gott befehlen, doch dergestalt, daß solchs den Visitatoribus furbehalten und befohlen seyn sollt, daß sie nach Geschicklichkeit und Gelegenheit einer ieglichen Pfarre, darnach der Ort odder die Leute von ihn erkannt werden, den Pfarrherrn insunderheit mundlich Unterricht odder schriftlich Verzeichniß geben, welchen Pfarrleuten beyder Gestalt zu wegern odder einerlei Gestalt zu dulden und zu geben seyn soll, damit die Lehre rein und frey bleibe, und doch Niemand widder sein Gewißen zu thun gedrungen, odder das Sacrament dem, der Recht bisher dazu gehabt, widder sein Recht genomen werde.

Haec vel similia dicentur; ex his etiam demantur vel addantur, prout Dei gratia visum fuerit.

Von den Sippschaften.

Wiewohl im Gesetz Mosi der Grad nicht verboten ist, so Jemand seines Bruders oder Schwester Tochter zur Ehe nimpt, wie das Levit. am achtzehenten Capitel wohl weiset und die Exempel der heiligen Erzväter Abraham und Nahor bestättigen, welche alle beyde ihres Bruders Haran Tochter nahmen, nämlich Abraham die Sara, und Nahor die Milca Genes. am eilften, wie das auch zuvor Doctor Martinus Luther hat in Schriften angezeigt, allermeist umb der willen, die solche Grad zu der Zeit mußten vom Papst ums Geld käufen und doch kein gut Gewissen noch der Schrift Zeugniß oder Grund fur sich hatten, so sehen wir auch, daß Christus solches nicht aufgehoben hat im Evangelio, sondern vielmehr bestättigt, da er spricht: Was Gott zusammenfugt, soll kein Mensch scheiden: darumb wir auch nicht gewußt zu verdammen, so bisher solche Freyheit vom Papst erkauft odder dem Gesetz Mosi nach ihrer Schwester odder Bruder Tochter hätten genomen.

Dieweil aber der Brauch solcher Freyheit durch päpstliche Gesetze aufgehoben, und sein Gesetz in aller Welt gewaltigen Brauch uberkomen, und im Schwang gehet, damit die Gewissen gar hart gefasset, dazu auch am Tage ist, daß die Ehe ein weitläuftige Sache ist und sonderlich an den Grenzen sich die Leute verheurathen, so mancherley Herrschaften ungleichs Glaubens, Rechts und Brauchs sind, und wir befunden, daß die Leute mancherley geschickt eins Theils aus Frechheit thun, das sie hernach gereuet, das mehrer Theil der Freyheit aus lauter Furwitz ohn alle Noth braucht, auch zuweilen nichts denn Aergerniß anrichten und mancherley ander Fahr, so wir täglich erfahren haben; solche und dergleichen Ursachen haben uns abermal verhindert, daß wir gar keine gewisse Maß, Weise odder Personen haben wissen zu stimmen, denn wir nicht konnen den Schwachen gewissen Strick legen, noch den Leuten frembder Herrschaft Maß setzen zu freyen, odder zu freyen damit verhindern. Haben also abermal die Lehre und Brauch mussen scheiden, die Lehre lassen gehen, aber den Brauch den Visitatoribus vorbehalten, daß sie den Pfarrherrn und Predigern mundlich Unterricht odder schriftlich Verzeichniß geben, wie sie sich halten sollen in solchem Brauch, darnach sie der Städte, Ort, Leute und Personen Gelegenheit erkennen und befinden, und hierin unterthäniglich suchen und gebrauchen Rath und Hülf bey unserm Gn. H. dem Kurfursten als ordentlicher weltlicher Oberkeit, weil die Ehesachen zum Theil auch weltlich und weltlichen Rechten unterworfen ist.

Hic similiter addatur, mutetur, dematur, quod visum fuerit.

Auf den Fall in Ehesachen mit rothem A verzeichent.

Wäre zu bedenken, ob solch Stuck aussen zu lassen wäre, und sonderlich weil der Aussatz die Leute beyde nach Mose Gesetze und nach aller Lande Gewohnheit absondert, von der Gemeine und vielleicht ein Fall sich begeben mocht, daß eim unmuglich wäre, ohn Weib zu bleiben, widderumb die Leute auch bose sind, leichtlich Ursachen suchen, die kranken Weiber zu verlassen und meiden: ob solchs auch in sonderheit den Pfarrherrn durch die Visitatores sollte befohlen werden, darnach sie erkenneten die Gelegenheit der Personen und Sachen, welche wahrlich mancherley und unmuglich in ein Gesetz zu stellen sind, wie ich oftmals erfahren. Christen wissen sich wohl hierin zu halten, wie im Unterricht stehet; aber wie thut man mit den Andern?

Im Fall mit C verzeichent.

Obs nicht tüchte, daß solchs verkläret wurde, als daß es allein von dem Weibe verstanden wurde, die uber das Verlubniß auch beschlafen wäre; denn daß Vater und Mutter nicht sollten ein schlecht Verlubniß Macht haben zu ändern, dunkt mich allzu großen Raum geben den muthwilligen Kindern, weil im Gesetz Mosi Gott selbs gesetzt hat, daß Kindergelubde, auch Gott gethan, in der Eltern Gewalt stehen Num. XXX. Doch wo die heimliche Verlubniß vorkomen werden, durch obangezeigtes Mittel wird dem auch wohl Rath, und mag aussen gelassen werden.

Daß in der Zeddel bedacht wird, wie den Widdersachern ihr Argument zu verlegen sey, so da sagen, weil wir durch Christum sind von Gotts Gesetzen erlost, sollten wir auch vielmehr von Kaiserlichen Rechten los seyn, zuvor in diesen Fällen: das ist droben durch das angezeigte Mittel im schlecht, weil wir Kaiserlichen Rechten nicht wollen hierin folgen 2c. So ist sonst inn (ihnen) der Unterricht auch reichlich genug gestellet, wie wir frey und nicht frey sind von allen andern Gesetzen, nämlich nach dem Leibe allen Gesetzen unterthan, nach dem Gewissen keinem Gesetz unterthan, wie die Prediger solchs aus der Postillen und andern Büchern wohl lernen werden.

Desgleichen daß man sollte anzeigen die locos, wo in der Schrift contritio, poenitentia, cognitio peccati etc. ein Ding sey, ist nicht von Nothen, denn die Visitatores schreiben nicht eine Disputation, sondern eine Unterricht, und zeigen, was sie in der Schrift suchen und lehren sollen. Da werden sie es selbs wohl finden. Sonst mußt man ein groß Buch davon stellen und gäbe den Zänkischen damit Ursach zu disputiren und klug zu seyn. So steht auch in der Unterricht gnug davon.

Die Zedel von den Schwärmern ist nicht hoch von Nothen, denn doch ohn das wohl mein gn. H. thun mag; doch sie stehet nicht ubel drinnen.

Vom dem Fall mit rothem B verzeichent.

Zu bedenken, ob solch Stuck weiter zu verklären wäre, denn wir wohl wissen, was solcher Fall auch dem Papst hat zu schaffen geben, nämlich wenn einer sich hätte mit einer verlobet, und freyet ein andere, sonderlich wie das erste Verlobniß heimlich ist, und künnte doch nicht los noch abkomen von der andern. Hie hält man, daß er mit der andern die Ehe bricht, so oft er sie beschläft, und wollen etliche verzweifeln, wie ich des Jamers oft erfahren. Hierin bin ich ungewiß, denn michs dunkt ein harts Ding seyn die Seelen so drängen. Wahr ists, daß die Schrift auch mit Exempeln bestätigt, daß die erste sey das rechte Weib, wie Deuter. XXII. sponsa uxor heißt und Rachel auch die rechte Frau bleib (sic), obwohl Lea hernach beschlafen ward von Jacob etc. und Maria Josephs Weib heißt, da sie vertrauet war Matth. und Luc. II. Aber weil im Gesetz mit den Weibern frey ward gehandelt, als daß Michal zum ersten David, darnach Adrich gegeben ward und Merob Sauls Tochter David zuerst verlobet und darnach einem andern ward, ficht mich an, ob das Gesetze Mosi weise genug sey, odder ob nicht sollt die folgende Ehe das erste Verlobniß zu nichte machen, wie auch in andern Vertrachten, da es Leib und Gut betrifft, oft geschicht, daß ein Verbundniß zu nicht wird durch zufällige Sachen. Solchs schreibe ich, daß ich zumal schwer dazu bin, die Gewissen trostlos odder in Zweifel zu lassen, wo nicht helle, klare Sprüche dahin zwingen. Unser Pfarrherr hälts, wie droben im Unterricht stehet, und ich bins zufrieden, daß man ohn mich also schließe. Aber mein Gewissen ist noch nicht sicher rc. Man mocht solchs auch vorbehalten den Visitatoribus, denn es fährlich ist, in solchen Fällen heraus fahren und Gesetze stellen unter den Haufen rc.

27. Januar. *) No. DCCCCXLIV.

An Joh. Heß.

Von wiedertäuferischen Bewegungen in Breslau und L.'s Schriften gegen die Sacramentirer und Wiedertäufer.

Bey Aurifaber. II. 327. Deutsch bey Walch XVII. 2712.

Gratiam et pacem in Christo, mi Hesse. Monstra, de quibus ad me scribis, Christus noster misericorditer compescat, et misereatur miseris istis hominibus Satanae captivis. Similia geruntur in Bavaria, nec ferro nec igne possunt cohiberi, deserunt uxores, liberos, familias et facultates. Sic furit Satan hac hora, velut novissima. Mihi non videtur, ut Magistratui prodas, prodent se ipsos, et tunc Senatus urbe eos migrare praecipiet. Est in omnibus istis Munzeri spiritus reliquus, de perdendis impiis et regnaturis in terra piis, ut et Cellarius nuper edito libro prophetat, hoc est, seditiosus est spiritus ille totus. Horologion D. Apello curabo reddi. Pestis Dei gratia desiit apud nos, redeunt fugitivi cives. Novarum nihil apud nos. Ego Sacramentariis novissima pugna congredior, et Catabaptistas attingo pro nostris confirmandis: **) sic arbitror Christo me servire et placere, Satanae vero displicere, et irritare magis etiam plus quam furiosissimum in me saevientem. Commendabis me, rogo, tuis et Ecclesiae tuae precibus, ac serio pugnemus, quia Satan non jocatur in nos, ut vides in tantis monstris. Christus sit spiritu suo tecum, et Moibanum salutabis. Salutat te D. Pomeranus noster cum suis. 27. Januarii, MDXXVII.

Martinus Lutherus.

*) Das Datum dieses Briefes ist falsch: die Erwähnung der vorübergegangenen Pest und die Schrift gegen die Schwärmer berechtigt uns ihn ins J. 1528. zu setzen. **) Vgl. Briefe v. 22. Novemb. 29. 31. Decemb. No. DCCCCVIII. DCCCCXXXIII. DCCCCXXXVII.

27. Januar. N⁰. DCCCCXLV.

An Nic. Hausmann.

Ueber einen Verlöbniß-Fall und die zu erwartende Ehe-Ordnung.

Bey Aurifaber II. 366. b. Deutsch bey Walch XXI. 1084.

Gratiam et pacem in Christo Jesu, mi Nicolaë, frater in Domino. Meo judicio puella ista, de qua consulis, si omnino recusat nubere illi, cui pater promisit, nubere possit priori, cui ipsa promisit, si parentes consentiant. Debent autem parentes consentire, in bonum filiae, nec bona conscientia possunt cogere, licet stricto jure possunt, quia jura debent charitati cedere. Ordinatio ipsa parturitur, spero fructum per Christum proventurum, quod orationibus omnes debemus promovere. Salutat te D. Pomeranus. Ora pro nobis, in Christo bene vale. Torgae 2. post Conversionis Pauli, MDXXVIII.

Martinus Lutherus.

Januar und Februar. N⁰. DCCCCXLVI.

An die Herren von Einsiedel nebst etlichen Bedenken und andern Schreiben in ihrer Angelegenheit.

Die Herren von Einsiedel auf Gnaustein, Lehensträger des Herzogs und Kurfürsten von Sachsen, hatten auf ihren im Kurfürstenthum gelegenen Gütern die Reformation eingeführt, und zogen sich dadurch schwere Verdrießlichkeiten von Herzog Georg zu, der sie zwingen wollte von Luther abzulassen. Zur Aufklärung des etwas undeutlichen Handels dient folgender Erlaß des Herzog Georgs vom 10. Januar 1528.

1. Heinrich N. und Heinrich N. von N. Gebrüder, sollen in allen unsern Lehen und Fürstenthum, da sie zu gebieten haben, alle christliche Ordnung verfügen zu halten, und die ketzerischen Priester verjagen, und andere an ihre Statt, die christliche Priester sind, verordnen, oder bey denen, die die Lehen zu verleihen haben, zu verordnen ansuchen. Wo ihnen das von denselbigen mangelt, sollen sie unser Hülf und Rath suchen, der ihnen nicht geweigert soll werden.

2. Sie selber sollen um, daß sie wider den Gehorsam der christlichen Kirchen gehandelt, Absolution vom Bischof, als dem obersten Prälaten, oder sonst an andern Orten, da solche Absolution zu bekommen ist, erlangen. Und sollen förder mit Messen, Predigt hören, beichten, und communiciren sich halten, wie sichs nach Ordnung christlicher Kirchen gebühret. Alsdenn wollen wir, das sie achten ihnen zu Ungnaden geschehen, fallen lassen.

3. Aber dennoch um Fürbitte willen ihrer Herren und Freunde, auch um deswillen, daß wir nicht vermarkt, als suchten wir unsern Nutz, sondern mehr ihrer Seelen Seligkeit; so wollen wir ihnen die Güter lassen, also, daß sie dieß zwischen hie und Bartholomäi verkaufen, und sich an die Ende wenden, da man ihren Ungehorsam leiden kan, rc.

4. Herzog Georg will unvermäntelt und klar wissen, ob die von N. von der Lutherischen Lehre wollen abstehen, und sich mit Beichten und Empfahung des hochwürdigen Sacraments halten, und erzeigen wollen rc.

Diese Bedenken sind Wittenb. IX. 246. Jen. IV. 335. Altenb. IV. 369. Leipz. XIX. 662. Walch XXI. 220. abgedruckt. Altenb. VIII. 1005. Leipz. Th. a. a. O. ist noch ein Schreiben Luthers an den Herrn von E. eingerückt, welches bey Walch fehlt. Dieß Schreiben No. C. und das Bedenken D. ist aus dem Original, welches Luther eigenhändig geschrieben, mitgetheilt in Kappens Nachlese einiger zur Ref. Gesch. nützlicher Urkunden I. 100. ff. Von dem Schreiben B. haben wir eine Abschrift in der Simlerischen Urkundensammlung Vol. 19. in Zürich verglichen.

A.

An die Herrn von Einsiedel.

Gnad und Friede in Christo Jesu, Amen. Gestrengen, Ehrnfesten, lieben Herrn und Freunde! Es ist uns leid euer Unfall und Kreuz, so euch begegnet durch euren Tyrannen. Christus unser Herr tröste und stärke euch in dieser und aller Noth, und steure dem Satan zeitlich und balde, Amen.

Auf eure Bitte, so ihr unsern Rath begehrt, finden wirs nicht anders, denn weil ihr an den Orten, die von Herzog Georgen zu Lehen reichen, nicht habt Prediger, so ihm wider sind: so hat er derhalben kein Macht noch Recht uber euch zu strafen. Wo aber solche Prediger an denselbigen Orten wären, möcht ihr mit gutem Gewissen gestatten, daß sie von dannen sich geben, und dem Tyrannen seines Muthwillens Raum lassen, indem da er Gewalt und Oberkeit hat rc.

Aber weil N. und N. und dergleichen in kurfürstlichem Gebiet und Oberkeit liegen, hat er freylich auch kein Recht noch Macht zu strafen, was da geschieht, an euren Personen. Derhalben dünkt michs wohl verantwortet, daß E. Gestrenge müsse im Kurfürstenthum lassen gehen, wie es gehet, und nicht Macht haben, etwas zu ändern, wie ihr denn Herr N. habt geantwortet.

Wo solchs nicht helfen wollt, dünkt mich, daß der Kurfürst anzurufen seyumb Fürschrift, dieser Meinung, daß seine K. F. G.

Herzog Georgen bitten sollt, weil es getheilte Fürstenthum wären, und Vertrag geschehen, daß ein iglicher in seinem Fürstenthum sollt gläuben lassen, wie er möcht: so wäre sein Begehren, daß, gleichwie Herzog Hans keinen straft, in Herzog Georgen Land gesessen, an den Gütern, so doch vom Kurfürsten zur Lehen gehen, also wollt er auch die nicht strafen, die im Kurfürstenthum sitzen rc. ohn soferne sie in seinen Lehen sich verbrechen; denn solchs wäre unrecht und ungleich. Solchs, acht ich, werdet ihr besser sampt guten Freunden bedenken und ausrichten, denn wir schreiben mügen.

Fur allen Dingen aber müsset ihr euch ihn nicht lassen dringen, daß ihr die Priester verjagen, oder das alte Wesen wieder anrichten lasset, oder darein verwilliget; auch nicht bekennen, daß ihr an der gelassen Brautmessen gesündigt habt; sondern, sey etwas in dem allen oder einigem Unrecht, so wollet ihr vom Kurfürsten, dem es gebürt, als der Ende Oberherrn, leiden, was zu leiden sey. Summa, wenn er mit dem Kopf hinaus will, so müsset ihr stehen, und bekennen, was er verdampt und unrecht haben will. Denn da stehet Christus: Wer mich verleugnet, den will ich wieder verleugnen.

Kanns aber dahin komen, daß er zufrieden ist, so in seinen Lehen nach seinem Willen geschieht, so seyd ihr entschüldigt; denn ihr künnt nicht wider Gewalt. So ist der Kurfürst schüldig zu vertheidingen, so fern sein Gebiet reichet. Vertheidingt er euch nicht, so wird Christus euch vertheidingen, der da spricht: Hundertfältig soll uns wieder werden, was wir einfältig umb seinet willen lassen müssen. Hiemit Gott befohlen, Amen.

D. Martinus Luther.
Herr Johann Pommer.

---

5. Januar. B.

An Spalatin. [1])

Gnade und Friede in Christo, wirdiger lieber Herr Magister und Pfarrherr! Auf euer Begehr in der von N. Sachen, [2]) ist kürzlich das unser Verstand. Weil sich Herzog Georg will fur den Landsfürsten und Oberlehenherrn zum N. [3]) halten: so muß man ihn da

1) Nach Simler. 2) S. Einsiedler-Sachen, und so immer statt N. Einsiedel. 3) S. Gnanstein und so immer.

lassen walten, ja nicht walten allein, sondern auch tyrannisiren, wie St. Petrus lehret, auch von den unartigen Herrn Schläge zu leiden. Denn er mißbraucht [1]) der Gewalt uber die Seelen, des er nicht Recht hat. Das wird Gott richten; sie müssens [2]) leiden.

Aber die von N. sollen erstlich auf die Meinung sich erzeigen: Weil sie kein Gewalt hätten [3]) weder von Gott noch von Menschen, uber Lehre, Seele, und geistlich Ding zu richten, sondern allein uber Leib und Gut der Unterthanen zu gebieten: so hätten sie den Pfarrherr bisher lassen machen, wie ers wüßte zu verantworten; und auch noch nicht wüßten (als die nicht geistlich, sondern weltlich Regierer waren), sich zu unterwinden der Lehrer oder Lehrerstand. Wie sie sich denn [4]) versähen, daß S. F. G. sich auch selbs hätten gehalten des weltlichen Regiments, und das Geistliche den Geistlichen gelassen, wie es Gott geordnet, und auch haben will.

Wo aber Herzog George ihnen wollt gebieten, daß sie den Pfarrherr verjagen, und das Volk zu alter Gewohnheit halten 2c.: da sollen sie nicht sich deß begeben, seiner [5]) solcher Tyranney Executores, und also theilhaftig seiner Untugend zu seyn; sondern demüthiglich bitten, S. F. G. wollte sie solchs Gebots uberheben, und gnädiglich bedenken, daß, obgleich andere sich geistlicher Sachen zu richten, verdamnen und Personen darüber vertreiben, wider Gott und auch päpstliche und alle Recht unterwinden; [6]) so könnten doch sie nicht wider ihre Gewissen also thun; weil göttlicher Majestät Ordnung und Gebot sie zwünge, allein weltlich und nicht geistlich zu regieren. Und S. F. G. wollte also ihrer Gewissen, da S. F. G. doch nicht uber richten könnte, verschonen, und dawider zu thun nicht dringen.

Wollt S. F. G. je nicht nachlassen, daß S. F. G. ein Amptmann gen N. schickte, der solchs exequiret und schaffet: so wollten sie ihm, als öberstem Lehenherrn und Landsfürsten, solches einräumen zu thun: daß also S. F. G. (und sie, die von N. nicht) [7]) auf S. F. G. Gewissen nähme und trüge, was hierin furgenomen würde oder geschähe, oder nachbliebe.

Denn die von N. müssen hierinn ihr Gewissen verwahren, daß sie dem Tyrannen nicht helfen wider das Evangelium thun; sondern viel lieber weichen, räumen und machen lassen. Würde aber solchs

---

1) S. gebraucht sich. 2) S. müssen. 3) S. haben. 4) S. da. 5) S. und. 6) S. unterwunden. 7) S. und nicht sie von S.

durch Herzog Georgen furgenomen, daß er sie zwingen wollt zu exequiren solch Gebot, da müssen sie ihm schlecht Gehorsam absagen; denn sie könnens mit Gott nicht thun, wie sie das aufs glimpflichst und demüthigst wohl zu thun wissen.

Den Unterthanen aber muß man sagen, daß ein iglicher fur sich gläube und thue, stehe oder fliehe, wie ers weiß zu verantworten. Denn in solchen Sachen ist Niemand des andern Schutzherr; ein iglicher stehet fur sich selb wider den Teufel, und mügen zum Sacrament gehen, wo ein iglicher will.

Lieber Gott, will denn der tolle Kopf nicht einmal aufhören! Ist er zu bekehren, mein Herr Jesu Christe, so bekehre ihn doch: wo nicht, so wehre ihm doch bald. Was soll er die Deinen, dein Wort und Werk, so lang hindern und lästern, Amen, Amen, lieber Herr. Sonntag nach Circumcisionis des 1528. Jahrs.

Martinus Luther.

Johannes Pommer.

---

24. Januar. C.

An Heinrich von Einsiedel.

Dem Gestrengen und Festen Heinrich von Einsiedeln zum Gnanstein rc. meinem gunstigen Herrn und Freunde in Christo.

Gnad und Friede in Christo Jesu, Gestrenger, fester, lieber Herr und Freund. Was wir vermugen in eur Sachen, das schicken wir euch hiemit. Aber Christus unser Herr, deß die Sache ist, wird unser Gebet erhören und euch geben Mund und Weisheit, Stärke und Geist, daß ihr seinen Willen thut und den Teufel überwindet, Amen. Ihr werdets alles wohl besser wissen zu stellen aufs hoflichst und demuthigst, auf daß der Tyrann nicht Ursache schöpfe einiger Verachtung odder Hochmuths. Hiemit Gott befohlen, Amen. Freytags nach Vincentii 1528.

Martinus Luther.

Johannes Bugenhagen Pomer.

D.

Angefügtes Bedenken.

Weil Herzog George seinen Kopf auffetzt, ist meine Sorge, er thu wie Diabolus incarnatus, bis lange man ihm richtig und klärlich unter Augen gehe, nicht ablasse zu fragen der von Einsiedel Gewissen ꝛc. Darumb ist widder Gewalt wenig Rathens; doch so viel ich kann, zeige ich an.

Erstlich, daß sie ja bey Leib und Leben fur sich setzen und beschließen, daß sie der Stuck keines bewilligen odder annehmen wollen, so ihn Herzog George auflegt, und sonderlich der Absolution nicht. Und daneben, weil es Gottes Sache ist, und die Seele betrifft, daß sie Gott umb Rath und Hülf frohlich anrufen, und nicht zweifeln; er wird horen und helfen.

Zum andern, ihr Antwort zu stellen, wäre gut, daß man mit feinen Worten die Entschuldigung, so sie auf fünf Stuck gethan, als im 10. und 11. Blatt verzeichent, widderumb holet und ausstriche, auf dergleichen Maß: die von Einsiedel hätten sich unterthäniglich versehen, S. F. G. wurde aus solcher Antwort gnugsam ihr Unschuld vernomen haben, so doch S. F. G. selbs an demselbigen befunden, daß sie ohn Grund und Ursach S. F. G. angeben sind; und hoffen auch gegen Kaiserl. Majest. selbs damit zu bestehen, als in welcher Mandat allein die thatliche Vorgreifung verbotten ist ꝛc. und hie in den fünf Stucken kein thattlich Vergreifen funden ist. Derhalben sie noch hofften, S. F. G. sollte sie dabey lassen, und noch nicht hoher dringen, denn Kaiserl. Maj. foddert.

Zum dritten, demnach so keine thätliche Vergreifung funden, wüßten sie mit keinem guten Gewissen ihren Ungehorsam zu bekennen, und absolviren zu lassen: sintemal S. F. G. selbs wohl wissen zu bedenken, daß man mit gutem Gewissen nicht kann Sünde machen, da nicht Sünde ist; denn Gott damit gespottet wurde, wo man Vergebung suchet in seinem Sacrament, da man keine Sünde hat odder bekennet.

Zum dritten, daß sie S. F. G. gar unterthäniglich bitten, ihr Gewissen und Person frey und ungenothigt zu lassen. Denn S. F. G. hätten gnädiglich zu bedenken, daß der Glaube soll frey und ungezwungen seyn; odder ist Gott ganz widder, und sündigt beyde, der so da zwinget, und der sich zwingen läßt. Denn sie spotten Gottes alle beyde, weil das Herz nicht da ist mit Glauben von freyem Gewissen.

Es würde ohn Zweifel S. F. G. selbs keinen Gefallen tragen, wo ein frembder Fürst wollte S. F. G. Unterthanen zu zwingen in seinem Gehorsam furnehmen. Nu aber das Gewissen und Glauben allein Gott unterworfen, und keiner Gewalt auf Erden noch im Himel unterthan seyn soll: haben S. F. G. zu ermessen, daß die von Einsiedel nicht allein ihrer Seelen Fahr halben, sondern auch S. F. G., als die sich hiemit in frembdes Fürsten, des ewigen Gottes Reich und Gewalt strecken und greifen will, nicht mügen sich nothigen lassen; denn damit sie sich mit beyde eigener und frembder Sünden fur Gott beschwereten, weil sie widder sein göttlich Gebot ließen frembde Herrschaft in seinem Reich und Gewissen handeln. Und obgleich der von Einsiedel Gewissen falsch und irrig wäre, noch hat St. Paulus Röm. 14, (22.) verboten, widder solch Gewissen zu thun und zu handeln. Derhalben sie unterthäniglich bitten, S. F. G. wollte ihr demüthigs Erbieten gnädiglich annehmen, denn sie mit Leib und Gut, als rechten treuen Untersassen gebührt, S. F. G., als rechter ordentlicher Oberkeit, allzeit gerne gehorsam rc. Und S. F. G. wollte sich doch das lassen bewegen, daß S. F. G. nichts damit geholfen wäre, wo sie die von Einsiedel zwinge, widder ihr Gewissen zu thun, und also zu großer Sünde und ewigen Verdammniß ihrer Seelen zu handeln, sintemal Paulus auch die verdampt Röm. 14, (23.), die widder ihr irrig und falsch Gewissen handeln.

Zum vierten, mochten sie das mit einziehen, weil die von Einsiedel wohl zweyer Fürsten Lehenmänner seyn: so wissen sie auch widder fur der Welt noch fur Gott zu verantworten, daß sie sich dem einigen Theil so ganz und gar begeben und verbinden sollten. Denn weil die Person verstrickt wären, so müßten sie darnach im andern Fürstenthum auch thun nach S. F. G. Willen, das wäre denn auch in weltliche frembde Herrschaft greifen. Wie man dieß mache (denn ich verstehe mich nicht hoch hierin), daß man ihm wohl anzeige, wie S. F. G. sey zum halben Theil, und nicht ganzer Herr uber der von Einsiedel Person, darumb sie ihr Person so wenig hierin ohn des andern Herrn Wissen und Willen ganz begeben können, als in andern Diensten fronen rc.

Bitten derhalben, und hoffen tröstlich, S. F. G. wurde sie nicht dahin zwingen, damit sie Ungnade bey dem andern Theil erlangen, odder auch derselbigen Herrschaft zu nahe thun. Und wo das gewiß ist, daß H. George sich der sieben Dorfer Lehen alleine unterstehet, die doch auch dem Kurfürsten gehören, so ists in keinen Weg zu schweigen, sondern solchs anzeigen, daß sie ohn Wissen und Willen des Kurfürsten sich damit verbinden, nicht Fug noch Recht haben.

Zum fünften, weil S. F. G. nicht eigen Nutz, sondern der von Einsiedel Seligkeit zu suchen sich rühmet, daß man dafur danke, und anzeige, und bitte, S. F. G. wollte solchs gnädiglich auch bestätigen. Aber widder das Gewissen dringen, sey nicht zur Seligkeit, sondern zur Hellen dringen, Röm. 14, (22. 23.)

Zum sechsten, wo er nu nicht will weichen, und auf die dürre Antwort will dringen, mügen sie abermal zum Uberfluß erzehlen, wie sie ohn thatliche Vergreifen erfunden sind, widder Kaiserl. Majest. Mandat, und sich versehen, S. F. G. wurde sich nicht die Herzen zwingen und zu forschen, welchs Gott allein gebuhrt, unterwinden, sondern allein thatliche Werk straffen, so fern sein weltliche Oberkeit reicht.

Wo solchs nicht hilft, ist mein Rath, daß sie sich aufs Recht berufen, es sey auf das Hofegericht, oder fur, gleichwie Paulus Act. XXV. sich auf den Kaiser berief in solchen gleichen Sachen, [1]) den Kaiser. Denn hiemit thun sie nicht widder das Evangelium, da es rechten verbeut; denn sie rechten nicht umb Gut, sondern umb Gottes Reich, nämlich ob Herzog George Recht und Macht habe, die Gewissen und Gottes Reich zu regieren.

Und so odder dermaßen stellen: weil S. F. G. nicht Nutz noch Gut, sondern der von Einsiedel Seligkeit und Recht sucht, und sie wiederumb auch nicht umb Gut haddern, sondern ihr Gewissen und Seligkeit auch suchen, und solch demüthig Handelung S. F. G. nicht sättigen, noch genug dunkt, wiederumb sie auch nicht befinden, daß Kaiserl. Majest. Verbot und Mandat jemand auflege, seine Unterthanen widder das Gewissen zu treiben, und die Herzen auszuforschen, und also bisher Kaiserl. Majest. Geboten gehorsam erfunden: so wollten sie in solcher Sachen nicht selbs Richter seyn, sondern dem Recht oder Kaiserl. Maj. widder heim tragen, und auf Rechte und Seiner Kaiserl. Majest. Erkenntniß und Urtheil stellen und warten. Wiewohl sie gar unterthäniglich dafur bitten, daß S. F. G. sie dahin nicht ursachen und nöthigen, weil es schimpflich ist, und S. F. G. auch nicht löblich, daß sich Unterthan müssen mit ihrer Oberkeit, da sie doch Recht suchen und Schutz haben sollen, allererst umb Recht zu holen in Handlung geben müssen.

---

1) Dieser Satz folgt in der gew. Ausg. später.

Wo es also ins Recht käme, hoffet ich, es sollte in die lange Thren [1]) komen, wie es mit Paulo auch geschach (und ich möchts gerne sehen), auf daß andere, so vielleicht auch angreifen worden, ein Exempel und Steure dran hätten widder den Teufel, gleichwie Graf Albrecht von Mansfeld fur dem Bischof zu Magdeburg auch thät.

Mit den Pfarrherrn zu bestellen, wo die Appellatio nicht hie rathen kan, so mugen sie lassen gehen, was da gehet; allein daß sie nicht bewilligen, noch helfen papistische Pfarrherrn zu bestellen. Thuts der Tyrann mit Gewalt, da können sie nicht zu; denn sie sollen und mugens ihm nicht wehren. Gott wird aber einmal das gemein Gebet erhoren.

Wenn sie aber die Güter mußten verkäufen, daß sie ja ein demüthig glimpflich Antwort zur Letze geben, und mit Gute von dem Tyrannen komen: also daß, weil ihr Gewissen sich beschweret S. F. G. Drang und Gebot zu folgen, so wollen sie nicht allein fur eigen Sünde, sondern auch, daß sie nicht in S. F. G. Sünde mit komen, fur frembder Sünde hüten, und Gott die Sachen befehlen; danken S. F. G. fur alle Gnade ꝛc. und bitten noch, S. F. G. wollte ihr Demuth und Noth des Gewissens beherzigen, und gnädiglich von S. F. G. Ungunst lassen.

Mehr weiß ich furwahr nicht zu rathen.

Martinus Luther.

---

31. Januar. E.

An Spalatin (?).

Gnad und Friede in Christo, wirdiger, lieber Herr! Wir haben dießmal den Boten nicht können so eilend fertigen, denn wir von Torgau auch nicht leer komen sind ꝛc.

Erstlich, da ihr fragt von der Pfarr-Messen ꝛc., wisset ihr, daß kein Pfarrherr mit gutem Gewissen kann Messe halten allein, da keine Communicanten sind. Darumb ists hie nicht weiter fragens; entweder kein Meß, oder Communicanten.

---

1) Ausg. Thruen.

Auf der von N. Freundschaft Meinung, hab ich bey verzeichent meine Meinung. Lieber, Herzog Georg hat leicht zu merken, weil die von N. nicht stracks am ersten haben geantwortet: ja, ja gnädiger Junker, wie die andern; sondern sich bedenken, und Rath suchen, daß sie nicht mit ihm gläuben noch halten; darumb ists verloren mit ihm zu handeln, es will und muß ins Recht.

Was fur Ceremonien christlich mügen gehalten werden, wird unser Visitation wohl lehren; denn es mir nichts zu treffen ist, was fur ein Pfarrherr oder was zu N. fur Ceremonien leidlich seyn mügen, weil ich des Orts Gelegenheit nicht weiß, und Herzog George da herrschen will. Wenns allein umb die deutschen und latinischen Messe zu thun wäre, hätte kein Fahr. Weiter werdet ihr in den Verzeichnissen finden. Hiemit Gott befohlen Amen. Freytags nach Sanct Pauli Conversionis 1528.

Martinus Luther.
Johannes Bugenhagen Pomer.

F.

Beygelegtes Bedenken.

Daß zu besorgen, Herzog Georg wolle ausgedrückte Antwort haben, das besorge ich auch. Drumb hab ich zuvor solche Antwort vergeblich und verloren gehalten.

Auf den Artikel des Luthers Lehre halben, sie wollten bey dem heiligen Evangelio bleiben: er wird nicht gnug dran haben, und ist umbsonst. Ich halte noch, weil Herzog Georg den Kopf auffetzt, so wirds ins Recht müssen mit ihm komen.

Doch auf dieses Stück des Luthers halben möcht man also antworten: Weil solche Frage weitläuftig ist, können die von N. nichts Gewisses drauf antworten; denn der Luther lehret mancherley, das auch Herzog Georg selbs lobet, als vom Sacrament wider die Schwärmer, von Kriegsleuten, von weltlicher Oberkeit rc. So will der Luther selbs nicht Lutherisch seyn rc. ohn so fern er die heil. Schrift rein lehret.

Wo nu Artikel ausgedruckt würden, als vom Sacrament beyder Gestalt rc., so wäre dieser Artikel los, und käme diese Sach auf die vorigen Artikel.

Wenn er nu von den Personen nicht lassen will, weiß ich nicht bessers, wie jenes Mal gezeigt, daß sie mit ihm ins Recht appelliren; wo das nicht, so müssen sie frey heraus, und sich wider ihn mit dem Bekenntniß hören lassen, was sie gläuben; denn mit dunkeln Worten wird er nicht wollen satt haben. So muß man ja Christum nicht verleugnen. Mit der Appellation aber wird gnug bekannt, daß sie wider ihn gläuben 2c., daß die von N. junge Leute wären. Es mag wohl hingehen, wo er will dran gnug haben, so ist viel gegeben. Sie hätten selbs nicht Gefallen an Neuigkeit 2c. Es ist gut, wo er gnug dran haben will. Ob die Pfarr N. nicht möge bestellet werden mit einem geschickten Mann, der die Leute wohl lehre, und berichte: es ist auch gut, kanns geschehen.

Ob derselbige Pfarrherr sich recht halte 2c. in Ordnung der Kirchenceremonien, Meßhalten; denn ohn Zweifel Unterschied unter Pfarrmessen und erkauften Messen sind 2c. Das wills nicht thun, Meß halten ohne Noth, das ist, so keine Communicanten da sind; denn es ist stracks wider die Einsetzung Christi.

Ob ein solcher Pfarrherr künnte gemeine gebräuchliche Ceremonien aufn Dörfern, an der Heiligen Feyer, latinisch Meß 2c., und daneben lehren: das gehet alles wohl hin, ohn daß die Messen nicht ohn Communicanten seyen, und der Heiligen Feyer nicht auf Päpstisch gehalten werde, die Heiligen zu plagen. Aber des Sacraments halben wissen sie keinen Weg, es künnte denn derselbige Pfarrherr, dem, so beyde Gestalt gebraucht, in der Beicht untersagen, anderswo zu suchen. Wills und kanns ein christlicher Pfarrherr thun, so gehe das auch hin; denn Niemands zum Glauben zu dringen ist.

Item, ob etliche Pfarrkinder wären, die das Sacrament vor in beyder Gestalt nicht empfangen, oder dergleichen ganz empfangen hätten, zu demselben Pfarrherrn komen, und ein Gestalt begehrten: ob ers mit gutem Gewissen reichen künnte, sonderlich weil zum N. das Wort Gottes bis ins vierte Jahr getrieben: darnach die Leute wären. Denn wo es lauter Schwachheit wäre, ging es hin; wo aber anders, so taug es nicht. Doch davon, und viel, wird in der Visitation gesagt werden, wenn sie ausgehet, als ich hoff, nicht lang soll verziehen. 1528.

D. Martinus Luther.

G.

D. M. L. zum fünften, inter alia (?).

Sollen auch die Unterthanen einen Pfarrherrn bestellen, so müssen sie keinen unchristlichen, sondern einen rechtschaffen bestellen: sonst würden sie frembder Sünde theilhaftig, als dazu sie wissentlich hätten Förderung und Rath beweiset.

Wo der Pfarrherr nicht rechtschaffen ist, so hilft das Einbinden nichts, daß er handeln soll, wie ers gegen Gott wisse zu verantworten, weil sie zum unchristlichen Pfarrherrn geholfen haben.

Es liegt auch nicht sonderlich daran, ob ein Unterthan in die Kirchen ginge, da man gottlose Predigt und Ceremonien innen führet; denn man lieset im andern Buch der Könige, am fünften Capitel (V. 18.), daß der Naeman Syrus mit seinem König zu Syrien in den Tempel Rammon ginge 2c.

---

22. Februar. H.

An die Herrn von Einsiedel.

Gnad und Friede in Christo, Gestrenger, Ehrenfester, lieber Herr und Freund! Es ist in euer Antwort, dem Herzog Georgen gegeben, zu viel gethan in dem Stück, daß die Wort, die er unterstrichen hat, durch euer Freunde bewilligt ist, aussen zu lassen. Denn es ist die Antwort nu stracks, wie Herzog George begehrt hat, daß die von N. thun wöllen, was ihm gefället, wie ihr selbs wohl merket, wenn ihr solche Wort aussen laßt, und den Text auf einander leset. Ich weiß nu nicht alle euer Gelegenheit, daß man solchs wieder zuruck bringen möcht auf gute Weise.

Denn weil er euer Antwort nicht anders verstehet, noch verstehen kann, denn als wollet ihr thun, was er will: so muß wahrlich das heraus, daß ihr viel anders gläubet, denn er meinet. Denn euer Worte geben ihm andern Verstand, denn ihr habt, und ihm geben wöllen. Es wäre noch das beste mit ihm ins Recht gehen, oder die Güter gelassen. Denn wiewohl ihr nu seyd ungezwungen, die Güter zu verkäufen 2c.; so sehe ich doch nicht, wie ihr ohn Fahr euers Gewissens den Fürsten in solchem Wahn stecken laßt, als hättet ihr alles widerrufen, und verleugnet.

So ists auch kein Fahr, daß ihr euch den Unterthanen damit äussert, so ihr die Güter verkauft, oder den Erben auflaßt, ob gleich dadurch das Volk von Gottes Wort getrieben würde; denn es ist nicht euer Schuld, und könnet nichts wider Gewalt, ob auch gleich Zwietracht oder Kriegsfahr zwischen dem Landsfürsten zu fürchten wäre. Denn wir müssen umb keins Guts oder Nutzs willen, es sey der Seelen oder des Leibs, Unrecht thun, oder Gottes Wort leugnen. Wenn euer Freunde nur die Wort, so Herzog Georg unterstrichen hat, nicht hätten bewilligt aussen zu lassen, so hätte es alles kein Noth. Ist das nicht ein Satans böse Stück, daß ein Christ nicht soll sagen: ich hoff zu Gott, daß ich mich will halten, daß es Gott gefällig, und der Seelen Seligkeit seyn soll; wem sollt es denn gefällig seyn? Heißt das nicht öffentlich Gottes Gnad ausschließen, und verleugnen, und Menschen Gnad allein ansehen?

Darumb schafft, mein liebe Herren, daß solch Antwort in dem Stück widerrufen werde, entweder mit einem schriftlichen Unterricht an den Herzogen, oder mit der That, daß ihr das Widerspiel ubet, oder aus seiner Oberkeit euch wendet, oder was ihr samt euern Freunden mügt besser finden: ich weiß kein bessers. Christus unser lieber Herr stärke und rathe euch, die Sache wohl zu enden; denn durch diese Antwort ist sie ärger worden, denn sie zuvor ist gewesen. Euch zu dienen findet ihr uns willig. Hiemit Gott befohlen, Amen. Sonnabend St. Petri Stuhlfeyer, 1528.

Martinus Lutherus.

Johannes Bugenhagen Pommer.

Ohne Tag. I.

An die Herren von Einsiedel.

Gnade und Friede in Christo. Gestrengen, festen, lieben Herrn! Magister Philipps und ich sehens nicht gerne, daß ihr euer Güter verkäufet, und wöllten viel lieber rathen, daß ihrs nicht thätet. Vielleicht möcht Gott ein Mittel schicken mit dem Tyrannen, daß anders würde. Doch wöllen wir eurem Bedenken unsers nachsetzen. Die Form aber, so ich M. Spalatino zugesagt hab, dünkt mich, sollte diese seyn; oder wie ihr das besser werdet finden, und ändern.

Erstlich, daß ihr unterthäniglich, und mit den besten Worten so ihr künntet anzeiget, wie ihr S. F. G. gehorsamlich, hättet angenomen die Artikel, so verfaßt wären ꝛc. Aber nu ihr vielmal bey Leuten indeß gewesen wäret, hättet ihr viel beschwerlicher Wort müssen hören, beyde von Feinden und Freunden, des unterstrichen Stücks halben, so S. F. G. aussen zu lassen hätten verzeichent; und ihr doch dazumal nicht so scharf darauf gemerkt, daß solche Macht an demselbigen Stück gelegen. Weil denn nu Jedermann euer Gewissen hiemit ängstet und martert, und ihr solchs nicht künntet verantworten, und selbs auch fühlet im Gewissen deß eine Beschwerung, sonderlich weil man euch furhält, als hättet ihr damit Gott und sein Wort im Gewissen klärlich verleugnet, und, wie sie sagen, ein Türk und Jude müßte solch Stück nicht leiden, schweige denn, daß Jemands bey Christen zu hören leiden künnte, daß Jemand Gott und sein Gewissen sollt verleugnen; zu dem auch der mehrer Haufen dafur hält, daß freylich E. F. G. selbs Meinung nicht sey gewesen, solchs, wie die Wort lauten, zu halten, oder zu foddern, sondern sey vielleicht dazumal, als im Fall Ungnaden auf uns zu werfen, ubereilet, aber die andern solchs E. F. G. ja so ubel auslegen, als uns; weil denn unser Gewissen hiermit zu Unruge bracht, und wir uns auch schüldig erkennen, E. F. G. Ehre und Leumund zu retten, und doch nichts wissen, womit wir solchs thun, weil die Wort so klar da stehen, daß wir Gott und unser Gewissen ausziehen: haben wir uns bedacht, E. F. G. solchs unterthäniglich anzuzeigen, und umb Rath zu suchen, was wir hierin thun sollen, damit wir nicht allein unser Gewissen, sondern auch E. F. G. löblich und christlich Gerücht, welche alle beyde höchlich verletzt seyn sollen, als Jedermann sagt, und wir uns auch also fühlen, erretten, und den bösen Mäulern, nicht Ursach zu lästern, den Fromen auch kein Aergerniß geben. Bitten hierauf, E. F. G. wollte die Artikel wiederumb ubersehen, und uns ein gnädig Antwort geben.

Mit solcher Schrift, hoff ich, sollt die Sach wiederumb in die ersten Staffel komen, damit ihr wieder frey würdet, weislich euer Gewissen zu bewahren.

Die Pfarre zum N. ließ ich noch ein Weil so stehen, bis das Wetter anders würde. Wie kann man anders thun? Die Leute müßen ein Weil Geduld tragen. Hiermit Gott befohlen, 1528.

K.

Bedenken.

Meinen lieben Herren und Freunden, den von Einsiedeln [1]) wissen wir nicht besser zu rathen, weil sie sich die Pfarr zu bestellen gegen den von Leisnig [2]) geäussert haben, daß sie es dabey lassen, und bitten umb einen, so besser er zu bekomen sey. Denn sollten sie daruber sich widder unterstehen, einen Pfarrherr zu bestellen, mochts viel ärger werden. Daß sie sich aber besorgen, man mocht ihn einen Pfarrherr eindringen, acht ich, sollt dadurch zu verkomen seyn, daß die von E. nicht frey ubergeben haben die Macht der Pfarr zu verleihen; sondern auf diesmal, auf Bitens Weise (aus Ursachen) solchs von Grafen zu Leisnig [3]) ersucht, und mochten solchs noch wohl ausdingen, odder mit feinen Worten verwahren und anzeigen: daß, wiewohl sie die Gewalt hätten, und auch nicht zu begeben wüßten, aus eigener Dürste und Furnehmen etc., die Pfarr zu verleiben etc., so gebe doch itz die Noth und Ursach, daß sie müßten bitten den Grafen umb einen Pfarrherr dahin zu bestellen etc. Damit wäre das Gericht und Macht nicht ubergeben, und doch ein Zeitlang zur gegenwärtigen Noth ungebraucht etc. Mit nicht laß man Herzog Georgen Pfarrer geben. Hält sich aber der, so vom Grafen zu L. komet, nicht allerding evangelisch, das mugen sie lassen gehen, bis Gott anders mache. Es kann in Nothen nicht gehen, wie im Willkehre etc.

D. Mart. Luther.

Anfang Februars. N°. DCCCCXLVII.

An zween Pfarrherrn.

Diese Schrift: Von der Wiedertaufe, an zween Pfarrherrn, ein Brief Mart. Luthers. Wittenb.. 1528 4. Wittenb. II. 229. Jen. IV. 407. Altenb. IV. 374. Leipz. XIX. 674. Walch XVII. 2643. hat so wenig Briefliches an sich, daß wir sie hier nicht einmal dem Namen nach aufführen würden, wenn sie Luther nicht selbst hin und wieder einen Brief nennte.

---

1) Nach Kapp; Ausg. N. 2) Nach K.; Ausg. N. 3) Nach K.; Ausg. N.

5. Februar. N°. DCCCCXLVIII.

An Spalatin.

L. sendet an Sp. seinen Brief von der Wiedertaufe, und meldet von seinen andern Druckschriften.

Bey Aurifaber II. 367. b. Vgl. Cod. Jen. a. f. 214. Deutsch bey Walch XVII. 2718.

Charissimo fratri in Christo, D. Georgio Spalatino, Episcopo Altenburgensi fideli et pio. 1)

Gratiam et pacem in Domino. Mitto contra Anabaptistas seu Catabaptistas epistolam tumultuarie scriptam, alias scilicet occupatus: forte si est aliquis in eis dux provocatus, irritabit me ad diligentiorem scriptionem: ista interim fruentur simpliciores et pii. Nova nulla nobiscum, nisi quod Brunswicenses incipiunt petere verbi ministros tam Senatus quam vulgus. Visitatorum Institutio sub prelo est, sicut et Antiswermerius meus.*) Ora pro nobis Dominum, ut misertus nostri servet nos adversus Satanae furias, et me praesertim tuis habeto precibus insertum. Vale cum Heva tua in Domino. Feria 4. post Purificationis, anno MDXXVIII.

Martinus Luther.

---

8. Februar. N°. DCCCCXLIX.

An Nic. Amsdorf.

Ueber Martin Cellarius; Befürchtungen wegen des künftigen Reichstages.

Bey Aurifaber II. 367. Deutsch bey Walch XXI. 1084.

Gratiam et pacem. Gaudeo, te Martinum Cellarium vidisse, et nunc legisse quoque, mi Amsdorfi: sciebam te id judicii

1) Nach Cod. Jen.

*) Das große Bekenntniß vom Abendmahl.

super illum habiturum. Furit Satan in illis, ut nihil certi sapiant aut cogitent, quo et alios inquietet per illos: Christus servet nos, Amen. Nihil hic novarum rerum, nisi quod Clerus Papae mira moliri dicitur et creditur in futura die Regensburg. *) Oremus pro illo conventu Dominum, ut fortunet conatus et consilia bonorum. Sed quare tu non aliquando visitas nos infirmos et miseros fratres? Dominus tecum, Amen. Sabbatho post Purificationis, anno MDXXVIII.

Martinus Lutherus.

---

10. Februar. N°. DCCCCL.

An Nic. Hausmann.

Von L.'s Brief von der Wiedertaufe. L. verzeiht einem gewissen Dipontius. Von der Besetzung der Pfarrey in Schleta, und dem ungebührlichen Amtseifer des Predigers Lindenauer in Zwickau.

Bey Aurifaber II. 367. b. Deutsch bey Walch XXI. 1085.

Gratiam et pacem in Domino. Adversus Catabaptistarum sectam edidi epistolam, mi D. Nicolaë, quam credo te vidisse: forte alias plura prodibunt.

Dipontio illi meo nomine dicito pacem et gratiam: si quid peccavit, obliviscatur: nam et ego oblitus sum jamdudum, ut ne meminerim quidem: quid enim tam diu de me dubitat?

Cohortaturus eram Balthasarem istum nostrum, ut ministerium in Schleta susciperet: sed vicit me rationibus, cum esset sine pertinacia inventus. Nam cum assint, qui et idonei sint et egeant, cur non aliquem ex illis potius vocari liceat aut libeat? praesertim cum hic Balthasar et sua et uxoris causa gravetur suscipere: faciendum igitur puto, ut liber eat quo velit, alio in locum subrogato.

Visitatio sub prelo est, qua spero fore, ut omnia in melius formentur.

---

*) Dieser Reichstag kam nicht zu Stande.

Concionator tuus male apud nos audit, quasi contemta autoritate tua, et fiducia applausus popularis inflatus, nimium audeat et insolescat. Scribo de hac re et Senatui et illi ipsi, *) scribo et tuae D. Vide igitur, ut placide doceat, ac vitia sine tumultu arguat, ne si vos negligatis, nos cogamur Principis invocare manum contra illum et suos. In me derivabo culpam, si vos non audetis, et apud Principem agam, ut ab urbe alienetur, nisi sanius incipiat agere, ut quid enim turbas movet in mediis turbis, et ignem igni adjicit? Leges haec et dices meo nomine, scilicet rigide et aperte, ac cum fiducia in me ejus furorem irritato, et te excusato, quia ex te non habeo, quod scribo, et miror, cur tam diu tacueris. Vale in Christo, mi reverende in Christo vir. Salutat te Pomeranus noster suaviter. Feria 2. post Dorotheae, anno MDXXVIII.

T. Martinus Lutherus.

---

10. Februar. N°. DCCCCLI.

An Paul Lindenauer, Prediger in Zwickau.

L. ermahnt ihn, sich im Lehramt der Mäßigung und Vorsicht zu befleißigen, und Liebe und Friede zu pflanzen, nicht Unzufriedenheit zu erregen.

Bey Aurifaber II. 368. b. Deutsch bey Walch XXI. 1087.

Ad Paulum Lindenauer, [1]) *Concionatorem Ecclesiae Cygneae.*

Gratiam et pacem in Christo Domino nostro. Rogavi te, mi Domine Paule, et antea per literas, ut verbum Dei cum pace doceres, et abstineres a personis et omnibus his, quibus vulgus moveri solet sine fructu. Nunc denuo mihi tristis et inamabilis de te fama nuntiat, quae nollem, nec solum fama,

---

1) Aurif. Lindeman. Aber Luther schreibt ihn Lindenauer im Br. v. 23. Apr. 1529. an den Kurprinzen.

---

*) S. d. folg. Br.

sed et literis suis M. Stephanus Roth, licet obscure, tamen tantum significavit, quantum satis est ad movendam meam solicitudinem, quae ut in paucis malis omnia mala suspicatur, ita et omnia tuta timet. Summa, cum sic doceas, ut integros et pios viros non leviter offendas, satis magnum argumentum est, te non recte ad Evangelium incedere, sed vel turbam vel sectam ad tuam gloriam spectare. Denique de Sacramento tam frigide te docere, et quod ipse a communione tam diu abstines, quem non moveat merito, ne forte quid monstri alas?

Proinde, mi frater, te iterum rogo per Christum Jesum, ut animos auditorum potius sedes quam concites, et charitatem ac pacem inter omnes alas. Satis est, quod Satan turbas et seditiones movet, ne nos etiam arma exhibeamus suo furori, cui summis viribus resisti oportuit. Nosti tuorum civium ferociam, et licentiam plus quam civilem, ut hactenus experientia docuit: quid igitur ignem igni adjici opus est? Haec scribo, quod sperem te charitatis admonitionem benigno animo excepturum esse, nec infructuosam passurum, ne scilicet cogamur Principis (per sese satis occupati) autoritatem et manum semper et in omnibus nostris rebus implorare, quod nec tibi salutare, nec nobis gloriosum foret, etiamsi necessitas cogeret. Dominus Jesus det tibi spiritum suum, ut facias, quae placita sint ei, Amen. Witenbergae die Scholasticae, anno MDXXVIII.

Martinus Lutherus.

---

22. Februar. N°. DCCCCLII.

An Spalatin.

Betrifft den Einsiedelischen Handel s. No. DCCCCXLVI.

Bey Aurifaber II. 370.; mit beßrem Texte in Kappens Nachlese I. 111. Deutsch bey Walch XXI. 1091.

Gratiam et pacem. Frustra actum est, quicquid hactenus in causa Einsidelorum egimus, mi Spalatine. Nam responsio eorum, per amicos Duci oblata, hoc habet, facturos scilicet esse Einsidelos, quicquid Principi Georgio, non quod Deo placuerit. Scilicet [1]) hoc voluit Satan, dum versum istum, per tyrannum linea subnotatum, expungi jussit, et illi consenserunt. Nec dubium esse potest, quin tyrannus intelligat et credat, E. in totum revocasse et negasse, quicquid hactenus crediderint, sicut et vere negatum et revocatum est. Quis enim ferat, prohiberi hanc clausulam: **Wie sie hoffen und trauen zu Gott, daß es Gott gefällig und ihrer Seelen Seligkeit seyn soll,** et mox addi: **Es soll S. F. G. nicht misfallen?** Sic homo praefertur Deo, et habet Dux Georgius, quod voluit. Huc pertrahit illos amicorum illa sapientia et fideles consiliarii. Ego sane ignoro, quid nunc consulam. Res est pejore loco, quam ante fuit. Laesa et irretita est conscientia eorum, quod valde doleo. Quam [2]) tuta fuisset, si recta et libere tyranno statim ab initio restitissent, quam dum media quasi via incedere volentes, utrinque gratiam Dei et hominum tenere tentant, utramque [3]) simul amittant. Eo necesse est reduci causam, ut tyrannus, aperta et retecta ista amphibologia responsionis, intelligat, E. non consentire ejus voluntati, pro negando vel revocando verbo Christi. Quod quomodo faciant, nescio, si non in jus cum eo vadant, vel venditis substantiis testentur, se non voluisse, quod tyrannus ex responsione eorum eos credit velle. Luditur enim quasi vafritia sensus ejus, dum aliud audit et aliud illi intendunt, quod est contra christianam et simplicitatem et veritatem. Haec cum illis conferre tu quoque potes, et de consilio cogitare. Vale in Christo, Amen. Sabbatho Estomihi, MDXXVIII.

T. Martinus Lutherus.

---

25. Februar. N⁰. DCCCCLIII.

An Wenc. Link.

L.'s Besorgnisse wegen des nächsten Reichstags; von seinen neuesten Schriften; Warnung vor gewissen Flüchtlingen.

Bey Aurifaber II. 369. Deutsch bey Walch XXI. 1088.

1) Aurif. Sicut. 2) Aurif. Quia. 3) Aurif. utrumque.

Gratiam et pacem in Christo. Ubique et undique monstra, mi Winceslaë, ut sperem sic furente Satana diem redemtionis piorum impendere. Vellem Ferdinandum Regem in Hungaria differri, ne ad comitia venire possit. *) Nam praestat impediri comitia quam frustra conveniri, aut Pontificum consilia tractari, quod unice semper agunt, neglectis causis reipublicae, sua quaerunt stabiliri: Christus eis resistat.

Gratias ages D. Lazaro pro seminibus missis. Nos peste liberati sumus Dei gratia. Meus Satan, orantibus vobis, aliquando est mihi tolerabilior. Perge vero et ne cesses pro omnibus nobis orare. Contra Anabaptistas meum libellum credo te jamdudum accepisse, et Leonhardi Keisers Martyrium: Antiswermerius meus ad nundinas Francfordienses exibit Christo favente. Saluta nobis D. Osiandrum et omnes fratres in Domino. Michaël Stiefel mihi refert duos ex Austria de Welsen prope Linz expulsos ad vos confugisse, qui in faciem catholici, sed in dorsum virulenti sacramentarii sint. Rogavit itaque, te admonerem, ut si adhuc apud vos essent, ab ipsis caveatis, eosque observetis diligenter. Gratia Dei vobiscum, Amen. Die Matthiae, MDXXVIII.

T. Martinus Lutherus.

---

28. Februar. N⁰. DCCCCLIV.

An den Abt Hein zu Ulzen.

L. gibt auf Verlangen seinen Rath, ob ein Freund des Abts das Kloster verlassen soll.

Bremisch-Werdische Bibliothek III. Band. 8. Stück. S. 1119.

Reverendo in Christo Patri, D. Heinoni, veteris Ulzen Abbati, suo Majori venerabili, suspiciendo.

Gratia et pax in Christo Jesu, Domino nostro. Reverende et venerabilis in Domino Vir! Literas tuae Dignitatis, breves

*) Vgl Br. v. 8. Febr. No. DCCCCXLIX.

illas quidem parvasque, sed laetas et jucundas, libenter accepi: testes sunt non modo fidei et veritatis, quae in tuae D. animo per Christum suscitata est, sed et alterius cujusdam Abbatis innominati, aeque venerabilis in Christo senis, cujus nomine a me petit D. T. consilium et solatium in quaestione conscientiae. Primum gratias ago Deo, Patri nostro, per Christum, qui verbum suum etiam in isto angulo et fine terrae dignatus est glorificare, et oro, ut, quod misericordissime coepit, benignissime et opulentissime perficiat in vobis simul et omnibus nobis, Amen. Jam quod ad quaestionem attinet, arbitror, virum istum securissime, imo cum magno fructu in monasterio posse manere, quandoquidem sic res habet, ut neque ad impias missas aut ullum aliud opus fidei adversarium cogatur, deinde fratribus servire liceat, sive egredi sive manere volentibus, quibus in Christo serviat, vel cum fratribus legendo Scripturas, vel orando etiam ipsas horas canonicas (modo, si qua impura extra psalmos et Scripturas et collectas mixta fuerint, omittant) et coenam [1]) Domini communicando. Quid enim obsit monasterii conversatio, ubi libertas spiritus regnat? Paulus cum infideli Christianos edere posse decrevit 1. Cor. 8., etiam si idolothyta ipsa ederit, libera conscientia, certe sua. Denique nollem consulere discessum a monasterio ejusmodi senibus viris, primum, quod foris forte aliis graves essent, et vix inveniantur, qui eos curent, quemadmodum digni sunt, et opus habent in isto frigore caritatis: intra vero monasterium nemini graves sunt, nec aliena cura opus habent, tum aliis multum ad salutem prodesse possunt, quod foris forte, imo certe, non possunt. Quare hortaberis optimum virum, ut maneat eo, quo est, loco, et faciat, quod facit, in libertate spiritus: sic enim non sibi, sed fratribus deinde perficiet multum in mundo, et per omnia Christo quoque rectissime serviet, et laeta ac serena conscientia adventum ejus et desiderabit et exspectabit. Nam et ego sic aliquandiu vixi, vixissemque diutius et adhuc hodie, si fratres et conditio monasterii passi fuissent. Gratia Christi sit cum omnibus vobis, et orate pro nobis et tota Ecclesia Dei. Witenbergae, penultima Februarii, MDXXVIII.

T. D. servus Martinus Luther.

---

1) Die Abschrift, die ich benutze, hat coena.

2. März. N⁰. DCCCCLV.

An Johann Rühel.

Ueber die Nothwendigkeit beyder Gestalten im Abendmahl.

Wittenb. IX. 271. Jen. IV. 363. Eisl. II. 5. (angeblich zum ersten Mal) Altenb. IV. 410. VIII. 971. (aus Versehen zwey Mal) Leipz. XXII. 335. Walch X. 2724.

Gnad und Fried im Herrn. Achtbar, Hochgelahrter, lieber Herr Doctor und Schwager, sagt dem guten Gesellen, daß sichs nicht so wird flicken lassen fur Gott und im Gewissen. Denn weil er weiß, daß Christus hat beyde Gestalt [1]) eingesetzt, so wird nicht helfen lang und alter Brauch, dawider gehalten; wie er selbs ohn Zweifel wohl ermessen kann, daß Gewohnheit und Wahrheit nicht gleich gelten.

Daß aber die Apostel haben in Christus Namen getauft, ist recht, und nicht wider die Form: In nomine Patris, et Filii, et Spiritus Sancti (Apost. Gesch. 2, 38. K. 10, 48. K. 19, 5.). Denn keine verboten, noch von Gott je gewehret ist, sondern beyde recht und noch heutes Tages. So wissen wir auch, daß nicht der Christenheit Wille oder Einsetzung sey, einer Gestalt zu brauchen, sondern Tyrannen und falsche Christen habens aufbracht; wie ihr wohl könnet ihm anzeigen in meinem Trostbüchlin an die zu Halle.

Auch die Apostel in Actis (c. XV. 29.) suffocatum und Götzenopfer verbieten, und doch mit der Zeit aufgehaben, hab ich zwar auch in den zweyen Sermonen uber das 15. und 16. Kap. Act. davon reichlich geantwortet. Aber die Summa ist, Gott hat es nicht geboten noch eingesetzt, sondern die Apostel und Christen wurdens selbs unternander eins, wie noch itzt etliche möchten uber einer Sachen eins werden, und einträchtiglich etwas furnehmen in Gottes Namen, aus bewegenden Ursachen; welchs darnach mit der Zeit selbs nachbliebe. Et [2]) fuit lex vel ordinatio charitatis, non fidei, pro moribus, non pro verbo, welche allezeit wandelbar sind, sed verbum Domini manet in aeternum, er wandel es denn selbs ꝛc.

Darumb ist nicht mehr dem guten Gesellen zu weichen seines Herrn Willen. Man siehet wohl, wie es itzt gehet solchen Veräch-

1) Eisl. † des Abendmahls. 2) Eisl. Quia.

tern; denn Gott ist aufgewacht. Hiemit Gott befohlen, und grüßet mir eure liebe Riebe, sampt allen Jüngern. Zu Wittenberg, Montag nach Invocavit, 1) 1528.

---

2. März. N⁰. DCCCCLVI.

An Nic. Hausmann.

Vom Visitations-Büchlein, Paul Lindenauers guter Gesinnung und L.'s Besorgnissen wegen des künftigen Reichstags.

Bey Aurifaber II. 369. b. Deutsch bey Walch XXI. 1090.

Gratiam et pacem. Nondum fuit absoluta visitationis editio, mi D. Nicolae, differentibus rem typographis penuria papiri: circa Laetare absolvetur. Quod tu de Domino Paulo *) tam bene scribis, simul et ipsemet sic respondet candide, miro me affecit gaudio: Christus faciat, ut uno animo et uno ore glorificemus Patrem in gloriam sempiternam, Amen.

Nihil apud nos novi, nisi ingentes minae sacrificulorum spe futuri conventus Ratisbonae. **) Tu fac, ut cum Ecclesia tua ores diligenter pro Principibus Germaniae, si quando Deus det eis gratiam, ut non semper ita conveniant frustraneo sumtu, sed cogitent aliquando pro pace et justitia, sicut oportet. Tot comitia brevi vidimus, et nihil fructus percipimus, sic eos et nos deserente Deo, et impediente cuncta Diabolo cum angelis suis. Vale in Domino et saluta Paulum Evangelistam tuum in Domino, cum omnibus fratribus. Altera post Matthiae, MDXXVIII.

Martinus Lutherus.

---

1) Eisl. Der unschüldigen Kindlin Tage.

---

*) Vgl. Br. v. 10. Febr. No. DCCCCLI. **) Vgl. No. DCCCCXLIX. DCCCCLIII.

6. März. N°. DCCCCLVII.

An Conr. Cordatus.

L. ladet C. ein, einstweilen, bis er nach Oestreich zurückkehren könne, in Wittenberg zu wohnen. *)

Aus der Börnerischen Sammlung zu Leipzig bey Schütze II. 85.

G. et P. in Domino Charissime Cordate, rediisse te ex Austria jamdudum cognovi et spe ac promissione Reginae tuae in valle morari: porro divinavi, [1]) nunquam futurum esse, ut revoceris a Regina: proinde si tibi grave aut incommodum est, istuc morari, nollem te differre, sed maturare vel ad me, vel quo libeat, accessum. Nam si Reginae aliquando libuerit te vocare denuo, apud nos aeque ac in valle reperire poterit: apud nos sane conversatio et melior et gratior tibi esse potest, (ut credo) quam istic inter tui dissimiles. Ego sane, si occasio posceret, Reginae promisso neglecto, rogarem nihilominus te ire interim in obsequium Christi. Proinde sit arbitrii, potes ad nos cum sororcula uxore concedere, donec aliter Christus curarit. Pontifices et sacrificulos mandato Ferdinandi laetos, audaces et securos factos, vix permissuros spero in regnis illius Evangelistas denuo invalescere. Quid ergo non necessaria et vere frustranea spe consulerem te differri? Viduae fratris locutus sum blande et meam jussi operam postulare, si qua opus illi fuerit. Pestis hic desiit gratia Christi, jam tertio mense. Epistolam meam contra Anabaptistas te legisse credo. Spero aliquos per eam servari et revocari posse, adspirante Christo. Caetera Georgius noster Rorerius, charissimus et fidelis minister Christi. Dominus gratia sua et spiritu suo tecum, Amen. D. 6. Mart. MDXXVIII.

T. Mart. Lutherus.

1) Vermuth. st. divinari.

*) Nach No. DCCCXXX. befand sich C. im Nov. 1526. in Liegnitz.

7. März. No. DCCCCLVIII.

An Leonhard Beier.

Auch B. ladet L. ein, wenn er aus Oestreich vertrieben werde, nach Wittenberg zu kommen.

Aus der Sammlung des Casp. Sagittarius zu Jena bey Schütze II. 86. Vgl. Cod. Gud. 214. der Wolfenbüttl. Bibl.

G. et P. in Christo. Si Satan saeviat, mi Leonharde, facit officio et nomini suo congrua: talia enim ab ipso exspectari oportere, assiduo Scriptura nos monet. Tu vero vir esto fortis, ora et pugna in Spiritu et verbo adversus ipsum. Potens est in nobis, qui regnat in nobis: Deo laus et gloria. Quod si expulerit te isthinc, patebit tibi hospitium apud nos, quantum donavit Christus. Plures enim jam apud nos peregrinantur undique, pulsis de regnis Ferdinandi, et pauperem Christum in paupertate saltem imitantur et ferunt. Commendo me orationibus tuis et tuorum. Vale in Domino. 7. Mart. MDXXVIII.

T. Martin. Lutherus.

---

7. März. No. DCCCCLIX.

An Gabriel Zwilling.

Von der Annahme des Evangeliums in Venedig und Braunschweig, der Berner Disputation u. a. m.

Bey Aurifaber II. 371. b. Deutsch bey Walch XXI. 1092.

Domino Gabrieli Didymo, Pastori Torgensi.

Gratia et pax. Laetus audio de Venetis, quae scribis, mi Gabriel, quod verbum Dei receperint, Deo gratia et gloria. *)

*) In Venedig, wo sich die Regierung unabhängig vom Papst erklärte, herrschte vielmehr Denkfreyheit als in dem übrigen Italien. Bucer widmete seine Uebersetzung von Luthers Postille den Freunden des Evangeliums in Italien (besonders wohl in V.), und seit dem Jahr 1529. erschien daselbst eine italienische Uebersetzung von Melanchthons locis theologicis. Vgl. Ilgen symbolarum ad vitam et doctrinam Lael. Socini illustr. P. I. p. 17. sqq. Frick-Seckendorf S. 927.

Nec te cochlearia Torgensia moveant: audivi ego certo et credo, Venetis plures esse caminos, quam et Erfordiae sint cochlearia, cum multae domus 1) habeant 10, 20, 30, et plures caminos. Rursum tibi nuntio, quod et Brunswigum verbum recepit, scripsitque Senatus cum plebe, postulans nostrum Pomeranum: sed negatum est, forte alium petent. Christus faciat gloriam suam crescere. Halli iterum subita morte percussus est Capellanus Monialium feria cinerum, quod utriusque speciei Sacramentum Equiti a Selwitz porrectum dixit: Taschen-Gott esse ei porrectum. Nec sic permoventur furiosi et blasphemi. Bernae in Helvetiis finita disputatio est: *) nihil factum, nisi quod Missa abrogata, et pueri in plateis cantent, se esse a Deo pisto liberatos. Zwingel illuc a mille viris ductus et reductus est, triumphator et imperator gloriosus, cujus finis, perditio et confusio in brevi veniet: oremus modo diligenter. Sebastiano Kamermeister dices salutem, et me recepisse, quod misit. Vale cum tuis omnibus, et Capellanos saluta, et libros, quos vellent, mandent a me peti. Witenbergae, Sabbatho post Invocavit, anno MDXXVIII.

Martinus Lutherus.

---

10. März. N°. DCCCCLX.

An einen Ungenannten. 2)

Gutachten über einen Ehefall, welcher so angegeben wird: Quidam copulatus publice, in facie Ecclesiae, cum virgine, cum qua antea contraxerat sponsalia, praesente affinitate: antequam autem cognovit eam, certior factus a dignis fide personis, eam esse corruptam ab alio, antequam cum illa sponsalia contraxisset. Quaeritur igitur: Num eam dimittere debeat.

Wittenb. IX. 284. Jen. IV. 425. Altenb. IV. 456. Leipz. XXII. 439. Walch X. 967. Nochmals Leipz. Suppl. S. 50. und Walch XXI. 241.

---

1) Aurif. multas domos. 2) Nach dem Cod. A. Jen. Balth. Jöppel, Organist zu Dresden.

---

*) Sie wurde d. 6. Jan. eröffnet. S. Plank II. 492.

Gnad und Friede in Christo. Gestrenger, Vester, lieber Herr und Freund! Es ist mir leid, daß die Sache noch also hanget; denn ich hätte [1] gehofft, es sollt lang ein öffentlich Scheiden geschehen seyn; weil ichs nicht anders verstund, denn es [2] würden die Zeugen, so das Geschrey ausbracht, [3] frey öffentlich bekannt seyn, gegen der Freundschaft und unternander. Nu es aber im Finstern [4] will bleiben, und nicht an Tag komen, will hierin schwer zu rathen seyn. Denn da ist zum ersten ein öffentlich Verlöbniß und Vertrauung, welchs muß wiederumb öffentlich gescheiden seyn, oder die Jungfrau behält Recht, den Gesellen umb die Ehe zu foddern. Zum andern geschähe dem Gesellen auch Unrecht, und ist nicht schüldig für Gott, die Jungfrau zu behalten, wo [5] das wahr ist, so glaubwirdige Leute von ihr zeugen; denn er findet nicht, was er gesucht hat rc. Zum dritten, sind die alle zumal schüldig für Gott und für der Welt, so den Gesellen mit solchem ihrem Zeugen abgeschreckt, und die Jungfrau ins Geschrey gebracht haben, solchs öffentlich zu bekennen, und, wie recht ist, beyzubringen. Wo nicht, so sind sie für Gott unrecht, und für der Welt nicht Ehren werth. Denn da sie es nicht wollten öffentlich bekannt seyn, sollten sie geschwiegen haben, und den Gesellen nicht abgeschreckt, noch die Jungfrau umb ihre Ehre gebracht haben.

Derhalben, wo sie wollen im Finstern bleiben, müssen sie die Jungfrau wieder zu Ehren machen, und den Gesellen schweigen; oder können nimermehr für Gott bestehen, und wird sie nichts helfen, daß es große Leute betrifft. Denn Gott ist größer, welchs Gebot es betrifft, [6] das sie an dem Gesellen und der Jungfrauen uben.

Derhalben ist das [7] zuletzt mein Rath, wo der Geselle die Leute so ganz redlich und glaubwirdig weiß, daß sie nicht liegen, so ist er ja nicht schüldig, die Jungfrau zu nehmen. Aber er müßte sich freylich ein Zeitlang aus dem Lande thun, als wollte er nicht wiederkomen, bis die Jungfrau einen andern nehme, oder muß auf diesen Grund treten, der am allergewissesten ist, nämlich, daß er solche Leute ganz fur unwahrhaftig halte, als sie denn auch gewißlich sind, weil sie wider Gott und alle seine Gebot handeln, indem daß sie einer Jungfrauen ihre Ehre heimlich nehmen, deß sie öffentlich nicht

1) L. Suppl. hatte wohl. 2) L. S. als. 3) L. S. solches angebracht. 4) L. S. Finsterniß. 5) L. S. wenn. 6) L. S. — Denn Gott rc. 7) L. S. † dazu.

wollen bekannt seyn, und doch dem guten Gesellen ein unüberwindlich Gewissen und Schrecken machen, indem daß sie die Wahrheit heimlich sagen, und nicht öffentlich wollen bekannt seyn. Begehen also heimlich zween rechte Mörde,[1]) nämlich die Jungfrau stecken sie in Schande, und den Gesellen ins Gewissen: darumb ist ihnen nicht zu gläuben. Und wo sie also wollen im Finstern bleiben, so ist der Gesell schüldig ihnen nicht zu gläuben, sondern ist Gott gefällig, daß er sie für Lügner halte. Denn weil sie Gott zu Ehren die Wahrheit nicht wollen bekennen, und umb der Menschen willen schweigen, so ist auch nicht zu gläuben, daß sie dem Gesellen die Wahrheit sagen. Denn wer Gott nicht recht thun will, der thut Menschen viel weniger recht; und wer die Wahrheit, von Gott gefoddert, nicht bekennen will, dem ist vielweniger zu gläuben, daß er die Wahrheit heimlich in [2]) Winkel bringe. Und zwar ich habe wohl mehr solche Fälle gesehen, daß man, die Gesellen abzuschrecken, die Jungfrau hat verleumbdet. So viel weiß ich zur Sache zu rathen, nicht mehr zu dieser Zeit. [3]) Anno 1528.

---

10. März. N°. DCCCCLXI.

An Spalatin.

Betrifft eine Streitigkeit zwischen Mühlpfort und dem Prediger Lindenauer in Zwickau. Vgl. Br. v. 10. Febr. No. DCCCCLI.

Zuerst aus einer alten, von uns nachgesehenen Abschrift des Weim. Archivs im Leipz. Supplem. S. 49. Nro. 62., dann bey Walch XXI. 239. Der Brief ist nach einer Anmerkung deg Cod. Goth. 452. f. aus dem Lateinischen übersetzt.

Gnad und Fried in Christo. Es ist anher gen Wittenberg kummen der Pfarrherr zu Zwickau, Hr. Nicolas Hausmann, zusampt seinem Prediger, Hr. Paul Lindauer, mein Spalatine; unterwegen aber, sagen sie, daß sie in Erfahrung kummen sind, daß ein Tag angesetzt sey, daran die Sache zwischen dem Paulo und Muhlpforten sollt vertragen werden, zu welchem Handel du, als sie sagen, auch zu

---

1) L. Suppl. und also zween rechte Morde heimlich begehen. 2) L. S. zu.
3) L. S. † Am 10. Mart.

einem Befehlhaber erfordert seyest. Nun acht ichs dafur, weil diese Sach ganz teufelisch ist, und zu beyden Theilen wunder sehr verbittert, und kein Theil nicht hat, damit er den andern beschuldigen und sich entschuldigen muge, es sollt das beste seyn, daß sie beyde vor jemands in Geheim verhort wurden, ob vielleicht der Teufel durch heimliche und sunderliche Mittel mocht gestillet werden. Dann sollt ein offentliche Verhor und aus Befehl meines gnädigsten Herrn geschehen, so wird das gemein Volk gleichwie zu einem Schauspiel erregt werden, der Widerpart wird sich bewapnen und rusten, sich zu schmucken, und einander [1]) zu vertilgen, also daß man viel eines bosern Unglucks und Ubels zu besorgen hat, denn es je gewest; dann der Teufel ist der Teufel, und sucht wunderlich und allenthalben Ursach eines großen Ubels. Derhalben will ich dich gebeten haben, du wollest, mit was Fursichtigkeit es dir immer muglich ist, davor seyn, damit nicht ein offentliche Erforschung dieses Ubels geschehe, ehe dann sie zween zuvor in Gegenwart ihres Pfarrherrs sich mit heimlicher und sonderlicher Unterredung versucht haben, ob sie vielleicht dieser Gestalt mochten wiederumb Freund und vertragen werden; dann aus offentlicher Verhor mußt vielleicht je einer zu Schanden werden und weichen, welchs doch keinem von ihnen beyden ohn großen Aufruhr widerfahren mocht. Ich will den Paulum etlich Tage hier behalten, damit ich ihn gehofelter und der kunftigen Einigkeit fähiger mache, wo es Christus Wille, und Gunst dazu gibt, Amen. Gehab dich wohl in dem Herrn. Geben zu Wittenberg, den 10. Martii, Dienstag nach Reminiscere, Anno Domini 1528.

Martinus Luther.

---

14. März. N°. DCCCCLXII.

An Wilh. Pravest.

L. erklärt sich gegen die Feinde der Gebräuche, die Wiedertäufer, und warnt namentlich vor Melchior Hofmann.

Bey Aurifaber II. 370. b. Im N. Litterar-Anz. 1806. No. 11. S. 163. Vgl. Veesenmeyers Anmerk. No. 17. S. 266. Series episc. Monaster. ed H. Koch. Monast. 1805. P. IV. p. 320. Wir haben den letztern Abdruck und noch Cod. Jen. B. 24. n. f. 179. verglichen. Deutsch bey Walch XVII. 2713.

1) Hdschr. aneinander.

Venerabili in Christo, Wilhelmo Pravest, Pastori in Kilone Holsatiae,[1] *fideli et sincero servo Christi in verbo.*

Gratiam et pacem in Christo. Scio, mi frater in Domino, sub praetextu Evangelii plurima scandala patrari, et omnia mihi imputari: sed quid ego faciam? [2]) Nemo est illorum, qui se non putet centuplo me doctiorem, nec me audiunt: nam mihi cum ipsis magis [3]) est bellum quam, cum Papa, et magis isti nocent. Ego sane nullas ceremonias damno, nisi quae pugnant cum Evangelio, caeteras omnes in Ecclesia nostra servo integras. Nam [4]) baptisterium stat, et baptismus (licet vernacula lingua fiat) habet suos ritus, sicut antea. Imo et imagines permitto in templo, nisi quas ante meum reditum furiosi fregerant. Sic et missam in solitis [5]) vestibus et ritibus celebramus, nisi quod vernaculae cantiones quaedam [6]) miscentur, et verba consecrationis loco canonis vernacule proferimus: denique missam Latinam nequaquam volo sublatam, nec vernaculam permisissem nisi coactus. Summa, nullos magis odi, quam eos, qui ceremonias liberas et innoxias exturbant, et necessitatem ex libertate faciunt. Proinde me excusare potes, si meos libros legis, [7]) non placere istos pacis perturbatores, qui sine causa destruunt, quae sine culpa manere possunt. Ego innocens sum ab ipsorum [8]) furore et tumultu. [9]) Nam nos [10]) habemus, Dei gratia, Ecclesiam quietissimam, [11]) templum liberum [12]) et integrum, sicut antea, nisi quantum est ab Carlstadio ante meum reditum [13]) turbatum. A Melchiore Pellifice *) velim cavere vos omnes, ac curare apud Magistratus, ne ad conciones admittatur, etiamsi literas Regis ostentet: a nobis enim recessit indignabundus, dum non voluimus ejus somnia probare. Ad docendum neque valet neque vocatus est. Haec dicito nomine meo omnibus vestris, ut ipsum vitent et tacere cogant. Vale et ora pro me, et commenda me fratribus. Sabbatho post Reminiscere, MDXXVIII.

T. Martinus Lutherus.

---

1) Koch: Kylo Vesaliae. 2) K. — sed etc. 3) K. C. J. majus. 4) K. † et. 5) K. † et. 6) K. — quaedam. 7) K. † mihi. 8) K. istorum. 9) K. tumultibus. 10) K. † hic. 11) K. † et pacatissimam. 12) K. magnum. 13) K. nisi quantum ante me ab C. turbatum.

---

*) Hoffmann. Vgl. Br. v. 18. May 1527. No. DCCCLXXIII.

18. März. N°. DCCCCLXIII.

An Spalatin.

L. zeigt seine Ankunft in Borna an.

Bey Aurifaber II. 372. Vgl. Cod. Jen. f. 256. Deutsch bey Walch XXI. 1094.

Suo charissimo fratri, M. Georgio Spalatino, servo Christi. 1)

Gratiam et pacem. Hac hora Bornam veni, mi Spalatine, frigore et fame (ut alia taceam) paene rigens. Deus, quantum itineris pessimi hausimus: contra spem tamen promovimus hoc 2) biduo reptando potius quam proficiscendo, licet certo proposueramus apud te hodie coenare. Haec scribo, ut mox his visis, me excuses Principi. Nam literas vocatorias nocte fere secunda primum accepi. Et festinatum est, quantum fieri potuit, sed difficultate itineris, venti et frigoris ultra non potuimus. Cras, Deo volente, apud te jentabimus. Mecum est Pomeranus et Jonas, socii itineris, ne solus essem. Vale in Domino. Bornae hora quarta, jejunus adhuc, anno MDXXVIII. 3) feria 4. post Oculi.

Martinus Lutherus.

---

23. März. N°. DCCCCLXIV.

An Nic. Hausmann.

Betrifft den Handel mit P. Lindenauer, vgl. Br. v. 10. Febr. u. 10. März, No. DCCCCLI. DCCCCLXI.

Bey Aurifaber II. 372. b. Deutsch bey Walch XXI. 1095.

Gratiam et pacem. Causam Pauli diligenter quantum potui egi, nam inveni eam satis exasperatam. Ac spero futurum, ut mitius sentiant, praesertim si ipse Paulus deinceps (ut mo-

1) Nach Cod. Jen. 2) C. J. † toto. 3) C. J. 1527.

nuimus) temperatius egerit. Hoc enim ursi, ut si omnino dimittendus esset, non expediret dimitti cum tanta confusione, sed etiam, ministerii ratione habita, cum honore yel sponte ejus dimitti debere. Nunc in te situm est, primum ut hominem moveas temperate agere, deinde ut, sicut coepisti, testimonio tuo eum non deseras. Nam tuo testimonio (qui pastor es) valde nititur mea actio et tota causa, ne scilicet absque tuo judicio et consensu cum rubore expellatur, sed saltem tam diu feratur, donec vel publico consensu emendatus probetur, vel sponte loco cesserit cum dignitate. Vale in Domino et ora pro me, Torgae feria secunda post Laetare, MDXXVIII.

Martinus Lutherus.

---

28. März. N°. DCCCCLXV.

An Wenc. Link.

L. sendet sein großes Bekenntniß vom Abendmahl nach Nürnberg, und meldet die Flucht der Kurfürstin von Brandenburg, Gemahlin Joachims.

Bey Aurifaber II. 374. b. Deutsch bey Walch XXI. 1098.

Gratiam et pacem. Dedi Joanni Hofmann exemplaria inter vos dividenda contra Sacramentarios: Dominus det, ut fructificent apud multos. Ego enim vaniloquos istos homines statui relinquere, et finem fecisse scribendi contra eos, quod videam tantam logicae ignorantiam in illis regnare, ut impossibile sit, etiam si naturaliter errarent, eos posse doceri aut ad metam confutationis adigi. Neque enim doceri aut disputari potest absque dialectica, saltem naturali, in qua Zwingel sic est rudis, ut asino queat comparari.

Apud nos nihil novi, nisi quod Episcopi bella et caedes spirare dicuntur, et stultus ille Misnensis minis ardet pro suo more. Tu populum ad orationes invitabis pro concione, ut Satanam conterat Christus: rugit enim, ut leo saevus et esuriens, in nostrum sanguinem. Marchionissa aufugit e Berlin auxilio fratris regis Daniae ad nostrum Principem, quod Marchio statuerat eam immurare (ut dicitur) propter Eucharistiam utriusque speciei. Ora pro nostro Principe: der fromm Mann und herzliche Mensch ist doch ja wohl geplaget, dignus quem juvemus orationibus. Vale cum liberis et uxore. 28. Martii, MDXXVIII.

T. Martinus Lutherus.

---

1. April. N⁰. DCCCCLXVI.

An Frau Felicitas von Selmenitz.

Diese Frau Felicitas geb. Mönchin, Wittwe des Wolf von Selmenitz, vormals kurf. Hauptmanns zu Allstädt, der im J. 1519. in Halle meuchlings erschlagen worden, hatte die evangelische Lehre angenommen und das Abendmahl in beyderley Gestalt empfangen. Im J. 1527. zog sie mit ihrem Sohn auf einige Zeit nach Wittenberg, ging aber wegen eingerissener Pest wieder nach Halle. Da muthete ihr der Erzbischof zu, entweder ihr Bekenntniß aufzugeben oder Halle zu verlassen. Dieß klagte sie Luthern und erhielt folgendes Schreiben von ihm.

Unsch. Nachr. 1752. S. 13. wo auch Nachrichten über diese Frau zu finden.

Der ehrbarn, tugendsamen Frauen, Felicitas von Selmenitz, Wittben zu Halle, meiner lieben Freundin in Christo.

Gnad und Fried in Christo, unserm Herrn und Heiland. Ehrbare, tugendsame Frau, euer Anliegen habe ich vernommen. Christus wird bey euch seyn, und euch nicht verlassen. Daß ihr aber mich fragt, ob ihr fliehen sollt oder bleiben, achte ich, es sey euch wohl frey mit gutem Gewissen zu fliehen, weil ihr solch Urlaub habet empfangen von Ew. Obrigkeit; aber doch wollte ich lieber sehen, daß ihr noch eine Weile verzöget, bis ihr gewissere Neue mehr erführet, ob der Cardinal komme oder nicht, auf daß man nicht achte, als wollet ihr vor der Zeit und ohne Ursach fliehen; doch stelle ichs alles in euer Gefallen. Gott, der Allmächtige, stärke euch und alle Brüder und Schwestern zu Halle, nach seinem göttlichen Willen. Zu Wittenberg, Mittwochs d. 1. Aprilis 1528.

Martinus Luther.

1. April. N⁰. DCCCCLXVII.

An Johann Friedrich, Herzog zu Sachsen.

Betrifft die Theilnahme des Hauptmann Hans Metzsch an der Visitation.

Witenb. IX. 251. Jen. IV. 411. Altenb. IV. 411. Leipz. XXII. 554. Walch XXI. 243.

Gnade und Friede in Christo. Durchleuchtiger, Hochgeborner Fürst, gnädiger Herr! Was E. F. G. geschrieben hat unserm Häuptmann Hans Metsch der Visitation halben, hab ich auch durch sein Anzeigen vernomen. Und ist ja wahr, daß E. F. G. gar herzlich gut meinen. Aber mein unterthänige Meinung anzuzeigen, dünkt mich wahrlich, weil unser Häuptmann nicht soll dabey seyn, daß vonnöthen seyn will, Herr Benedict Pauli dabey zu seyn, neben den angezeigten. Es sind viel Klöster furhanden, und in Summa, es stehet auf uns und unser Thun Freunde und Feinde, mehr denn auf andere, daß ichs fur das beste hätte geacht, daß beyde Hans Metsch, Häuptmann, und wir alle dabey blieben wären, wie es angefangen.

Demnach ist mein unterthänige Bitte, E. F. G. wollten doch gnädiglich bedenken, wie solche Aenderung und Aufhalten der Person in diesem Werk mißlich und fährlich gnug seyn will, und das Werk doch, wie E. F. G. selbs anzeigen, Verzug schwerlich leidet. Denn E. F. G. zu dienen, bin ich ja schüldig und willig. Hiemit Gott befohlen, Amen. Mittwochs nach Judica, An. 1528.

E. F. G.

unterthäniger

D. Mart. Luther.

---

7. April. N⁰. DCCCCLXVIII.

An Nic. Hausmann.

Betrifft wiederum den Handel mit P. Lindenauer. S. Br. v. 10. Febr. 10. u. 23. März No. DCCCCL. DCCCCLXI. DCCCCLXIV.

Bey Aurifaber II. 372. b. Deutsch bey Walch XXI. 1095.

Gratiam et pacem in Christo. Sic urgetur in aula res et causa Pauli vestri, mi Nicolaë, ut mihi consultum videatur, si bona opportunitate potes, illum dimittas liberum. Auxerunt suspicionem, quod nostri Christianus et Scriba Senatus testantur, Paulum coram eis suam causam male defendisse ac ferme justificasse M. *) Proinde tutissimum est, alio cavendi gratia Paulum dimittere, et ad Witenbergam ad tempus (quasi ad me) secedere: nam timeo, ne quid ex aula durius tentetur in nostros cives. De aliis alias, haec festinus et occupatissimus. Torgae, feria 3. post Palmarum, anno MDXXVIII.

Martinus Lutherus.

---

8. April. N°. DCCCCLXIX.

An Eberhard Brisger.

unter Anderem von einer Leipziger Lästerschrift gegen Luthers Heurath und der Antwort darauf.

Aus der Kraftischen Sammlung zu Husum bey Schütze II. 87.

Scribere clericulis paro doctrinale novellis,
Pluraque doctorum sociabo scripta meorum.

Duos versus jussit Spalatinus scribere, adeo noluit vacuus redire literarum. Ideo hos duos scripsi, cum nollet esse contentus, quod viva mihi esset ad te epistola. Audies igitur omnia ex ipso. De domo tua sum contentus, quia volo addictam (quod ignorabam) alteri, reperi, ne Brunonis fides periclitaretur. [1]) Habes imaginarium librum, das beschißne Buch hat Bruno (meine ich) überschickt. Die Esel zu Leipzig wollen solche

1) Hier ist wahrscheinlich ein Fehler.

*) Mühlpfort.

Antwort haben. *) Dominus servet filium tuum. Filiolam aliam habeo in utero. Deus benedicat, et tu ora. 8. April. MDXXVIII.

T. Martin. Lutherus.

---

9. April. N°. DCCCCLXX.

An Joseph Levin Metzsch.

M.'s Heurath mit einer Verwandten betreffend.

Eisl. I. 417. Altenb. III. 913. (?) Leipz. XXII. 437. Walch X. 966.

Gnad und Friede in Christo. Lieber Junker, Euer Heurath mit der Jungfrauen, im dritten Glied verwandt, ist freylich von Gott nicht verboten. Darumb mögt ihr mit keinem guten Gewissen Urlaub dazu nehmen vom Bischofe. Denn ists für Gott nicht recht, so thun sie als die Buben, daß sie es für recht halten, und darnach als viel ärger Buben Unrecht zu Recht machen sich unterwinden. Ists aber recht, so darf man keins Menschen dazu, daß recht sey oder werde.

*) L. deutet hier auf eine Schmähschrift auf seine Heurath und eine Antwort darauf. Aber die Schriften von Miricianus (von der Heiden) und Hasenberg sind alle später datirt, nämlich: 1) Ein Sendbrief Kethen von Bore Luthers vermeinten Eheweibe sampt einem Geschenk freundlicher Meinung zuvor verfertigt. Darzu eine Bedingung auf der Witterberger Lästerschrift 4. s. l. e. a. Der Brief des von der Heiden ist Laurentii d. 10. Aug. datirt, und die Bedingung Aegidii d. 2. Sept. 2) M. Johannis Hasenbergii epistola, Martino Ludero et suae .... legitimae uxori, Catharinae a Bhor, christiano prorsus animo scripta etc. 1528. Fer. Laurent. 1528. So auch die Gegenschriften: 1) Ein neu Fabel Esopi bey Walch XIV. 1336. ff. Darin steht ein Brief von H. W. an G. v. B. d. d. 27. Sept. 1528. 2) Neu Zeitung von Leipzig, bey Walch XIV. 1348. Darin sind Briefe v. 17—19. Aug. 1528. Sehr wahrscheinlich ist die Schrift des Miricianus No. 1. die zweyte Auflage, da er sich auf eine Wittenberger Antwort bezieht; aber welche war diese, und wann erschien sie? Hr. Prof. Veesenmeyer, der mir über diesen Punkt Untersuchungen mitgetheilt hat, deren öffentliche Bekanntmachung zu wünschen wäre, vermuthet, daß die Neu Zeitung aus Leipzig diese Antwort sey; aber selbst diese ist noch zu spät für diesen Brief. Und sollte auch dieses Datum falsch seyn, so ist noch ein früherer Brief vom 6. Aug. vorhanden, in welchem sich L. auf die Leipziger Lästerschrift und die Abfertigung derselben bezieht. Vgl. übrigens Walch Gesch. der Katharina von Bora I. S. 163. ff.

So mußt ihr euch nu hüten, daß ihr nicht bewilliget in ihre Büberey, etwas für unrecht zu halten, das doch recht ist, und aus Unrecht Recht zu machen. Denn selbs thun, und bewilligen in ein Unrecht, ist gleich so viel Röm. 2, (22). Wo ihr nu Urlaub nehmet, so begebt und bewilliget ihr das Unrecht seyn, welches ihr doch wisset, daß recht ist, und thätet damit fährlich wider euer Gewissen. Dafür euch Christus gnädig behüte, Amen. Geben zu Wittenberg am Grünen Dornstage, Anno 1528.

Martinus Luther.

---

11. April. N⁰. DCCCCLXXI.

An Nic. Hausmann.

Ueber die Visitation und P. Lindenauers Handel (s. d. Br. v. 10. Febr. 10. u. 23. März 7. April, No. DCCCCL. DCCCCLXI. DCCCCLXIV. DCCCCLXVIII).

Bey Aurifaber II. 374. Deutsch bey Walch XXI. 1097.

Gratiam et pacem. Nihil intelligo de formula ista, quam scribis tibi visam esse apud Heroëm a Plaunitz, mi vir: caeterum satis ursi et urgeo, ut visitatio procedat, et executionem seriam consequatur, speroque post Pascha statim in opus prodituram. De Paulo nullus est finis querulandi et accusandi, de quo proxime ad te scripsi satis e Torgau. Fenestras illic bis lapidibus jactis violatas clamant, etiam post nostram istam novissimam pactionem, ut remedium aliud nullum appareat, quam ut loco et turbae cedat, sicuti scripsi. Demum rogo, ut pro me misero ores ad Dominum, ut ego pro te facio. Gratia Dei tecum, Amen. Sabbatho Paschatis, anno MDXXVIII.

T. Martinus Lutherus.

12. April. N°. DCCCCLXXII.

An Stephan Roth, Stadtschreiber zu Zwickau.

L.'s Rath und Rüge wegen St. Roth's ehelichen Unfriedens.

Bey Aurifaber II. 373.; nach einer alten Abschrift in Wellers Alt. und Neues aus allen Theilen der Geschichte II. B. S. 645.; aus der Urschrift sehr abweichend bey Wolf Conspect. supellect. epist. p. 3., dem ich folge. Bey Walch finde ich diesen Brief nicht.

Gratiam et pacem in Domino. Inobedientia uxoris, mi Stephane, [1]) mihi satis displicet. Deinde et tibi incipio subirasci, quod mollitia animi tui, non conservitute [2]) christiana, qua illi debes prodesse, tyrannidem ei parasti et hactenus aluisti, ut jam tua quoque culpa esse videatur, quod illa sic audet in te omnia. Certe quando sentiebas asinum [3]) pabulo lascivire, hoc est, uxorem indulgentia et obsequio tuo fieri deteriorem, debuisses [4]) cogitare, te Deo [5]) oportere plus obedire, quam uxori, hoc est, ne ei [6]) permitteres autoritatem maritalem, quae gloria Dei est, ut Paulus ait, ab ipsa contemni et conculcari. Satis enim est eatenus exinanire [7]) gloriam Dei, ut servi formam accipiat, sed nimium est, eam prorsus tolli et extingui. [8]) Proinde vide, ut vir sis, et infirmitatem uxoris sic feras, ne malitiam foveas, et dum servis nimium, gloriam Dei, quae in te est, inhonores, exemplo satis periculoso. [9])

Facile est autem discernere, infirmitas [10]) sit an malitia: si infirmitas, ipsa feratur, si malitia autem, coërceatur. [11]) Infirmitas secum habet promtitudinem discendi et audiendi, saltem semel in horis duodecim: malitia autem [12]) pertinaciam habet resistendi et perseverandi. Ubi ipsa intelliget, [13]) malitiam pro infirmitate a te intelligi, quid mirum, si pessima fiat?

---

1) Aurif. u. W. lesen statt Domino: Christo cum autoritate in uxorem tuam Nondum venit ad me Domina et hera tua, mi Stephane, quae sua (od. ejus) inobedientia erga te. 2) A. e servitute. 3) Well. aspidem. 4) A. ferocire, oportuit te. 5) A. † etiam. 6) A. — ei. 7) Well. exinaniri A. † hanc. 8) Aurif. † et nihil fieri. 9) Well. pernicioso. 10) A. † ne. 11) A. infirmitas feratur, mal. coërceatur. 12) A. — autem. 13) A. vero sentit.

Et jam [1]) tua culpa Satanae fenestram aperis, in misero vasculo pro sua libidine te irridendi et incitandi, [2]) et omnibus modis vexandi.

Vir prudens es, et Dominus dabit. ut intelligas, quae loquor, simul senties quam ex animo.

Tibi certe [3]) et illi consultum ac Diabolo [4]) repugnatum velim. [5]) Vale. Die Paschae, MDXXVIII. [6])

Martinus Lutherus. [7])

---

12. April. N⁰. DCCCCLXXIII.

An Spalatin.

Ueber den Handel P. Lindenauers (f Br. v. 10. Febr. 10. u. 23. März, 7. u. 11. April, No. DCCCCL. DCCCCLXI. DCCCCLXIV. DCCCCLXVIII. DCCCCLXXI.) und ein Himmels-Zeichen.

Bey Aurifaber II. 373. b. Vgl. Cod. Jen. a. f. 218. Deutsch bey Walch XXI. 1096.

Suo in Christo fratri, Georgio Spalatino, servo Christi in verbo Dei Altenburg. fideli et sincero. [8])

Gratiam et pacem in Christo. In causa Mulpfordii egi et verbis et scriptis, mi Spalatine, ut sperem Paulum inde dimissum iri, quando aliud remedii reliquum nihil video. Qui tibi has reddit, noster est, imo Christi frater pius et sincerus, quem nosti, M. Georgius, Ecclesiae nostrae Diaconus. Quod si novitates nostras ignoras (quod non credo), narrabit tibi. Lunas tuas tres non interpretor, quia non sum propheta, nisi quod lunam suspicor esse inferiorum [9]) politicarum rerum figuram, et portendere aliquorum Principum seu potius populorum et plebium discordiam, versus occidentem, in quam

---

1) Wolf: etiam, wohl nicht richtig. 2) A. irritandi. 3) A. — certe, so daß quam ex animo mit dem folgenden zusammenhängt. 4) A. Diaboloque ohne ac. 5) A. vellem. † In Christo bene. 6) Bey Wolf kein Datum. 7) Well. hat noch J. Bugenhagens Unterschrift. 8) Nach Cod. Jen. 9) Aurif. inferiorem.

partem apparuere. Christus audiat orationem meam, et faciat ut Pontificum populi deficiant a suis tyrannis, et accidat sine caede Episcopis, quod contigit cum caede Pontifici Romano, Amen. Salutat te valde Pomeranus et Ketha mea, simul et costam tuam et [1]) domum totam una cum M. Eberhardo cum suis, cui adhuc debeo xeniolum dandum, quam primum aliquid invenero: pauperior enim modo sum, quam ut possim aliquid mittere. Orate pro nobis contra Satanam, et in Christo valete. Die Phase Domini, anno MDXXVIII.

Martinus Lutherus.

---

19. April. N°. DCCCCLXXIV.

An den Kurfürsten Johannes.

Fürbitte für einen Müller.

Aus dem Original im Cod. chart. 380. fol. Bibl. Goth., so weit es zu lesen war.

Dem Durchleuchtigisten, Hochgebornen Fursten und Herrn, Herrn Johanns, Herzog zu Sachsen, Kurfurst, Landgr. in Thuringen und Markgrafen zu Meissen, meinem gnädigsten Herrn.

Gnad und Friede in Christo. Durchleuchtigster, Hochgeborner Furst, gnädigster Herr, ich hab E. K. F. G. zuvor auch fur Christoffel .... geschrieben und gebeten, E. K. F. G. wollte gnädiglich seine Sach ...... lassen der Mullen halb. Nu kompt er und reget weiter an ..... Schrift ist gangen, wie er das alles besser bericht .... Auch ist ihm zuvor ettlich Holz zu bauen zugesagt. Aber weil es in Verzug ...., will der Schosser nichts drumb wissen, drumb bitte ich von .... untertbäniglich fur ihn. Es ist ja ein arm ... und hat das ...... seiner frumer Kinder. E. K. F. G. wollte sich gnädiglich gegen ihm erzeigen. Hiemit Gott befohlen. Amen. Zu Wittemberg, Sonntags nach Ostern.

E. K. F. G.

untertbäniger

Martinus Luther.

---

1) Cod. Jen. ac.

26. April. No. DCCCCLXXV.

An die Christen zu Halle.

Trost und Ermahnung wegen des ihnen versagten Genusses des h. Abendmahls unter beyder Gestalt.

Wittenb. IX. 246. Jen. III. 475. Altenb. III. 892. Leipz. XIX. 576. Walch X. 2730.

Gnade und Friede in Christo Jesu, unserm Herrn und Heiland. Ich höre, mein lieben Freunde in Christo, wie euer Tyrann, so bisher sich ausgeheuchelt hat, nu fort öffentlich frey heraus fähret zu wüthen, und euch allen mit Ernst gebeut, das Sacrament zu dieser Zeit allein der einen Gestalt, nach alter löblicher (wie ers deutet) Gewohnheit zu nehmen; so er doch fein und wohl weiß, daß es wider die klare Wort und Einsatzung (Christi) gehandelt ist, und sich noch nicht fürcht oder scheuet an dem gräulichen Fall und Geschicht Doct. Krausens.*) Wohlan, Christus unser Herr, der euch sein Wort und Wahrheit hat zu erkennen geben, der wolle euch in solcher Noth helfen, beystehen und stärken, daß ihr dem unchristlichen Wüthen und Furnehmen müget widerstehen; das bitte ich von Herzen, Amen.

Denn weil ihr nu deß bericht seyd, daß es recht sey, beyder Gestalt zu empfahen, und euer etliche bisher vielleicht auch also empfangen habt: wollt sichs nicht leiden hinfort, anders, denn was ihr recht erkennet, zu thun, weil wir nicht müssen unrecht, oder wider Recht thun umb jemands willen, sondern Gott mehr denn den Menschen gehorsam seyn.

Wiewohl sie nu anfahen zu lehren, daß die Christenheit hab Macht, die Ordenung Christi zu ändern, als sie etliche Exempel anziehen; so ist doch alles erlogen. Denn es ist nicht wahr, daß die christliche Kirche habe die eine Gestalt zu empfahen eingesetzt, wie ich im Büchlin, an Euer Liebe geschrieben,**) beweiset habe. So ist ie das gewißlich wahr, daß die christliche Kirche, als seine frome unterthänige Braut, allzeit Christo, ihrem Herrn, gehorsam ist, und seine Wort oder Ordnung nicht bricht, oder brechen lehret;

*) Viell. ist der schnelle Todesfall gemeint, wovon im Br. an Gabr. Zwilling v. 7. März No. DCCCCLIX. die Rede ist. **) No. DCCCXCVI.

wiewohl sie hat müssen leiden, daß man sie solcher Ordnung beraubt hat, oder zum Mißbrauch verkehret.

Wer nu ein recht Glied der Christenheit seyn will, der muß wahrlich auch mit derselbigen Christo gehorsam seyn. Denn sollte die christliche Kirche in einem Stück mögen Christi Wort und Ordnung ändern oder brechen: so möchte sie auch alle andere seine Wort und Ordnung brechen und ändern, und zuletzt dahin komen, daß man auch sie selbs nicht müßte hören, weil solchs Gott geordnet und geboten hat; und also möchte durch Menschen alle Gottes Gebot, dazu die christliche Kirche aufgehaben werden. Wenn man denn Gottes Gebot aufhebet, wem will man denn gehorsam seyn?

Darumb sind es gewißlich eitel Teufels-Lügen, daß sie furgeben, die Kirche habe Macht, Gottes Gebot zu ändern, und reißen damit den Gehorsam, beyde Gottes und der Menschen, gar hinweg. Denn den Menschen gehorsam seyn, ist auch Gottes Gebot und Ordnung (als den Eltern und der Oberkeit); warumb foddern sie denn den Gehorsam, und strafen die Aufrührischen, so Gottes Gebot durch Menschen kann aufgehoben werden? Davon ich will, so bald ich kann, durch den Druck weiter (ob Gott will) handeln.

Itzt nicht mehr, denn stärkt euch in dem Herrn Christo, und stehet fest zu seinem Lob und Ehre. Dazu euch Gott, der Vater aller Barmherzigkeit, seinen Geist gebe, daß ihr müget solche Anfechtunge uberwinden, Amen. Anno 1528. am 26. Aprilis.

Martinus Luther, Doctor.

Im April oder May. N°. DCCCCLXXVI.

An Eob. Heß.

L. dankt dem E. Heß für ein übersandtes Trauergedicht auf Albr. Dürer (welcher am 6. April 1528 starb), und für seine freundschaftlichen evangelischen Gesinnungen.

In Hel. Eob. Hessi et amicorum Epp. famil. Marpurg. 1543. fol. p. 268.

Martinus Lutherus Eobano Hesso S.

Gratiam et pacem in Christo. Alteras jam abs te literas accepi, una cum Epicedio Dureri, ita me praevenisti antequam responderem ad priores, quod certe non sperabam. Nam ante oculos posueram, ut primo quoque nuntio occurrente mox responderem. De Durero sane pium est optimo viro condolere: tuum vero est gratulari, ut quem Christus tam instructum et beato fine tulit ex his temporibus turbulentissimis et forte adhuc turbulentioribus futuris, ne qui dignus fuit non nisi optima videri, cogeretur pessima videre: quiescat igitur in pace cum suis patribus, Amen.

Deinde gratias ago tuae charitati, quam utrisque epistolis spirant, imo efflant et ardent singuli paene apices. Non quod dignus sim tanta vel laude vel charitate tua, sed quod libenter patior inflari me bonorum virorum testimonio et favore adversus Satanam et ministros ejus, qui me assidue sineque fine exsugunt et extinguunt, ut et ipse gloriari possim, me Paulina gradi via, scilicet per gloriam et ignobilitatem, per bonam famam et malam famam: et sim bonus odor Christi, aliis odor mortis ad mortem, aliis odor vitae ad vitam. Benedictus Dominus meus Jesus Christus, qui talem esse me voluit, non ut ego superbiam, sed ut multos per me servaret ab istis pestilentibus spiritibus. Hoc meum votum, quod in horas suspiro, cum videam impleri, beatum me existimo, et abunde satis et fructuum et mercedis accepisse laboris, ut qui sciam me aliis vivere et servire. Gratulor itaque non tuis laudibus, quas exuberante (ut fieri solet) favore effundis, sed veritati, cui per hanc simplicitatem nimii affectus et candoris testimonium perhibes, et simplicissime Christum confiteris. Quid enim dulcius audire possim, quam te et tui similes adversus Diabolum salvos stare in solida sinceraque Christi cognitione? quum interim tot ruant, quos columnas fore nostras sperabamus, nunc autem vel Turca patimur infensiores hostes. Oro igitur Dominum Jesum, ut te suis benedictionibus ita coronet, ut perfectus et irreprehensibilis nobiscum perseveris, usque ad gloriae suae adventum.

Novarum hic rerum est nihil, quod ad vestrum emporium mittamus, cum Norinberga sit fere oculus et auris Germaniae, quae videt et audit omnia, quae fortasse nunquam ad nos perveniunt. Saluta cervam tuam charissimam, cum hinnulis suis charissimis. Benedictio Domini super vos. Benedicimus vobis in nomine Domini, Amen. Witenbergae MDXXVIII.

Mart. Lutherus.

1. May. N°. DCCCCLXXVII.

An Justus Menius.

L. beklagt sich, daß Niemand von Erfurt nach Weimar zu ihm gekommen ist.

Bey Aurifaber II. 375. Deutsch bey Walch XXI. 1099.

Gratiam et pacem. Senem istum, quem mihi commendasti, mi Juste Meni, excepi, et quantum licuit, colui: placuit enim ejus sermo et mores, quam primum colloquebar. Caeterum expectabamus, aliquot vestrum visitandi gratia ad nos esse venturos, miramur quoque, quid intercesserit vel negotii vel periculi, cum itineris nihil intercedere potuit neque longitudo neque latitudo neque profundum, quandoquidem satis serenus fuit et aër et sol. Excusabo apud me vestram hanc cessationem, modo ratione reddita aliquando diluatis hoc insigne commissum in jura amicitiae, charitatis et humanitatis. Erfordia est Erfordia, Erfordia erit Erfordia, Erfordia fuit Erfordia: quid enim aliud vel cogitem vel dicam? Saluta mihi fratres (rogo) quam diligentissime, praesertim tuam Hevam et Habelos et Sethos. Tu quoque pro me ora Dominum, et concerta (sicut facis) nobis adversus Satanam, qui tanta cogitat, quanta non possit capere mundus et malorum et turbinum, ut Christus regnum suum tueatur in gloriam suam et salutem nostram, qui sit tecum fortis et misericors, Amen. Datae Weimariae in die Philippi et Jacobi, anno MDXXVIII.

T. Martinus Lutherus.

---

9. May. N°. DCCCCLXXVIII.

An Wilh. Pravest.

W. P. hatte L. bitter getäuscht, ihm in einem Briefe evangelische Gesinnung gelogen, einen Brief von ihm zu Beschönigung seiner papistischen Gesinnung gemißbraucht, ja sogar bittere Reime und ein Pasquill auf ihn gemacht. Dieß hatte L. durch einen Brief von Conr. Wulf, Bürger zu Kiel, erfahren, und rückt es ihm in diesem Schreiben vor. Vgl. Krohn Geschichte der fanat. Wiedertäufer S. 117. ff.

In Henr. Muhlii Diss. hist. theol. p. 149. aus dem Autograph; in B. R. Krohn Gesch. Melch. Hofmanns S. 120.; bey Strobel-Ranner p. 121.; deutsch bey Walch XXI. 1103.

Venerando Viro, Domino Pravesto, Pastori in Kilo, suo si fieri potest, magno amico.

Gratiam et pacem. Et quod [1]) tibi prodesse sperabas, mi Vir, ut bonis verbis apud me simulares, te esse tantum veritatis amatorem? Ego scilicet simplicitate columbina viperinis tuis blanditiis credens studui tibi Evangelium commendare, sed, ut video, lupo commendavi ovem. Sed noli tamen errare: mendacium non subsistit diu, veritate autem confunditur cito. Quamobrem desine meas literas ostentare, et tuam insaniam contra me confirmare. Scit enim conscientia tua, quod nequiter et dolosis verbis eas literas a me impetrasti, et quod ad hostem Evangelii sic non scripsissem nisi deceptus, id quod jam testatus sum apud tuos, et nisi desieris, ego palam in orbe nequitiam tuam revelabo. Esto sane, Melchiorem noluerim tumultuari, at credidi, te esse placidum et sincerum verbi doctorem, ut multo minus voluerim te in verbi ministros etiam unquam inquietiores debacchantem et furentem concitare et animare, sed potius admonere et retinere, si scivissem hostem esse te. Miror sane, quod vos levissimos papistas delectet, causam vestram dolis et mendaciis agere. Quin [2]) pudescitis tandem, quod nihil potestis in vestro negotio aliud quam fallere et mentiri, quasi lux non sit etiam tenebras reprehensura. Habes, quid velit haec admonitio mea, en, si sapis, desiste ab hoc genere astutiarum contra nos, quae tibi non succedent, ac permitte cursum verbo Dei. Vidi tuos virulentos rythmos in me scriptos, sed si pergis, recident in caput tuum. Vale et resipisce. Sabbatho post Jubilate MDXXVIII.

Manu propria

Martinus Lutherus.

---

1) Es muß wohl quid heißen; auch scheint et gestrichen werden zu müssen.

2) Oder cum, aber das paßt nicht.

9. May. N°. DCCCCLXXIX.

An Paul Harge, Bürgermeister in Kiel.

L. schreibt an den Bürgermeister von Kiel einen vorzeigbaren Brief, um den dortigen Pfarrer, der ihn getäuscht (s. d. vor. Br.), zu entlarven.

In Henr. Muhlii Dissert. histor. theol. p. 148.; im Leipz. Suppl. S. 50.; bey Walch XXI. 244. u. nochmals in hochdeutscher Sprache 1101.

Dem Ehrsamen und Vorsichtigen Paul Harge, Bürgemeister, thom Kiel, minem G. Fr. Gnad und Frede in Christo.

Ehrsamer, wiser Herr und Fründ. Ik hebbe vurlängst an juen Parher thom Kiel einen Breef geschreven, dat is wahr; aver ik hebbe nicht anders gewußt, denn he wäre des Evangelii allerhögeste Fründ, und gherne gute seghe, wo denn he sin Breef an mi gesandt, *) uppe dat alderfründelygeste ludet, darmede he mi bewagen und bedragen heft, alse ik nu berichtet werde van den anderen by ju, denn dewiele ik hadde gehöret, dat thom Kiele dat Evangelion upginghe, besorgede ik, dat ok wie in anderen Orden Stürmer und Schwärmer mede to schlügen, und des Evangelii Frucht vorhinderten, welkerem ik wolde zuvoer kamen, und wußte nemande düchtiger dartho sunder denn Parherr sülvest, welkeren ik beter achtede, denn den Melchior Hoffmann, welkere mi ok duchte ein weinich tho schwynde fahren, eft he it allich wol gude meende, wente men schall io und mude hierinne suverlich faren, und nicht polteren, und de Lüte mit Stille und Frede gelerde werden. Demnach is mine fruntdeliche Beede an ju, wo de Parrher ein sulker Mann is, dat he dem Evangelio wedder is, und mine Schrift umeheer drycht, sin Dingh wedder uns tho stärken, dat jie dartegen dessen Breef tögen, und mi entschuldigen wille, alse de ik van dem Parrherr schändlich bedragen, nicht anders geweten hebbe, denn also were he de beste unse Fründe, denn he gaff mi wol so vele guder Worth, wo ik dennhe hor mede demsulven Parrher ok schrive. Gottes Gnade sy mit ju allen, biddet vor uns ok. To Wittenbergh, Sonnabendes na Jubilate 1528.

Mine Hand

Martin Luther.

*) W. Pr. wandte sich mit einem Briefe an L. und veranlaßte dadurch jenen Brief v. 14. März No. DCCCCLXII. Ein Auszug desselben bey Muhlius l. c. p. 54.

12. May. N°. DCCCCLXXX.

An Wenc. Link.

Von den Wiedertäufern, Carlstadt u. a. m.

Bey Aurifaber II. 376. Deutsch bey Walch XVII. 2716.

Gratiam et pacem. Gratulor tibi secundam filiolam et novum amorem et gaudium cordis, mi Wenceslaë: Christus faveat, ut felices sitis et salvi permaneatis omnes.

De Anabaptistis etiam aliunde multa scribuntur, sed apud nos Dei gratia pax est. Carolstadius tamen manet, qualis fuit, ne dicam, pertinacior fit, sed cogitur silere. Antischwermerum meum vidisse te puto, ac themata de digamia Episcoporum. *) Constantiam Anabaptistarum morientium arbitror similem esse illi, qua Augustinus celebrat Donatistas, et Josephus Judaeos in vastata Jerusalem, et multa talia furorem esse Satanae non est dubium, praesertim ubi sic moriuntur cum blasphemia Sacramenti. Sancti martyres, ut noster Leonardus Keiser, cum timore et humilitate magnaque animi erga hostes lenitate moriuntur: illi vero quasi hostium taedio et indignatione pertinaciam suam augere, et sic mori videntur.

Pro seminibus missis gratias ago. Commendo me et tentationes meas precibus tuis. Durerus et Volprachtus, optimi viri, 1) rapi mihi videntur, ne videant mala ista furentia et impendentia. Undique bella minaciter impendent. Christus misereatur nostri, Amen. Feria 3. post Cantate, anno MDXXVIII.

Hodie proficiscitur Pomeranus Brunswigum, serviturus aliquot diebus Christo in Evangelio ejus.

Martinus Luther.

1) So und nicht optimis viris, muß es heißen.

*) Viteb. I. 380. Jen. I. 495. Walch XIX. 2176.

12. May. N°. DCCCCLXXXI.

An den Abt Friedrich zu Nürnberg.

L. lobt ihn, daß er über das Sacrament richtig denke.

Bey Aurifaber II. 376. b. Deutsch bey Walch XXI. 1105.

D. Friderico S. Aegidii Antistiti Nurnbergae, Servo Christi.

Gratiam et pacem in Christo. Gratus est mihi, Vir venerabilis, character tuus argenteus, ut te jam vere gemellum quamvis absentem possideam: animae videlicet imaginem per literas, corporis vero per argentum istud. Magis autem gaudeo, te sic esse firmum et certum in re sacramentaria adversus pestes istas rabiosas Sacramentariorum: nam et ego arbitror, me satis fecisse in causa ista coram Deo, ut qui errant, absque mea culpa errent. Quamvis non sperem, illos quicquam moveri tantis argumentis, ut qui aversati lucem, tenebras suas solas ament usque ad insaniam. Christus tamen abunde me consolatur, quod saltem aliquos ab ista peste dignatur liberare et servare, ut me non poeniteat operae, quantumvis apud illos superfluae et irrisae. Quis enim Satanae os obstruat, ne garriat saltem, ubi loqui non poterit? Ora cum tuis pro nobis, optime Vir: Satan enim in mundo furit, non contentus sectis animas perdidisse, corpora quoque et nos festinat perdere, et omnia vastare, Deus misereatur nostri, Amen. Feria 3. post Cantate, MDXXVIII.

T. Martinus Lutherus.

---

15. May. N°. DCCCCLXXXII.

An Nic. Hausmann.

Betrifft die Besetzung einer erledigten Pfarrey.

Bey Aurifaber II. 377. Deutsch bey Walch XXI. 1106.

Gratiam et pacem in Domino. Pastor in Schletta D. Balthasar constituit parochiam suam studii gratia resignare, idque egit me et Pomerano praesentibus, probantibus atque laudantibus, rogavitque tibi commendari hunc literarum bajulum Joannem Caprum, quem loco suo in eadem parochia cupit succedere, ut digneris hominem promovere et adjuvare. Nos quoque testimonium ei perhibemus illius rogatu, speramusque facturum omnia Christi gratia. Dominus Jesus sit tecum, optime frater in Domino. Witenbergae, feria 6. post Cantate, MDXXVIII.

Martinus Lutherus.

---

16. May. N°. DCCCCLXXXIII.

An Spalatin.

Empfehlungsbrief mit einer heitern Nachschrift, beym Gastmahl geschrieben.

Bey Aurifaber II. 377. b. Vgl. Cod. Jen. a. f. 215. Deutsch bey Walch XXI. 1107.

Gratiam et pacem in Domino. Melchiorem hunc Frischholz tibi commendo, mi Spalatine. Durius [1]) accepit literas tuas ad illum novissime scriptas, in quibus arguebas, quasi scandalon post se Altenburgi reliquerit, et ministerium discursu ambiat. Ego te excusavi, quantum potui, et infirmitatem hominis mitigavi: tu quoque (ita rogo) hominis imbecillitatem feras. Nosti enim paupertatem per sese esse suspiciosam et desperatae pusillanimitatis: omnia accipit gravius quam fiant, sic enim se contemni et negligi semper putat. Proinde magis hic est nobis miserendum et connivendum, ne ad desperationem adigatur. [2]) Vir prudens et personarum varietate exercitatus es, facies quod bonum est. Vale cum tua Costa. Witenbergae in domo Aërea et Aetherea, *) 16. Maji, anno MDXXVIII.

1) Aurif. duras. 2) Aurif. adigamus.

*) Beym Buchdrucker Luft?

Salutat te D. Pomeranus profectus Brunswigam, petitque pro se orari etc. Salutat te calculi antagonista Jonas Justus, petitque pro se orari, ut victoria felici potiatur. Salutat Casparus Crucigerus, petitque pro se orari, ut spes suae succedant, hoc est, si non intelligis, ut Dux Georgius convertatur ad Christum, vel conteratur a Christo. Salutat te Joannes Mantillus, recens filiolo orbatus, quo die et Pomeranus suo majore filio Michaële orbatus, cum juniorem Joannem dimidio mense praemisisset, petitque pro se orari, ut pro uno multos filios recipiat, Amen. Salutat te Heva mea cum his omnibus una convivantibus satis sana et laeta, petitque pro se orari, ut salvis liberis tertium foetum salubriter ferat et pariat.

M. Luther.

Vielleicht im May. N°. DCCCCLXXXIV.

Bedenken
gemeinschaftlich mit Ph. Melanchthon und Joh. Bugenhagen.

Bezieht sich wahrscheinlich auf das Packische Bündniß; nach der Eisleber Ausgabe auf das sogenannte Mainzische, wovon im J. 1526. die Rede war. S. No. DCCLXXXIV. ff.

Eisl. I. 276. Altenb. III. 522. Leipz. III. 559. Walch XVI. 462. Wir haben eine alte gleichzeitige Abschrift im Weim. Archiv verglichen.

Erstlich, gefällt uns fast wohl, daß der Angriff von dieser Seiten nachbleibe; denn damit sind unsere Gewissen deste sicher, als die wir nicht angefangen noch Ursach sind, Blut zu vergießen, auch der Glimpf bey der Welt deste großer, daß man des Angriffs gewartet, und allerley Geduld erlitten, und Wege gesucht, Frieden zu halten.

Zum andern, daß man aufs forderlichste eine Botschaft an Kaiserl. Maj. abfertige, die solche verrätherische Anschläge hinter seiner Kaiserlichen Majestät Wissen und Willen widder seiner Kaiserlichen Majestät Unterthanen furnehmen ꝛc. und bitte, ein Gebot auszulassen, solchen Mordfursten stille zu stehen verbieten.

Zum dritten, indeß gleichwohl dieselbigen Mordfursten ersuchen lassen und bitten, von solchem Furnehmen abzustehen, weil es widder Gott und Recht und Kaiserliche Maj. ist; wie man denn solchs aufs mächtigst mit Grund und Ursachen thun soll. Aber daß ja aussen gelassen werde, die Kost zu erstatten, auf daß man nicht acht, man suche Krieg odder Zank. Gott wird uns wohl widder erstatten hundertfältig, was wir umb seinetwillen darstrecken, so wirs doch ohn das auch zu thun schuldig seyn, damit abermal das Gewissen und der Glimpf bey uns deste feiner stehe, als die wir nichts denn Friede suchen.

Zum vierten, gleichwohl daneben das unser thun, in der Rustung sich schicken, ander Fursten und Städte anregen und besuchen, wie uns Gott befohlen hat, der alles ohn unser Macht und Rath, und doch durch unser Faust, Zung und Herz denken, reden und schaffen will, als durch Werkzeug seiner gottlichen Weisheit und Gewalt.

Erstlich, ist nicht zu rathen, daß man die Rustung lasse zusamen komen. Denn es ist nicht zu halten solch Volk; es fällt zu und greift umb sich.

Aufs ander, ob man durch andere Fursten odder Reichsstände mocht bey ihn handeln, daß sie still blieben; und ist Hoffnung, darnach die Leute wären, sollte die Antwort gerathen.

Aufs dritte, daß man solche Sache auf dem Reichstage handle, sich beklage und anzeige, was auch andern Ständen draus wurde folgen.

Aufs viert, Responsio infinita: Unserm Herr Gott befohln, wie man thun sollt, so sie

steif
langsam } antworten ꝛc. quia discordia potest fieri inter responsiones.
nichts

Vielleicht im May. N⁰. DCCCCLXXXV.

Bedenken.

Bezieht sich ebenfalls auf das Packische Bündniß; nach der Eisl. Ausgabe auf das angebliche Mainzische vom J. 1526.

Eisl. I. 276. Altenb. III. 520. Leipz. XIX. 556. Walch XVI. 431.

Obs nicht gut seyn sollt, daß mein gnädigster Herr zum Uberfluß ein solchs furnähme gegen die Bischof, so an S. K. F. G. Landen stoßen, und sie schriftlich ersuchet und anzeigen ließe, nachdem sie bisher in der evangelischen Sachen nichts gethan, und S. K. F. G. Land und Unterthanen zu versorgen mit Gottes Wort unterlassen, daraus S. K. F. G. gezwungen, Aufruhr, Zwietracht und allerley Unrath (so aus ungleicher Lehre entspringet) zuvorzukomen, selbs das beste, so sie vermöcht, als in der höhesten Noth, dabey zu thun.

Aber auf daß sie dennoch zum Uberfluß noch sähen, daß S. K. F. G. nichts sucht, denn allein, daß in S. K. F. G. Landen, zu Heil den armen Seelen, das Evangelion und gleiche Lehre gehalten, und friedlich, einträchtiglich gelebt würde: so wären S. K. F. G. noch geneigt und begehrend, daß sie selbes, die Bischofe, ihres Ampts wollten pflegen, und in S. K. F. G. Landen fördern und helfen, sölch Evangelion zu lehren und Frieden zu erhalten, wie sie fur Gott und der Welt schüldig sind, weil sie wollen Bischofe und Hirten seyn.

Wo sie aber nicht wollten, daß sie alsdenn zu bedenken hätten, es könnt S. K. F. G., als ein weltlicher Fürst, so wenig in S. K. F. G. Landen leiden Zwietracht und ungleiche Lehre, dem Evangelio zuwider, so wenig als sie selbes in ihren Bisithumen leiden können ꝛc. Und sie, die Bischofe, damit S. K. F. G. allerding als mit höchster Noth drüngen, selbs drein zu sehen, damit S. K. F. G. nicht auch für Gott theilhaftig erfunden werden sölcher der Bischofen Versäumung an S. K. F. G. Unterthanen.

Sölchs, hielt ich, sollt zu mehrem Glimpf für der Welt und zu mehrem Trost des Gewissens nicht unnütz seyn: damit man rühmen könnte, es wären doch ja alle Wege versucht, den Bischofen, so viel es Gottes Wort leidet, zu willfahren, ꝛc.

Vielleicht im May. N°. DCCCCLXXXVI.

Bedenken.

L. räth zum Frieden in der Pack'schen Sache.

Von Luthers Urschrift im Weim. Archiv, wovon eine Abschrift im Cod. chart. 452. Goth. f. 161. Seckendorf II. §. 35. addit. p. 99. erwähnt dieser Schrift.

Soviel unser Ampt foddert, gebuhrt uns, in solcher Sachen nichts anders zu thun, denn Gott, den Vater, treulich und fleißig bitten umb Rath und Gnade, daß solche Sache gerathe zu seinem göttlichen Lob und Ehren und zu unser Seligkeit und gnädigem Friede, wie wir denn bisher gethan, noch thun und furder thun wollen durch Gottes Gnade.

Weil wir aber nu auch dazu gezogen werden durch unsern gn. H., und wir S. K. F. G. Gehorsam und Dienst schuldig, und also aus Gotts Gebot und Ordnung unser Gewissen auch stärken mussen in dieser Sache: so halten wirs, daß in keinen Weg der Angriff von dieser Seiten zu thun sey, sondern fur allen Dingen Friede und Mittel suchen, die Sachen zu vertragen. Denn da stehet Gottes Wort im funften Buch Mose, das zum ersten Friede anzubieten gebeut, auch den abgesagten Feinden, von Gott zum Tod verurtheilet, ehe denn sie mit dem Schwert angegriffen sollten werden. So spricht auch der 67. Ps.: Gott zustreuet die Völker, so kriegen wollen, und Christus spricht Matth. 7.: Selig sind die Friedsamen, denn sie werden Gottes Kinder heißen. Ohn Zweifel unselig und unglucklelig werden seyn, dazu auch des Teufels Kinder, so zu Krieg und Unfriede Lust haben. Nein, selig sind die Sanftmüthigen, denn sie werden das Land behalten. Denn mit Trotzen und Pochen behält mans nicht; weil Gott kein Gluck noch Gnad gibt den Ungeduldigen und Kriegsgierigen rc. Man lieset von dem heil. Konige Josias, daß er Ungluck fand, da er widder den Konig Pharao zog und Krieg anfing, und ward druber erschlagen.

Auch so ists widder alle weltliche Recht, welche doch von Gott und in der Schrift bestättigt sind, daß man jemand angreife odder strafe, ohne denn er verhoret, verklagt und Antwort geben hat. Wie der Landpfleger Porcius Festus Act. 25. spricht: Es ist der Romer Weise nicht, daß ein Mensch ubergeben werde zum Tod, ehe denn er seine Verkläger gegenwärtig habe, und sich der Anklage zu verantworten Raum empfahe. Wie auch Gott selbs Gen. 3. Adam nicht angriff, noch strafet, bis daß er ihn zuvor rief und fordert: Adam, wo bist du? So aber gesagt wurde, ob man Mord wehren soll, ehe denn er geschicht, oder wenn er geschehen ist, so mans wohl kunnte wehren, daß er nicht geschehe, antworten wir: Das Wehren und Strafen ist zweyerley und nicht ein Ding. Wehren soll man mit ziemlichen Mittel, Rath und Recht, wie man vermag, daß kein Mord geschehe; aber angreifen und strafen soll man nicht, es sey denn die That geschehen odder offentlich im Werke, sonst wurde man widder den

Spruch Christi thun: **Wer das Schwert nimpt, der soll durchs Schwert umbkomen.** Nein, Recht sollt du rechtlich ausfuhren.

Solchs zu rathen und unterthäniglich anzuzeigen, zwinget uns unser Gewissen; denn wir uns trostlich besorgen, der Satan versuche uns mit dieser Anfechtung, ob er mocht aus uns neue und ärger Munzer und Pfeifer machen. Es ist gar ein unträglich Ding umb ein Gewissen fur Gott, so zum Blutvergießen Rath und Hulfe thut, so man doch nicht gewiß ist, daß Gott geheißen odder erlaubt habe rc. Nu kann man wohl gewiß seyn, daß Gott heiße dem Kriege odder Aufruhr wehren und die Unterthanen schutze (n). Aber Krieg anfahen und andere angreifen kann man nicht gewiß seyn, daß Gott gefalle, sondern viel mehr ists gewiß, daß ihm nicht gefalle rc.

Unser unterthänige Meinung aber wäre diese, wiewohl wir der Welt- und Hofe-Weise nicht kundig noch verständig sind, daß man durch frume Fursten und Herren mit ihm handlen ließe, und auf Wege und Mittel zu Friede und Vertrag denken rc., wie das S. K. F. G. wohl besser furzunehmen wissen, denn wirs angeben mugen.

Wo sich nu die Bundsfursten vernehmen ließen, daß sie ihrem Verbundniß wollten nachkomen, und nicht davon abstehen und nicht Friede haben: so achten wir solchs als ein abgesagte Fehde und als wären sie im offentlichen Werk rc.; alsdenn ists Zeit, sich zu wehren und schirmen rc.

Wo sie aber wurden solch Verbundniß leugen odder mit umbschweifenden Worten nicht richtig zu antworten, damit man wisse, weß man sich in Ja odder Nein zu ihn soll versehen, daß sie alsdenn mit Versicherung und Verburgung rc. solche Verdacht, dazu sie so trefflich und starke Ursache geben haben, abwenden und auswischen.

Der Kostung halben achten wir, wiewohl die Bundfursten schuldig, denselbigen zu erstatten, so hats doch ein Schein, als wollt man sich zu ihn nothigen, und den Friede nicht lauter meinen, so man hart drauf drunge. Wir lassen solchs den Theidingsherrn und Scheidsfursten befohlen seyn, weil auf unser Seiten der Friede gesucht wird. Lesen wir doch von dem heil. Konige Ezechia, daß er umb Friede willen zu erhalten, das heil. Gold im Tempel nahm und weggab dem Konige zu Assyrien, das doch sonst verbotten war zu nehmen rc.

Vielleicht im May. N⁰. DCCCCLXXXVII.

An den Kanzler Brück.

Rathschlag zum Frieden in der Packschen Sache.

Dieses Bedenken findet sich Eisl. II. 274. b., wo es auf das angebliche Mainzische Bündniß vom J. 1526. bezogen wird. Walch hat es nicht; auch kann ich nicht angeben, ob es in der Altenburger und Leipziger Ausgabe zu finden ist.

Achtbar, hochgelahrter Herr Kanzler ꝛc. Nach dem gestrigen Befehl meines gnädigsten Herrn, schicke ich hie meiner Meinung Verzeichniß.

Erstlich daß mein gnädigster Herr ein sicher gut Gewissen habe gegen der widerwärtigen Fürsten Frevel (wo es noth seyn würde sich zu wehren), ist das zu bedenken, wie Niemand leugnen kann, daß S. K. F. G., als ein Kurfürst des Reichs, keinen Oberherrn hat ausser dem, der S. K. F. G. zu straffen oder urtheilen Recht und Macht habe, ohn allein Kais. Maj. selbs. Denn alle andere Fürsten und Könige sind entweder S. K. F. G. gleichs oder geringers Stands, die kein Recht noch Macht über S. K. F. G. haben ꝛc.

Zum andern ist S. K. F. G. schüldig, Ihre Unterthanen wider sölche Fürsten zu schützen und handhaben, wie Paulus lehret Röm. 13, daß weltliche Oberkeit Gottes Dienerin ist zu straffen die Bösen und schützen die Fromen ꝛc. Denn ist sie schüldig, wider einen oder geringen Mördet zu schützen, so ist sie auch schüldig, wider viel oder große Mörder zu schützen; und ist kein Unterscheid unter den Mördern, er sey Fürst oder Landläufer ꝛc.

Zum dritten. Wo dieselbigen Mordfürsten oder Feinde als aus Kais. Maj. Befehl fürgeben, S. K. F. G. anzugreifen, haben S. K. F. G. das Gewissen abermal also zu richten. Aufs erste damit, daß S. K. F. G. sölchen Befehl nicht schüldig ist zu glauben noch anzunehmen, sondern als ein falschen, unrechten und aufrührischen Tück zu deuten, darumb daß Kais. Maj. hat verheißen, S. K. F. G. gnädiger Herr zu seyn und nichts wider S. K. F. G. fürzunehmen ohne vorhergehende Einreden (wie ich höre daß aus Hispanien Antwort komen sey). Auf sölcher Kais. Maj. Verheißung soll und muß S. K. F G. stehen so fest, so treulich sie Kais. Maj für wahrhaftig und redlich zu halten schüldig sind, und durch keinen Befehl davon sich kehren lassen, bis Kais. Mai. selbs sölche Verheißung widerrufe. Denn S. K. F. G. ist Kais. Maj. selbs mehr schüldig zu glauben, denn allen Fürsten, sonderlich mehr denn sölchen verdächtigen Feinden, sie rühmen Befehl, wie sie wollen.

Aufs ander findet sichs in der That, und keinen Zweifel läßt, daß solcher Feindsfürsten Anschlag hinter und ohn Wissen, Willen und Befehl Kais. Maj. fürgenomen wird, weil sie selbs bezeugen, daß sie wollen sölchen Befehl allererst nach sölchem gehalten Rath und Rotterey ausbringen: daran man wohl greifen muß, daß sölchs Fürnehmen weder aus göttlicher noch menschlicher Ordnung, sondern aus neidischem, aufrührischen, bösen Grund fließt, dazu sie Kais. Maj. als zum Schanddeckel brauchen wollen. Dawider billig alle treue und frome Kais. Maj. Glieder handeln sollen; denn sie nicht thun, was sie Kais. Maj. schüldig, sondern Kais. Maj. soll Deckel seyn, was sie böslich fürnehmen.

Aufs dritte ist offentlich im ganzen Reich bekannt, daß das Mandat, zu Worms ausgangen, nicht ist durch gemeine Reichsstände bewilliget, sondern auch von den höhesten und wegersten dawider bedinget, daß kein Zweifel ist, es sey der Pfaffen Rotten, und nicht des Kaisers oder Reichs Mandat zu halten, wie es denn auch hernach zu Nürnberg aufgehaben und zu Speier beschlossen, auch durch Kais. Maj. Befehl aufzuheben bitten rc. Darumb sich die Rottenfürsten aus lauter Bosheit als zum Schein, der doch aller Welt bekannt und nichtig ist, auf dasselbige gründen. Derhalben mit gutem Gewissen für Gott und der Welt aller Befehl, der auf solch nichtig Mandat mag ausbracht werden, soll für unrecht, und als den Kais. Maj. nicht thue noch thun könnte oder wolle, ohn alles Zweifels gehalten werden, und was die Rottenfürsten darauf fürnehmen, als ein rechte Aufruhr und Rotterey wider das Reich und Kais. Maj. zu achten sey, dem für Gott und der Welt nicht allein kein Gehorsam, sondern auch allerley Widerstand erzeigt werde.

Zum vierten ist denn die Appellatio und Protestatio fürhanden, welche, wo es Noth seyn würde (das Gott verhüte), wohl fein zu stellen seyn wird mit allem Glimpf M. G. Herren und mit allerley Unglimpf wider die Rottenpfaffen und Fürsten, als die Betrieger Kais. Maj. und des ganzen Reichs Aufrührer, und was mehr dazu dient rc., wie es denn Noth und Recht geben werden. Indeß wird viel Wassers verlaufen und wird aus Nachts-Frist Jahr-Frist werden, ob Gott will: wir hoffen aber und wollen bitten, weil uns Gott sein Wort geben, es solle nicht zu solcher Noth und Recht komen.

Angreifen aber und mit Krieg sölchem Rath der Fürsten zuvor komen wollen, ist in keinem Weg zu rathen, sondern aufs allerhöhest zu meiden. Denn da stehet Gottes Wort: Wer das Schwert nimet, der soll durchs Schwert umbkomen. Nu ist hie kein Befehl das Schwert zu brauchen, weil der Widersacher Schuld und That noch nicht uberzeuget, noch am Tage ist, und doch dieselbigen Feindesfürsten nicht unter unsers gnädigsten Herrn Gewalt sind. Denn damit wurden offentlich gestrafft, ja frevelich angriffen, die doch nichts offentlich gethan hätten noch uberzeugt wären, und gewonnen damit allererst nicht allein den feinesten Schein, sondern auch allerdinge Recht, sich als aus Noth zu wehren wider die, so ohn Kais. Maj. Befehl aufrührischer Weise die Unschüldigen angriffen; denn Gott kann ihren heimlichen Rath noch wohl hindern. Aber wo sie also würden angreifen, könnte sichs nicht mehr hindern, und würde allererst recht angehen. Denn gleichwie itzt unser Trotz und Trost ist, daß die Feindsrotten als die aufrührischen M. G. Herren wollen angreifen ohn alles vorgehendes Recht und Verhör: also hätten sie denn wiederumb denselbigen Trotz, daß sie ohn alles vorgehendes Recht, dazu als die unschüldigen, die noch nichts verwirket, angegriffen und zur Nothwehre gedrungen würden. O behüt Gott für dem Gräuel: das hieße freylich recht für dem Hamen fischen und Gewalt für Recht gebraucht. Kein größer Schande könnte dem Evangelio geschehen; denn hieraus würde nicht ein Baur-Aufruhr, sondern ein Fürsten-Aufruhr, die Deutschland zu Boden verderben würde, welches auch der Satan gern sähe.

Wo aber mein gnädiger Herr der Landgraf nicht wollt folgen, sondern fort fahren: ist mein gnädigster Herr nicht schüldig zu halten das Verbündniß; denn man muß Gott gehorsam seyn mehr denn Menschen. So mussen alle Verbündniß Gott und Recht uber sich leiden und bleiben lassen, daß sie nicht dawider thun oder furnehmen. So aber mein gnädiger Herr der Landgraf oder die zu Magdeburg wurden angegriffen, ist mein gnädigster Herr aus Verpflicht der Verbündniß schuldig, wie für S. K. F. G. selbes, ihnen beyzustehen und obgesagter Weise zu handeln; denn Gott will Treue und Glauben gehalten haben.

18. May. N°. DCCCCLXXXVIII.

An den Kurfürsten Johannes.

L. u. Melanchthon rathen in Beziehung auf das Packsche Bündniß zum Frieden.

Aus dem Weim. Archiv im Leipz. Supplem. S. 51. No. 65. Walch XXI. 245. Wir haben das Original von Luthers Hand verglichen.

Dem Durchleuchtigsten, Hochgebornen Fursten und Herrn, Herrn Johanns, Herzogen zu Sachsen und Kurfurst ꝛc., Landgrafen in Thuringen und Markgrafen zu Meissen, meinem gnädigsten Herrn.

Gnad und Friede in Christo. Durchleuchtigster, Hochgeborner Fürst, gnädigster Herr! Wir haben E. K. F. G. Brief unterthäniglich und mit Freuden vernomen, hoffen gar festiglich, Christus, unser Herr, hab unser Gebet erhoret, und werde es vollend erhören zum allerbesten, wie wir bisher gethan, und noch täglich thun, mit allem Fleiß beten und zu beten vermahnen, daß Gott, der Vater des Friedes und Trosts, werde nicht allein gute Mittel zum Friede furlegen (wie wir denn hören), sondern auch Willen und Sinn geben, solche Mittel anzunehmen, und in alle Wege den Krieg zu fliehen und meiden, und Frieden zu suchen, wie er denn auch durch seinen lieben Apostel gebeut, quae pacis sunt, sectamini: Jagt dem Friede nach, so wird Gott des Friedes mit euch seyn; und abermal Röm. 12: So viel an euch ist, haltet mit iedermann Friede. Denn es wird ohn das dennoch Unfriedes gnug seyn, und Kriegs allzuviel sich finden. Man darf den Teufel nicht uber die Thür malen, noch ihn zu Gevattern bitten. Der barmherzige Gott gebe E. K. F. G. Gnade und Stärke, seinen Willen zu lieben und zu thun, Amen. Montags nach Vocem Jucunditatis, den 18. May, 1528.

E. K. F. G.

unterthänige

Martinus Luther.

Philippus Melanchthon.

---

18. May. N⁰. DCCCCLXXXIX.

An Johann Friedrich, Herzog zu Sachsen. *)

L. u. Melanchthon loben den Prinzen wegen seiner Bemühungen für den Frieden.

Aus dem Weim. Archiv im Leipz. Supplem. S. 51. No. 66. Bey Walch XXI. 246. Uns ist keine Urkunde der Art vorgekommen.

Gnad und Fried in Christo. Durchleuchtigster, Hochgeborner Fürst, gnädigster Herr! Wir haben erfahren, wie E. F. G. sich haben aufgemacht, Friede und Kriegshinderung bey unserm gnädigen Herrn dem Landgrafen zu fördern, welches wir höchlich erfreuet seyn, und bitten, Gott wollte E. F. G. Gnade und Glück dazu geben, auf daß solche Mittel und Ursache des Friedens möchten ja mehr gelten, denn Brunst und Ursache zu kriegen. Wiewohl wir wissen, daß junge Fürsten heftig sind, solche böse Tücke und große Ursache nicht zu leiden; so hat doch Gott große Gnade verheißen denen, so Friede suchen und böse Tücke dulden, wie er spricht: Selig sind die Sanftmüthigen, denn sie werden das Land erben. Krieg gewinnet nicht viel, verleuret aber viel, und waget alles; aber Sanftmuth verleuret nichts, waget wenig, und gewinnet alles. Darum spricht er Ps. 33: Meide Böses und thue Gutes, suche Friede und jage ihm nach, so wirst du gute Tage haben. Christus gebe E. K. F. G. Frieden ernstlich zu suchen, denn es wird die Zeit dennoch Kriegens, daß man sich nicht wehren kann, gnug bringen, daß man wohl mag Friede annehmen, wo man kann. Zu Wittenberg, Montags nach Vocem Jucunditatis, den 18. May, 1528.

E. F. G.

unterthänige

Martinus Luther.

Philippus Melanchthon.

---

*) Der Kurprinz befand sich damals in Kassel.

21. May. No. DCCCCXC.

An Markgraf Georg zu Brandenburg.

L. sendet dem der Reformation günstigen Fürsten evangelische Prediger zu.

Aus dem Ansbachischen Archiv in J. P. Reinhards Beytr. zur Historie des Frankenlandes I. Th. S. 133.

Dem Durchleuchtigen, Hochgebornen Fursten und Herrn, Herrn Georgen, Markgrafen zu Brandenburg, Herzogen zu Pomern, Stettin rc., meinem gnädigen Herrn.

Gnad und Friede in Christo Jesu. Durchleuchtiger, Hochgeborner Fürst, gnädiger Herr, es kompt hier der frumme Mann Er Johann Rorer: wie froh bin ich, daß E. F. G. solchen Mann widder zuberufen haben; bitte auch Gott von Herzen, wollt E. F. G. in seiner Gnaden Erkenntniß und Andacht barmherziglich stärken und erhalten, zu thuen und zu foddern seinen Willen und heiliges Wort, wie er denn angefangen hat E. F. G. zu bewegen, und wir alle bitten und hoffen sollen, daß seine Barmherzigkeit solch angefangen Werk seiner Gnaden werde seliglich in E. F. G. vollenden.

Und wie mir E. F. G. durch Herrn Hans von Schwarzenberg *) hat lassen schreiben umb einen Prediger gen Plassenburg, also hab ich diesen Er Georgen Heyderer bewegt und aufbracht, solch Ampt anzunehmen, wie E. F. G. weiter wohl werden vernehmen. Befehl hiemit denselbigen also wohl als den obgenannten Er Johann Rorer und Er Adam Weis zu Krailsheim E. F. G.; denn es ja feine Leute sind, wirdig die man in Ehren und Treuen halte. Der Vater aller Barmherzigkeit gebe E. F. G. seinen Geist reichlich, zu thun seinen gottlichen Willen, Amen. An Christus Himelfahrttag 1528.

E. F. G.

williger

Martinus Luther.

*) Dieser Schwarzenberg, vorher in Bambergischen Diensten (vgl. II. Th. No. CCCCXXXI.), war in die Dienste des Markgrafen getreten, und beförderte in dessen Landen die Reformation.

23. May. No. DCCCCXCI.

An Friedr. Myconius.

Betrifft den Handel mit einem gewissen D., wahrscheinlich einem Prediger.

Bey Aurifaber II. 378. Deutsch bey Walch XXI. 1109.

Gratiam et pacem in Christo. Tristia satis scribis, mi Friderriche, de D.: sed, ut est homo, nihil est consilii, quo istis rebus succurram. Scripsi tamen ad eum satis (ut opinor) asperas literas, si quid illis promoveam. Excusationes rescribit, sed irritas, quas et audire me nolle scripsi. Nec video quid prosit, etiamsi centies ad aulam res devolvatur, et autoritate Principis tentetur. Caput habet, quo nisi mutato coelitus nihil reliquum est, quam ut manda, remanda, manda, remanda, nobis cantet. Ad Visitatorum officium interim rejiciendum esse censeo, interim patientia etiam impatientissima ferendus est. Dominus tecum, et tu pro me ora infirmo et paupere. Witenbergae, Sabbatho post Ascensionis, anno MDXXVIII.

Martinus Lutherus.

---

23. May. No. DCCCCXCII.

An Justus Menius.

L. verspricht M. bald aus Erfurt wegzurufen.

Bey Aurifaber II. 378. b. Deutsch bey Walch XXI. 1110.

Gratiam et pacem. Paucis occupatissimus scribo, mi Juste. Ego non omittam, quin ut occasio sese quaeque prima obtulerit, te ex isto bestiarum crudelium et ingratissimarum lustro evocem: ita me habet pessime istius urbis abominatio, quid enim aliud dicam? Quanquam ego non desperem, brevi aliud facturum Christum cum adversariis suis. Interim patere, compatior enim tibi, Christus utrique compatitur et omnibus, et orato pro me infirmo vasculo. Princeps noster occupatior modo est, quam ut possit quippiam in aula ista agi aut impetrari. Saluta suavitatem vitae tuae, conjugem et liberos, cum quibus te Christo commendo. Witenbergae, Sabbatho post Ascensionis Domini, anno MDXXVIII.

T. Martinus Lutherus.

---

25. May. N°. DCCCCXCIII.

An Spalatin.

Von L.'s Beschäftigungen, unter andern mit der Uebersetzung des Jesaia.

Bey Aurifaber II. 378. Vgl. Cod. Jen. a. f. 258. Deutsch bey Walch XXI. 1108.

Suo in Christo charissimo fratri, D. Georgio Spalatino, servo Christi, Episcopo Altenburg. fidelissimo. 1)

Gratiam et pacem in Domino. Nihil sit tibi molestum, quod nuntium hunc distuli. Pomeranus Brunswigam abiit, et in me inclinat parochiae cura. Proinde publice et privatim, praesertim 2) festo hoc die, occupatus non potui absolvere, quae postulasti: nunc quod possum, praesto promissum utcunque. Prophetas molimur vel parturimus potius in vernaculam. Esajas primus laboratur diligentia vertendi et illustrandi, quantum Christus dederit. Tu pro nobis ora. Salutant te omnes nostri, Jonas et Philippus. Witenbergae, altera post Ascensionis, MDXXVIII.

Martinus Luther.

---

26. May. N°. DCCCCXCIV.

An Stephan Zwels.

L. tröstet Zw., welcher wegen des Evangeliums gefangen war.

---

1) Nach Cod. Jen. 2) Cod Jen. — praesertim.

Aus der Wernsdorfischen Sammlung zu Wittenberg bey Schütze II. 88.

Venerabili fratri, Stephano Zwels, captivo Christi in Gelria fideli et sincero.

G. et P. in Christo Jesu, salvatore et consolatore nostro. Vidi themata tua, charissime frater Stephane, quae ab istis porcis Coloniensibus foede sunt conculcata, indignissimis scilicet, qui tales margaritas viderent: et gratulor tibi, Christo favente, sic esse te illustratum, ut talia cognosceres et probares, deinde tam dignum factum, ut pro talibus doctrinis contumelias has et carceres tantos feras. Recordare itaque illius, qui dixit: *Beati, cum maledixerint vobis homines, et ejecerint nomen tanquam malum, propter filium hominis etc.* Haec breviter et occupatus scribo, mi frater, compatiens quidem tuis passionibus, sed mirifice gaudens tam sanctae et justae causae tuae. O fortis esto, nec deseras hanc confidentiam, contemne Satanam furentem. Christus aderit fortior in te, quam Satan in illis. Et nos orabimus Patrem misericordiarum, ut, qui dedit tibi pro filio suo dilecto pati, faciat et ipsum per te triumphare, Amen, Amen. Alias forte plura. Modo vale in Christo, qui sit tecum, ferat tecum, vincat tecum, regnet tecum, et nos omnes imagine eadem similes reddat. Witenbergae, feria 3. post Exaudi, MDXXVIII.

T. Martin. Lutherus.

---

27. May. N°. DCCCCXCV.

An Paul, ehemaligen Abt in Sagan.

L. warnt P. vor der Lehre der Sacramentirer, zu welcher er sich hinneigte.

Aus der Wernsdorfischen Sammlung zu Wittenberg bey Schütze II. 89.

Venerabili in Christo Viro, D. Paulo, olim Abbati Sagensi captivo, nunc Christi liberto, imo libero et servo fidelissimo.

G. et P. in Christo Jesu. Dolens percepi, Vir venerabilis, te quoque periclitari Sacramentariorum errore, sed Christum oro, ut error tantum sit, et tentatio sola, quemadmodum audivi. Proinde non potui omittere, quin solicitudine fraterna praevenirem [1]) his literis contagium istud, si Christus aspirare dignabitur, ut tentationem hanc superes. Neque enim miror, te tentari. Quid enim facilius et magis continuum et assiduum quam nos miseros tentari, cum adversarius noster tanquam leo rugiens circumeat, quaerens, quem devoret. Verum *fortes in fide*, inquit, *resistite.* Itaque te per Christum oro et per dulcem illam spiritus libertatem, quam nobis renatum Evangelium donavit ineffabili gratia Christi, obsecro, ne tam promtus Galata sis, nec tam cito transferri te sinas ab istis levibus spiritibus, qui citra imo contra Scripturam de suo capite loquuntur, et quod omnium pessimum est, nihil certi, nihil firmi loquuntur, sed dant sine mente sonum, quem (vivit Christus) ipsimet nec intelligunt neque docent. Vidi eorum scripta, audivi eorum verba. Certe nihil nisi congeries est et strepitus syllabarum, nec unum jota adhuc protulerunt, quo ea, quae loquuntur, probant, sed sedulo fugiunt et vitant probationem. Hoc enim me habet pessime, docere et non probare, dicere et non demonstrare. Igitur si omnino vincere nondum potes, suspende saltem sententiam, donec certus fias, et probationem videas. Nosti illud maledictum Psalmi: *Quoniam non est in ore eorum certum, interiora eorum perturbatio.* Hoc vero verius de istis spiritibus dicitur. Christus te liberet et servet inter istas spinas et scorpiones, cum tua Barbara et Mechtilde, quas nomine omnium nostrum salutabis. Vale et sape simplicem et pium Christum. Witenbergae, feria 4. post Urbani, MDXXVIII.

T. Martin. Lutherus.

Im Junius. N⁰. DCCCCXCVI.

An die Pfarrherren zu Göttingen.

L. wünscht zu der Kirchenordnung, welche ihm die G. Prediger geschickt, und die er hat drucken lassen, Gottes Segen.

---

1) Sch. praevenire.

Wittenb. IX. 282. Jen. II. 387. Altenb. IV. 427. Leipz. XXII. 554. Walch XXI. 255. Wir haben Cod. Jen. b. f. 304. verglichen.

Gnad und Friede in Christo. Ich hab eurem Begehren nach diese euer Kirchenordnung uberlesen, und durch den Druck gefördert; Gott der Vater aller Weisheit gebe sein Gnad, daß sie einen kräftigen Fürgang gewinne, Amen.

Denn wir wissen, Gott Lob, wohl, was für einen Widersacher wir in solchen Sachen haben, nämlich den Satan mit allen seinen Engeln: drumb es auch nicht gnug ist, gute Ordnung, gut Recht, gute Lehre haben; ja, es ist (kurzumb) kein Rath, kein Weisheit, kein Fürnehmen so gut und recht, daß darauf etwas zu bauen, und etwas anzufahen sey; ja wenns gleich ein göttlich Recht ist, so ists kein nütz, sondern vielmehr schädlich, Röm. 4, (15.): Das Gesetze richt Zorn an.

Wie manchem weisen Mann, ja wie manchem heiligen Mann hat gefeylet sein allerschönste und beste Sache und sein allerheiligsts Recht. Warumb das? Darumb, daß uber das Recht und gute Ordnung gehöret noch eins, das heißt, Gerathen oder Gedeiben, das auch St. Paulus selbs saget, das Evangelium (welchs doch nicht allein Gottes Ordenung, sondern auch Gottes Kraft ist,) schaffe nichts, wenn Gott auch nicht das Gedeihen dazu gibt (1 Cor. 3, 7.).

Darumb sind das gar thorichte Leute, die da sagen: Ich habs gut Recht, ich wills thun, wer will mirs wehren? Denn daß sie sagen: ich habs gut Recht, ist wohl geredt; aber daß sie dazu noch sagen: ich wills thun, das ist zu viel. Denn solchs Thun ist nicht dein, so wenig das Recht dein ist. Gott muß helfen, daß es geschehe; sonst sollt du wohl sehen, obs dir nicht gewehret werde.

Und wenn du noch so gut Recht hättest, Gott will dein Trotzen und Pochen aufs Recht nicht leiden; du sollt auch demüthig umb Hülf bitten, daß er dir, und nicht du selbs, das Recht erhalt, auf daß du lernest, was der Teufel, ja was du selbs seyest, als der du nicht vermagst, so er dich recht hat, und der Teufel ein Kriegsmann ist wider alles, das recht und gut ist, daß Gott dir muß helfen, nicht allein aus Unrecht, sondern auch zum Recht, beyde in großen und kleinen, ja allerley Sachen. Darum spricht die Weisheit Sprüchw. 8, (V. 14.): Mein ist das Rathen und Gerathen. Viel haben guten Rath, aber das Gerathen folgt nicht, sondern wird ein großer Unrath aus großem Rath, wie das viel Exempel und Historien beweisen.

Solchs will ich euch, lieben Herrn und Freunde, darumb angezeigt haben, daß ihr euch selbs und euer Volk dazu wöllet halten, nicht allein auf euer Kirchenordnung euch zu vertrösten, als hab es nu kein Noth, dieweil es gefasset ist, sondern auch Gott demüthiglich danken, und daneben bitten, daß er euch das Gedeihen und Gerathen dazu gebe, und seliglich fortgehe.

Denn Anstöße und Hinderniß werden sich gnug finden; und der ein Fürst in der Welt ist (gläubet mir) der wird auch zu Gottingen wollen ein Fürst, und gar ungern ein Bettler seyn.

Gott werfe ihn unter euch, wie St. Paulus Röm. 16, (20.) bittet: Gott zutrete [1]) den Satan unter eure Füße. Welchs ich auch euch wünsche, und bitte, daß euch Gott segne und behüte, unsträflich und kräftig wachsen lasse zu seinem Lob und Ehre, Amen. Mense Junio, Anno 1528.

---

6. Junius. N°. DCCCCXCVII.

An den Kurfürsten Johannes.

Fürbitte für einen Vertriebenen.

Aus dem Weim. Archiv im Leipz. Supplem. S. 53. No. 70. Walch XXI. 253. Wir haben das Original nachgesehen.

Dem Durchleuchtigsten, Hochgebornen Fursten und Herrn, Herrn Johanns, Herzogen zu Sachsen, Kurfursten, Landgrafen in Thuringen und Markgrafen zu Meissen, meinem gnädigsten Herrn.

Gnad und Fried in Christo. Durchleuchtigster, Hochgeborner Furst, gnädigster Herr! Wiewohl E. K. F. G. itzt mit hohen Schäften beladen von iedermann billig ungemühet bliebe, als ich denn auch gerne thät; weil aber dieser Johann von Ranau, vertriebener armer Mann, auch so kläglich sucht und bittet, kann ichs nicht lassen, ihm zu dienen mit dieser Schrift an E. K. F. G. Sein Anliegen aber wird E. K. F. G. aus beygelegter Schrift gnädiglich vernehmen.

---

1) Cod. Jen. zerbrech.

Demnach ist mein unterthänige Bitt, E. K. F. G., wo es zu thun seyn will, weil dem guten Manne der Verzug schwere ist, wollen sein Elend gnädiglich ansehen und erhoren, wie sich denn E. K. F. G. wohl wird wissen hierinnen zu halten. Wir haben auch nähest eine tröstliche Schrift von E. K. F. G. empfangen, der Hoffnung, es soll Friede werden aus dem Furnehmen, darumb wir auch bitten, und alle Stunde sehnlich guter neue Zeitung warten. Christus unser Herr sey gnädig und barmherzig uber alle E. K. F. G. Furnehmen und Thun, sampt allen, die dabey sind, Amen. Das gebe Gott. Zu Wittemberg, Sonnabends nach Pfingsten, 1528.

Martinus Luther.

---

6. Junius. N°. DCCCCXCVIII.

An Spalatin.

Empfehlung eines Hauslehrers für J. L. Metzsch.

Bey Aurifaber II. 379. b. Vgl. Cod Jen. a. f. 259. Deutsch bey Walch XXI. 1111.

Georgio Spalatino.

Gratiam et pacem. Hunc Sebastianum Albinum ego tibi commendo, mi Spalatine, ut ei monstres viam ad Josephum Levinum Metzsch. Nam promisi illi, didascalon me missurum ad Reichenbach: et is nunc Albinus venit visurus et tentaturus, an obtinere id officii possit. Nihil apud nos novi est, quod scriberem. Ora pro nobis. Et vale cum tua Costa bellissime in Christo. 6. Junii, MDXXVIII.

Martinus Luther.

Im Junius. *) N°. DCCCCXCIX.

An Johannes, Kurfürsten zu Sachsen, zwey Schreiben Luthers und Melanchthons.

L. und M., welche damals scheinen nach Hof gefodert gewesen zu seyn, rathen zum Frieden wegen des Packschen Handels.

Aus dem Weim. Archiv im Leipz. Supplem. S.51. No.67.68. bey Walch XXI. 247. Wir haben das Original, das eine von Luther und Melanchthon unterschrieben, das andere von L. selbst geschrieben, nachgesehen.

A.

Dem Durchleuchtigsten, Hochgebornen Fursten und Herrn, Herrn Johanns, Herzogen zu Sachsen, Kurfursten ꝛc. Landgrafen in Thuringen und Markgrafen zu Meissen, unserm gnädigsten Herrn. In S. K. F. G. eigne Hand.

Durchleuchtigster, Hochgeborner Kurfurst, gnädigster Herr! Wir haben erfahren, wie als gestern ein Mandat vom Regiment in Kaiserl. Majest. Namen komen sey, darin allen Ständen des Reichs Friede gebotten werde, welches wir nicht wenig erfreuet sind, als die wir hoffen unsers geringen Verstands, es sollt ein schone, gute Ursach seyn, den Frieden, so wir doch suchen und begehren, zu finden. Und uns dunkt, Gott erhore unser Gebet, und wolle gnädiglich bey uns seyn, denn er grußet uns furwahr freundlich, wo wir ihm kunnten antworten, und wohl empfahen; denn solch Ursach, so uns zu Haus kompt von ihr selbs, sollten wir billig weit und ferne gesucht haben.

Und ob es gleich also seyn oder nicht seyn mochte, daß eben die Bundsfursten solch Mandat selbs hätten ausbracht; dennoch ist nicht deste weniger ein guter Zutritt, dadurch mit ihnen oder bey dem Regiment widder sie zu handeln umb Friede ꝛc.

Derhalben ist unser unterthäniges Bedenken, (wiewohl E. K. F. G. nach hohem Furstl. Verstand unsers Raths nicht bedarf,) daß solch Kaiserlich Mandat nicht zu verachten seyn sollt:

---

*) Das Mandat des Kais. Regiments, welches in diesem Schreiben erwähnt wird, ist unstreitig das Ausschreiben des Königs Ferdinand vom 1. Junius b. Walch XVI. 493. Seckendorf II. §. 35. add. g. scheint diese Schreiben vor jenes vom 18. May No. DCCCCLXXXVIII. zu setzen.

Erstlich, auf daß nicht Gott selbs darin, als der sich damit gnädiglich erzeiget zum Friede, veracht werde.

Zum andern, so ist je solch Mandat von unser ordentlicher von Gott eingesatzter Oberkeit komen, welcher man Gehorsam schuldig ist, sonderlich weil da nichts Boses, sondern eitel Gutes und Friede gebotten, und nicht das unser oder ihres, sondern das gemein Gut des Reichs gesucht wird und uns angebotten rc. Denn wir besorgen, wo solch Mandat wurde veracht oder in Wind geschlagen, daß die Bundsfursten dadurch ein trefflichen großen Schein und Glimpf erheben und ausbringen, und auf unser Theil den allergroßesten Unglimpf fur aller Welt treiben, als die sich zum Friede erbotten, und Kaiserl. Majestät unterthan zu seyn, und uber solchen Gehorsam von den Ungehorsamen, als Aufruhrischen widder Kais. Majestät, beleidiget, und wurden stracks crimen laesae majestatis auf uns bringen.

Zudem wurden sie freylich bey gedachtem Regiment weiter handeln, und ein Acht erlangen, und käme denn unsers Theils Sache dahin, daß sie fur Gott kein gut Gewissen, fur dem Reich kein Recht, fur der Welt kein Glimpf behielt, welches gar schrecklich und grausam seyn sollt. Und Summa, wir furchten, der Satan hab ein großers im Sinn, denn wir gedenken; denn er nicht stucklich das Evangelion will angreifen, sondern, wie der Haman, das ganz jüdische Geschlecht wollt ausrotten, also wollt er auch ganz Deutschland umbkehren, und damit das Evangelion ausrotten. Er ist nicht umbsonst so fleißig umb uns, ficht und wehret, daß wir schwerlich und unfleißig, ja faul und unlustig sind, den Frieden zu suchen und anzunehmen, so uns Gott gebeut und anträgt.

E. K. F. G. werden ohn Zweifel selbs wohl bedenken, wie ein unseliges Ding es seyn sollt, wenn gleich alle Ding wohl gerathen wären und ausgericht, so man ohn Noth so viel Blutvergießens widder das Gewissen und Kais. Majestät begangen hätte.

Und da Gott fur sey, wenn es ja sollt in solchem bosen Gewissen und Ungehorsam furgenomen und vollzogen werden, so sollt es uns doch ewiglich jamern, daß wir alsdenn mußten und gezwungen wurden, wider E. K. F. G., als unsern allerliebsten Herrn, von dem wir so väterlich und herzlich bisher sind ernähret, beschirmet, und mit trefflichen großen Wohlthaten und Gnaden uberschutt gewesen, reden und zeugen dazu, wie ich Martinus fur E. K. F. G. zu Altenburg bedingt, daß wir E. K. F. G. Land meiden und uns wegthon mußten umb des Evangelii willen, auf daß nicht auf dasselbige unschuldige Wort Gottes aller solcher Unglimpf mit gutem Schein falle. Was kunnte doch unsern Herzen imer mehr Leiders geschehen, denn daß wir von solchem Vater und Patron mußten gescheiden seyn, und mit uns vielleicht viel andere feiner Leut. Solchen und noch großern Jamer hat der Teufel gewißlich im Sinn, welchem doch Gott zu wehren sich jetzt gnädiglich anbeut, mit solcher Ursach, welche man vielleicht hernach gern wollte mit eim Land bezahlen, und wird alsdenn nirgend zu bekomen seyn.

So konnen wir nicht denken, wie unser Theil fur aller Welt nicht sollt mit aller Billigkeit dafur gehalten werden, als die lieber Krieg, denn Frieden, lieber Blutvergießen, denn wohl regiern suchen; welchen Argwohn doch wir, als die wir Gottes Wort haben und ruhmen, gar viel ferner sollten von uns lassen seyn, denn alle andere Fursten, so Gotts Wort nicht haben rc. Derhalben wäre unser unterthäniges Bedenken, daß man eine stattliche Bottschaft an das Regiment schicket, welche daselbst anzeigte E. K. F. G. und M. G. Herrn Landgrafen Gehorsam, und die Bundsfursten beklaget, und anders rc., wie E. K. F. G. solchs wohl besser zu thon wissen, denn wir rathen konnen.

E. K. F. G.

unterthänige [1])

Mart. Luther.

Philippus Melanchthon.

B.

Meim allergnädigsten Herrn Herzog Johanns, Kurfursten rc. Zu S. K. F. G. selbs eigen Hand.

Gnad und Friede in Christo. Durchleuchtigister, Hochgeborner Furst, gnädigster Herr! Wiewohl wir uns versehen, daß E. K. F. G. wohl selbs sich werden wissen zu schicken in die Sachen, so itzt gehen auszurichten; doch mugen wir aus billiger und schuldiger Sorge, so wir tragen gegen E. K. F. G., nicht lassen, E. K. F. G. unterthäniglich zu bitten und zu ermahnen, weil wir heut von hinnen zu Haus

1) Dieß ist von L.'s Hand.

werden ziehen, und gleich eine Denkzeddel hinter uns lassen, angesehen, daß E. K. F. G. mit vielen Geschäften alle Stunde uberfallen, und auch sonst der Satan uns listiglich sucht, damit wir dem Friede ungerne, oder je doch laß und langsam nachtrachten und annehmen.

Erstlich, weil Gott uns solche gute Mittel und Ursachen furlegt, den Friede zu erhalten, daß E. K. F. G. ja dieselbigen nicht versäumen; denn so spricht St. Paulus 2 Cor. 6: Lieben Bruder, ich bitte, daß ihr die Gnade Gottes nicht vergeblich annehmet ꝛc., und aufs fodderlichst Bottschaft abfertigen beyde an das Kaiserliche Regiment und Konig Ferdinando, den Glimpf zurhalten und mehren.

Zum andern, daß M. G. Herrn, dem Landgrafen, ja Einhalt geschehe, daß S. F. G. nicht zu sehr eile und solche gottliche Mittel nicht verjeuche und zurstreue, wie man pflegt fur dem Hamen zu fischen.

Zum dritten, daß man auf die Kostung nicht so hart dringe und genau suche, denn es besser ist, so viel Kosten verloren, denn so großes Wesen, das mißlich und fährlich, anzufahen. Wie wollt man thun, wenn sonst so viel Schadens durch Feur odder Wasser odder ander Unfall zukomen wäre, wie in der bäurischen Aufruhr geschach ꝛc. Christus aber, unser Herr, erleuchte und stärke E. K. F. G. Herz, zu bedenken und zu thun seinen Willen, Amen.

E. K. F. G.

unterthänige

Martinus Luther.

Philippus Melanchthon.

Im Junius. N°. M.

An Herzog Johann Friedrich.

Bitte, die gegebenen Friedens-Rathschläge zu unterstützen.

Aus dem Weim. Archiv im Leipz. Supplem. S. 53. No. 69., dann bey Walch XXI. 251. Wir haben das Original von Luthers Hand verglichen.

Dem Durchleuchtigen, Hochgebornen Fursten und Herrn, Herrn Johanns Friedrich, Herzogen zu Sachsen, Landgrafen in Thuringen und Markgrafen zu Meissen, meinem gnädigen Herrn.

Gnad und Friede in Christo. Durchleuchtiger, Hochgeborner Furst, gnädiger Herr! Wir haben E. F. G. Herrn und Vater, unserm gnädigsten Herrn, Herzog Johanns, Kurfurst ꝛc. unterthäniger Meinung gebeten, und eine Denkzeddel zugeschickt, daß S. K. F. G. wollten mit fodderlichem Zuthun den Friede und gute Mittel, so uns Gott anbeut, annehmen und helfen halten. *) Also bitten wir E. F. G. auch unterthäniglich, sie wollten auch solches Anklopfen unser Gottes unsäumig aufnehmen, und seinem gottlichen Willen helfen Folge thun, wiewohl wir hoffen, E. F. G. werde solchs ohn unser Vermahnung wohl wissen zu thun. Weil wir aber doch wissen, daß der Satan umb uns herschleicht, als St. Peter spricht, und nicht leiden kann, daß man Friede habe odder suche, mussen wir sorgen, er mochte itzt auch so viel Geschäfte furbringen odder hindern, daß solch Anklopfen Gotts versäumet und verlassen wurde. Darumb sehen wirs fur das Beste an, erstlich, daß man aufs fodderlichst Botschaft abfertiget beyde an das Regiment Kaiserl. Majestät, und an Konigl. Majestät zu Behemen, damit man den Gehorsam spuren mußte, und den Glimpf uns geben, den Unglimpf aber auf die aufruhrischen Fursten triebe. Aufs ander, daß man den Herrn Landgrafen ja wohl einhielte, daß S. F. G. gemach thät, und solch Mittel und Fug zum Friede nicht zurtrenne, und das umb Gotts willen, der uns solch schone Mittel furlegt, und nicht will veracht haben. Zum dritten, daß man die Kostung nicht so scharf fodderte; denn Gott hat noch mehr, denn die Kostung ist, und kanns wohl herein widder bringen, wo man seiner gottlichen Vermahnung und Mittel folgen, [1]) und nicht veracht. Christus, unser Herr, zutrete den Satan unter E. F. G. Fuße balde, Amen.

E. F. G.

unterthänige

Martin. Luther.
Philippus Melanchthon.

---

1) So wirklich, statt folget.

---

*) S. d. vor. Schreiben.

8. Junius. N⁰. MI.

An Nic. Amsdorf.

Ein Urtheil über Amandus in Königsberg, vom Packschen Bündniß und Karlstadt.

Bey Aurifaber II. 380. Deutsch bey Walch XIX. 2229.

Gratiam et pacem in Christo. De Doctore Amando jam petiisti judicium secundo, mi Amsdorfi, et omnino dare volebam per uxorem et filiam Lormam, simul 5 Altschock pro debitis solvendis cum mitterem, donec plura possem: sed abierunt me insalutato et contra promissum. Ego plane Amandum non libenter judico, quod sperem illum usu tandem confirmatum iri verbo in Prussia. Semel mihi accusatus de vehementia et impetu, alioqui satis est idoneus pastor, quamvis pro majore tutela optarim ei a latere esse vel aequalem vel majorem. Sic sentio.

De Hessorum exercitu adhuc nihil habeo novi, pacem oramus. Vidisti, credo, libellum foederis, et Ducis Georgii epistolam excusatoriam bene frigidam lubricamque. Hamburgam non consului ut ires. Caetera omnia nosse te credo, ora vero pro peccatore Luthero. Carlstadius meditatur discessum, est, fuit, erit manebitque Carolstadius semper. In Christo bene vale. Feria 2. post Trinitatis, anno MDXXVIII.

Martinus Lutherus.

---

13. Junius. N⁰. MII.

An Hans Honold, Bürger in Augsburg.

Luther schickt ihm hier ein Buch von Melanchthon (vielleicht den Unterricht der Visitatoren, der um Lätare dieses Jahres fertig wurde) und empfiehlt ihm einen gewissen Ludw. Agricola zur Unterstützung.

Diesen Brief hat uns Hr. Prof. Veesenmeyer aus dem Original mitgetheilt.

Dem Ehrbarn und Fürsichtigen Herrn Hans Honold zu Augsburg, meinem gunstigen Herrn und Freund.

Gnad und Friede in Christo. Fürsichtiger, lieber Herr und Freund, ich versehe mich, daß eur Herz, ob Gott will, noch fest sey und stehe in der Wahrheit. Und hätte auch wohl mein Büchlin zugeschickt, aber mir ward angezeigt, daß euch sonst wäre wurden. Gott stärke euch und behalte euch in reinem Glauben. Aber auf daß aber dieser Bote nicht ledig käme, schicke ich euch hiemit das Büchlin Philippi Mel., itzt neulich ausgangen, als ich acht, nicht bey euch gesehen sey; wollet für gut nehmen. Wenn es euch aber nicht schwer wäre, wollt ich gar freundlich bitten, daß ihr den guten Er Ludwig Agricola wolltet allhie ein Jahr halten, denn ich hatte ihn zum Predigstuhl verordnet, so hat ihn der leidig Neid und Abgonst widder vertrieben unschuldiglich, wiewohl, wo der Unlust itzt mit dem Kriegsgeschrey *) nicht wäre eingefallen, hätte ich vielleicht ihn anderswo versorget, wie ich doch ohn das hoff und warte, wie ich ihn etwa unterbringe. Hiemit Gott befohlen, Amen. Sonnabend nach Trinitatis, 1528.

Martinus Luther.

(Darunter hatte Honold geschrieben:
1528 den 26. Jungio empfangen von Wittemberg.)

---

13. Junius. N⁰. MIII.

An Nic. Amsdorf.

Ueber das Packsche Bündniß.

Bey Aurifaber II. 380. b. Deutsch bey Walch XXI. 1112.

Gratiam et pacem. Spero Christum orationibus nostris dare pacem, mi Amsdorfi, et jam pacati sunt cum nostro Principe Episcopi Wirzbergensis et Bambergensis. Moguntinensis expectatur voluntas, quam coget facile Landgravius. Excusationes eorum,

---

*) Der Lärm über das Packische Bündniß.

sicut et Ducis Georgii, apud me nihil concludunt, cum certum sit, animo, facto, edicto et omni studio eos hactenus egisse, agere voluisse, et etiamnum velle, quod istud foedus multipliciter in se continet. Nam Evangelium persequuntur, et nostrum Principem extinctum vellent, omnes scimus. Deinde non frustra gloriati et inflati sunt hactenus Papistae et tripudiaverunt, et multa alia valde, quae praesertim Ducem Georgium accusant et convincunt, hujus sanguinarii foederis esse reum vel autorem. Proinde et ego censeo, toties frustra monitos, frustraque ipsos aliquid speraturos, si denuo aliquid moliti fuerint, ut prorsus absque misericordia pellantur, quia nolunt pacem ferre, sed sanguinem sitiunt: bibant ergo, quando ita volunt. Caetera alias, ubi plus habuero. Vale et ora pro me, mi Amsdorfi. Witenbergae, 13. Junii, anno MDXXVIII.

Martinus Lutherus.

---

14. Junius. N⁰. MIV.

An den Abt Friedrich zu Nürnberg.

Aehnlichen Inhalts mit dem vorigen.

Bey Aurifaber II. 379. b. Deutsch bey Walch XXI. 1110.

Domino Friderico, Aegidianae Familiae Antisiti Norinbergae.

Gratiam et pacem. Cum nihil haberem, quod scriberem, venerabilis Vir, coëgit me Joannes Hofman, ut tamen scribeberem, causatus, periculum sibi imminere, quasi non fideliter satis institerit pro mandato aecepto, ut me solicitaret: hujus igitur impulsu scribo. Nam novitates istas et foederis impiorum Principum nunc veri, nunc falsi, nunc negati, nunc affirmati rumores, scio apud vos jamdudum inveterasse. Landgravium non sine causa moveri persuasissimus sum. Satan aliquid voluit, sed Christus misertus conculcat ipsum. Tantum oremus: non fallet nos exauditor ille, qui jussit orare, et promisit nos exaudiri. Tu vale et ora pro me. Datae Wittenbergae, Dominica 1. post Trinitatis, MDXXVIII.

T. Martinus Lutherus.

---

14. Junius. N°. MV.

An Wenc. Link.

Aehnlichen Inhalts mit dem vorigen. L. äussert seinen Verdacht, daß das Packsche Bündniß nicht ohne Grund sey. Von seiner Uebersezung der Propheten. Das ist der Brief, durch welchen L. mit Herzog Georg in jenen verdrießlichen Streit gezogen wurde. (S. Br. v. 31. Oct. d. J. No. MXLV.)

Bey Aurifaber II. 386. in Dav. Chytraei Chronic. Saxon. p. 955. Deutsch in Herzog Georgen zu Sachsen Verantwortung der Mainzischen Bündniß halben 1528. Eisl. I. 425. Altenb. IV. 457. Leipz. XIX. 669. Walch XVI. 510.

Gratiam et pacem. Nova tu plura nosti, quam ego scribere possim. 1) Foedus istud Principum impiorum, quod ipsi negant, vides, quantos motus moverit. Sed ego Ducis Georgii frigidissimam excusationem fere pro confessione interpretor. Sed negent, excusent, fingant, 2) ego sciens scio, non esse foedus istud merum nihil aut chimaeram, licet monstrum sit monstrosum satis. Deinde orbis novit, illos animo, facto, edicto, studio pertinacissimo, hactenus talia publice tentasse et fecisse, et adhuc facere. Extinctum enim volunt Evangelium, quod negare nemo potest. 3) Sed quid haec ad te, qui absque dubio certus de his omnibus es? Tantum ut scias, neque nos istis credere impiis, licet pacem offeramus, optemus, demus. Deus confundet istum morotaton moron, qui sicut Moab plus audet quam possit, et non secundum vires suas superbit, sicut semper fecit. Orabimus contra istos homicidas, atque hactenus eis sit indultum. Si denuo aliquid moliti fuerint, orabimus Deum, deinde monebimus Principes, ut absque misericordia perdantur, quandoquidem sanguisugae insatiabiles quiescere nolunt, nisi Germaniam sanguine madere sentiant.

---

1) Nova etc. fehlt bey Ch. 2) Ch. † refingant. 3) Ch. — quod negare etc.

Nos jam in Prophetis vernacula donandis sudamus. Deus, quam molestum et quantum opus, [1]) Hebraicos Scriptores cogere Germanice loqui, quam [2]) resistunt, [3]) Hebraicitatem suam relinquere nolunt, [4]) et barbariem Germanicam imitari, tanquam si philomela cuculum cogatur, deserta elegantissima melodia, unisonam illam vocem detestans, imitari. Vale et ora pro nobis. Dominica post Barnabae, MDXXVIII.

T. Martinus Lutherus.

---

15. Junius. N°. MVI.

An den Kurfürsten Johannes.

Fürbitte für einen verwaisten Knaben.

Aus dem Weim. Archiv im Leipz. Suppl. S. 53. No. 71. Walch XXI. 253. Wir haben das Original verglichen.

Dem Durchleuchtigsten, Hochgebornen Fursten und Herrn, Herrn Johanns, Herzogen zu Sachsen und Kurfursten ꝛc., Landgrafen in Thuringen und Markgrafen zu Meissen, meinem gnädigsten Herrn.

Gnad und Friede in Christo. Durchleuchtigster, Hochgeborner Furst, gnädigster Herr! Es haben mich redliche Leute gebeten, an E. K. F. G. zu schreiben für einen Knaben, Caspar von Rotlebens, unter dem Grafen von Schwarzburg, Sohn. Denn weil sein Vater gestorben, und er in der Irre gehet, ungezogen bleibt, und E. K. F. G. doch sonst vorgenomen, E. K. F. G. jungen Sohn, Herzog Ernst Friederichen, zu studiren lassen, daß E. K. F. G. diesen Knaben neben andern wollt gnädiglich annehmen, und dabey lassen erziehen, angesehen daß es ein arm verlassen Kind, und doch zum Studio und auch sonst geschickt ist: demnach bitte ich untertbäniglich, E. K. F. G. wollten denselben Knaben gnädiglich befohlen haben, wo es E. K. F. G. zu thun seyn will, wie ich mich denn versehe, daß E. K.

---

1) Ch. quantum et quam molestum opus. 2) Aurif. qui. 3) Aurif. † quam. 4) Aurif. volunt.

F. G. sich wohl wird hierinnen gnädiglich erzeigen. Hiemit Gott befohlen, Amen. Montags S. Viti, 1528.

E. K. F. G.

unterthäniger

Martinus Luther.

---

20. Junius. N°. MVII.

An den Kurfürsten Johannes.

Fürbitte für einen armen Studenten.

Aus dem Weim. Archiv im Leipz. Supplem. S. 53. No. 72. bey Walch XXI. 254. Wir haben das Original verglichen.

Dem Durchleuchtigsten, Hochgebornen Fursten und Herrn, Herrn Johanns, Herzogen zu Sachsen und Kurfurst rc., Landgrafen in Thuringen und Markgrafen zu Meissen, meinem gnädigsten Herrn.

Gnad und Fried in Christo. Durchleuchtigster, Hochgeborner Furst, gnädigster Herr! Es ist hie zu Wittemberg ein armer Gesell, M. George Preunin, der weiland auch im kleinen Chor zu Wittemberg gedienet, und hernach zwey Jahr von E. K. F G. gnädigliche Steur, nämlich des Jahrs zwanzig Gulden, zum Studio empfangen, und damit sich allzu reich belohnet erkennet und danket; weil er aber vernomen, daß etliche Lehen zu Altenburg geledigt, und er sein angefangen Studiren in Rechten gern wollt vollendbringen, bis er sein gebrauchen und sich selbs nähren kunnt, hat er mich gebeten, ihn gegen E. K. F. G. zu verschreiben, ob E. K. F. G. sein Armuth und Noth wollte gnädiglich bedenken, und noch zwey Jahr ein gnädige Steuer von solchen Lehenzinsen reichen lassen, angesehen daß damit E. K. F. G. Kamer nicht, wie vor, beschweret, und solche Zinse doch sonst nirgendhin billiger, denn zu armen Leuten, und sonderlich so da studiren und geschickte Leute werden sollen, andern furzustehen, gebraucht werden, wie sie denn ohn Zweifel der Meinung vor Alters gestift und gegeben sind. Nu ich aber den guten Gesellen fast wohl kenne, und bey uns allen guts ehrbars Wesens und sonderlicher Geschicklichkeit ist, hab ich ihm sein Bitten nicht wissen abzuschlahen, und befehl ihn also E. K. F. G. unterthäniglich, welche werden sich ohn Zweifel wohl wissen gnädiglich und barmherziglich zu halten, Gott zu Lob und Ehren. Christus sey mit E. K. F. G. in aller Fulle seiner Gnaden, Amen. Zu Wittemberg, Sonnabends nach Viti, 1528.

E. K. F. G.

unterthäniger

Mart. Luther.

---

29. Junius. N⁰. MVIII.

An Nic. Hausmann.

Von einer Nonne, welche aus dem Kloster zu entfliehen wünscht.

Bey Aurifaber II. 380. b. Deutsch bey Walch XXI. 1113.

Gratiam et pacem in Christo. Nolui hunc nuntium vacuum reverti, mi vir optime, cum nihil haberem tamen, quod scriberem, nisi ut me precibus tuis commendarem. Erit autem (spero) negotium, quo tua opera aliquando necessaria mihi erit: scripsit enim e Friberga captiva monialis clamans et suspirans redemtionem, quae monasterium et urbem sperat sese posse evadere, si sunt qui eam extra suscipiant, et in nostri Principis ditionem vehant. De his alias, nam adhuc ignoro, quantum distet ea civitas a nostri Principis finibus. Interim vale in Domino. Witenbergae, anno MDXXVIII, die Petri Pauli.

Martinus Lutherus.

Im Junius oder Julius. *) N⁰. MIX.

An einen Ungenannten.

Dieses Sendschreiben erschien unter dem Titel: Eine Bericht an einen guten Freund von beyder Gestalt des Sacraments auf's Bischofs zu Meissen Mandat. Wittenb. 1528. Wittenb. IV. 377. Jen. III. 558. Altenb. III. 893. Leipz. XIX. 600. Walch XIX. 1665. Die Veranlassung gab ein Mandat des genannten Bischofs, daß das Abendmahl nur unter Einer Gestalt sollte ausgetheilt werden; auch ist die Schrift gegen katholische Gegner, Faber, Cochleus und den Dominikaner Brand gerichtet. Da sie fast nichts Briefliches an sich hat, so lassen wir sie hier weg.

---

1. Julius. N⁰. MX.

An Philipp, Grafen zu Nassau.

Betrifft die Zusendung eines erbetenen Predigers.

Im Leipz. Supplem. S. 54. No. 73. aus dem Autograph, welches aus Memmingen mitgetheilt worden, dann bey Walch XXI. 257.

Dem Wohlgebornen Herrn, Herrn Philipps, Grafen zu Nassau und Saarbrücken, meinem gnädigen Herrn.

Gnade und Friede in Christo, und mein arm Pater noster. Wohlgeborner, gnädiger Herr! Als mir E. G. geschrieben um einen geschickten Prädicanten zuzuschicken, bin ich von Herzen geneigt, hab mich auch umgesehen, das beste ich vermochte; denn es auch hie bey uns mangelt, daß wir aus den Dörfern müssen haben, und Städte besetzen. Doch hab ich mit einem gehandelt, der sich unter unsers G. H. Fürstenthum aus dem gottlosen Stift zu Halle gethan, aber mit Weib und Kindlein indeß berathen. Er ist von Steinach der Landsart, daß ich acht, er sollt daselbsthin tüchtig seyn. Denn der Geschicklichkeit halt ich ihn so, daß ich gedacht, wo in unser Kirchen ein Caplan abginge, an solch Amt zu fordern. Weil ich nun dießmals keinen andern weiß, will ich denselben E. G. angezeigt haben; und hab mit ihm davon geredt, so erbeut er sich meines

---

*) Wegen der darin geschehenen Erwähnung des Packschen Bündnisses. Weiter finde ich nirgends eine Spur der Abfassungszeit.

Raths willig rc. Wo nun E. G. sein ehelicher Stand in E. G. Landen nicht hindert, so mögen weiter E. G. schreiben, damit ich ihn habe aus E. G. Befehl zu fördern und treiben. Ich hoffe, er soll E. G. gefallen. Ich bitte aber, daß die Kirchen, da er seyn soll, ihm wollte Zehrung schicken, oder wo ers hie aufborgen muß, dort wieder erstatten. Denn solche Reise ist seinem Armuth zu schwer. E. G. zu dienen bin ich willig. Hiemit Gott befohlen, Amen. Den ersten Julii, 1528.

Ew. Gnaden

williger

Martinus Luther rc.

---

7. Julius. N⁰. MXI.

An Urban Regius.

L. bezeugt seine Freude, daß das Gerücht von U. R.'s Sinnesänderung in der Lehre vom Sacrament falsch gewesen sey.

Aus der Wernsdorfischen Sammlung in Wittenberg bey Schütze III. 163.

Gratiam et pacem in Christo. Fama pervenit ad nos laetior, quam antea, mi Urbane. Siquidem et literis aliquorum, tum Zwinglii jactantia moti sumus in eam suspicionem, ut te prorsus abalienatum a nobis arbitraremur, quantum ad rem sacramentariam attinet. Nunc aliud de te dicitur, quod vix verum esse credi sinit prior et desperata tristitia de alienatione tua. Optamus autem summis votis, Christusque noster audiat nostra suspiria pro te, et soletur nos evangelio tali. Nam quasi resurrectionem et Passah fraternum habemus, si tu alienus non fueris, sed uno vero sensu nobiscum credideris. Haec meticulosius forte scribo. Sum expertus, quam frequenter soleamus falli non adeo malis quam bonis nuntiis. Itaque rogo, ut me digneris literis tuis, quibus nos reddas certiores, quo spiritu et statu vivas et agas. In Christo rectissime vale. D. 7. Jul. MDXXVIII. Witenbergae.

T. Mart. Lutherus.

8. Julius. N°. MXII.

An den Kurfürsten Johannes.

Bitte, dem Pfarrer zu Belzig zu erlauben, sich nach Hamburg zu begeben.

Aus dem Weim. Archiv im Leipz. Suppl. S. 54. No. 74., dann bey Walch XXI. 258. Wir haben das Original nachgesehen.

Dem Durchleuchtigsten, Hochgebornen Fürsten und Herrn, Herrn Johanns, Herzogen zu Sachsen, Landgrafen in Thuringen und Markgrafen zu Meissen, meinem gnädigsten Herrn.

Gnade und Fried in Christo. Durchleuchtigister, Hochgeborner Furst, gnädigster Herr! Es haben die von Hamburg abermal ihre Botschaft hie zu Wittenberg, und nachdem sie jenesmal auch umb den Pfarrer zu Belzig gebeten, neben Er Johann Pomern eine Zeit zu leihen, und derselbige sich so fern bewilligt, daß mit E. K. F. G. Wissen und Urlaub geschehen, begehren sie nu itzt denselbigen mit sich zu nehmen; aber weil sie befunden, daß wir noch nicht E. K. F. G. umb Urlaub ersucht haben, mussen sie leer heimziehen, und uns gebeten, solch Urlaub bey E. K. F. G. auf das fodderlichst zu erbitten durch diesen ihren eigen Boten. Wiewohl ich nu nicht fast drauf besonnen gewest, noch gedacht, denselbigen Pfarrherr dorthin zu foddern helfen; aber weil er sich ihn verheißen, kann er nicht zurucke, sonderlich weil er durch uns dazumal auch furgeschlagen ward: ist derhalben mein unterthänige Bitte, E. K. F. G. wollte demselbigen Pfarrherr auch gnädiglich eine Zeit gonnen, gen Hamburg sich zu begeben, weil er der Sprachen und Lands kundig, geschickt ist, mit Er Johann Pomern das Evangelion zu foddern. Doch was E. K. F. G. gefället, soll uns am liebsten seyn. Hiemit Gott befohlen, Amen. 8. Julii, 1528.

E. K. F. G.

unterthäniger

Martinus Luther.

14. Julius. No. MXIII.

An Wenc. Link.

Der Hauptinhalt des Briefes ist L.'s Ansicht von der Bestrafung der Ketzer, von den Wahnsinnigen und den geistlich Angefochtenen, ausserdem mehreres Persönliche und auf die Zeitverhältnisse Bezügliche: von der Visitation in Franken, der neuen Auflage eines Buches von L., dem Minkwitzischen Raubzug, der Annahme des Evangeliums in Hamburg, dem Packschen Bündniß.

Bey Aurifaber II. 381. Unvollständig, angeblich aus dem Original, doch mit offenbaren Fehlern, bey Schütze I. 313. und so auch bey Aurif. III. f. 16. Cod. 402. f. Bibl. Goth. hat es auch unvollständig (bloß den Satz de occidendis Pseudoprophetis). Deutsch unvollständig Wittenb. XII. 211. Jen. VIII. 374. Altenb. VIII. 588. Leipz. XXII. 335.; vollständig bey Walch XVII. 2697. f.; aus dem Ansbachischen Archiv in Reinhards Beytr. z. Hist. d. Frankenlandes I. 145. Im Deutschen ist meist Aurifabers Text ausgedrückt.

Gratiam et pacem in Christo Jesu. Primum gratias ages pro nobis Domino Abbati pro dono pomorum aurantiorum, cui modo non scribo, aliis scribendis districtissimus. Gaudeo apud vos et Marchionem visitationem institui, Christus suo spiritu aspiret. Urbanum Regium quoque resipuisse credo te nosse, et contra hostes Sacramentarios strenue nobiscum certare. Et quid si hunc ipsum vocet Marchio? quandoquidem non invitus forte veniret, nam de Amsdorfio nihil ausim promittere, quod is sit necessarius eo loco quo nunc est, multis de causis. 1)

Quod quaeris, an liceat Magistratui occidere pseudoprophetas? Ego ad judicium sanguinis tardus sum, etiam ubi meritum 2) abundat. Tum in hac causa terret me exempli sequela, quam in Papistis et ante Christum in 3) Judaeis videmus, ubi cum statutum 4) fuisset pseudoprophetas et Judaeos 5) occidi, successu temporis 6) factum est, ut non nisi sancti Prophetae et innocentes occiderentur, autoritate ejus statuti, 7) quo impii Magistratus freti, pseudoprophetas et haereticos fecerunt 8) quosquos 9) voluerunt. Idem sequuturum esse

---

1) Alles bisherige fehlt bey Schütze und in den deutschen Ausg. 2) Sch. mendum. 3) Aurif. ac Antechristis et in. Sch. hat nichts davon. 4) Sch. constitutum. 5) Sch. Ms. Haereticos. 6) Fehlt bey Sch. 7) Sch. instituti. 8) Sch. occiderunt. 9) Sch. Ms. quoscunque

timeo et apud nostros, si semel uno exemplo licitum probari poterit, seductores esse occidendos, cum adhuc apud Papistas videamus [1]) hujus statuti abusu innocentem sanguinem fundi pro nocente. Quare nullo modo possum admittere, falsos Doctores occidi: satis [2]) est eos relegari, qua poena si posteri [3]) abuti volent, [4]) mitius tamen peccabunt et sibi tantum nocebunt.

De phreneticis [5]) sic sentio, omnes moriones et quicunque usu rationis privantur, a daemonibus vexari vel occupari, [6]) non quod damnati sint ideo, sed quod variis modis Satan homines sic [7]) tentat, alios gravius, alios levius, alios brevius, alios longius. Nam quod medici multa ejusmodi [8]) tribuunt naturalibus causis, et remediis aliquando mitigant, fit, quod ignorant, [9]) quanta sit potentia et vis [10]) daemonum. Christus non dubitat curvam illam anum in Evangelio a Satana vinctam dicere. Et Petrus Actor. X. oppressos omnes a Diabolo fuisse asserit, quos Christus sanarit: [11]) ut etiam mutos, surdos, claudos, Satanae cogar intelligere malitia tales esse, denique pestes et febres, atque alios graves morbos esse Daemonum opera, [12]) non licet dubitare, cum ipsi sint [13]) qui et tempestates, incendia, frugum et fructuum dispendia operentur. [14]) Summa, [15]) mali angeli sunt, quid mirum, si omnia mala faciant, et humano generi omnia noxia et [16]) pericula intentent, quatenus permittit Deus? etiamsi plurima talia, herbis et aliis remediis naturalibus curari possunt, sic [17]) volente Deo et nostri miserente. Vide quid Hiob patitur [18]) a Satana, quae omnia naturaliter fieri et curari [19]) diceret [20]) medicus. Itaque tuos phreneticos [21]) a Satana tentari [22]) credo temporaliter. Scilicet [23]) Satan non faceret phreneticos, [24]) qui corda replet fornicatione, [25]) caede, rapina, et omnibus malis voluntatibus? [26]) Summa, propior est quam ullus hominum cre-

---

1) Schütze videmus. 2) Sch. satius. 3) Sch. qui. 4) Sch. † posteri. 5) Sch. Fanaticis. 6) Sch. vexati, occupati sunt. 7) Aurif. — sic. 8) Sch. hujus modi. 9) A. ignorent. 10) Sch. jus. 11) Sch. sanavit. 12) Sch. ut etiam surdos et mutos, denique pestes, febres et alios graves morbos esse Daemonum praestigia. 13) Sch. quia ipsi sunt. 14) Sch. operantur. 15) Sch. — Summa. 16) Sch. si omnia maxima damna. 17) Sch. sed. 18) Sch. patiatur. 19) Sch. schaltet ein posse. 20) Sch. dicet. 21) Sch. hos fanaticos. 22) Sch. vexari. 23) Sch. Sed. 24) Sch. fanaticos. 25) Sch. implent fornicationibus, nisi Deus permitteret. 26) Sch. — caede etc.

dat, cum sanctissimis sit propinquissimus, atque adeo ipsum Paulum colaphiset, et Christum vehat, [1]) quorsum libet, Matth. IV.

Tentatos fide et spe [2]) hoc modo solarer, primum ut solitudinem caveant, sed [3]) semper conversentur cum aliis de Psalmis et Scripturis confabulando: deinde quanquam est difficillimum [4]) facere, tamen praesentissimum remedium est, si sibi persuadere possint, [5]) certo esse cogitationes has [6]) non suas, sed Satanae, ideo [7]) annitendum summo conatu, ut ad alia cor vertatur, [8]) et tales cogitationes illi relinquant. Nam eis immorari, vel cum eis pugnare, ac velle superare, aut finem earum expectare, est eas irritare et roborare usque ad perditionem, absque ullo remedio. Das beste ist, fallen sie ein, so lasse sie wieder ausfallen, und nicht länge nachdenken oder disputirn; wer das nicht thut, dem ist nicht zu rathen. Senties autem, quam difficile hoc sit factu. [9]) Nam cum eis [10]) cogitationibus agatur de Deo et de salute aeterna, vehementer recusat natura eas relinquere aut contemnere, nisi prius certa fiat, ignorans, [11]) quod haec certitudo et victoria est impossibilis, scilicet immorando et cum eis [12]) disputando, quia quaeritur certitudo et victoria per nostras [13]) cogitationes et nostrum consilium, quod Satan bene novit. Ideo sic eas inculcat et necessarias facit, ut nemo eas velit relinquere et sese avertere, sed finem spectare et palpare. Hoc est succumbere et Satanam regnare. Ut autem facilius assuescant averti, [14]) persuadeantur audire unum aliquod dictum [15]) boni viri, tanquam vocem Dei de coelo. Sic ego una hac voce D. Pomerani saepius recreatus sum, qua [16]) semel ad me dixit: non debes nostram consolationem contemnere, qua [17]) persuasi mihi esse de coelo vocem Dei. Tunc intelligitur quid sit: [18]) *Eloquium tuum vivificavit* [19]) *me.* Hanc passus est Christus, [20]) ubi dixit ad Satanam: *Non tentabis Dominum Deum tuum*, quo verbo et vicit et vincendum nobis reliquit Diabolum. Nam vere [21]) aliud nihil

---

1) Schütze ferat. 2) Sch. — fide et spe. 3) Sch. — sed. 4) Sch. quamvis difficillimum est. 5) Sch. possent. 6) Sch. hasce. 7) Sch. item. 8) Sch. convertatur. 9) Sch. dictu. 10) Sch. ejusmodi. 11) Sch. ignoramus. 12) Aurif. ejus. 13) A. — nostras. 14) Sch. assuefiant animi. 15) Sch. dictum aliquod verum. 16) Sch. qui. 17) Sch. Summa. 18) Sch. hinc coepi intelligere. 19) Sch. vivificat. 20) Sch. Hoc remedio usus est Dominus. 21) Sch. fere.

sunt cogitationes ejusmodi, quam tentationes Dei, [1]) licet hoc non putemus, dum assunt, sed coelestissimas [2]) et summe necessarias pro salute arbitramur, qui [3]) Deum opponunt, quem non liceat [4]) contemnere, et [5]) cor non audeat ei dicere, tu non es Deus, aut nolo te Deum. Et tamen necesse est ita dicere, ut avertaris et aliter Deum quam isto modo cogites, quod fit, si verbo solantis et reducentis credas, et totum te tradas. Haec verbosius [6]) licet, tamen non satis, quia novi, quid Satan possit [7]) hoc genere tentationis. [8]) Ultimo orationibus petant et credant sese juvari, sicut revera juvantur, si credant. Nec soli [9]) pugnant aut patiuntur, assistimus omnes nostris orationibus, et onus nostrum mutuo portamus. Adde, ubi non cessaverit [10]) Satan, ferant longanimiter, scientes, quod Satan, quos subita vi aut [11]) astu capere non potest, assiduitate et prolixitate fatigare studet, sicut ille cantat: *Saepe expugnaverunt me, prolongaverunt iniquitatem suam.* Spectaculum jucundum est Deo et Angelis, et finis erit salutaris et beatus, [12]) Amen.

Placet, edi tertiam partem libelli mei, *) nec indiget mea praefatione alia, quoniam facta est. Tu poteris aliam praefigere, omissa est autem portio de auriculari confessione, quam in hac schedula mitto, addendam si voles. Non mitto plura, quia crescebat, et multa alia miscebantur inter scribendum. Vale in Domino, et ora pro me.

Nihil hic novi, nisi quod Nicolaus a Minkwiz collecto exercitu diripuit Furstenwald, quod oppidum est episcopalis sedes Episcopi, qui dicitur Alebus, qua causa aut consilio, ignoro. **) Mihi vehementer displicet, licet sine caede et flamma factum, dicatur solum diripuisse: odio dicitur esse idem Episcopus omnibus in Marchia tota, uno excepto seniore Marchione. Hamburgenses exemplo Brunswicensium Evan-

1) Schütze diaboli. 2) Sch. scelestissimas. 3) Aurif. quae. 4) Sch. licet. 5) Sch. ut. 6) A. verbose. 7) Sch. † in. 8) Sch. cogitationum. 9) Sch. solum. 10) Sch. tentaverit. 11) Sch. ut et st. aut. 12) Sch. Spectaculum in Deo et Angelis ejus eris salutaris et beatum. Alles folgende fehlt bey Sch. und in den deutschen Ausgaben.

*) Welches Buch ist gemeint? **) S. Seckendorf L. II. §. 42.

gelion receperunt, et Pomeranum quoque vocant: itidem et Goslaria, spes eadem est de Lubeca. Nam et multi cives favent, et Senatus remissius saevit ac minus resistit quam ante. Doctor Pack captivus Langravii (ut supicor) voluntarius, hactenus insimulatus est finxisse foedus illud Principum, nunc dicitur audiendus, et promisisse cum gloria sese expedire et excusare velle. Faxit Christus, ut techna illa in caput rustici illius veniat, quem ego autorem esse cogito, hoc est, nostri summi adversarii, quem nosti, Amen. Mira enim mysteria sunt in isto foedere, sed sine, nihil opertum, quod non reveletur. Iterum vale cum vite et uvis tuis. 14. Julii, MDXXVIII.

Martinus Lutherus.

Im Julius. (?) N°. MXIV.

An Joh. Heß.

Ueber das Packsche Bündniß.

Bey Aurifaber II. 379. Deutsch bey Walch XIX. 2228.

Gratiam et pacem. Redit ad vos, mi Hesse, quem mihi commendaras, lator praesentium, vir testimonio tuo dignus, et omnino nostro: Christus faciat, ne frustra hic fuerit. Foedera impiorum Principum et eorum excusationes, sed glacie frigidiores, audivisse te puto, quibus nemo nisi illorum pars credit: denique Ducis Georgii Proceres plane fatentur, fuisse foedus hoc non omnino chimaeram, sed literas et exemplum prae manibus haberi, quod nunc vellent falso Principum nomine et sigillo fictum videri, et ob hanc causam D. Othonem Pack captum putant. Sed quoniam is consiliarius Georgii a Laudgravio captus, fuga mihi potius et voluntaria captivitas videtur, qua securus sit a tyrannide sui Phalaridis. Verum latius se statim prodent ista mysteria, mihi talia fingi posse ab hominibus non videtur possibile. Deinde certum est, eos animo parato tale quid adhuc hodie libenter facturos esse, cum hactenus editis, manu et omni dolo et vi illud demonstrarint, ut non possint excusari. Sed haec tu melius forte quam nos, cognovisti. Episcopi Bambergensis et Wirzburgensis pacem fecerunt: Landgravius adhuc in armis est contra Moguntinum, speratur et ibi pax, nisi nolit Episcopus. De Italia nihil prorsus auditur. Commendo nos tuis et tuorum orationibus, et in Christo recte vale. Witenbergae, MDXXVIII.

Martinus Lutherus.

---

16. Julius. N°. MXV.

An Balthasar Thüring, Pfarrer in Koburg.

Betrifft die Kirchenverbesserung in Königsberg in Franken; B. Th. war in dieser Provinz Visitator.

Schlegel in vita Langeri p. 204. führt diesen Brief unter Melanchthons Briefen an; Cod. 168. 4. Goth. p. 338. legt ihn aber Luthern bey, und für diesen scheint er auch besser zu passen.

Commendavi tibi ante hoc tempus [1]) concionatorem a Regiomonte, sed ita commendavi, ut tu adhortareris eum ad modestiam. Nam illius concionatoris nova atque inusitata petulantia indicabam [2]) multas dissensiones in eo oppido excitatas esse. Non accuso vulgi improbitatem, quamquam sit summa: nam concionatoris est vulgi improbitati cedere eamque patientia vincere. Videbatur, nescio, quas leges ferre civitati de campanis, de caereis et similibus rebus: quia haec non probarent, acerbissime in quosdam invehebatur: credo, quod aliis de causis privatim oderat. Istiusmodi mores concionatorum pariunt graves dissensiones et odium Evangelii acerbissimum. Primum igitur erit, si velis in Regiomonte ecclesiam constituere, ut cures, ut concionator sit moderatus ac patiens. Non versetur in ecclesiastico officio, qui non vult injurias vulgi perferre ac dissimulare. Hoc vero prudentis dispensatoris sanare dissimulando errata hominum, et intelligere medendi tempora, non de quibuslibet rixari, non ulcisci quaslibet offensiones. Praecipua igitur tua cura sit de moderando con-

---

1) Cod. Goth. + quendam. 2) Cod. judicabam.

cionatore. Alterum etiam prodest, non nimis multas conciones fieri. Audio tres conciones in Regiomonte singulis dominicis fieri. Quid opus est? duae satis erant, et per totam septimanam duae aut tres. In illa copia obrepit satietas populo. Sit igitur modus quidam, ne nimis etiam onerentur concionatores, et ut habeant etiam aliquid vacui temporis ad discendum. Nihil fit, cum quotidie cogentur concionari, nisi ut immeditati veniant in publicum et effutiant, quae in buccam inciderint. Et si nihil venerit in mentem, transferunt se ad locum communem, quem unum habent plurimi, nempe ad convicia. Utinam Deus tandem respiciat nos et det concionatoribus animos et linguas moderatiores! Haec scripsi pluribus verbis, ut curam in hac re tuam acuerim: scio, te esse moderatissimum. Sed ille Regiomontanus concionator minime mihi moderatus esse visus est, ingenium vehemens est, oratio tragica, querelae acerbissimae de levissimis rebus. Quod hic de eo male locuti essent cives ipsius, obsecro, nonne oportuit haec dissimulari? Ages igitur cum eo, sic tibi decet, ut istam naturae vehementiam mutet, ut modeste doceat, ut patientiam praestet dignam evangelico doctore.

Venio ad alia. Placet mihi, quod accessisti ad Regiomontem, ut Ecclesiam ordines. Sed primum hoc te oro per Christum, ne multa mutes. Locus vicinus est Episcoporum ditioni: non igitur valde dissimiles ceremonias veteribus istis esse velim. Si Latina missa non est abolita, non aboleas eam totam. Satis est, alicubi miscere Germanicas cantiones, sicut hic facimus, et scis me voluisse apud vos quoque ante triennium. Obsecro, quantum ex veteribus ceremoniis retineri potest, retineas. Quid enim attinet, schismata sine necessitate fieri, aut quomodo excusabimus Deo, nos in rebus non necessariis fecisse schismata? Quodsi Latina missa jam ante est abolita, vide tantum, ut servetur aptus quidam ordo, non dissimilis veteri, ut retineantur vestes usitatae in sacris. Non possum plura consulere, quia nescio, qui sit status Ecclesiae in Regiomonte: neque vero tu magnopere meo consilio indiges. Tantum te oro, ut non multa noves. Omnis novitas nocet in vulgo. Sunt igitur tolerandi veteres ritus ac mores, quatenus sine peccato tolerari possint. Habes summam meae sententiae et consilii. Deus gubernet et tuam mentem et nos omnes ad Ecclesiae utilitatem. Quaeso etiam te, ut rescribas, quid egeris in Regiomonte, et de concionatore tuum judicium mihi significes. Vale feliciter. Ex Witenberga postridie Dimissionis Apostolorum, anno MDXXVIII.

---

20. Julius. N⁰. MXVI.

An einen Ungenannten. *)

Trost wegen Zweifel an der Erwählung zur Seligkeit.

Aus einer Straßburger Druckschrift Eisl. I. 413. Altenb. IV. 428. Leipz. XXII. 504. Walch X. 2036.

Mein lieber Herr und Freund! Ich wünsche euch vor allen Dingen die Gnade und Barmherzigkeit Gottes des Herrn, durch seinen eingebornen Sohn Jesum Christum, unsern einigen Erlöser und Seligmacher. Es hat mir vor vergangenen Tagen mein lieber Bruder, Caspar Creuziger, der heiligen Schrift Doctor, kläglich angezeigt, wie daß er in der verschienenen Visitation von euren Freunden verstanden, daß ihr mit seltsamen, wunderbarlichen Gedanken, die Versehung Gottes belangend, verhaft, und darinnen ganz verwirret, auch gleichsam taub und zuruttet darüber würdet, und endlich zu besorgen, daß ihr euch selber mit euer eigen Faust das Leben abreißen und verkürzen möchtet (dafür euch Gott der Allmächtige behüte); mir auch daneben entdeckt und stückweis erzehlet, [1]) was die Gedanken und eur Fürgeben sey.

So wären das eure Fürschläg und Beschwerungen, daß Gott der Allmächtige von Ewigkeit wisse, welche selig seyn sollen oder werden, sie sind gleich gestorben, lebendig oder noch zukünftig. Welches wahr ist, und zugegeben soll und muß werden; denn er alle Ding weiß, und ihm nichts verborgen ist: dieweil er die Tropfen im Meer, die Stern am Himmel, aller Bäum Wurzeln, Aeste,

---

1) Eisl. — stückweis.

---

*) Nach Eisl. an eine namhafte Person in Niedersachsen.

Zweige, Blätter, auch alle Haar der Menschen gezählet hat, und gewiß weiß. Daraus ihr endlich schließet, ihr thut nu, was ihr wollet, Gutes oder Böses, so weiß doch Gott, ob ihr selig werden sollet oder nicht (das ja wahr ist); und doch daneben mehr gedenkt an die Verdamung, denn an die Seligkeit, und zaget darüber, wisset auch nicht, wie Gott gegen euch gesinnet ist; darumb gar kleinmüthig und ganz irre werdet. Darauf ich euch, als ein Diener meines lieben Herrn Jesu Christi, diesen Bericht und Trost schreibe, daß ihr wissen möget, wie Gott der Allmächtige gegen euch gesinnet sey, ob ihr zu der Seligkeit oder Verdammniß versehen.

Gott der Allmächtige, im Fall, daß er alle Ding weiß, und müssen alle Werk und Gedanken in allen Creaturen nach seinem Willen geschehen, juxta decretum voluntatis suae, so ist doch sein ernstlicher Will und Meinung, auch Befehl, von Ewigkeit beschlossen, alle Menschen selig und der ewigen Freuden theilhaftig zu machen, wie Ezech. am 18. Cap. (V. 23.) klärlich gemeldt wird, da er saget: Gott will nicht den Tod des Sünders, sondern daß er sich bekehre und lebe. Will er nu die Sünder, die unter dem weiten, hohen Himel allenthalben leben und schweben, selig machen, und haben: so wollet ihr euch durch euer närrische Gedanken, vom Teufel eingegeben, nicht absondern, und von den Gnaden Gottes scheiden. Denn sich seine Gnade vom Aufgang bis zu dem Niedergang, von Mittag bis gegen Mitternacht reckt und streckt, und uberschattet alle, die sich bekehren, wahre Reu und Buß thun, und sich seiner Barmherzigkeit theilhaftig machen und Hülf begehren. Denn er reich ist in allen, die ihn anruffen, zun Röm. am zehnten Kapitel (V. 12.). Dazu gehört ein rechter wahrer Glaube, der sölch Zagen und Verzweifeln austreibe, welches ist unser Gerechtigkeit, wie zum Röm. am 3. (V. 22.) stehet: Die Gerechtigkeit Gottes durch den Glauben an Jesum Christum, welcher ist in allen und uber alle Menschen. Merkt diese Wort, in omnes, super omnes, ob ihr nicht auch darunter gehöret, und deren einer seyd, die unter der Sünder Feldzeichen liegen und kriegen. Wie denn euer Herz euch selbs uberzeugen wird, und in eurem Gewissen fühlet, ihr wollet denn gar zu hoch steigen und fladdern, und heillosen Gedanken Raum und Statt geben, und Gottes Wort in Wind schlagen.

Derhalben ihr mehr Ursach habet zum Beten und Flehen, und desselbigen Bitten gewiß seyn (im Fall, daß Gott verziehe und nicht balde kome, bleibet er doch nicht aussen, denn er die, die ihn anruffen, nicht verläßt), und das Zagen und Zittern durch dasselbe hinweg legen, ja ganz und gar aus und wegtreiben, und der Verzweifelung und seinem Häupt Urlaub geben, welches ist der Teufel und seine Vorsgesellen, und endlich nichts anders gedenken, wenn euch dergleichen gottlose Gedanken einfallen, daß sie von dem bösen Geist herkomen und der Teufel selbs sind, auch euch dieselbigen nicht zuschreiben, sondern dem Verführer, und Gott, für sölchen euch forthin zu behüten, umb einen Beystand und Hülf anruffen. Und gedenkt so stäte und sehr an die Seligkeit, als an die Verdamniß, und tröstet euch mit Gottes Wort, welches wahr und ewig ist, so werden sölche böse Winde aufhören und gar vergehen.

Habt ihr doch einen guten geraden, richtigen Weg, was wollt ihr lange umb und irre gehen? Den euch Gott der Vater mit dem Finger selber zeiget und weiset, wie er gegen euch gesinnet sey, da er mit heller lauter Stimm schreyet Matth. am 3. Cap. (17.): **Dieß ist mein geliebter Sohn, in dem ich ein Wohlgefallen habe:** hunc audite, **den höret**, was er euch rathen und sagen wird. Und wenn ihr also hart verstockt und ganz taub wäret, und hübet eure Augen nicht auf gen Himel, als ein verzweifelter, verstockter Mensch, und wären auch eure Ohren vom Gehör verfallen, daß ihr Gott den Vater in der Höhe nicht schreyen höret: so sollt ihr doch den Sohn, der am Wege stehet, da jedermann füruber gehen muß, vernehmen und sehen, und gleicherweiß, ja noch viel heftiger, ihn hören ruffen, der mit einem großen Getöne, als mit einer gewaltigen Posaunen, aufbläset, wie Matth. am 11, (28.) herrlich geschrieben ist: Venite, **komet, komet.** Wo, wo wollt ihr hinaus mit euren vergebnen Gedanken? ihr werdet euch nicht selig machen mit diesen und dergleichen Träumen. **Komet alle, die ihr mühselig und beschwert seyd, ich will euch erquicken.** Er sagt nicht allein **komet**, sondern **alle**; keinen ausgeschlossen, er sey wer er wolle, und wenn er gleich der allerärgeste wäre; denn es werden zuletzt die besten, Huren und Buben mussen es thun, die Weltfromen gehören hieher nicht, die saubere Kleider antragen.

Ey, dieweil sie denn alle komen sollen, keinen ausgenomen, er sey gleich, oder gedenk was er wolle: so laufet auch mit, und springt auch hinzu, bleibet nicht muthwillig dahinten bey dem verlornen Haufen, versäumet euch ja selbs nicht also hinlässig und muthwillig. Weiter sagt er zu mir: Findet euch nicht zu einem andern, der des

Wegs Bescheid nicht wüßte, und selbs den Faden in dem Labyrinth verloren hätte, und hin und wieder irre ging; sondern er sagts zu mir, der Steg und Weg bey Tag und Nacht finsterling treffen kann und gewiß weiß, ohn alle Verletzung der Füße. Denn der Christus, der einige Weg und Steg allein ist, und der Cirkel, da der einige Punct innen stehet, darinnen alle andere Figuren begriffen werden, ja das schwarz Plätzlin und Ziel, darauf alle Schützen zielen und schießen mussen, und das einige Eins, das der Anfang ist aller Zahlen, sie sind so groß, oder strecken sich so weit sie imer mehr wollen, und wenn man sie auch nicht aussprechen könnte; darumb sagt er es zu mir.

Wer sind sie aber, die da komen sollen? Es sind die, qui laboratis et onerati estis. Was ist das für ein Gesindlin? ich kenne die Bauren nicht, Meister laboratis und onerati; stattliche Namen, als Bürgermeister, sollten seyn. Ja freylich Klügling und Meister, wie die Vernunft des Menschen in Gottes Wort zu grüblen und wuhlen pflegt, wie die Sau in einem Rubenacker. Nu dieser wird geruffen, welcher mit vieler Mühe und Arbeit beladen und uberigen Gedanken beschwert ist, die vom Teufel ihren Ursprung nehmen und entstehen, der da nicht feyret, da große Bürden und Laste, ja Berg daraus werden, und endlich so groß, daß man nicht weiß wo hinaus, und drüber zu Grunde und Boden will gehen und verzagen. Darumb sagt er auch: onerati, als wüßt ers wohl, und wollte tragen helfen, und unsere Bürden und Last auf seinen Nacken nehmen, und nicht allein helfen, sondern uns desselbigen ganz und gar entledigen.

Estis, die ihrs seyd; als: ich weiß wohl, daß ihr schwer getragen habt, und müde seyed; ihr dörft euch nicht so wohlauf und geruget stellen, gebt her die Bürden eures Nacken und Rücken, ruget, und laßt die heillosen Gedanken fallen. Ego reficiam vos: Ich will euch erquicken. Ich! sehet mich dafür an, vertrauet und gläubet mir, reficiam, ich will euch wieder machen und zurecht bringen. Seyd ihr zuvor von einem geringen Erdenklos geschaffen, und aus nichten gemacht, so bin ich auch noch also mächtig, daß ich euch von dem Bösen absolviren, und die bösen Gedanken vertreiben kann und will.

Also sollen wir durch und mit der göttlichen Schrift unser Gemüth und Gewissen trösten, die bösen Gedanken stillen, und ihnen Widerstand thun; denn man in Gottes Wort nicht grüblen, sondern still halten soll, die Vernunft lassen sinken, und das Wort gläuben, und fur gewiß halten, nicht in Wind schlagen und dem bösen Geist so viel Macht geben, und uns uberwinden lassen, drüber zu Boden gehen und verderben.

Denn das Wort gewiß, wahr und ewig ist, aus dem alle Ding und Creaturen in der ganzen weiten Welt, sie haben einen Namen wie sie wollen, gemacht und geschaffen sind, und noch alles, was lebt und schwebt, reichlich erhält, und dasselbige größer, wichtiger, mächtiger, kräftiger achten und halten, denn sölche fliegende, zunichte, vergebene Gedanken, vom Teufel dem Menschen eingegeben; denn das Wort wahr ist, aber die Gedanken des Menschen sind vergebens und eitel. Und also gedenken, daß uns Gott, der Allmächtige, nicht zu der Verderbniß, sondern zur Seligkeit erschaffen, versehen, auch erwählet hab, wie Paulus ad Ephes. (1, 4.) bezeuget, und muß von der Versehung Gottes nicht von dem Gesetz noch der Vernunft angefangen werden zu disputiren, sondern von der Gnad Gottes und dem Evangelio, das allen Menschen verkündiget ist. Wie die Engel den Hirten auf dem Felde die erste Predigt gethan, auch in vier Stimmen figurirt: Ehr sey Gott in der Höhe, und den Menschen Fried und ein Wohlgefallen auf Erden. Da sie nicht meineten, die lieben Engel, den zeitlichen Fried des Leibs, sondern des Gemüthes; nicht da man sicher ist für Bruder Veiten, der da schatzet, plündert und schlägt, und da man mit Barten wirft, und Stecken und Stangen ficht, ja einer den andern mit Büchsen pufft; sondern den Feind des Gemuths und Herzens, da Fleisch, Welt, Tod und Teufel fliehen, und Fersengeld geben müssen.

Darnach muß man aus der gnadenreichen Verheißungen, die sich uber Bös und Gut, Klein und Groß, Kalt und Warm, Dürr und Grün, in Summa uber alles streckt, wie zuvor gemeldet, nicht abziehen noch kürzen, und dieselbe nur allein fromen heiligen Leuten, in langen Kleidern bis auf die Schuhe, damit sie für lauter Demuth ihre Gebeine bedecken aus Zucht und sonderlicher Ehrbarkeit, zuschreiben, aus welchem die Verheißungen Gottes verkürzt und ungewiß gemacht werden, und der Glaub ganz und gar aufgehaben wird, und hinweg genomen.

Darumb man von dem Wort der Gnade und Barmherzigkeit Gottes, des Herrn, diese und dergleichen Gedanken von der Versehung Gottes urtheiln und judiciren soll. Und so sölches geschiehet, ist hernach kein Raum noch Gelegenheit, daß ein Mensch auf ihm selber also sitze, und sich martere; hilft auch nicht, wenn er ihm selber das Mark aus den Beinen saugete, und nur Haut und Haar uberblieben.

Was gehet es euch an, daß Gott, der Allmächtige, die liebe, helle Sonne uber Fromm und Bös, Dürr und Grün läßt scheinen? Wiewohl die Sonne dazu von Gott verordnet, daß sie die Feuchtigkeit der Erden mit ihrer Tugend und Kräften in die Wurzeln, Aeste, Zweige der Bäum ziehen und bringen soll, damit sie Früchte tragen. Und bleibt ein dürrer Baum nichts weniger unfruchtbar, und ist der lieben Sonnen Wirkung an ihm verloren, und doch nicht gar, es schießen ja oft schöne Zweige aus eines alten, verdorreten Baumes Wurzeln. Und so sie ja gar nichts wirket in einem alten Baum, der ganz und gar verdorret ist, so ist es nicht des Baumes so gar Schuld, sondern auch des Erdreichs, das da moosig und sumpficht ist. Denn wo gut Erdrich ist, da wachsen auch gute schöne Früchte, nach dem Sprichtwort: Gut Acker, gut Korn. Also wo gute Predigt, Lehre und Trost sind, da sind auch gute, gottselige Gewissen und fröhliche Herzen.

So wenig ihr nu der Sonnen ihren natürlichen Schein verhindern noch wehren konnt, die ein klein Geschöpf und Creatur ist gegen dem ganzen Firmament und Gestirn, dieweil auch der geringste Stern des Himels größer ist, denn die ganze, weite Welt: so viel weniger könnt und mögt ihr die Gnade Gottes binden, die kein Grund, Höhe, Ziel noch Maß, Anfang noch End hat, noch ermessen kann werden. Wenn ihr die Welt fragen sollt, und zu Rath nehmen, würde sie sagen, es ist eine vergebne thörliche Arbeit, uber einen verdorrten Baum Mühe und Arbeit gehen lassen, etwann denselbigen zu feuchten oder zu wässern, ich geschweige die helle liebe Sonnen darüber zu scheinen lassen.

Lieber, rechtet und rechnet nicht so genau mit Gott. Was meinet ihr, wenn der Sohn Gottes die Hohenpriester und das Levitengeschlecht, die unter dem Kreuz stunden, da er gekreuziget ward, hätt sollen fragen, ob er den Schächer in das Paradies nehmen sollte: was sie gesagt würden haben? Ohn allen Zweifel: wollen Dieb und Mörder in Himel komen, so wollen wir es gern sehen; und vielleicht auch geantwortet haben: wenn er in das Paradies gehöret, so hätten wir ihn nicht an Galgen gehenkt, und kömet eben soviel in das Paradies, als du Gott bist. Also richtet und spricht die schnöde Welt, und die Gedanken der Vernunft des Menschen.

Darumb antwortet er den Jüngern fein, da Johannes in seinem Schoos lag und schlief, und die andern Jünger sagten: dieser stirbet nicht, und sprach: Was gehets euch an, so ich will, daß er nicht sterbe? Als wöllt er sagen: Sehet, was ihr zu schaffen habet, daß ihr bey dem bleibet, das euch fürgesagt ist worden, und nicht strauchlet noch fallet. Kehre ein iglicher für seiner Thür, so werden wir alle selig, so bedarf es nicht viel Grübelns, was Gott in seinem Rath beschlossen hab, welcher selig seyn soll oder nicht.

Und ist nicht ein Ding, als wenn ich sagte: es mussen alle Menschen (das seyn muß und soll) sterben; und wollte auch dergleichen sagen: es mussen alle Menschen verdamet seyn, mit der Weis, wie es der Mensch gedenkt. Wir haben ein Riegel, den schieben wir allhie für, der heißt: gläubet an Gottes Wort, der sölche zunichte Gedanken in Wind bläset. Wer nicht will das Gewisse für das Ungewisse nehmen, der gebe zuletzt mit leeren Händen davon, und hab ihm den Spott dazu. Wer ihm nicht rathen will lassen in der Zeit, und Gottes, des Allmächtigen, Wort verwirft, den hole der wüthaftige Teufel, wie er nicht aussen bleiben wird, so gewiß Gott Gott ist. Ey wenn man einem so gute Wort gäbe, und wollt ihm nicht rathen noch helfen lassen, so ließe man ihn gleichwohl hinlaufen; und so ihm etwas Böses widerführe, spreche man: er hat ihm nicht wollen wehren lassen; ach so ist ihm recht geschehen; darnach er hat gerungen, also ist ihm gelungen.

Aber also redet man wahrlich mit Unterschied davon, und ausdrücklich: so du das Evangelium und Wort Gottes wirst annehmen, und demselbigen anhangen, und dich seiner Zusagung theilhaftig machen, und dabey bis an das Ende verharren, so wirst du selig; wo nicht, verdamet in Ewigkeit, 2 Tim. 2. (12.) Und wenn es uns nach unsern Gedanken, vom Fleisch und Teufel eingegeben, sollt gehen, wären wir alle des Todes; darumb haben wir das Wort der Verheissungen.

Selig sind, die sich darnach richten, und damit trösten, und bis ans Ende dabey verharren, dadurch wir die Gnade des Herrn erlangen, so wir uns aus demselbigen trösten, und die teufelischen Gedanken dadurch hinlegen, und unser Herzen im Glaub gegen Gott aufheben, und gewiß bey uns schließen, daß wir Verzeihung der Sünden haben, und gerecht werden und seyn, nach der Verheißung in Christo, und von wegen Christi, wie der heilige Paulus Gal 3, (22.) bezeuget. Das ist, wenn wir verstürzt und erschrocken, und uns Weg und Steg zurinnen will, uns im Glauben aufrichten, der sich steurt auf die Zusagung und Verheissungen Gottes von Christo oder in Christo, Amen. Den 20. Julii 1528.

---

20. Julius. N°. MXVII.

An Nic. Amsdorf.

Ueber die Minkwitzische Fehde. (S. Br. v. 14. u. 28. Jul., No. MXIII. MIX.)

Bey Aurifaber II. 384. Deutsch bey Walch XXI. 1113.

Gratiam et pacem in Christo. Facinus Minkwitii omnibus nobis merito displicet, non hoc solum nomine, quod contra politicam justitiam perpetratum est, sed maxime quod Evangelion nova et magna gravat invidia: sic enim ferre cogimur scandala aliorum nos innocentes: Christus faciat, ut sit finis, et non pejora faciat. Nam ut res apparet oculis, majore in periculo Marchio versatur, quam Minkwitius, nam Minkwitius arcem suam instruxit, paratus excipere Marchionis impetum: ipse tamen (ut dicitur) alio profectus, interim dum Marchio pugnat, forte alia moliturus. Et quis scit, si Deus hoc exordio Marchionem incipiat visitare super omnia sua impudentissima studia, qualia multa sine fine et modo hactenus. Ego pacem precor, et Marchioni quidvis aliud quam bellum suasissem. Omnes dicunt arcem Minkwitii fore invictam adversus Marchionem, si velint milites eam defendere fideliter. Habes, quae nova sunt apud nos. Tu pro me peccatore ora, et in Christo vale. 20. Julii anno MDXXVIII. Witenbergae.

Martinus Lutherus.

---

24. Julius. N°. MXVIII.

An Christian, Kronprinzen von Dänemark.

Ermahnung, das Evangelium zu fördern, und dem Melchior Hofman zu steuern. (Vgl. Br. v. 18. May 1527. No. DCCCLXXIII.)

Aus der Dänischen Bibliothek. Copenhagen u. Leipz. 1743. 4. St. S. 162.

Dem Durchleuchtigen, Hochgebornen Fürsten und Herrn, Herrn Christian, Erben zu Norwegen, Herzog zu Schleswig, Holstein, Stormern und der Ditmarschen Grafen zu Oldenburg-Delmenhorst, meinem gnädigen Herrn.

G. u. F. in Christo. Durchleuchtiger, Hochgeborner Fürst, gnädiger Herr! Wiewohl ich nicht besonders gehabt an E. F. G. zu schreiben, weil aber gegenwärtiger M. Ecchard des Landes Kind sich ins Vaterland begeben, hab ichs nicht mögen unterlassen, E. F. G. meine unterthänige Dienste anzuzeigen. Ich hoffe aber, es solle in E. F. G. Landen noch recht und wohl stehen, sonderlich mit dem heiligen Evangelio, obs wohl nicht ohne Anfechtung seyn kann, sintemalen Satan nicht schläft, und insonderheit wünsche ich, daß der Melchior Hofmann sich mäßiglich halte; denn ich wohl möchte leiden, er ließe sein Predigen anstehen, bis er der Sachen baß berichtet. Sonst dasjenige, so ich von ihm gehöret und er auch durch Druck läßt ausgehen, gar nichts zur Sachen dient und vergebliche Dichterey ist, ohne welche man doch wohl wissen und lehren kann, was einem Christen gebühret, welches er zumal wenig und gar selten rühret. Demnach ist meine unterthänige Vermahnung, E. F. G. wolle mit Ernst die Einträchtigkeit der Lehre foddern, und solchen Steigergeistern nicht zu viel Raum lassen, angesehen, daß wir zu lernen gnug haben, wie wir an Christum glauben und unsern Nähesten dienen sollen unter dem Kreuz, welche Stücke unser gar wenig (leider) verstehen oder achten, vielweniger mit dem Werk und Leben beweisen, und doch dieweil ander unnöthige Dinge speculiren, da kein Nutz, sondern vielmehr Hinderniß der nöthigen Lehre von kumpt. Christus, unser lieber Herr und Heiland, erleuchte, entzünde und stärke E. F. G., zu thun seinen wohlgefälligen Willen immer und ewiglich, Amen. Befehel mich hiemit E. F. G. Wittemberg, Freytags nach Mariae Magdalenae, 1528.

E. F. G.

unterthäniger

Martinus Luther.

25. Julius. No. MXIX.

An Nic. Gerbellius.

L. beklagt sich mit bitterm Unmuth über die Art, wie Bucer in seinem Dialogus L.'s Meinung verdreht habe; über Karlstadt u. a.

Bey Aurifaber II. 384. b. Deutsch bey Walch XXI. 1114.

Gratiam et pacem in Christo. Buceri iniquitatem satis, ac plus quam satis, antea novi, mi Gerbelli, ut non mirum sit, si meum (quem allegat) sermonem contra me instituat, in quo Augustini sententiam secutus fui de carne Christi, non contra, sed pro Sacramento. Sicut notum est orbi, nos non damnare dicta Patrum, etiamsi (loco non suo) pugnent, modo contra pietatem non pugnare cogantur. Breviter, si Zwinglius tale quid dixisset, parata fuisset epieikeia, quae commode et recte interpretaretur: Lutherus quia dixit, calumniis virulentissimis mox subjectum est. Visitet eas viperas Christus, et vel convertat, vel reddat, quod merentur. Quid non virulentiae idem praestitit in dialogo isto novissimo, *) in quo fortiter omnibus meis transitis merus calumniator est? Tropum inter caetera mihi synekdochen objicit, quem modo in ipso libro meo non negavi, sed ostendi copiosissime. Valeant viperae: te Christus (quod summis votis oro) servet habitantem inter istas beluas, viperas, leaenas, pardales, paene majore periculo, quam Daniel ipse in lacu leonum.

Christus hic pacatam Ecclesiam et unanimem, tum florentem literis et studiis Academiam servat, ut Satanae rumpantur ilia etc. Carolstadius vipera in sinu nostro solus mutit quidem, sed prodire non audet: utinam ipsum tui phanatici socium apud se haberent, et nos eo liberi essemus. Salutant te omnes nostri. Nova hic nulla sunt, nisi quod Marchio equi-

*) Vergleichung D. Luthers und seines Gegentheils vom Abendmahl Christi. Dialogus d. i. ein freundlich Gespräch, gar nah alles, so D. Luther in seinem letzten Buch, Bekenntniß genennet, fürbracht hat, wird hierin gehandelt, wie das zu Erkenntniß der Wahrheit und christlichem Friede dienet. Cum praef. Buceri. 1528. Die Vorrede ist unterzeichnet: Zu Straßburg 21. Jun. Anno 1528.

tem quendam, *) qui irruptionem fecit et latrocinium, conatur debellare. Vale in Christo suavissime cum tua Costa, Amen. 28. Julii, MDXXVIII.

Martinus Lutherus.

---

31. Julius. N°. MXX.

An Nic. Amsdorf.

Einladung zur Hochzeit der Margaretha Mochin.

Bey Aurifaber II. 385. Deutsch bey Walch XXI. 1116.

Gratiam et pacem. Desponsavimus Margaretham Mochin M. Georgio, mi Amsdorfi, et statuimus diem S. Laurentii nuptialem fore. Hanc tibi esse occasionem ad nos veniendi efficacem rati, invitamus te et rogamus, ut semel tandem nos visites et adsis nuptiis istis (ut spero) laetis futuris, si Christus faverit, quem tu pro nobis orabis, sicut valet anima tua in ipso, Amen. Ultima Julii, MDXXVIII.

Martinus Luther.

---

5. August. N°. MXXI.

An Nic. Hausmann.

L. will vom Türkenkrieg schreiben, und meldet den Tod seiner Tochter.

Bey Aurifaber II. 385. Deutsch bey Walch XXI. 1116.

Gratiam et pacem. Gratias agit Johannellus meus tibi, optime Nicolaë, pro crepundiis, quibus et mire gloriatur et gaudet. De Turcico bello institui quidem scribere, sed non erit (spero) inutile. Defuncta est mihi filiola mea Elisabethula: mirum

---

*) Nic. v. M., s. Br. v. 14. u. 20. Jul. No. MXIII. MXVII.

quam aegrum mihi reliquerit animum paene muliebrem, ita misericordia ejus moveor: quod nunquam credidissem antea, sic paternos animos mollescere in prolem. Tu pro me ora Dominum, in quo bene vale. [1]) Witenbergae MDXXVIII, quinta Augusti.

De illa Friburga educenda nihil fit, cogitata fuerunt, quare sis quietus.

Martinus Lutherus.

---

6. August. N°. MXXII.

An Wenc. Link.

Mehrere Neuigkeiten; von der Herausgabe jener Schrift Luthers, Empfehlung Joh. Hofmanns.

Bey Aurifaber II. 385. b. Deutsch bey Walch XXI. 1117.

Gratiam et pacem in Christo. Lazaro nostro respondeo his junctis literis, *) quantum Deus dedit, qui et vestrum consilium dirigat, Amen.

Samia vasa accepi et gratias ago, nec fuit necesse, aliis ea petentibus nomine meo, tam anxie curare, nolim enim vos gravari mea causa non necessaria.

Ducem Brunsvicensem forte Dominus nostri misertus sic reduxit: alioqui si ei successissent sua consilia, multis monstris replevisset Germaniam, Satan enim miras habet ubique cogitationes. Lipsenses asini meam Ketham impetiverunt ineptissimis conviciis, quibus retaliatum est, ut hic coram cernis. **) Dominus mihi, quam dedit filiolam abstulit, sit nomen ejus benedictum semper, Amen.

---

1) Von Defuncta an liefert Aurif. diesen Brief nochmals p. 385. b.

---

*) Meint L. den folgenden Brief an Laz. Spengler vom 15. d. No. MXXIV. ?
**) S. Br. v. 8. April. No. DCCCCLXIX.

Quod de confessione auriculari petis additamentum ad confessionem meam edendam, non necessariam rem postulas. Nam si anxie quaerere incipimus, erit addendi nullus modus, de clavibus, de ministerio, de conjugio sacerdotum et multis aliis, ut novum Theologiae compendium requiri possit: tamen si omnino vis addere, potes hac schedula uti, quam inclusam mitto. *) De Turca mira scribis: Christus servet nos, Amen. Johannem Hofman tibi commendo, qui consultu nostro magisterii gradum suscipiet, sperans se hac larva magis promoturum: necesse enim est mundum larvis regere, sicut pueros et fatuos. Gratia Christi sit tecum. Die 6. Augusti, MDXXVIII.

T. Martinus Lutherus.

---

14. August. N⁰. MXXIII.

An Balthasar Thüring.

Empfehlung eines flüchtigen Predigers.

In Schlegelii vita Jo. Langeri p. 200. Bey Strobel-Ranner p. 122. Deutsch bey Walch XXI. 1118.

G. et P. in C. Venerabilis in Christo frater, Balthasar. Fugatus hic bonus vir Johannes, **) vir ex Franconia boni testimonii et nominis notus, cum sit a Deo in consortium ministerii vocatus, et in eo versatus usque huc, jam vacuus, quaerit locum, pro eo ministerio implendo. Cogitavit itaque ad tuas partes proficisci, si qua ei forte conditio pateret. Quare si poteris ei adesse, facies in Christo. Nam durum et iniquum est, qui hactenus verbo servivit, nunc omisso eo ministerio, aliud tentare opus. Idque ego suasi, sicut soleo suadere, videns fore cum tempore, ut operarii fere nulli sint in messe Domini futuri. Si non poteris, remittes eum in nomine Domini. Gratia Christi tecum. 14. Augusti MDXXVIII.

---

*) Er hatte aber schon diesen Zusatz geschickt, im Br. v. 14. Jul. No. MXIII.
**) Cellarius nach Schlegel.

15. August. N°. MXXIV.

An Lazarus Spengler, Stadtschreiber in Nürnberg.

L.'s Gutachten über die Einrichtung der Sacramentsfeyer in Nürnberg nebst Berücksichtigung gewisser Bedenklichkeiten, welche die Prediger dagegen scheinen erhoben zu haben.

Wittenb. IX. 282. Jen. IV. 388. Altenb. IV. 443. Leipz. XXII. 338. Hausdorfs Lebensbeschr. Lazar. Spenglers S. 149. Wir haben den Cod. Jen. b. f. 233. verglichen.

An den Fürsichtigen und weisen Lazarum Spengler zu Nürnberg rc. meinem günstigen Freunde und Herrn.

Gnad und Fried in Christo. Fürsichtiger, lieber Herr und Freund! Ich hab euer Schrift sampt der Messesachen empfangen, und mit Fleiß besehen; und wiewohl ich befinde, daß meins Raths euch nicht vonnöthen, weil Gott selbs euch solche Leut zugeschickt hat, aber doch auf euer Anhalten will ich mein Stimm auch gern dazu thun.

Erstlich ist billig, dazu auch wohl bedacht, daß man niemand soll zum Sacrament oder davon dringen, noch desselbigen gewisse Zeit oder Stätt setzen, die Gewissen zu fangen. Weil aber St. Paulus dennoch lehret 1 Cor. 14, (40.): Es soll ordentlich zugehen bey den Christen, däuchte michs gut seyn, daß die Pröbste und Kirchendiener zusamen kämen, und sich dieser Sach einer gemeinen freyen Weise beschlössen, und ein ehrbar Rath darnach dieselbige Weise handhabet, und also Einigkeit und Gleichheit erhielte. Zu solcher Weise, ob man meins Raths würde begehren, wollt ich also rathen.

Zum ersten, daß man schlechts alle Messen abthäte, da kein Communicanten sind, wie sie denn auch billig sollen abgethan seyn, als ihr Bericht selbs anzeigt.

Zum andern, daß man in den zwo Pfarrkirchen des Sonntags oder Heiligen-Tags eine oder zwo Messen hielte, nachdem der Communicanten viel oder wenig wären. Wäre es noth, oder für gut angesehen, möcht man dergleichen im Spital auch thun.

Zum dritten, uber die Wochen möcht man Messe halten, welche Tag es noth wäre, das ist, so etliche Communicanten da wären, drumb bitten und begehren würden. Hiemit wäre niemands gezwungen zum Sacrament, und doch ordentlich einem jeden gnugsam darinnen gedienet.

Wurden aber hiezu sich die Kirchendiener beschwert machen, als die ungezwungen zu seyn fürgeben, oder sich ungeschickt zu seyn beklagen, wollt ich ihnen anzeigen, daß sie niemand zwinget, sondern Gott selbs durch seinen Beruf. Denn weil sie das Ampt haben, sind sie schon Berufs und Ampts halben schüldig, und gezwungen, das Sacrament zu reichen, wenn mans von ihnen begehrt, daß damit ihr Entschüldigung nichts ist; gleichwie sie schüldig sind zu predigen, trösten, absolviren, Armen helfen, Kranken besuchen, so oft man deß bedarf oder foddert.

So ists auch nichts, daß jemand wollt fürwenden, er wäre ungeschickt, seines schwachen Glaubens, gebrechlichen Lebens oder kalter Andacht halben. Sie sollen auf ihren Beruf und Ampt sehen, ja aufs Wort Gottes, das sie beruffen hat; sind sie unrein oder ungeschickt, so ist doch das Ampt und der Beruf, oder das Wort, rein und geschickt gnug.

Und so sie gewiß gläuben, daß sie beruffen sind, so sind sie auch an ihnen selbs durch solchen Glauben geschickt gnug. Denn wer da gläubt, er sey zum Kirchenampt beruffen, der gläubt gewißlich auch daneben, daß sein Ampt und Werk und er selbs in solchem Ampt angenehme und gerecht sey. Gläubt er aber solchs nicht, so ists auch gewiß, daß er nit gläubt, daß sein Beruf und Ampt ihm von Gott befohlen sey.

Welche nu zweifeln, ob sie beruffen seyen in solch Ampt, die lasse man nur weit darvon bleiben, denn sie tügen nichts. Welche aber gewiß sind, daß sie solch Ampt haben, von Gott ihnen befohlen, als durch Oberkeit oder Bitte der Brüder gefoddert, die sollen auf solchem Beruf fröhlich und getrost hinangehen, unangesehen ihr Geschicklichkeit oder Ungeschicklichkeit. Denn Fides vocationis habet conjunctam necessario fidem justificationis, cum sit in verbum vocantis Dei fidens ac praesumens.

Welcher nu seinen Beruf gläubt, der wird freylich Andacht, Lust und Durst gnug haben, cum sit impossibile, eum non sentire vim gratiae, qui certus est de suâ vocatione. Denn ein solcher kann ja nicht sagen: ich will hingehen und ehebrechen, oder sonst ubel thun; sondern muß also sagen: ich will hingehen und meines Ampts pflegen. Was ist aber das anders, denn so viel: Ich will meinem Gott gehorsam seyn, und meinem Nähesten dienen. Solcher Wille aber ist ja Andacht, Lust, from zu werden und Guts zu thun, oder sich bessern. Es wäre denn, daß nicht Andacht oder Lust zu heißen sey, wenn ich willens wäre, Gott Gehorsam zu leisten.

Wohl ists wahr, daß, welcher ausser solchem Wort seines Berufs und Glauben seines Ampts will mit seinen Gedanken sich prüfen und geschickt machen, oder ungeschickt richten, daß derselbig nichts thut, denn auf ein menschlich Werk und Fühlen sich bauet: die müssen denn wohl klagen, daß sie nicht allezeit geschickt sind, ja, sie sind allzeit ungeschickt.

Haben wir doch bisher den Laien geprediget, sie sollen nicht auf ihr eigen Geschicklichkeit oder Ungeschicklichkeit beten oder Sacrament nehmen, regieren oder dienen, oder sonst etwas Guts thun; sondern allwege Gottes Verheißen, Gebieten, Ruffen oder Locken fassen, und darauf thun oder schaffen, was fürhanden ist. Wie sollten denn die Kirchendiener, die Gott durchs Wort beruft und geschickt macht, (so sie das gläuben,) ungeschickt seyn? Wie solchs alles meine lieben Herrn und Freunde wohl wissen selbs weiter zu bedenken.

Daß aber im Pöbel möcht ein Gemurmel werden aus solcher Neurung, muß man wagen, und Gott befehlen; daneben dennoch thun, so viel man kann, daß es gestillet werde, nämlich dermaßen, dieweil die Visitation fürhanden ist, hat man guten Fug von der Canzel zu vermahnen, und anhalten, daß, weil sie selbs und alle Welt wohl wissen, daß viel Mißbräuch im Gottesdienst gewesen, welche man fürhabe zu bessern: drumb sollen sie still seyn, und nicht sich ärgern, ob man etliche Stucke ändern würde; und wollt nicht ein iglicher seinen Dünkel in gemeinen Sachen für den besten halten, sondern andächtig helfen Gott bitten, der in seiner Kirchen nichts will nach Menschen Dünkel, Werk, oder Wort, sondern nach seinem Wort und Werk gethan haben, wie St. Petrus lehret, auf daß durch seinen Geist alles seliglich und wohl angericht werde. Denn mit viel Urtheilen und Afterreden macht man nichts besser, sondern mit demüthigem Gebet und demüthiger Einträchtigkeit. Wie denn meine liebe Herrn sollichs wohl werden wissen zu treiben, und gewaltiglich ausstreichen.

So ist es Gottes Werk, der wird dabey seyn, so wir des begehren, und nicht vermessentlich darin handeln, als sollt unser Vernunft oder Vermügen, ohn Gottes Vermügen und Zuthun, etwas ausrichten, wie denn die gedenken, so nicht beten, sondern allein mit Frevel urtheilen, und ihren Dünkel aufmutzen. Itzt kann ich nichts bessers. E. W. wollt solchs fürlieb nehmen. Ich bitt aber

Gott, den Vater aller Weisheit und Vermügens, daß er euch seinen Geist reichlich gebe, zu thun und schaffen, was ihm wohlgefället in Christo Jesu, seinem Sohn. Amen. Den 15. Augusti Anno 1528. 1)

---

3. September. N°. MXXV.

An den Kurfürsten Johannes.

Antrag zur Anstellung M. Stiefels als Pfarrer in Lochau.

Zuerst aus dem Weim. Archiv im Leipz. Supplem. S. 54. No. 75., dann bey Walch XXI. 260. Wir haben das Original verglichen.

Dem Durchleuchtigsten, Hochgebornen Fursten und Herrn, Herrn Johanns, Herzogen zu Sachsen und Kurfursten rc., Landgrafen in Thuringen und Markgrafen zu Meissen, meinem gnädigsten Herrn.

Gnad und Friede in Christo. Durchl., hochgeb. F., gn. Herr! Es ist M. Franciscus, zur Locha Pfarrherr, in Gott verschieden: so haben mich die Dorfschaft gebeten, um den alten Schosser dahin zu bestättigen. Weil ich aber darinnen nichts zu thun, hab ich sie an E. K. F. G. geweiset. Nu wollt ich wohl gern Er Michael Stiefel im Lande behalten, angesehen, daß er frum und fast geschickt ist in der Schrift und Predigt. Wo es E. K. F. G. gefallen wollt, haben unser etlich bedacht, daß es gut seyn sollt, so er dieweil zur Locha Pfarrherr wurde, bis vielleicht ein anders furfiele; denn der gute Mensch ihm ein Gewissen macht, als beschweret er mich, daß er bey mir ist, und will ja imer weg, daß ich zu halten gnug habe. Denn ich wollt ja lieber sehen frume gelehrte Leute umb uns bleiben, es kompt ihr sonst allzu viel weg. Wo er nu Pfarrherr wurde, mocht man versuchen, ob er das arm verlassen Weib, die Pfarrerin, mit zweyen Kindern auch annehme umb Gotts willen, welche furwahr in großem Elende ist, und wird sich desfalls Elende hinfort

---

1) Altenb. VIII. 970. ist der Schluß: daß aber im Pöbel rc. besonders aufgeführt als ein Schreiben an Wolfgang, Fürst von Anhalt, mitgetheilt von Georg Raumer, Superint. zu Dessau. Ob L. dieses Stück an diesen Fürsten geschickt hat?

mehr begeben, wo nicht, so geschehe Gotts Wille; stelle solches alles heim E. K. F. G., und bitte ein gnädigs Antwort; versehe mich aber, es sey der Name Michel Stiefel E. K. F. G. bekannt, der mit uns auf der Reise gen Weimar fuhr, und E. K. F. G. ihm funf Gulden schenket ꝛc. Christus sey mit E. K. F. G. allezeit, Amen. Dornstags nach Aegidii, 1528. 1)

E. K. F. G.

unterthäniger

Martinus Luther.

---

3. September. Nº. MXXVI.

An den Kurfürsten Johannes.

Bitte um eine freye Wohnung für einen alten Diener.

Zuerst aus dem Weim. Archiv im Leipz. Supplem. S. 55. No. 76., dann bey Walch XXI. 261. Uns ist im Weim. Archiv nichts davon vorgekommen.

Gnade und Friede in Christo. Durchleuchtigster, Hochgeborner Fürst, Gnädigster Herr! Es hat mich Herr Jacob Eißling, so auch auf dem Stifte zu Wittenberg lange Zeit, ins neunte Jahr gedienet, gebeten, diese Fürbitte an E. K. F. G. zu stellen. Er bittet um das Haus, so jetzt ledig gestorben ist durch L. Sebastian Schmidt zu Chemnitz, weiland dem Herrn zu Wittenberg, daß E. K. F. G. wollten ihn samt seinem Weibe so nun wohl betagt, und erblos bleibt, sein Lebenlang zu bewohnen, gnädiglich vergönnen. Weil denn der Mann fast fromm, und verdienet, dazu eine kurze Zeit leben mag, habe ich ihm solche Bitte nicht wissen zu wegern: bitte derohalben unterthäniglich, E. K. F. G., wo es seyn könnte, wollten sein Bitten gnädiglich ansehen, wie ich mich versehe, daß E. K. F. G. thun werden. Gott sey mit E. K. F. G. allezeit, Amen. Donnerstags nach Aegidii 1528.

Mart. Luther.

---

1) Bey Walch durch einen Druckfehler 1529.

3. September. N⁰. MXXVII.

An Spalatin.

Dem eben erst von Wittenberg zurückgekehrten Sp. schreibt L. voll Sehnsucht nach seinem Umgang, meldet von der Visitation und ermuntert ihn, den Ueberdruß an seinem Amte zu überwinden.

Bey Aurifaber II. 387. b. der Anfang dieses Briefs, fol. 239. b. das Uebrige. Deutsch bey Walch XXI. 1119. u. 912. Wir stellen den Brief nach dem Original her, welches wir im Cod. chart. 122. fol. Bibl. Goth. gefunden haben.

Charissimo simul et venerabili, D. Georgio Spalatino, servo Christi fidelissimo.

Gratiam et pacem in Christo. Expectatus venit hic nuntius, mi Spalatine: nam a tuo discessu nihil optavi ardentius, quam ut opportunus quam primum occurreret ad te nuntius, quo mutuis literis resarcirem, quod subita profectione tua impeditum est. Gaudeo itaque salvum rediisse domum cum Heva tua. Atque utinam diutius conversari licuisset, aut saepius saltem liceret. Visitatio instituta est: sic Princeps scripsit, propediem fore, ut vadant, qui ordinati sunt. Vide ut cogitationes fastidii vincas aut contemnas, quibus de ministerio verbi deserendo fatigaris. Christus vocavit te, huic cede, servi et formare pro sua bona voluntate: quod facis, nescis modo, scies autem postea. Mera tentatio est, quam quare pateris, non satis agnoscis: nos, qui tui spectatores sumus, melius videmus. Itaque non tibi, sed nobis potius credere debes, qui in Domino et coram Domino, imo Dominus per nos te alloquitur, solatur, et hortatur. Neque enim aliud spectamus quam gloriam et voluntatem Domini, non nostrum commodum, aut quicquam tale in tua vocatione. Certum denique signum non ingrati Deo ministerii tui, neque infructuosi apud homines, quod de fastidio ejus ita tentaris. Si enim Deo ingratum esset, anhelares et ambires potius, sicuti faciunt, qui Deo ingrati ipsoque invito currunt, cum non mittantur, loquuntur, cum nihil sit eis mandatum. Ita fit, ut Satanas eos, quos vides gratos, taedio et fastidio retinendi tentet, quos vero ingratos, studio et impetu ambiendi inflammet. Quare vir esse debes fortis et fastidii spiritum animose contemnere. Ora vero Christum, et aderit tibi: orabimus et nos mutuo. Vale. 3. Septembris, anno MDXXVIII.

Martinus Lutherus.

---

4. September. N⁰. MXXVIII.

An Wilhelm Reiffenstein.

Bitte, sich eines armen Waisen anzunehmen.

Wittenb. IX. 283. Jen. IV. 389. Altenb. IV. 444. Leipz. XXII. 555. Walch XXI. 268. Wir geben den Text nach dem verglichenen Codex Jen. b. f. 236.

Dem Fürsichtigen und Weisen Wilhelm Reifenstein, Rentmeister zu Stollberg ꝛc., meinem freundlichen, lieben Schwager, Martinus Luther.

Gnad und Fried in Christo, freundlicher, lieber Schwager! Ihr wisset, wie Gott in der Schrift sich einen Vater der Waisen und Richter der Wittwen rühmen lässet, freylich nicht ohn Ursach, weil er die Welt so wohl kennet, daß sie die Waisen nicht allein verlässet, sondern auch verfolget und neidet: wie denn dieses armen Lorenzen Riebers [1]) Fall wohl beweiset, der so gar von seinen Freunden verlassen, dazu verfolget wird, daß doch einer billig der Welt sollt Fleisch und Blut feind seyn, für Gott nnd den Menschen.

Weil aber Gott euch so reichlich begabet hat, daß ihr sein Wort nicht allein bekennet, sondern auch liebet, hab ichs nicht lassen können, obgenannten Lorenzen (dem ihr itz und neulich auch wohl gethan habt) euch zu befehlen, und bitte, daß ihr weiter wöllet als eines armen verneideten Waisen Vater seyn, und helfen fördern, damit er auch möcht auf die Bein komen.

Ich halt wohl, es sollt Gott nicht ubel gefallen, wo ihr ihm in sein Ampt fallen und greifen wurdet, und euch auch eines Waisen Vater zu seyn unterstundet, ja es würde ihn lüsten, daß er solchen Titel euch mittheilen sollt, weil ihr das Gezeug dazu würdet, durch

---

1) Nach Cod. Jen. In den Ausg. R.

welch er ein Vater dieses Waisens würde, und zu solchem Titel und Ehr durch euch käme, damit sein Ruhm in der Schrift bestätigt und wahrhaftig erfunden wurde; wie ihr das alles besser bedenken künnt, dann ich schreiben mag.

So bitt ich nu freundlich, weil ihr mit Worten und Werken Gott zu solcher Ehr und Titel dem guten Gesellen zum besten wohl dienen künnt, wollet der argen Welt und falscher Freundschaft zu Leid und Verdrieß, dazu dem Teufel zu Trotz und zuwider, euer christlich Herz beweisen, damit solch Exempel des Lichts in die Nordhausischen Finsterniß leuchte, zu Vieler Besserung; und obs die Finsterniß nicht wollten begreifen, daß sie doch daruber zu Schanden wurden, Amen. Freytags nach Aegidii, Anno 1528.

Martinus Luther.

---

8. September. N°. MXXIX.

An Spalatin.

Bedenken über einen Ehefall.

Bey Aurifaber II. 388. b. Nochmals in Kappes Nachlese II. 716. Vgl. Cod. Jen. a. f. 216. Deutsch von Spalatin ebendaselbst, Eisl. I. 417. Altenb. III. 893. Leipz. XXII. 434. Walch X. 964. u. XXI. 1119.

Reverendo in Christo Viro, D. Georgio Spalatino, servo Dei in Evangelio Altenburg. [1])

Gratiam et pacem in Domino. De conjugii casu prius urgendus est primo juvenis (si aliter non potest) vel per juramentum, ut confiteatur, an puellae spoponderit conjugium, si negaverit per juramentum, liber erit, cum unius ore testis nemo sit judicandus: si confessus fuerit, jam pater ejus est conveniendus, praesertim hoc argumento, quod puellae (uti narratur) impedimento fuerit filius, ne duceretur ab alio. Quod si paternam autoritatem praetexit, [2]) audiat, oportuisse etiam in regendo filio eandem ostendisse, atque cavisse, ne filius alteri

---

1) Nach Cod. Jen. 2) C. J. praetexat.

damnum inferret, nempe impedimentum nuptiarum: ergo teneri eum ad restitutionem et satisfactionem. Neque enim contra, sed pro charitate proximi debet paternitas valere. Quod si in uno non fecit, quod paternitatis erat, quo proximus laesus est, debet vicissim in altero, quo suum caput sequitur, cedere et paternitatis jure privari. Es wäre fein Ding, väterliche Oberkeit meins Gefallens brauchen, und lassen gehen, meinen Nächsten zu verderben. Intelligitur paternitas ibi solum, ubi omnia sunt integra, scilicet ubi tertia persona cum suis non laeditur etc.: itaque hoc argumento cogatur. Quare neglexit filium regere, ne puellae incommodaret? Vale in Domino cum uxore tua. Raptim die Nativitatis Mariae, anno MDXXVIII.

Martinus Luther.

---

11. September. N⁰. MXXX.

An Joh. Agricola.

Durch ein Gerücht veranlaßt, warnt L. Agricola vor irriger Lehre in Ansehung der guten Werke.

Bey Aurifaber II. 387. b. Vgl. Cod Jen. B. 24. n. f. 161. Deutsch bey Walch XXI. 1121.

Venerabili in Christo fratri, [1]) *M. Joanni Agricolae, Islebiensis juventutis institutori fideli.*

Gratiam et pacem. Narravit mihi nuper quispiam de te fabulam, mi Agricola, tam constanter, ut affirmare non desisteret, donec ego ad te scripturum esse me dicerem et exploraturum. Erat autem ea fabula, quasi novo dogmate inciperes pugnare atque contendere, fidem posse sine operibus esse. Eamque rem [2]) (ajebat) te ostentare ac vendere multa diligentia rhetorici artificii et Graecorum vocabulorum contentione. Ego autem, qui Satana vexante, doctus etiam tuta cogor timere, non solum ob promissum scribo, sed ut etiam serio te moneam, quo Satanam et carnem tuam observes. Nosti enim,

---

1) Vener. etc. fehlt bey Aurif. 2) Cod. Jen. † tum.

nihil satis esse tutelae ac praesidii adversus insidias Satanae, nisi semper de coelo custodiamur, deinde in insidiis tantum esse veneni et periculi, ut e scintilla incendium, seu ut Paulus solet dicere, e fermento modico tota massa corrumpatur. Proinde non est ludendum aut periclitandum, quantumvis modice in hac re tanta, cum per tenuissimas rimas ingredi soleat hostis iste, et nihilominus noceat, quam si apertis omnibus valvis irrupisset. Hanc admonitionem boni consules, quam vides ex quo animo procedat, ac de hac causa, qualis qualis sit, quaeso me redde (si vacat) certiorem. Quid enim minus timui, quam Oecolampadii et Regii aliorumque casum? Et quid jam etiam non timeo de nostris hic plane intimis? Non mirum, si et tibi timeo, quam minime omnium vellem dissentire. Vale in Domino et saluta Elsam tuam cum uvis suis. Elsulam meam tulit Dominus, ne videret mala. 11. Septembris, MDXXVIII.

T. Martinus Luther.

---

18. September. N⁰. MXXXI.

An den Kurfürsten Johannes.

L. bittet, daß der Kurfürst das Gesuch der Braunschweiger, Bugenhagen noch länger bey sich behalten zu dürfen, nicht genehmigen möge. In der Nachschrift bittet Bugenhagen um Verlängerung des Urlaubs, um seine Geschäfte in Hamburg zu vollenden.

Aus einer Abschrift in Cod. 452. f. Bibl. Goth.

G. u. F. in Christo. Durchl. Hochgeb. F. gn. H. Es schreiben hier die zu Braunschweig, um Er Johann Pommern noch ein Jahr lang zu vergönnen, wie sie an uns auch gethan, und dazu uns bitten, solches bey E. K. F. G. helfen zu erlangen. Wir aber bitten, E K. F. G. wollten solches abschlagen, angesehen, daß wir des Mannes nicht so entbehren können, und bisher schwerlich entbehren, weil bey uns neben der Visitation täglich der Arbeit und Geschäft mehr werden. So ist ihre Sache Gott Lob angerichtet, und haben feine Leute genug daselbst bekommen, und sorgen, daß sie vielleicht gedenken, ihn mit der Zeit also bey sich beheften und behalten. So liegt auch mehr an Wittenberg zu dieser Zeit, denn an drey Braunschweig. Auch beschweret sichs Er Johann fast sehr, wie er an uns schreibt, und bittet mit Sorgen, daß wir ja bey E. K. F. G. arbeiten, daß der zu Braunschweig Bitte bey E. K. F. G. nicht erhöret werde. So ist unser unterthänigste Bitte, E. K. F. G. wollten unser Anliegen gnädiglich bedenken, wie wir nicht zweifeln, daß E. K. F. G. thun werden. Hiemit Gott befohlen, Amen. Freytags nach Crucis, 1528.

P. S.

Er Johann Pommer begehrt auch, weil E. K. F. G. ihm bis auf St. Martini aussen zu seyn erlaubt haben, und unmüglich ist zu Hamburg solches auszurichten, daß E. K. F. G. wollten ihm gnädiglich länger Zeit stimmen, damit er sein Gewissen zu stillen habe, daß er nicht ohne Gehorsam oder Befehl fahre nach seinem eigenen Willen.

---

22. September. No. MXXXII.

An Wolfgang Fues, Pfarrer zu Coldiz.

Betrifft einen Ehefall und eine andere örtliche Angelegenheit.

Bey Aurifaber II. 389. Deutsch bey Walch XXI. 1122.

Servo Christi fideli Wolfgango Fuess, Episcopo Colditio, suo in Domino fratri.

Gratiam et pacem in Christo. Tui est, mi Wolfgange, in isto casu viri judicare: nam si ita res habet, ut ipse dicit, quod uxor ejus delapsa sit, ipso invito secuta adulterum, liber est. Verum vide, ut haec omnia vicinis nota sint: nam mira est hominum hodie nequitia, quam nemo satis credere aut cavere potest. In tua causa et vicarii senioris certe egi, mirorque nihil esse scriptum: faciunt id tumultus isti et aulicae occupationes. Si vicarius iste senior etiam nondum habet responsum, obsecro, uterque mittatis mihi adhuc unam supplicationem. Nam priores obtuli, istas autem servabo, ut urgere per eas possim: speramus enim, Cancellarium affore propediem: nollem certe tui et tuorum oblivisci. Saluta vitem tuam cum uvis suis nomine meo diligenter, et vale in Christo. Feria 3. post Matthaei, MDXXVIII.

Martinus Lutherus.

---

24. September. N°. MXXXIII.

An den Kanzler Brück.

Karlstadt, welchem Luther zuletzt die Erlaubniß des Aufenthalts in Kembergs ausgewirkt (s. Br. v. 22. Nov. 1526, No. DCCCXXVIII. an den Kurfürsten), konnte in seiner gedrückten Lage keinen Frieden halten. Anstatt, wie man es wünschte, mit Luther freundlich zu disputiren und sich von ihm überzeugen zu lassen, gab er im J. 1527. beym Kanzler Brück eine Schrift ein, worin er seine Zweifel darlegte. Luther, dem sie mitgetheilt wurde, antwortete darauf in dem Schreiben No. DCCCCXXIV. Im J. 1528. den 17. May schrieb K. an Schwenkfeld und Krautwald einen Brief, worin er sich sehr gehässig gegen L. äusserte. Er fiel Luthern in die Hände, auch erhielt dieser Kenntniß von feindseligen Schriften, welche K. heimlich verbreitet hatte, gegen sein Versprechen, zu schweigen. Unter d. 12. Aug. dieses Jahres reichte er beym Kanzler Brück eine neue Schrift ein, worin er erklärte, daß er seine frühere Lehre, obschon er sie wiederrufen, nicht aufgeben könne, sich bitter über seine gedrückte Lage beklagte, sich über Luther beschwerte und um Schutz bat (S. Walch XV. 2478.). Diese Schrift wurde L. mitgetheilt, und er antwortet darauf in diesem Schreiben, indem er K. als einen unheilbaren Menschen aufgibt, und räth, ihn in Aufsicht zu halten, damit er nicht weggehe und anderwärts Unheil stifte. K. entfernte sich auch wirklich am Ende d. J. aus Sachsen.

Wittenb. IX. 276. Jen. IV. 380. Altenb. IV. 438. Leipz. XIX. 692. Walch XV. 2493. Das Original befindet sich im Weim. Ges. Archiv, und ist von uns verglichen worden.

Dem achtbarn, hochgelahrten Herrn Gregor. Bruck, der Rechten Doctor, und Kurfurstlichem zu Sachsen Kanzler, meinem gonstigen Herrn, und freundlichen lieben Gevatter.

Gnad und Friede in Christo. Achtbar, hochgelahrter, lieber Herr, freundlicher Gevatter! Ich hab euer Schrift sampt des Karlstadts Geschwätz empfangen und gelesen; weiß wahrlich nicht, was ich sagen soll zu solchen bosen Griffen: denn was ihm geschiehet Boses, oder nachbleibt Gutes, das muß der Luther gethan haben.

Auf meines gnädigsten Herrn Begehr ist mein Unterricht diese: daß sich Doctor Karlstadt meinem gnädigsten Herrn ergeben und zugesagt, stille zu seyn, nichts zu schreiben, noch mit jemand heimlich zu disputiren, sondern in der Stille sich nähren. Solchs hat er oft aufs neu fur uns allen auch geredt, und ist auch darauf im Lande zu bleiben geleitet, und hats auch (zum wenigsten öffentlich) so steif gehalten bisher, daß er auch mit mir selbs nichts von seinem Irrthum hat wollen handeln, er hätte denn deß meines gnädigsten Herrn Erlaubung, wie er denn erlanget hat.

Denn ich mich einmal sein erbarmen wollt, und ihm anbot aus Barmherzigkeit, ob ich seine Argument ihm künnte auflosen und zurecht bringen, welchs er mit Dank und unser aller Freuden und Hoffnung annahm; aber darnach widderkam, und nicht dran wollt, ehe er M. G. H. Willen dazu hätte; so katzenrein [1]) wollt er ja das Geleit halten. Aber der Antwort, so ihm von Spalatino vor dreyen Jahren gegeben ist, hab ich keine Abschrift.

Auf daß ihr aber sehet, wie falsch der Mann ist, schicke ich hiemit eine Abschrift der Antwort, *) so ich ihm [2]) auf sein Argument geben habe, daß er mich gar unbillig dargibt, daß ich ihm nicht geantwortet habe. Wohl ists wahr, da er solche lose Theiding aufbracht, ward ichs müde, und schlug indeß dazu, daß ich einen Brief uberkam, **) den er in die Schlesing schickt hatte, daraus ich merkt, daß er meinen guten Willen und Barmherzigkeit fur einen Spott hätte. Sint der Zeit ist mein Herz von ihm gefallen.

Da fuhr ich zu, und schrieb unserm Häuptmann, er sollt Doctor Karlstadt sagen: Ich wollt nichts mehr mit ihm zu thun haben; denn so er [3]) Dedit oder Donec veniam fur Argument hielte, so mocht er auch Partes orationis quot sunt? und dergleichen fur Argument halten. Solchs hat ihm so verdrossen, daß er mich damit gegen M. G. H. hat wollen verunglimpfen, so mir doch M. G. H. kein Befehl gethan hatte, mit ihm darin zu handeln, sondern meine Barmherzigkeit trieb mich.

---

1) Ausg. so gar rein. 2) Ausg. — ihm, † zum Theil in der Eil. 3) Ausg. † das Wort.

---

*) No. DCCCCXXIV. **) An Schwenkfeld und Krautfeld v. 17. May d. J. S. Walch XV. 2476.

Ich schicke euch hiemit denselbigen Brief zum Wahrzeichen, daraus ihr sehen werdet, wie fein er sein Geleit gehalten hat, und was seine Demuth fur eine Tugend sey. Bitte aber gar freundlich, mir denselbigen Brief wohl verwahret widder schicken, obs noth dermaleins seyn wurde, dem Teufel damit zu begegnen. Ich habs ihm bisher alles zu gut gehalten. Was sollt er thun, wenn er von uns weg wäre, so er solchs in unserm Schoos thut? Es ist auch fur dem Jahre ein und aber ein Büchlin ausgangen ohn Namen, welche doch sein waren, und auch nicht leugen kunnt, da ich sie ihm furhielt, sondern bekannts; aber macht mir die Nasen, er hätte sie draussen geschrieben und gelassen, und wurden durch andere in Druck bracht rc. *) Ich mußts so lassen seyn; und läßt noch heutiges Tages viel zu ihm heimlich, und ist doch rein. 1)

Weil er denn nu in offentlichen Lugen ergriffen, (wird) wohl M. G. H. drein zu sehen seyn 2) und ihm nichts mehr vertrauen. Denn 3) es mocht meinem G. H. eine Fahr, sowohl als uns allen, drauf stehen, wo er so meuchling widder uns handelt, und Bucher schreibet. Denn wer wills gläuben die Länge, 4) daß ohn meines G. H. Willen und unser Wissen geschehe, daß Karlstadt bey uns sey, und gleichwohl sein Bücher ausfliegen, wir ich ihm gar hart dazumal eingeredt habe? Sollt er aber aus dem Lande komen, so wurde er groß Unrath anrichten, und wurde vielleicht M. G. H. aufgelegt werden, als ders hätte mügen mit guter Fuge verkomen, und den Mann verwahrt haben; wie es mit dem Münzer auch ging, welchs Exempel mich fast bewegt.

Wie ihm aber zu thun sey, weiß ich nicht. Etliche meinen, M. G. Herr sollte so viel Brods an ihm wagen, und (ihn) halten, wie der Strauß zu Weimar gehalten ward. Mein Meinung wäre die, daß mein G. H. zur Antwort anzeigt, daß er mich fälschlich dargeben hätte, und sich nicht weisen wollt lassen: derhalben S. K. F. G. verursacht, ihn wiederumb in das vorige Stillschweigen und Gelübdniß zu nehmen, und nicht aus dem Lande zu lassen, bis auf weiter Gnade rc. Wie man solchs mit ernsten Worten wohl thun kann; denn der Mann ist gegen dem Ernst so verzagt, daß ich sorge,

1) Ausg. will doch rein seyn. 2) Ausg. ist hoch vonnöthen, daß M. G. H. ernstlich drein sehe. 3) Ausg. + sonst. 4) Ausg. Lügen.

*) S. Br. v. 3. Julius 1526. No. DCCCX.

wo man ihn sollt so einnehmen, sollt er vielleicht verzweifeln. Wir sind mit ihm wohl beladen, und mir geschicht recht, daß ich den Teufel so habe zu Gast geladen, und ins Land erbeten.

Dieß will ich aus pflichtiger Schuld angezeigt haben, damit M. G. H. sich zu hüten wisse. Denn bisher haben wir nichts mügen erhaschen; so großen Schein wandt er fur, so doch viel boser Tücke sich merken lassen. Nu er sich selbs verräth, und vielleicht Gott uns so gnädiglich warnet, ist der Teufel nicht zu verachten; denn er aus eim Funken wohl ein Feur machen kann, wie er oft gethan hat.

Ich hatte wohl gehofft, E. A. W. sollte anher komen seyn, so wollten wir mündlich weiter davon gehandelt haben; aber es sey dießmal gnug. Denn die Summa ist, daß Doctor Karlstadt uns allesampt für lauter Narren hält, und ist doch der demüthigst Schüler für unsern Augen. Wohlan, so wollen wir Narren seyn in Christo, Amen. Hiemit Gott befohlen in seine Gnade und Stärke, Amen. Dornstags nach St. Matthäi, 1) 1528.

E. A. W.

williger

Martinus Luther.

---

5. October. N°. MXXXIV.

An Joachim, Kurfürsten zu Brandenburg.

L. fodert den Kurfürsten öffentlich auf, dem aus seinem Lande vertriebenen Wolf Hornung seine Familie und Habe verabfolgen zu lassen.

Dieses Schreiben erschien im Druck: An den Kurfürsten zu Brandenburg, Markgrafen Joachim, christliche Vermahnung D. Martini Luther s. l. e. a. Wittenb. IX. 286. Jen. IV. 508. Altenb. IV. 453. Leipz. XIX. 660. Walch XXI. 262.

Dem Durchleuchtigsten, Hochgebornen Fürsten und Herrn, Herrn Joachim, Markgrafen zu Brandenburg, des Römischen Reichs Kurfursten und Kammerer, Herzogen zu Stetin, Pomern ꝛc., Fürst zu Rugen, meinem gnädigen Herrn.

---

1) In der Ausg. bloß Mense Septembri.

Gnad und Friede in Christo unserm Herrn. Durchleuchtigster, Hochgeborner Fürst, gnädigster Herr! Erstlich bitt ich unterthäniglich, E. K. F. G. wollten sich deß nicht verwundern, daß ich durch gedruckten Brief an E. K. F. G. schreibe, und deß mein billig Ursache und Entschüldigung vernehmen. Ich hab nu zweymal mit eigener Handschrift an E. K. F. G. geschrieben, und zugeschickt, und hätte mein anliegende Sache gern schriftlich ausgericht; aber mir ist keine Antwort worden, daß ich nicht wissen muß, wie es zugehet. Zum dritten, hab ich mündlich durch Valtin Grafe, so anher von E. K. F. G. gefertigt, in Wolf Hornings Sachen, auch mein Begehr lassen antragen, welchs auch unverantwortet, desgleichen auch Wolf Horning geschehen. Zuletzt weil die Sache nicht kann, noch soll geschwiegen, odder ungehandelt seyn, hab ich den letzten Rath gefunden, durch den Druck offentlich fur iedermann E. K. F. G. anzureden.

Wohl ists wahr, daß auf Valtin Grafen Antragen, meines Begehrs, E. K. F. G. an meinen gnädigsten Herrn, den Kurfürsten zu Sachsen, geschrieben, mich sampt Wolf Horning dargeben, als hätten wir uns hören lassen mit dräulichen Worten, ich, mit Schmachschriften, Wolf Horning, mit der Faust E. K. F. G. anzutasten; und ich wollte Wolf Hornings Rathgebe seyn. Darauf uns beyden S. K. F. G. befehlen lassen, solcher Stücke keines fürzunehmen, sondern davon abzustehen; welchs E. K. F. G. alles nicht noth gewest wäre. Ich wills aber dahin deuten, Gott zu Ehren, als habe solchs E. K. F. G. nicht böslich, noch leichtfertiglich erdichtet. Denn Valtin Grafe kann ja solchs mit Wahrheit nicht angetragen haben; sondern daß E. K. F. G. um dieser schwinde Läufte willen sich des Stücks zum Uberfluß besorget habe, da keine Sorge nicht ist. Denn ich (Gott Lob) bisher mich nicht geflissen, Schmachbücher zu schreiben; bin auch noch wohl so geschickt, daß ich, wie bisher, beyde meinen Namen, und deß, an den ich schreibe, dar ans Blatt heften, und mich zu Recht erbieten, welchs ja nicht sind, noch heißen mügen Schmachschrift, nach allem Recht.

Und wo ich Lust gehabt, Schmachbriefe zu schreiben, wäre ich wohl so besonnen gewest, nichts von meinem Schreiben E. K. F. G. lassen anzuzeigen, odder meine Person melden; sondern wie der Lasterschreiber Art ist, die Lasterschrift an Tag zu bringen, ehe denn jemand erfahre, wer es gethan hätte. Dazu ob ichs gleich noch thun wollte, wüßte ich mit aller Kunst nicht, wie ich von E. K. F. G.

söllt einen sonderlichen Schmachbrief schreiben. Das löbliche Landgeschrey von der Harnischkamer ist wohl so groß, daß mirs nicht zu erlangen wäre. Darumb mich E. K. F. G. solchs Unglimpfes gegen meine Oberkeit wohl hätten uberheben mügen. Es soll auch (ob Gott will) die Welt mit allen Fürsten und Königen mir so gut nicht werden, daß ich meine Seele, umb ihren willen, mit einer Schmachschrift, odder dergleichen Untugend, wollte beladen. Das sage ich zu meiner Entschuldigung.

So ist Wolf Horning, der zuweilen mein Gast gewest, als ein armer verstoßener Gesell, so hoch von Gott begnadet, daß er mir und andern, so nach dem Evangelio lehren und rathen, ganz williglich gehorcht hat, und nie nicht furgesetzt, noch willens gewest, etwas gegen E. K. F. G. thätlichs furzunehmen; so er doch, wo das Landgeschrey wahr wäre, von E. K. F. G. auch nach kaiserlichem und päpstlichem Recht solchs billig hätte mügen furnehmen, und auch Leute gnug gewest, die ihm angeboten, Geld und Kraft darzustrecken.

Und freylich, wo ers je willens gewest wäre, hätte E. K. F. G. wohl längest ein anders von ihm erfahren. Aber ich, ich sage, ich habe hie helfen wehren, und treulich widderrathen, nicht E. K. F. G. schönes Haar angesehen, sondern arme Leute; sonderlich aber das Evangelion Gottes, welchs uns lehret, Rächen und Rechten Gotte befehlen, Gewalt und Unrecht leiden. Dabey ists auch blieben. Versehe mich auch gänzlich zu ihm, er werde es ewiglich also bleiben lassen, sonderlich weil Wolf Horning schon allzusehr gerochen ist, es kome die Sache zur Buße odder nicht. Das sey zu unser Entschuldigung gegen meine Oberkeit, und fur jedermann.

Daß ich aber kein Rathgebe sey, ist itzt gnug angezeigt, was ich ihm gerathen habe. Und wüßte ich nur viel Guts ihm weiter zu rathen, kennete ich mich wohl schuldig, und hoffe, E. K. F. G. sollte mir das nicht verargen; und ob sie mirs verargeten, künnten sie doch wohl bedenken, wie viel ich drauf geben würde. Aber daß wir zur Sachen komen, warumb ich geschrieben und angeklopft, und itzt offentlich anklopfe und schreibe, ist die Ursach.

Wolf Horning ist im Elend nu bis ins vierte Jahr, von Weib und Kind, von Haus und Hofe, von Gut und Ehre, von Freunden und Schwägern weggetrieben, und niemand soll sagen, warumb? Und ist auch in der Wahrheit keine Schuld nicht da, und E. K. F. G. will nicht hören noch antworten, wie viel man ruft und schreyet.

Dazu haben zuletzt zween Räthe E. K. F. G. Wolfen Horning geschrieben, er sollte E. K. F. G. mit Frieden lassen. Solche unerhörete Beschwerung hat Wolf Horning mussen leiden, und leidet noch imer. Uber das, ist noch ein ärgers, er ist ein Junggesell, der in Fährlichkeit der Jugend und des Fleisches schwebt, kann aber widder zu seinem Weibe komen, noch davon (wie sichs gebührt), gescheiden werden, daß er etwas künnte anfahen: muß also in Fährlichkeit seines Gewissens alle Stunde sticken, und in der Irre gehen. Dieses letztes Stücke (sage ich) ists, das mich zu schreiben zwingt. Da bin ich schuldig, dem elenden Gewissen zu rathen, womit ich kann; kann aber nicht anders, denn solcher furgenomener Weise. Denn ob E. K. F. G. geringe achtet, wo Wolf Horning bleibet, so können wirs aber nicht geringe achten. Ich will E. K. F. G. schonen, und noch nichts vom Landgeschrey und offentlicher That und E. K. F. G. eigenen Briefen reden, sondern auf die nähests Schrift der zween Räthe fußen.

E. K. F. G. ist aus Furstlicher Oeberkeit schuldig, das Weib zum Manne zu halten, und nicht leiden, daß sie von einander ohn Ursache bleiben. Aber E. K. F. G. läßt solchs nicht alleine nach, sondern billiget solch unchristlich Scheiden, wie der Räthe Schrift mit sich bringet; billigets auch nicht alleine, sondern vertheidingts; vertheidingts nicht alleine, sondern stopft die Ohren zu, und heißen Horning schweigen. Was will die Länge daraus werden? Nu muß das zuletzt brechen, das weiß ich furwahr.

Weil wir aber nu keine Oeberkeit noch Macht haben uber E. K. F. G. (denn solchs sollten die Bischofe furnehmen, wenn sie seyn wollten, das sie rühmen): so halten wir uns zu der Liebe Pflicht; und erstlich vermahnen und bitten wir umb Gottes willen, E. K. F. G. wollten Wolf Horning sein Weib und Kind lassen folgen, sampt allem das sein ist, und das Weib auch dazu halten, wie E. K. F. G. schuldig ist, und sie selbs, die Frau, oft begehrt und gebeten hat: odder, wo das nicht seyn soll odder kann, dazu helfen foddern, daß ein rechtlich und offentlich Scheiden geschehe, damit der arm Geselle aus der Fahr seines Gewissens komen, und sich beschicken müge. Zum andern, verkündigen wir E. K. F. G. das Gebot und Urtheil unser aller Richters Jesu Christi, der solchs E. K. F. G. zu gebieten Macht hat, durch uns foddert, und gar gestrenge richten wird, und solchs uns befohlen, in seinem Namen (als ein Nähester dem andern) E. K. F. G. anzuzeigen.

Wir wollen aber des Schirmschlags nicht haben, daß im Namen der Frauen ein Schrift und Vollmacht hergeschickt werden, wie itzt geschehen. Denn das will nicht gnug seyn zum offentlichen Scheiden, weil wir wohl wissen, wer solche Schrift dichtet, und so wirs wissen, mit gutem Gewissen nicht düren noch können drinnen handeln. Sie selbs soll personlich mit ihm handeln. Findet sichs denn, daß sie ja nicht zu ihm will, so soll uns nicht so jach nach ihr seyn, und wollen mit gutem Gewissen einen Scheidebrief aufrichten. Sie darf freylich auch fur Geleit nicht sorgen, weil sie nichts im sächsischen Fürstenthum verwirkt, und Wolf Harning seiner Person halben ihr vormals auch Geleit zugeschrieben hat.

Wird E. K. F. G. solchs nicht thun, so mussen wirs leiden; aber das wollen wir dennoch E. K. F. G. dräuen, und mit Ernst gewarnet haben: nichts wollen wir thätlichs oder lästerschriftlichs furnehmen, sondern Gott, unsern Vater, widder E. K. F. G. gar fleißig bitten, daß er sich des gefangen Gewissen erbarme, und den Kurfürsten zu Brandenburg zurecht bringe, und wollen gewißlich erhöret werden. Darnach wollen wir uns fur Gott und der Welt dargeben, E. K. F. G. eigen Briefe und der Räthe Schrift offentlich an Tag legen, damit des Hornings Sachen und Gewissen offentlich erkannt werde, und ich auch Fug und Raum gewinne, weiter in seiner Sachen zu rathen. Wollen aber deß alles, auch fur unsern Feinden, zu Recht stehen, damit E. K. F. G. nicht abermal Ursachen haben, uns gegen unser Oeberkeit zu verunglimpfen. Thun wir E. K. F. G. unrecht, so verklage sie uns nur getrost; antworten wir nicht, so wollen wir unser Recht leiden.

Und E. K. F. G. soll wissen, daß ich mich nicht habe muthwilliglich in diese Sache gedrungen. Aus Berlin, und gleich aus der Harnischkamer bin ich dazu gebeten, mit hohen Worten, da ich noch nicht wußte, wo Wolf Horning wäre, daß ich sollt helfen rathen, ob man künnt das Paar Volks zusamen bringen. Ich bitt aber, Gott der Allmächtige wollt E. K. F. G. erleuchten und bewegen, zu thun, was Recht ist, Amen. Gegeben zu Wittemberg, Montags nach Francisci, 1528.

E. K. F. G.

williger

Martinus Luther.

9. October. No. MXXXV.

An Philipp, Landgrafen von Hessen.

L. gibt die Ursachen an, die ihn zur Schrift wider den Türken bewegen.

Dieser Brief ist abgedruckt als Zueignung in der Schrift: Vom Kriege widder die Türken. Wittenberg 1528. Dann Wittenb. II. 444. Jen. IV. 390. Altenb. IV. 524. Leipz. XXII. 339. Walch XIX. 2633.

Dem Durchleuchtigen, Hochgebornen Fürsten und Herrn, Philipps, Landgrafen zu Hessen, Grafen zu Katzenelnbogen und Nidda, meinem gnädigen Herrn.

Gnad und Friede in Christo Jesu, unserm Herrn und Heilande. Durchleuchtiger, hochgeborner Furst, gnädiger Herr, es haben mich wohl fur funf Jahren Etliche gebeten zu schreiben vom Kriege widder den Türken, und unser Leute dazu vermahnen und reizen; und itzt, weil eben der Türk uns nahe kömpt, zwingen mich solchs auch meine Freunde zu vollenden, sonderlich weil etliche ungeschickte Prediger bey uns Deutschen sind (als ich leider höre), die dem Pobel einbilden, man solle und musse nicht widder die Türken kriegen; Etliche aber auch so toll sind, daß sie lehren, es zieme auch keinem Christen, das weltlich Schwert zu fuhren odder zu regiern; dazu, wie unser Deutsch Volk ein wust wild Volk ist, ja schier halb Teufel halb Menschen sind, begehren Etliche der Türken Zukunft und Regiment. Und solches Irrthumbs und Bosheit im Volk wird dem Luther alles Schuld gegeben, und muß die Frucht meines Evangelii heißen, gleichwie ich auch muß der Aufruhr Schuld tragen, und alles was itzt Böses geschicht in der ganzen Welt, so sie es doch wohl anders wissen. Aber Gott und seinem Wort zuwidder stellen sie sich, als wußten sie es nicht anders, und suchen Ursachen, den heiligen Geist und öffentliche bekannte Wahrheit zu lästern, auf daß sie ja die Helle wohl verdienen, und nimer mehr Reu und Vergebunge ihrer Sunden erlangen.

Derhalben mir Noth seyn will, von der Sachen zu schreiben, auch umb mein selbs und des Evangelii willen, uns zu entschuldigen, nicht bey den Lästerern, welche sollten mir nicht gut gnug seyn, daß ich mich mit einem gegen sie entschuldigen wollt, (denn das Evangelion soll bey ihn stinken, und ein Geruch des Todes seyn zum Tode, wie sie mit ihrem muthwilligen Lästern verdienen,) sondern daß die unschuldigen Gewissen nicht weiter durch solche Lästermäuler betrogen werden, und Argwohn von mir odder meiner Lehre schöpfen, odder auch dahin verfuhrt werden, daß sie gläuben, man müsse nicht widder die Türken streiten. Ich habs aber fur gut angesehen, solch Büchlin unter E. F. G. als eines berühmbten, mächtigen Fürstens Namen auszulassen, damit es deste fleißiger gelesen würde, obs einmal dazu käme, daß man von eim Zug widder den Türken handeln würde, die Fürsten und Herren eine gemeine Erinnerung hätten. Denn ich Willens bin, etliche Stücke drinnen anzuzeigen, die wohl zu bedenken seyn werden, und daran Macht gelegen seyn wird. Befehl hiemit E. F. G., unserm barmherzigen Gott in seine väterliche Gnad und Hulde, daß er E. F. G. fur allem Irrthum und List des Teufels behüte, und seliglich zu regiern erleuchte und stärke, Amen. Am neunten Octobris 1528.

E. F. G.

williger Martinus Luther.

---

12. October. N°. MXXXVI.

An Friedrich, Abt zu Nürnberg.

Bitte, zur Wiedererstattung der Promotions-Kosten für J. Hofmann zu wirken.

Bey Aurifaber II. 389. Deutsch bey Walch XXI. 1124.

D. Friderico, Aegidianae familiae Nurnbergae Antistiti etc.

Gratiam et pacem. Rogavit Joannes Hofman, recens Magister factus, ut pro se intercederem apud tuam Dominationem, Vir optime, quo pecunias pro Magisterio expensas vel debitas tuis precibus impetrare possit, significans id profuturum sibi, si rogatus a me tu rogares et pro eo ageres: quare tibi ejus causam diligenter commendo. Cras forte plura et latius cum Bibliophoro, nam nunc occupatus et districtus paucis agere cogor. Bene in Domino vale, et pro me ora Dominum. 12. Octobris, anno MDXXVIII.

Martinus Lutherus.

14. October. N°. MXXXVII.

An Joh. Heß.

Bezieht sich auf die Religionsbedrückungen Ferdinands.

Bey Aurifaber II. 389. b. Deutsch bey Walch XXI. 1124.

Gratiam et pacem in Christo. Miror, quod cum scires, hos optimos cives tuos ad nos proficisci, nihil ad nos literarum dederis, quibus vel laetos, vel certos saltem faceres de tuo statu. Audimus enim Ferdinandum, vel suos potius Satrapas mirum furere contra Christum, sed Psalmus secundus est eorum tyrannus, rursus et nostra consolatio. Rogo, ut pro nobis omnibus orari jubeas ab Ecclesia tua, Satan enim junctis viribus et copiis suis omnibus nos persequitur, quare et nos necesse est jungere manus et corda, cum ferventi oratione, ut Dominus conterat Satanam sub pedibus nostris, Amen. Vale. 14. Octobris, anno MDXXVIII.

T. Martinus Lutherus.

16. October. N°. MXXXVIII.

An Mich. Stiefel.

Glückwunsch zum Antritt seiner neuen Stelle in Lochau. Vgl. Br. v. 3. Sept. No. MXXV. an den Kurfürsten.

Bey Buddeus p. 59. Deutsch bey Walch XXI. 1125.

Gratiam et pacem. Accepimus decem grossos, quos et reddidimus importuno isti et lucroso vectori, mi Michaël. Sic sunt isti homines duri et imperiti, ut ferre eos necesse sit, si vivere volumus. Gaudeo vero te in arce provideri victu et hospitio, maxime vero quod parochianos et parochiam ipsam aliter invenisti, quam nos credideramus. Ego sane nihil magis vellem, quam talem inveniri, quae te commode alere posset, ut istic manendi et perseverandi tibi voluntas et copia fieret.

De qua re nondum scripsisti ad me, forte quod rem nondum exploratam habes: explora igitur, et quae sit voluntas tua, significabis. Nam de vidua illa *) totum erit tuum considerare et consulere, ante omnia vero oratione apud Dominum postulare, ut cor tuum regat et moveat in gloriam suam et salutem tuam. In quo bene vale. Philippus heri abiit ad onus visitationis. Tuo ora pro eo. Die S. Galli, MDXXVIII.

Martinus Lutherus.

---

20. October. N°. MXXXIX.

An Gerh. Wiscampius.

L. dankt für erhaltene Geschenke, und verspricht dafür zu sorgen, daß G. künftig seine Schriften erhalte.

Bibl. Brem. Cl. I. fasc. 2. p. 138., bey Strobel-Ranner p. 123. Deutsch bey Walch XXI. 1126.

G. et P. in C. Et literas et pannum, mi Gerharde Lampadarie, accepimus cum voluptate, quod a tanto candore animi et favore cordis ad nos missum est munus, ut recte fecerim, ac fecisse mihi videar, qui te, nescio quo fato aut consilio, Lampadarium appellarim. Totus enim luces candore et ardes favore in ista fragili testa corporis tui. Denique perpetuo singulisque noctibus utimur in hunc diem Ketha mea et ego tuis lampadibus, dolemusque vicissim, nihil a nobis muneris esse, aut posse mitti, quod et nostri memoriam apud te aleret, pudetque vehementer, nunquam ullo saltem chartaceo munere te donatum, cum id facile possemus. Sed cum assunt, nihil est recens editum: interim praeveniunt bibliopolae marsupium tuum. Tamen non committam, quin aliquando vel fasciculum aliquem librorum mittam, sive tardior sive simul cum bibliophoris veniam. Atque nunc misissem Jesajam recens natum germanum, sed ista distracta sunt exemplaria, ut ipse nullum pro me habeam, deinceps capsam pro te et Montano **)

*) Die Wittwe des vorigen Pfarrers, welche St. heurathen wollte. S. Br. v. 3. Sept. u. 25. Oct., No. MXXV. u. MXLII. **) Jac. Montanus Spirensis, Vorsteher der Schule zu Hervord.

ordinabo, in qua pro vobis imponentur vobis mittenda exemplaria, quaecunque edita fuerint.

Hermannum de Lippia, quem commendasti, libenter suscepi obtulique et studium et operam meam, ubicunque opus fuerit. Salutat te mea Ketha charissima reverenter cum filiolo. Nam Elisabetha nobis valefecit ad Christum per mortem profecta ad vitam. Gratia Dei tecum. 20. Octob. MDXXVIII.

T. Martinus Lutherus.

---

20. October. N°. MXL.

An Spalatin.

L. empfiehlt einen jungen Menschen, und meldet die Flucht der Herzogin von Münsterberg aus dem Kloster und andere Neuigkeiten.

Bey Aurifaber II. 390. b. Vgl. Cod. Jen. a. f. 216. Deutsch bey Walch XXI. 1128.

Ven. in Chr. Viro, D. Georgio Spalatino, Episcopo Altenburgensi, suo in Domino fratri charissimo. 1)

Gratiam et pacem in Christo. Hic juvenis egens et exul quaerit, sicubi possit operam suam locare, formandis pueris ad scribendum Germanice, nam Latine parum novit. Videtur autem bono et dextro ingenio esse. Petiit itaque vel tibi vel alii amico commendari, si forte apud vos opera ejus prodesse possit, ut latius ex ipso intelliges, mi Spalatine: facies itaque quod videbitur. Nam hic non erat ei locus, ut operaretur suum panem.

Nova nova credo te audisse, evasisse monasterion miraculo magno Ducissam Monsterbergensem ex Freyberga: apud me modo agit domestica, cum duabus virginibus, altera Margaretha Volckmarin, filia est civis Lipsensis, altera Dorothea civis Freybergensis. 2) quae 1400 florenos intulit monasterio de patrimonio, quo relicto pauper pauperem Christum sequitur

---

1) Nach Cod. Jen. 2) Cod. Friburgensis.

cum ipsa Domina Ursula: simul ne obolum quidem attulerunt. Hic fatigat Dux Georgius nostrum Principem: quid futurum sit, ignoro. Est enim consobrina Ducis Georgii, ut nosse te puto, id est de duabus sororibus matribus nati ambo. Nicolaus a Minkwitz dicitur magnum conscribere exercitum, quo irrupturus, nescio. Miror, quid Principes cogitent talia videntes et permittentes, cum e scintilla ista periculosum incendium in Germania timeri oporteat. Alii dicunt, quod Woiwodae ductitet, alii in Marchionem parari, qui tamen secure stertit. Pomeranus Hamburgam est profectus, Philippus in Duringiam. Nos altera post Ursulae nostrae visitationis partem aggrediemur: idem facturos aut facere vos quoque spero: Christus omnibus assit et benedicat, Amen. Saluta M. Eberhardum et Erhardum, ac si plures Hardi apud vos sunt. 20. Octobris, anno MDXXVIII.

T. Martinus Luther.

---

21. October. N^o. MXLI.

An Caspar Aquila.

Ueber die Lehre von der Vorsehung und Vorherbestimmung, daß man sich des vergeblichen Grübelns darüber enthalten solle, auf Veranlassung der Disputation eines gewissen Freundes.

Bey Aurifaber II. 392. b. Schütze liefert diesen Brief zweymal, 2. Th. S. 91. ohne den Namen des Empfängers und ohne den Anfang unter d. J. 1528, S. 191. mit dem Namen und vollständig, aber mit Abweichungen, unter dem J. 1530, beyde Texte aus der Börnerischen Sammlung zu Leipzig. Wir haben den Cod. chart. 402. f. Bibl. Goth. und Cod. Closs. verglichen. Deutsch bey Walch XXI. 1129.

Ad Casparum Aquilam, Ecclesiae Salfeldensis Pastorem.

Gratiam et pacem in Christo. Tardius respondeo, mi Caspar, literis tuis, sed nulla mea culpa, quod nullus certus exactor literas [1]) posceret, [2]) nullusque nuntius certus mihi esset.

---

1) Cod. Goth. literarum. Cod. Closs. postulet.

Huldricus vero noster has [1]) suscepit procurandas ad te, ut [2]) perferrentur. Disputatio illa prior fratris [3]) (quem Gaium [4]) hospitem scribis) de operibus Dei occultis, tentatio est, quam vocant, blasphemiae. In illa [5]) multi perierunt, et ego ipse non semel ad mortem usque periclitatus sum. Et quid est, quod nos miserrimi homines, qui necdum [6]) radios promissionis divinae per fidem comprehendere, aut scintillas praeceptorum Dei per [7]) opera capere possumus, (quae utraque verbis et miraculis ipse de coelo confirmavit,) tamen impuri et infirmi rapimur ad comprehendendam majestatem solaris lucis, imo incomprehensibilis lucis mirabilium Dei? An ignoramus quod lucem habitat inaccessibilem, et tamen accedimus, [8]) imo praesumimus accedere? Ignoramus judicia ejus imperscrutabilia, et tamen perscrutari conamur? Et haec [9]) facimus, antequam radiis promissionis [10]) et scintillis praeceptorum perfusi et imbuti sumus, cum talpinis oculis irruentes [11]) in majestatem lucis istius, quae nec [12]) verbis nec signis demonstrata, [13]) imo occultata et non significata est. [14]) Quid mirum, si obruat nos gloria, dum scrutamur majestatem? Quid mirum, si ordine lucis praepostero [15]) nos perversi summam lucem ante Luciferum appetimus? Oriatur primum Lucifer (ut Petrus ait II. cap. 1.) in cordibus nostris, tum videre poterimus cubantem tandem [16]) in meridie.

Docendum est quidem de voluntate Dei imperscrutabili, ut sciamus talem esse, [17]) sed niti, ut comprehendas eum, [18]) hoc est praecipitium periculosissimum. Proinde ego me soleo coërcere isto Christi verbo, quod ad Petrum dixit: *Tu me sequere, quid ad te, si illum volo manere?* siquidem et Petrus de alieno opere Dei disputabat, quid de Johanne esset futurum. Et illo ad Philippum, qui dixit: *Ostende nobis patrem, et sufficit* [19]) *nobis*, quem cohibuit dicens: [20]) *Non credis, quod Pater in me, et ego in Patre? Qui videt me,*

---

1) Cod. Goth. nostras has. 2) Cod. Closs. ut ad te. 3) C. G. vatls. 4) C. Cl. iam. 5) C. G. qua. 6) C. G. nondum. 7) C. G. et. 8) C. Cl. ascendimus. 9) C. G. hoc. 10) Codd. — um. 11) C. G. intuentes. C. Cl. conniventes. 12) C. G. non. 13) C. G. † est. 14) C. G. sed occulte significata. 15) C. Cl. proposito. 16) C. G. tum videbimus tandem cubantem. C. Cl. viderimus ohne tandem. 17) C. G. — ut sc. etc. 18) C. G. eam. C. Cl. apprehendas. 19) C. Cl. sufficiat. 20) G. G. — et sufficit etc.

videt et Patrem. Nempe et Philippus majestatem et secreta [1]) Patris videre voluit, quam [2]) esset promissionibus praeceptisque Deus longe supra Christum. Sic et [3]) sapiens dicit: *Altiora te ne quaesieris, sed quae praecepta sunt assidue cogita.* [4]) Et finge, quaeso, nos scire jam ista judicia Dei occulta, [5]) quid fructus adferrent ultra praecepta et promissa Dei? Vide igitur et dicito illi, si pacem volet habere cordis, [6]) ac vitare [7]) pericula blasphemiae et desperationis, cogitationibus istiusmodi abstineat, cum sciat certo incomprehensibiles esse. Quid igitur fatigari se sinit a Satana iis, quae sunt impossibilia? tanquam si quis solicitus sit, quomodo terra super aquas consistere possit, ne demergatur, aut tale quid? Primum vero exerceat fidem promissionis et opera praeceptorum, quibus perfectis, videbit an impossibilibus occupari debeat. Si ista non audierit, videat, ne sero poeniteat, cum aliud non sit remedium, quam ista negligere cogitata. Quanquam Satana urgente, sint difficillima neglectu, necessaria enim facit [8]) illa scrutatu. Ideo non minus hic pugnandum est cum contemtu, quam cum diffidentia, desperatione, haeresi, aut alia quavis tentatione. Maxima pars fallitur, quod non credunt has cogitationes [9]) esse tentationes Satanae, ideo nemo non [10]) fere eas contemnit, aut ut contemnat pugnat, cum illae ipsae sint tela ista ignita nequissimarum nequitiarum spiritualium in coelestibus. [11]) Nam per eas cecidit Satan de coelo, dum voluit similis esse altissimo, omniaque nosse, quae Deus nosset, non contentus nosse, quae nosse oportuit. Fuga igitur hic pugnandum [12]) est, et sapiendum non plus quam oporteat, [13]) sed ad sobrietatem: quod qui non fecerit, opprimetur. Nam Christus cogitari non potest, illis cogitationibus regnantibus. Sic Adam prostravit, dum una arbore prohibita vexaret eum de sapientia ac voluntate Dei. [14]) Summa, haec est princeps tentatio et proprie diabolica, ideo humana tentatione satis est tentari. Per idem respondebis alteri quaestioni, ut ille con-

---

1) Cod. Goth. societatem. 2) Schütze quasi. 3) C. G. — quam esset etc. 4) C. G. — sed quae etc. 5) C. G. Et finge nos scire omnia ista occulta judicia Dei. Cod. Closs. läßt quaeso aus. 6) C. G. si p. c. habere vult. C. Cl. velit. 7) C. G. videre, falsch. 8) Codd. † ille scrutator. 9) C. Cl. tentationes. 10) C. G. — non. C. Cl. ideo non vere. 11) C. G. hat tela am Ende. 12) C. G praeservandum. 13) C. Cl. oportet. 14) Sch. † Satan.

cionator fungatur officio suo, quod mandavit ei Deus, relinquens id, quod non est mandatum Dei, nempe scire, cur alius audiat, [1]) alius non audiat. Quid ad te (inquit Christus), tu me sequere, me, me, me sequere, non tuas quaestiones aut cogitationes. De Judaeis alio libro monendis, si vacaverit, videbo, nunc aliud instat. Vale et ora pro me Dominum. Anno MDXXVIII. Octobris 21. [2])

T. Martinus Lutherus.

---

25. October. N°. MXLII.

An Joh. Agricola.

L. schreibt wegen eines verlangten Erziehers und meldet, daß er im Begriff ist, nach Lochau zu reisen, um M. Stiefel als Pfarrer einzuführen.

Bey Aurifaber II. 336. Deutsch bey Walch XXI. 1123.

Gratiam et pacem in Domino. Philippus abest visitator in Duringia, mi Agricola, quo fit, ut ejus consilio et opera non licuit uti in paedagogo destinando. Agam igitur cum Milichio et Georgio Majore, si quem reperire possimus, et quam primum istuc mittere. Quamvis jam mihi dictum sit, Vitum apud vos hactenus isto officio functum, quem cur non substituatis interim, nescio quid causae sit. Intra octiduum respondebimus, quid effecerimus. Hac hora Lochau proficiscor, Michaëli Stifel desponsurus viduam relictam Episcopi Lochensis, M. Francisci, quam nosti fortasse, et parochiam simul traditurus. Mirum quam urgeat res rem. Apud me retinere hominem non potui, adeo verecundus plus satis est, metuens, me ejus alendi cura gravari, ut maluerit quacunque conditione alibi vivere, donec expugnatus hominem dimittere cogerer valde invitus. Mittit praeterea hic literas apud me depositas, quibus vestrum aliquot invitat ad nuptias, sed sero ego potui transmittere: tu curabis reddendas. Et in Domino vale cum

---

1) Cod. Goth. — alius audiat. 2) Schütze. 27. C. G. 1530.

tuo charissimo Hans Alberto et universis uvis vitis tuae suavissimae. Dominica post 11. Millia Virginum, MDXXVIII.

Martinus Lutherus.

---

29. October. N°. MXLIII.

An Spalatin.

L. tröstet Sp. wegen der erlittenen Lästerungen über seine Verheurathung.

Bey Aurifaber II. 391. Wir haben das Original im Cod. chart. 122. fol. Bibl. Goth. verglichen. Deutsch bey Walch XXI. 1133.

Venerabili in Christo fratri, D. Magistro Georgio Spalatino, servo Dei fidelissimo.

Gratiam et pacem in Christo. Quod matrimonium tuum pro scortatione reputatur, mi Spalatine, non modo non dolere, sed gaudere potius debes, scilicet cum certo scias, hoc vitae genus a Deo probari, ab angelis laudari, a sanctis omnibus honorari, tum id signaculi accedere, quod cruce insignitur, nempe quod a daemonibus et impiis hominibus, etiam a falsis fratribus blasphematur, sicut solet contingere omni operi et verbo Dei. Tu igitur vide, ne voces istas sacrilegas impiorum in te jactas aliud aestimes, quam pretiosas gemmas, quibus coram mundo quidem macularis, sed coram Deo glorificaris, cogitans mundum non esse dignum, qui gloriam et honorem istius operis Dei videat, quam tu et vides et habes. Idem sentiendum ac magis quoque sentiendum est de ministerio tuo. Valeat mundus et Princeps ejus cum suis stultis, temerariis, caecis, rabidis judiciis et calumniis. Scriptum est: *Tollatur impius, ne videat gloriam Dei, coeli vero enarrant gloriam Dei.* Haud dubium, quin mundus evomat ignominiam Dei.

De periculo alimoniae tuae, quod scribis, non intelligo. Neque enim credo sacrificos Bethaven tibi negotium facere. Ac quicunque etiam sint, habes jam visitationis officium, deinde Principem faventissimum, qui non patietur tibi detrahi τὰ βιωτικά. Dominus Jesus confortet te spiritu suo, ac dirigat τῇ ἐπισκοπῇ ταύτῃ, Amen. Ora pro me quaeso. Witenbergae, feria 5. post Simonis et Judae, anno MDXXVIII.

T. Martinus Lutherus.

---

29. October. N⁰. MXLIV.

An Eberhard Brisger.

L. entschuldigt sich wegen nicht übersandter Bücher und klagt über seine allzu vielen Geschäfte.

Bey Aurifaber II. 391. b. Deutsch bey Walch XXI. 1134.

Ad M. Eberhardum Brisger, Pastorem Altenburgensem.

Gratiam et pacem in Christo. Ego sane de libris ad te mittendis nihil cogito, neque cogitavi, mi Brisgere, confidens quod factorius tuus Bruno ista curet, quare illi imputes, si nihil mittitur. Ketha mea te salutat cum uxore et prole, ipsa quidem praegnans, sed nondum vivo foetu. Ora pro nobis. Occupatissimus scribo visitator, lector, praedicator, scriptor, auditor, actor, cursor, procurator, et quid non? Saluta omnes nostros. Feria 5. post Simonis et Judae, anno MDXXVIII.

Martinus Lutherus.

---

31. October. N⁰. MXLV.

An Herzog Georg von Sachsen.

Wegen des Briefes an W. Link v. 14. Junius stellte Herzog Georg in einem Br. d. d. Sim. Jud. d. J. (bey Aurif. II. 392. Eisl. I. 424. u. in den übr. Ausg.) Luthern zur Rede, ob er sich dazu bekenne. L. gab hierauf diese Antwort.

Lateinisch bey Aurifaber II. 392. Deutsch in der Schrift: Herzog Georgen zu Sachsen Verantwortung der Mainzischen Bündniß halben S. v. d. Hardt Autogr. Luth. I. 250., auch in Luthers Schrift: Von heimlichen und gestohlnen Briefen 1529, dann Eisl. I. 425. Altenb. IV. 457. Leipz. XIX. 669. Walch XVI. 510. Da das Deutsche wenigstens auch von Luthers Hand herrührt, wo nicht Urschrift ist: so liefern wir es, mit Weglassung des Lateinischen, und zwar nach den ersten Drucken.

Dem Durchleuchtigen, Hochgebornen Fürsten und Herrn, Herrn Georgen, Herzogen zu Sachsen, Landgrafen in Thüringen und Markgrafen zu Meissen, meinem gnädigen Herrn.

Gnade und Friede in Christo. Ich hab E. F. G. Schrift empfangen, darin E. F. G. von mir begehrt einer Zeddel odder Abschrift halben Antwort, ob ich solcher Schrift mir bewußt sey; und solchs, als müßt ich gleich dem geringsten Verpflichten odder Gefangenen hie zu gewarten sitzen. *) Darauf ist mein kurz Antwort: Nachdem E. F. G. wohl weiß meine hohe Geduld, so ich bisher getragen habe uber die Vorrede aufs Neue Testament des Emsers, und auf die Antwort, meiner herzlichen demüthigen Schrift begegnet: also will ich noch dießmal auch Geduld haben uber diesem Stücke, angesehen E. F. G. große und schwere Anfechtungen. Und bitte ganz demüthig, E. F. G. wollten mich mit solchen Zeddeln odder Abschriften unversucht lassen. Es wird sich ohn Zweifel E. F. G. bey denen, so solche Zeddel haben zugericht und gereicht, auch wohl ohn des Luthers Zuthun, wohl wissen zu erkunden, weß solche Schrift sey, welche E. F. G. mehr, denn ich, verwandt odder zugethan. Nichts Härters will ich auf dießmal wider solche frumme Leute geschrieben haben. Denn zu erbarmen und zu bitten fur E. F. G. Anfechtung, wäre ich christlich geneigt, wo es E. F. G. leiden künnte. 1) Hiemit Gott befohlen, Amen. Zu Wittemberg, Sonnabends des letzten Octobris 1528.

E. F. G.

williger

Martinus Luther.

1) Walch hat statt dessen: Ich wills gerne im übrigen mit Mitleiden und Geduld ertragen, wie sehr mich auch E. F. G. versucht und anficht, wollte auch lieber dagegen den Herrn Christum vor E. F. G. um Erbarmung und Vergebung inbrünstig und andächtig anrufen: wo das E. F. G. leiden könnte — woher, weiß ich nicht.

*) Lat. et hoc perinde ac si vilissimo suique mancipio aut captivo hic praestolari cogerer.

1. November. N°. MXLVI.

An Nic. Amsdorf.

L. beschwert sich über A.'s Stillschweigen und meldet in der Kürze Einiges.

Bey Aurifaber II. 394. Deutsch bey Walch XXI. 1135.

Gratiam et pacem in Domino Jesu Christo. Mirum est tuum silentium, mi Amsdorfi, praeter morem tuum et meritum meum, praesertim in isto saeculo tentationum, et periculis pleno. Pestis apud nos [1]) non regnat, sed tamen aliquando prodit et ostentat se in angulo aliquo. Christus autem sanet te in medio isto incendio, Amen. Nos visitatores h. e. episcopi sumus, et invenimus paupertatem et penuriam ubique: Dominus mittat operarios in messem suam, Amen. Tu, quaeso, ora pro me Dominum et vale. Salutant te nostri. Witenbergae, 1. Novembris, anno MDXXVIII.

Martinus Lutherus.

---

8. November. N°. MXLVII.

An Spalatin.

Empfehlung eines jungen Menschen, nebst Nachrichten über die Visitation u. a.

Bey Aurifaber II. 394. Vgl. Cod. Jen. a. f. 217. Deutsch bey Walch XXI. 1135.

Suo in Christo charissimo fratri, D. Georgio Spalatino, Visitatori et Episcopo Misnae, servo Christi fideli. [2])

Gratiam et pacem in Domino. Hunc juvenem antea tibi commendatum a Philippo nostro Melanchthone, mi Spalatine, rursus commendo, tantum ut ejus non obliviscaris, quaqua data occasione promovendi ad officium institutum: scio autem

---

1) Nos ist bey Aurif. aus Versehen ausgelassen. 2) Nach Cod. Jen.

quod facies etiam nullus admonitus. Et gratias ago, quod affueris adolescenti scholam Germanicam professo. Nos nihil hic novi habemus, praeterquam quod Minkwitii bellum dissipatum est, Deo gloria, et milites dilapsi, praeter paucos, qui Sonnewaldi vexant cives. Visitatio nostra procedit: quas ibi miserias videmus, et quam saepe tui recordamur inventuri similes vel majores in ista dura gente Voytlandia. Oremus, quaeso, Dominum, ut nobis omnibus assit, et promoveat ipse miserrimos episcopos, ipse optimus et fidelissimus episcopus noster adversus omnes artes et vim Satanae, Amen. Salutat te reverenter Ketha mea et Jonas Justus. Et vale suaviter in Christo, victore omnium tentationum tuarum, Amen. Octava Novembris, anno MDXXVIII.

T. Martinus Lutherus.

---

11. November. No. MXLVIII.

An den Kanzler Brück.

Bitte um Auswirkung einer Urlaubs-Verlängerung für Bugenhagen.
(Vgl. Br. v. 18. Sept. No. MXXXI. an den Kurfürsten.)

Aus Cod. chart. 452. f. Goth.

Gratiam et pacem in Christo. Achtbar, hochgelahrter Herr-Doctor! Hier ist ein Bote von Hamburg vom Rath und Er Johann Pommer gesandt um weiterer und längerer Zeit zu bitten von meinem gnädigen Herrn, wie ihr aus beyliegenden Schriften möget vernehmen. Wiewohl ich dem guten Manne zuvor geschrieben, er sollte nicht so ängstlich seyn der gesetzten Zeit halben, weil es die Noth und Gottes Wort anders fodert; denn unser gnäd. Herr ohne Zweifel nicht gesinnet, Gottes Wort zu hindern, wo es Noth ist, seiner des Pommers Person länger zu gerathen: aber der Mann hat nicht Fried, bis er von unserm gn. Herrn selber deß versichert sey. Ist derhalben mein freundliche Bitte, wollet ein Schrift an ihn von M. G. Herrn ausbringen, darinnen wohl begehret wird, daß er aufs erste er künnte und möchte, wieder käme, doch sofern daß er nicht Schaden und Hinderniß thäte dem Wort und Werke Gottes mit seinem Eilen, sondern wo es ja die Noth so fodert, Macht habe, länger daselbst zu verziehen, wie E. A. das wohl wird wissen zu stellen, und mit diesem Boten zu fertigen. Hiemit Gott befohlen. Am Tage St. Martini, 1528.

E. A.

williger

Martinus Luther.

---

11. November. N°. MXLIX.

An Spalatin.

L. schickt einen Brief der Argula von Staufen; etwas über die Visitation.

Bey Aurifaber II. 394. b. Vgl. Cod. Jen. a. f. 259. Deutsch bey Walch XXI. 1136.

Suo in Christo fratri, D. Georgio Spalatino, servo Christi in Evangelio fidelissimo. 1)

Gratiam et pacem in Christo. Quanquam occupatissimus sim, nolim tamen hunc paedagogon mihi a te pridem commendatum et redeuntem ad te venire vacuum. Nec sane est, quod scriberem, cum proximis literis omnia scripserim. Argulae nostrae literas ad te mitto, ut legas pro meis literis, et videas, quid ferat ac patiatur piissima mulier. Salutat te Ketha mea reverenter cum tua hinnula 2) et cervula charissima. In nostra visitatione in orbe Witenbergensi invenimus adhuc omnes pastores cum suis rusticis concordes, sed segnes populos ad verbum et sacramentum. Ora pro nobis. Die Martini, anno MDXXVIII.

Martinus Lutherus.

---

1) Nach Cod. Jen. 2) Cod. Hevula.

12. November. N⁰. ML.

An den Kurfürsten Johannes.

Fürbitte für Kaspar Schelbe. (Vgl. Br. v. 1. März 1527. No. DCCCLIV.)

Zuerst aus dem Weim. Archiv im Leipz. Supplem. S. 55. No. 77., dann bey Walch XXI. 269. Wir haben das Original verglichen.

Dem Durchleuchtigsten, Hochgebornen Fursten und Herrn, Herrn Johanns, Herzog zu Sachsen, Kurfursten und Landgrafen in Thuringen und Markgrafen zu Meissen, meinem gnädigsten Herrn.

Gnad und Friede in Christo. Durchleuchtigster, hochgeborner Furst, gnädigster Herr! Es ist M. Caspar Schelbe der Bezüchtigung halben, wie er zuvor E. K. F. G. angezeigt, noch imer im Elend und ausser Eisenach, nicht ohn große Schaden und Beschwerung, wie E. K. F. G. wohl wissen zu bedenken: bitte ich nun gar unterthäniglich, E. K. F. G. wollten der Sache ein Ende schaffen, befehlen, und dem guten Manne widder heim helfen lassen; denn wo es gleich wahr wäre (als ich nicht hoffe), so sind wir Menschen, und mugen mit ziemlicher Straffe solche Gebrechen gebessert werden. Gott laß ihm E. K. F. G. barmherziglich befohlen seyn, Amen. Donnerstags nach Martini, 1528.

E. K. F. G.

unterthäniger

Martinus Luther.

---

24. November. N⁰. MLI.

An Michael Stiefel.

Bitte um Nachricht.

Bey Buddeus p. 59. Deutsch bey Walch XXI. 1138.

Gratiam et pacem. Mitto tibi, mi Michaël, quae ad te pertinent, ut ex literis intelliges adjectis. Miror autem, quid sit, quod nihil ad nos scribis aut mandas, quasi nostri esses oblitus, cum tamen non ignores, nos adhuc debitam tibi pecuniam habere, quam postulares, nisi forte aliquem thesaurum invenisti, praeter uxorem et liberos. Scribe igitur statim et significa, an adhuc tibi placeat conjugium, simul et ora pro me, ut non deficiat fides mea. Bene vale in Christo. Vigilia Catharinae, MDXXVIII.

Martinus Lutherus.

---

25. November. N°. MLII.

An Nic. Amsdorf.

L. will nicht gegen Melchior Hofmann schreiben, hat aber seinetwegen an den Herzog von Holstein geschrieben.

Bey Aurifaber II. 395. Deutsch bey Walch XVII. 2715.

Gratiam et pacem. Vellem Melchiorem istum, tuum hostem, petere stylo, si vacaret, mi Amsdorfi: ego enim modo sum certe occupatior. Scripsi tamen antea Principi Holsatiensi, *) sed is respondit mihi literis suis, non esse id in sua, sed patris, Regis scilicet, potestate. Tu vero fortis esto, sciens, quod Satan eo ipso, dum triumphat, cadit. Ita et hostes illi jam sunt in casu suo, dum sese putant esse in regno: scriptum est enim: *Dejecisti eos, dum allevarentur: et cum dixerint, pax et securitas* etc. Novitates istas incertas nec ego credo, sed valde doleo Assam von Kram tam esse misere mortuum in aliena regione, nempe Curae in Helvetiis, cum antea periisset uxor in partu cum foetu. Quam brevis carnis felicitas et miserabilis exitus. Vale in Domino, et pro me diligenter ora. Witenbergae, MDXXVIII, die Catharinae.

Martinus Lutherus.

---

*) S. No. MXVIII.

26. November. Nº. MLIII.

An Nic. Hausmann.

Von der Visitation und zwey Ehefällen.

Bey Aurifaber II. 395. Deutsch bey Walch XXI. 1137.

Venerabili in Christo Viro, D. Nicolao Hausmanno, Cygneae Ecclesiae Episcopo, suo in Domino Majori.

Gratiam et pacem in Christo. Miror quid sit, quod de visitatione Ecclesiarum adeo nihil nosse videris, mi Hausmanne, cum ego aliud non sciam, quam te ipsum esse socium et unum visitatorum ejus regionis cum Spalatino, Dolzigo et Plaunitzio, ac speraveram jamdudum vos incepisse visitationem. Nos quidem in nostra parte fere mensem consumsimus visitando. Neque regio vestra est in nostra sorte per Principem signata. Ubique Satan est Satan, speramus tamen bona, quantumvis sit magnus verbi contemtus.

Die Ehesache mit der Jungfrauen, so sich hinter Wissen und Willen ihrer Stief- und rechten Eltern hat verlobet ꝛc., sehe ich dermaßen an, daß der Gesell oder Bottel hat Geld gesucht, und den Eltern ihr Kind also heimlich wollen rauben, welch Exempel taug gar nichts. Darumb thät ich in dieser Sachen nach dem Wort Gottes, und ließe die Eltern hie recht behalten, und sollte wohl billich solche Dürst des Gesellen zum Exempel der andern gestrafft werden, die Magd auch ein Staupe haben; denn wo das einreißen würde (wie vorhin), könnt kein Mann sein Kind behalten.

Den Blinden und Blindin gebe ich zusamen in Gottes Namen, angesehen die Fahr der stummen Sünden und andern Unrath. Ob nu Kinder draus würden, oder schwer seyn würd sie zu ernähren, so muß mans annehmen als ein Unfall, Gott zu Lob und Ehren. Es geschicht doch solcher Fall selten, wie ein ander zufälliges Ubel. Vielleicht versucht Gott unsern Glauben also, acht auch, man könnt ja etwa ein Erbeit finden, damit solche blinde Personen mochten geübet werden. Hiemit Gott befohlen, Amen. Dornstags nach Elisabeth, MDXXVIII.

Tuus ex animo Martinus Lutherus.

30. November. N°. MLIV.

An den Kurfürsten Johannes.

Antwort auf die Beschwerde Herzog Georgs über die von L. erhaltene Antwort vom 31. October.

Zuerst aus dem Weim. Archiv im Leipz. Suppl. S. 55. No. 78., dann bey Walch XXI. 270. Wir haben das Original nachgesehen.

Gnad und Fried in Christo. Durchl., Hochgeb. Fürst, gnädigster Herr! Ich hab E. K. F. G. Schrift, sampt der Klage Herzog Georgens zu Sachsen, einer Abschrift halben, als meines Briefes an D. Wenceslaum Linken, als hätte ich mich merken lassen, daß ich ihn zu geringe hielte, daß er mich umb Antwort ersuchen sollt, unterthäniglich vernomen: darauf schicke ich E. K. F. G. hiemit die Abschrift des Antworts, so ich Herzog Georgen gegeben, bey welcher ichs auch noch dießmals bleiben lasse, und mir auch solch Antwort zu geben auf S. F. G. Schrift ganz billig gebuhrt hat, als ich nicht anders weiß; daß ich aber ihn sollt zu geringe achten, mich zu ersuchen, wird sich, ob Gott will, aus meiner Antwort nicht finden. Mich dünkt, er selbs habe sich zu groß geacht und nicht als Herzog George mir geschrieben. Doch ists Noth, ich kann noch wohl mehr auf S. F. G. Schriften antworten, was aber nicht zu rathen, als die Sache stehet. 1) E. K. F. G. zu dienen, bin ich schuldig und willig. Gott behute E. K. F. G. barmherziglich, Amen. Am Montage Katharinä, 1528.

E. K. F. G.

unterthäniger

Martinus Luther.

1) So finde ich in dem Original. Die Leipz. Ausgabe hat: „So habe ich Ew. Gn. in meiner nächsten Antwort geschrieben, daß sich S. Gn. ohne Zweifel bey denen, so solche Zettel haben zugericht und gereichet, auch wohl ohne mein Zuthun, wissen zu erkunden, wessen solche Schrift sey. Doch so es noth seyn sollte, kann ich wohl mehr auf S. F. G. Schriften antworten, ich will aber davor bitten; denn so ich meine Nothdurft auch anzeigen müßte, könnte mich niemand darum verdenken." Auf dem mir vorliegenden Original finde ich bemerkt, die Schrift sey nachher etwas gemildert worden.

30. November. N°. MLV.

An Melanchthon.

L. sendet an M. (der sich auf der Visitation befindet) Briefe von Augsburg, und klagt über Anfechtung.

Bey Aurifaber II. 395. b. Deutsch bey Walch XXI. 1139.

Gratiam et pacem in Domino. Mitto hic literas tum ad te, tum ad M. Lucam datas, diu apud me moratas: caetera Cancellarius narrabit. Dicito Lucae, hic esse chirothecas et capitiolum nigrum, ex Augusta missa cum caeteris: si in literis suis invenerit, cui debeant dari, scribat. Nam nos nostra accepimus, sed suas literas nolui aperire. Mea tentatio hodie me visitavit: ora, quaeso, pro me, sicut ego pro te, ne deficiat fides mea in ista cribratione. Cancellarium honoravimus saxonice, salva est tua familia et omnes nos. Salutat te mea Ketha reverenter, optatque tuum reditum. Christus sit tecum et faciat te quoque mei meminisse, Amen. Valeant omnes nostri apud te. Altera post Catharinae, MDXXVIII.

Erhardi Holsatiensis literas mittere volui, ut memor ejus esses alibi eum promovendo. Nos omnibus odio fieri video etiam nostris, Christus autem sit noster et nobiscum, Amen.

Ende Novembers. N°. MLVI.

An Mich. Stiefel.

L. freut sich über das eheliche Glück St.'s, und entschuldigt sich, daß er nicht zur Hochzeit des Schössers in Lochau kommen kann.

Bey Buddeus p 60. Deutsch bey Walch XXI. 1141.

Gratiam et pacem. Gaudeo valde, mi Michaël, uxorem sic tibi placere cum prole, ipsamque esse tui amantem: *) Christus servet utrinque perpetuo consentientem. Caeterum Quae-

*) Vgl. Br. v. 25. October und 24. November, No. MXLII. MLI.

stori dices, me nulla ratione posse suis nuptiis adesse, quod nullus dies una hora vacet. Sperassem quidem nos hoc tempore in vicina Schweinitz fore, et sic dimidium diem furari in ejus honorem, sed negotia sic increverunt visitationis, ut universa ratio nostrae praedestinationis interturbata sit. Excusabis itaque non voluntatem, sed necessitatem meam. Et saluta Hevam tuam cum fructibus tibi mandatis. Vesperi quo tuas accepi. MDXXVIII.

Martinus Lutherus.

---

2. December. N⁰. MLVII.

An Nic. Hausmann.

Betrifft gewisse Ehehändel, welche der Senat in Zwickau entschieden, da sie sich doch der Kurfürst vorbehalten.

Bey Aurifaber II. 396. Deutsch bey Walch XXI. 1140.

Gratiam et pacem in Christo. Patere, quaeso, mi Hausmanne, factum istud Senatus vestri, donec Princeps aliud ordinarit: tamen privatim et publice roges, ne quid simile deinceps attentent. Quia Princeps in Cancellariam suam advocat omnes difficiles quaestiones conjugii, donec statuatur certa forma, ut expresse continet instructio visitatoribus mandata, ut videbis: ideo monebis eos, ut talia exempla deinceps vitent metu Principis, velis semel id condonasse eis, sed ne denuo causam praebeant accusandi. Faveo tibi, quod officio visitatoris es supportatus, propter tuos Cygnaeos. Nova nulla apud nos. Tantum ora pro me et precibus Christum invoca, in quo bene vale. 2. Decembris, MDXXVIII.

Martinus Lutherus.

---

15. December. N⁰. MLVIII.

An Margaretha N.

Trost wegen des Todes ihres Ehemanns.

Wittenb. IX. 284. Jen. IV. 407. Altenb. IV. 462. Leipz. XXII. 507. Walch X. 2352.

Gnade und Friede in Christo. Ehrbar, Tugendsame Frau, es hat mich euer Sohn N. bericht des Jamers und Unfalls, so euch zugestanden durch euers lieben Herrn Abgang; davon ich bewegt bin aus christlicher Lieb, diesen Trostbrief zu schreiben.

Erstlich soll euch das trösten, daß in solchem schweren Kampf, darin euer Herr gestanden ist, dennoch zuletzt und endlich Christus obgelegen und gewonnen hat. Zudem, daß euer Herr ist zuletzt mit Vernunft und christlichem Erkenntniß auf unsern Herrn verschieden, welchs ich selbs aus der Maßen gern und fröhlich gehört hab. Denn also hat Christus selbs im Garten auch gekämpft, und ist dennoch zuletzt obgelegen, und von den Todten auferstanden.

Daß aber euer Herr sich selbs verletzt, kann seyn, daß der Teufel der Glieder mächtig ist, habe seine Hand also mit Gewalt geführet wider seinen Willen. Denn wo ers mit Willen gethan hätte, wäre er freylich nicht wieder zu ihm selbs komen, und zu solchem Bekenntniß auf Christum bekehrt. Wie oft bricht der Teufel Etlichen Arm, Hals, Rücken und alle Glieder? Er kann des Leibs und der Glieder wohl mächtig seyn, ohn unsern Willen.

Darumb wöllet und sollet ihr euch in Gott zufrieden geben, und euch zählen unter den Haufen, davon Christus saget (Matth 5, 4.): Selig sind die da Leide tragen, denn sie sollen getröstet werden. Es müssen alle Heiligen den Psalm singen (Ps. 44, 23.): Wir werden umb deinenwillen täglich getödtet, und geacht wie die Schlachtschafe. Es muß Leid und Ungluck seyn, sollen wir des Trostes theilhaftig seyn.

Danket auch Gott für solche große Gnade, daß euer Herr nicht ist im Kampf und Verzweifelung blieben, wie Etlichen geschieht, sondern durch Gottes Gnade mächtiglich heraus gerissen, und in christlichem Glauben und Wort endlich erfunden. Von welchen gesagt ist: Selig sind, die im Herrn sterben. Und Christus selbst Joh. 11, (6.): Wer an mich gläubet, ob er gleich stürbe, soll er doch leben. Hiemit tröste und stärke euch Gott der Vater, in Christo Jesu, Amen. Zu Wittemberg, Dienstag Luciä, Anno 1528.

Martinus Luther.

26. December. *) N°. MLIX.

An Nic. Amsdorf.

Ueber einen Ehefall, Herzog Georgs Schrift wegen des Briefes an Wenc. Link (vgl. d. folg. Br.) und die Visitation.

Aus Aurifabers ungedruckter Sammlung bey Schütze II. 118.

Gratiam et pacem in Christo. Valde vellem, hoc a magistratu constitui et decerni, ut leproso conjuge alter liber esset, salvo jure alimoniae et promissionis ad vitam. Ego in conscientia definirem liberos ejusmodi, quando et Mosaico jure leprosus civiliter mortuus, et ab oeconomia separandus decernitur. Sed nunc si idem nos judicemus, quis exsequetur? quis tuebitur? cum politia nostra contraria sentiat. Igitur si periculo suo volet ducere, ducet (arbitror) conscientia caeteris paribus. Verum tutelam et defensionem ei nullam promittimus. Jus occultum concedimus: jus publicum ipse viderit, unde paret, cum id non sit in manu nostra. Sic sentio. Nova nulla. Ego sum in visitationis negotio. Dux Georgius in me scripsit: videbis e nundinis nova. Idem Dux se segregavit moneta communiter cudenda a nostro Duce: idem dissipat forum illud generale Principum: non nisi pessima et cogitat et facit. Tu, quaeso, cum tua Ecclesia Christum ora, ut organum istud Satanae inquietum et nocentissimum sternat aut tollat, ut quid enim diu vexat Principem optimum sine causa? Vale in Domino. Fer. post Nativ. Christi, MDXXIX.

T. Martin. Luther.

Gegen Ende Decembers. N°. MLX.

An Wenc. Link.

Ueber den Handel mit Herzog Georg. L. hat eine Antwort auf H. Georgs Schrift in Bereitschaft.

*) Döberlein theol. Bibl. II. 57. rechnet diesen Brief mit Recht zum Jahr 1528, weil damals Luther mit der Visitation beschäftigt gewesen. L. zählt Weihnachten zum Neuen Jahre.

Bey Aurifaber II. 389. b. Deutsch bey Walch XIX. 2230.

Gratiam et pacem in Christo. Accepi literas tuas, quibus significas, quid tentarit apud vos Dux ille Georgius, mi Wenceslaë: postulaverat paulo ante idem a me, et deinde a Duce nostro, ubi nihil promovit: tandem edidit exemplar cum invectiva in me, pro insigni sua stultitia et furia maledica. Octo millia exemplarium feruntur excusa, quae sub suo sigillo mittet in omnem locum: sic opprimetur tandem Lutherus, et triumphabit Dux gloriosissimus Georgius: ad nundinas emittet. Ego vero furtim exemplari accepto respondi, quod simul, non sperante illo, evulgabitur: forte furia rumpetur et morietur miserrimus moros. Optarim, furem illum Miricionum *) manum meam a te accepisse: ita nihil eum Satanam metuo, quanquam Scheurlerum miror, non quod tradiderit, sed quod hostibus nostris pessimis sic familiaris est. E nundinis haec nova videbis, simul in Principem nostrum quid moliatur, audies. Te quaeso, ut cum Ecclesia tua ores contra furiosum istum homicidam sanguinariumque latronem, ut plane non ab uno daemone possessum, nihil nisi caedes et minas spirantem, ut Christus vel servet eum, sicuti Paulum, vel de medio tollat; ut quid enim divexat coelum et terram organum hoc Satanae noxium et inquietum? Novi nihil apud nos, ventorum est hic continua vehementia: quid illi portendant, nescio. Vale in Domino. MDXXVIII.

Martinus Luther.

---

31. December. N⁰. MLXI.

An den Kurfürsten Johannes.

L. sucht den Kurfürsten wegen des verdrießlichen Handels mit Herzog Georg über den Brief an W. Link zu beruhigen.

Zuerst aus dem Weim. Archiv im Leipz. Supplem. S. 55. No. 79., dann bey Walch XIX. 2270. Wir haben das Original verglichen.

*) Miricianus (v. d. Heiden — L. nennt ihn aus Spott Miricionus, aber man muß Miricianus lesen) hatte also das Geschäft, die Auslieferung des eigenhändigen Schreibens von L. zu betreiben, übernommen.

Dem Durchleuchtigsten, Hochgebornen Fursten und Herrn, Herrn Johanns, Herzogen zu Sachsen und Kurfursten, Landgrafen in Thuringen und Markgrafen zu Meissen, meinem gnädigsten Herrn.

Gnad und Friede in Christo. Durchleuchtigster, Hochgeborner Furst, gnädigster Herr, es verursacht mich itzt E. K. F. G. zu schreiben, daß ich sehe und hore die große Muhe und Sorge, so E. K. F. G. zustehet durch mancherley und der sehr viel boser Sachen, und sonderlich Herzog Georgens (meines Achtens) wustes, wildes Furnehmens Anfechtungen. Und wird vielleicht E. K. F. G. noch mehr bewegen das närrische und wüttiges Buchlin, so genannter Herzog Georg, meines Briefes halben, auf diesen Markt wird auslassen, als dadurch er gedenkt widder E. K. F. G. unaussprechlichen Glimpf bey aller Welt zu erlangen, weil ich unter E. K. F. G. Schutz und Schirm, als ein solcher verzweifelter Bube, bleibe und lebe rc. Uber das wird er allererst recht toben auf mein Antwort, so neben seinem tollen Buchlin wird ausgeben, daß er freylich sich in Himel setzen wird, und meinen, er habe E. K. F. G. im Sacke. Demnach komme ich itzt zuvor gar unterthäniglich, und bitte, E. K. F. G. wollten gegen seinen Teufel meinethalben unbewegt seyn und unerschrocken, wie ich hoffe, daß mein Herr Christus E. K. F. G. Herz und Muth trosten und stärken wird. Denn ich gar unterthäniglich bitte, E. K. F. G. wollten meine Person ja getrost und frisch zu Recht bieten, wo er toben und pochen wurde. Denn ich will meinen Hals lieber (wie auch billig und recht) dran setzen, denn daß E. K. F. G. meiner Person halben sollt in einiges Haar breits Fahr stehen. Christus wird in mir dem unrugigen Teufel wohl Manns genug seyn, beyde zu Recht und zu reden.

Aber E. K. F. G. Person und Handels halben haben sich E. K. F. G. mancherley Weise zu trosten. Erstlich daß gewiß ist fur Gott und aller Welt, wie E. K. F. G. nichts anders, denn Friede, Ruge und Stille sucht und begehrt bis auf diesen Tag, mit großer mancherley Geduld in vielen Stucken; wiederumb Herzog George nicht allein keine Geduld noch ichtes leidet, sondern als ein unrugiger Teufel nichts anders, denn Unfried, Krieg, Mord, Schaden und Unglück sucht; und so viel man seinen Sinn spuret, daß er nichts anders, denn arme Wittwen und Waisen in aller Welt zu machen geneigt, allein daß er den Pracht und Ruhm davon bringe, er habe das Evangelion gedämpft, welches alles ja nicht kann Gotte gefallen. So stehet hie auf E. K. F. G. Seiten der Spruch: **Selig sind die Friedsamen, denn sie sollen Gottes Kinder heißen.** Widderumb auf Herzog Georgens Seiten der Spruch: Dominus dissipat gentes, quae bella volunt: **Gott zerstreuet die Heiden, die kriegen wollen.** So laßt doch sehen, was Kriegsgörgel [1]) wider Gottes friedsame Kinder wollen ausrichten, ob sie Gott vom Himel stoßen werden mit seinen Kindern?

Zum andern ists gewiß, daß unser Lehre sey die rechte Wahrheit Gottes, weil wir nichts anders lehren, denn das sie selbs bekennen, daß recht seyn musse, als der Glaube, da wir sprechen: Ich glaube an Jesum Christum, Gottes Sohn, unsern Herrn. Daß es offenbar ist, sie fechten und toben aus lauter Muthwillen widder ihr eigen Gewissen, das sie selbs recht bekennen, und doch nur eitel Schein und Farbe suchen, als lehreten wir Aufruhr, ob sie es wohl anders wissen. Derhalben uns abermal trosten soll, daß wir wissen, wie der ander Psalm sagt, **wie sie widder Gott und seinen Christen toben.** Denn ob wir gleich arme Sunder sind fur uns selbs, so fechten sie uns doch nicht an unser Sunde halben, sondern des Evangelii halben. Denn sie konnten wohl leiden, daß wir aller Sunden und Schanden voll wären; aber daß wir Gottes Wort ehren, und Christum predigen, das mugen sie nicht leiden; daraus man wohl greifen muß, daß eitel Teufel bey ihm (gleichwie widderumb eitel Engel bey uns) seyn mussen, wie der Prophet Elisäus und der Konig Ezechias mit Worten und Exempeln beweisen.

Zum dritten wissen wir, daß aller frumen Christen Gebet, deß viel und mächtig ist, bey uns stehet. Jene beten nichts, sondern pochen und trotzen auf ihre Macht und Menge; aber wir beten, und wollen auch E. K. F. G., als unserm lieben weltlichem Häupt, mit ernstem fleißigem Gebet also beystehen, sampt allen frumen Christen, daß die frechen Tyrannen, so ohn Gebet, ohne Gotts Hulfe und Trost, allein auf ihr eigen Trotz und Macht pochen, sollen, ob Gott will, lassen, das sie im Sinn haben; denn wir handeln noch suchen nicht das Unser, sondern umb Christi willen mussen wir in solcher Fahr schweben, sie aber suchen ihren Ruhm, Nutz und Gewalt. Es sey denn, daß Jesus Christus nichts sey, welchen sie verfolgen, so soll ihr Trotz mit Schanden ein Ende nehmen.

---

1) Ich lese: Kriegsgyrrgen.

Allein, daß E. K. F. G. sich ein wenig gewöhne, [1]) (als ich weiß, daß E. K. F. G. thut), Leib und Gut in Fahr zu setzen, und den Teufel trotzen und dräuen lassen: mussen wir doch ohn das alle Stunde unser Leib und Gut, Ehre und alles in die Fahr setzen, daß wir sterben. Was ists denn, ob wirs umb Gotts willen, ohn unser Schuld, mussen ein kleine Zeit in Fahr setzen, da wir nicht gewißlich sterben mußten? Darumb bitt ich, E. K. F. G. wollten getrost seyn, guten Muth haben, die Sachen Gott befehlen; wir leiden ohn Schuld und Ursachen gegen der Welt, so toben sie ohn Ursach widder Gott und sein Wort.

Solches hat mich gezwungen meine herzliche Sorge zu schreiben, denn ich je nicht gerne wollte, daß E. K. F. G. in dieser Zeit, so der Teufel wuthet, sich sollte zu hoch kränken, weil wir doch gewiß sind, daß, ob wir sonst gleich gebrechliche arme Sunder sind, so haben wir doch in dieser Sachen, daruber sie toben, ein gut Gewissen, daß sie Unrecht, und wir Recht haben. Demuthigen wir uns nu fur Gott und bitten umb Gnade, so soll es keine Noth haben gegen die, so Gott nicht bitten; wie geschrieben stehet Ps. 79: **Herr, geuß aus deinen Zorn uber die, so dich nicht kennen, noch deinen Namen anrufen.** Der Vater aller Barmherzigkeit und alles Trostes stärke und troste E. K. F. G. Herz und Muth in aller Anfechtung, und gebe frohlichen Sieg und Freude über alle Feinde und Teufel, sampt allen ihren bosen Anschlägen. Amen, lieber Vater, Amen. Zu Wittemberg, Donnerstags nach Nativ. Christi, den 31. Dec. 1529. [1]).

E. K. F. G.

unterthäniger

Martin Luther.

Ohne Datum. N⁰. MLXII.

An Hans von Sternberg.

Dem Hans v. St., einem der Visitatoren in Franken, empfiehlt L. die Angelegenheit des Pfarrers von Hildburghausen.

Aus der Cyprianischen Sammlung zu Gotha bey Schütze I. 408.

---

1) L. schrieb: gewehne. 2) Am Rande von späterer Hand 1528.

Zu Handen Herrn Hans von Sternberg, Ritter.

Gnad und Fried in Christo. Mein lieber Herr und Freund, wo sichs begebe, daß mein G. Herre wurde Ew. Gestrengheit Befehl thun, die Visitation zu handhaben, dann ich dieß Stück hart getrieben habe: so bitte ich freundlich, wollet euch den Pfarrherr zu Helpurghausen lassen mit seinen Sachen befohlen seyn. Hiemit Gott befohlen. Amen.

Ohne Datum. N⁰. MLXIII.

An Paulus Speratus.

Vorrede zu der Schrift: Bruder Clausens Gesichte ꝛc.

Jene Schrift erschien unter dem Titel: Ein Gesichte Bruder Clausen in Schweiz und seine Deutunge. Wittenberg 1528, gedruckt durch Nickel Schirlenz. Wittenb. IX. 268. Jen. IV. 360. Altenb. IV. 411. Leipz. Anh. XXII. 86. Walch XIV. 241.

Martinus Luther dem wirdigen Herrn Doctor Paulo Sperato, Prediger zu Königsberg in Preussen.

Gnade und Friede in Christo. Wir haben das Gesichte Bruder Clausen in Schweiz von euch anher gesandt empfangen; und wiewohl ich dasselbige vor etlichen Jahren auch in Carolo Bouillo gesehen und gelesen, so hat michs doch dazumal nichts bewegt, als den der mit dem Papst nichts zu schaffen hatte.

Aber itzt gehet mir der Anblick zu Herzen; denn ich bin durch Streiche witzig worden, den Sachen nachzudenken. Fürwahr Christus gibt dem Papstthum viel Zeichen; aber sie haben eine eherne Stirn und eisern Nacken gewonnen, daß sie sich an die allesampt nicht kehren, auf daß sie ohn alle Gnade verderben und untergehen. Ihr habt freylich das Büchlin zu Nürnberg ausgangen mit den Figuren wohl gesehen, darin des Papstthumbs ja nicht vergessen ist. *) Es ist mit dem Endchrist auf die Hefen komen, und Christus will sein

*) S. Br. v. 29. April u. 19. May 1527, No. DCCCLXIII. u. DCCCLXXIV.

ein Ende machen. Deß sey Gott gelobt in Ewigkeit, Amen. Demnach schicken wir euch den Bruder Clausen widder, daß ihr ihn zu den andern sammlet, die auch mit Zeugen sind Christi widder den Endchrist. Gotts Gnade sey mit euch, Amen.

Ohne Datum. N⁰. MLXIV.

An Joh. Secerius, Buchdrucker zu Hagenau.

L. will gern seine Erklärung des Predigers Salomo ungedruckt lassen, da die des Brentius erscheinen soll.

Vorrede zu Joh. Brentii Auslegung des Predigers Salomo, Hagenau 1528. 8. bey Secerius gedruckt. Auch Nürnb. 1528. 8. bey Fr. Peypus, auch lat. bey Secerius 1528. u. 1529., bey welcher letztern Ausg. aber der Br. L.'s sich nicht befindet. Sonst Eisl. I. 414. (wornach wir den Text liefern) Altenb. III. 769. Leipz. XII. 82. Walch XIV. 188.

Dem Fürsichtigen Johanni Secerio, Drucker zu Hagenau, Martinus Luther.

Gnade und Friede in Christo Jesu. Wiewohl ich noch nie kein Buch so gern hätte lassen drucken, als meinen Ecclesiasten, den ich hie zu Wittenberg gelesen habe, durch Gottes Gnade, (denn ichs auch fur ein nützlich und nöthig Buch halte, fur alle, die da sollen regieren und andern fürstehen im äusserlichen weltlichen Regiment); so hatte sichs doch bisher nicht wollen schicken, daß ich so viel Zeit und Kräft hätte mögen haben, und weiß auch noch nicht, wenn ich daran komen mag, weil des Rottens und allerley Geschäft täglich mehr wird. Doch bin ich deß alles destemehr zufrieden, weil ich höre, daß ihr fürgenomen habt, des Herren Johanns Brentii Ecclesiastem zu drucken: welchem ich auch von Herzen weichen wollte, wenn mein Ecclesiastes schon angefangen wäre. Denn ich mich gar tröstlich versehe, daß Christus unser Herr durch denselbigen Mann werde uns etwas Gutes geben, weil er bisher so reichlich ist begabt mit den zwo hohen rechten bischoflichen Gaben, davon Paulus saget (Tit. 1, V. 9.) nämlich, daß er mächtig ist, die heilsame Schrift zu handeln, und so trefflich gerüstet, wider die Rotten zu fechten; und dazu solchs beydes mit aller Demuth, Fleiß und Andacht ausrichtet.

Christus unser lieber Herr wollte solchs sein liebes Rüstzeug rein und fein erhalten, und viel durch ihn thun, wie er denn gnädiglich angefangen hat, uns allen zu Trost, auf daß wir doch auch bey unserm armen Häuflin sehen, deß wir uns freuen mögen. Denn sonst allenthalben eitel häßlicher unfreundlicher Blicke des leidigen Satans scheinen, in seinen Rotten, Schwärmern, und wüsten, wilden, frechen Geistern, als ich nie gelesen noch gehöret habe. Lasset uns bitten und schreien zu Christo unserm Heilande ohn Aufhören; denn der Satan wüthet ohn Aufhören. Hiermit Gottes Gnaden befohlen, Amen.

1529.

7. Januar. No. MLXV.

An den Kurfürsten Johannes.

Wiederholte Fürbitte für einen Mühlhauser Bürger (s. Br. v. 28. April 1527., No. DCCCLXII.).

Zuerst aus dem Weim. Archiv im Leipz. Supplem. S. 56. No. 80., dann bey Walch XXI 270. Wir haben das Original verglichen.

Dem Durchleuchtigsten, Hochgebornen Fursten und Herrn, Herrn Johanns, Herzogen zu Sachsen und Kurfurst ꝛc., Landgrafen in Thuringen und Markgrafen zu Meissen, meinem gnädigsten Herrn.

Gnad und Fried in Christo. Durchleuchtigster, Hochgeborner Furst, gnädigster Herr! Es hat mich Michel Koch, Burger von Muhlhausen, mich [1]) abermal gebeten, E. K. F. G. fur ihn zu bitten, nachdem jene Furbitt, so er zu Muhlhausen einzukomen begehrt, nicht hat mugen helfen bey dem Rathe zu Muhlhausen, daß E. K. F. G. sein, seines Weibes und armen Kinder Elend angesehen, gnädiglich vergonnen wollt, sich in E. K. F. G. Landen nidderzusetzen und sicher zu nähren, wie E. K. F. G. weiter aus seiner beygelegten Schrift vernehmen werden: also hab ich mich seines Elendes mussen erbarmen, und fur ihn an E. K. F. G. schreiben. E. K. F. G. wird sich wohl wissen gnädiglich gegen ihm zu halten. Hiermit Gottes Gnade befohlen. Zur Schweinitz, Dornstags nach Epiphan. 1529.

E. K. F. G.

unterthäniger

Martinus Luther.

---

1) L. schrieb zweymal mich.

15. Januar. No. MLXVI.

An Martin Görlitz.

L. dankt für ein Geschenk an Bier, und meldet von seiner Schrift wider Herzog Georg und vom Katechismus.

In den Unsch. Nachr. 1720. S. 894. ex Msto.; dann bey Strobel-Ranner p. 125. Vgl. Cod. Jen. B. 24. n.f. 180. Deutsch Walch XXI. 1142.

Venerabili fratri, Domino Martino Gorlitio, Brunsvicensis Ecclesiae Antistiti fideli et prudenti.

Laetus ac gratus accepi tuas literas laetissimas et gratissimas, mi Martine, non tantum pro officio quod praestiterunt, sed multo maxime pro nuntio, quod salvam Ecclesiam vestram, opus Pomerani nostri, significant. Christus confirmet, quod operatus est in omnibus nobis, Amen.

Doctori Levino [1]) ab Emden [2]) scripsi, cui et tu ages pro me gratias diligenter. Ceres tua Torgensis felici usu et ea laude est consumta, quali nulla apud me unquam. Nam soli mihi et visitatoribus servata et famulata est, qui non satis eam laudare potuerunt, super omnes quas unquam gustassent. Ego vero pulchre rusticus nunquam tibi gratias egi et Aemiliae tuae, quin ut sum οἰκοδεσπότης [3]) rerum negligens, oblitus et ignarus fui, eam [4]) in cellario meo [5]) esse, donec famulus denuo suggereret. Ago igitur adhuc gratias magnas pro dono illo certe utili, jucundo, et pro tua opulentia maximo et summo. Saluta omnes fratres, inprimis Aemiliam tuam et filium, cervam scilicet jucundissimam et hinnulum gratissimum. Dominus te benedicat, et crescere faciat in multa millia, utroque semine spiritus ac carnis.

Duci Georgio respondi fortiter, ut puto vidisse te jamdudum, ne nimio fiderent, superbirent, et jactarent adulatores et adoratores sui. Modo in parando catechismo pro rudibus paganis versor. Tu pro me cum tuis diligenter ora et in Christo bene vale. Datae 15. Januarii, anno MDXXIX.

T. Martinus Luther.

---

1) Cod. Jen. Livino. 2) Cod. Jen. — ab Emden. 3) U. N. icodespotes; Cod. Jen. ἰκοδεσπότης. L. scheint die Reuchlinische Aussprache gebraucht zu haben, wie wahrscheinlich auch Melanchthon, als Reuchlins Schüler. 4) Eum, wie überall steht, ist wohl fehlerhaft. 5) Cod. Jen. cella mea

21. Januar. N°. MLXVII.

An Nic. Amsdorf.

Zuerst die Empfehlung eines Arztes u. A.; dann von der Schrift wider Herzog Georg.

In den Unsch. Nachr. 1720. S. 896. ex Msto.; dann bey Strobel-Ranner p. 126. Deutsch bey Walch XXI. 1113.

Revertuntur ad nos Alemanni, *) mi Amsdorfi, et gratias agimus, quod pestis non modo restincta est, sed etiam tam mitis fuit. Ketha mea collegerat nasturtium tibi mittendum, sed gelu irruente frustratur: missura est alias, dum potest. Unum jam rogo, ut meo nomine expedias. Licentiatus Premsel tandem practicam quaerit artis suae, is me rogavit, ut se tibi commendarem diligenter. Idem fecissem cum Ebelingo Alemanno, ni casu impeditus essem. Sed tu facies eo plus operae et officii pro bono et quieto illo homine, ut nosti. Ambit autem medicinae salarium in vestra urbe, migraturus illuc, si per te impetrare potest. Quicquid effeceris, respondebis mihi.

Ducis Georgii libellum in me, et meum in ipsum credo tibi visos esse. De me etiam nostri judicant, quod nimis indigne et dure tractarim hostem illum tyrannissimum: ego vero mihi videor multa illi condonasse longe majora merito tot furoribus suis. Landgravii causa Wormatiae scribitur paulo melius habere opera nostri Cancellari, Deo gloria et gratia. Quaeso ut pro me ores Dominum, et Ecclesiam tuam ad orandum fortiter urgeas, quia Satan rugit, saevit, furit, undique nos petens. In Christo bene vale. Die 21. Januarii, MDXXIX.

T. Martinus Lutherus D.

*) Es waren vier Brüder: Georg, Heinrich, Ebeling u. Johannes, welche am ersten das Evangelium in Magdeburg angenommen hatten. S. Siberi diss. de illustribus Alemannis 1789.

30. Januar. No. MLXVIII.

An den Rath zu Memmingen.

Eine Ermahnung, bey der rechten Lehre zu bleiben, nebst Empfehlung eines Memminger Studirenden.

Dieses Schreiben hat Joh. Georg Schelhorn aus dem Autograph, welches sich in dem Archiv zu Memmingen befindet, zuerst bekannt gemacht in der Reformationshistorie der Reichsstadt Memmingen S. 139., daher im Leipz. Suppl. S. 57. und bey Walch XXI. 272.

Gnad und Friede in Christo. Ehrbarn, Fürsichtigen, lieben Herren! Es hat mich Johannes Schmelz, eur Verwandter, so allhie bey uns im Studio gehalten wird, durch E. E. gebeten umb diese Schrift an E. E., nachdem Gott euer lobliche Stadt gnädiglich berathen hat mit seinem heiligen Evangelio, E. E. zu vermahnen, daß sie treulich dabey halten, und sich für den irrigen Geistern fleißiglich behüten wollten. Wiewohl ich nu wohl mich versehe, daß Gott, so bey euch solch sein Werk angefangen, auch wohl ohn mich und ohn mein Vermahnen E. E. drinnen behalten und bewahren werd; so hab ich doch genanntes Johanns Schmelz Bitten nicht mügen verachten, dazu auch mich nicht enthalten, meinen Willen und Dienst E. E. zu erzeigen; denn es fürwahr, als itzt in der Welt stehet, mein hoheste Freude ist, zu hören, wo eine Stadt das göttliche Wort rein und fleißig bey sich hat. Derhalben auch mein herzlichs Bitten ist in Gott, dem Vater aller Elenden, daß er euch sampt allen, so sein liebes Wort haben, wolle durch seinen Geist stärken und bewahren widder alle Rottengeister, und wie man sie billig nennet, tollen Heiligen, so der Teufel itzt allenthalben aussendet, auf daß E. E. sampt euren Unterthanen in seinem Wort rein, thätig, fruchtbar und unsträflich erfunden werdet, auf seinen Tag und Zukunft, Amen.

Bitte auch, E. E. wollen uns helfen dazu thun mit fleißigem Gebet und stätigem Aufsehen, daß wir allesampt im Glauben, und stille im Friede bleiben mügen. Dazu gebe Christus, unser Herr und Heiland, seinen Segen und Gnade, Amen. Wollet mir solch Schrift günstiglich zu gut halten, und E. E. gedachten Johann Schmelz lassen befohlen seyn, als der sich fürwahr redlich stellet, und durch Gotts Gnade ein theurer Mann werden soll, zu Trost und Besserung vieler Leute, Amen. Gotts Gnade sey mit E. E. zum seligen Regiment, Amen. Zu Wittenberg, Sonnabends nach St. Pauli Bekehrung, 1529.

Martinus Luther.

---

31. Januar. N⁰. MLXIX.

An Joh. Heß.

Klage über die Feinde des Evangeliums; von einem Nordlicht u. L.'s Krankheit.

In den Unsch. Nachr. 1720. S. 896. ex Msto.; dann bey Strobel-Ranner p. 127. Wir haben ein Goth. Mscpt. nach der Abschrift des sel. Uckerts verglichen.

Gratiam et pacem in Domino. 1) Furere nostrum tyrannum etiam aliunde experimur, quanquam Fabro *) nullo monente, quanto magis urgente: quo magis opus est optimi viri sedula oratione. Nam sub Papatu non sumus assueti orationi, 2) cum Satanam sua in pace servantem nemo sentiret: omnia lusus et jocus erant. Nunc vero 3) excitatus per fortiorem supervenientem serio furit ac saevit, nec sine causa: multa enim patitur a nobis in direptione armorum suorum. Confidamus igitur, major est, qui in nobis est, qui dixit: 4) *confidite, ego vici mundum: in mundo pressuram habetis, in me vero pacem.* Amen.

Fuit in nostris regionibus magnum chasma, quo nox tota illuminabatur, sabbatho post Epiphanias, hora nona, visumque est per multas regiones. Quid significet, Deus novit: nobis dicitur: *nolite metuere a signis coeli.* Impii viderint, 5) quid contemnant. Ego capite jam laboro plus octiduo, vertigine et bombo agitor: an sit fatigatio, vel Satanae tentatio, nescio.

---

1) M. G. nostro. 2) M. G. orare. 3) M. G. verbo. 4) M. G. † et dicit.
5) G. M. videant.

---

*) J. Faber war Ferdinands Hofprediger und endlich Bischof zu Wien. L. zielt auf die Religionsbedrückungen des Königs Ferdinand.

Orate pro me, quaeso, ut fortis sim in fide. Christus vobiscum sit potens et suavis consolator, Amen.

Tabulas polonicas et literas auratas accepi et tradidi. Salutant te nostri fratres omnes. Ultima Januarii, anno MDXXIX.

---

1. Februar. N⁰. MLXX.

An Joh. Agricola.

L. entschuldigt sich wegen seines Schweigens und ladet A. nach Wittenberg ein.

Aus der Schmidischen Sammlung zu Helmstädt bey Schütze II. 96.

Gratiam et pacem. Retulit mihi Caspar Muller, te mirari silentium meum ad tuas literas, quibus tuae concionis Altenburgensis rationem reddidisti. Ego vero arbitrabar securus, te satis intelligere, mihi non displicere tuam rationem. Alioqui quid minus committerem, quam ut te non monerem, qui etiam aliorum suasu non passus sum suspicionem de te apud me, aliquanto minus paterer id fieri tuis ipsius literis. Caeterum quod [1]) rarius scribo, facit, quod nulla sit necessitas aut utilis causa scribendi. Et ego alias pluribus intentus et districtus, [2]) simul et capitis quoque valetudine quandoque laborans, negligentior sum. Spem quoque facit idem Caspar, vos venturos ad nos esse istis Bacchanalibus: sed si ita vultis, hac hebdomade proxima fieri oportet. Nam XImo statim abibimus inspectionis opus repetituri. Vale et saluta Elisam et filiolum cum filiabus. Salutat te reverenter Ketha mea, post Pascha forte editura prolem Deo propitio. Orate pro nobis. Prima Februarii MDXXIX.,

Martinus Luther.

---

1) Vermuthung statt quo. 2) Sch. liest destrictus, welches wohl falsch ist.

12. Februar. N⁰. MLXXI.

An Nic. Amsdorf.

L. dankt für das günstige Urtheil über seine Schrift wider Herzog Georg.

In den Unsch. Nachr. 1720. S. 897. ex Msto.; dann bey Strobel-Ranner p. 128. Wir haben ein Goth. Mſ. nach einer Abschrift von Uckert verglichen. Deutsch bey Walch XXI. 1145.

Gratiam et pacem. Mirifice me laetificasti judicio tuo de libello meo contra Ducem Georgium. Nam ad unum me damnant omnes, nec quid ille in me peccavit, curant: me [1]) spectant, illum vero quasi innocentem. Non ostendo literas tuas illis, eo quod volunt te quoque damnari mecum. Persuasus sum, ne deinceps respondeam tyranno, quia et ipse testatur, velle deinceps me relinquere. Mira de Ferdinandi tyrannide et exactionibus hic dicuntur. Ora pro me cum tuis, ut Dominus me roboret, et non deserat in manu Satanae. Dominus Jesus servet et benedicat te, Amen. 12. Febr. anno MDXXIX.

13. Februar. N⁰. MLXXII.

An Nic. Hausmann.

Von der Visitation, L.'s Gesundheitsumständen und seiner Schrift wider die Türken.

Aus der Hahnischen Sammlung zu Kiel bey Schütze II. 97. Bey Strobel-Ranner p 129. Deutsch bey Walch XXI. 1369.

Dn. Nic. Hausmanno, Episcopo Cygneae urbis, suo in Christo Majori.

G. et P. in Christo. Mirifice gaudeo, mi Hausmanne, de visitatione vestrorum sic feliciter per gratiam Dei consummata.

1) Nach Ms. Goth. u. Walch. U. Nachr. u. Str. lesen nec.

Spes est, reliqua omnia pro Ecclesiae necessitate [1]) cum tempore futuro donanda esse. Litanias nos in templo canimus Latine et vernacule: forte utriusque nota seu tenor edetur. Jejunia, excommunicatio et aliae quaedam tales [2]) ceremoniae suo tempore sequentur, quanquam pro exordio jam sat sint.

Ego vertigine seu capite hactenus laboravi, praeter ea, quae angelus Satanae operetur. Tu ora pro me Deum, ut confortet [3]) me in fide et verbo suo. Duci Georgio amplius non respondebo. De Turcico bello (spero) brevi edam libellum: esset jam dudum editus, nisi priores sexterniones intercidissent incuria famulorum: inde [4]) difficile fuit, ideam et conceptum reperire: ideo sic dilatus fuit. Salutat te Ketha mea reverenter, item et D. Jonas et Philippus omnesque nostri. Pomeranum vix ante Pentecosten rediturum timemus, eo quod uxor partum exspectat circa Pascha. Christus sit tecum, Amen. 13. Febr. MDXXIX.

T. M. L.

---

28. Februar. N⁰. MLXXIII.

An Nic. Amsdorf.

Von Melanchthons und Agricola's Reise zum Reichstag nach Speier, und andere Neuigkeiten.

Aus der Sammlung des Predigers Lysmann zu Altenmedingen bey Schütze II. 98.

Nosse te credo, ante mensem defunctam uxorem Cl. Bild, defectu, uti creditur, maritalis officii. Philippus abiit cum Principe ad comitia Speirensia. M. Eisleben eodem vocatus, vadit cum eodem Principe nostro. Tu fac Ecclesiam tuam orare: res digna et necessaria est. Ferdinandus Ungaria spoliatus atque a Waivoda caesus Turcam metuere habet, qui ingenti expeditione in tribus locis Germaniam adoriri dicitur. Vester

1) Str. utilitate. 2) Sch. civitatis. 3) Str. confirmet. 4) Str. unde.

Episcopus forte unus paparum erit, isto defuncto (mea prophetia) novissimo. Diem extremum adesse credo. In Christo vale, et pro me misero ne cessa orare. Dominica Oculi, MDXXIX.

T. Mart. Lutherus.

Vielleicht im Februar. N⁰. MLXXIV.

An Spalatin.

Betrifft die Visitation.

Bey Buddeus p. 80. Vgl. Cod. Jen. a. f. 221. Deutsch bey Walch XXI 1197.

Charissimo fratri, D. Magistro Georgio Spalatino, servo Dei in Evangelio fideli et sincerissimo.

G. et P. Et nos cupimus scire, quid vos inter visitandum agatis, et quomodo succedat res, mi Spalatine, mirumque est, cur id taceas scribens. Nos, ubi opus est, collationem imperamus: quamvis ea modica sit, tamen juvat aliquid pauperes pastores, qui duo jugera et agriculturam habent: praeterea offertorium singulorum strenue exigimus. Caeterum miserrima est ubique facies Ecclesiarum, rusticis nihil discentibus, nihil scientibus, nihil orantibus, nihil agentibus, nisi quod libertate abutuntur, non confitentes, non communicantes, ac si religione in totum liberi facti sint: sic enim sua papistica neglexerunt, nostra contemnunt, ut horrendum sit Episcoporum papisticorum administrationem considerare. Caetera Bruno. Saluta Eberhardum et omnes fratres, et ora pro me misello et peccatore. Christus sit tecum.

Martinus Luther.

1. März. No. MLXXV.

An die Visitatores im Fränkischen Kreise, Hans von Sternberg, auf Callenberg, D. Nicol. Kind, Pastor zu Eisfeld, und Paul Bader, Castner zu Coburg.

Betrifft die Sendung eines Pfarrers nach Hildburghausen.

Aus Georg Paul Hoens Coburgischer Chronik S. 144. und Christian Schlegels Init. reformat. Coburg. im Leipz. Supplem. S. 57., bey Walch XXI. 273.

Gnad und Fried in Christo. Gestrenger, Vester, Würdigen, lieben Herren! Ich habe in Abwesen M. Philippi, so mit unserm gnädigsten Herrn gen Speier auf den Reichstag gezogen, euer Schrift und Begehr gelesen, eines Pfarrers halben, gen Hildburghausen zu fordern. Weilen aber der Bot nicht hat mögen hier harren, habe ich in der Eile nicht mögen mich erkundigen, welcher der tüglichste dazu wäre, weilen deren etzliche auf dem Lande sind. Ich habe wohl M. Johann Fröschel, oder Michael Stiefel, so itzt nicht ferne von uns, gedacht darumb anzusprechen, weiß aber nicht, was ich erheben werde. Doch soll es an müglichem Fleiß nicht ermangeln, ob ich der einen, oder sonst einen Geschickten könnte aufbringen, welchen ich noch vor Ostern zu euch gen Koburg schicken will, mit Gottes Hülfe, den ihr alsdann zu versuchen oder anzunehmen habt. Es will allenthalben an Leuten gebrechen, und was sich hie zu Wittenberg etwas erhalten kann, lässet sich ungerne von dannen bringen. Euch zu dienen bin ich willig und bereit. Hiemit Gott befohlen, Amen. Montags nach Oculi, 1529.

Martinus Luther.

---

3. März. No. MLXXVI.

An Nic. Hausmann.

Der Katechismus sollte bald fertig werden, das Buch wider die Türken war unter der Presse. L. ist sehr kränklich. Er empfiehlt Conr. Cordatus an die Stelle des Paulus Lindenauer, welcher abgehen wollte. (Vgl. Br. vom 13. März und 23. April, No. MLXXX. u. MXCIV.).

Bey Schütze „aus der Hahnischen Sammlung zu Kiel" II. 99. Bey Strobel-Ranner p. 130. ohne Angabe der Quelle. Deutsch bey Walch XXI. 1370.

G. et P. in Domino. 1) Non est absolutus Catechismus mihi, 2) Hausmanne, sed brevi absolvetur. Libellus contra Turcam jam cuditur, 3) absolvendus ante Judica, Christo favente. Ego fere assidue cogor 4) sanus aegrotare, vexante Satana, quo fit, ut multum impediar a scribendo et aliquid agendo, 5) quod sociis uti oportet, ne solitudine pericliter. Tu ora pro me. Dimisso Paulo vestro, scripsit et Spalatinus de cogitando, quis substitui debeat. Ego constitui, si alium non habetis, nostrum Conradum Cordatum esse idoneum. Nam vir est eruditus, fortisque hactenus fidei testis fuit. Fiat, quod Domino placeat. Vale et ora pro comitiis futuris. Salutat te mea Ketha valde. 3. Martii, MDXXIX.

T. Mart. Lutherus.

---

7. März. N⁰. MLXXVII.

An Wenc. Link.

Ueber Erasmus und gewisse Himmelszeichen, aus denen L. auf den bevorstehenden jüngsten Tag schließt.

In den Unsch. Nachr. 1720. S. 1063. ohne Angabe der Quelle; dann bey Strobel-Ranner p. 132. Wir haben Aurifaber III. in der Wolfenbüttelschen Bibliothek verglichen. Deutsch bey Walch XXI. 1150.

Wenceslao Linco, servo Dei in Ecclesia Norimbergensi. 6)

G. et P. in Christo. 7) Binas literas accepi, mi Wenceslaë, novitatum plenas. Ego vero Moab *) meum contemnere coepi, non responsurus ultra maledictis 8) ejus. Erasmus facit sese

1) In D. fehlt bey Sch. 2) Sch. mi. 3) Sch. videtur. 4) Sch. Ego vero cogor assidue. 5) Sch. a studendo et aliis agendis. 6) Nach Cod Guelph. 7) In Chr. fehlt im Cod. G. 8) Gedr. T. maledicis.

*) Herzog Georg von Sachsen.

digna, quod Lutheranum nomen, sub quo jam vivit solo tutus, sic insectatur. Cur non it ad suos Hollandos, Gallos, Italos, Anglos etc.? [1]) Er reucht Mäuse. Parat sibi [2]) quidem his adulationibus locum, sed non inveniet, [3]) inter duas sellas cadet. Quodsi [4]) Lutherani sic eum odissent, ut illi sui, tum vero [5]) periculo sui capitis Basileae ageret. Sed judicet Christus hunc ἄθεον, Lucianumque Epicurum. *)

Nihil novi apud nos. [6]) De visionibus in Bohemia jactitatis nihil est certi, multi negant. Chasma vero, quod hic fuit, me vidente quoque Sabbatho post Epiph. hora octava vesperi, certum est, multis locis usque ad oceanum visum esse. Praeterea in Decembri igneum coelum supra templum summum Vratislaviae in nocte fuisse, scribit Doctor Hessus, atque alio die [7]) visas esse binas contignationes [8]) igneas, in medio earum igneam scopam. Ego diem extremum istis ignibus in foribus esse significari arbitror. Ruit imperium, [9]) ruunt Reges, ruunt Pontifices, et plane mundus collabitur, quemadmodum solet magna domus mox casura minutis rupturis primum ruinam suam inchoare, nisi quod Turcam, ut Ezechiel vaticinatur de Gog et Magog, in sua summa [10]) victoria oportet inveniri gloriantem et perdendum cum suo socio Papa. Ora pro me peccatore, et saluta Dominum Abbatem, meque ejus precibus commenda. Christus secundet partum uxoris tuae. Gratia tecum. Dominica Laetare, anno MDXXIX.

Epistolas meas de desperatione nollem excudi, nisi prius (a) te cognitas forte et auctas a me, ut lucem et publicum dignius poetant. Poteris igitur eas remittere. Nam exemplar non servavi. [11])

---

1) Cod. Guelph. Holl., Ital., Gall. et Anglos. 2) Cod. G. — sibi. 3) C. G. invenit. 4) C. G. quid si. 5) C. G. vere. 6) C. G. ap. n. novi. 7) C. G. alio in loco. 8) G. T. † et. 9) G. T. Roma. 10) C. G. nisi quod Gog et Magog in sua. 11) Zusatz des Cod. Guelph.

---

*) Vielleicht zielt L. auf Erasmus Schrift: Contra quosdam, qui se falso jactant Evangelicos, epistola Des. Erasmi Rot. jam recens edita et scholiis illustrata. Ad Vulturium Neocomum dat. Frib. 1529. 8. S. Herrm. v. d. Hardt. III. 184.

7. März. N⁰. MLXXVIII.

An Casp. Aquila.

Kurzes Begleitschreiben gewisser Reisender.

In den Unsch. Nachr. 1720. S. 1066. ohne Angabe der Quelle; dann bey Strobel-Ranner p. 133. Deutsch bey Walch XXI. 1151.

Domino Casparo Aquilae, Pastori Saalfeldensi.

G. et P. in Christo. Etsi tu dignus es, mi Caspar Aquila, cui quam longissimas scriberem literas, tamen multitudo scribendarum literarum et aliarum rerum non sinit satisfieri dignitati tuae. Proinde boni consules, et animum meum pro opere accipies. Vicem tamen mearum literarum, si voles ac petes, facile implebit virorum istorum literas has ferentium copia, qui tibi abunde referent, quae apud nos sunt et aguntur: et nosti, quod dignissimi sunt non solum fide, sed et omni honore et amore. Tu vide, ut pro me Dominum ores, ne deserat me in dentibus Satanae. Salutat te Jonas noster, Ketha mea, et omnes nostri. In Christo quam optime vale. Witenbergae, Dominica Laetare, anno MDXXIX.

T. Martinus Lutherus.

---

7. März. N⁰. MLXXIX.

An Balthasar Thuring, Pfarrer in Koburg.

L. sendet J. Weblinger zum Pfarrer nach Hildburghausen. Vgl. Br. v. 1. März, No. MLXXV

Aus der Goth. Bibliothek in Schlegelii vit. Jo. Langeri p. 199. Bey Strobel-Ranner p. 131.

G. et P. in C. Hunc virum Johannem Weblinger tibi, optime Balthasar, commendo diligenter, quem modo omnium rogatu pro Pastore Hilperhausensi Dominus e nostro medio mittit.

Pauper est, et Carnaria [1]) propter Evangelium ejectus, apud nos exigua mercede alitus in officio praedicatoris in arce. Quare feceris recte, si diligens fueris, ut ex aerario ecclesiastico sumtus ei restituantur, quos hic mutuo sumere coactus est, ne alieno stipendio isthic serviat. Nosti nostram tenuitatem, quae undique profugis advenientibus exhauritur quotidie, ut omnibus providere non possim: imo nisi profugos et exules hos hodie haberemus, deficerent et nobis personae idoneae. Spero et Papistas propediem sensuros esse eum defectum, tot exhaustis ministeriis et optimis profligatis. Tu, quaeso, pro me ora, et Ecclesiam diligenter mone, ut oret pro Comitiis istis et omnibus rebus Germaniae, quia Satan ruptis vinculis furit et saevit. Gratia Dei tecum, Amen. Witenb. Dominica Laetare, MDXXIX.

---

13. März. N0. MLXXX.

An Nic. Hausmann.

L. tröstet H. wegen der Verdrießlichkeiten, die ihm in Zwickau widerfahren, empfiehlt nochmals C. Cordatus (vgl. Br. v. 3. März, No. MLXXVI.), sendet die deutsche Litaney, und empfiehlt den Freybergern seine Schrift wider des Bischofs zu Meissen Mandat.

Bey Buddeus p. 60. Vgl. Cod. 186. 4. Goth. Cod. Jen. b. f. 208.
Deutsch bey Walch XXI. 1147.

Gratiam in Christo et pacem, non quam dat mundus, sed pater misericordiarum in abscondito. Mi Hausmanne, consolaris me tu, sicut es fidelis in Christo frater: ita consoletur te, vice meae gratitudinis, Dominus Jesus, Amen. Novi genus hominum, quod est in tua dioecesi. Sed fidelis et fortis [2]) esto usque ad mortem, et accipies coronam immarcescibilem, cum venerit Archipastor noster. Qui contemnit, contemnat: qui sordet, sordeat: qui ignorat, ignoret. *Tu me sequere*, inquit, [3]) *quid ad te, ubi illi maneant, qui nolunt*

---

1) Str. vermuthet: Carinthia. 2) Cod. Goth — et fortis. 3) Cod. G. + Christus.

audire. Sic impleri oportet illud Psal. XXI: *Ego vermis, non homo, opprobrium hominum et abjectio plebis, et peregrinus filiis matris meae, et horror notis meis.* Beatus es, cum haec praeconia in te senseris.

Senatus vester nondum ad me scripsit. Ego dispiciens quaquaversum, non video magis idoneum vobis virum, quam Cordatum virum eruditum, gravem, prudentem, atque pium moratumque. Paulum istum vestrum admiror, cur detrectarit Principis et Visitatorum decreta sequi. Metuo, ne quid monstri alat. Christus aderit nobis, qui coepit opus suum in nobis. [1])

Litania vernacula venit ad vos, quae nobis [2]) videtur valde utilis et salutaris. Denique melodia praecinentibus pueris in medio templi post sermonem feria quarta nobiscum [3]) cantari solita mire afficit plebem. Nam [4]) Latinam in choro canimus sabbatho [5]) post sermonem alia melodia, quae nondum est excusa.

Contra Turcam liber absolvetur circa Palmarum. Freybergensibus tuis in causa sacramenti nihil possum utilius scribere, quam novissimum libellum meum contra Misnensis Episcopi mandatum, praesertim ultimum quaternionem H. Nam multis causis mihi non videtur consultum plura scribere. Orandum est: nam in hac parte, sicut et in tota causa, non pugnamus cum carne et sanguine, sed cum spiritualibus nequitiis, quae etiam convictae non cedunt veritati victrici, ideo Apostoli consilio dimittendi sunt, tanquam subversi. [6]) Christus gratia et spiritu suo sit tecum, Amen. Ora pro me. Witenbergae 13. [7]) Martii, MDXXIX.

---

15. März. N⁰. MLXXXI.

An Nic. Amsdorf.

Zuerst von Magdeburger Angelegenheiten; dann vom Reichstag und dem Türken; daß L. die Visitation abgenommen ist u. a.

---

1) Cod. Goth. beyde Mal vobis. 2) C. G. vobis. 3) C. G. vobiscum. 4) Budd. neque. 5) C. G. subito. 6) Nach C. G., wie auch B. vermuthete. 7) C. G. 15.

In den Unsch. Nachr. 1721. S. 8. ohne Angabe der Quelle; bey Strobel-Ranner p. 134. Wir haben eine Abschrift aus dem Goth. Mscpt. bey Uckert verglichen. Deutsch bey Walch XXI. 1149.

G. et P. Pecuniam accepimus. Caeterum scripseramus nuper, ut ad nos venires, de quo nihil meministi in tuis literis, ac si literas non acceperis, quare ante Pascha te non expectamus.

Fritzhans *) non vidi, neque scio, an hic sit, sciam vero statim. De ludimagistris duobus, et si qua 1) alia mandes, dispiciemus libenter, et respondebimus. Causa Fritzhans quae sit, forte apparebit ipso apparente.

De comitiis spero bene, neque concilium valde nocere poterit, si fiat, quamvis fieri mihi non sit verisimile neque credibile.

Turca imminet: hic erit reformator, metuo, ira Dei missus. Ego depositus sum ab officio visitandi, ac mira arte impeditur per Satanam illud opus. Spero tamen statim resuscitandum, agam enim 2) pro Plozicensibus **) virginibus quicquid possum. Longicampianus ***) defunctus est, post horrendam impatientiam mira Dei misericordia suaviter mortuus. Ora pro me peccatore, mi Amsdorfi, et in Christo validissime vive. Datae 15. Martii, anno MDXXIX.

Martinus Luther.

---

21. März. N0. MLXXXII.

An Nic. Amsdorf.

L. sendet Amsdorfen einen Brief des Herzogs von Holstein, worin dieser ihn sich ausbittet.

In den Unsch. Nachr. 1720. S. 1064. ohne Angabe der Quelle; dann bey Strobel-Ranner p. 135. Deutsch bey Walch XXI. 1152.

1) Ueberall steht quae. 2) Viell. etiam.

*) Ein Franciscaner, der schon 1522. zu Magdeburg das Evangelium predigte. **) Vielleicht das Anhaltische Kloster Plötzkau. ***) Prof. der Mathematik zu Wittenberg.

G. et P. in Domino. Ex his literis, mi Amsdorfi, intelliges, quod Dux Holstein super te a nobis petit. Sed quia hoc nec tutum nec pium esse arbitror, ut a Magdeburga tam subito rapiaris, non videtur esse consultum, et alia ratione illi serviendum. Mitto tamen ideo literas, ut tuis saxis et truncis in Senatu ostendas, et simules te urgeri, et velle et oportere, an forte sic moveri queant ad sensum recipiendum, et cogitandum de alendis scholis et educandis pueris, quod ut quam maxima serii specie facias, te rogo vehementer, ac si tam boni sunt, sinas te vix maximis precibus retineri. Nam dubito, an dolituri sint de tui avocatione. Vale. Longicampianum abiisse te scire credo: obiit et Marcus Scharta in Hessen. Vale, die Palmarum, MDXXIX.

---

29. März. N⁰. MLXXXIII.

An Nic. Amsdorf.

A. hat seinen Ruf nach Holstein gut benutzt; L. ladet ihn zu einer Hochzeit ein.

In den Unsch. Nachr. 1720. S. 1066. ohne Angabe der Quelle; dann bey Strobel-Ranner p. 136. Deutsch bey Walch XXI. 1156.

G. et P. in Domino. Placet valde, quod saxa tua *) sic tentaris, atque praeter fidem tales inveneris. Ego certe occasione ista accepta eis crasse et confidenter scribo, monens et hortans ad promovendas literas et studia. Tu fac quod facis, et urge idem opus, quantum potes.

Caeterum Bruno sponsus jussit, ut significem tibi diem nuptiarum suarum, nempe feria 4. post Quasimodogeniti, adque eas nomine suo te invitarem. Erit et feria 2. post Quasimodogeniti in domo mea sponsa, vel potius uxor Gersa mea a Quosse (?). Quodsi simul Ketha mea pareret, esses tu certe futurus pauperior, si omnia ista conciderent. Quare accinge non ferro aut gladio, sed auro et argento et sacco in omnem eventum, quia sine dono te non permittemus liberum

*) Die Magdeburger. S. den vorigen Brief.

abire. Ex Spira nihil adhuc novi adest. Audietis autem omnia coram. Vale in Christo, et pro me ora. Fer. 2. Paschat., anno MDXXIX.

---

30. März. N⁰. MLXXXIV.

An Spalatin.

Empfehlung des Cordatus; von einem Ehefall.

Bey Aurifaber II. 332. b. Buddeus p. 61. Wir haben das Original im Cod. chart. 122. fol. Bibl. Goth. verglichen. Deutsch bey Walch XXI. 1033.

Charissimo fratri in Domino, M. Georgio Spalatino, Episcopo Altenburgensi fidelissimo, sibi venerando.

Gratiam et pacem. Venit hic D. Licentiatus Cordatus, Ecclesiastes Zwickaviensis, *) mi Spalatine, offerens tibi has literas, vir dignus tuo colloquio, ne alia 1) praedicem. Causa conjugalis ad nos missa statim sequetur, in qua pronuntiavimus pro marito secundo, et primum illum perfugum 2) damnavimus etiam decretis Papae. Nam jura papistica quoque legere incipimus et inspicere, in quibus videmus, ne 3) ipsos quidem sua jura videre aut curare, miramurque priorem sententiam a nostris datam. Quanquam ego deinceps statui rusticorum et vulgi ingratitudinem sic ulcisci, ut nisi pii sint, qui causa laborant aliqua, prorsus ad Officiales remittam, et sinam mortuos sepelire suos mortuos. Proinde et hanc vestram mulierculam ad Officiales et juristas remisissem, nisi vestro testimonio pia meruisset libertate evangelica frui, quanquam postea et ipso Papae jure idem consecuta est. Nam ego prorsus indignos volo esse evangelica libertate porcos et canes, solumque pavidis et piis concedere nostram beatitudinem. Alioqui Evangelio abutuntur maxime ii, quos nec Papae solum, sed et furiis inferni subjectos esse decet.

---

1) Cod. Jen. † alta. 2) Aurif. profugam. 3) Aurif. non.

---

*) Vgl. Br. v. 3. u. 13. März, No. MLXXVI. u. MLXXX., u. d. folg. an Hausmann.

M. Eberhardo leges unum grande et bonum capitulum, quia arguit me, quod tuis quaestionibus aut literis non respondi. Idem facies tibi ipsi, si ex te habet hoc monstrum querelae, nam per Ketham tuam vos ambo vel luditis vel falsi estis conjugum vestrarum sive amore sive imperio: sat vivaciter memini me tibi semper respondisse, etiam usque ad copiam molestam. Vale et ora pro me misero peccatore. Feria 3. Paschatis, MDXXIX. 1)

T. Martinus Luther.

---

31. März. N⁰. MLXXXV.

An Nic. Hausmann.

L. empfiehlt den als Prediger nach Zwickau berufenen Cordatus.

Aus der Sammlung des Casp. Sagittarius zu Jena bey Schütze II. 99. Wir verglichen eine Abschrift im Cod. chart. 397. Bibl. Goth. f. 33.

En adest socius tuae curae et particeps laborum, Dn. Lic. Cordatus, fidelis et bonus vir absque dubio: et spero non modo placiturum tibi, sed profuturum plebi, etiamsi ferox istud vulgus forte a principio parum probabit, sentiet tamen postea, qualis vir sit. Caeterum consoletur te Christus in omni tentatione. Nam tu dux es populi, quem oderunt omnes portae inferorum: quid mirum, si aliqua parte tanti odii tangaris? Imo mirum et magnum miraculum, quod eo non absorbemur nec tradimur in captionem 2) dentibus ipsorum, nostra haec parvitas, paucitas, infirmitas, ut plane satis magnalia Dei in nobis appareant iis, qui oculos habent ad videndum, quod tot tantisque hostibus furentibus tales tantique perseveremus, quantulicunque simus. Foris hostes, intus Satan inter filios Dei nos vexat. Sed qui regnat Christus triumphat in nobis quoque infirmis sane, et perturbatur ipse potens et securus, qui et consummabit nos tribulatos tandem in die suo, Amen. Omnia narrabit Christus in et per os Cordati latius. Vale et ora pro me. Postridie feria 3. Pasch., MDXXIX.

T. Mart. Luther.

---

1) Aurif. MDXXVII. 2) Sch. captivitatem.

Im März. N⁰. MLXXXVI.

An Spalatin.

L. dankt für Nachrichten, die ihm S. vom Reichstag zu Speyer mitgetheilt; von einer Gewaltthat des Kurfürsten von Brandenburg gegen die Evangelischen in Jüterbock.

Bey Aurifaber II. 375. b. Vgl. Cod. Jen. a. f. 207. Deutsch bey Walch XXI. 1100. und nochmals S. 1153.

Suo in Domino charissimo Georgio Spalatino, servo Christi et fratri. 1)

Gratia et pax. Rem gratam fecisti, mi Spalatine, et officium tuum, quod nostri memor de comitiis istis nos reddis certiores. Nam hic nihil non dirum in Principis nostri adventum Spirae contigisse jactant hostes: alii exclusum Spira, alii ademtum ei Electoratum, alii alia narrant, quamvis ea neque credimus neque timemus. Hic fortiter aedificatur, et pacati adhuc sumus Dei gratia. Marchio equitibus 40 Jutterboggi concionatores, extra urbem dolo vocatos, abstulit et cepit, unde ingens eo loco plebis contra Magistratum et periculosus tumultus est: denique coacti Senatores ire et repetere concionatores: incertum, quid futurum. Unus concionatorum etiam autoritate Episcopi Magdeburgensis illic et quiete et bene docuit, Thomas Schneidwein, Quaestoris Eisenbergensis frater. Oro, ut si quid potes, Riedtesellum socium accipias et miseros concionatores juves, quemadmodum illi scripsi: indignum enim et durum est, ita vacuos rejici. Vale et ora pro me. 2)

T. Martinus Lutherus.

1) Nach Cod. Jen. 2) Die Jahrzahl 1528 bey Aurif. u. im Cod. Jen. ist falsch; denn der Reichstag zu Speyer war im März 1529.

8. April. N⁰. MLXXXVII.

An Nic. Hausmann.

Antwort auf einen Brief H.'s über Cordatus, nebst Trost wegen seiner Verdrießlichkeiten.

Aus der Hahnischen Sammlung zu Kiel bey Schütze II. 100. Bey Strobel-Ranner p. 136. ohne Angabe der Quelle. Deutsch bey Walch XXI. 1371.

Venerabili in Christo Viro, Dn. Nic. Hausmanno, servo Dei in Evangelio apud Cygneam fidelissimo. 1)

G. et P. Reddidit mihi literas tuas D. Stephanus noster, 2) mi Hausmanne, charissimas 3) jucundissimas, maxime quod spei essent plenae de prospero Cordati nostri ministerio futuro, et tibi virum placere significarent. 4) Dominus Jesus benedicat vos ambos, hactenus bene exactos, 5) ut 6) veniatis cum gaudio portantes 7) manipulos vestros, quorum pretiosum semen tam diu seminastis 8) in lachrymis et miseria, Amen. Sic enim fieri necesse est, ut ex nihilo faciat omnia Deus, ex desperatis certissima, ex contemtis gloriosa, ex opprobrio laudatissima, 9) ex peccato justitiam, ex morte vitam, ita ex afflicto Hausmanno laetum ac gratum filium. Ipse enim est, qui consolatur humiles et afflictos, ait Paulus. Gratias quoque ago charitati tuae sincerissimae, quod et mei non es immemor sive solando sive orando. Christus rependet tibi vicem abunde. Nova praeter haec nulla habemus. Stormus 10) iste, quem misistis, nondum est mihi visus. Ex confessione 11) ejus 12) auguror, hominem esse laeso cerebro, vel Satana furente agitatum. 13) Ideo parum spei est, eum posse verbis 14) revocari. Dominus misereatur ejus, Amen. Muncerus tenetur, nondum abolitus est. 15) Vale et ora pro me. Feria 5. post Quasimodogeniti, MDXXIX.

---

1) Nach Sch. 2) Sch. vester. 3) Sch. hat chariss., wahrscheinlich ist charissime zu lesen. 4) Sch. significaverint. 5) Sch. vexatos. 6) Sch. † aliquando. 7) Str. propter tantos. 8) Str. seminatur. 9) Sch. certisimos — gloriosos, ohne ex oppr. laudat. 10) Sch. Sturmius. 11) Sch. confessis. 12) Sch. † ego. 13) Str. agitato. 14) Str. Christo. 15) Muncerus etc. fehlt bey Sch.

9. April. N⁰. MLXXXVIII.

An Conr. Cordatus.

Glückwunsch zum Antritt des Predigtamts in Zwickau.

Bey Buddens p. 62. Vgl. Cod. 186. 4. Goth. Deutsch bey Walch XXI. 1154.

Gratiam et pacem in Christo. Gaudeo te, mi Cordate, salvum pervenisse ad tuum ministerium. Placet autem offendi in te populum istum ferocissimum. Vinces 1) hanc mundi et Satanae malitiam tandem patientia et modestia tua. Christus ita solet infirma sui principia 2) et fundamenta jacere, ut rideat sapientiam et sensum carnis sua infirmitate. Nollem te a 3) principio statim exceptum esse plausu et tripudio. Nam Deus bone, quantum hoc tibi 4) periculi contulisset, quantum luctae et agonis adversus carnem tuam et Satanam abstulisset, 5) scilicet 6) nunquam ad victoriae illam portionem attigisses, ut qui cum nulla re fuisses luctatus. Neque vim gratiae et spiritus exercere potuisses, et inde te ipso quotidie major nunquam fieres. Itaque Christus et laborem simul 7) et agonem (ne otiosa et impurgata vitis minus fructificares) tibi proposuit, ut in verbo sedulus 8) opereris, et in agone fortiter patiaris, et verba, gestus, scommata avidissimo spiritu devorare disceres. Tu pro me misero peccatore diligenter ora. Vale cum Christina tua. Witenbergae, feria 6. post Ambrosii, MDXXIX.

Martinus Lutherus.

13. April. N⁰. MLXXXIX.

An Gerh. Hecker.

Antwort auf H.'s Brief, worin ihm dieser einen jungen Menschen empfohlen; von einem Erdbeben u. a.

Aus der Wernsdorfischen Sammlung in den Unsch. Nachr. 1756. S. 297. bey Strobel-Ranner p. 138., bey Schütze aus der Sammlung des Prof. Lintrup zu Kopenhagen II. 101.

1) Ms. Vincas. 2) Ms. initia. 3) Ms. in. 4) Ms. — tibi. 5) Budd. am Rande attulisset. 6) Ms. sed. 7) Ms. suum. 8) Ms. sedulo.

Reverendo in Christo Viro, Gerardo Hecker, Theologo sincero, suo in Domino Majori. 1)

Gratiam et pacem in Christo. Laetus et gratus accepi literas tuas, Vir clarissime, hoc nomine jucundissimas, quod purum et constantem animum tuum 2) erga doctrinam Dei testarentur. Christus servet 3) nos in unitate illa spiritus sui usque in diem illum gloriae, incontaminatos ab immunditia ista profanorum spirituum, quos Satan contra nos misit in mundum, ut fallat incredulos et ingratos, Amen.

Adolescentem, quem P. T. mihi commendavit, quantum possum, juvabo, etsi inopum copia abundet in nostra altissima paupertate. At Christus est dives satis. 4) Commendo me tuis precibus, vir sancte Dei, quia peccator ego et daemonibus multis objectus in multa infirmitate. Dominus Jesus sit tecum, Amen.

Nondum quicquam novitatis ex comitiis Spirensibus accepimus. Fama est autem de maximo terrae motu in Carinthia et Istria, qui castella, urbes, regiones absorbuerit, turrimque S. Marci Venetiis in quatuor partes ruperit. Si vera sunt, diem Christi praecurrunt haec monstra. 13. April., MDXXIX.

Mart. Lutherus.

Mitte Aprils. N⁰. MXC.

Ein Bedenken.

Gründe, aus welchen der Kurfürst sich nicht bey dem Speyerschen Reichsabschied beruhigen könne.

Aus der eigenhändigen Urschrift L.'s im Weim. Archiv in J. Joach. Müllers Historie von der evang. Stände-Protestation und Appellation wider den Reichs-Abschied zu Speyer L. I. c. 4. §. 15. S. 47. Leipz. XXII. 24. Walch XVI. 360. Den Inhalt gibt Seckendorf an L. II. p. 130. Wir haben die Urschrift verglichen. Sie hat die Ueberschrift: Bedenken L.'s und Philippus auf den Tag trium Regg. zu Nürnberg 1530.

---

1) Str. Th. Doct. in monasterio Augustiniano in Ossenbrugge Westphaliae. 2) Sch. — tuum. 3) Str. — servet. 4) Sch. div. est satis.

Erstlich ist anzuzeigen, wie gar große Mißbräuche der Geistlichen gewest sind, wie denn Kais. Maj. selbs wohl weiß, und dawidder zu Wormbs die Stände des Reichs geklagt, und S. K. Maj. zugesagt, dieselbigen abzuschaffen, wie denn auch Pabst Adrianus VI. selbst bekannt durch seine Oratorn zu Nurmberg, daß aller dieser Unrath aus der Geistlichen Mißbräuch komen sey, und verheißen, dieselbigen auch helfen zu ändern. Da aber solche Mißbräuche so unleidlich viel und groß, und nicht geändert wurden durch die, so es billig thun sollten, begunnten sie von sich selbst allenthalben in deutschen Landen zu fallen, und die Geistlichen daruber veracht werden. Als aber die unschickten Schreiber solche Mißbräuche noch dazu wollen vertheidingen und erhalten, und konnten doch nichts Rechtschaffenes aufbringen, machten sie aus ubel ärger, daß man die Geistlichen allenthalben für ungelehrte, untuchtige, ja schädliche Leute hielte, und ihres Dinges und Vertheidigung spottete. Solchs Abfallen und Untergehen der Mißbräuch war bereit des mehrer Theil im Schwang, ehe des Luthers Lehre kam; denn alle Welt war der Geistlichen Mißbräuche müde und feind, daß zu besorgen war, wo des Luthers Lehre nicht drein komen wäre, damit die Leute unterricht von dem Glauben Christi und vom Gehorsam der Oberkeit, es wäre ein jamerlich Verderben im deutschen Lande entstanden; denn man wollte die Mißbräuche nicht länger leiden, und stracks eine Aenderunge haben, so wollten die Geistlichen nicht weichen odder nachlassen, daß da keines Wehrens gewest wäre. Es wäre eine unordige, sturmische, fährliche Mutation odder Aenderung worden (wie sie der Munzer auch anfing), wo nicht ein beständige Lehre dazwischen komen wäre, und ohn Zweifel die ganze Religion gefallen, und lauter Epicurer worden aus den Christen.

Weil nu ein solche Aenderunge mit Gewalt daher drang, der Niemand wehren kunnt, und die Geistlichen steif darauf beharreten und nichts nachlassen wollten, hat M. G. Herr dennoch so viel dabey gethan, da er die Mißbräuch nicht kunnte noch wußte zu erhalten, und mußte wohl leiden, sowohl als die Geistlichen selbs, daß sie veracht wurden und dahin fielen, daß S. K. F. G. ja keine unchristliche Lehre hat lassen einreißen. Denn das kann S. K. F. G. mit gutem Gewissen und mit Wahrheit dem Kaiser anzeigen, daß die Ursache und Schuld der gefallen Mißbräuche und verachten Geistlichen auf Erden Niemands ist, denn der Geistlichen selbs, welche, ob sie wohl wußten, daß die Stände des Reichs zu Wormbs daruber geklagt, und nicht länger leiden wollten, dennoch sie dieselbigen mit Frevel und Gewalt vertheidungten durch viel Tyranney und ungeschickte Schreiber, damit sie den Unwillen der Leute deste großer macheten, und selbs ihr eigen Ungluck suchten, dieß ist gewißlich wahr, und alles Deutschland weiß, daß so ist. In solchen wusten, wilden Stand und Fall der Mißbräuche hat M. G. H. lassen geschehen und fallen, was da fiel, und deß auf kunftige Besserung lassen halten in S. F. G. Lande, daß er dieweil für christlich hielte, so viel er imer vermocht; und weil S. F. G. Gewissen darin nicht anders weiß, denn es sey christlich und gottlich geordent, konnen sie solchs in keinen Weg mit guten Gewissen taddrln odder verdammen.

Nu aber der Speyerische Abschied foddert, daß die Reichs-Stände sollen diese Lehre lassen, welche doch S. F. G. fur christlich hält und auch trostlich erfahren hat in dieser Zeit 2c.: so wills S. F. G. mit gutem Gewissen nicht zu thun seyn, daß sie sollten bewilligen in obgenannten Abschied.

Erstlich aus der Ursache, daß S. F. G. damit widder S. F. G. Gewissen thät, und die Lehre verdampt, die sie fur Gott christlich und heilsam erkennt.

Zum andern wurden sich S. F. G. theilhaftig machen aller der, so seinem Exempel nach auch widder ihr Gewissen solche Lehre verdampten, und also uber eigen Sunde sich mit unzähligen, grausamen, frembden Sunden beschweren 2c.

Zum dritten so hat S. F. G. auch nicht Macht, Jemand zu zwingen, die gefallen Mißbräuche aufzurichten odder anzunehmen, gleichwie S. F. G. auch nicht Anfänger odder Ursach gewesen, daß sie angefangen zu fallen 2c.; sondern es stehet auf eines iglichen eigen Gewissen.

Zum vierten so kann das zuvor S. F. G. mit nichte thun, daß sie sollten bewilligen, oder dazu dringen, daß man die Mißbräuche sollte widder anrichten; denn damit bestätigte S. F. G. der Geistlichen unleidliche Beschwerung, so zu Wormbs durch des Reichs Stände angezeigt und geklagt, und wurde also solchs S. F. G. Bewilligung endlich gerathen widder solche Klage des Reichs zu Wormbs, und zur Stärke der Beschwerungen bey den Geistlichen, welche doch Kais. Majestät selbst dazumal verheißen, dieselbigen abzuschaffen, und nicht gläublich, daß S. F. G. Meinung sey, widder aufzurichten odder zu erhalten.

Zum fünften daß S. F. G. nichts unchristlichs gehandelt habe, kann Kais. Majestät daraus spuren, daß die Stände des Reichs diese Lehre nicht verdampt, sondern aufs Concilium geschoben, welches sie nicht thäten, wo sie dieselbige schlechts unchristlich hielten.

Darumb S. F. G. Kais. Majestät bitten, daß S. Kais. Majestät nicht wollte mit solchen schweren Stucken S. F. G. Gewissen beschweren, unverhorter Sachen, welche doch ist auf solche S. Kais. Majestät Verhore und Erkenntniß gestellet, auch durch die andern Stände des Reichs. Und weil auch alle Stände des Reichs warten eines Concilii, und S. Kais. Majestät sie auch desselbigen vertrostet hat: so wollten S. Kais. Majestät rathen und helfen, daß christlicher Friede mit rechter ordenlicher Weise gefoddert, und die Sachen zum Verhore, und nicht so unerkannt verdampt werde, welchs ein gewaltiger und gezwungener, und nicht ein herzlicher, williger Friede seyn wurde.

Haec de una parte, scil. de assensu.

Vom andern Stucke, daß S. F. G. solle gehorsam seyn Kais. Maj. Gebot, 1) das thut S. F. G. willig und billig; denn S. F. G. der verboten Lehre keine in S. F. G. Landen hat noch leidet, und wollen sie auch nicht haben noch leiden; und mugen S. F. G. wohl mit Gott ruhmen, daß solchen Lehren in S. F. G. Lande am allermächtigsten ist widderstanden und gewehret, daß freylich nirgend sonst so stark widderstanden ist, und vielleicht Niemand hätte widderstehen mugen, wie das alle Stände des Reichs wohl wissen und bekennen mussen.

---

14. April. N⁰. MXCI.

An Justus Jonas.

L. meldet dem auf der Visitation befindlichen J. von seiner Kränklichkeit und wie es sonst in Wittenberg steht.

In den Unsch. Nachr. 1720. S. 1065. ohne Angabe der Quelle; dann bey Strobel-Ranner p. 139. Wir vergleichen die Uckertsche Abschrift aus einem Goth. Mscpt. Deutsch bey Walch XXI. 1154.

1) Im Gedr. Text + wider die Widertäufer und Sacramentirer.

G. et P. Ternas literas a Jona Visitatore accepi, quarum nulli respondere potui. Bonum est videre te in medio regno [1]) Satanae, ut simul videas, [2]) quantum distet regnum Christi. Ego toto tempore, quo abfuisti, catarrho gravissimo ac paene mortali vexatus, nec hiscere nec mutire, sed [3]) tussire potui, ut de voce reditura desperarim, nec adhuc finis. Laborant eodem multi alii, sed non aeque mihi, sive quod Malvatico sophisticato in gratiam Amsdorfii hausto irritaverim, sive quod concionandi instantia pulmone fatigato sic illum exacerbarim. Ita jacet et friget schola. Theologiae voce sublata *) e cathedra, Creuzigerum substituam, interim Pomeranus vocatus ivit ad Holsteinensem Ducem pugnaturus cum Carolstadio, quod me male habet. Sed ajunt Carolstadium perterritum isthinc aufugisse, et praetexere nescio quid.

Ex Spira nihil adhuc audimus. Pomerani uxor abortivit, seu foetum mortuum, in ipso partu extinctum, edidit. Scripsi, ut statim redeat. Hamburgenses student eum perpetuo retinere, scilicet eam gratiam relaturi nostrae charitati. Domus salva, etiam me nec salvo nec visitatore valente. Quid me interrogas in casibus istis luculentis? sed ecce in ista scheda sententiam meam. Saluta mihi Dominos Visitatores omnes in Christo, et ipse sit eritque nobiscum, Amen. Datae 14. April, (MDXXIX).

---

19. April. N⁰. MXCII.

An Justus Jonas.

Der Brief hat viel Aehnlichkeit, und ist zum Theil selbst wörtlich gleichlautend mit dem vorigen, so daß man fast versucht wird, beyde für einen zu halten.

Bey Buddeus p. 63. Vgl. Cod. chart. 451. f. Bibl. Goth. Cod. Jen. b. f. 215. Deutsch bey Walch XXI. 1157.

---

1) Cod. Goth. inter media regna. 2) C. G. videres. 3) C. G. nec.

---

*) Luther war nämlich krank, Bugenhagen in Holstein, Melanchthon in Speyer, Jonas auf der Visitation.

Gratia Dei tecum, Amen. Gratias ago, quod pro me solicitus oras. Ego toto tempore, quo abfuisti, catarrho gravissimo ac paene mortali vexatus, nec hiscere nec mutire, imo [1]) nec tussire potui, ut de voce reditura desperarim, nec adhuc finis. Ego sum, qui precibus piis maxime opus habeo. Certe si apostolica dos est, cum daemonibus agonas exercere, in mortibusque esse frequenter, nimirum in hac parte vel Petrus vel Paulus ero, utut aliae dotes non ita sint apostolicae, sed latronenses et publicanenses et meretricenses peccatorensesque. [2]) Pomeranus vocatus ivit ad Holsteinensem [3]) Ducem pugnaturus cum Carolostadio. Sed ajunt Carolostadium perterritum istinc [4]) aufugisse et praetexere nescio quid. Rusticorum horrendam ingratitudinem scribis, sed oportet impleri illud Ebrae. XI. *Quibus mundus non erat dignus.* [5]) Ideo debent eos fame et siti occidere, ubi gladio non possunt. **Es gehet recht.** Homo est homo. Mundus est in maligno positus, dignus mendaciis pessimis diabolorum omnium, non verbo salutifero Dei unius [6]) Vale et pro nobis ora. 19. Aprilis, MDXXIX.

Martinus Lutherus.

---

19. April. No. MXCIII.

An Joh. Friedrich, Herzog zu Sachsen.

Empfehlung eines Studirenden zur weitern Unterstützung.

Zuerst aus dem Weim. Archiv im Leipz. Supplem. S. 57. No. 83., dann bey Walch XXI. 274. Wir haben die Urschrift verglichen.

Dem Durchleuchtigen, Hochgebornen Fürsten und Herrn, Herrn Johanns Friedrich, Herzogen zu Sachsen, Landgrafen in Thuringen und Markgrafen zu Meissen, meinem gnädigen Herrn.

---

1) Cod. J. G. sed. 2) Cod. G. et meretr. etc. 3) Cod. J. G. Holsatiensem. 4) Cod. G. hinc. 5) Cod. J. G. † Ja freylich est indignus istis viris mundus. 6) Cod. J. G. vivi.

Gnad und Fried in Christo. Durchleuchtiger, Hochgeborner Fürst, gnädiger Herr! Gegenwärtiger [1]) Briefszeiger, Er Conrad Leimbach, aus dem Kloster Müncherode, hat nu drey Jahr zum Studio von meinem G. H., Herzog Johanns Kurfürst, E. F. G. Vater, 24 Fl. gehabt. Nu wollt er gern noch ein Jahr vollend hie studirn; zudem daß er auch widder Kleider noch Bucher bisher hat mugen erzeugen. Weil ich denn spür, daß er nicht vergeblich hie gewest, und wir sein etwa zum guten Pfarrer gebrauchen mugen, wie uns denn täglich je mehr und mehr solche Leute noth werden zu haben: ist mein unterthänige Bitt, E. F. G., wo es geschehen, [2]) noch dieß Jahr vollend aus des Klosters Gütern, oder, wovon es bisher gegeben, gnädiglich solch Geld reichen lassen. Er zeigt zwar an, daß das letzte Jahr sey von Lic. Blanken gegeben, aber derselbige habe weiter keinen Befehl, ihm zu geben. E. F. G. wird sich wohl wissen gnädiglich zu halten, denn es ist nicht ubel angelegt. Hiemit Gott befohlen, Amen. 19. April, 1529.

E. F. G.

unterthäniger

Mart. Luther.

---

23. April. N⁰. MXCIV.

An Joh. Friedrich, Herzog zu Sachsen.

L. berichtet über das Verhör, das er mit P. Lindenauer wegen seiner Streitigkeiten in Zwickau angestellt, und trägt darauf an, ihn in Elsterberg zu lassen.

Aus dem Weim. Archiv im Leipz. Supplem. S. 58. No. 84., dann bey Walch XXI. 275. Wir haben das Original im Weim. Archiv verglichen.

Dem Durchleuchtigen, Hochgebornen Fürsten und Herrn, Herrn Johanns Friedrich, Herzogen zu Sachsen, Landgrafen in Thuringen und Markgrafen zu Meissen, meinem gnädigen Herrn.

Gnad und Friede in Christo. Durchleuchtiger, Hochgeborner Fürst, gnädiger Herr! Es ist Er Paulus Lindenauer, etwa Prediger zu

---

1) L. schrieb: Kegenwärtiger. 2) Leipz. wolle es geschehen, und.

Zwickau, bey mir gewest, auf E. F. G. Befehl sich zu verhoren lassen. Also hab ich befunden, daß die großest Ursach seines willigen Abschiedes zu Zwickau sey gewest, daß die Zwietracht, so zwischen ihm und etlichen mehr je länger je grosser worden, und hat solcher zu weichen Weise und Wege gesuchet. Also ist eben das drein gerathen, daß nach der Herrn Visitatorn Abschied über 14 Tage allererst (wie er mich bericht), ohngefähr ein Befehl komen sey, die zwey Stücke widder aufzurichten, nämlich das Wetterleuten und die Apostelrage zu feyren, zu welchen, als zu nothigen Stucken, er sein Gewissen nicht hat wollen lassen binden, und also dieselbige Ursache mit angenomen, sich zu verändern. Und dunkt mich zwar auch selbs, daß zu Zwickau etlich seyn, die seines Bittens umb Abschied froh worden, und flugs geeilet haben, wiewohl es auch nicht bose ist, daß er weg ist, ob dadurch die Zwietracht mochte gestillet werden. Weil denn die Stadt ihm so gut Zeugniß giebt, dazu die Herren Visitatores ihn haben bleiben lassen, da sie gegenwärtig gewest, und nu er selbs der Zwietracht geräumet, und solch zwey Stuck nicht große Fahr haben, dazu im Buch der Visitatoren frey gelassen: acht ichs fur gut, daß E. F. G. denselbigen Paul zur Elstern also ließe bleiben, auf daß nicht den bosen Mäulern weiter Raum gegeben wurde zu plaudern, als verfolgete man den Elenden umb nichtiger Sachen willen, seinen Widderwärtigen zur Stärke und Trotz; angesehen, daß wo er ja nicht recht wollt fahren, E. F. G. sein zu Elsterberg besser mächtig und leichtlicher, denn zu Zwickau, vertreiben kunnt. Solchs stelle ich alles E. F. G. unterthäniglich zu bedenken. Christus, unser Herr, gebe E. F. G. seinen Geist, zu thun seinen guten Willen, Amen. 23. April, 1529.

E. F. G.

unterthäniger

Martin Luther.

---

1. May. N⁰. MXCV.

An Andreas Kaugisdorf.

Betrifft die Beförderung eines Amtsgenossen des A. K.

In den Unsch. Nachr. 1721. S. 9. ohne Angabe der Quelle; bey Strobel-Ranner S. 140. Wir benutzen die Uckertsche Collation eines Goth. Mscpts. und den Cod. Jen. B. 24. n. f. 184. Deutsch bey Walch XXI. 1153.

Domino Andreae Kaugisdorfio, Pastori Eilenburgensi, suo fratri.

G. et P. in C. Mulierculam mihi a te commendatam, mi Andrea, quo possum modo juvabo, si forte locum suum invenire poterit. 1) Rursus te oro, ut Nicolaum Foraneum, *) tuum conservum, promoveas, ut quam primum ad alteram parochiam concedat. Considerandum est enim, quod jam tempus est maxime opportunum, villas et agros una cum reliquis domesticis officiis disponendi, praesertim, cum alium in 2) locum eum habere dicantur populares ejus. Nam ego alium 3) tam subito in tam tenuem proventum non habeo. 4) Accipiant itaque quod offertur. Satis diu illis 5) servivit, plus quam dimidio gratis, quamvis dignus erat operarius mercede sua. Vale et ora pro me. Prima Maji, anno MDXXIX.

T. Martinus Luther.

---

4. May. N°. MXCVI.

An Nic. Amsdorf.

Betrifft einen Ehehandel; zuletzt von Melanchthons Rückkehr und L.'s Heiserkeit.

In den Unsch. Nachr. 1721. S. 10. Bey Strobel-Ranner p. 141. Wir benutzen die Collation eines Goth. Mscpts. von Uckert. Deutsch bey Walch XXI. 1159.

Domino Nicolao Amsdorfio, Pastori Magdeburgensi.

G. et P. in Christo. 6) Ecce mandatum, quod scribis tibi esse a me mandatum, mi Amsdorfi. Noli credere, quae iste

---

1) Cod. J. possit. 2) In fehlt im G. Mf. 3) Aliam fehlt in den U. N. 4) Cod. J. N. e. t. s. i. t. t. p. n. h. alium fore (?). 5) Nach Cod. J. And. illi. 6) Fehlt in den U. N.

---

*) Märker.

perfidus sponsus ad te retulit: ego sententiam tuam plane approbavi, et eum ad te rursus remisi etiam cum indignatione, scilicet ut coram te vel probet sponsalia nulla esse (id enim contendebat), vel ducat, vel maneat innuptus in aeternum. Haec mea sententia fuit. Nunc si ita est, ut tu scribis, cogendus est, ut ducat, vel caelibatu perpetuo puniendus.

De comitiis nec nos quicquam certi habemus. Expectamus quotidie Philippi Melanchthonis reditum. Catarrhus et tussis mea vix tandem inceperunt mihi reddere vocem. Heri et hodie legi Esajam, sed semiraucus. Ora pro nobis. Datae 4. Maji, anno MDXXIX.

T. Martinus Lutherus.

---

5. May. No. MXCVII.

An Nic. Amsdorf.

L. bittet A., Taufpathe seines Kindes zu seyn.

In den Unsch. Nachr. 1721. S. 11. ohne Angabe der Quelle; dann bey Strobel-Ranner p. 141. ohne Angabe dieser Quelle. Deutsch bey Walch XXI. 1160.

Domino Nicolao Amsdorfio.

G. et N. in C. Literas proximas de sponso isto captioso ad te datas scribebam assistente Ketha mea, quae statim incipit ringi et dolere, et tertia hora fere post datas literas enixa est filiolam salvam: sic opulenter benedixit nos Dominus, ut feliciter pareret, cui gloria in saecula, Amen,

Nunc ergo, quod praesenti non audebam, absenti exhibeo his verbis: Achtbar, würdiger Herr! Gott der Vater aller Gnaden hat mir und meiner lieben Kethen eine junge Tochter gnädiglich [1]) bescheret: so bitte ich euer Würden um Gottes willen, wollet ein christlich Amt annehmen, und derselbigen armen Heidin christlicher Vater seyn, und ihr zu der heiligen Christenheit helfen durch

---

1) Fehlt bey Str.

das himmlische hochwürdige Sacrament der Taufe. Sic esto Catechista filiae meae. Henricus Dichlensis, Praepositus Vicarius, erit tuo interim loco. Dominus tecum. 5. Maji mane, anno MDXXIX.

T. Martinus Lutherus.

---

5. May. N⁰. MXCVIII.

An die Frau Goritzin.

L. bittet sie, sein Kind aus der Taufe zu heben.

Aus der Mayerischen Sammlung zu Hamburg bey Schütze II. 373. Vgl. Cod. chart. 402. f. Goth.

Der Magister Goritzin. 1)

Gnad und Fried in Christo. Ehrbare, tugendsame Frau, liebe Freundin! Ich bitt euch umb Gottes willen, Gott hat mir eine arme junge Heidin bescheert von meinem und meiner lieben Kethen Leibe: ihr wollet so wohl thun und derselbigen armen Heidin zur Christenheit helfen und ihre geistliche Mutter werden, damit sie durch euren Dienst und Hulfe auch komme aus der alten Geburt Adae zur neuen Geburt Christi durch die heilige Taufe. Das will ich widderumb, womit ich soll, umb euch verdienen. Hiemit Gott befohlen, Amen. Ich hab selbs nicht dorfen ausgehen in 2) die Luft. 1529.

Martinus Luther.

---

6. May. N⁰. MXCIX.

An Wenc. Link.

Dank für ein Geschenk und allerley Neuigkeiten.

In den Unsch. Nachr. 1721. S. 11. ohne Angabe der Quelle; bey Strobel-Ranner p. 142. Wir benutzen die Uckertsche Collation eines Goth. Mscpts. Deutsch bey Walch XXI. 1161.

---

1) Fehlt im Cod. Goth. 2) C. G. an.

Domino Wenceslao Linco.

Gnade und Friede in Christo. [1]) Horologium, quod donasti, mi Wenceslaë, venit, et forte ex itinere fessum, aut novi hospitii insuetum, aliquando quiescit: sed videtur rursus cum tempore cursum suum repetere. Gratias ago tibi: ego nihil habeo pauper, quod reddam. Nam libros, quos nuper edidimus, arbitror jam dudum ad vos pervenisse, suntque tales, ut doni appellatione non debeant dignari. Vetera enim sunt, alia forma prodeuntia, [2])

Familiam meam auxit Dominus filiola Magdalena, matre salva et feliciter enixa.

Finita sunt iterum Comitia, sed nullo paene fructu, nisi quod Christomastiges et Psychotyranni suum furorem non potuerunt explere. Quod nobis satis est a Domino impetrasse: nam de Concilio, quod dicitur, nihil est, quod speremus.

Est apud me vir quispiam [3]) e Venetiis veniens, *) qui affirmat, filium Ducis Venetorum esse in aula Turcae: ita pugnamus contra Turcam hactenus, donec Papa, Veneti, Gallus palam et impudenter Turci facti sunt. Denique refert, in exercitu Galli proxime ad Paviam [4]) fuisse 800 Turcos, quorum 300 salvi et taedio ejus belli domum sunt reversi. **) Haec monstra quia tu non scribis, arbitratus sum tibi ignota esse, mihi autem eis circumstantiis et scripta et dicta, ut vera esse credam. Media illa nox sic instat, in qua clamor audietur: *Sponsus venit, exite obviam ei.* Ora pro me, et vale cum carne tua, salutaque omnes nostros. 6. Maji, MDXXIX.

T. Martinus Luther.

---

1) Str. G. et P. in Chr. 2) Str. † et. 3) Str. quidam. 4) Verm. statt Papam.

---

*) Ein angenommener Bruder Jac Zieglers. S. den folg. Br. **) Ueber diese Gerüchte s. den folgenden Breif.

6. May. N⁰. MC.

An Justus Jonas.

Der Brief enthält Neuigkeiten.

In den Unsch. Nachr. 1721. S. 172. ohne Angabe der Quelle; dann bey Strobel-Ranner p. 143. Vgl. ein Goth. Mscpt. Deutsch bey Walch XXI. 1163.

Domino Justo Jonae, D. ac Archiepiscopo Misnensi et Saxoniae.

G. et P. in Christo. Certe viros esse vos video, qui Laurentium *) istum sic tractare audetis. De Comitiis ferme eadem scripsit Caspar Müller, et expectamus Philippum. Nata est mihi filiola, ut dicit [1]) Taubenheimius, matre salva et laeta adhuc, quasi nihil perpessa fuerit. Christo laus et gloria. Jacobus ille Zieglerus, magni nominis vir, (nescio an noris) e Venetiis misit ad me virum [2]), fratrem sibi adoptatum, quem apud me habeo, donec Philippus redeat. Ex quo audivi, filium Andreae Criti, Ducis Venetorum, in aula Turcae agere non solum imperatorem Turcici exercitus, sed et interiorem spondam lecti, **) ut ille ait. Prorsus et palam Veneti, Papa, Florentini, Gallus, Turcum susceperunt socium, o monstra! Denique in proxima Paviae [3]) obsidione dicit Gallum habuisse in suo exercitu 800 Turcas equestres, quorum 500 caesi sunt, reliqui domum redierunt. Hic mihi vide, quid mundus de Deo sentiat. Historiam Clementis VII. simul misit, qua lecta metui [4]) ea ipsa hora, ne coelum rueret: summa, dies Christi in foribus est, differri non potest. Alia alias.

Domus tua salva est. Aedificatio parietis tui tarde procedit, Meister Hanns insperatis negotiis impedito.

Obsecro, si vacant parochiae, voces Joachim Hund et Wolf Holzwart, nam hi ungulas suas sugunt. Alter est e

1) Viell. dicet. 2) Strobel vermuthet: Vitum. So im Goth. Mscpt. 3) Nach Cod. G. — U. N. Str. Papiae. 4) Ms. G. timebam.

*) S. den folgenden Brief. **) Soll das so viel als Vertrauter heißen?

Marchia, alter qui uxorculam facie corrosam habet, a Cronwitz [1]) mihi remissus. Significa mihi, et latius eos describam. Vale et ora pro me. Esajam lego, sed nondum concionatus sum, tam pertinaci catarrho nondum satis domito. Sit Christus vobiscum. Datae 6. Maji, anno MDXXIX.

T. Martinus Lutherus.

---

6. May. *) N0. MCI.

An Justus Jonas.

Von dem Handel mit einem gewissen Lorenz Werder, eine Nachricht von Karlstadt und eine Klage über Bischöfe und Fürsten.

Bey Buddeus p. 64. Vgl. Cod. Jen. b. f. 215. Deutsch bey Walch XXI. 1162.

Gratiam et pacem in Christo. qui benedicat et prosperum faciat opus vestrum, Amen. Sicut rogastis, ita venit ecce Benedictus Pauli ad votum vestrum. Ego quoque, si qua opus est inertia et stultitia mea, voluntate promtus ero. Meister Laurenz Werder nos apud Principem accusavit varia et magna querela, ita ut Princeps per D. Cancellarium ex me petierit rem gestam et causas. Ego quantum in memoria fuit, mea significavi; remissa ad vestram instructionem latiore historia. Proinde vestrum est, eam historiam et verba ejus certo servare, ut si Satan aliquid moliri vellet, parati sitis os ei oppilare. Vellet jam ille sese inculpatum et immaculatum, nos vero sordidatos et impuros reddi.

Carolostadius in Frisia laetus et triumphans consedit. Vocavit literis gloriosis et gratulatoriis uxorem ad se, scilicet nova monstra nobis ibi cudet Satan. Christus fortitudo nostra sit, qui laborantes et fessos nos roboret. Vere enim nos

1) Ms. G. Carlowitz.

*) Der Brief scheint später als der vorige zu seyn, weil in der Sache mit Lorenz W. mehr geschehen ist, als in dem vorigen vorausgesetzt wird.

Hercules et Atlantes esse cogimur, adeo totus orbis nostris humeris incumbit. Nullus Episcopus, nullus Princeps suo officio fungitur, ut ille vel unam Ecclesiam, imo unam animam, iste vel unam civitatem, imo unam domum curaret. Ad vexandam Dei voluntatem omnes insaniunt in unum. Tu vale et pro me ora. 6. Maji, MDXXIX.

Martinus Lutherus.

---

12. May. N⁰. MCII.

An den Kurfürsten Johannes.

L. ersucht den K., daß er Bugenhagen, welchen die Hamburger zurückhalten wollten, zurückrufen möge.

Aus dem Weim. Archiv im Leipz. Supplem. S. 58. No. 85., bey Walch XXI. 276. Uns ist im Weim. Archiv nichts davon vorgekommen.

Gnade und Friede in Christo. Durchlauchtigster, hochgeborner Fürst, gnädigster Herr! Es hat mir Herr Johann Pommer, unser Pfarrer, geschrieben aus Hamburg, wie er sich gerüstet, wieder anher zu kommen, und schon sein Geräthlein etlichs voran geschickt, aber die zu Hamburg ihn so fest halten, daß er nicht abkommen kann; und zeiget weiter an, wie genannte Hamburger vorhätten, E. K. F. G. zu bitten, daß er sollte ewiglich bey ihnen bleiben. Auf welches ich ihm geantwortet, daß er den Hamburgern solch Vornehmen sollt wehren; denn wir das nicht gedächten zu gestatten, hofften auch nicht, solches von ihnen unser Wohlthat zur Vergeltung geschehen solle. Darauf er nun [1]) wieder geschrieben und gebeten, bey E. K. F. G. anzuregen um eine Schrift, darinnen er von E. K. F. G. wieder abgefordert würde, sich wieder gen Wittenberg zu fügen, auf daß er beweisen könnte, daß sein Heimeilen nicht sein eigen Betrieb sey. Demnach ist meine unterthänigste Bitte, E. K. F. G. wollten solche Schrift, ihn abzufordern, uns gnädiglich zukommen lassen: so wollten wir darneben der Universität und Raths Briefe auch hinschicken, und ihn fordern lassen, denn die Schule ist lange genug zerrissen gestanden. Weil sich, Gott Lob, viel neues Geselligts täglich anhero

1) G. T. nur.

begiebt, sonderlich aus Sachsen, können wir Herrn Johann Pommern die Länge nicht so gerathen. E. K. F. G. wird sich hierinnen wohl wissen gnädiglich zu beweisen. Hiemit Gott befohlen, Amen. Den 12. May, 1529.

Mart. Luther.

---

21. May. N⁰. MCIII.

An den Rath zu Memmingen.

Auf das Gerücht, daß das h. Abendmahl in Memmingen abgeschafft sey, erläßt L. dieses Warnungsschreiben.

Das Autograph dieses Briefs befindet sich in dem Memmingischen Archiv, aus welchem ihn Joh. Georg Schelhorn in seiner Reformationshistorie der Stadt Memmingen S. 137., zuerst bekannt gemacht hat, daraus im Leipz. Supplem. S. 58. No. 86. und bey Walch XXI. 277.

Den Ehrbarn, fürsichtigen Herren, Burgermeister und Rath zu Memmingen, meinen günstigen Herren und Freunden.

Gnad und Fried von Christo. Ehrbarn, fürsichtigen, lieben Herren, wiewohl ich besorget, diese meine Schrift wäre onnöthig, auch wohl darzu onfruchtbar; doch weil euer frombs Stadtkind, M. Leo, hinaus wöllt, und sollichs begehrt: hab ichs auf gut Gottes Berath nicht wöllen lassen, E. E. zu vermahnen und bitten, in diesen grausamen Läufen und irrigen Zertrennungen. Dann ich erfahrn hab, wie daß bey euch die Meß oder Sacrament sey gar abgethon und gelegt, als ein onnöthig oder frey Ceremonien, welchs mir hochlich leid, auch schröcklich zu hören ist. Denn Christus hat ja sein Wort und Stift nit darumb befolchen, daß wirs lassen sollen, oder mügen. Nu ist ja dieß Sacrament Christus Gestift und Wort, als sein letzter Will und Testament, wie das Niemand leugnen mag: darumb E. E. sich zu besorgen haben eines großen Zorns über euer Stadt, daß bey euch Christus Wort und Stift so gar für nichts gehalten wird. Ach lieben Herren, wacht auf, und seht doch besser drein, solchs Fürnehmen wills nicht thon, und möcht geschehen, daß wir all müßten euer entgelten, da Gott für sey. Ich weiß nicht, wie ich thon soll, so bekümmert mich solch bös Geschrey von euerem

Fürnehmen. Der Vatter aller Barmherzigkeit wölle seinen Zorn von uns wenden, und geben, ze thon nach seines Sohnes Wort und Befelch. Das ists leider! das der Satan endlich gemeint hat, da er dieß Sacrament am ersten angriff, nämlich, das ers ganz und gar hat wöllen aufheben, und Christum ausrotten. O lieben Herren, thut noch darzu, ehe denn es noch ärger werde. Der Teufel, so weit eingelassen, wird nicht ruhen, bis ers noch ärger macht. Seyd gewarnet, sehet euch für, lieben Freund! Es ist Zeit, es ist Noth. Christus helf und rath euch, Amen. Den 21. May, 1529.

Martinus Luther.

---

22. May. No. MCIV.

An den Kurfürsten Johannes.

L. warnt den K. vor einem neuen Bündniß, welches dem Gerücht nach der Landgraf geschlossen haben soll.

Aus dem Weim. Archiv im Leipz. Supplem. S. 59. No. 87., dann bey Walch XXI. 279. Uns ist im Weim. Archiv nichts davon vorgekommen.

Dem Durchlauchtigsten, Hochgebornen Fürsten und Herrn, Herrn Johanns, Herzogen zu Sachsen, Kurfürsten und Landgrafen in Thüringen und Markgrafen zu Meissen, meinem gnädigsten Herrn.

Gnade und Friede in Christo. Durchlauchtigster, Hochgeborner Fürst, gnädigster Herr! Es hat mir M. Philippus aus dem Reichstage unter andern diese Zeitung bracht, wie ein neu Bündniß vorhanden seyn solle, sonderlich M. G. Herrn Landgrafen zu Hessen mit etlichen Städten; welches mich nicht ein wenig bewegt, nachdem ich vor dem Jahr verbrannt gewest, da uns Gott durch wunderliche Gnade aus dem gefährlichen Bündniß erlösete. Und wiewohl ich verhoffe, Gott werde uns förder behüten, und E. K. F. G. seinen Geist und Rath geben, sich hinfort vor solchem und dergleichen Bündniß zu bewahren; habe ichs doch aus übriger Sorge und Zwang meines Gewissens nicht mögen lassen, E. K. F. G. davon zu schreiben, als der ich weiß und erfahren habe, daß man dem Teufel und seinen Lüsten nicht kann gnugsam und zu fleißig vorkommen. Christus, unser Herr, wirds geben durch unser Gebet, daß, ob der Landgraf gleich ja fortführe (davor Gott auch gnädiglich seyn wollte) mit seinem Bundmachen, daß doch E. K. F. G. sich nicht mit darein flechten und binden lassen; denn was Unraths daraus folgen will, können wir nicht alles denken.

Erstlich ist das gewiß, daß solch Bündniß nicht aus Gott, noch aus Trauen zu Gott geschieht, sondern aus menschlichem Witze, und menschliche Hülfe allein zu suchen, darauf zu trotzen, welches keinen guten Grund hat, und dazu keine gute Frucht bringen mag, angesehen, daß solch Bündniß unnöthig ist; denn der Papisten Haufe nicht so viel vermag, noch so viel Herze hat, daß sie sollten etwas anfahen, und hat Gott allbereit uns gegen sie mit guten Mauren seiner Macht verwehret. So schafft auch solch Bündniß nicht mehr, denn daß der Widertheil verursacht wird, auch Bündniß zu machen, und vielleicht, als zur Wehre und Schutz, daneben denn thun möchten, das sie sonst wohl ließen. Zudem ist das zu besorgen, und vielleicht allzu gewiß, daß der Landgraf, wo er solch Bündniß gestifft, nachdem es ein unruhiger junger Fürst ist, möcht nicht stille halten, sondern wie vor dem Jahr geschah, etwa eine Ursach finden, nicht allein zu schützen, sondern anzugreifen; und ist ja nicht göttlich, daß wir uns so stellen, so doch uns noch Niemand jagt noch sucht.

Aufs andere, so ist das allerärgste, daß wir in solchem Bündniß die meisten haben, so wider Gott und das Sacrament streben, als die muthwilligen Feinde Gottes und seines Worts, dadurch wir alle ihre Untugend und Lästerung auf uns laden, theilhaftig machen, und verfechten, daß fürwahr kein gefährlicher Bund möcht vorgenommen werden, das Evangelium zu schänden und zu dämpfen, dazu uns mit Leib und Seel verdammen; das sucht der Teufel leider. Wills nicht anders seyn, so helfe Gott, daß E. K. F. G. den Landgrafen lasse, und sey abgesondert, wie ich höre, daß mein G. Herr Markgraf George gesagt und thut. Unser Herr Christus, der bisher E. K. F. G. ohne den Landgrafen, ja wider den Landgrafen, wunderlich geholfen hat, wird wohl weiter helfen und rathen.

Zum dritten, so hat Gott im alten Testament allezeit solch Bündniß menschlicher Hülfe verdammt, als Jesaia 7, 8. 30. und spricht: Wenn ihr stille bleibet und trauet, so soll euch geholfen werden; denn wir sollen Kinder des Glaubens seyn zu Gott, in rechter Zuversicht. Sollen wir aber Bündniß haben, die wird er uns ohne unser Suchen und Sorgen zuschicken, wie er verheißt Matth. 6: Sorget nicht, solches alles soll euch zukommen, wenn ihr zuerst Gottes Reich suchet; und St. Petrus spricht: Werft alle euer Anliegen auf ihn, denn er sorget für euch; und Jesaja: Wer bist du, daß du dich fürchtest für sterblichen Menschen. Dem Landgrafen, so einmal so schwerlich gefehlet, will nicht so zu trauen seyn, sondern theils, weil desselbigen bisher keine Aenderung, noch einige Reu oder Leid davor gespüret ist.

Solches habe ich unterthäniglich E. K. F. G. wollen zuschreiben, der Hofnung, Christus habe solches allbereit besser und mehr in E. K. F. G. Herz gegeben. Wir bitten und wollen bitten, wollen auch erhöret seyn, daß Gott, der Vater aller Gnaden, uns rathe, E. K. F. G. behüte für alle listige Anläufe und Gesuche des Teufels, Amen. E. K. F. G. halten mir solches mein Schreiben gnädiglich zu gut. Wittenberg, den 22. May, 1529.

E. K. F. G.

unterthäniger

Martinus Luther.

---

25. May. N⁰. MCV.

An den Kurfürsten Johannes.

Gutachten über das Verhalten eines dem Evangelium geneigten Abts, ob er im Kloster bleiben soll oder nicht.

Wittenb. IX. 285. Jen. IV. 506. Altenb. IV. 559. Leipz. XXII. 20. Walch XXI. 281.

Gnad und Fried in Christo, Durchleuchtigster, Hochgeborner Fürst, gnädigster Herr! Es hat mir der Achtbar, Hochgelahrte Doctor, Gregorius Brück, angezeigt, wie E. K. F. G. von mir begehren mein Bedenken auf das Ansinnen des Abts zu N., so E. K. F. G. umb Rath ersucht, weß er sich halten soll, wenn er, aus K. M. Befehl, uber ein Jahr die Kappen soll wieder anlegen 2c.

Darauf wäre mein unterthäniges Bedenken, wie ich denn für mich selbs bisher gegen alle ausgetreten Personen gebraucht, daß in

E. K. F. G., noch einiges Menschen Vermügen nicht stehet, Jemand zu rathen oder heißen, aus dem Kloster zu gehen, oder seine Religion zu ändern. Denn weil solche Sachen Gott und das Gewissen betreffen: so hat man da Gottes Wort und die Schrift, die uns lehret, was ein Jeglicher thun und lassen soll, nicht allein rathsweise, sondern auch gebotsweise. Darumb mich Niemand darf fragen, ob er dieß oder das thun soll; sondern er sehe zu, prüfe sein selbs Gewissen, was er gläuben und thun wölle, oder müge. Ich kann ihm nicht rathen, noch weiter heißen; denn im Fall, wo ichs ihm riethe, oder hieße, und er wäre doch der Sachen ungewiß, und thäts im Zweifel oder Wankelgewissen: so macht ich mich theilhaftig, und wäre ganz die Ursach solcher Sünden wider Gott.

Es ist aber nicht geringe Sünde, aus Zweifel oder Unglauben (das ist, wider das erste und ander Gebot) etwas thun; denn Gott will Glauben und nicht Zweifel haben. Wer will aber mich versichern, daß er gläube? Wollte doch St. Philipps Apostg. 8, (36. 37. 38.) den Kämerer nicht täufen, hieß und rieths ihm auch nicht; sondern da er selbs begehrte, und sprach, er gläubte an Christum, da gab er ihm auf solchen Glauben die Taufe.

Uber das ists mit dem Abt noch ein anders. Denn wer weiß, ob er schon gläubte, daß er auch stark und feste gnug im Glauben sey, zu ertragen zukünftige Anfechtunge? Denn wir lesen in der Schrift, und erfahrens täglich an uns selbs, was der Teufel und alle Welt wider den rechten Glauben anricht, ja auch ausricht, und der Verfolgung und Anfechtung kein Ende noch Maß ist. Sollte nu hernach der Abt ein bös Gewissen kriegen, wie vielen geschicht, und sich der Reuel finden, oder in Elend, Armuth, Ungunst, Fahr, oder andern Unfall drüber komen, und solchs nicht können leiden, und endlich wieder zurück gedenken und trachten, wie itzt gar viel thun, und gethan: so wäre es viel besser, itzt gelassen.

Darumb Niemand dazu rathen noch heißen kann, es muß ein Jeglicher hie sein selbs Meister, Rathgeber und Helfer seyn, nach dem göttlichen Wort, und gehöret wahrlich ein Mann und Herz dazu, das ritterlich stehen müge. E. K. F. G. haben wohl erfahren, was die frome Fürstin, Herzogin Ursula von Münsterberg, drüber erlitten hat. Denn sonderlich ists den hohen Personen von großer Herschaft schwerlich zu thun, und gar ubel, ja aller Ding nicht von Jemand zu rathen.

Denn wenn sie gleich zeitlich Gut genug mit sich bringen, oder anderswo finden möchten (welchs doch kaum müglich für ihren Stand); so ist doch zu besorgen, daß sie die Schmach, Verachtung, Haß und Abgunst nicht ertragen mügen, so sie beyde von jenem Theil, und unter den Unsern erfahren würden. Sollen sie denn sich auch so gar herunter lassen, und andern gemeinen Leuten sich gleich halten, das ist ihnen ja zu schwer. Und wer kanns ihnen rathen, wo sie es nicht selbs erwählen zu thun und zu wagen, was der Teufel und die Welt an ihnen thut, und thun will?

Das wollt ich aber rathen, weil alle Sachen itzt in der Wage stehen, und Niemand weiß, wohin Gott den Ausschlag will gerathen lassen, daß der Abt auch seine Sachen aufschübe; vielleicht möchts Gott so schicken, daß alle, oder doch viel Klöster möchten aufgethan werden, und er also ohn Schmach und Fahr, dazu mit ziemlicher Versorgung heraus komen. Würden sie aber nicht aufgethan, so bliebe es in der obgesagten Weise, daß er sich selbs prüfen, und sein Gewissen zu Rath nehmen müßte, und auf Gott wagen, was er thun wollte, und auf keines Menschen Rath. Dann da würde nichts guts aus, und hätte auch keinen Bestand: sintemal wer es auf Gott und Gottes Wort oder Rath nicht wagen dar, und wills doch auf Menschen Rath wagen, das ist ein abgöttisches, ungläubiges Herz, das mehr einem Menschen, denn Gott, vertrauet, und gewißlich nichts guts für hat, auch nichts guts ausrichten wird, dazu ich wahrlich Keinem Ursach noch Rath geben wollte.

Zuletzt acht ich, weil der Abt, hohes Standes und Geburt, nirgend sowohl versorget seyn kann, als im Kloster, sollt ihm mehr zu rathen seyn, daß er drinnen bliebe; sintemal er im Kloster nicht allein baß versorget, und auch ohn Schmach in Gut und Ehren bliebe, sondern auch vielmehr guts schaffen könnte, denn heraussen. Denn heraussen kann er Niemand helfen, sondern man muß ihm helfen, und müßte dennoch geringes Stands und veracht werden. Aber im Kloster hätte ers Alles in der Hand, künnte vielen helfen, und mit der Zeit die Klostergräuel schwächen und untergehen lassen, und damit vielen Gewissen zur Wahrheit und Freyheit helfen; wie die frume Fürstin, die Aebtißin zu Gernrode, und viele andere Prälaten und Prälatin thun.

Denn wo es sein Ernst ist, das Evangelium zu haben und Gott zu dienen, kann er nicht besser dienen, denn thue also, wie itzt gesagt; und schadet ihm an seinem Gewissen nichts, daß er drinnen bleibet, weil er darumb drinnen bleibt, daß er will die Gräuel helfen kürzen und Gottes Wort fördern, welches er haussen keins thun kann. Wollt Gott, ich selbs wäre ein solcher Abt oder Prior uber ein Kloster, ich wollte der Sachen baß rathen, denn wenn ich haussen wäre, und wollt den Teufel in seiner eigen Farbe und mit seinem eigen Wesen fein verjagen.

Wo aber der Abt sich beschweret, daß er nicht zur Ehe greifen kann, wollte ich lieber rathen, daß er eine heimliche Ehefrauen nähme, und thät gleichwohl, wie gesagt, weil es doch bey den Papisten keine Schande noch Fahr ist, Weibsbilder haben, bis daß Gott der Herr anders schickt, wie er denn in kurz thun wird; denn so kann die Sache nicht lange stehen. Hiemit wäre der Abt sicher und versorget, dürft auch seine Freundschaft nicht beschweren, sintemal auch St. Paulus die strafft, so Andern beschwerlich sind, und nichts dafür erbeiten, noch schaffen rc., 1 Thess. 2, (9.).

Solchs hab ich dießmal in Eile, auf E. K. F. G. Begehr, unterthäniglich angezeigt. Befehl E. K. F. G. hiemit dem Vater aller Gnad und Barmherzigkeit. Datum 29. May, Anno 1529.

E. K. F. G.

unterthäniger

Martinus Luther.

---

25. May. N⁰. MCVI.

An Wenc. Link.

Empfehlung eines vertriebenen Schottländers; vom Druck der Uebersetzung des B. d. Weisheit.

Ein Stück dieses Briefs bey Buddeus p. 65. Vollständig im Litter. Wochenbl. II. 371. und hieraus bey Strobel-Ranner p. 145. Aus der Schmidischen Sammlung zu Helmstädt bey Schütze II. 102. Das Fragment bey Budd. deutsch bey Walch XXI. 1164.

Venerabili in Christo Viro, D. Wenceslao Linco, Eccles. Nurmberg., suo Majori.

G. et P. in Christo. Scotus 1) hic est, mi Wenceslaë, quem tibi commendo: pulsus e patria et exul propter verbum, voluit

1) L. W. Scatus.

ad vos concedere, petiitque has literas meas ad te, si qua ratione possit ei consuli. Videtur honesto loco apud suos natus et in scholastica theologia probatus et insignitus. Lingua nostra si posset loqui, facile fuisset ejus opera uti. Igitur fac, ut decet nos facere. Nos eum retinuissemus in nostra penuria, sed habebat causas, quibus aliud moveretur [1]) proponere.

Librum sapientiae transtulimus absente Philippo et me aegrotante, ne otiosus essem: is jam sub typis formatur, Philippi auxilio castigatus. Nam ea, quae transtulit Leo Judae Tiguri, forte Zwinglio autore, mirum quam nihili sint. [2]) Vale in Domino et ora pro me. Datae 25. Maji, anno MDXXIX.

T. Mart. Luther.

---

28. May. N⁰. MCVII.

An Spalatin.

Empfehlung eines Pfarrers und seiner Angelegenheit; von Melanchthons Arbeiten und dem Druck der Uebersetzung des B. d. Weisheit.

Bey Buddeus p. 65. In den Unsch. Nachr. 1721. S. 174. Vgl. Cod. Jen. a. f. 219. Deutsch bey Walch XXI. 1165.

Venerabili Viro, D. Georgio Spalatino, Episcopo Altenburgensi, servo Christi fideli.

Gratiam et pacem in Christo. Virum hunc, qui has meas tibi reddit, mi Spalatine, statuit cum quodam Parocho vicino tuo permutare. Is me rogavit, ut se tibi commendarem. Proinde oro, ut si quid potes, eum in hac re juves, ubi imploraverit operam tuam. Caeterum hic satis valemus quidem, sicut Christianos decet. Ex comitiis allata credo omnia tibi jamdudum nota. Philippus te reverenter salutat. In Sacramentarios aliquid molitur. Item in Epistolam ad Romanos, quam modo et profitetur. Ego verti librum Sapientiae, dum raucedine otiarer: is statim exibit meliore facie, quam sit in Latinis et Graecis originalibus. Vale et ora pro me. 28. die Maji, anno MDXXIX.

T. Martinus Luther.

---

1) L. W. moneretur. 2) Von Librum sap. bis hieher bey Buddeus.

28. May. N⁰. MCVIII.

An Gerh. Biscampius.

Kurze Antwort auf ein erhaltenes Schreiben nebst Geschenken.

Aus dem Original von Luppe in Escherßhausen bey Hildesheim bekannt gemacht in Gottfr. Seebode's Neuer krit. Bibliothek für das Schul- und Unterrichtswesen 1. B. 2. H. 1823. S. 244. Vorher deutsch bey Walch XXIII. 35.

*Servo Christi fideli, D. Gerardo Xantho Lampadario *) meo in Domino charissimo.*

Gratiam et pacem in Domino. Famulus meus literas tuas, mi Gerarde, inter chartulas miscuerat, ut scribenti mihi eas subito abeunte nuntio restituere non posset, quo fit, ut non satis teneam, quid scripseras, fretus, quod literas respecturus possem. Nam in summa animi tui studium in illis declarari, sensi: id, quod et munuscula suggerunt. Caeterum sororem illam, quae donum misit, vicissim hoc signato libro dono. Vellem autem nosse, quibus libris careres, qui hic cuduntur: mitterem certe libentissime. Tu, sicut facis, ora pro me domoque universa, et ego faciam, nam tuis orationibus multum tribuo. Vale in Christo. 28. May, MDXXIX.

Martinus Luther.

---

28. May. N⁰. MCIX.

An Jacob Montanus.

Aehnlichen Inhalts mit dem vorigen, und dazu noch eine Aeusserung über Erasmus.

Aus der Cyprianischen Sammlung zu Gotha bey Schütze II. 103. Wir haben Cod. chart. 451. u. 185. 4. Bibl. Goth. verglichen.

Jacobo Montano Spirensi.

G. et P. in Christo. Quod de Erasmo scribis, mi Jacobe, in me spumante, satis novi et vidi in ejus literis. Nullum

*) Vgl. No. MXXXIX.

librum edit, quo non [1]) impotentiam animi sui vel dolorem potius vulneris accepti inducit. Sed ego contemno, nec dignabor hominem ulteriori disputatione: ac si quid hujus scripturus sum, rem ipsam agam. Erasmi tantum, veluti de tertia persona loquens, memor ero, sententiam ejus damnando potius, quam confutando. Homo enim est levissimus, qui religiones omnes plane ridet, more sui Luciani, nec serio aliquid [2]) scribit, nisi cum vindictas et noxia scribit.

Hic nos omnes salvi sumus, quod vestris orationibus acceptum ferimus. Gratias ago pro munusculis, animos vestros faventes declarantibus: mitterem vicissim libros, sicut antea promisi, si scirem, qui qualesve tibi deessent: hos vero recens editos mitto. Vale in Christo, et quod facis, ora pro me. Witenbergae, die 28. Maji, anno MDXXIX.

Mart. Lutherus.

---

28. May. N⁰. MCX.

An Matthias, Bischof von Danzig.

Dank für einen freundlichen Brief nebst einem Geschenk.

In den Unsch. Nachr. 1721. S. 174. Bey Strobel-Ranner p. 146. Wir haben den Cod. Jen. B. 24. f. 180. verglichen. Deutsch bey Walch XXI. 1166.

Rererendo in Christo Patri, Domino Matthiae, Episcopo Gudensi, suo in Domino Majori venerabili.

G. et P. in Christo. Reverende Pater, et in Domino venerabilissime vir. Literis tuis cum patasone suillo acceptis mirum quam hilariter et jucunde in Domino afficiebar, quod intelligerem te jam senio confectum ante diem defunctorum Evangelio Christi captum et illuminatum, quam gratiam Dei plane inter miracula refero, ut qui sciam, quam soleant tui ordinis proceres verbo Dei resistere. Dominus Jesus, qui in te coepit opus suum, is perficiet. Quod oro et peto, Amen.

---

1) Non fehlt bey Sch. 2) Cod. 451. ullo servo, Cod. 185. nec ullo servo aliquid, falsch.

Proinde sicut tua Paternitas desiderat me videre, ita vicissim magna voluptas in Christo mihi esset; venerandos canos tuos videre confessores Christi in hac turba procerum hostilium, audentes illis dissentire. Mihi sane fas non est, nec liberum istuc proficisci. Dominus autem velit, qui potest nos conjungere, vel una solum vice, qui R. P. T. misericorditer augeat et servet, Amen. 28. Maji, anno MDXXIX.

T. Martinus Lutherus.

---

31. May. N⁰. MCXI.

An Nic. Amsdorf.

L. sendet an A. Geistliche von Goslar.

In den Unsch. Nachr. 1721. S. 175. Bey Strobel-Ranner p. 147. Deutsch bey Walch XXI. 1166.

Domino Nicolao Amsdorfio.

G. et P. in Christo. Nihil novorum apud nos, quae tu non noris. Hos vero ministros verbi Goslariae ad te misi, ut tibi Ecclesiae Goslariensis rationem narrarent, quos, quaeso, benigniter audias et commendatos habeas. Boni et integri mihi videntur esse dignique favore piorum: pertinet autem ad te quoque talia nosse, et praemoneri, ut qui primus ibi fundamentum jeceris pietatis, et non infeliciter superstruxeris. Deinde animabit pios et trepidos, ubi senserint nostrum in hac causa consensum et gaudium. Simul et Satanam cum suis organis vel confundet, vel saltem impediet. Fove itaque eos sereno vultu et consolare in visceribus Christi. Nam qui sic metuunt scandala et sic soliciti sunt pro concordia, non possunt non optima praesumere in Christo. Christus te servet ac salvet, Amen, Ultima Maji, anno MDXXIX.

T. Martinus Lutherus.

31. May. No. MCXII.

An die Evangelischen zu Goslar.

Ermahnungsschreiben.

Aus dem Original in Heineccii Nachricht vom Zustande der Kirchen zu Goslar S. 20., und daraus im Leipz. Supplem. S. 60. No. 88., dann bey Walch X. 424.

Gnad und Fried in Christo. Ehrsamen, lieben Herrn und Freunde! Eur Schrift sampt dem Herrn, euern Seelsorger, ist zu mir komen, und von mir so gut als vermag empfangen. Und weil oder wo sichs also bey euch hält, wie ich von ihm berichtet, so bin ich von Herzen froh, und bitte Gott, den Vater aller Gnaden, wollte euch bey solcher Weise erhalten und foddern. Amen.

Dann ich zuvor unlängst auch nichts sonderliches von euch Arges erfahren, allein das einige Stück bey uns in die Ohren getragen, als sollte sich Ungehorsam, Aufruhr und Frevel wider die Oberkeit bey euch eugen, *) welchen ich doch bis auf Kundschaft des andern Theils nicht habe stattlich glauben wollen; ohne daß ich mich dennoch gefurcht, und Gott gebeten habe, euch und uns alle und das liebe Evangelium für solcher Aergerniß zu behüten. Hinfürder helf euch, der bey euch angefangen hat. Unfriede, Fahr und Widerwärtigkeit müsset ihr leiden; wäret ihr des Teufels und seiner Welt Theil, so hätten sie euch lieb und ließen euch Friede. Weil aber Christus euch zu seinem Theil gefoddert hat und behält, so müssen sie euch hassen, wie Christus lehret. Aber seyd getrost, er ist größer, der bey uns ist, denn der in der Welt ist (1 Joh. 4, 4.). Haben sie den Hausvater Beelzebüb geheissen, so werden sie es seinem Gesinde nicht bessern, Matth. 10, 25. Knechte sollens nicht besser haben, denn der Herre. Fahret also fort in Geduld, so wird der Herr bey euch seyn, Amen. Behalt mich in euern Gebet. Zu Wittenberg, Montags ultima Maji, MDXXIX.

Martinus Luther.

*) Ereignen.

Ende Mays. No. MCXIII.

Bedenken.

Auf Veranlassung des Rothacher Convents beantwortet L. die Frage: Ob die im Artikel vom Abendmahl Anderslehrenden mit in das Religionsbündniß aufgenommen werden können. Vgl. Seckendorf L. II. §. 46. Plank Gesch. des protest. Lehrbegriffs II. 460.

Aus dem Weim. Archiv in Müllers Hist. d. Augsb. Conf. L. II. c. 16. §. 6. p. 230., doch ohne den Schluß; Leipz. XXII. 25. Walch XVI. 624. Wir haben das Original von L.'s Hand nachgesehen, welches das Concept ist.

Weil dieß Verbundniß soll den Namen haben, und der Meinung geschehen, daß die Lehre des Evangelii dadurch bey uns erhalten und beschutzt werde, so ists

Aufs erste unmuglich und umbsonst: Ursache, denn solch Verbundniß muß ohn Zweifel sich grunden und stehen auf dem Gewissen odder Glauben dere, so sich verbunden, als daß sie alle wollen einträchtiglich gläuben. Nu ist solcher Glaube bey den andern uns unbewußt und ungewiß, und freylich zu besorgen, bey gar wenigen. Wenn denn nu der Kaiser etwa angriffe, so wurden sich denn gar wenig finden, die bestehen, und wurden die andern alle abfallen. Da wurde man denn allererst und zu langsam erfahren, wie die Städte ihr selbs nicht mächtig sind, und wurde das Bundniß mit großer Schande und Schaden zu nicht werden. Deß haben wir Exempel gnug an Molhusen, Nordhusen, Erfurt, Augsburg, Nurnberg, Schwäbischen Halle 2c., welche vorhin das Evangelion fressen wollten fur Liebe, nu aber plotzlich und leichtlich umbgefallen. Also ist zu furchten, daß auch mit Ulm, Straßburg 2c. gehen wurd, weil noch viel drinnen sind, dem Evangelio feind, daß ein oder zween Mann, die itzt schweigen und leiden, sich herfur thun werden, und die ganzen Stadt umbkehren, denn non est omnium fides, spricht Paulus (2 Theß. 2, 3.).

Zum andern ists fährlich des Landgrafen halben, weil es ein unrugiger Mann ist. Mocht er abermal, wie er jenes Mal thät, etwas anfahen, Stift, Kloster sturmen ohn unsern Willen: so mußten wir hinnach, und mitthun odder mitgethan alles, was er thät. Deßgleichen auch der Städt halben, Basel und Straßburg, so die Stift (die doch nicht in ihrer Gewalt) mit eigener Gewalt verschlossen und eingenomen haben. Solchs mußten wir alles mitgethan und helfen vertheidingen. Weil nu der Landgraf uns in solche Fahr mocht bringen, so thun wir widder Gott, wo wir uns in solche Fahr begeben, wie geschrieben steht: du sollt Gott nicht versuchen, (Matth. 4, 7.) und abermal: Wer Fahr gerne hat, der wird druber untergehen (Sir. 3, 27.).

Zum dritten ists verdächtig und ärgerlich; denn wer kann so viel Leute dafur halten, daß sie hierin nicht suchen brachium carnis, d. i. mehr Trosts und Trotzs auf menschlich Hulfe, denn auf Gott; ja gar wenig wurden so reines Glaubens seyn, ist anders Jemand so rein, die nicht solchen Bund wurden ihren Abgott seyn lassen: das wäre denn erschrecklich. Und, obschon zween odder drey rein wären, so hätte man doch hiemit den Andern Ursach gegeben, und solchen Abgott fur sie aufgericht, wie Gideon Jud. 9, und Michä Jud. 20, (17.) geschach.

Zum vierten ists unchristlich der Ketzerey halben widder das Sacrament; denn wir sie nicht konnen im Bund haben, wir mußten solche Ketzerey mit helfen stärken und vertheidingen, und wenn sie vertheidingt wurden, sollten sie wohl ärger werden, denn vorhin. Denn weil sie dieß Stuck nicht bessern, ist nicht Hoffnung, daß sie in den andern Stucken recht und fest bleiben werden. Hiebey merke man das Exempel Josua 7., da umb des einigen Achans willen das ganze heilige Volk Ungluck haben mußte, bis daß solche Sunde gestraft ward.

Ob Jemand wollt furgeben, die Städte sind doch in allen Stucken bis auf den einigen mit uns eins, und sollt ja an dem einigen umb der andern alle willen nicht so viel gelegen seyn:

Antwort: Es ist allzu viel an dem einigen, wie droben vom Achan gesagt; denn darin werden die andern alle auch unrein, wie Jacobus spricht: Offendens in uno, factus est omnium reus. (Jac. 2, 10.). Er ist nicht weniger ein Unchrist, wer einen Artikel leugnet, denn Arius odder der einer. Derhalben wir dem Urtheil nicht entlaufen mugen, faciens et consentiens pari poena plectuntur Rom. I. Und wie der Prophet zum Konige Josaphat sagte 2 Paralip. 19.: Impio praebes auxilium, et iis, qui oderunt Dominum, amicitia jungeris etc. Auch beschweren sie die Sachen selbs damit allzusehr, daß sie ohn alle Noth also ganz und gar alle Cerimonien vom Sacrament abthun, und machen eine schlechte Collation draus, welchs wir nicht wohl glimpflich konnen verantworten.

Spricht man abermal: dieser Bund betreffe nicht die Lehre, sondern soll widder äusserlich Gewalt, die man widder Recht furnimpt, dieweil jene sich auf Erkenntniß erbieten:

Antwort: Das hält nicht; denn man weiß, daß uns der Widdertheil umb keiner Ursache willen angreifen will, denn umb der Lehre willen. Drumb läßt sichs nicht gläuben, daß wir widder unrecht Gewalt solchen Bund machen. Und daß sie sich auf Erkenntniß erbieten, hilft uns nichts; denn wir wissen und halten, daß sie Unrecht haben, und mugen solchs nicht mit ihnen in Zweifel odder Erkenntniß setzen, darumb wir nicht mit gutem Gewissen konnen mit ihn handeln, wir mußten solch ihr Erbieten auf Erkenntniß auch bewilligen und bestätigen, und also gleich mit ihn von unserm Gewissen Erkenntniß auf ihren Zweifel odder ungewissen Wahn fallen. Das wäre denn mehr, denn halb, wo nicht gar unsern Glauben verleugnet. [1]) Derhalben ist unser Bedenken, daß mans lasse bleiben bey den Artikeln, die gestellet sind auf solche Handlung.

Caesari scribendum.

Primum prodesset, quod nostra pars exclusis Zwinglicis sola pro se scriberet.

Secundo, ut beneficia Principis erga Ecclesiam et rempublicam amplificarentur, exaggerarentur etc.

1. Quod purissime doceri fecerit Christum et fidem ejus, qualiter nusquam et a mille annis per tot collegia et ministeria docta est. Et tot abusiones et monstra abolita, quae ipsimet coguntur fateri fuisse pessima et noxia Ecclesiae et reipublicae, ut missarum nundinas, indulgentiarum abusus, excommunicationis violentiam, et similia, quae apud ipsos quoque intolerabilia fuerint, qualia Wormatiae nobilitas ipsa obtulit et exegit aboleri.

2. Quod tumultuantibus restitit, ut imaginum et Ecclesiarum violatoribus.

3. Quod Magistratus et Majestatis gloria [2]) insigniter est declarata, laudata, reformata plus quam a multis saeculis factum.

4. Contra seditiosos Munzeros maxima fecerimus et tulerimus pro Majestate et pace publica servanda.

---

1) So weit der bisher gedruckte Text. 2) Abusum, scheint ausgestrichen zu seyn.

5. Sacramentarios nemo nisi nos pressimus, Papistae fuissent obruti.

6. Anabaptistas similiter pressimus.

7. Per ea multa mala semina dogmatum pessimorum hominum in diversis locis sparsorum de sancta Trinitate, de Christi fide etc. (ut Erasmi, Egrani et similium).

---

5. Junius. N⁰. MCXIV.

An Justus Jonas.

Von der Besetzung einer Pfarrstelle und der Versorgung eines gewissen Simon; zuletzt Neuigkeiten.

Aus Aurifabers ungedruckter Sammlung bey Schütze III. 164. Vgl. Cod. Jen. b. f. 216. Bey Buddeus p. 74. u. in Cod. epp. ineditt. coll. p. J. Chr. Sagittar. Cod. 185. 4. f. 3. findet sich ein mit diesem und dem v. 6. May an Jonas verwandter Brief, den wir unten anführen. 1)

Justo Jonae, Inspectori ecclesiarum Misnensium.

Gratiam et pacem in Christo. De literis ad Reiffenstein pro tuo Laurentio fit, ut scripsisti. Caeterum de Joachimo mittendo ad te pro parochia prope Colditium, uti proxime scripsisti, et nos rogaveramus, mutata est sententia: nam is, qui Saxonice loquitur, ineptior ad eum locum visus est, id quod ante non recordabamur: maxime autem, quia locus ei interim contigit in arce, quo succederet abeunti in Silesiam Domino Nicolao, qui tuo loco concionabatur. Ita hic subsistit, donec in Saxonia propius vocetur. Aliud nunc est. Hic Simon, qui has offert, ab episcopis Thuringiae absolutus aut liberatus potius Creuzburgae, nullo sane 2) suo magno vitio, sed magis

---

1) Gratia et Pax in Christo. De literis ad Reiffenstein pro tuo Laurentio fit, ut scripsisti. In itinere esse Pomeranum ad nos redeuntem speramus. (Wie am Ende dieses Briefes.) Jacob ille Zieglerus — — — — — — — — — — — — — — differri non potest. (Ganz wie im Briefe v. 6. May, No. MC., an Justus Jonas). Alias tres nonnas — — — — — — — — — — — — — — — — — — (wie am Ende dieses Briefes).

2) Im Text befindet sich noch das überflüssige sine.

odio plebis istius durae, ut pax constet ejus loci, commendatur mihi valde a Friderico Mecum, quanquam antea mihi valde notus. Nam in doctrina multum valet, facundia etiam inter primos. Sed quid notum tibi forte praedicem? Hunc rogo ut loco Joachimi, vel ut Praepositus Cameracensis juxta Torgam parochia vacua provideatis de meliori, praesertim cum et uxore, optima muliercula, et liberis duobus auctus sit: tuto illum constituetis quovis loco.

Paries tuus stat erectus costis et vectibus ligneus. Jam incipit et lateribus carneus quoque fieri. Omnia sunt salva in domo tua. In itinere esse Pomeranum ad nos redeuntem speramus. Heri tres nonnas excepi e Friberga Misnae elapsas mirabiliter auxilio parentum. Una nobilis a Mergenthal, reliquae duae civium filiae Freibergensium. Moab ille furit. Sat scio. D. 5. Junii, anno MDXXIX.

T. Mart. Luther.

---

14. Junius. N⁰. MCXV.

An Justus Jonas.

Nachrichten von Wittenberg.

In den Unsch. Nachr. 1721. S. 358. Bey Strobel-Ranner p. 147. Wir benutzen eine von Uckert angestellte Vergleichung mit einem Cod. Goth. Deutsch bey Walch XXI. 1168.

G. et P. in Christo. 1) Paries tuus adhuc lateres formandos expectat in fornace senatus: nam Praefecti lateres ceciderunt in spongiam: causa qua, coram audies. *) M. Milichio **) despondimus Susannam Mosvicen, sororem uxoris Doctoris Augustini. ***) Pomeranus scribit sese brevi venturum, quo

1) Fehlt in den U. N.

*) S. d. vor. Br. **) Prof. der Philos. zu Wittenberg und Doct. der Medicin. ***) Verm. Schurfs.

praesente facilius potero vobiscum agere et laborare visitando, si tamen opus est. Philippus sese macerat cura rei ecclesiasticae et reipublicae usque ad periculum valetudinis. Tu ora pro me et eo, ut Satanam conculcet Christus sub pedibus ejus. Saluta coëpiscopos omnes. 14. Junii, anno MDXXIX.

D. Martinus Lutherus.

---

15. Junius. N⁰. MCXVI.

An Justus Jonas.

Der Brief bezieht sich meistens auf Visitations-Angelegenheiten; zuletzt eine Nachricht von Karlstadt und eine Klage über Bischöfe und Fürsten.

In den Unsch. Nachr. 1721. S. 359. Bey Strobel-Ranner p. 148. Deutsch bey Walch XXI. 1169.

G. et P. in Domino. Mihi sane placet (nisi ad rem adeo pertinet), Stephanum hunc a vobis constitutum Pastorem. Nec de Joachimo quicquam aliud sentio, quam quod tu scripsisti. Miror autem, cur ad me talia referas, scilicet absque meo consilio aut voto. Nihil valet vestra ordinatio? Benedictum Paulum venisse ad vos spero. Dominus restituat choro [1]) Cotteritium, ac salvos vos omnes et felices servet, Amen. Gratias ago, quod Staupitianae Magdalenae *) sic fideliter memineris. M. Georgium Mohr **) libens juvero, ubicunque potuero, quanquam ignoro, an consultius sit eum Bornae manere tranquillo vitae genere, quam alibi rusticanae turbae misceri. Caetera ipse Stephanus forte, quanquam nihil praeterea sit, quod scribi possit, cum omnia ex Benedicto Paulo sitis intellecturi.

Carolstadius in Frisia laetus et triumphans diu consedit, vocavit literis binis gloriosis et gratulatoriis uxorem ad se: scilicet nova monstra nobis ibi cudet Satan. Christus fortitudo

---

1) Viell. oro.

---

*) Sie war eine der Nonnen, welche mit Katharina von Bore aus dem Kloster Nimptsch entflohen. **) Er war 1521. zu Wittenberg Magister und Schullehrer und auf Karlstadts Seite, trat aber mit Didymus bald zurück.

nostra sit, qui laborantes et fessos nos roboret. Vere enim nos Hercules et Atlantes esse cogimur, adeo totus orbis nostris humeris incumbit. Nullus Episcopus, nullus Princeps suo officio fungitur, ut ille vel unam Ecclesiam, imo unam animam, iste vel unam civitatem, imo unam domum curaret. Ad vexandam Dei voluntatem omnes in unum furunt. *) Ora pro nobis. 15. Junii, anno MDXXIX.

T. Martinus Lutherus.

---

18. Junius. N°. MCXVII.

An den Rath zu Torgau.

L. ermahnt die Torgauer, ihren Physikus besser zu behandeln.

Bey Lingke Luther's Gesch. und Andenken zu Torgau S. 88.

Den Ehrbarn, Fürsichtigen Herrn, Bürgermeister und Rath zu Torgau, meinen günstigen Herrn und Freunden.

Gnade und Friede in Christo. Ehrsame, weise, liebe Herrn! Es ist mir von etlichen zu Torgau berichtet, wie euer Physikus D. Basilius seiner Aufführung so unfreundlich bey euch gehalten sey, daß er hat abermal müssen räumen und Herberge suchen mit großer Ungenade, daß mir gleich einige haben fürgehalten, wie evangelisch wir uns gegen einander hielten: ist derhalben mein freundlich Ersuchen, es wolle ein ehrbar Rath Zusagung thun, und dafür seyn, daß nicht euern Widersachern Gelegenheit gegeben werde mit Ubelreden von euch. Schreibt mir mit ehesten, und zeiget euch doch als die Kunstliebende, auf daß euer Physikus einmal zu gewissen Behausung gelange, weil euch Gott so reichlich begabet, daß ihr dieses zu thun leicht und wohl vermöget. Daran ihr nicht allein euer Ehren helft, sondern auch Gott zu Dank und Dienst thut. Gott gebe euch seine Gnade. Wittenberg den 18. Junii, 1529.

Martinus Luther.

---

*) Die Stelle Carolstadius in Frisia bis hieher findet sich schon im Briefe vom 6. May, No. MCI. Sollte L. dasselbe zweimal geschrieben haben?

20. Junius. N⁰. MCXVIII.

An Wenc. Link.

L. empfiehlt W. L. Wolf Hornung und seinen in Regensburg zu betreibenden Handel (s. Br. v. 5. Oct. 1528, No. MXXXV.); zuletzt eine Klage über seine überhäuften Geschäfte.

In den Unsch. Nachr. 1721. S. 360. Bey Strobel-Ranner p. 149. Deutsch bey Walch XXI. 1170.

Gnad und Fried [1]) in Christo. Oro te, mi Wenceslaë, ut conjunctis studiis, viribus, tu et Osiander, me non derelinquatis: est enim partim et mea causa quae agitur, videlicet: Wolf Hornung, qui has reddit, vocatus tandem ad Regensburgam in causa sua audiendus: nosse enim te credo, quomodo Marchio Brandenburgensis ejus uxore abutitur violenter et impudenter, ipso Hornungio, quia hoc probare noluit, expulso a domo, liberis, facultate et omnibus. Summa est, haec indignissima tyrannus iste agit. Ego pauper pauperem hactenus fovi et alui exulem et miserum. Es sollt Stein und Fels erbarmen. Hoc autem peto, ut forensem aliquem patronum invenire possit apud vos, qui cum eo vadat Regensburgam et adsistat misero. Sumtus ipse dabit, tantum juves, ut aliquem inveniat. Fac, quaeso, hac in re, ac si mea et tua ageretur. Nam Christi et justitiae extrema diserte causa haec est: Es sollt einer mit Füßen drein springen, und mit Fäusten drein schmeißen. Vale et vive cum tuis omnibus in Christo.

Quereris proximis literis, quod non responderim tibi ad quaestiones. Noli mirari: si responderi voles, scribes et monebis iterum. Nam sic obruor quotidie literis, ut mensa, scamna, scabella, pulpita, fenestrae, arcae, asseres et omnia plena jaceant literis, quaestionibus, causis, querelis, petitionibus etc. In me ruit tota moles ecclesiastica et politica, adeo neque ecclesiastici neque magistratus suum officium faciunt. Vos Norimbergae in paradiso sedetis et luditis, quia magistratum habetis, qui omnia facit et expedit vobis securis et otiosis. Nos vero etiam aulae negotiis vexamur, quae parum ecclesiasticae causae sunt. Der jüngste Tag will und muß kommen. Vale et ora pro me. 20. Junii, MDXXIX.

1) Str. G. et P.

23. Junius. No. MCXIX.

An den Landgrafen Philipp.

L. erklärt sich bereit zu dem Gespräch mit Oecolampad und Zwingli, erklärt aber, wie wenig er davon hoffe.

Wittenb. IX. 288. Jen. IV. 510. Altenb. IV. 560. Leipz. XIX. 527. Walch XVII. 2352. Lat. in Buddei suppl. p. 67. Auch unverändert in den Unsch. Nachr. 1736. S. 131., aber irriger Weise an den Herzog Albrecht in Preussen gerichtet.

Gnad und Friede in Christo. Durchleuchtiger, Hochgeborner Fürst, gnädiger Herr! Ich hab E. F. G. Schrift und gnädigs Begehren, daß ich mich soll gen Marpurg begeben, mit Oecolampad und den Seinen ein Unterrede [1]) zu haben, des Zwiespals halben vom Sacrament, ob Gott wollt Friede und Einigkeit geben, unterthäniglich vernomen. Wiewohl ich aber ein schlechte Hoffnung habe zu solchem Friede; so ist doch ja E. F. G. Fleiß und Sorge hierin hoch und sehr zu loben, und ich für mich willig bin, solchen verlornen und vielleicht auch uns fährlichen Dienst E. F. G. mit allem Fleiß zu beweisen, und E. F. G. Willen und Fürnehmen nach mich begeben, wohin ich soll. Denn ich den Ruhm mit Wahrheit dem Widertheil nicht lassen will (ob Gott will), daß sie mehr zum Friede und Einigkeit geneigt wären, denn ich. Ich will E. F. G. eben so mehr bey Zeit dürre heraus sagen, was ich denke. Aber da bitte ich für [2]), gnädiger Fürst und Herr, daß E. F. G. wollten gnädiglich bedenken, oder auch erforschen, ob jenes Theil auch geneigt wäre etwas zu weichen von ihrer Meinung, damit endlich ubel nicht ärger werde, und eben das Widerspiel deß gerathe, das itzt E. F. G. so herzlich und ernstlich sucht. Denn was hülfs, zusamen komen und unterreden, so beyder Theil mit Fürsatz komet, nichts uberall zu weichen?

Mich siehet die Sache an, als suchten sie durch E. F. G. Fleiß ein Stücklin, daraus nichts Guts folgen will, nämlich, daß sie hernach wider uns rühmen mügen, wie es kein Feyl an ihnen gewest sey, hätten solchen großen Fürsten bewegt, und wollten also uns durch E. F. G. Namen mit Unglimpf beschweren, als wären wir

1) U. N. Unterredung. 2) U. N. euch.

Feinde des Friedes und der Wahrheit, sich aufs allerfeinst zu schmücken. Ich kenne den Teufel wohl, was er sucht. Gott gebe aber, daß ich hie nicht ein Prophet sey. Denn wo es nicht ein falscher Tück, sondern rechter Ernst wäre bey ihnen, Friede zu suchen: dürften sie solche prächtige Weise, durch große mächtige Fürsten, nicht fürnehmen; denn wir von Gottes Gnaden so wüst und wilde nicht sind. Sie hätten uns mit Schriften ihren demüthigen Fleiß zum Friede, wie sie rühmen, wohl längest, und noch, können anbieten. Denn ich weiß das wohl, daß ich ihnen schlecht nicht weichen werde; kann auch nicht, weil ich so ganz für mich gewiß bin, daß sie irren, dazu selbs ungewiß sind ihrer Meinung. Denn ich alle ihren Grund in dieser Sachen gnugsam erfahren habe; so haben sie meinen Grund auch wohl gesehen.

Darumb ist mein unterthänige Bitte, E. F. G. wollten umb Gottes willen helfen höchlich bedenken, obs mehr Frucht oder Schaden bringen werde. Denn das ist gewiß, wo sie nicht weichen, so scheiden wir von einander ohn Frucht, und sind vergeblich zusamen komen, und ist E. F. G. Kost und Mühe verloren. So werden sie denn nicht lassen können ihr Rühmen, wie sie bisher gewohnet, und uns mit Unglimpf beschweren, daß wir aufs neu gedrungen werden uns zu verantworten. So ists denn ärger worden, denn es itzt ist. Das will und sucht der Satan.

Daß aber E. F. G. besorget, aus solcher Uneinigkeit möcht Blutvergießen folgen, weiß auch E. F. G., was deß folgen werde (da Gott für sey), daß wir deß alles unschüldig sind. Und Gott wird unser Unschuld wohl an Tag bringen. Ob der Rottengeist Blutvergießen anricht, so thut er nach seiner Art, wie er zuvor an Franz von Sickingen, Carlstad und Münzer auch gethan hat; da wir dennoch von Gottes Gnaden unschüldig, und der Gegentheil schüldig blieben ist.

Solchs hab ich, E. F. G. zu erzeigen meinen bereiten, willigen (wiewohl gar kleiner Hoffnung) Dienst, geschrieben. Denn E. F. G. zu dienen bin ich schüldig und willig. Christus aber, unser Herr, zutrete den Satan unter seine und unser aller Füße, Amen, Amen. Gegeben zu Wittemberg den 23. [1] Junii, Anno 1529.

E. F. G.

williger

Martinus Luther.

---

1) U. N. 13.

Im Junius. N⁰. MCXX.

Ein Bedenken

über das beabsichtigte Marburger Gespräch.

Nach der Histor. des Sacramentsstreits S. 92. Seckendorf II. p. 137. Löscher Hist. motuum P. I. c. 6. §. 4. p. 157. gehört es Melanchthon zu; nach Müller Hist. der Augsb. Conf. L. II. c. 20. §. 5. p. 309. Luthern, vielleicht weil er es im Weim. Archiv. unter Luthers Namen fand. Es ist aber nicht Luthers Schreibart. Es ist zu finden bey Müller a. a. O. u. bey Walch XVII. 2354.

Ich habe für meine Person keine Scheu, mit Oecolampadio und seines gleichen von dem Sacrament zu reden, derhalben ichs auch dem Landgrafen nicht abgeschlagen; und wollte Gott, es möchte füglich geschehen, denn dieser Handel ist nicht gering, und ihr Fürgeben hat einen Schein, hat auch einen großen Anhang aller, so gelehrt geachtet in ganzem Deutschen Land, aus Ursachen, die ich weiß; aber es fehlet ihnen an einem Stück, daß sie noch nicht wissen, wie schwer ist, vor Gott zu stehen ohne Gottes Wort; Fürwitz und Frevel kann nicht anders handeln, dann wie sie handeln.

Mit Zwingeln zu handeln, ist ganz unfruchtbar; so ist auch gedacht, daß Er nicht, sondern Oecolampadius sollte gefordert werden, und ob er schon gefordert, ist doch nicht zu hoffen, daß er kommen würde. Wenn nun die andern, so dem Zwingeln zu Lieb diesen Tanz tanzen, schon gnugsamen Unterricht haben, würden sie dennoch Scheu haben, sich mit uns zu vergleichen; und so man zusammen kommen sollte, müßten nicht allein sie und die Unsern darbey seyn; sondern auch etliche von Papisten, gelehrte und vernünftige Männer, die unser beyder Bewegen anhörten: sonst würde es viel Reden machen, die Lutherischen und Zwingler zögen zu Haufen, Conspirationes zu machen 2c. Auch würden die Zwingler, so Niemand als unparteyisch dabey gewesen, vielleicht desto mehr rühmen wollen: derhalben hab ich dem Landgrafen angezeigt, daß, so man zusammen käme, noth wäre, daß Leute dabey wären von Papistischen, als unparteyische. Ich kenne etliche, die, ich hoffe, zu bewegen wären, daß sie von ihrem Irrthum abstünden, als nämlich Hedio und Ambrosius Blarer; aber mit den andern würde es ärger, und möchte darnach mehr Unruhe daraus kommen, wie nach der Leipzigischen Disputation geschehen. Item, es ist nicht gut, daß der Landgrafe viel mit denen Zwinglern zu thun habe, er hat sonst mehr Lust zu ihnen, als ich sorge, dann gut ist: denn die Sache ist dermaßen, daß sie spitzige Leute, dafür ich den Landgrafen auch halte, sehr ansicht; und fället die Vernunft leichtlich auf das, das sie begreift, sonderlich wenn gelehrte Leute darzu stimmen, die der Sache aus der Schrift eine Gestalt machen, als dann viel gelehrte Leute jetzund dem Zwingeln anhangen; aber mir ist diese Sache also angelegen, und habe mich, so viel möglich, darum erkundet, und beruhe darauf, daß ichs mit den Straßburgern nicht halten will mein Lebenlang, und weiß, daß Zwingel und seine Gesellen unrecht vom Sacrament schreiben.

---

29. Junius. N⁰. MCXXI.

An Mich. Stiefel.

Eine Einladung.

Bey Buddeus p. 66. Deutsch bey Walch XXI. 1171.

Gratiam et pacem in Domino. Ecce assunt hic, mi Michaël, Wilheim Rink, cum Magistro Eisleben, et Alexander Drachstet, et Wolf Heinzen. Tu autem cum rarius ad nos venias, ut admirer, quid agas vel cogites, velim, velint et illi, ut his visis statim huc ad nos concederes, laetaturus cum eis in Domino. Vale. 29. Junii, MDXXIX.

M. Lutherus.

---

29. Junius. N⁰. MCXXII.

An Michael von der Straßen.

L. ersucht ihn, dahin zu wirken, daß die Prediger zu Borna besser besoldet werden.

Aus dem Weim. Archiv im Leipz. Suppl. S. 60. No. 89. Bey Walch XXI. 286. Wir haben eine alte Abschrift im Weim. Archiv gefunden und verglichen.

Dem Ehrbarn und Festen Michael von der Straßen, zu Born Gleitsmann, meinem gonstigen Herrn und guten Freunde.

Gnad und Fried in Christo. Ehrbar, gonstiger, lieber Herr und Freund! Diesen Brief schreib ich euch heimlich, mich zwingt auch Ursach, nämlich daß ich euren Caplan ausgeforschet habe, wie es allenthalben zu Born stehe, weil euer Prediger so fast weg begehret. Nun wisset ihr, daß er jenesmal auch Urlaub kriegt, und darnach, da Er Ludwig kam, wiederumb von euch allen begehrt: solchs unbeständigs wankel Furnehmen mich euer zu Born halben nicht wenig bewegt, und besorge, ihr werdet vorwahr mit der Weise keinen Prediger zuletzt behalten. Auch habe ich vom Caplan vernomen, daß er dennoch 4 fl. ein Jahr hat, der Prediger 36 fl.; darumb wundert mich euer aller zu Born, daß ihr nicht anders zur Sache thut, oder doch gedenkt, daß unmuglich ist einem Prediger, darauf zu leben. Ist demnach mein fleißig Bitte, wollet doch helfen das Beste dazu thun; denn man wird auf mein Seele zuletzt kein guts von euch Bornischen sagen konnen, und mit der Zeit Schuld geben, daß ihr nichts nach dem Evangelio fraget. Solches hätte ich auch dem Rath geschrieben, aber ich wollt gerne zuvor heimlich durch euch der Sachen erinnert und gerathen haben. Grüßet mir eure Reben und Trauben. 29. Junii, 1529.

Mart. Luther.

---

6. Julius. N⁰. MCXXIII.

An Spalatin.

Betrifft die Angelegenheit eines Pfarrers, welche L. von den Visitatoren besorgt wissen will.

Bey Buddeus p. 66. Vgl. Cod. Jen. a. f. 219. Deutsch bey Walch XXI. 1172.

Venerabili in Christo Viro, D. Georgio Spalatino, servo Christi in Evangelio Altenburgensi fidelissimo et sincerissimo.

Gratiam et pacem in Christo. M. Georgium Mohr frustra ad me mittis pro domo impetranda, mi Spalatine. Nam ad aulam tales causas referre, nihil prodest, cum potius ex aula tales ad nos visitatores, tanquam exsecutores plenissima potestate fungentes, mittantur. Quocirca in rem transeunt judicatam, quicquid visitatores ordinarint, nec licebit rescindi, nec si neglecta fuit alicujus petitio, resarciri. Proinde vestrum erit, si nondum tradidistis in aulam res gestas a vobis, huic Georgio Mohr succurrere, et domum illi donare, dum adhuc potestatem habetis. Habes quid sentiam. Alia alias, nam occupatissimus sum. In Christo vale. Sexta Julii, MDXXIX.

T. Martinus Luther.

Eadem haec pro M. Georgio aliis consortibus seu collegis tuis visitatoribus significabis. Hoc pro homine rogo.

---

10. Julius. N⁰. MCXXIV.

An Jacob Probst.

L. ermahnt diesen Geistlichen, in seiner Amtsführung nicht ungeduldig zu werden.

In Luther. Comment. in Joann. ep. cath. ex edit. Neumanni. Lips. 1708. 8. p. 197. Deutsch bey Walch XXI. 1174.

Gratiam et pacem in Domino. Intelligo ex literis tuis, mi Jacobe, lassari te animo prae taedio ferendae impietatis, quam etiam in dies crescere et insolescere videas, ita ut de loco mutando vel deserendo cogites. Cave, ne facias. Si enim tantum bonos ferre voles, quid amplius facis? Nonne publicani et peccatores idem faciunt? Viriliter age et confortetur cor tuum, et sustine Dominum. Memento sancti viri Lothi, et recordare Petrum Apostolum praedixisse ac omnes Christianos novissimo tempore similes Lotho futuros finxisse. Ne ergo Sodoma egrediamur, nec derelinquamus eam, donec Angelus de coelo veniat et reducat.

Mundus Sodoma est. In Sodoma vivendum, et videndum omne malum, quod cruciat justas animas. Sed sic finis eorum appropinquat, sic complentur iniquitates Amorrhaeorum, sic accelerant sibi ipsis perditionem. Vale et ora pro me peccatore.

Turca dicitur esse in Hungaria infinito exercitu. Gratia Dei tecum. Saluta Hevam tuam. Salutat te Ketha mea. D. 10. Jul., a. Chr. MDXXIX.

---

10. Julius. N⁰. MCXXV.

An Nic. Amsdorf.

Eine Familien-Nachricht und andere Neuigkeiten.

In den Unsch. Nachr. 1721. S. 562. Bey Strobel-Ranner p. 151. Deutsch bey Walch XXI. 1173.

G. et P. Ex literis tuis proximis intelligo, mi Amsdorfi, meas tibi non redditas esse, in quibus te certum feci, Doctorem Teutleben factum esse tuum affinem, et Sophiam, sororem tuam, sponsam ejus factam, favente etiam et gratulante ipsa Domina Principe Catharina. Rediit enim laetus et jucundus, plenus amore et gratia in sponsam suam, quam mirifice laudat et probat. His rebus feliciter gestis ad patrem profectus est, compositurus res suas, et de nuptiarum die tractaturus. Nam solicitus est in hac re, quod in aula nuptias sibi parari narrat cum aliis duabus simul ad diem Martini. Hanc moram et ipsi et sponsae gravem esse dicit, malletque uterque extra aulam nuptias maturari. Veniet ad te quoque de his rebus consulturus. Nosti moram amantibus esse molestam et aliquando periculosam. Vale in Domino et ora pro me.

Princeps hodie Torgam redit cum tota aula. Et Carolstadius denuo petit gratiam redeundi, sed semihumilis: nescio, quid faciam: miseret me uxoris et liberorum. Certissimum esse dicunt, ex Polonia Turcam adventare, jamque attigisse Hungariam infinito exercitu. Datae Witenb. 10. Julii, anno MDXXIX.

T. Martinus Lutherus.

14. Julius. N⁰. MCXXVI.

An den Kurfürsten Johannes.

Bitte, dem Pfarrer von Zwickau Gehör zu geben.

Zuerst aus dem Weim. Archiv im Leipz. Supplem. S. 60. No. 91., dann bey Walch XXI. 288. Wir haben die Urschrift nachgesehen.

Dem Durchleuchtigsten, Hochgebornen Fursten und Herrn, Herrn Johanns, Herzogen zu Sachsen und Kürfursten, Landgrafen in Thuringen und Markgrafen zu Meissen, meinem gnädigsten Herrn.

Gnad und Fried in Christo. Es ist der treue, frume Mann, der Pfarrherr zu Zwickau, Er Nicolaus Hausmann, etliche Tage bey mir gewesen, und Sachen ausgericht, die Gewissen betreffend. Nu hat er uber das auch andere Sachen, die äusserliche Dinge betreffend, darinn er E. K. F. G. gnädigen Rath und Hulfe bedarf, und so schamhaftig, daß er E. K. F. G. ja gerne damit uberhube, und nicht gerne furträgt. Ist derhalben an E. K. F. G. mein unterthänige Bitt, E. K. F. G. wollten ihm gnädige Verhore schaffen, damit der gute Mann seiner Sachen vollend auch abkäme; denn E. K. F. G. kennen den Mann, daß er frum und werth ist. Christus unser Herr und Heiland sey mit E. K. F. G. allezeit, Amen. 14. Julii, 1529.

E. K. F. G.

unterthäniger

Martinus Luther.

---

14. Julius. N⁰. MCXXVII.

An den Kurfürsten Johannes.

Fürbitte für einen Prediger.

Zuerst aus dem Weim. Archiv im Leipz. Supplem. S. 60. No. 90. dann bey Walch XXI. 287. Wir haben die Urschrift nachgesehen.

Dem Durchleuchtigsten, Hochgebornen Fursten und Herrn, Herrn Johanns, Herzogen zu Sachsen und Kurfursten, Landgrafen in Thuringen und Markgrafen zu Meissen, meinem gnädigsten Herrn.

Gnad und Friede in Christo. Durchleuchtigster, Hochgeborner Furst, gnädigster Herr! Diesen Er Wolfgang Calixtum, so ich zuvor aus E. K. F. G. Befehl gen Cronswitz zum Prediger geschickt, dasselbige eine kleine Zeit zu versuchen, hab ich itzt widderumb daselbsthin sich zu begeben, wiewohl schwerlich, vermocht, angesehen, daß nicht allein die Nonnen im Kloster, sondern auch der Amptmann und Schosser, dazu der edle Herr Onarg von Wildenfels mit Schriften solchs hochlich an mir begehrt und gebeten haben, guter Hofnung, er solle große Frucht, wie angefangen, schaffen, denn sie mir den Mann nicht gnug loben konnen. Nu beschweret er sich deß, daß eim Prediger nicht Sold und Behausung bestellet sey: ist derhalben mein unterthänige Bitte, E. K. F. G. wollen gnädiglich verschaffen, daß er versehen werde, wie er selbs vielleicht weiter wird anzeigen. Denn so fern hat er sich bewilligt, und bewegen lassen, hab ihn auch deß also vertrostet, und wo er kunnt die Nonnen zu Friede bringen, und ihn allen gefallen wurd, wie sie schreiben: wäre die Kost nicht ubel angelegt. E. K. F. G. wird sich wohl wissen zu halten. Hiemit Gott befohlen, Amen. 14. Julii, 1529.

E. K. F. G.

unterthäniger

Martin Luther.

So es E. K. F. G. gelustet, mugen sie aus des von Wildenfels Briefe, hierbey gelegt, selbs vernehmen, wie sie den Mann achten.

---

14. Julius. N⁰. MCXXVIII.

An Conr. Cordatus.

L. ermahnt C., der in Zwickau Verdruß hatte, nicht mutblos zu werden.

Aus der Börnerischen Sammlung zu Leipzig bey Schütze II. 104.

G. et P. in Domino. Et tu, mi Cordate, fortis esto in Christo, ut ferre possis duros tuos et ingratos Cygnaeos, neque deficias animo neque consilium ineas mutandi loci. Tentatio haec probat te melius, quam hactenus ulla fecit. Memento, quod mundus est mundus, i. e. hostis verbi Dei et inimicus Dei. Proinde mirum, si inter hostes Dei aliquot, quamlibet pauci, inveniantur amici Dei. Mundus, quod suum est, diligit, atque hoc ipso, quod mundus nos contemnit et odit, cognoscimus, nos non esse de mundo, sed electos e mundo. Verum nondum [1]) sustinuisti aut sustines nisi incarnatum Diabolum, qui carne, velut instrumento tardo impeditus, non potest nocere, quantum vellet: ego vero videor mihi sustinere Diabolum separatum et sua majestate potentem. Ideo fraterne facis, quod me tam suaviter solaris et fideliter precaris. Ita perge et ora pro me, sicut et ego pro te, ut liberemur tandem et interim fructificemus Christo in patientia, Amen. 14. Julii, MDXXIX. Saluta costam tuam, dilectam in Domino.

T. Mart. Lutherus.

---

14. Julius. N⁰. MCXXIX.

An Albrecht, Grafen zu Mansfeld.

Betrifft das Gutachten der Einbecker Geistlichkeit über die Messe.

Aus dem in der Helmstädter Bibliothek befindlichen Original im Leipz. Supplem. S. 61. No. 92., dann bey Walch XIX. 1482. In der Wolfenbüttler Bibliothek scheint sich das Original nicht zu finden, wohin es doch sollte gekommen seyn.

Dem Edlen und Wohlgebornen Herrn, Herrn Albrecht, Grafen zu Mansfeld ꝛc., meinem gnädigen Herrn.

Gnade und Friede in Christo. Gnädiger Herr, hie hat E. G. eine kurze Antwort auf die Artikel der Clerisey zu Einbeck. Ich wollt aber, daß E. G. treulich anhielte, bey beyden Herzogen zu Braunschweig nämlich, bey dem Bischof zu Paderborn, und Herzog Philipsen ꝛc. und zuerst säuberlich erforschten, ob solche Schrift der Artikel wäre aus der ganzen Clerisey Befehl oder Bewilligung

---

1) Verm. st. modum.

gestellet, und wo sich das also befände, daß ihr (?) E. G. drauf dringen, und spieleten mit ihnen nach ihren eigenen Worten, welche sie im Letztern am Ende setzen, da ich eine Hand beygemalet habe, und zu lateinisch also lautet: Ignorant adhuc veram rationem missae, qui sic de ea nugantur, qui igitur privatam missam rejiciunt, novos, ob rem nihili, tumultus excitant, quia de lana caprina rixantur. Hiemit bekennen sie dürre, daß sie selbst nichts von der Messe halten, und reden als die Erzfeinde des Sacraments, und wie die Schwärmer, weil sie sagen, es sey der Zank um die Winkelmesse, als um ein nichtiges Ding, gerade, als ob zwey zankten über ein Geisfell, obs Wolle oder Haare sey. Sie fechten für die Winkelmesse, und sagen selbst, es sey eine nichtige Sache und Geiswolle: ich wollt sie lehren dieß Geisfell kennen, und Haare aus der Wolle machen, daß sie ein andermal lernten, wenn sie um Grund ihres Glaubens gefragt werden, Gott und ihren Landesfürsten ungespottet mit Ernst Antwort geben; denn weil sie die Winkelmesse für nichts achten, sollten sie nur dieselbige nicht länger verfechten, noch derselbigen genießen, sondern als die spöttischen Buben zum Land ausgejagt werden; und schadet nicht, daß genannte Fürsten sich gegen sie also zu thun stelleten, zum wenigsten zum Schrecken. Dem Esel ist zu wohl, sie halten die Messe für Brod und Wein, meinen, es sey jedermann so grob, man könnte es nicht merken. E. G. wird sich wohl wissen zu halten. Hiemit Gott befohlen, Amen. 14. Julii, 1529.

E. G.

williger

Martinus Luther.

---

18. Julius. N⁰. MCXXX.

An Christ. Bayer, kurf. sächs. Kanzler.

L. bittet, eine Antwort auf Karlstadts Gesuch um Geleit auszuwirken.

Aus dem Weim. Archiv im Leipz. Supplem. S. 61. No. 93., dann bey Walch XXI. 289. Wir haben das Original verglichen.

Dem achtbarn, hochgelahrten Herrn Christiano Bayer, Kurfürstlichem zu Sachsen Kanzler, meinem gunstigen Herrn und lieben Gevatter.

Gnade und Friede in Christo. Achtbar, hochgelahrter Herr Doctor, Kanzler, und lieber Gevatter. D. Karlstadts Weib hat mich fleißig gebeten, um ein schriftlich Geleit zu bitten bey M. G. H. fur ihren Doctor, welcher sich wollte widderumb herein begeben, auf etliche Vertrostung der Visitatorn, ihr zuvor geschehen. Nun lautet Jedermann so ubel dazu, daß ich keine Hoffnung habe, solch Geleit zu erwerben; 1) ist demnach meine freundliche Bitte, wollet helfen, daß mir dannoch aus der Kanzley ein Antwort auf diese meine Bitte werde, damit ich meinen Glauben, daß ichs gesucht habe, erlosen müge: künnt ich, wollt ichs widder verdienen. Ich, meine treue Kethe und alle grüßen eure liebe Heva Barbara, Christiana, Isabellam, unsere Gevatterin, freundlich. Gott sey mit euch, Amen. Den 18. Julii, 1529.

Martinus Luther.

---

18. Julius. N⁰. MCXXXI.

An Georg Vogler.

Betrifft die Anstellung eines Lehrers der hebräischen Sprache in Ansbachischen Diensten.

Aus dem Ansbachischen Archiv in Reinhards Beyträgen 1. Th. S. 134.

Dem Ehrbarn, fursichtigen Georgio Vogler, Kanzler zu Onolzbach ꝛc., meinem gonstigen Herrn und Freund zu eigen Hand.

Gnad und Friede in Christo. Ehrbar, fürsichtiger, lieber Herr und Freund! Hiemit uberschicke ich euch einen Brief von Magister Bernhard Ziegler; und weil ich merk, daß bereit das Holz ans Feur gelegt ist, daß er bey euch sollte Ebräisch lehren, will ich dazu helfen und bitte, wollet denselbigen euch lassen befohlen seyn. Doch mit dem Vorbehalt, wo ich ihn kann hier behalten, will ichs nicht lassen; denn ich ihn nicht gern von uns lasse komen, weil er der allergelehrtist, fleißigst, frümmest, treueste Ebräist ist, den ich kenne,

---

1) L. schrieb: erberben. G. T. erheben.

und halt, seiner gleich itzt nicht viel leben. Ist er aber M. G. H. Markgraf Georgen bescheeret, so will ichs E. F. G. auch gerne gonnen. Hiemit Gott befohlen, Amen. 18. Julii 1529.

Martinus Luther.

---

18. Julius. N⁰. MCXXXII.

An Markgraf Georg von Brandenburg.

Rathschlag L.'s, wie man es mit den Klöstern halten und daß man Schulen errichten soll; zuletzt Empfehlung eines Landeskindes zur Unterstützung.

Aus dem Ansbachischen Archiv in Reinhards Beyträgen I. S. 134.

Dem Durchleuchtigen, hochgebornen Fursten und Herrn, Herrn Georgen, Markgrafen zu Brandenburg, Herzogen zu Stettin, Pomern, Fursten zu Rugen, Burggrafen zu Nurmberg, meinem gnädigen Herrn.

Gnad und Fried in Christo. Durchleuchtiger, Hochgeborner Furst, gnädiger Herr! Ich hab E. F. G. lange verzogen mit der Antwort, wie wohl ungerne; dann zuerst war ich doch ja nicht mußig, da der Bote anreget, darnach hab ich nicht gewisse Botschaft gehabt; E. F. G. wollen mirs gnädiglich zu gut halten. Aber nu ich diesen Er Georgen Schlegel gewisses Ganges bekomen, will ich hiemit E. F. G., was ich samt dem Rath und Bedenken M. Philipps Melanchthon fur das beste ansehe in dieser Sachen. [1])

Erstlich achten wir fur gut, daß man die Kloster und Stift lasse so hin, bis sie aussterben; denn weil die Alten noch drinne leben, ist nicht viel Hoffens, daß friedlich zugehn wurde, wo sie gezwungen wurden, solche Neurunge zu foddern odder dulden: auch wurden zuletzt solche Lection und Ordnung, so aus den vorigen alten Exempeln widder aufgericht, mit der Zeit widderumb ein unfruchtbar Wesen werden, wie bisher geschehen. Sondern was man solcher alter guter Ordnung von Kirchendiensten wollt widder anrichten, das man thät in den gemeinen Kinderschulen und Pfarrkirchen, daselbs der gemeine Mann auch zu kome und gereizt wurde ec., wie wir allein [2]) zu Wittemberg und andern Städten thun.

---

1) Hier fehlt etwas. 2) Viell. allhier.

Zum andern wäre das wohl fein, daß E. F. G. ein gelegen Ort (odder zween) im Fürstenthum anrichten zur hohen Schulen, da man nicht allein die heilige Schrift, sondern die Recht und allerley Künste lehret, aus welchen Schulen man gelehrte Leute nehmen künnte zu Predigern, Pfarrherrn, Schreiber, Räthe ꝛc für das ganze Furstenthum. Und hiezu sollten der Kloster und Stift Erbzins verordent seyn, daß man gut gelehrte Personen erhalten mocht mit redlichem Solde: 2 Theologen, 2 Juristen, 1 Medicum, 1 Mathematicum, und pro grammatica dialectica, rhetorica etc. vier odder funf Personen. Denn wo ein gut Studirn soll seyn, da mußen nicht ledige Kreuzgänge seyn odder leere Kloster und Stiftkirchen, sondern eine Stadt, darin viel zusamen komen und untereinander sich uben und reizen und treiben. Einsame Studia thuns nicht, gemeine thuns, da viel einer dem andern Ursach und Exempel giebt ꝛc.

Zum dritten, daß in allen Städten und Flecken gute Kinderschulen zugericht werden, aus welchen man nehmen konne und erwählen die zur hohen Schulen tuchtig, daraus man Männer fur Land und Leute ziehen mag. Und wo es die Städtlin odder Burger nicht vermochten, daß man abermal von den verledigten Klostern und Stiften etliche geschickte Gesellen zu erhalten, Stipendia stiftet, daß eine iegliche Stadt ein odder zween Studenten hätte.

Mit der Zeit, wenn der gemein Mann sehen wird, daß Personen konnen zu Pfarrherrn, Predigern und andern Aemptern komen, werden sie dieselbigen wohl widder zur Schule halten, die itzt wähnen, es könne kein Gelehrter nicht ernähret werden.

Ob nu etliche Gelehrte in solchen Schulen erzogen vielleicht in andern Furstenthumen zu Dienst und Ampt komen, und wollt furgegeben werden, man zöge andern Herrn Leute fur: ist zu bedenken, daß man derselbigen keinen Schaden hat; denn sie ohn Zweifel bey andern Fursten und Leuten solche Schulen und Stiftung foddern wurden und Gonst machen ꝛc. Solch hab ich E. F. G. nach meinem geringen Verstand wollen anzeigen. Gott gebe E. F. G. seinen heiligen Geist, das alles zu bessern, und in allen Dingen sein Wohlgefallen vollbringen, Amen. 18. Julii, 1529.

E. F. G.

williger

Martinus Luther.

Ich bitte auch, gnädiger Herr, wo es E. F. G. zu thun, wollten gegenwärtigen Er Georgen Schlegel von Gunzenhausen mit einem Stuck von den verledigten Präbenden etwa begnaden, daß er hie bey uns ein Zeitlang studiren mocht; denn es wird ein guter Pfarrer oder Prediger daraus werden, als wir ihn ansehen. So ist er auch ein Kind des Landes ꝛc.

---

19. Julius. N⁰. MCXXXIII.

An Nic. Hausmann.

Empfehlung eines gewissen Rappolt.

Aus der Hahnischen Sammlung zu Kiel bey Schütze II. 105. auch bey Strobel-Ranner p. 152. Deutsch bey Walch XXI. 1372.

Venerabili in Christo Viro, Dn. Nic. Hausmanno, Episcopo Cygneae Ecclesiae fideli et diligenti.

G. et P. in Christo. Discedit a nobis hic Wolfgangus Rappell, 1) petiturus Norimbergam suam, dimissus a nobis sua instantia. Certum autem est, quod te sit allocuturus, vacuum tamen non dimisimus secundum nostram tenuitatem, laturi ejus valetudinem 2) diutius, si ipse voluisset. Nihil novi praeterea est, quod scriberem, maxime cum et incertum esset, an domum reversus esses. Ora pro me peccatore fideliter, et in Christo bene vale. 19. Julii, MDXXIX.

T. Mart. Lutherus.

---

19. Julius. N⁰. MCXXXIV.

An Wenc. Link.

Empfehlung jenes Rappolt, der krank nach Nürnberg zurückkehrte.

In den Unsch. Nachr. 1721. S. 361. bey Strobel-Ranner p. 153. Wir benutzen eine Uckertsche Collation. Deutsch bey Walch XXI. 1175.

---

1) Im folg. Br. Rappolt. Nach Strobels Anmerk. derselbe, den Melanchthon Epp. Lugd. p. 63. Aupell und p. 82. Aubeck nennt. 2) Sch. --es.

G. et P. in Christo. Hunc Wolfgangum Rappolt, qui antea, ni fallor, a vobis ad nos venit commendatus, vobis rursus commendo, mi Wenceslaë, ad vos redeuntem. Nam licet eum vellemus retinere, ne alios [1]) gravaremus, sicut alias eum et fovimus ex ecclesiastica stipe: tamen pertinaciter induxit animum, pro valetudine curanda aërem et locum mutare. Itaque datis ei X florenis pro vectura et viatico persolutisque debitis, ne vacuum dimitteremus, sicut venerat, dimisimus. Dicit enim, Nurmbergae se habere cognatos, quorum opera confidit se adjutum iri. Quare si qua tua opus ei fuerit opera, ut istic vel in hospitali vel apud suos suscipiatur, opus feceris misericordiae: nam et nos eum sustinuimus pro nostra tenuitate satis diu, ut ipsemet noluerit omnino nobis esse oneri aut molestiae, licet charitate ferente bene affecti eramus ulterius eum alere. Adhibe etiam, si opus sit, Osiandri studia et opera. Ora pro me peccatore misero. 19. Julii, MDXXIX.

T. Martinus Lutherus.

Vide quoque, ut pro pace publica facias orari. Nam Satan molitur magnum malum Germaniae per nostros in scandalum intolerabile Evangelii.

---

29. Julius. N⁰. MCXXXV.

An Nic. Amsdorf.

Bitte um eine Zuflucht für den flüchtigen Otto Pack.

Aus der Sammlung des Predigers Lysmann in Altenmedingen bey Schütze II. 106.

G. et P. Ecce, mi Amsdorfi, D. Ottonem Pack, miserum et exulem offerimus tuae misericordiae, quoniam futurum timemus, ut Dux Georg eum apud nos requirat. Ideo arbitramur eum tutiorem esse Magdeburgi, ad quod digneris cooperari: Deo enim servitur in hoc nomine. Scimus autem te facturum omnia. Ex ipso audies totam tragoediam. 29. Julii, MDXXIX.

T. Mart. Lutherus.

---

1) U. N. alienos.

1. August. N⁰. MCXXXVI.

An Conr. Cordatus.

Nochmalige Ermahnung (vgl. Br. v. 14. Jul., No. MCXXVIII.). Der Brief scheint nur ein Bruchstück zu seyn.

Aus der Börnerischen Sammlung zu Leipzig bey Schütze II. 367.

G. et P. in Christo. Ecce autem, mi Cordate, quam veris signis ostendit Christus se amare te, ut qui bestiis istis adeo sis invisus, ut etiam mortis periculo tibi labores. Sed qui te amat, etiam servabit, sicut hactenus servavit, invitis portis inferni. Quanquam mea praedestinatio est, ut, si aliud non fiat in ea spelunca, illud vobiscum experiar, quod Christus ait: *Si vos persecuti fuerint in una civitate, fugite in aliam.* Vale in Domino. D. 1. Aug., MDXXIX.

T. Martin. Lutherus.

1. August. N⁰. MCXXXVII.

An Nic. Hausmann.

L. tröstet H. wegen seiner schlechten Aufnahme am Hofe (s. Br. v. 14. Jul., No. MCXXVI.), und berichtet ihm von einer Schrift, die er in Wittenberg zurückgelassen zu haben glaubte.

In den Unsch. Nachr. 1721. S. 563. bey Strobel-Ranner p. 156. bey Schütze III. 165. angeblich aus Aurifaber III., fälschlich an Amsdorf gerichtet. Deutsch bey Walch XXI. 1176.

Domino Nicolao Hausmanno.

G. et P. in Christo. Etsi tu mihi nihil es questus, mi Nicolaë, tamen aliunde intellexi, quam nihil tibi profuerit mea erga Principem promotio: sed fortis esto, dabit Deus his quoque finem. Aula Diaboli sedes et cubile est, etiamsi optimus sit Princeps. Eques iste asinus forte in causa fuit, et vester ille hujus amicus. Ego si aliud fieri non curabunt, et consilio et auxilio ero, ut Cygneam excusso pulvere de pedibus relinquatis, et alio migretis, tu et Cordatus simul. De Paulo cogitavero, tantum interim sustinete et estote Atlantes in ista natione perversa et prava.

Annotationes Cellarii in Esajam non hic reliquisti. Diligenter lustrantes nusquam comperimus. Forte aderit ipse propediem Joannes Cellarius, isthac transiturus ad vocationem suam, et te salutaturus. Is adhuc ignorat, amissas esse annotationes, si forte interim reperiri possint. Dominus sit tecum semper, et ora pro me paupere Christi peccatore. Salutat te Ketha mea reverenter. 1. Augusti, anno MDXXIX.

T. Martinus Lutherus.

---

2. August. N⁰. MCXXXVIII.

An Joh. Brismann.

L. spricht J. Br., welcher mit Schwierigkeiten zu kämpfen hatte, Muth ein, berichtet ihm von dem bevorstehenden Marburger Gespräch, und klagt über den unruhigen Geist des Landgrafen.

Das Original befindet sich in der Wallenrodtschen Bibl. in Königsberg in Preussen. Zuerst bey Vogler l. c. dann in Act. Boruss. I. p. 803. bey Strobel-Ranner p. 1521.

Venerabili in Christo D. Joanni Brismanno, servo Dei in Evangelio Livoniae apud Rigam fideli et sincero.

G. et P. in D. Contigit tandem aliquando certus et fidelis nuntius ad te, et plus quam nuntius, Joannes Lohmüller, vestrae civitatis Syndicus et Legatus, mi Brismanne, ita ut nulla esset mihi excusatio, si ad te non scriberem. Ac primum gratias ago Domino, quod te isthuc vocavit et direxit, deinde quod partim gratus, partim ingratus haberis. Sic enim et nobis accidit, ut plus negotii faciant falsi fratres, quam adversarii, et nunc primum discere cogimur, quid sit, quod S. Paulus toties queritur de falsis fratribus. Qui cum ante nos et sine nobis nihil antea potuerunt, nunc implent illud Patriarchae sui encomion: *Qui manducat panem meum, levat super me plantam.* Sed cum tales Christus ipse Dominus, et ante eum Prophetae, et post eum Apostoli ferre coacti sunt: qui sumus nos, ut eadem forma recusemus conformes fieri ejus, quem praedicamus, quando et ipsos non minus moverit tenerrimi cordis homines scandalorum gravissima et turpissima facies, ut non obscure Christus hunc dolorem significet Matth. XVIII., ubi scandali autores tam atroci sententia ad profundum mare suspensa in collo mola adjudicat. Quare Psalmum consolatorem et hortatorem recole, qui dicit: *Expecta Dominum, viriliter agito, et confortetur cor tuum, et sustine Dominum.* De me referet omnia Lohmüller carissimus et quae apud nos geruntur, oculatus testis.

Vocavit nos Landgravius Hassiae ad diem Michaëlis Marburgum, tentaturus concordiam inter nos et Sacramentarios. Philippus et ego, cum diu recusassemus et frustra reluctati essemus, tandem coacti sumus improbitate ejus promittere nos venturos, nec dum scio, an profectio procedet. Nihil bonae spei habemus, sed insidiis omnia plena suspicamur, ut gloriam referant victoriae, quemadmodum sub Ariano saeculo videmus tales conventus semper plus nocuisse quam profuisse, et latius Arianos gloriantes sua sparsisse. Vocati sunt et Osiander, Nurmbergensis, Joh. Brentius et alii; sed ipsi fortiter recusant venire. Quicquid fiat, tu pro nobis ora, ut Chrisus nobis salvus regnet, Amen.

Nova praeterea nulla habemus, nisi quod pestis illa Anglica passim timetur, et coepit hic quosdam pavefacere: sed Dei gratia quievit pavor. Ego corpore utcunque valeo, sed animo infirmus sum, veluti Petrus fide laborans. Tamen fratrum precibus adhuc servor, ne succumbam. Commendo me tuis orationibus et rogo, ut Ecclesiam vestram sollicitetis et urgeatis ad orationem pro Evangelii cursu ac pro pace politica.

Juvenis ille Hassiae inquietus est et cogitationibus aestuat. Dominus servavit nos ipso biennio a duobus maximis incendiis, quibus tota Germania flagrasset, nisi Deus noster misertus potenti et mirabili manu obstitisset, et consilia turbasset. Ita undique nobis plus est periculi a nostris quam ab adversariis. Neque adhuc quiescit Satan sanguinarius, spirans caedes et sanguinem: ideo orandum est diligenter. Saluta costam tuam, et meo nomine admone, ut patienter ferat peregrinationem tuam. Legat Sarae historiam et Rebeccae, gaudeatque illarum exemplo, sese a Deo dignatam propter verbum, et erit ei pax et gloria. Similia praemia illis speramus, nec tamen similia illis patimur. Christus tecum, Amen.

Saluta fratres omnes, praesertim veterem commilitonem Andream Knopken, fidelem in Christo ministrum. Witenbergae pridie Calendarum Augusti, MDXXIX.

Martinus Luther.

---

5. August. N⁰. MCXXXIX.

An Nic. Hausmann.

Begleitschreiben des Joh. Cellarius. (Vgl. Br. v. 1. Aug., No. MCXXXVII.)

In den Unsch. Nachr. 1721. S. 564. Bey Strobel-Ranner p. 157. Deutsch bey Walch XXI. 1177.

G. et P. in Domino. Venit hic M. Johannes Cellarius, mi Nicolaë, cujus tu Esajam sive amisisti sive reperisti. Significavi enim ei, et tu latius cum eo loqueris, nec est quod multa scribam. Habes hujus vocem vivam omnia tibi narraturam melius, quae hic aguntur. Literas proximas tibi redditas credo, in quibus rogavi, ut fortis esses ferendis daemonum et hominum nequitiis. Wenn der Strick am härtsten hält, so bricht er gern. Dominus tecum, Amen. 5. Augusti, MDXXIX.

T. Martinus Lutherus.

---

10. August. N⁰. MCXL.

An Martin Glaser.

Glückwunsch und Ermahnung.

In Crenii Animadverss. philol. hist. P. III. p. 143. aus dem Original. Deutsch bey Walch XXI. 1177.

Venerabili in Christo fratri, Martino Glasero, ministro Christi fidelissimo.

Gratiam et pacem in Christo. Diu jam disputavi et quaesivi, mi Martine, ubinam gentium locorumve ageres, nec mihi ab ullo potuit certum fieri, nisi his tuis literis. Gaudeo vero atque congratulor tibi, quod Dominus uxore donarit et prole benedixerit: maxime vero, quod in his turbis dogmatum et scandalis sectarum te conservet ab omni inquinamento spiritus integrum et sanum in doctrina Christi. Proinde ut huic divino et maximo dono gratus sis, rogo te per Christum, ut fortis sis et perdurus in ministerio suscepto, nec committas, ut multitudo vel sectarum vel ingratorum hominum taedio te superet, et aliud opus suscipere cogat. In dies pauciores fiunt ministri verbi, praesertim incorrupti, ut brevi magna ubique penuria futura sit pastorum et vastitas ecclesiarum, nisi Dominus remedio nobis fuerit. Tu vero pro me ora peccatore et infirmo fratre. Saluta costam tuam: cum benedictione sua Christus sit tecum, Amen. 10. Aug., MDXXIX.

Martinus Lutherus.

---

13. August. N⁰. MCXLI.

An Spalatin.

Bitte um Unterstützung für den nun angehenden Pfarrer in Kolditz.

Bey Buddeus p. 69. in den Unsch. Nachr. 1721. S. 714. in Schlegeli vita Spalatin p. 24. Wir haben das Original in Cod. chart. 122. fol. Bibl. Goth. verglichen. Deutsch bey Walch XXI. 1178.

Venerabili in Christo Viro, M. Georgio Spalatino, Episcopo Altenburgensi, charissimo in Domino fratri.

Gratiam et pacem in Domino. Venit hic ad te M. Augustinus, futurus in Colditio tibi vicinus pastor. Sed quia pauper vacuam domum possessurus est, cogitur undique mutuum quaerere, si qua primum annum possit superare, de suo succo victurus. Ego pro mea tenuitate aliquantum exponam. Sed quia hoc non satis est, voluit etiam tuo uti consilio, si forte apud vos posses eum juvare ad mutuum accipiendum. Te non libenter istis gravo, et tamen fratris necessitas cogit, quod inviti facimus, facere, et scio te non graviter ferre. Quare te oro, si poteris [1]) homini prodesse, facias. Restituet fideliter. Nam pium et fidelem eum esse satis est tibi perspectum. Dominus sit tecum, Amen. 13. Augusti, MDXXIX.

T. Martinus Luther.

---

17. August. N^0. MCXLII.

An Justus Jonas.

Bitte um Fürsorge für den neuen Pfarrer in Oelsnitz, Nachricht vom Tode des Sohnes Melanchthons.

In den Unsch. Nachr. 1721. S. 564. Bey Strobel-Ranner p. 158. Deutsch bey Walch XXI. 1179.

G. et P. in Christo. Hunc virum, quem in Olsniz Pastorem constituistis, mi Jona reverendissime et charissime, volui his testibus meis literis ad vos venire, cum jam vobis querulari statuisset, quod nihil habeat, unde vivat, et operatur quidem, sed sine mercede. Prospicite igitur, ne fame pereat, sive ad tempus sive perpetuo isthic sit acturus. Mihi sane videtur humiliter et non valde profunde doctus. Accedit tentatio famis, qua sorte ad insaniam posset impelli, neque enim satis firma mente esse videtur.

Philippo nostro abstulit dominica proxima Dominus filium Georgium. Hic cogitare potes, quid nobis sit operae et curae, ut hunc hominem tenerrimi et patheticissimi cordis solemur. Mirum, quam eam mortem filii ferat graviter, antea tali casu non exercitatus. Tu quantum potes, ora pro eo, ut Dominus eum consoletur, deinde epistolam scribas pro tua rhetorica consolatricem. Scis, quanti referat hunc hominem vivere et

---

1) Budd. potes.

valere. Nos omnes cum eo aegrescimus et moesti sumus, praeter mea propria et quotidiana. Sed Deus humilium et afflictorum nondum vincitur, licet valde et semper infirmus sit. Alias alia, ubi moeror aliquando quieverit. Vale et saluta reverenter coëpiscopos tuos in Domino. Feria 3. post assumtam Mariam, MDXXIX.

T. Martinus Lutherus.

---

17. August. N°. MCXLIII.

An den Kurfürsten Johannes.

L. dankt für ein Geschenk an Kleidern.

Wittenb. IX. 291. Jen. IV. 514. Altenb. IV. 561. Leipz. XXII. 555. Walch XXI. 289.

Gnad und Friede in Christo. Durchleuchtigster, Hochgeborner Fürst, gnädigster Herr! Ich hab lang verzogen, E. K. F. G. zu danken für die geschickte und geschenkte Kleider und Gewand. Aber ich will E. K. F. G. unterthäniglich bitten, E. K. F. G. wollten nicht gläuben denen, so da mich dargeben, als hab ich Mangel. Ich hab leider mehr, sonderlich von E. K. F. G., denn ich im Gewissen vertragen kann; mir gebührt auch, als einem Prediger, nicht Uberfluß zu haben, begehr es auch nicht.

Darumb ich auch E. K. F. G. allzumilde und gnädige Gunst also spür, daß ich mich gleich fürchte; denn ich ja nicht gern hie in diesem Leben wollte mit denen erfunden werden, zu welchen Christus spricht: Weh euch Reichen, ihr habt euren Lohn dahin (Luc. 6, 24.). Zudem auch, weltlich zu reden, wollte ich auch nicht gerne E. K. F. G. beschwerlich seyn, als der ich weiß, daß E. K. F. G. des Gebens so viel hat, daß sie freylich zu solchem Stand nichts ubrigs haben mügen; denn zu viel zureißt den Sack.

Demnach wiewohl es zu viel wäre gewest an dem leberfarben Tuch; auf daß ich aber E. K. F. G. dankbar sey, will ich auch E. K. F. G. zu Ehren den schwarzen Rock tragen, wiewohl er mir doch ja zu köstlich ist, und wo es nicht E. K. F. G. Geschenk wäre, ich nimermehr solchen Rock tragen künnte.

Bitte derhalben, E. K. F. G. wollten harren, bis ich selber klag und bitte, auf daß ich durch solch Zuverkomen E. K. F. G. nicht scheu werde, fur andere zu bitten, die viel wirdiger sind solcher Gnaden. Denn E. K. F. G. thut mir ohn das zu viel. Christus wird und soll es gnädiglich und reichlich erstatten: das bitte ich von Herzen, Amen. Den 17. Augusti, 1529.

E. K. F. G.

unterthaner

Martinus Luther.

---

21. August. N⁰. MCXLIV.

An Spalatin.

Betrifft zwey Rechtshändel, worüber L.'s Urtheil begehrt war.

Bey Buddeus p. 70. Vgl. Cod. Jen. a. f. 220. Deutsch bey Walch XXI. 1152.

Venerabili in Christo Viro, D. Georgio Spalatino, servo Domini fideli Altenburgi.

Gratiam et pacem in Domino. Mihi non necessarium videtur, mi Spalatine, meum judicium in causa Georgii Coeci requiri, quando, ut audio, Philippi nostri judicium habetis: cur illud non exequuntur? Deinde frustra audio alteram partem: ex unius ore nulla sequi debet sententia.

Ego arbitror in Lindenero non satis esse culpae pro divortio, ipsum suum vitium: sed quaerendum et certo explorandum est, an sit impotens mulieri reddendo debito, hoc efficeret jus divortiandi. Caeterum qua ratione puniretur vitium, meum non est dictare. Vale et ora pro me. 21. Augusti, MDXXIX.

Martinus Luther.

Latius scripsissem, sed eram affecto corpore.

22. August. No. MCXLV.

An den Kurfürsten Johannes.

Betrifft eine ökonomische Angelegenheit der Kirche in Heilpershausen (Hildburghausen?).

Aus dem Weim. Archiv im Leipz. Supplem. S. 61. No. 94., dann bey Walch XXI. 290. Wir haben die Urschrift verglichen.

Dem Durchleuchtigsten, Hochgebornen Fursten und Herrn, Herrn Johanns, Herzogen zu Sachsen und Kurfursten ꝛc., Landgrafen in Thuringen und Markgrafen zu Meissen, meinem gnädigsten Herrn.

Gnad und Fried in Christo. Durchleuchtigster, Hochgeborner Furst, gnädigster Herr! Es sind die Vorsteher des gemeinen Kastens von Heilpershausen, und zeigen an, wie ihn befohlen von den Visitatoribus, die unziemlichen Zinsen zu ändern, und liegende Grunde zu kaufen: also haben sie einen Hof zu Werder gekauft um 1100 Gulden, welcher von E. K. F. G. zu Lehen gehet, haben mich gebeten umb diese Furschrift, daß E. K. F. G. denselbigen Armenkasten mit solchem Lehen begnaden wolle, wie sie weiter werden anzeigen. Nu weiß ich nichts hierin zu rathen, noch zu bitten, denn was E. K. F. G. wohl zu thun seyn will; sie sagen, daß dem Ritterdienst nichts abgehe, bleibe gleichwohl auf andern Gutern, wie zuvor, allein daß der Lehnsanfall abgehen wurde, dafur sie Willens E. K. F. G. Erstattung zu thun. Solches an E. K. F. G. zu gelangen, habe ich nicht wissen abzuschlahen, weil beyde der Rath und Pfarrherr schriftlich mich hoch gebeten haben. E. K. F. G. werden in dem ihrem Furnehmen, das sie meines Achtens gut meinen, sich wohl wissen gnädiglich zu erzeigen. Christus sey mit E. K. F. G., Amen. 22. Aug., 1529.

E. K. F. G.

unterthäniger

Mart. Luther.

26. August. N⁰. MCXLVI.

An Joseph Levin Metzsch.

Ein kurzes Gutachten über die Duldung der Feinde des Evangeliums unter evangelischer Obrigkeit.

Eisl. I. 482. Altenb. IV. 704. Leipz. XXII. 556. Walch X. 1976. Lateinisch bey Buddeus p. 70.

Gnad und Friede in Christo. Gestrenger, fester, lieber Herr und Freund! Auf des Pfarrherrs Frage geb ich zur Antwort, wie in meinem Briefe an ihn zu befinden ist. Wiewohl Niemand zum Glauben zu zwingen ist, so soll wiederumb dawider nicht gestattet werden, daß sie die Lehre lästern, sondern sollen anzeigen ihren Grund, und hören das Widertheil. Mögen sie denn bestehen, gut; wo nicht, daß sie das Maul halten, und gläuben bey sich selbs, was sie wollen. So haben die zu Nürnberg, und wir zu Wittemberg gethan.

Denn wenn mans schaffen kann, soll man in einerley Oberkeit zwieträchtige Lehre [1]) nicht dulden, zu vermeiden weitern Unrath. Und ob sie nicht gläuben, sollen sie dennoch umb der Zehen Gebot willen zur Predigt getrieben werden, daß sie zum wenigsten äusserliche Werk des Gehorsams lernen. Weiter wird euer Pfarrherr euch ansagen. Hiemit Gott befohlen. Den 26. August, Anno 1529.

Martinus Luther.

---

27. August. N⁰. MCXLVII.

An Nic. Hausmann.

Ueber die englische Seuche, welche in Zwickau und der Umgegend herrschen soll, und vor welcher man sich auch in Wittenberg fürchtet.

In den Unsch. Nachr. 1721. S. 565. bey Strobel-Ranner p. 159. Wir haben eine Uckertsche Vergleichung benutzt. Deutsch bey Walch XXI. 1182.

---

1) Eisl. Lehrer, welches wohl falsch ist.

G. et P. in Christo. [1]) Nolui hunc bajulum, mi Nicolaë, literarum mearum inanem ire ad vos, etiamsi nihil magni haberem, quod scriberem. Pestis illa Anglica dicitur apud vos [2]) et in Zerbst grassari: multi putant eam et hic apud nos grassari. Ego autem non credo. Praefectus noster se ipsum imaginatione fecit infirmum, cum nihil pateretur mali praeter cogitationes. Nam si ea principia essent vera istius morbi, ego tribus annis vel ultra eum saepius habuissem: nam [3]) et hac nocte sudavi cum angustia expergefactus: et coeperunt me quoque vexare cogitationes, quibus si cessissem, jacerem, sicut alii jacuerunt martyrisantes se ipsos. Haec scribo, ut mecum horteris populum, ne sic pusillanimes sint, et ne cogitationibus suis accersant morbum, qui nondum adsit. Nos multos veluti per vim excitavimus, qui se in sudorem jam posuerant, ut Aurogallum, *) Blichardum, D. Bruck, M. Christianum **) et alios, qui nunc ridentes dicunt, se adhuc forte jacere, nisi essent excitati. Non quod contemnendum esse ducam hunc morbum, sed quod discernendum sit, quando videmur potius imaginatione et pavore, quam re ipsa et contagio in illum cadere, et imaginatio facit casum, animique affectus in corpus redundant. Caeterum ora pro me peccatore, et si hospes tuus adhuc adest, salutes eum nomine meo. Christus Dominus sit tecum, Amen. 27. Augusti, anno MDXXIX.

T. Martinus Lutherus.

---

29. August. N⁰. MCXLVIII.

An Wenc. Link.

Betrifft ebenfalls diese Seuche.

In den Unsch. Nachr. 1721. S. 716. bey Strobel-Ranner p. 160. Deutsch bey Walch XXI. 1184.

---

1) Str. Domino. 2) Verm. st. nos. 3) Str. — nam.

---

*) Prof. der hebr. Sprache zu Wittenberg. **) Beyer, zweyter Kanzler.

Gratia Dei tecum, mi Wenceslaë. Scribere cogit ad te rumor novae pestis, quam vocant Anglicam. Sed tu vide, ne facile credas, nec sinas populares tuos terreri. Multa vana in eo feruntur negotio tam de nobis, quam de aliis. Libellus *) remedii contra hunc morbum editus causa est, ut multi, cum incipiunt sudare, mox pavore adjecto credant se eo arripi, qui nunquam sudarunt. Magdeburgae 800 aut 1000 coeperunt ita sudare: omnes autem revixerunt, nisi quos violentia caloris per vim istam concitati sine morbo extinxit, scilicet 20 aut 30. Et jam vident istud ludibrium pavoris. Sic apud nos multos, atque adeo me ipsum eo pavore pulso me liberavi. Et nunc summa pax est gratia Dei nullo adhuc mortuo. Satanam sic delectat nos terrere et pavefacere. Tuis ergo consule, ne paveant, atque si etiam aliquis ea imaginatione vexaretur, sudet, si libet, sed non ultra, quam ferre potest complexio. Alia est res, si verus morbus accideret: nam hi plane nullo, ut audio, possunt redimi remedio. Caeteri, qui imaginatione vexantur et pavore, omnino resurgent, nisi qui violentiam tam diuturni caloris ferre non possunt. Tu vale in Christo et ora pro me. 29. Augusti, anno MDXXIX.

---

29. August. N°. MCXLIX.

An Joh. Brentius.

L. schreibt sein Urtheil über den ihm von Br. mitgetheilten Commentar über den Amos, und mahnt ihn von Besuchung des Marburger Gesprächs ab.

Aus dem Original in der Sammlung eines Predigers Engerer zu Schwabach bey Schütze II. 108.

Venerabili in Christo fratri, Joanni Brentio, Ministro Christi in Hala Sueviae fideli et sincero.

G. et P. in Christo. Propheta tuus Amos, venerabilis et clarissime Brenti, exhibitus est mihi et perlectus. Absit, ut ego

*) Ein Regiment derjenigen, so durch Gottes Verfügung in die neue schwitzende Seuche fallen. Viteb. 1529. 8.

quicquam in isto opere vel mutem vel addam. Nolo esse S. S. magister: utinam discipulus aliquantulus sim. Is, cui dedisti, data opera differt editionem, nescio, quas insidias typographorum veritus. Edet autem, nisi me impulsorem contemserit. Utinam Christus sic pergat in te et perficiat opus suum.

Caeterum, quod de conventu Hassiaco scribis, ad quem vocatus es, tu quoque recte judicas, nihil boni solere arridere Ecclesiis Dei ex istis subdolis conventibus. Quare te oro, si potes, noli adesse, neque promittere, si non promisisti. Nos a principio valde detrectavimus: sed cum juvenis iste Macedo Hassiacus sic fatigaret Principem nostrum, coacti sumus promittere, sed sic, ut copiose significaremus bis aut ter, nihil spei, nihil fructus, nihil boni, sed omnia pejora timenda esse. Sed perstitit ille. Nos autem promisimus adesse, si alios quoque atque adeo honestos Papistas advocaret, ceu testes contra futuros istos thrasones et gloriosos Sanctos. Nunc, si tu non venis, nobis proficiet. Et licet tui videndi sim cupidissimus, malo tamen privata gratia carere, quam eadem publico periculo frui. Christus struat et augeat te in gloriam suam, Amen. Ora pro me peccatore. 29. Augusti, an. MDXXIX.

T. Martin. Lutherus.

Im August oder September. N⁰. MCL.

An Justus Jonas.

Von einem Bewerber um ein geistliches Amt und Melanchthons Trauer.

Bey Buddeus p. 73. Deutsch bey Walch XXI. 1157.

Gratiam et pacem in Christo. Sic te para atque plane animo obfirma, mi Jona, ut quotquot ad me venient vel ventres vel spiritus, qui parochias quaerunt, mox ad te remittam, inter quos et hunc mitto. Tu videris quid hominis fuerit. Mihi ruri aut aratro idoneus videtur, aut certe aedituo similis, nisi tu aliud (spiritus enim me fallere et latere potest) inveneris. Fac quod facis.

Luget adhuc Philippus. *) Nos assumus, sicuti debemus, huic viro. Utinam Timones omnes talia potius ferre cogerentur, quo humiliarentur, qui prae superbia sapientiae suae ignorant, quantum praestet persona publica una, etiam peccatrix et infirma, multis imo totis millibus privatorum Hieronymorum, Hilariorum, Macariorum, et nobis interim sanctos istos ceremoniales et caelibes jactant. Qui omnes una summa non sunt digni vel uni Philippo corrigiam calceamenti solvere, imo (ut glorior) neque tibi, neque Pomerano, neque mihi. Quid enim gesserunt isti, vel privati sancti, vel caelibes episcopi omnes, quod uni anno Philippi, uni quoque libro de locis communibus possit comparari? Sed nunc non erat his locus querelis. Coram aliquando. Bene vale et sanctus hostis esto rusticis omnibusque privatis sanctis, colitoque publicanos, id est, publicos sanctipeccatores, et ora pro me. MDXXIX.

Martinus Lutherus.

---

9. September. N⁰. MCLI.

An Albrecht, Grafen zu Mansfeld.

Zwey Schreiben.

J. Agricola hatte in einem Buch: Deutsche Sprüchwörter, den Herzog von Wirtemberg beleidigt und war deßwegen von L. von Passavant heftig angegriffen worden. Jener Fürst nebst dem Landgrafen von Hessen und dem Herzog von Braunschweig hatten sich auch deßwegen bey dem Grafen von Mansfeld beschwert. L. gibt darüber sein Gutachten.

Eisl. I. 483. Altenb. IV. 704. Leipz. XXII. 22. und das erste Schreiben nochmals aus der in der Helmst. Biblioth. befindlichen Urschrift mit Angabe der Namen im Leipz. Supplem. S. 62. Walch XXI. 293.

A.

Dem Edlen, Wohlgebornen Herrn, Herrn Albrecht, Grafen zu Mansfeld und Herrn zu Schrappel und Heldrungen, meinem gnädigen Herrn.

---

*) Vgl. Br. v. 17. August, No. MCXLII.

Gnad und Fried in Christo. Gnädiger Herr, auf E. G. itziges Schreiben des Büchlins halben, so Magister Eisleben hat ausgehen lassen von deutschen Sprüchwörtern, und was die drey Fürsten, Würtemberg, Hessen, Braunscheig, E. G. und Bruder und Vettern drumb geschrieben, was mein Meinung uber solch Buchlin sey, will ich E. G. nicht bergen eben meine Gedanken, daß mich gleich verwundert, daß solche drey Fürsten E. G. damit bemühen; denn hätte Eisleben etwas gesündiget in seim Büchlin, so wäre er doch durch des Ludwigs von Passavant giftiges, böses, listiges Büchlin reichlichen und wohl bezahlet, daß solche Fürsten sollten billig gesättiget seyn. Ich will itzt M. Eislebens Sachen nicht vertheidigen, als wenig ich hindern will, ja auch foddern, daß er noch mehr deutsche Sprüchwörter läßt ausgehen; aber das will ich E. G., als meinem lieben gebornen Landsherrn, nicht bergen, daß M. Philipsen und mich genanntes Ludwigs von Passavant Büchlin aufs höhest beschweret, und möcht die Stunde komen, ich würde der Kunst auch mit ihm spielen, die er drinnen mit uns spielet; hätten uns auch nicht versehen, daß Hessen sollt solch ein Büchlin gestattet werden, auszugeben. Aber Gott behüt sie, daß sie nur nicht solch Büchlin mehr lassen ausgeben. Wir verstehen zwar auch Deutsch, wiewohl wir wollen weiter zusehen, was sie machen wollen. Es verdreußt mich wohl dazu, daß M. Eisleben sich so demüthiglich verantwortet hat,*) und dennoch darauf solch schändlich Büchlin leiden soll. Solchs hab ich E. Gn. auf solch Ansuchen unterthäniglich wollen anzeigen, denn E. G. zu dienen bin bereit. Den 9. September, 1529.

williger

Martinus Luther.

B.

Gnädiger Herr! Den verschlossenen Brief hab ich darumb so abläuftig gestellet, obs E. G. gefiel denselbigen lassen lesen, oder auch wegschicken, daß die drey Fürsten meine Meinung merken sollten, und bedenken, daß sie uns wohl so hoch mit dem Büchlin beleidiget haben, als N. N. den genannten Fürsten, damit sie ein Gewissen kriegen, und nicht so katzenrein auf den armen Mann drüngen. Sie hofieren mit dem Büchlin, Gott helfe, daß sie den Tanz wohl verderben, Amen. Aber wie N. solle die Antwort an E. G. stellen, gebe ich auf E. G. Verbesserung diese Forme.

*) S. No. MCLII.

Erstlich, weil K. M. zu Böhem, Erzherzog zu Oesterreich, sampt dem Schwäbischen Bunde, angezogenen Fürsten nicht allein mit Worten, sondern auch mit der That, als einen unleidlichen Tyrannen, verdamet, gestraft und verjaget, dazu sich solchs täglich noch rühmen und brauchen: so will mir nicht gebühren, meine Schrift zu wiederrufen; sintemal ich nichts mehr gethan habe, denn das mit Worten geschrieben, welchs jene mit der That begangen, und noch, als auf einem Rechten geschieht, beruhen. Sollt ich nu wiederrufen, so müßte ich hochgedachten König und Herrn verdamen, und mich als ein Richter setzen zwischen den von N. und jenem Theil, welchs mir weder fur Gott im Gewissen, noch fur der Welt geziemen will.

So lange nu der von N. seine Sache nicht ausführet, hat weder er noch Jemand anders Recht oder Macht, mir zu verbieten oder zu wehren, mit jenem Theil zu halten; denn wie wollt er thun, wo ich jenem Theil zugewandt wäre? Da müßte er wohl leiden, und mich ungestraft lassen, daß ich redet und schriebe, wie mein Theil redet und thut, gleich wie ers hat von dem von N. leiden müssen. Derhalben haben sich (mit Urlaub) alle drey Fürsten hierin zu hoch vergriffen, daß sie mit frevelem Urtheil, nicht allein jenes Theil verdamen, so sie doch deß nicht Richter sind, sondern auch von E. G. solchs Frevelurtheils Vollziehung begehren, welche alle beyde Stücke unleidlich furgenommen sind, beyde fur Gott und der Welt.

Denn wo E. G. mich sollt strafen, so griffe sie auch zu hoch, und maßete sich mit der That an, des Richterampts uber K. Maj. und Schwäbischen Bund, dieselbigen zu verdamen, und den von N. zu rechtfertigen, welchs ohn Zweifel E. G. nicht allein in große Verdacht eines Aufruhrs bringen, sondern auch mit einer aufrührischen That öffentlich fur Gott und der Welt schuldig machen würde, da Gott fur sey. Weil ich aber nichts neues auf den N. erdichte noch liege (wie sie mich mit wissentlicher Unwahrheit zeigen), sondern dasselbige rede, das ihm von jenem Theil mit der That ist auferlegt, und sich dennoch rechtfertigen: so kann er nicht mehr zu mir, denn daß er mich unter jenes Theil rechnen muß, und mit Recht oder ordentlich mich nicht ehe urtheilen noch strafen, er habe denn jenes Theil mit Recht uberwunden und gestraft; denn er hat solch Nachreden nicht von mir, sondern von jenem Theil, davon ichs auch habe.

Nu kann er ja mich dazu nicht zwingen, daß ich jenes Theil umb seinen willen verdame; und ob ichs thun wollt, so dürfte und könnte ichs nicht thun. Es gehet aber gleich wie in den Schulen, da die Bachanten, wenn sie sich an dem Schulmeister nicht rächen mögen, so räufen sie einen armen Knaben. Also will der von N. sich an mir armen Mann rächen; weil er dort nicht kann, sticht, verletzt und lästert er unter meiner Person solchen mächtigen König und Herrschaft, die doch noch unverurtheilt, und er noch ungerechtfertiget sind 2c. Wo ich aber einmal würde meine Person ausziehen, und darstellen jener Person, die er durch mich verletzet, sollt er vielleicht gewahr werden, welcher den andern gelästert oder gelobet hätte.

Ich setze aber, daß er schon aller Dinge unschuldig und jenes Theil schuldig geurtheilt wäre; weil er aber sich selber so gräulich an mir gerochen hat durch des Ludwigs von Passavant lügenhaftigs, lästerlichs, schändlichs Büchlin, hätte er schon damit alles Recht verloren, mich weiter zur Strafe zu foddern, secundum leges. Derhalben abermals ihr Furnehmen und Ansinnen an E. Gn. unbillig ist, und wider alle Recht; denn dasselbige Büchlin mit der allerunverschamtesten, giftigsten, unleidlichsten Lugen mich aufrührisch schilt, sampt meiner Gesellschaft, welche nichts anders sind, noch gedeutet werden mögen, denn D. Mart. und M. Philip. sampt ihren gleichen; so doch der ehrlose Bösewicht und Dichter das Büchlins wohl weiß, daß wir in aller Welt die berühmetesten sind, so wider Aufruhr, und fur die Oberkeit so fleißig geschrieben und gehandelt haben, und soll ihm, ob Gott will, solch sein schändlich Lästermaul und Fedder von uns einmal getroffen, und seine verzweifelt Bosheit nicht geschenkt werden.

Und sollt ich recht von Aufruhr reden, so wären diese drey hochgenannten Fürsten in diesem Stücke rechte Aufrührer, daß sie E. G. treiben und foddern, aufrührische Stücke und Thaten zu uben, nämlich sich zum Richter setzen uber diese Sache mit thätlicher Strafe an mir, jenes Theil verdamen, und dieses Theil rechtfertigen. Das heißt recht Aufruhr und Unglück suchen, da sollt der Lügen- und Lästerschreiber seinen Balken haben angesehen, so würde er meiner Splitter vergessen haben.

Aus diesem allen sehen, hoff ich, E. G. Ursach gnug, daß ich nicht wiederrufen dar noch kann, und E. G. mich auch nicht strafen soll noch kann, sondern weil es so gerathen ist, daß ich mit meinem Büchlin jenes Theils worden bin, muß ich so lange bey demselbigen Theil bleiben, bis zur Sachen Endschaft. So muß E. G. auch die Sachen so lassen gehen und stehen, bis daß dieser Theil unschuldig erkannt werde von Richtern, denen solch Erkenntniß gebührt, und nicht nach Erkenntniß der dreyer Fürsten, welche hie als Theil und Part verdächtig, und nicht Richter seyn mögen.

Zudem, wo ich wiederrieffe, da würde ich allererst der rechte Aufrührer und Erzbösewicht, als der ich damit Kön. Maj. und Schwäbischen Bund verdamete, das mir nicht ziemete, dazu des Passavänts verflucht Lügenbuch bestätiget, mit aller Schmach, die er D. Martinus, Philipps und meiner Gesellschaft als ein Bösewicht auflegt, und müßte also theilhaftig seyn aller seiner Untugend und Bosheit, in genanntem Büchlin begangen. Eben so würden E. Gn. auch theilhaftig solchs alles, wo sie mich nach ihrem freveln Urtheil straften. Verhoffe aber, sie werden E. G. damit unbeschweret lassen, und vielmehr diejenigen selbs straffen, durch welche sie gereizt und geführet sind, solche böse Stück und Gräuel E. G. anzumuthen. Bitte E. G. rc.

Was nu E. G. gegen N. N. thun soll, mögen sie meine Meinung aus solcher gestelleten Form wohl vernehmen. Was will ihm der von N. thun? Man weiß ja wohl, daß er durchs Reichs Urtheil in die Acht gethan und verjagt, darumb thut ihm N. N. nichts Unrechts, ja er schonet sein fast. Wäre diese Sache mein, der Teufel sollt sie bescheißen allesampt, und wundert mich der Durst vom L. sehr, daß er dem Mann zuwider dem Reich dar Recht sprechen, und solchs an euch Herren zu Mansfeld schreiben und foddern.

Darumb gegen sie, weiß ich nicht, was E. G. thun sollten, sie wollten denn eine freundliche Vermahnung an sie stellen, daß sie wollten mit gutem Bedenken hierin fahren, angesehen die Gelegenheit der Sachen, so das Reich und die Oberkeit hierin gehandelt, damit sie nicht in Fahr oder Unglimpf und in schwere sorgliche Nachrede fallen. Denn ob wir hie gleich stille schwiegen, so kann man draussen im Reich auch Leute finden, die beyde L. und B. und allesampt mit Schriften antasten, als die Aufrührischen wider Königl. Majestät (als sie denn auch hierin sind) und jenes Theil also schmücken, daß der L. sollt wündschen, er hätte W. nie gesehen, wie ich gar meisterlich wohl thun wollte. Sie sind toll worden, sehen gar nicht, daß sie mit dem von W. nicht stehen, als mit einem regierenden Fürsten rc.

Solchs wollt E. G. als zum unterthänigen Dienst gnädiglich von mir annehmen. Hiemit Gott befohlen.

Eu. Gnaden

williger

Martinus Luther.

9. September. N°. MCLII.

An Joh. Agricola.

Betrifft denselben Handel.

Aus einer Abschrift auf der Universitätsbibliothek zu Helmstädt bey Schütze II. 109.

Venerabili in Christo fratri, M. Johanni Agricolae, Eislebiensis juventutis institutori fidelissimo.

G. et P. in Domino. Vidimus, novimus tragoediam, quam tibi excitat Dux Wirtembergensis, mi Joannes, sed tu fortis esto nec metuas. **Es ist nicht so böse, als sie es gerne machen wollten, wird auch (ob Gott will) nicht so böse werden.** Formavi, quod comes Albertus petiit, chaos quoddam responsionis, quam eidem contra illos daturus es. Hanc, oro, pro tua facultate ornes et acuas.[1]) Nam metuo, ne Comes Albertus ullam ibi vehementiam, quantumvis necessariam, passurus sit. Quid enim aget tyrannus? Pars factus es [2]) adversariorum ejus. Huic parti scenae attemperandum est, donec ipsa justo et legitimo ritu vincatur. Interim licet facere et dicere, quae tuae partis sunt. Audio te nimis humilem Principi Hassiae responsionem ac plane palinodiam cantasse, *) quod doleo: sed ut hanc quoque rursus revoces, consultum videtur, ut in vestibulo seu initio responsionis ad Comitem interseras, te quidem ante satis humiliter tentasse pacem, verum quoniam ita tumultuantur, nec pacem volunt, te quoque cogi, jam non humiliter, sed plane et juste rem gerere, teque poenitere frustratae humilitatis. Passavantii librum, non in te, sed sub tuo nomine in nos omnes virulentissime scriptum acido et amaro animo, exsecror. Sed dabit Deus occasionem reddendi, quod meretur. Interim vale et saluta omnes tuos. Tentatio haec cedet tibi in bonum. Salutat te et Elsam tuam Ketha mea. 9. Septembris, MDXXIX.

T. Martinus Luther.

1) Verm. st. acues. 2) Verm. st. et.

*) S. Seckendorf L. II. §. 46. Add. n.

Anfang Octobers. Nº. MCLIII.

An den Landgrafen Philipp gemeinschaftlich mit den andern Theologen.

Eine während des Gesprächs zu Marburg dem Landgrafen vorgelegte Vertheidigung der Lehre von der leiblichen Gegenwart Christi im Abendmahl aus den Kirchenvätern.

Dieser Schrift wird Erwähnung gethan in Melanchthons Bericht vom Marburgischen Relig. Gespräch bey Walch XVII. 2364. 2369. Man kannte sie bisher nicht; sie ist bekannt gemacht aus einer alten Abschrift in Riederers Nachrichten II. 349.

E. F. G. haben gehort, wie die alten Scriptores als nämlich Augustinus in dieser Handlung angezogen, daß Christus ein wahren Leib habe, daß ein Leib ein Raum einnehme, daß Sacrament Zeichen sind. Solche weitläuftige und frembde Sprüch, so die Vätter an andern Orten, dann im Nachtmahl, und in ander Sachen, dann im Abendmahl, geredt haben, werden dennoch zu dem Sacrament gezogen, daraus man doch nichts von dieser Sach schließen kann. Dann dieser Spruch keiner dies offentlich sagt, daß Christus Leib nicht moge im Nachtmahl seyn. Dieweil aber E. F. G. nicht andere Spruche der Alten gehoret, darin ihr Meinung klar ausgedruckt, und die eigentlich und allein von dieser Sach lauten, haben wir unsers Gewissens halb nicht konnen unterlassen, E. F. G. solche Spruche anzuzeigen, und bitten umb Gotteswillen in aller Unterthänigkeit, E. F. G. wollen sie lesen und bewegen. Die Sache ist nicht so geringe, als sie wähnen, sonder betrifft Gottes Ehre und unser aller Seelen. [1])

Derhalben Noth ist, daß wir uns wohl fursehen, und nicht von Worten des Evangelii fallen durch menschliche Vernunft oder frembde ungereimpte Spruche; denn E. F. G. werden befinden, daß die Alten nicht anders gelehret, denn wie die Wort des Evangelii lauten und wir lehren. Nun kann E. F. G. aus hohem christlichem und fürstlichen Verstand, damit E. F. G., Gott habe Lobe, reichlich begabt, selbs wohl ermessen, wie beschwerlich es sey von den Worten des Evangelii, darzu von der ganzen alten Kirchen zu weichen, ohn genugsame Ursach. Wie auch sollichs zu verantworten seyn werde, wird man im Auskehren finden.

---

1) Hier scheint Heil zu fehlen.

Wir haben auch hiebey angezeigt, wo man die Spruche finde, daß man sie leichtlich finden moge, wo E. F. G. Ihr die ganz Rede bey einem Spruch wollen fürtragen lassen, und sehen, daß nicht von geistlicher Nießung allein, sonder klar von der äusserlichen geredt wird. Denn unser Widderpart will solche Spruche auf geistliche Nießung deuten derhalben, daß oft dabey das sechst Cap. Johannis angezogen wird. Nun haben die Alten bey demselbigen Capitel oft vom Sacrament geredt, und ihre Meinung von äusserlicher Nießung angezeigt.

Hilarii de trinitate L. VIII. (c. 13.)

Hie siehet man, wie er spricht, daß Christus wahrlich und naturlich empfangen wurd, nicht allein geistlich.

Chrysostom. in Joh. Homil. XIV.

Wir haben die Frucht unser Wohlthat empfangen re ipsa etc. Hie steht klar, daß wir nicht allein durch die Liebe, sonder re ipsa eingeleibt worden.

Man besehe auch Chrysostom. Homil. 83 (?), da findet man sein Meinung nach der Länge.

Cyprian. L. I. ep. 2.

Die wir vermahnen und reizen ꝛc.

Irenaeus L. IV. cap. 34. *)

Wie konnen die wissen, daß das Brod das Sacrament ꝛc.

In diesen Worten strafet Irenäus die Ketzer, die wider die Gottheit Christi lehreten, und will so schließen: Wäre Christus nicht wahrer Gott, so mocht er nicht an viel Orten seyn. So folgt nun, daß sein Meinung ist, daß Christus leiblich im Sacrament sey.

Hernach spricht er auch: Wie sprechen sie, das das Fleisch vergehe ꝛc. Hie steht klar, daß das Fleisch gespeiset wird.

Cyprianus spricht in quodam sermone de coena Domini, daß wie Christus zwo Naturen hat, die göttliche und die menschliche, also seyen im Sacrament Brod und der Leib Christi. Videantur caetera.

Vulgarius **) in Matth. spricht mit klaren Worten: Christus hat gesprochen: das ist mein Leib, nicht: das ist meines Leibs Zeichen, auf daß man verstund, daß sein wahrer Leib da ist; und diese Meinung setzet er oft in andern Evangelisten und in Paulo. Nun ist Vulgarius alt, und bey den Griechen schier der besten Lehrer einer.

---

*) Ed. Mass. c. XVIII. §. 4. **) Theophylactus.

Cyrillus in Joh. XV. spricht klar, daß wir nicht allein durch die Liebe mit Christo vereinigt werden, sondern auch leiblich. Item mit natürlicher Nießung, und giebt ein Exempel vom Wachs, das zu anderm Wachs gethan und darein zergossen wurd.

Man hat auch zwey Bucher in Ambrosio de mysteriis initiand. und de sacramentis, darin unsere Meinung klar geschrieben steht.

Darauf antwort unser Widerpart, man wisse nicht, ob das Buch de sacramentis Ambrosii sey. Aber also mocht man solviren, was man wollt. Darüber sind viel Anzeigung, daß es Ambrosii sey, und ob es schon nicht Ambrosii wäre, weiß man doch, daß es sehr alt ist, und allegirt wird in Decretis und sonst als eine alte Schrift.

Dieß haben wir E. F G. unterthäniger Meinung anzeigen wollen; denn wiewohl unser Glaube allein auf Gottes Wort stehen soll, so ist dennoch trostlich zu wissen, daß unser Glaub Zeugnuß in der Kirchen hat. Es ist gar ein blod Ding umb ein Gewissen: darumb in solchen großen Sachen nicht frevelich zu handeln, und soll ohn klar Gotteswort nicht neues furgenommen werden.

Daß aber unser Widerpart vermeinet, sie habe Ursach genug ihrer Lehre; besorgen wir, sie seyen derhalben noch nicht im Gewissen hoch angefochten worden, und achten wohl, daß sie es gut meinen; aber man wird befinden, daß ihre Argumenta dem Gewissen nicht genug thun, widder die Eigenschaft der Wort: hoc est corpus meum.

Sie haben furnehmlich zwey Argumenta. Das erste, Joh. 6. wurd verworfen die äusserliche Nießung, darumb ist nicht zu halten, daß Christus äusserliche Nießung habe wollen gebieten im Sacrament, als die er zuvor verworfen hat. Dieß Argument erzwingt nicht mehr, so mans schon lang hin und her wirft, denn das äusserliche Nießung ohn Glauben verworfen ist; denn Christus lehret im selben Capitel, man musse an ihn glauben, Fleisch essen an ihm selber werde nicht helfen, aber Glauben dabey hilft. Also dringt Christus daselbs auf den Glauben, und ordnet nicht von einem äusserlichen Werk; aber hernach im Nachtmahl ordnet er das äusserliche Werk: das sollen wir billig auch halten und sein Ordnung nicht verachten, und die Wort nicht unsers Gefallens deuten.

Das ander Argument ist, dieweil Christus ein wahren Leib habe, müsse derselbige Leib an einem Ort seyn, und kunnte nicht hie und dort seyn. Dieß Argument ist nicht aus der Schrift, sondern ist

Vernunft. Denn woher wissen wir, daß Christus nicht vermoge hie und anderswo seyn? So vermag Vernunft widder Gottes Wort nit bestehn in der Anfechtunge und Gottes Gericht.

Dieß sind die furnehmsten Argument, so sie furwenden. Darauf wissen wir uns nicht zu verlassen, und bitten E. F. G. umb Gottes willen, E. F. G. wollet als ein christlicher Furst diese Sache zu Herzen nehmen, und nicht gestatten, daß etwas furgenomen werde, daraus weiter Aergernuß und Beschwerung folgen mocht. E. F. G. sehen, was Unrath aus Verachtung des Sacraments folgt. Bitten auch in aller Unterthänigkeit, E. F. G. wollen uns gnädiglich diese einfältige Schrift zu gut halten, die wir E. F. G. zu überreichen durch unser Gewissen verursacht sind, und sind E. F. G. unterthäniglich zu dienen allzeit bereit.

M. Lutherus post colloquium Marpurgi habitum Landgravio scripsit.

---

4. October. N⁰. MCLIV.

An Nic. Gerbellius.

L. meldet den Ausgang des Marburger Gesprächs.

In den Unsch. Nachr. 1721. S. 718. bey Strobel-Ranner p. 162. Deutsch bey Walch XVII. 2372. und nochmals XXI. 1185.

Ad Nicolaum Gerbellium, Juris Doctorem in urbe Argentina.

G. et P. in Christo. Quantum profecimus in concordia dogmatum hic Marpurgi, intelliges, mi Gerbelli, tum ex ore, tum ex scheda vestrorum legatorum. *) Nos sane cum nostra satis fortiter defenderimus, et illi multa de suis cedentes, uno isto articulo de sacramento altaris pertinaces dimissi sunt in pace. Quod fecimus, ne nimis mungendo sanguinem eliceremus. Charitatem et pacem etiam hostibus debemus. Sane denuntiatum est eis, nisi et hoc articulo resipiscant, charitate

*) Jac. Sturm und Casp. Hedio.

quidem nostra posse eos uti, sed in fratrum et Christi membrorum numero a nobis censeri non posse. Tu judicabis, quid fructus hinc natum sit: certe scandali pars non minima tolli mihi videtur, ubi contentio scribendi et disputandi publice adimitur, quin tantum effecturos nos esse non sperabamus. Utinam et ille reliquus scrupulus per Christum tandem tollatur, Amen. Vale, mi frater, et ora pro me. Marpurgi, 4. Octob., anno MDXXIX.

---

4. October. N°. MCLV.

An seine Ehefrau.

L. meldet ihr dasselbe.

Aus L. Chr. Mieg Monum. piet. et litter. Francof. 1671. P. II. p. 39. im Leipz. Supplem. S. 62. No. 96., dann bey Walch XXI. 299.

Gnad und Friede in Christo. Lieber Herr Keth, wisset, daß unser freundlich Gespräch zu Marburg ein Ende hat, und seynd fast in allen Stücken eins, ohne daß die Widertheil wollten eitel Brod im Abendmahl behalten, und Christum geistlich darinnen gegenwärtig bekennen. Heute handelt der Landgraf, ob wir könnten eins werden, oder doch gleichwohl, so wir uneins blieben, dennoch Brüder und Christus Glieder unter einander uns halten. Da arbeit der Landgraf heftig. Aber wir wollen des Brüdern und Glieders nicht, friedlich und guts wollen wir wohl. Ich achte, morgen oder übermorgen wollen wir aufbrechen, und zu E. Gn. Herrn gen Schl. im Voigtland ziehen, dahin uns S. K. F. G. berufen hat.

Sage dem Herrn Pommer, daß die besten Argument seynd gewesen des Zwinglii, daß corpus non potest esse sine loco: ergo Christi corpus non est in pane; des Oecolampadii: dies Sacramentum est signum corporis Christi. Ich achte, Gott habe sie verblendet, daß sie nichts haben müssen fürbringen. Ich habe viel zu thun, und der Bott eilet. Sage allen gute Nacht, und bittet für uns. Wir seynd noch alle frisch und gesund, und leben wie die Fürsten. Küßt mir Lensgen und Hänsgen. Am Tage Francisci, 1529.

E. williger Diener

Martin Luther.

Johann Brenz, Andreas Osiander, Doctor Stephan von Augsspurg seynd auch hier kommen.

Sie seynd hier toll worden mit Schweißschrecken, *) gestern haben sich bey funfzig geleget, deren seynd eins oder zwey gestorben.

---

12. October. N°. MCLVI.

An Joh. Agricola.

L. schreibt dasselbe an Agricola von Jena aus.

Bey Buddeus p. 71. Deutsch bey Walch XVII. 2373.

Gratiam et pacem in Christo. Reversi ex Synodo nostra Marburgensi, mi N., voluimus ex vicinia hac paucis tibi significare eventus. Excepti sumus a Principe Hassiae magnifice et splendide hospitio. Aderant Oecolampadius, Cinglius, Bucerus, Hedio, cum tribus summatibus viris, Jacobo Sturm Strasburgensi, Ulricho Funk Tigurensi et alio Basiliensi. **) Ultra modum omnes pacem humiliter rogarunt. Duobus diebus contulimus: ego utrique Oecolampadio et Cinglio respondi, et opposui hunc locum: *Hoc est corpus meum.* Cuncta objecta confutavi. Pridie tamen privatim ego cum Oecolampadio, Philippus cum Cinglio suaviter contuleramus. Interim adveniebat et Andreas Osiander, Joannes Brentius et D. Stephanus Agricola ex Augusta. In summa, homines sunt inepti et imperiti ad disputandum. Tametsi sentiebant sua nihil concludere, nolebant tamen cedere in hac una parte de praesentia corporis Christi, idque (ut arbitramur) metu et pudore magis, quam malitia: in caeteris omnibus cesserunt, quemadmodum in schedula jam edita videbis. In fine rogarunt, ut saltem fratres (eos) agnoscere vellemus, idque Princeps valde urgebat, sed non potuit eis concedi: dedimus tamen manus pacis et caritatis, ut interim quiescant aspera scripta et verba, et

---

*) Die sogenannte englische Seuche. S. Br. v. 27. u. 29. Aug., No. MCXLVII. MCXLVIII. **) Es war Rudolph Frey.

quisque suam sententiam doceat, absque invectiva, sed non absque defensione et confutatione. Sic discessimus, Vale. Gratia Christi vobiscum, Amen. 1) Jenae, 12. 2) Octob., MDXXIX.

Martinus Lutherus.

Nachschrift Melanchthons.

Valde contenderunt, ut a nobis fratres nominarentur. Vide eorum stultitiam, cum damnent nos, cupiunt tamen a nobis fratres haberi. Nos noluimus eis in hac re assentiri. Sic omnino arbitror, si res adhuc integra esset, non moturos amplius tantam tragoediam.

---

17. October. N⁰. MCLVII.

An Friedr. Myconius.

L. wünscht, daß ihm M. über die Prophezeyung eines Mönchs, wovon er ihm mündlich gesagt, ausführlich berichten möge.

In den Unsch. Nachr. 1721. S. 870. ex Msc., bey Strobel-Ranner p. 163. Deutsch bey Walch XXI. 1186.

Domino Friderico Myconio.

Gnad und Fried in Christo. Charissime in Domino frater Friderice, per Christum te oro et obtestor, ut res istas, de quibus in Isennaco nobis fecisti opinionem maximae fidei et cupiditatis, quam primum expedias. Hoc est de monacho illo in excommunicatione mortuo et prophetante, fore, ut illi ipsi, qui aderant, visuri et audituri essent eum, qui ea doceret, quae ipse docuisset et sensisset. Hanc, inquam, historiam vide ut plenis, multis, totis et superfluis verbis nobis scribas et mittas, nihil omittens: de libro sub lateribus sepulto, et quod nomen sit ejus sacerdotis, et ubi sit, qui eum librum adeptus sit: scis enim mihi in hac re multum esse situm.

1) Walch hat statt Vale etc.: Das werdet ihr D. Caspar Güttein unserm geliebten Bruder, melden und für uns beten. 2) Budd. falsch 2. Oct.

Quare nihil negligas te oro, sicuti ego te amo. Nam et solius tui causa, ne te contristatum relinquerem, abiens concionem habui Gothae, *) non habiturus alioquin, etiam omnibus urgentibus aliis. Ita rursus fac, ut hac tua opera fungar, utar, laeter, fruar. Valde enim cupio, imo ardeo eam habere hoc magis, quo absentior sum. Spero et praesumo de te, sicuti debeo, et sicuti tu dignus es. Atque si aliter non potest fieri, nuntium meo sumtu mittas. Saluta costam tuam et liberos. Vale in Christo. Sonntag nach Galli, anno MDXXIX.

T. Martinus Lutherus.

---

19. October. N⁰. MCLVIII.

An Nic. Amsdorf.

L. schreibt nach seiner Rückkehr einen sehr schwermüthigen Brief, besonders macht ihm der Türkenkrieg Sorge.

In den Unsch. Nachr. 1721. S. 871. ex Msc.; dann bey Strobel-Ranner p. 164. Deutsch bey Walch XVII. 2375. Wir haben eine Abschrift im Cod. chart. 397. Bibl. Goth. f. 123. verglichen.

Domino Nicolao Amsdorfio.

G. et P. in Christo. Salvi domum reversi, mi Amsdorfi, et quae gesta sunt, referet tibi M. Georgius et Joannes Zirnigus. 1) Magnifice tractavit nos Landgravius. Ego sane aegri animi heri et vesperi vexatus sum. Angelus Satanae, vel quisquis est Diabolus mortis, ita me fatigat, forte cooperante Turcarum furia, quae in foribus est, visitatura in virga ferrea horribiles illas blasphemias impietatis verbo adversantium, deinde plebis ubique intolerabilem ingratitudinem. Christus misereatur nostri, Amen. Tu ergo Ecclesiam vestram ad poenitentium et orationem admoneto. Tempus est, necessitas urget. Alias alia, nunc trementibus et lassis digitis plura non potui. Altera post Lucae, anno MDXXIX.

T. Martinus Lutherus.

1) Ms. G. Ziringus.

*) Als er von Marburg nach Wittenberg zurückging.

20. October. N⁰. MCLIX.

An Nic. Hausmann.

Aehnlichen Inhalts mit dem vorigen; L. arbeitet an der Heerpredigt wider die Türken.

In den Unsch. Nachr. 1721. S. 717. bey Strobel-Ranner p. 164. bey Schütze II. 111. „aus Aurifabers ungedruckter Sammlung"; deutsch bey Walch XXI. 1186.

Venerabili in Christo, Domino Nicolao Hausmanno, Episcopo Cygnensis Ecclesiae sincero et fideli. 1)

G. et P. in Christo. Quod de Christophoro scripsisti, mi Nicolaë, ad ipsum 2) omnia retuli. Sit Christina 3) illi uxor in nomine Domini feliciter. 4) De synaxi puerorum fortasse sermonem edam, sed modo exhortationem Germanorum 5) contra Turcae impetum meditor. Peccata nostra nimium provocarunt oculos Majestatis: ideo merito poena nos visitat. Exercenda tamen nihilominus est Ecclesia vestra et nostra orationibus, lacrymis et poenitentia, sicuti Ninivitae fecerunt. Quis scit, si misereatur nostri et relinquat post se benedictionem. De nostro colloquio alias te certiorem faciam, quia et fessus sum animo et res prolixa est. Articuli editi sunt, in quos 6) ultra spem concesserunt: satis humiles et modesti fuerunt. Etiam hic edentur articuli statim. *) Bene vale et ora pro me. Dominus sit 7) tecum. Datae 20. Octobris, anno MDXXIX.

---

20. October. N⁰. MCLX.

An Conr. Cordatus.

Glückwunsch zur Verbesserung seiner Lage in Zwickau.

Aus der Börnerischen Sammlung zu Leipzig bey Schütze II. 110.

---

1) Nach Sch. 2) Sch. † Christophorum. 3) Sch. Christiana. 4) Sch. † Amen. 5) Sch. Christianorum. 6) Sch. quibus. 7) Sch. — sit.

*) Die Marpurgischen Artikel. s. l. e. a. in forma patenti oblonga. 1 Bog. S. Rotermund No. 252.

G. et P. in Christo. Audio, mi Cordate, apud Cygneos existimationem et auctoritatem tuam quotidie augeri: de quo glorior in Christo et gaudeo. Tu vero perge eos vincere bonitate. Duri sunt, fateor, sed, si accesserit duritia nostra, fient deteriores. Nosti proverbium: *Duos duros molares nihil boni molere.* Igitur patientia tandem nostra eos confundet et arguet suae duritiae cum fructu multo. De Turca tristia audiuntur. Oremus, ne pereamus. Saluta Christinam tuam, et vale in Christo. 20. Octob., MDXXIX.

T. Martinus Lutherus.

---

26. October. N⁰. MCLXI:

An Nic. Hausmann.

Von L.'s Heerpredigt wider den Türken.

Bey Buddeus p. 72. Wal. Cod. chart. 451. f. Bibl. Goth. Cod. Jen. b. f. 209. Deutsch Eisl. I 482. Altenb. IV. 704. Leipz. XXII. 556. Walch XXI. 291.

Gratiam et pacem in Christo. Festinus et praeventus subita profectione istorum hominum, qui has tibi [1]) reddunt, optime Nicolaë, cogor scribere. Opinabar enim diutius hic mansuros, alioqui plura et tibi et Cordato scripsissem, praesertim de bello Turcico, quod Germaniam turbat merito. Nam et nos meruimus hanc iram Dei, et qui meruerunt neque poenitent, neque emendant, sed pergunt. Ego sermonem exhortatorium edo: **Ein Heerpredigt wider den Türken.** M. Philippus et Jonas edunt [2]) libellum in eandem causam. Tu fac, ut tui duri increduli et pertinaces Cygnei serio [3]) credant, metuant, trepident a facie istius virgae et irae Dei. Non erit jocus, sed finalis furor Dei, in quo simul mundus finietur, et Christus veniet hunc [4]) Gog et Magog destructurus suosque liberaturus. Nam sunt omnia impleta in Scripturis, nisi quod certi sumus, preces nostras humiles aliquid posse etiam contra Turcam istum.

---

1) Ms. G. tibi hanc. 2) Ms. G. cudunt. 3) Ms. G. populi sedulo. 4) Ms. G. — hunc.

qui non hac hieme [1]) tantum, sed usque in finem mundi nos Germanos vexabit egregie, ut dicit Daniel VII. Vale in Domino et ora pro me. Ego usque ad mortem luctor adversus Turcas et Turcarum Deum. Saluta meum Cordatum cum sua Christina. Feria 3. post Crispini, MDXXIX.

Martinus Lutherus.

---

27. October. N⁰. MCLXII.

An Nic. Amsdorf.

L. triumphirt über das Marburger Gespräch, meldet Wiens Entsatz, und beantwortet die Frage, ob evangelische Fürsten mit katholischen ihre Waffen wider den Türken vereinigen dürften.

Aus Aurifabers ungedruckter Sammlung bey Schütze II. 112.

G. et P. in Domino. Gaudeo, te sic gaudere, mi Amsdorfi, de nostra Marpurgensi Synodo, parvula quidem in speciem, sed efficaci re ipsa. Fecerunt hoc preces piorum, ut sic confusi frigerent et humiliarentur. Deo sit laus et gloria.

Heri accepimus, Turcam in vigilia festi discessisse a Vienna versus Hungariam magno Dei miraculo. Nam ipsam urbem ubi impetu fere vicesimo frustra oppugnaverat, in tribus locis suffosso solo et pulvere supposito disjecit et patefecit: sed nulla vi potuit suum exercitum cogere ad irruptionem, divinitus pavefactum, ut potius a ducibus confodi sustinerent, quam novissimum hunc irruptionis impetum tentarent. Sic metu bombardarum et futuri exercitus nostri putatur confusus abiisse. Alii aliud putant. Deus hoc anno palpabiliter pro nobis pugnavit. 26 millia hominum amisit, e nostris 6 millia cecidisse feruntur per eruptiones consumti. Haec volui, si tu alia non habes, tecum communicare, ut simul gratias agamus et oremus. Nam Turca vicinus factus pacem non sinet in aeternum nos habere.

---

1) Ms. G. modo st. hac hieme.

Quod autem quaeris, an tuto liceat Principi nostro se conjungere impiis et adversariis verbi, credimus nos, quod sic, quia hic defensio communis agitur. Secus esset, si de inferendo bello ac non inito opere foedera quaererentur. Neque enim si impii alicujus domus arderet, item si esuriret hostis tuus, ciba illum, juva illum: in necessitate etiam hostibus benefaciendum est. Vale in Domino, et ora pro me. Datae in vigilia Simonis et Judae, anno MDXXIX.

T. Martinus Lutherus.

---

28. October. N⁰. MCLXIII.

An Joh. Lange.

Empfehlungsbrief nebst der Nachricht von Wiens Befreyung.

Im Litterar. Wochenbl. II. 369. aus der Börnerischen Sammlung zu Gotha bey Schütze II. 113. aus dem L. W. bey Strobel-Ranner S. 167.

G. in Christo. Commendo tibi, mi Lange, hunc Mag. Wolfgangum, tuae charitati, ut eum, si qua poteris, juves ad aliquam conditionem vel officium. Bonus vir est, satisque eruditus et in literis et in pietatis notitia aptus vel concionatoris vel scribae vel praeceptoris alicujus officio fungi.

De Turca nosse te omnia credo, quomodo Viennam supposito pulvere disjecerit 1) et tamen desperans fugerit et ingenti metu 2) et miraculo Dei ex territorio nostro, h. e. Germaniae. Sed nos Germani stertimus semper. Vale in Christo et filiolum tuum cum matre saluta, datis utrique multis suaviis et basiis. Die Simonis et Judae, MDXXIX.

T. Martinus Lutherus.

---

1) L. W. Vienna — — discesserit. 2) Metu fehlt bey Sch.

28. October. N°. MCLXIV.

An Wenc. Link.

L. triumphirt über die Demüthigung seiner Widersacher in Marburg, und meldet vom Türkenkrieg.

In den Unsch. Nachr. 1721. S. 872. ex Msc.; dann bey Strobel-Ranner p. 165. Deutsch bey Walch XVII. 2376.

Domino Wenceslao Linco.

G. et P. in Christo. De nostra Synodo Marpurgensi nihil est, quod scribam, optime Wenceslaë. Nam ex Osiandro cognovisti omnia. Satis et plus quam satis se humiliarunt, et fraternitatem nostram ambierunt. Dominus Nicolaus Amsdorfius mirum quam exultet et jactet opus Dei, quod illi ambierint fraternitatem nostram, nec obtinuerint, putatque abunde impletam Osiandri prophetiam, qua ante biennium Zwinglio praedixit, tanquam Achabo cuidam, futurae victoriae spe insolescenti, intra triennium eum vel confundi, vel se non esse in Domino locutum. Scilicet quod illi, qui nos idololatras, carnivoras, Thyestas, et impanati et esculenti Dei cultores, Capernaitas condemnarint, nunc ultro talium fraternitatem ambiant, nec tamen digni habiti, ut obtineant. Et vera narrat, veraque jactat, ut ipsi videmus. Haec volui indicare, ut nosses etiam nostrorum judicium. Ego vix et aegre domum reversus sum, sic me vexante angelo Satanae, ut desperarim me vivum et salvum visurum meos. Sed Christus triumphat in istas potestates aëris, quare pro me orabis diligentius. Forte ipsum Turcam partim in isto agone cogor ferre et vincere, saltem ejus Deum Diabolum. Summa, mihi videntur isti homines non mali, sed errore et casu lapsi in eam opinionem, e qua libenter essent erepti, si qua possent. Deus, qui coepit, misereatur eorum et reducat eos, Amen. Turcam fugisse audimus. Sed Daniel VII. dicit, eum praeliaturum contra sanctos Dei, donec judicium fiat, et antiquus dierum sedeat. Das möchten wir Deutschen uns wohl lassen gesagt seyn! Ego sermonem edo bellicum exhortandi contra Turcas exercitus gratia.

Vale cum tuis et ora pro me. Die Simonis et Judae, anno MDXXIX.

T. Martinus Lutherus.

Et D. Jonas et Philippus junctis studiis librum contra Turcam propediem dabunt cum Danielis textu.

---

29. October. N⁰. MCLXV.

An den Kurfürsten Johannes.

Vorschlag eines Predigers nach Koburg an Thürings Stelle.

Aus dem Weim. Archiv im Leipz. Supplem. S. 62. No. 97., dann bey Walch XXI. 300. Wir haben die Urschrift verglichen.

Dem Durchleuchtigsten, Hochgebornen Fursten und Herrn, Herrn Johanns, Herzogen zu Sachsen und Kurfursten ꝛc., Landgrafen in Thuringen und Markgrafen zu Meissen, meinem gnädigsten Herrn.

Gnad und Friede in Christo. Durchleuchtigster, Hochgeborner Furst, gnädigster Herr! Es ist hie Er Johann Langer von Wolkenhayn, zu Naumburg Prediger gewest, daselbst von durch den Bischof verjagt, welchen wir allhier versucht und erkannt, als der tüchtig seyn sollt, gen Coburg an statt Er Balthasar Thüring seel. zu bestellen. Wo das nu E. K. F. G. gefällig, mugen sie genannten Herrn Johann mit Schriften gen Coburg weisen, und fertigen, daselbst das Ampt, wie er sich erboten, anzunehmen. Hiemit Gott befohlen, Amen. Freytags nach Simonis und Judä, 1529.

E. K. F. G.

unterthäniger

Martinus Luther.

5. November. N⁰. MCLXVI.

An Albrecht, Herzog von Preussen.

L. benachrichtigt den Herzog, daß er dem Doctor Apel die Stelle eines Kanzlers in Preussen angetragen habe. Er würde auch, wenn der Herzog weiter mit ihm handeln ließe, zur Annahme zu bewegen seyn. (D. Apel nahm den Ruf nach Preussen an, und versah das Amt eines Kanzlers bis 1534. In diesem Jahr begab er sich aber nach Deutschland zurück, lebte in Nürnberg und war, wie viele Briefe von ihm darthun, einer der fleißigsten Correspondenten des Herzogs).

Aus Fabers Briefsammlung S. 4.

Gnad und Friede in Christo. Durchleuchtiger, Hochgeborner Fürst, gnädiger Herr! E. F. G. Schrift und Begehr hab ich empfangen, nämlich, daß ich sampt M. Philippo (Melanchthon) sollen helfen zu rathen, daß E. F. G. einen odder zween geschikten Männer, an D. Fischers seliger Statt haben mochten, daruff ich E. F. G. zu Antwort gebe, daß ich meinen Fleiß darin nicht sparen will. Und will E. F. G. nicht bergen, daß ich mit Doctor Johann Apel davon geredt habe, und so viel vermerkt, wo E. F. G. wurden weiter mit ihm lassen handelen, daß der Mann mocht mit ziemlicher Weise zu bewegen und vielleicht auch zu erheben seyn. Wo das nu Gott gebe, so wären E. F. G. ja mehr denn wohl mit einem trefflichen Mann versehen, wiewohl ich, fur mein Theil, solchs Mannes nicht gerne aus der Universität gerathen wollt. Solchs wollen E. F. G. zu demuthiger Antwort gnädiglich annehmen. Denn E. F. G. zu dienen bin ich willig. Hiemit Gott befohlen, Amen. Quinta Novembris, 1529.

E. F. G.

williger

Martinus Luther.

---

7. November. N⁰. MCLXVII.

An Friedrich Myconius.

Von der im Br. v. 17. Oct. No. MCLVII. verlangten Geschichte, vom Türkenkriege und Melanchthons Abwesenheit.

Das Original befindet sich auf der Wolfenbüttelschen Bibliothek. Aus der Kraftischen Sammlung zu Husum bey Schütze II. 114.

Venerabili in Christo Viro, Dn. Frider. Mecumo, Episcopo Gothensi fidelissimo, suo in Domino Majori.

Gratiam et pacem in Christo. Gratissimae fuerunt literae tuae, mi Friderice, fraternitatis charitatisque plenae, simul et testes fideles diligentiae et fidei tuae in historia, quam rogaveram, paranda. Eam igitur sic expectabo, ut scribens promittis.

De Turca nosse te omnia credo. Deus pugnavit pro nobis, miraculosa fuga Turcam avertens et tamen simul impios [1]) horrendi exempli initio terrens et puniens. Orandus Deus, ut murus noster [2]) sit, et angelos suos mittat in auxilium. Laudo fiduciam tuam, qua scribis, te cum Ecclesia tua orare contra Turcam et portas inferi. Exaudiat te Dominus in isto die tribulationis nostrae, Amen. Sicut ob unum Lot non potuit Angelus perdere civitatem parvam, sic fit [3]) et vobis propter multos pios, Amen.

Nihil hic praeterea novi est. Philippus abest, alioquin scripsisset: nuptias honorat Dn. Dudleben in Freyberga una cum Amsdorfio. Salutat te Dominus meus Ketha reverenter. Saluta costam, sive etiam Dominum tuum, item hospitam nostram, et Basilium, quin et Praefectum vestrum. Vale quoque in Christo tu ipse quam optime. Septima Novembris, MDXXIX.

T. Martinus Luther.

---

10. November. N⁰. MCLXVIII.

An Jacob Probst.

Vom Türkenkrieg und den gefürchteten Unternehmungen Kaiser Karls V.

In Luther. Comm. in Jo. ep. cath. ed. Neumann p. 195. Deutsch bey Walch XXI. 1191.

---

1) Sch. nostros. 2) Sch. vester. 3) Sch. fiet.

G. et P. in Christo. Satis rerum novarum habemus, mi Jacobe, quas scribamus, et nimium satis.

De Turcis, nisi audisti, quomodo eruperint in Germaniam, ex scheda, quam Brunoni tradidi tibi transscribendam, intelliges. Austria fere vastata est, Vienna miraculo coelesti non capta, sed tamen irrecuperabiliter desolata: vicini pagi omnes exusti, plus quam centum millia hominum occisa vel capta. Idem fecit in Hungaria. Germania plena est proditoribus, qui Turcae favent. Ad haec mala accedit, quod Carolus Caesar multo atrocius minatur et saevire statuit in nos, quam Turca. Sic utrumque Caesarem orientalem et occidentalem habemus hostem.

Sic vindicatur Evangelii contemtus et odium. Spero illum diem adesse, qui finem faciet omnibus superbis. Ideo sic saevire daemones velut novissima hora arbitror. Haec est hora infirmantis et agonisantis Christi.

Tu cura apud Ecclesiam vestram, ut diligenter et ferventer oretis pro fide omnium, vel qui captivitatem vel mortem passi sive passuri sunt, ut Christus roboretur in omnibus nobis, donec resurgat in virtute et gloria, Amen.

Turca in Hungaria non longe a Vienna dicitur residere ad vernum tempus rediturus. Et Caesarem Carolum jactant in Germaniam venturum: sed hunc nemo timet. Si enim vi aliquid praesumserit, periculum est, ut se et universos suos sacerdotes funditus perdat. Sunt enim consilia et auxilia parata, nisi Deus adversetur, satis valida in perniciem omnium collegiorum et monasteriorum, quod non sit eis tutum contemta pace et patientia nostrorum aliquid tentare, nisi quid factum fortassis eos urget, ut horam suam sibi accelerent.

Domus mea satis bene habet. Ego autem peccator et subjectum et objectum sum daemonum sine fine mihi insidiantium et illudentium. Christus me servet et liberet, id quod tu oratione fideli juvabis impetrare. Gratia Dei tecum, Amen. Saluta Hevam tuam nomine meo et Kethae meae. Vigilia Martini, anno Christi MDXXIX.

T. Martinus Luther.

10. November. N⁰. MCLXIX.

An Nic. Hausmann.

Vom Türkenkrieg und H.'s Angelegenheiten.

Aus Aurifabers ungedruckter Sammlung bey Schütze II. 115.; bey Strobel-Ranner p. 168. ohne Angabe der Quelle. Deutsch bey Walch XXI. 1373. Wir haben Cod. chart. 397. f. 138. Cod. 185. 4. f. 150. Bibl. Goth. verglichen.

Venerabili in Christo Domino Nic. Hausmanno, Episcopo Cygnensis ecclesiae fidelissimo, fratri suo charissimo. 1)

G. et P. in C. Fortis esto, mi Nicolaë, in Domino, neque Turcas metuas nimium, Christus vivit. Et spes est ex Danielis visione, quam Philippus et Jonas jam edunt, ipsum Germania non potiturum esse, etiamsi nos carpet et Evangelii contemtum vindicabit. Nam miraculum est manifestum, quod Turca cessit loco et castris, et fracta est ejus ibi praesumtio. Dies judicii adest, et destruet Gog, Turcam, et Magog, Papam, utrumque, illum politicum, istum ecclesiasticum hostem, Christus.

Quod vero te quidam salso 2) et acerbo convicio sanctulum vocant, et rident, mirum, quam ego tibi gratuler, quod 3) dignus sis tanto Satanae odio, qui 4) cum aliud non possit, virulentiam linguae saltem in te exercet. Sed tu rectissime feceris, si rursus rideas ejus virulentiam et impotentiam, 5) et jubeas eum stercora esculari. Neque enim acrius eum potes mordere, neque te gloriosius vindicare, quam si laetissimus rideas hos ejus aculeos et morsus impotentes et elumbes.

Christinam sponsam opto gaudere. Quodsi et tu sponsam cupis, 6) laetus gratularer. Quodsi absque negotio continere et uxore carere potes, multo felicior eris et magis tibi gratulabor, non quod conjugio detraham, divino illi 7) operi et statui, 8) sed quod, ut Paulus ait, turbis 9) operum et personarum libero et securo non debeam non gratulari. Christus doceat et faciat te salvum esse et pro me orare. In quo bene vale. Vigilia Martini, MDXXIX.

1) Fehlt bey Str. 2) Cod. 185. falso. 3) Str. qui. 4) Sch. Str. et. 5) Str. virulentam impotentiam. 6) Str. cuperes. 7) Sch. Codd. illo. 8) Sch. Codd. — et statui. 9) Str. turbae.

18. November. N⁰. MCLXX.

An den Kurfürsten Johannes.

L. räth dem Kurfürsten von jedem Bündniß zur Vertheidigung wider den Kaiser ab.

Deutsch Wittenb. XII. 215. Jen. VI. 325. Altenb. IV. 564. Leipz. XXII. 21. Walch X. 648. Lateinisch bey Buddeus p. 76.

Dem Durchleuchtigsten, Hochgebornen Fürsten und Herrn, Herrn Johanns, Herzogen zu Sachsen und Kurfürsten ꝛc., Landgrafen in Thüringen und Markgrafen zu Meissen, meinem gnädigsten Herrn.

Gnade und Friede in Christo. Durchleuchtigster, Hochgeborner Fürst, gnädigster Herr! Es hat der Achtbar, Hochgelahrter Herr, Gregor Brück, Doctor ꝛc. uns dreyen von E. K. F. G. einen Credenze bracht, darauf wir von ihm E. K. F. G. Meinung vernomen, und unser bestes Bedenken schriftlich angezeigt, E. K. F. G. zu uberantworten, und ich bitte, E. K. F. G. wollen solchs gnädiger Meinung von uns vernehmen. Denn wir in unserm Gewissen solch Verbündniß nicht mügen billigen noch rathen, angesehen, wo es fortginge, und etwa ein Blutvergießen oder sonst ein Unglück draus erfolgete, daß, ob wir alsdenn gern heraus wollten seyn, nicht könnten komen, und alles solches Unfalls ein unleidliche Beschwerung tragen müßten, daß wir lieber möchten zehenmal todt seyn, denn solch Gewissen haben, daß unser Evangelium sollte ein Ursache gewesen seyn einiges Bluts oder Schadens, so von unserwegen geschehen; weil wir sollen die seyn, die da leiden, und wie der Prophet sagt, Ps. 44, (23.), wie die Schlachtschafe gerechnet seyn, und, nicht uns selbs zu rächen oder vertheidingen, sondern dem Zorn Gottes Raum lassen, Röm. 12, (19.).

Daß aber E. K. F. G. darüber muß in der Fahr sitzen, schadet nicht. Unser Herr Christus ist mächtig gnug, kann wohl Mittel und Weg finden, daß E. K. F. G. solche Fahr nichts thun wird; er kann die Gedanken der gottlosen Fürsten wohl zu nichte machen, Ps. 33, (10.). Denn wirs auch dafur achten, daß solch des Kaisers Furnehmen ein lauter Drauen des Teufels sey, das ohn Kraft seyn wird, und endlich dem Widertheil zum Verderben gedeihen wird, wie der 7. Psalm (V. 17.) singet: Sein Unglück wird auf seinen Kopf komen, und sein Frevel uber ihn ausgehen; ohn daß uns Christus dadurch (wie billig und noth ist) versucht, ob wir auch mit Ernst sein Wort meinen, oder fur gewisse Wahrheit halten oder nicht. Denn so wir wollen Christen seyn, und dort das ewige Leben haben, werden wirs nicht besser konnen haben, denn es unser Herr selbs mit allen seinen Heiligen gehabt hat, und noch hat. Es muß je Christus Kreuz getragen seyn; die Welt wills nicht tragen, sondern auflegen: so müssens freylich wir Christen tragen, auf daß es nicht ledig da liege oder nichts sey. E. K. F. G. haben bisher redlich dran getragen, beyde wider die Aufruhr, und auch wider große Anfechtung, Neid, Haß, und viel böser Tücke von Freunden und Feinden; noch hat Gott gnädiglich imerdar ausgeholfen, und E. K. F. G. festen Muth gegeben, und ohn Trost beyde leiblich und geistlich nicht gelassen, sondern wunderbarlich alle böse Tücke und Strick des Teufels aufgedeckt, zurissen und zu Schanden gemacht. Er wirds auch förder nicht böse machen, so wir gläuben und bitten. Wir wissen je gewiß, habens auch in öffentlicher Hülfe Gottes erfahren bisher, daß unser Sache nicht unser, sondern Gottes selber ist. Das ist ja unser Trotz und Trost, darumb er sich auch als ein treuer Vater solcher seiner Sachen also angenomen, und vertheidingt, daß wir müssen bekennen, es sey uber unser Kunst und Macht gewest, und hätten also nicht mügen mit unser Vernunft regieren, vertheidingen oder ausführen.

Derhalben bitte und vermahne ich unterthäniglich, E. K. F. G. seyn getrost und unerschrocken, in solcher Fahr; wir wollen, ob Gott will, mit Beten und Flehen gegen Gott mehr ausrichten, denn sie mit all ihrem Trotzen. Allein daß wir unser Hände rein vom Blut und Frevel behalten, und wo es dazu käme (als ich nicht meine), daß der Kaiser fortdrünge, und mich oder die andern foderte: so wollen wir fur uns selbs mit Gottes Hülfe erscheinen, E. K. F. G. unserthalben in keine Fahr setzen, wie ich vormals auch oft E. K. F. G. Bruder gottseliger, meinem gnädigsten Herrn, Herzog Friederichen, angezeigt.

Denn E. K. F. G. soll weder meinen noch eins Andern Glauben vertheidingen, kanns auch nicht thun; sondern ein jeder soll selbst seinen Glauben vertheidigen, und nicht auf eins andern, sondern auf sein eigen Fahr gläuben oder nicht gläuben, wenns so fern kompt, daß unser Oberherr, als der Kaiser, an uns will. Indeß verläuft viel Wassers, und wird Gott wohl Rath finden, daß nicht so gehen wird, wie sie gedenken. Christus, unser Herr und Trost, stärke E. K. F. G. reichlich, Amen. Den 18. Novemb., 1529.

E. K. F. G.

unterthäniger

Martinus Luther.

---

23. November. N°. MCLXXI.

An den Kurfürsten Johannes.

Bitte, durch ein Schreiben an den Herzog von Mecklenburg den Druck des Emserschen N. T. in Rostock zu verhindern.

Aus dem Weim. Archiv im Leipz. Suppl. S. 46.; dann bey Walch XXI. 159. Wir haben das Original nachgesehen.

Dem Durchleuchtigsten, Hochgebornen Fursten und Herrn, Herrn Johanns, Herzogen zu Sachsen und Kurfursten rc., Landgrafen in Thuringen und Markgrafen zu Meissen, meinem gnädigsten Herrn.

Gnad und Fried in Christo. Durchleuchtigster, Hochgeborner Furst, gnädigster Herr! Es haben uns anher von Lubeck etliche frumm [1]) Burger geschrieben, und gebeten, daß, weil etliche Lollbruder zu Rostock des Emsers Testament sächsisch lassen drucken, daraus sie besorgen, daß sie viel Volks werden des Orts beschmeißen und großen Schaden thun, daß E. K. F. G., wo es zu thun wäre, dem Durchl. Hochgeb. Fursten, Herzogen Heinrich von Meckelburg, schriebe, und bäte, daß S. F. G. dem Evangelio zu Ehren und den Seelen zu gute solch Drucken verbotte und hinderte, wo es seyn kunnte rc. Wiewohl ich fur mein Theil des Emsers Testament, dem Text nach, welchen derselb Bub böslich mir abgestohlen, (denn es ja fast gar mein Text ist, ohn in wenig Wort verändert, die nichts schaden wurden), wohl leiden mag, daß mans habe und lese; aber nu ers mit seinen Glossen und Annotation so bubisch und schändlich vergiftet hat, daß der Text dafur keine Frucht, sondern Schaden thut: bitte

---

1) Walch: seine.

ich demnach, E. K. F. G. wollten solche Furbitte an hochgedachten Fursten Herzog Heinrichen gnädiglich uns widderfahren und uns zukomen lassen bey diesem Boten, der darauf ist ausgesandt; doch so fern es E. K. F. G. wohl zu thun ist; denn wir je, so viel an uns ist, dem Teufel wehren wollten. Christus unser Herr sey mit E. K. F. G. ewiglich, Amen. Am Tage Clementis, 1529. 1)

E. K. F. G.

unterthäniger

Martinus Luther.

---

27. November. N⁰. MCLXXII.

An Herzog Heinrich V. von Mecklenburg.

L. wendet sich in derselben Angelegenheit an den Herzog von M. selbst.

Mitgetheilt von Herrn Dr. Krey in Rostock aus dessen Andenken an die Rostockischen Gelehrten, Anhang S. 59.

Dem Durchleuchtigen, Hochgebornen Fürsten und Herrn, Hinrichen Herzogen von Mechelburg, meinem gnädigen Herrn.

Gnad und Friede in Christo. Durchleuchtiger, Hochgeborner Fürst, gnädiger Herr! Ich zweifel nicht, mein gnädigster Herr, der Kurfürst zu Sachsen, werde aus meiner unterthänigen Bitte E. F. G. geschrieben haben, oder werde kürzlich schreiben, eines Drucks halben, so zu Rostock vorgenommen, deß wir von redlichen Leuten aus Lübeck stattlich bericht, daß etliche Lockbrüder 2) des Emsers Testament sächsischer Sprache zu Rostock im Druck geben, daraus sie sorgen, daß merklicher Schade der fromen Seelen begegnen möchte, und mich hochlich gebeten, daß ich bey meinem gnädigsten Herren, dem Kurfürsten zu Sachsen, um eine Vorschrift an E. F. G. arbeiten wolle, welches ich denn gethan und guter Hoffnunge bin, es sey oder werde geschehn. Wiewohl ich nu des Emsers Testament dem Text nach wohl leiden mag, als der fast ganz und gar mein Text ist und auch

---

1) Walch fehlerhaft 26. 2) Muß wohl heißen Lollbrüder.

mir abgestohlen ist von Wort zu Wort, aber seine giftige Zusätzen, Glossen und Annotationen aus seinem neidischen Kopf, mir zu Verdruß hinzugethan, fertich (?) seyn möchten, umb welches willen am meisten solch Testament des Emsers gedruckt wird: bitte ich demnach unterthäniglich, E. F. G. wollten dem Evangelio Christi zu Ehren und allen Seelen zur Rettinge (wo es möglich ist) solchen Druck nicht gestatten, angesehen, daß wo solcher Druck durch E. F. G. Vergunst oder Nachsichten ausginge, mochte der Satan hernachmals E. F. G. großen Rumor und Beschwerd machen, als hätten sie solchen großen Schaden der Seelen bewilliget, damit daß sie es nicht hätten vorhindert, da sie noch wohl Raum und Zeit gehabt. Ich hoffe aber und bitte, Christus werde E. F. G. als einen Liebhaber des Wortes Gottes wohl eingeben zu thun, das seinem göttlichen Willen lieb sey, Amen.

E. F. G. wollten mir mein nöthiges und guter Meinunge Schreiben gnädigst zu gute halten. Hiemit Gott befohlen, Amen. 1529 am Sonnabend nach Katherinä. *)

E. F. G.

williger

Martinus Luther.

---

11. December. N0. MCLXXIII.

An den Kurfürsten Johannes.

Fürbitte für einen Schösser, wegen Unordnung in seiner Rechnung.

Zuerst aus dem Weim. Archiv im Leipz. Supplem. S. 62. No. 98. dann bey Walch XXI. 300. Wir haben die Urschrift nachgesehen.

Dem Durchleuchtigsten, Hochgebornen Fursten und Herrn, Herrn Johanns, Herzogen zu Sachsen, Landgrafen in Thuringen und Markgrafen zu Meissen, meinem gnädigsten Herrn.

Gnad und Fried in Christo. Durchleuchtigster, Hochgeborner Furst, gnädigster Herr! Ich sollt wohl mich nicht in diese Sache mengen,

*) Auswärts steht: recepta 18. Dec. Gustrow 1529.

aber ich muß wohl thun. Der Schösser zur Schweinitz, Kunz Pfeilschmidt, ist E. K. F. G. in seiner Rechnung schuldig blieben, als ich höre, etwas Redlichs, auch an Gelde: der hat mich gebeten, als in seinen höhesten Nöthen, umb diese Furschrift. Ich hab mich wohl schwer dazu gemacht, aus vielen Ursachen, widderumb auch hin und her gedacht, ob ihm zu helfen seyn mocht. Es ist ja wahr, er hat E. K. F. G. bey 20 Jahr gedienet, deß er sich tröstet, daß ihm solle helfen: so stehet die Sache also, wenn er gleich vertrieben würde, so kann sich doch E. K. F. G. an seinen Gütern auf einmal nicht erhohlen, und muß auf Tagezeit verkaufen, und einzeln widder einnehmen. Wenn nu E. K. F. G. wollten ihn lassen sitzen bleiben, und alle Jahr 50 fl. von ihm nehmen, bis ers alles bezahlet: so hoffet er, daß er sich redlich halten und wohl ausrichten wolle; denn er hat dis Jahr am Wein auch bey 100 Gulden Schaden genomen. Ich weiß nicht mehr hierinnen zu thuen, denn zu bitten. E. K. F. G. wirds wohl wissen zu machen. Hiemit Gott befohlen, Amen. Sonnabends nach S. Nicolai, 1529.

E. K. F. G.

unterthäniger

Martinus Luther.

---

13. December. N⁰. MCLXXIV.

An den Abt Friedrich zu Nürnberg.

Bitte, die Einwilligung des Vaters zu der Verbindung eines jungen Mannes von Nürnberg mit einer Wittenbergerin auszuwirken.

Aus der Wernsdorfischen Sammlung zu Wittenberg bey Schütze II. 116. Wir vergleichen eine alte Abschrift in Cod. 380. fol. Bibl. Goth.

Reverendo in Christo Viro, Dn. Friderico, Aegidianae familiae Norimbergae Episcopo, suo in Domino Majori.

G. et P. in Christo. Reverende in Christo vir, et nihil et multum habeo, quod ad te scribam. Nihil sane habeo ex me ipso, nisi quod commendo me sanctis precibus tuis. 1) Mul-

1) Msc.: tuis sanctis precibus.

tum vero habeo ex novo sponso, Conrado Mauser, cive vestro, adolescente plane integerrimo et optimo. Et non dubium, quin tua ipsius humanitas facile existimare possit, si epistola scribenda esset, digna pro sua nova et recenti amoris sponsalis flamma, totus mundus forte non posset comprehendere, quando et ille sapiens rex Salomon ipse fateatur, sese non posse comprehendere viam viri in adolescentula. Sed hoc sic ludo, ut commendem tibi ejusdem Mauseri nuptias. Nam cupit per te fieri parentibus suis gratior et felicior. Hoc fiet, si tua humanitas cooperata fuerit, ut pater ejus intelligat, filium Conradum duxisse certe egregia forma puellam et quod optimum est, bono ingenio moribusque dignis ornatam, adderem et hoc, Christianam, nisi pretium hujus nominis prae sui frequentia et copia viluisset apud vulgus, sed non apud nos. Nec est pater puellae sine fortunis, quales hic sunt cives, sed de Senatus numero et inter ditiores apud nos honestissimus vir, qui suae domui optime praeest, uxore sedula et optimi nominis. Haec faciet tua humanitas patri Mauseri, ubi licuerit, nota, ut filium non contristet, sed exhilaret potius sua bona voluntate: neque enim sine patris consensu duxit, sed vellet libenter, patris voluntatem declarari suo ipsius adventu ad nuptias. Nam et tuam personam libenter adesse nos [1]) vellemus, sed desperatam rem petere timemus. Faciat tua humanitas, quod bonum est in oculis suis, et feliciter in Christo valeat. Amen. Die S. Luciae, MDXXIX.

T. Mart. Lutherus.

Ohne Datum. N⁰. MCLXXV.

Bedenken.

Trost für eine schwermüthige Person.

Wittenb. IX. 304. Jen. IV. 577. Altenb. IV. 642. Leipz. XXII. 507. Walch X. 2031.

Zum ersten, daß dieselbe Person je nicht auf ihr selbs siehe, und richte nicht nach ihrem Fühlen uber sich selbs, sondern fasse die Wort,

1) Msc.: omnes.

und hange daran, die ihr in Gottes Namen werden fürgelegt, trotze auf dieselbigen, und weise alle Gedanken und Fühlen des Herzens auf dieselbigen.

Zum andern soll sie nicht denken, daß sie allein sey, die solche Anfechtung der Seligkeit hat; sondern viel mehr (als St. Petrus (1 Epist. 1, 6.) schreibt) hin und her in der Welt deßgleichen leiden. Wie oft schreyet und klaget David im Psalter, (Psalm 31, 23.): O Gott, ich bin verworfen von deinen Augen; item (Psalm 28, 1.): Ich bin gleich wie die in die Helle fahren. Es ist nicht eine seltsame Anfechtung unter den Fromen. Sie thut wohl wehe; [1]) das ist auch recht 2c.

Zum dritten, daß sie ja beyleibe nicht davon erlöset zu werden begehre, ohn Fürbehalt göttlichs Willens; sondern spreche fröhlich, oder je festiglich zu ihm: Dein Wille, und nicht mein Wille geschehe, lieber Vater, soll ich je den Kelch trinken (Luc. 22, 42.).

Zum vierten keine stärker Erzney ist hierin, denn daß sie anhebe irgend ein Gespräche, wie David Psalm 18, (4.) sprach: Ich will den Herrn loben und anruffen, so werde ich erlöset, von allem, das mich anficht. Denn der böse Geist der Schwermuth mag nicht verjagt werden mit Betrübniß und Klagen und sich ängsten, sondern mit Gottes Lobe, davon das Herz fröhlich wird.

Zum fünften soll sie Gott danken mit Fleiß, daß sie solcher Heimsuchung wirdig ist, der so viel tausend Menschen beraubt bleiben. Es wäre auch nicht gut noch nütz, daß der Mensch sollte wissen, was groß Gut unter der Anfechtung liegt. Es haben etliche solchs wöllen wissen, und haben ihren grossen Schaden damit gethan. Darumb soll man Gottes Hand hierin und in allem Leiden williglich tragen. Es hat kein Noth, ja es ist das allerbeste Zeichen göttlicher Gnade und Liebe zum Menschen. Und mag in solchem Fall der 142. Psalm beten, lesen oder singen, der sonderlich hieher dienet. *)

---

1) Walch: thun wohl mehr.

---

*) Der in der Jen. u. and. Ausg. nun folgende 142. Ps. steht in der Wittenb. S. 537. besonders: daher wir ihn weglassen.

Ohne Datum. N⁰. MCLXXVI.

An Hans Metsch.

L. gibt diesem Manne, einem Unbeweibten, die Wichtigkeit des ehelichen Lebens und der Kinderzucht zu beherzigen. Vorrede zu J. Menius Büchlein von der christlichen Haushaltung. Wittenb. 1529. 4. und nachher mehrmals.

Wittenb. IX. 552. Jen. IV. 504. u. VIII. 210. Altenb. IV. 557. Leipz. XXII. Anh. S. 92. Walch XIV. 258.

Dem Gestrengen und Festen Hans Metsch, Häuptmann zu Wittenberg, meinem günstigen Herrn und guten Freunde.

Gnad und Friede in Christo, sampt kräftigem, vollem Verstande dieses Büchlins. Gestrenger, Fester, lieber Herr und Freund! Wiewohl dieß Büchlin fast wirdig wäre, ohn meinen Namen und einiger Zuschrift auszugeben, nicht allein deßhalben, daß an ihm selbs ein künstreich, fein, christlich, nützlich, tröstlich Büchlin ist; sondern auch, daß es der Löblichen, Hochgebornen Fürstin, unser gnädigen Frauen Sibylla, Herzogin zu Sachsen rc. zugeschrieben; hab ich michs doch auch mit meinem Namen und Vorrede zu besudeln unterwunden, und mit derselbigen euch deß ein Exemplar zu schenken, nicht allein den Buchdrückern damit zu dienen, welche zuweilen pflegen unter meinem Namen und Zeugniß ihre Büchlin deste baß zu vertreiben, etliche fälschlich, etliche redlich; sondern auch Jedermann, der sein begehret und mein Zeugniß achtet, zu Nutze, auf daß er dieß Büchlin deste lieber habe, und fleißiger lerne, allermeist aber, euch ganz treulich damit zu vermahnen. Denn mich dünkt, der Meister, Er Just Menius, hab darinnen euers Herzen ein groß Stück wohl getroffen, und euer Nothdurft (wiewohl blinzling) fein und eben abgemahlet, daß ich hoffe, Gott solle Gnade verleihen, daß ihr auch einmal diesem Büchlin ein Bilde und Exempel geben werdet, Amen.

Denn ich halte, daß dieß Büchlin auch unsern Widersachern selbs müsse gefallen, ob sie wohl nichts wöllen der unsern ihnen gefallen lassen, weil hierin nichts des ihren angegriffen, sondern einfältiglich und klärlich allein der Ehestand gelobet und gepreiset wird: wie vielmehr soll es uns und den Unsern wohlgefallen, die wir Gottes Wort und Werk erkennen und rühmen? Fürwahr solch und dergleichen Büchlin sind nicht allein trefflich nütz, sondern auch hoch vonnöthen zu lesen und behalten, darumb daß gar viel, oder fast der meiste Haufe, ob sie wohl den Ehestand für recht und göttlich halten, doch nicht vonnöthen oder geboten halten; gleichwie man die Jungfrauschaft für ein recht und göttlich Ding, aber doch nicht vonnöthen noch geboten hält. Also gehen sie laß und sicher dahin, denken nicht, daß sie Gottes Gebot zwinget und nöthiget zum Ehestande, gerade als wären sie frey, und stünde in ihrem Gutdünken und freyem Willen, sich zu verehlichen, wenn sie wöllen, oder nimmermehr; bleiben gleichwohl daneben in öffentlichem erkannten sündlichen Leben, trösten sich der letzten Stunde, darin sie denn büßen wöllen, wenn sie nicht mehr sündigen können, und sie nicht die Sünde verlassen, sondern die Sünde sie verlässet.

Solchen, sage ich, ist dieß Büchlin vonnöthen zu haben und zu lesen, auf daß sie wissen, gleichwie hohe Noth und hart Gebot ist, da Gott spricht (2 Mos. 20, 13. 14.): D u s o l l t n i c h t t ö d t e n, d u s o l l t n i c h t e h e b r e c h e n; eben so hoch Noth und hart Gebot, ja viel höher Noth und härter Gebot ists: Du sollt ehelich seyn, du sollt ein Weib haben, du sollt einen Mann haben. Denn da stehet Gottes Wort (1 Mos. 1, 27.): G o t t s c h u f d e n M e n s c h e n, e i n M ä n n l i n u n d F r ä u l i n, und sprach (C. 2, 23. 24.): s i e s o l l e n e i n L e i b s e y n, d e r M a n n w i r d V a t e r u n d M u t t e r l a s s e n, u n d a n s e i n e m W e i b e h a n g e n. Solche Wort Gottes sind nicht in unser frey Willköhre gestellet, wie die Jungfrauschaft und einsame Keuschheit, sondern es muß und soll also seyn, wie sie lauten, M a n n u n d W e i b s i n d g e s c h a f f e n, d a ß s i e s o l l e n E i n L e i b s e y n, und an einander hangen und bleiben. Solch Gebot muß man mit Predigen und solchen Büchern treiben, und den ledigen Personen, so zur einsamen Keuschheit nicht begnadet sind, das Gewissen damit beschweren, nöthigen und plagen, bis sie hinan müssen, und zuletzt sagen: Solls seyn, muß es seyn, kanns nicht anders seyn, so walts Gott, und sey gewaget.

Uber diese sind etliche andere, die meinen, es sey gnug, daß sie ehelich werden oder seyen, denken nicht weiter, denn hätte ich ein Weib, hätte ich ein Mann; oder wenn sie hoch komen, denken sie nach Gut und Ehre, wie sie reich werden, hoch herfahren, und den Kindern groß Gut erben, fragen nichts nach der Kinderzucht. Und wie itzt etliche sagen: Wenn mein Sohn so viel lernet, daß er den Pfening gewinne, ist er gelehret gnug. Und will itzt niemand Kinder anders ziehen, denn auf Witze und Kunst zur Nahrung; denken schlechts nichts anders, denn daß sie frey seyen, und stehe in ihrer Willköhre die Kinder zu ziehen, wie sie es gelüstet; gerade als wäre kein Gott, der ihnen anders geboten hätte, sondern sie selbs sind Gott und Herrn uber ihre Kinder. Wenn aber ein streng ordenlich Regiment in der Welt wäre, und würden solche schädliche böse Leute funden, daß sie sich nicht bessern wollten und ihre Kinder anders ziehen: so sollt die Oberkeit solche allzumal an Leib und Gut strafen, oder zur Welt ausjagen. Denn solche Leute sind die allergiftigesten und schädlichsten Menschen auf Erden, daß auch weder Türk noch Tatter so schädlich seyn können.

Ursache ist die: so viel an ihnen ist, thun sie nichts anders, denn daß beyde geistlich und weltlich Stand untergehe, und beyde Haushalten und Kinderzucht verderbe, und bleiben eitel wilde Thier und Säu in der Welt, die zu nichts nütze sind, denn zu Fressen und Saufen. Das merke dabey, wenn man nicht Kinder zeucht zur Lehre und Kunst, sondern eitel Freschlinge und Säuferkel machet, die allein nach dem Futter trachten: wo will man Pfarrherr, Prediger, und ander Personen zum Worte Gottes, zum Kirchenampt, zur Seelsorgen und Gottesdienst nehmen? Wo wöllen Könige, Fürsten und Herrn, Städte und Länder nehmen Kanzler, Räthe, Schreiber, Amptleute? Ist doch kein Dorf so klein, das eines Schreibers empehren künnte; wir wöllten denn allzumal so leben lernen, daß wir mit den Leuten in der Welt nicht umbgehen müßten, bey welchen Kunst und Schrift im Brauch und Ehren ist: was wollt das für ein wüste, gräuliche Welt werden? Da müßte ja beyde geistlich, weltlich, ehelich, häuslich Stand zu Boden gehen, und ein lauter Säustall aus der Welt werden. Wer hilft aber dazu? Wer ist schüldig an solchem Gräuel, denn eben solche gräuliche, schädliche, giftige Eltern, so wohl Kinder haben, die sie zu Gottes Dienst ziehen künnten, und ziehen sie allein zum Bauchdienst? Weh uber weh, und aber weh alle denselbigen.

Solchen bösen Würmen oder unachtsamen Eltern und Eheleuten ist dieß Büchlin hoch vonnöthen zu lesen oder zu hören, auf daß sie lernen, was Gott ihnen gebeut, und was sie Gott an ihren Kindern schüldig sind. Mein lieber Geselle, hast du ein Kind, das zur Lehre geschickt ist, so bist du nicht frey, dasselbige aufzuziehen, wie dichs gelüstet, stehet auch nicht in deinem Willköhre, damit zu fahren, wie du willt; sondern du mußt darauf sehen, daß du Gott schüldig bist, seine beyde Regiment zu fördern, und ihm darin zu dienen. Gott bedarf eines Pfarrherrs, Predigers, Schulmeisters in seinem geistlichen Reich, und du kannst ihm denselbigen geben, und thust es nicht: siehe, da raubest du nicht einen Rock dem Armen, sondern viel tausend Seelen aus dem Reich Gottes, und stößest sie in die Helle, so viel an dir ist: denn du nimpst die Person weg, die dazu tüchtig wäre, solchen Seelen zu helfen.

Wiederumb zeuchst du dein Kind, daß ein Seelsorger werden kann, da gibst du nicht einen Rock, stiftest auch nicht ein Kloster oder Kirchen, du thust wohl ein größers, du gibst einen Heiland und Gottesdiener, der viel tausend Seelen zum Himel helfen kann. Was liegt dran, daß sie nicht alle gerathen? Es gerathen dennoch etliche. Was weissest du, obs dein Sohn seyn wird? Bist du doch nicht werth mit alle deinem Gut, daß du eine Stunde zu solchem göttlichen Stift und großem Gottesdienst helfen solltest, und kannst dein Lebenlang dazu helfen. Nu thust du aber das Widerspiel, nicht eine Stunde, sondern dein Lebenlang. Das heißet freylich recht, die Stift, Klöster und Kirchen stürmen und rauben, daß der aufrührischen Bauer Stürmen kaum ein Schimpf und Vorspiel zu rechen ist. Sage mir, welche Helle kann tief und heiß gnug seyn, zu solcher deiner schädlichen Bosheit? O welch eine Strafe wird auch uber uns komen umb solcher Missethat willen.

Also auch im weltlichen Regiment kannst du deinem Herrn oder Stadt mit der Kinderzucht mehr dienen, denn daß du ihm Schlösser und Städte baueteſt, und aller Welt Schätze sammletest. Denn was hilft solchs alles, wenn man nicht gelehrte, weise, frume Leute hat? Ich will schweigen, was zeitliches Nutzes und ewiges Lohns du davon hast für Gott und der Welt, daß dein Kind auch hiemit besser ernähret wird, denn nach deinem schädlichen, säuischen Rathschlag und Vornehmen. Davon ich ein andermal weiter und mit einem sonderlichen Büchlin vermahnen will, so Gott gibt, wider solche schändliche, schädliche, verdampte Eltern, welche nicht Eltern, sondern schädliche Säue und vergiftige Thier sind, die ihr eigen Jungen selbs fressen. Itzt sey es gnug zu einer Vermahnung, dieß christlich Büchlin mit Fleiß einem ieglichen Hausvater zu lesen, der für Gott und der Welt seliglich hier und dort bestehen will. Dazu gebe Gott seine Gnade, Amen.

1530.

2. Januar. | N⁰. MCLXXVII.

An Mich. Stiefel.

Von einem Fall der Kirchenzucht.

Bey Buddeus p. 80. Vgl. Cod. Jen. b. f. 190. Aurifaber III. f. 2. Deutsch bey Walch XXI. 1198.

Gratiam et pacem. Sufficit, mi Michaël, in istam pertinacem mulierem et virum, si et publice [1]) et privatim denunties, eis clausum esse regnum coelorum, nec posse salvari, nisi reconcilietur sorori alteri. Sed publice non denunties, nisi prius privatim moneas: deinde secundo cum duobus testibus: tertio in cathedra coram Ecclesia dicas, habendos esse pro ethnicis, ut Christus docet Matth. XVIII. Et sic neges eis curam ministerii et sacramentorum. Hoc satis est pro principio. Der Schosser [2]) ad haec [3]) nihil adhuc [4]) faciat, quia non est politica res. Vale. Witebergae, raptim, [5]) anno XXX. 2. Januar.

Martinus Luther D.

---

3. Januar. | N⁰. MCLXXVIII.

An Nic. Hausmann.

L. sendet die 2. Aufl. der Heerpredigt, äussert sich über ein zu erwartendes Geschenk des Zwickauer Rathes, und schreibt von seinen schriftstellerischen Arbeiten.

---

1) Verm. st. de publico. 2) Cod. Jen. zugleich: Quaestor. 3) Budd. — ad haec. 4) Aurif. — adhuc. 5) Aurif. — raptim.

Aus der Hahnischen Sammlung zu Kiel bey Schütze II. 119. bey Strobel-Ranner p. 169. Vgl. Cod. 185. 4. Goth. Aurifaber III. f. 2.

Optimo Viro, Dno. Nicolao Hausmanno, Episcopo Cygnensis Ecclesiae, Majori suo venerabili et charissimo.

G. et P. in Christo. Quoniam [1]) ad vos nondum pervenit sermo contra Turcas, mitto hic duo vobis duobus, tibi et Cordato, exemplaria secundae editionis. Quod autem scribis, Senatum vestrum pollicita praestiturum esse, ego nulla pollicita scio. Deinde me etiam gravant ejusmodi munera, quod sint [2]) heroica et magnae aestimationis, quibus apud homines reddor suspectus de magna opulentia, quam [3]) cum detester, [4]) neque ferre possim, [5]) si haberem, nomen etiam graviter fero. Quare rectius faceres, si id, quo minus fieret, curares. Mihi nemo debet quicquam, nisi victum et amictum: ego vero omnibus debeo omnia.

Libellum de conjugii juribus *) absolvam hoc triduo. Cuditur latine libellus de ritu et religione Turcarum ante 70 fere annos editus. **) Novum Testamentum usque [6]) ad finem correximus, quod sub prelo plus quam dimidio formatum est. Post ad Prophetas revertemur vertendos. [7]) Vale et ora pro me. 3. Jan., MDXXX.

T. M. Lutherus.

---

3. Januar. N⁰. MCLXXIX.

An Conr. Cordatus.

Glückwunsch zur Geburt eines Sohnes; von der Ankunft des Kaisers und einer päpstlichen Erpressung zum Behuf des Türkenkriegs.

Bey Buddeus p. 81. Vgl. Cod. chart. 451. f. Bibl. Goth. Cod. Jen. b. f. 200. Aurifaber III. f. 2. Deutsch bey Walch XXI. 1200.

---

1) Cod. Goth. quum; Aurif. quando. 2) Sch. sunt. 3) Sch. quum. 4) A. (?) deesset. 5) Str. Aurif. possem. 6) Str. Aurif. — usque. 7) Die N. S. fehlt im Cod. G.

---

*) Von Ehesachen. S. No. MCLXXXII. **) Unter diesem lat. Titel erschien die Schrift Wittenberg 1530. 8. mit einer Vorrede Luthers. Jonas übersetzte sie. Vgl. Walch XIV. 258.

Gratiam et pacem in Domino. Gratulor tibi ex animo, mi Cordate, nato filio factum te esse patrem. Dominus sit cum [1]) illo, ut laeteris in eo cunctis diebus, Amen. Mittam testimonium meum quamprimum licuerit, quo agnoscam me [2]) esse catechistam, sicuti rogasti, ut et mei memor sit ubi adoleverit filius tuus. [3])

Papistae triumphant et invicem scriptillant, dicentes: Salvator venit, nempe Caesar. Sed hui durus salvator, qui eos devorabit simul! Audiisse te credo duos episcopos (quorum unus est Tridentinus) missos in Germaniam a Papa Caesare probante [4]) cum tali decreto, ut per totam Germaniam quidquid in templis auri et argenti fuerit, Ferdinando contra Turcas tradant. Quae si non sufficiant (quid enim illis sufficeret?) tum tertiam partem omnium redituum ecclesiasticorum addant. Ubi nec ista suffecerint (sicuti non poterunt sufficere iis, qui Germaniam exhaustam et deletam quaerunt) tum arces, oppida et omnes ditiones vendant et tradant Ferdinando [5]) voratori. [6]) Haec (ut rideas) [7]) cum in Palbernensi [8]) cathedra relecta fuere, [9]) respondit unus Canonicus: **Dat de Düwel dem Bawst int Lieff fare:** alius Canonicus: **So will Doctor Martinus noch wol ein Jahr bleiben.** Bambergensis [10]) episcopus illis duobus episcopis exactoribus [11]) dixit, se malle perpetuos carceres ferre, quam huic rapinae consentire. Herbipolensis legatum misit cum bono munere, hoc decretum apud Caesarem cassaturus. Vide Papam Florentinis artibus Germaniam cupientem perdere, cum alias vindicare non liceat. Haec sunt initia salutis ab ipsorum salvatore. Et recte et juste, ut qui Luthero eorum defensori [12]) adversantur, sub suo servatore omnia amittant et perdantur [13]) in ira Dei. In Hassiae oppido Cronberg infans in utero, audiente tota familia, in vaporario bis vociferatus est. Hoc pessimum signum est. Haec communicabis clarissimo viro D. Nicolao Hausmanno, pastori tuo. [14]) Vale et ora pro me. 3. Januarii, MDXXX.

Martinus Lutherus.

---

1) Aurif. in. 2) Cod. Goth. agnoscatur ohne me. 3) C. G. — tuus. 4) Aurif. approbante. 5) Cod. G. und Jen. † Turcarum. 6) Aurif. Turcarum victori et devoratori. 7) Budd. videas. 8) Cod. G. Palbornensi. A. Padelbornensi. 9) A. fuere proposita et relata. 10) Budd. Bomb. 11) Codd. † manibus dimissis. 12) Budd. defensore. 13) C. G. amittantur ohne et p. 14) Budd. — Hoc pessimum etc.

4. Januar. No. MCLXXX.

An den Kurfürsten Johannes.

Fürbitte für Jemanden.

Zuerst aus dem Weim. Archiv im Leipz. Supplem. S. 63. No. 99., dann bey Walch XXI. 300. Wir haben das Original nachgesehen.

Dem Durchleuchtigsten, Hochgebornen Fursten und Herrn, Herrn Johanns, Herzogen zu Sachsen und Kurfursten rc., Landgrafen in Thuringen und Markgrafen zu Meissen, meinem gnädigsten Herrn.

Gnad und Fried in Christo. Durchleuchtigster, Hochgeborner Furst, gnädigster Herr! Es ist hie gegenwärtig mit Namen Paul Serl mit einer Supplication, wie E. K. F. G. vernehmen werden, der bittet auch meine Furbitt an E. K. F. G. Nu weiß ich wohl, daß ich solcher Geschäft soll mussig gehen, und wohl andere wären, durch die er seine Sachen vorbrächte; aber weil ichs seinen Weibern unbedacht zugesagt, bitte ich, E. K. F. G. wollt hierin thun, was sie fur gut ansehen; denn er hat mir auch einen Hasen geschenkt: helfe, was da kann. Darumb befehl ichs ganz E. K. F. G. Wohlgefallen. Hiemit ein neu seligs Jahr in Christo, Amen. Zu Wittenberg des vierten Januarii, 1530.

E. K. F. G.

unterthäniger

Martinus Lutherus.

---

4. Januar. No. MCLXXXI.

An Nic. Amsdorf.

L. sendet eine Fürbitte für einen Gefangenen und meldet Neuigkeiten.

Aus der Sammlung eines Predigers Lysmann in Altenmedingen bey Schütze II. 120.

G. et P. in Christo. Has literas ad Senatum vestrum, mi Amsdorfi, rogo, ut cures reddi. Scribo pro illo misero captivo in Elenburg, socius (?) Smet, qui satis diu et dure punitus est, si peccavit. Nam opere nihil effecit: si autem sola voluntas fuit, (quod tamen nescio), cur sic in eum saevitur? Adjuva quoque me, intercedendo pro eo. Miseret me uxoris et 5 liberorum, qui ejus cura et alimonia interim destituuntur.

Papistae jactant suum salvatorem Caesarem, sed pulchre eos devorabit. Audisse te credo, quid Papa missis duobus episcopis mandavit Ferdinando, sibi ipsi contra Turcam tradi, quicquid est auri et argenti in templis per totam Germaniam, deinde tertiam partem redituum ecclesiasticorum, ultimo si hoc non sufficit (qnando enim sufficiet Papae?), ditiones vendere, et tradere sic sic. Haec vera esse ex aula habeo. Vale et pro me ora. 4. Januarii, MDXXX.

T. D. M. Lutherus.

Anfang Januars. *) N^0^. MCLXXXII.

An einige ungenannte Prediger.

Von Ehesachen. Mart. Luther. Wittenberg. 1530. u. öft. S. V. d. Hardt I. 389. Rotermund S. 60., der fälschlich eine Ausgabe von 1529 anführt. Sonst Wittenb. VI. 257. Jen. V. 238. Altenb. V. 371. Leipz. XXII. 439. Walch X. 892. Die briefliche Form ist erdichtet und unbedeutend, daher wir diese ohnehin weitläuftige Schrift hier weglassen.

---

1. Februar. N^0^. MCLXXXIII.

Etliche Briefe in Sachen Wolf Hornungs.

Betrifft den Handel, über welchen L. schon am 5. October 1528. an den Kurfürsten von Brandenburg geschrieben.

Besonders gedruckt unter dem Titel: Etliche offentliche Noth-Briefe Martini Luthers an den Kurfürsten zu Brandenburg, an die Bischofe zu Brandenburg, Havelburg, Lebus, an die Ritterschaft der Mark, an Katharina Hornungs. Wittenberg 1530. Gedruckt durch Nickel Schirlenz. Wittenb. IX. 439. Jen. V. 267. Altenb. V. 400. Leipz. XXII. 462. Walch X. 874.

---

*) S. Br. v. 3. Jan. No. MCLXXVIII. an Hausmann.

A.

An Joachim, Kurfürsten zu Brandenburg.

Dem Durchleuchtigsten, Hochgebornen Fürsten und Herrn, Herrn Joachim, Markgrafen zu Brandenburg, Kurfürsten etc., Herzog zu Stettin, Pomern etc., meinem gnädigen Herrn.

Gnad und Fried in Christo. Durchleuchtigster, Hochgeborner Fürst, gnädiger Herr! Ich hab vorhin E. K. F. G. oftmals mit heimlicher, zuletzt auch mit offenbärlicher Schrift, demüthiglich und fleißig gebeten für den armen Gesellen, Wolf Hornung, daß E. K. F. G. gnädiglich wollten bewegen sein Armuth und Elende, seine Jugend und Jahr, und helfen als ein Landsfürst, der es zu thun für Gott und der Welt schüldig ist, daß ihm sein Weib und Kind, Haus und Güter widder würden etc., welche ihm mit allem Unrecht und mit aller Unbilligkeit werden fürgehalten: darauf mir kein Antwort ist wurden, wiewohl ich lange gnug geharret. Darumb nöthiget mich abermal mein Gewissen, dem armen Gesellen zu dienen, womit ich imer kann, und kome abermal mit dieser offentlichen Schrift, bitte, flehe und vermahne nochmals umb Gottes und alles Rechts willen, E. K. F. G. wollten helfen, daß dem guten Gesellen sein Weib, Kind und Seine widder werden. Denn es hat nu lange gnug gewähret. Er kann und soll nicht länger so gehen im Elende und Fahr, und ich ihn auch gedenke in kurz, wo es nicht anders werden will, zu scheiden [1]) und offentlich von seinem Weibe los zu sprechen. Deß wird denn E. K. F. G. auch Schuld mussen haben für Gott und der Welt, weil sie nicht dazu helfen wollen, daß er das Seine erlange.

Ich habe wohl gehört, wie Kathrina, sein Weib, habe einen Vertrag odder Verschreibung, darin Hornung umb deswillen, daß er sie aus ehelichem Eifer mit eim stumpfen Messer ein wenig gestochen hatte, (nicht ohn Ursache, wie E. K. F. G. wohl wissen,) sich ihr gar verziehen, und sie nimermehr foddern noch zu sich begehren wolle, und auf solchem Vertrag sie beharre, und deß E. K. F. G. Schutz begehrt und erlanget. Ich habe desselbigen Vertrags Abschrift gesehen; aber was kann ich davon reden? E. K. F. G. wissen

1) W. A. scheiden.

das besser, denn ichs sagen kann, daß solcher Vertrag mit einer Bratworst versiegelt ist, und E. K. F. G. schüldig ist, genannte Frau auf solchen Vertrag nicht schützen, sondern sie von solchem weisen, und was deß ist, ihrem Mann helfen versühnen.

Weiter wissen E. K. F. G., daß Wolf Hornung nicht Macht hat, solche Verschreibung zu thun, und wo ers hätte wollen thun, sollt E. K. F. G. ihn drumb gestraft haben, als einen Buben; denn er hat sein Weib von sich selber nicht genomen, sondern Gott hat sie ihm zugefügt mit offentlichem Recht, wie sichs gebührt. Darumb kann und soll er sich auch selbs nicht von ihr scheiden; Gott hats ihm verboten, da er spricht: Was Gott zusamenfügt, soll der Mensch nicht scheiden (Matth. 19, 6. Marc. 10, 9.). Dieser Spruch Christi läßt diese Verschreibung Wolf Hornungs gar nichts gelten, darin er sich selbs scheidet von seinem Weibe, welchs gebührt keinem frumen Mann, und ist widder Gott. Darumb kann sie auch nicht drauf trotzen und E. K. F. G. Schutz begehren, vielweniger kann E. K. F. G. solchen Schutz thun. Wie auch der arm, unschüldige Hornung sey zu solcher nichtigen Verschreibung komen, ist E. K. F. G. wohl bewußt, und schier im ganzen deutschen Lande fast bekannt.

Demnach bitte ich zum dritten- und zum letztenmal in dieser Sachen, E. K. F. G. wollten sich hierin, beyde mit Schützen und andern Sachen, anders, denn bisher, halten, und Wolf Hornung das Seine werden lassen. Denn der Raub ist zu groß, daß sie soll auf einmal rauben, sich selbs, sein Kind, Haus und Hof, Gut und Ehre, dazu sein sicher Wesen für Gott. Solchs großen Raubs Schutz hat E. K. F. G. Gott nicht befohlen, sondern verboten.

Und endlich bitte ich auch, daß E. K. F. G. solche meine Schrift gnädiglich, als eine treue Vermahnung wollt annehmen, welche mich zu schreiben unmeidliche Noth und Sachen dringen, wie E. K. F. G. siehet und höret, und wollten mirs nicht fur Lästerschrift odder Schmachbrief deuten. Denn ich, Gott Lob, uber meine sieben Jahr komen, schier auch ja so viel kennen soll, was ein Lästerschrift sey oder nicht, daß E. K. F. G. mich solchs zu lehren der Mühe wohl sparen mag. Gott gebe, daß E. K. F. G. diese meine letzte Bitte erhöre, auf daß ich widderumb für, und nicht widder E. K. F. G. zu Gott beten musse, Amen.

E. K. F. G.

williger

Martinus Luther.

B.

An die Bischöfe zu Brandenburg, Havelberg und Lebus.

Den Hochwirdigen in Gott Vätern, Fürsten und Herrn, Herrn N., Bischofen zu Brandenburg, Havelburg und Lebus, meinen gnädigen Hrn. sämptlich und sonderlich.

Gnad, Barmherzigkeit und Friede in Christo. Hochwirdige in Gott Väter, gnädige Fürsten und Herrn! E. F. G. wissen ohn Zweifel wohl das schändliche Aergerniß, so zu Berlin uber vier Jahr gewähret, Wolf Hornungs Weibs halben, welche durch Schein eines nichtigen Vertrags, so Wolf Hornung mit ihr gemacht, und Verschreibung von sich gegeben soll haben, sich ihr ewiglich zu verzeihen, und sie nimermehr zu sich zu foddern, schlechts nicht zu ihm will; und trotzt auf eurs Landsfürsten Schutz, damit sie dem guten Gesellen entwendet zuerst sich selbs, darnach Kind, Haus, Hof, Gut, Ehre, und darzu sicher Wesen seiner Seelen, und muß also der arme Knecht in großem Jamer und Elend, in Noth und Armuth, in Fahr und Sorgen seiner Seelen in der Irre, und also ohn Schirr gehen.

Weil denn nu E. F. G. wissen, daß solch große schwere Stück und schändlich Aergerniß nicht zu dulden, und eurem Landsfürsten solchen Raub und Frevel des Weibs nicht zu schützen, sondern zu strafen gebührt: hab ich mich lassen des guten Gesellen Noth und Unfall zwingen, E. F. G. mit Schriften zu ersuchen. Denn weil E. F. G. im bischoflichen Ampt sitzen, wissen sie wohl, wessen Befehls in solchen Stücken sie von Gott haben, nämlich das, wie St. Paulus zu Timotheo (1 Epist. 5, 20.) sagt: Die da sundigen, die strafe offentlich vor allen, daß die andern eine Scheu davon haben. Und abermal (V. 22.): Siehe zu, und mache dich frembder Sunden nicht theilhaftig. Wie das alles E. F. G. besser wissen, denn ichs sagen mag.

Derhalben ist mein demüthigs fleißigs Bitten, daß E. F. G. darzu thun wollen, und eur einer, deß Sprengel das Weib unterworfen, sie darzu halten mit Dräuen, Vermahnen, Bitten; wo das nicht helfen will, mit Bannen und geistlichem Urtheil, daß sie thu, was sie schüldig ist, und alle drey sämptlich eurn Landsfürsten vermahnen und anhalten, daß er solcher Frauen in solchem großen mannigfältigen Raub und Frevel keinen Schutz erzeige, wie E. F. G. denn wohl wissen, und zu thun sich freylich schüldig erkennen.

Denn ich solchs an E. F. G. nicht lehrens- odder meisternsweise suche, sondern Ursache geben will, eur bischoflich Ampt zu beweisen, und das helfen verhüten, daß E. F. G. nicht mit frembden Sunden sich beschweren mussen, welchs ohn Zweifel geschicht, wo E. F. G. solche Untugend des Weibs und solchen Schutz eurs Landsfürsten ungestraft und ungebessert ließen, und sind doch nicht geringe diese frembde Sünden beyder Person, wie E. F. G. wohl bedenken konnen, und wird hinfurder alle dieß Aergerniß und große Sunde eur eigen seyn, und Gott nicht anders von euch foddern, denn als hättet ihr alles selbs gethan, wie er spricht Ezech. 3, (V. 18.). Christus unser Herr gebe E. F. G. hierin und in allen Stücken ein bischoflichen Ernst und Muth, Stärke und Rath zu thun, was ihm wohlgefällig, euch heilsam, und den Leuten besserlich ist, Amen.

E. F. G.

williger

Martinus Luther.

C.

An die Grafen und Herren im Kurfürstenthum Brandenburg.

Den Edlen, Gestrengen, Ehrnfesten Herrn, Grafen, Edlen Herrn und Andern der Ritterschaft im Kurfürstenthumb zu Brandenburg.

Gnad und Fried in Christo. Edlen, Gestrengen, Festen, Gnädige, lieben Herrn! E. G. und G. wissen wohl den Unrath und groß Aergerniß, so dem ganzen Kurfürstenthumb Brandenburg anklebt, daß darin geduldet wird der Frevel zu Berlin, mit Namen Katherin Hornungin, welche sich selbs mit ihrem rechten Ehemann gescheiden, und daselbs ein Wesen führet, wie euch bewußt, und auf Trotz eines nichtigen Vertrags und Schutz eurs Landsfürsten, sich selbs ihrem Mann entzeucht und fürhält, dazu sein Kind, Haus und Hof, Gut und Ehre hemmet, und den armen Gesellen damit ins Elende verjagt, daß er in großem Jamer, Noth und Armuth, dazu in Fahr seiner Seelen, als ein junger Gesell, schweben muß ohn Unterlaß, nu uber das vierte Jahr.

Wiewohl ich nu weiß, daß E. G. und G. hiezu nichts thätigs thun können noch sollen, weil es eurn Landsfürsten und Bischofen eigentlich gebühret; aber doch, wo dieselben versäumlich odder lässig hierin seyn wollen, ists je billig, und E. G. sinds auch schüldig, weil das Aergerniß dem ganzen Lande Schande und Schaden thut, als die treuen Landsässen und des Kurfürstenthumbs Gelieder und Verwandten, treuen Rath und Vermahnung dazu zu thun. Es ist nicht unrecht, sondern löblich und gebotten, daß ein Knecht seinen Herrn warne und vermahne, wo der Herr seines eigen Hauses und Gutes Schaden nicht merkte, odder seinen Frumen versäumen wollt. Wo er aber still dazu schwiege, würde er, als ein untreuer Knecht, wohl für selbstschüldig an solchem Schaden genennet und gestraft werden.

Demnach ist mein demüthigs fleißigs Bitten, E. G. und G. wollten solch großen schändlichen Muthwillen und Aergerniß, dazu des armen Wolf Hornungs Elend und Noth mit barmherzigen Augen ansehen, und bey hochgenannten eurn Landsfürsten und Bischofen mit Bitten und Vermahnen anhalten, damit das Weib gehalten werde zu thun, was sie schüldig, und eur Landsfürst des Schutzs uber solchen Frevel und Raub des Weibs sich äussere; sondern seinem kurfürstlichen Ampt nach sie zum Rechten und ihre Pflicht halte. Denn E. G. und G. zu bedenken haben, wo sie sogar still hiezu schwiegen, es möcht für Gott ein Bewilligung gerechent, und eur Gewissen also auch mit frembder Sunden etwa beschweret werden.

Bitte gar gütlich, E. G. und G. wollten mir diese Schrift zu gut halten; denn nachdem ich mich schuldig erkenne, dem guten Gesellen zu rathen und helfen, zwinget mich solche Pflicht, allerley Weise und Wege zu suchen, damit ich entschüldigt, dester leichter Gewissen habe, daß ich meinen Fleiß an ihm nicht gesparet habe. Gott der Vater gebe euch allen Weisheit und Sinn, zu vollbringen seinen guten Willen, Amen.

E. G. und G.

williger

Martinus Luther.

D.

An Katharina Hornung.

Der Ehrbarn Frauen, Katherin Hornungin, zu Cölln an der Spree.

Gnad und Fried in Christo. Ehrbar, liebe Frau, was ich dir itzt schreibe, sollt du gewiß dafür halten, daß ichs thu aus Bitte und Begehr deins Mannes, Wolf Hornungs. Dein Gewissen kann dir wohl sagen, wie daß du auf den bübischen und nichtigen Vertrag, so Wolf Hornungen (als er sagt) ausgezwungen und abgedrungen, dir gegeben ist, nicht sicher seyn kannst, auch deins Landsfürsten Schutz darauf nicht suchen noch gebrauchen, weil es klärlich widder Gotts Wort ist, wo sich eheliche Leute selbs scheiden wollen. Darumb der Meister nicht daheimen gewest ist, der dir solchen Vertrag gestellet, und solchs Stücklin drinnen nicht bedacht, hat gleichwohl den Kopf aus der Schlingen ziehen, und die Sache ganz auf Hornung schieben wollen, siehet aber nicht, daß er gar mit dem Hintern hinein gefallen ist.

Weil du denn weißt, das du an deinem Ehemann solche große grausame Untugend und Frevel begehest, so viel Raubs treibst, daß du dich selbst, sein Kind, sein Haus und Hof, sein Gut und Ehre ihm fürhältest, darzu ins Elend verjagt hast, daß er ein armer Bettler in großem Armuth und Noth schweben, dazu als ein junger Mensch, täglich in Fahr seiner Seelen sticken muß, nu uber vier Jahr; welche Sunde allzumal auf deinen Kopf und Hals fallen, und dich drücken werden; uber das nu oft gefoddert, ersucht, gebeten und geflehet, dennoch nicht komen bist: so zwinget die Noth hinfurt, die Sachen anders anzugreifen. Und füge dir darauf zu wissen, daß ich gedenke, Wolf Hornung von dir, als von einer offentlichen Ehebrecherin, (wo du nicht anders dich schickest,) los zu sprechen, damit er auch müge ein ander Wesen anfahen, dabey er bleiben, und nicht so in der Irre ewiglich das Elende bauen müsse.

Demnach stimme ich dir eine Zeit, ob du indeß etwas darzu zu thun gesinnet wärest, nämlich die näheste Mitfasten, den Sonntag Lätare; was du handeln willt, magst du indeß thun. Nach Lätare sollt du (wills Gott), gewißlich ein ander Brieflin lesen. Ob der arme Wolf Hornung solchen Raub leiden muß? wohlan, so hat Gott noch mehr, denn er je vergabe, wird ihm wohl ander Weib,

Kind, Haus und Hof, Gut und Ehre schaffen. Darnach wisse und hab dich zu richten. Gott helfe dir aus deinen Sunden, und bringe dich widder zurecht, Amen. Geben zu Wittemberg am ersten des Hornungs, 1530.

---

10. Februar. N⁰. MCLXXXIV.

An Conr. Cordatus.

L. wirft dem C. Uebermuth vor, und berichtet von Karlstadts Feindseligkeit.

In Strobels Miscell. III. 83.; aus Aurifabers ungedruckter Sammlung f. 3. bey Schütze II. 121, bey Strobel-Ranner p. 171.

Gratiam et pacem in Domino. **Guth macht Muth.** Quod verum esse experior in te quoque, mi Cordate, qui cum forte sentias 1) et tuas opes, meum Vallensem *) remittere ausus es, tanquam indignum, qui inter gazas tuas latitaret: etiam forma versuta gloriaris deinde 2) de auctoritate, qua sic polles, ut statim uno die aurifaber tibi obtemperans jussum tuum impleverit, cum nostri ne in semestri quidem tantillum 3) efficerent, felix tu! Sed vide, ne nimium provoces Nemesin illam, quae felicibus libenter invidet. Dabit tamen Deus, ut alio testimonio me declarem filii tui catechistam.

Caeterum omnia nostra referent vestri, quos libenter et vidimus et cognovimus. Carlstadius resuscitatur a Satana in Frisia, et agit nobis pro servata vita dignas gratias, infernalicus literis passim me et nostros criminatus. 4) Tu ora contra eum, ut reddat ei Dominus statim secundum opera sua. Nulla enim spes est, eum revocari a blasphemiis et furiis in Christum posse. Saluta Christinam tuam cum filiolo tuo, et valete omnes in Domino. Amen. 10. 5) Februar, anno MDXXX.

Martinus Luther D.

---

1) Str. † tua regna. 2) Str. forma versum. Gloriaris denique. 3) Sch. tanti illum. 4) Str. criminatur. 5) Str. 25.

---

*) Wahrsch. einen Landsmann aus Mansfeld im Thal.

15. Februar. N°. MCLXXXV.

An Hans Luther.

L. tröstet seinen kranken Vater.

Wittenb. IX. 458. Jen. V. 26. Altenb. V. 11. Leipz. XXII. 511. Walch X. 2106.

Meinem lieben Vater, Hans Luther, Burger zu Mansfeld im Thal, Gnad und Fried in Christo Jesu, unserm Herrn und Heiland, Amen.

Lieber Vater! Es hat mir Jacob, mein Bruder, geschrieben, wie daß ihr fährlich krank seyn sollt. Weil denn itzt böse Luft, und sonst allenthalben Fahr ist, auch der Zeit halben, bin ich beweget für euch zu sorgen. Denn wiewohl euch Gott bis hieher einen festen, harten Leib gegeben und erhalten, machet mir doch euer Alter zu diesen Zeiten sorgliche Gedanken; wiewohl wir alle ohn das kein Stund unsers Lebens sicher sind, noch seyn sollen: derhalben ich aus der Maßen gern wär selbs zu euch komen leiblich; so haben mirs doch meine guten Freund widderrathen und ausgeredt, und ich auch selbs denken muß, daß ich nicht auf Gottes Versuchen in die Fahr mich wagte; denn ihr wisset, wie mir Herrn und Bauren gunstig sind. 1)

Aber große Freud sollt mirs seyn, wo es müglich wär, daß ihr euch ließet sampt der Mutter hieherführen zu uns, welchs mein Käth mit Thränen auch begehrt, und wir alle. Ich hoffet, wir wollten euer aufs best warten. Darauf hab ich Cyriacus zu euch abgefertiget, zu besehen, ob es euer Schwachheit halben müglich wär. Denn es gerieth mit euch nach göttlichen Willen zu diesem oder jenem Leben, so wollt ich ja herzlich gern, (wie auch wohl billig,) leiblich umb euch seyn, und nach dem vierten Gebot mit kindlicher Treu und Dienst mich gegen Gott und euch dankbar erzeigen.

Indeß bitt ich den Vater, der euch mir zum Vater geschaffen und gegeben hat, von Herzengrund, daß er euch nach seiner grundlosen Güte woll stärken, und mit seinem Geist erleuchten und be-

1) Am Rande steht: zu euch möcht ich kummen können, aber wieder heim wollt es fährlich seyn.

wahren, damit ihr erkennet mit Freuden und Danksagung die selige Lehr von seinem Sohn, unserm Herrn Jesu Christo, zu welcher ihr auch itzt durch sein Gnad beruffen und kummen seyd, aus dem gräulichen vorigen Finsterniß und Irrthumen, und hoffe, daß seine Gnade, so solch Erkenntniß euch gegeben, und sein Werk damit in euch angefangen hat, werde es bis zu End in jenes Leben, und auf die fröhlich Zukunft unsers Herrn Jesu Christi bewahren und vollbringen, Amen.

Denn er hat solche Lehre und Glauben auch schon in euch versiegelt, und mit Merkzeichen bestätigt, nämlich daß ihr umb meines Namens willen viel Lästerung, Schmach, Hohn, Spott, Verachtung, Haß, Feindschaft und Fahr darzu erlitten habt, sampt uns allen (Galat. 6, 17.). Das sind aber die rechten Maalzeichen, darin wir unserm Herrn Christo gleich und ähnlich müssen seyn, wie Sanct Paulus sagt (Röm. 8, 29.), auf daß wir auch seiner zukünftigen Herrlichkeit gleich werden.

So laßt nu in euer Schwachheit das Herz frisch und getrost seyn; denn wir haben dort in jenem Leben bey Gott einen gewissen treuen Helfer, Jesum Christum, welcher für uns den Tod sampt den Sünden erwürget hat, und itzt da für uns sitzet, und sampt allen Engeln auf uns siehet, und unser wartet, wenn wir ausfahren sollen, daß wir nicht sorgen noch fürchten dürfen, daß wir versinken, oder zu Grund fallen werden. Er hat zu große Gewalt uber den Tod und Sünde, daß sie uns nichts thun können; so ist er so herzlich treu und frumb, daß er uns nicht lassen kann noch will; allein, daß wirs ohn Zweifel begehren.

Denn er hats geredt, verheißen und zugesagt, er wird und kann uns nicht liegen noch triegen, das hat keinen Zweifel. Bittet (spricht er), so sollt ihrs kriegen, suchet, so sollt ihrs finden, klopfet an, so wird euch aufgethan werden (Matth. 7, 7.). Und anderswo (Apg. 2, 21): Alle, die den Namen des Herrn anruffen, sollen selig werden. Und der ganz Psalter voll solcher tröstlicher Verheissuug ist, sonderlich der 91. Psalm, welcher allen Kranken sonderlich gut zu lesen ist.

Solchs will ich mit euch schriftlich geredt haben, als in Sorgen euer Krankheit halben (dieweil wir das Stündlin nicht wissen), damit ich theilhaftig werde euers Glaubens, Kampfs, Trosts und

Dank gegen Gott für sein heiliges Wort, das er uns so reichlich, kräftig und gnadenreich zu dieser Zeit gegeben hat.

Ists aber sein göttlicher Will, daß ihr sollt jenes bessern Lebens noch länger verzogen, mit uns fürder in diesem betrübten und unseligen Jamerthal mit leiden und Unglück sehen und hören, oder auch sampt allen Christen helfen tragen und uberwinden: so wird er auch Gnad geben, solchs alles williglich und gehorsamlich anzunehmen. Es ist doch ja dieß verflucht Leben nichts anders, denn ein rechtes Jamerthal, darin man je länger je mehr Sünde, Bosheit, Plage und Unglück siehet und erfähret, und ist deß alles kein Aufhören noch Abnehmen da, bis man uns mit der Schaufel nachschlägt: da muß es doch aufhören, und uns zufrieden in der Ruge Christi schlafen lassen, bis er kömpt, und wecke uns mit Fröhlichseyn wieder auf, Amen.

Hiemit befehle ich euch dem, der euch lieber hat, denn ihr euch selbs, und solche Liebe beweiset hat, daß er euer Sünd auf sich genomen, und mit seinem Blut bezahlt, und solchs euch durchs Evangelium wissen lassen, und durch seinen Geist solchs zu glauben geschenkt, und also alles aufs gewissest bereitet und versiegelt hat, daß ihr nichts mehr dörfet weder sorgen noch euch fürchten, denn daß ihr mit eurem Herzen fest und getrost bleibet an seinem Wort und Glauben. Wo das geschicht, so lasset ihn sorgen, er wirds wohl machen, ja, er hats alsdenn schon aufs allerbest gemacht, mehr denn wir begreifen mügen. Derselbig unser lieber Herr und Heiland sey mit und bey euch, auf daß (Gott gebe, es geschehe hie oder dort), wir uns fröhlich wiederumb sehen mügen. Denn unser Glaube ist gewiß, und wir zweifeln nicht, daß wir uns bey Christo wiederumb sehen werden in kurzem, sintemal der Abschied von diesem Leben für Gott viel geringer ist, denn ob ich von Mansfeld hieher von euch, oder ihr von Wittemberg gen Mansfeld von mir zöget. Das ist gewißlich wahr, es ist umb ein Stündlin Schlafs zu thun, so wirds anders werden.

Wiewohl ich nu hoff, daß euer Pfarrherr und Prediger euch in solchen Sachen ihren treuen Dienst reichlich werden erzeigen, daß ihr meines Geschwätzes nicht fast bedürft; hab ich doch nicht lassen mügen, mein leiblich Abwesen, das mir (Gott weiß) von Herzen wehe thut, zu entschuldigen.

Es grüßen euch, und bitten auch treulich für euch, meine Käthe, Hänsichen, Lenichen, Muhme Lehne, und das ganze Haus. Grüßet meine liebe Mutter und die ganze Freundschaft. Gottes Gnade und Kraft [1]) sey und bleibe bey euch ewiglich, Amen.

Zu Wittemberg am 15. Febr., Anno 1530.

Euer lieber Sohn

Martinus Luther.

---

25. Februar. N0. MCLXXXVI.

An Nic. Hausmann.

L. verlangt von H. eine Denkschrift über das, was er noch in der Kirche mangelhaft findet, und schreibt von seinen Arbeiten.

Aus Aurifabers ungedruckter Sammlung bey Schütze II. 122., bey Strobel-Ranner p. 170. Vgl. Aurif. III. f. 3. Deutsch bey Walch XXI. 1375.

Dn. Nicolao Hausmanno, Episcopo ecclesiae Cygneae.

Gratiam et pacem in Christo. Gratae fuerunt literae tuae, sicuti sunt semper, mi Hausmanne, ob illam insignem, qua semper refertae sunt, simplicitatem spiritus et benevolentiam summam erga me. Velim autem, ut semel mihi singula per ordinem signares, quae tibi in Ecclesia deesse videntur. Ego enim neque omnia memini, neque video. Hoc ego pro memoriali haberem, et ob oculos versatum, data occasione et otio, forte conarer exprimere: alias varietate rerum turbatus, de die in diem obliviscor, et perit tempus. Nos jam Danielem formamus edendum pro solatio istius ultimi temporis. Jeremiam quoque cum reliquis in manum sumsimus. Novum Testamentum ad missam proximam Francofordianam [2]) dabimus, novam scilicet furiam concitaturi contra nos [3]) apud papistas. Nam Apocalypsin diligenti praefatione et scholiis paene commentati sumus. Tu sicut facis, pro nobis ora. Salutat te mea Ketha reverenter. 25. Februar, anno MDXXX.

M. Luther D.

---

1) Zusatz der Walchschen Ausg.: in Jesu Christo und dem Heiligen Geist.
2) Str. Francofurtensem. 3) Str. — contra nos.

26. Februar. N⁰. MCLXXXVII.

An Spalatin.

Ueber einen Ehefall.

Aus der Schmidischen Sammlung zu Helmstädt bey Schütze III. 166. Vgl. Cod. 402. f. 185. 4. Bibl. Goth.

Gratiam et pacem in Christo. Meminisse te credo, mi Spalatine, quod jam antea meam sententiam aperui super causa ista viduae, quae uxor avunculi fuerat: non posse me salva conscientia id conjugii rectificare, cum sit expresse non solum contra Moysis legem, quae non tam Moysis quam naturae videretur [1]) esse, verum et contra civiles leges. Ignorantia vel deceptio, scis, non excusat: diu cohabitasse non sufficit ad hoc, ut meam isto facto velim onerare conscientiam. Faciat, quod sibi videbitur, me inconsulto. Movet me Paulus 1 Corinth. V., qui ob novercam sic aestuat, ut nolit apud Christianos nominari conjugia, quae nec inter gentes habeantur, planeque fornicationem appellat plus quam gentilem, et separat. Idem fecisset et in hoc casu, et plus quam gentilem fornicationem dixisset, quando apud mores et leges gentium nostrarum nullum sit tale exemplum, et merus abusus libertatis evangelicae appareat. Ego sane pro mea voluntate lubens obsequerer homini, ut regulam istam sequerer: multa [2]) licent quae tamen facta tenentur: sed incertum reliquit me conscientia et factum novum. Habes, quid sentiam. Ora pro nobis. Vale in Domino. 4. Calend. Mart., MDXXX. [3])

T. Mart. Lutherus.

Im Februar oder März. N⁰. MCLXXXVIII.

An Joh. Friedrich, Herzog zu Sachsen.

L. empfiehlt dem Prinzen die Lesung des Daniel, dessen Uebersetzung er ihm zueignet, als besonders nützlich für Fürsten.

---

1) Mss. videtur. 2) Viell. † non. 3) Mss. † Certum esse volunt, Turcam Constantinopolin rediisse: ita ex Polonia scribitur.

Der Prophet Daniel, Deutsch. Mart. Luther. Wittemberge 1530. Gedruckt durch Hans Lufft. Wittenb. IX. 543. Jen. V. 1. Altenb. V. 1. Leipz. XXII. 21. Walch VI. 1423.

Dem Durchleuchtigsten, Hochgebornen Fürsten und Herrn, Herrn Johanns Friedrich, Herzogen zu Sachsen, Landgrafen in Thüringen und Markgrafen zu Meissen, meinem gnädigen Herrn.

Gnade und Friede in Christo unserm Herrn. Die Welt läuft und eilet so trefflich sehr zu ihrem Ende, daß mir oft starke Gedanken einfallen, als sollte der jungste Tag ehe daher brechen, denn wir die heiligen Schrift gar aus verdeutschen kunnten. Denn das ist gewiß, daß wir in der heiligen Schrift nichts mehr zeitlichs Dings zu gewarten haben. Es ist alles aus und erfullet: das Romisch Reich ist am Ende, der Türk auf hohest komen, die Pracht des Papstthumbs fället dahin, und knacket die Welt an allen Enden fast, als wollt sie schier brechen und fallen. Denn daß itzt dasselbige Romisch Reich unter unserm Kaiser Carolo ein wenig aufsteiget und mächtiger wird, denn es lange Zeit her gewesen ist, dunkt mich, es sey die Letze, und fur Gott eben ein Ding, als wenn ein Licht odder Strohhalm gar ausgebrannt itzt verleschen will, so giebts eine Flamme von sich, als wollts allererst recht anbrennen und eben mit demselbigen gehets aus, gleichwie die Christenheit itzt auch thut mit so hellem Evangelio.

Es schreiben auch alle Weissager neben und ausser der Schrift, daß nach dieser Zeit, nämlich nach dem itzigen 30sten Jahr, solle es widder gut werden. Welchs so sie recht zutreffen und wahrsagen, wirds, hoffe ich, gewiß der jungste Tag seyn, der uns von allem Ubel erlösen wird, und zur ewigen Freude helfen: also daß ich diese Zeit des hellen Evangelii nicht anders rechene, denn fur die Zeit, darin Gott die Trubsal durchs Evangelion verkurzt und steuret, da Christus von sagt Matth. 24.: W o d e r H e r r d i e s e T a g e n i c h t v e r k u r z e t, s o w ü r d e k e i n M e n s c h s e l i g. Denn wo die Welt hätte länger so stehen sollen, wie sie vorhin stund, wäre gewiß alle Welt Mahometisch odder Epicurisch worden, und wäre kein Christen mehr blieben, wie Christus spricht: M e i n s t d u, w e n n d e s M e n s c h e n S o h n k o m p t, d a ß e r a u c h w e r d e G l a u b e n f i n d e n a u f E r d e n? War doch schon bereit kein recht Verstand noch Lehre von christlichem Glauben mehr vorhanden, sondern eitel Irrthum, Finsterniß und Aberglauben mit unzähligem Haufen.

Es ist freylich kein größer Trubsal auf Erden gewest, auch nicht komen wird, das da weiter gegangen, länger gewähret, und gräulicher gewüthet hat, denn des Mahomeths und Papsts Gräuel, welche alle Welt mit Blut und Mord leiblich ohn Unterlaß, aber viel gräulicher mit Seelen verfuhren und morden verderbt haben, wie das dritte Weh Apoc. 12. auch zeiget: daß man sagen muß, der Teufel sey los, und herrsche leibhaftig drinnen nach allem Grimm und Muthwillen.

Solche und dergleichen Gedanken haben uns verursacht, diesen Propheten Daniel auszulassen fur den andern, die noch dahinten sind, auf daß derselbige doch an Tag käm, ehe denn es alles zergehe, und er sein Ampt ausrichte, und tröste die elenden Christen, umb welcher willen er geschrieben und auf diese letzte Zeit gesparet und verhalten ist.

Weil er aber nicht allein dem gemeinen Christenmann troſtlich ist, sondern auch den Königen und Fürsten nützlich, als der mit eitel Königen und Fürsten durch und durch zu thun hat, und alle seine Weissagung von Königreichen und Fürstenthumen ist: hab ich mir furgenomen, denselbigen unter E. F. G. Namen auszulassen, und mit demselbigen unter die Fürsten werfen, daß sie doch etwas fürstlichs zu lesen haben, ob ja etliche nach seinem Geist und Trost nicht fragen wollen; denn es ist auch ein königlich und fürstlich Buch.

Die Historien rühmen den großen Alexander, daß er den Poeten Homerum habe imer bey sich gehabt, und des Nachts unter sein Häupt gelegt und darauf geschlafen: wie viel billiger wäre es, daß solche und noch größer Ehre diesem Daniel geschähe von allen Königen und Fürsten, daß er nicht allein unter ihr Häupt, sondern in ihr Herz gelegt würde, weil er wohl anders und hohers lehret, denn Homerus hat thun konnen.

Denn in diesem kann ein Fürst lernen Gott furchten und vertrauen, wenn er siehet und erkennet, daß Gott die frumen Fürsten lieb hat, und so gnädiglich regiert, giebt ihn alles Glück und Heil; widderumb, daß er die bösen Fürsten hasset, zorniglich stürzt und wüst mit ihn umbgehet. Denn hie lernt man, daß kein Fürst sich soll auf seine eigen Macht odder Weisheit verlassen, noch damit trotzen und pochen. Denn es stehet und gehet kein Reich noch Regiment in menschlicher Kraft odder Witze: sondern Gott ists allein, der es giebt, setzt, hält, regiert, schutzt, erhält, und auch wegnimpt. In seiner Hand ist alles gefasset, und schwebt in seiner Macht, wie ein Schiff auf dem Meer, ja wie eine Wolken unter dem Himel.

Widderumb lernt man, daß auch kein Fürst soll in seiner Unmacht odder Schwachheit und Unwitze verzagen odder sich zu sehr bekummern. Denn gleichwie ein Reich nicht stehet durch Menschen Kraft und Witze: also fället es auch nicht durch Menschen Unkraft und Unwitze, wie man hievon viel Exempel findet, daß große mächtige Könige von geringem Volk geschlagen, und oft die allerklugesten sind zu Schanden worden; aber die blieben und gesiegt, da man widder Kraft noch Witze bey gesehen hat. Ich meine, zu unser Zeit sollten die Venediger, Papst, Frankreich schier dieß alles helfen zeugen. Denn **Gott ist ebentheurlich in den Hohen** (spricht der 93. Psalm): **er machts mit Königreichen, wie er will** (spricht hie Daniel 6. und 4.), nicht wie wir odder Menschen gedenken; und giebt sie, wem er will, nicht wem wir wollen odder gedenken.

Solchs haben die Heiden nicht gewußt, und wissen noch alle Ungläubigen und Gottlosen nicht. Sie haben wohl die Oberkeit und Herrschaft; sie wissen aber nicht, daß ein donum etc., creatura Dei, das ist eine Gabe und Geschöpfe Gottes sey, welchs er aus nichte macht, und aus nichte erhält, und umbsonst auch schenkt, und doch in seiner Hand behält, daß ers regiere. Darumb konnen sich auch die Gottlosen nicht drein schicken, sondern es wird ihn unter Handen gar zu eitel, und haben viel Muhe davon, große Sorge und viel vergeblicher Anschläge, die sie nimer zur Hälfte bringen, und sind die unseligsten Leute; ehe denn sie ihrer Herrschaft einmal froh werden, sterben sie, odder verlieren sie. Das macht, sie meinen, es sey ihr eigen, Gott habe es aus der Hand geworfen, und sie lassen mit ihrer Klugheit und Kraft regieren und meistern. Das gehet denn sehr fein fur sich, wie der Krebsgang.

Aber Daniel zeigt hie an, wenn es gleich der Menschen Kraft und Witze vermochte (als nicht ist) eine Herrschaft zu verwalten, so kunnte doch solche Kraft und Witze fur den Teufeln und bösen Geistern nichts ausrichten. Denn ein iegliche Herrschaft hat ihre Fürsten aus der Helle: je größer Herrschaft, je größer und ärger Teufel, die den Königen und Herrn alle Plage anlegen mit hindern mit reizen zu Zorn, Streit, Mord, Stolz, Unzucht und allen Lastern: daß Gott widderumb muß auch gute Engel und Fürsten aus dem Himel bei den Königen und Herrn widder die Teufel halten, wie wir hie im Daniel lesen. Was will sich denn ein arm Fleisch und Blut vermessen mit seiner Kraft odder Witze, solch große engelische, ja gottliche Sachen zu regieren?

Ich hoffe aber, daß dieser Daniel solle bey E. F. G. ein lieber Daniel seyn, welchen auch die himelischen Fürsten die Engel selbs mehr denn einmal nennen den lieben Daniel und den lieben Mann, als den sie von Herzen lieb gehabt haben. So haben ihn ja auch alle seine Herrn Könige lieb und werth gehabt. Das wird, ob Gott will, viel mehr E. F. G. thun, welche von Gottes Gnaden wohl reichlicher begabt ist mit Lust und Liebe zur heiligen Schrift und aller Weisheit, mehr denn jene Könige, beide zu Babel und in Persen; denn dazumal die Wahrheit nicht so helle und gewaltig herfur gewest ist. So ist auch, Gottlob, E. F. G. nicht so geneigt zu Streit und Schaden zu thun, mit welchen Gedanken itzt täglich umbgehen, die am allerfürstlichsten geberden wollen. Christus, unser Herr, wollte gnädiglich in E. F. G. sein angefangene Gaben, Vernunft und Weisheit stärken, mehren und erhalten, und fur allem falschen Tuck und List des Feindes sampt seinem Anhang behuten, zu aller Welt Heil, und zu Ehren seinem heiligen Namen und Evangelio. Das wunschen und bitten wir alle von Herzen, Amen.

E. F. G.

unterthäniger

Martinus Luther.

Vielleicht im März. *) N⁰. MCLXXXIX.

An Just. Menius und Friedr. Myconius.

L. billigt ihr Vorhaben, eine Schrift wider die Widertäufer herauszugeben.

Aus der Schmidischen Sammlung zu Helmstädt bey Schütze II. 207.

Gratiam et pacem in Christo. Placet, mi Juste et Friderice, ut libellum conceptum contra Anabaptistas **) edatis, quam primum poteritis. Deinde quando sunt non solum blasphemi, sed seditiosissimi, sinite gladium in eos jure suo uti. Haec est enim voluntas Dei, ut judicium acquirat, qui potestati resistit. Ne ergo nos melius cogitemus de iis hominibus,

*) Einige Zeit vor dem 12. April. **) S. Br. v. 12. April, No. MCXCVIII., wo L. sein Urtheil darüber schreibt.

quam Deus ipse et omnes sancti. Haec breviter occupatissimus. Caeterum pro nobis orate, sicut et nos pro vobis facimus. Christus sit vobiscum. Amen. Anno MDXXX.

V. Martinus Luther.

---

5. März. N°. MCXC.

An Adam Adamus.

L. lobt den Eifer A.'s in der Sacraments-Sache, und äussert sich über die Marburger Synode.

Aus der Börnerischen Sammlung zu Leipzig bey Schütze II. 123. Vgl. Cod. 185. 4. Goth.

Venerabili Viro, Dn. Adam Adamo, ministro Christi in verbo veritatis, fratri suo.

G. et P. in Domino. Mi Adam, tua studia erga sacramenti veritatem libenter audivi et percepi: verum tua περὶ δὲ (?) acuta videtur disputatio, sed nihil ad hanc rem valet, cum illi multo fortioribus non moveantur. Est adhuc animus in sextum caput Johannis scribendi, si otium detur et tempus: videbis meam operam, Deo volente. Caeterum quod vehemens sum, nihil mirum: si tu esses, quod ego sum, forte vehementior esses. Aliter alii tanguntur, ideo et aliter afficiuntur. Tu nondum bella gessisti, sperasti vero solum, sed ut ille ait: *Magistratus virum ostendit.* Haec ad te.

Quod alii offenduntur nostra Synodo Marpurgensi, recte faciunt, ut qui aedificari non volunt: tot erroribus victis et confessis a parte Cingliana merito debent scandalisari, quod uno isto articulo distulerunt illi sententiam: quasi vero nostrum sit, convictos compellere ad confessionem. Eadem ratione velim ut scandalisentur et in Christo, quod Pharisaeos et Sadducaeos saepius convicit, tamen ad confessionem non potuit flectere. Quin tu istud genus hominum contemne, quod sic quaerit scandala, quibus offendatur, et opera virtutis, quibus aedificetur, [1]) ne aspicit quidem. Ego eos nec verbo dignor, nec aspectu: perpetuo enim invenient, quod calumnientur. Tu vale, et pro me ora Deum. 5. Mart., MDXXX.

T. Mart. Lutherus.

Principi a Lignitz antea semel scripsi, sed nihil promovi, [2]) nec spes est, literis quicquam profici.

---

6. März. N⁰. MCXCI.

An den Kurfürsten Johannes.

L. beantwortet die Frage, ob es recht sey, dem Kaiser mit den Waffen Widerstand zu leisten, verneinend.

Wittenb. XII. 215. Jen. VI. 2. Altenb. V. 13. Leipz. XX. 290. Walch X. 622. Auch besonders gedruckt: Rathschlag M. Luthers und anderer Hochgelehrten zu Wittenberg, ob sich der Kurfürst von Sachsen um des Evangelii willen mit dem Kaiser in Krieg einlassen soll. Leipz. 1546.

Gnade und Friede in Christo. Durchleuchtigster, Hochgeborner Fürst, gnädigster Herr! Auf E. K. F. G. Begehr des Falls halben, ob man sich möge wehren gegen Kaiserliche Majestät, wo sie mit Gewalt Jemand uberziehen wollt umbs Evangeliums willen ꝛc. hab ich mich mit meinen lieben Herrn und Freunden D. Jonas, Johann Pomer und Magister Philipsen befragt und berathschlagt, und befinden, daß vielleicht nach kaiserlichen und weltlichen Rechten Etliche möchten schließen, daß man in solchem Fall möchte wider Kais. Maj. sich zur Gegenwehre stellen, sonderlich weil Kais. Maj. sich verpflichtet und vereidet, Niemand mit Gewalt anzugreifen, sondern bey aller vorigen Freyheit zu lassen, wie denn die Juristen handeln von den Repressalien und Diffidation. Aber nach der Schrift will sichs in keinem Weg ziemen, daß sich Jemand, wer ein Christ seyn will, wider sein Oberkeit setze, Gott gebe, sie thue Recht oder Unrecht; sondern ein Christ soll Gewalt und Unrecht leiden, sonderlich von seiner Oberkeit. Denn obgleich Kais. Maj. Unrecht thut und ihr

---

1) Sch. aedificatur. 2) Ms. † apud eum.

Pflicht und Eid ubertritt, ist damit sein kaiserlich Oberkeit und seiner Unterthanen Gehorsam nicht aufgehebt, weil das Reich und die Kurfürsten ihn fur Kaiser halten und nicht absetzen. Thut doch wohl ein Kaiser oder Fürst wider alle Gottes Gebot, und bleibt dennoch Kaiser und Fürst; und ist doch Gotte viel höher verpflicht und vereidet denn Menschen. Sollt es nu gnug seyn, daß man sich wider Kais. Maj. setzet, so sie Unrecht thut, so möcht man in allen Stücken, so oft er wider Gott thut, sich wider ihn setzen; und bliebe mit der Weise wohl gar keine Oberkeit noch Gehorsam in der Welt, weil ein iglicher Unterthan künnte diese Ursach furwenden, sein Oberkeit thät Unrecht wider Gott rc.

Weltliche oder päpstliche Recht sehen hierinnen nicht an, daß Oberkeit ein göttliche Ordnung sey, darumb sie vielleicht die Pflicht und Eid so hoch achten, daß sie die Oberkeit in solchem Fall sollten aufhalten und wehren. Aber weil Kaiser Kaiser, Fürst Fürst bleibt, wenn er gleich alle Gebot Gottes überträte, ja ob er gleich ein Heide wäre: so soll ers auch seyn, ob er gleich sein Eide und Pflicht nicht hält, bis daß er abgesetzt oder nimer Kaiser sey; und soll der Spruch Christi fest stehen: Gebt dem Kaiser, was des Kaisers ist, und 1 Petr. 2.: Ehret den König. Denn wir nicht allein den gütigen und fromen, sondern auch den bösen und unschlachtigen Herren sollen mit aller Furcht unterthan seyn. Und Summa, Sünde hebt Oberkeit und Gehorsam nicht auf; aber die Straffe hebt sie auf, das ist, wenn das Reich und die Kurfürsten einträchtiglich den Kaiser absetzten, daß er nimer Kaiser wäre. Sonst weil er ungestrafft und Kaiser bleibt, soll ihm auch Niemand Gehorsam entziehen oder wider ihn streben; denn das ist Rotterey und Aufruhr und Zwietracht anfahen.

Darumb die Rechtsprüche: Vim vi repellere licet, man möge Gewalt mit Gewalt steuren, helfen hie nichts; denn sie gelten wider die Oberkeit nichts; ja sie tügen auch nicht gegen Gleiche, ohn wo es Noth wäre, oder Schutz foddert der Andern oder Unterthanen. Denn dagegen stehen auch andere Rechtsprüche: Niemand soll sein eigner Richter seyn; item, wer widerschlägt, der ist unrecht. So sind ja aller Fürsten Unterthan auch des Kaisers Unterthan, ja mehr, denn der Fürsten; und schickt sich nicht, daß Jemand mit Gewalt des Kaisers Unterthan wider den Kaiser, ihren Herrn, wollt schützen, gleichwie sichs nicht ziemet, daß der Bürgermeister zu Torgau wöllt die Bürger wider den Fürsten zu Sachsen mit Gewalt schützen, so lang er Fürst zu Sachsen ist.

Und ob man furwenden möcht, der Kaiser wolle die Appellation nicht annehmen, noch die Sache anhören und ordentlicher Weise handlen; denn ich setze gleich, daß K. M. die Appellation annähme, und ließ die Sache ordentlich verhören: wie wenn wir alsdenn gleichwohl durch ein unrecht Urtheil verdampt würden (als gewißlich geschehen würde), so wäre doch alsdenn solcher Befehl dahin, man wollt denn wiederumb und ewiglich appelliren. Denn der Kaiser weiß wohl, so wissen wirs auch wohl, wenn die Sache zu Verhöre kömet, daß wir gewißlich verdampt werden: darumb hält er uns schon als die Verdampten.

Wie soll man denn thun? Also soll man thun: will K. M. wider uns, daß uns kein Fürst noch Herr wider ihn schütze, sondern daß dem Kaiser Land und Leute offen stehen, als die seinen, und befehl die Sachen Gott, und soll auch Niemand anders von seinem Fürsten und Herrn begehren, sondern ein iegliches soll alsdenn für sich selbs stehen und seinen Glauben erhalten mit Darstreckung seines Leibs und Lebens, und nicht die Fürsten mit in die Fahr ziehen oder mit Schutz suchen beschweren, sondern den Kaiser lassen schaffen mit den Seinen, wie er will, so lang er Kaiser ist.

Will aber der Kaiser uber das, so ihm Land und Leute offen stehet, auch die Fürsten zwingen dahin, daß sie sollen ihre Unterthan umbs Evangelium willen angreifen, fahen, tödten und verjagen, und die Fürsten gläubens oder wissens, daß der Kaiser daran unrecht oder wider Gott thut: alsdenn gehets auch an ihren eignen Glauben, da sollen sie dem Kaiser nicht gehorchen, auf daß sie nicht drein bewilligen, mithelfen und sich solcher Missethat theilhaftig machen; sondern ist gnug, daß sie Land und Leute ungeschützet, und den Kaiser ungehindert lassen; und sollen sagen, will der Kaiser unser Unterthanen (als auch die seinen) plagen, das mag er thun auf sein Gewissen, wir können ihm nicht wehren; aber wir wollen nicht dazu helfen noch darein willigen. Denn man muß Gott mehr gehorchen, weder den Menschen.

Indeß wo wir uns also schicken und Gott die Sache also befehlen, mit ganzem Vertrauen beten, und um seinentwillen uns in solche Fahr wagen: so ist er treu, und wird uns nicht lassen, wird auch wohl Mittel finden, uns zu helfen, und sein Wort zu erhalten, wie er von Anfang der Christenheit und sonderlich zur Zeit Christi und der Apostel gethan hat.

Darumb acht ichs, es sey vor dem Garn gefischt, so man umb Vertheidigung willen des Evangelii sich wider die Oberkeit legt, und gewißlich ein rechter Mißglaube, der Gott nicht vertrauet, daß er uns ohn unsere Witz und Macht wohl mehr Weise zu schützen und zu helfen wisse. Gott behielt den König Jechonias, da er sich auf Gottes Wort ergab, auch durch seinen Feind den Kaiser zu Babylon; deßgleichen auch den Propheten Jeremiam; denn seiner Weisheit und Macht ist weder Zahl noch Ende. Welchs er uns durch solche große Fahr will lehren und erfahren lassen: wie er denn bisher uns oft hat lassen sehen und erfahren. Darumb spricht er Jes. 30.: Wenn ihr still bliebet, so würde euch geholfen, durch still seyn und hoffen würdet ihr stark seyn. Aber ihr wollet nicht, und sprecht: Nein, sondern zu Rossen wollen wir entfliehen: darumb werdet auch ihr flüchtig seyn rc.

So ist auch das zu bedenken, wenn es schon recht wäre, sich wider den Kaiser also setzen, und ging an: so müßten wir fort und den Kaiser verjagen, und selbs Kaiser werden; denn der Kaiser würde sich wehren, und würde da kein Aufhören seyn, bis ein Theil läge. Und ist doch dort der große Haufe, und wenn wir gleich gewünnen, müßten wir aber einmal die schlagen, so uns geholfen hätten; denn es sollt wohl uns Niemand zum Kaiser haben wollen, und in solchem wüsten Getümmel Jedermann Kaiser seyn wollt. Welch ein unaussprechlich Morden und Jammer da werden sollt, daß ein Fürst lieber sollt drey Fürstenthum verlieren, ja lieber dreymal todt seyn, denn solchs Jamers Ursach seyn, oder dazu helfen oder bewilligen; denn wie könnts ein Gewissen ertragen? Der Teufel hätte solch Spiel gern, aber Gott soll uns dafür behüten und gnädiglich helfen, Amen.

Das alles geben wir E. K. F. G. zu Antwort, und stellens unterthäniglich in E. K. F. G. Bedenken. Christus, unser Herr, gebe Stärk und Weisheit E. K. F. G. zu thun, was ihm wohlgefället, Amen.

Geben 6. Martii, [1]) Anno 1530.

E. K. F. G.

unterthäniger

Martinus Luther.

---

1) Walch: Am Tage Martini (?).

14. März. N⁰. MCXCII.

An Justus Jonas.

L. meldet dem J., daß ihnen beyden nebst Melanchthon und Bugenhagen Arbeiten für den künftigen Reichstag zu Augsburg aufgetragen sind.

Bey Buddeus p. 82. aus Coelestin. Hist. Aug. Confess. I. 24. b. Deutsch bey Walch XVI. 765.

Justo Jonae, Visitatori in Ducatu Saxoniae.

S. Scripsit Princeps nobis, id est, tibi, Pomerano, Philippo et mihi, communes literas, ut una simus, et omnibus sepositis aliis rebus, ante Dominicam futuram absolvamus quae necessaria sunt ad Comitia 8. Aprilis futura. Carolus enim Caesar ipse aderit Augustae amice compositurus omnia, ut scribit in sua bulla. Quare hodie et cras, licet absente te, faciemus nos tres, quantum possumus: tamen et tuum erit, ut Principis voluntati satisfiat, rejectis in socios reliquos laboribus tuis, cras te hic sistere nobiscum. Festinata enim sunt omnia. Christus aspiret, ut omnia in gloriam ejus fiant, Amen. Hora 12. 14. Martii, anno MDXXX.

Martinus Lutherus.

Im März. *) N⁰. MCXCIII.

An Nic. Amsdorf.

Nachrichten von der Krönung des Kaisers und seiner zu erwartenden Rückkehr nach Deutschland.

Aus der Sammlung des Predigers Lysmann zu Altenmedingen bey Schütze II. 196.

G. et P. De rebus Caesaris prolixius narrabit Ziringius noster: longa est enim historia. Hoc verum est, quod venire

*) Das Datum des Briefs ist unrichtig; er muß vor dem Reichstag zu Augsburg geschrieben seyn, da man erst die Ankunft des Kaisers in Deutschland erwartete.

statuit in Germaniam, et brevi veniet, ut omnes credunt, plenus ira contra nos, nisi Turca concordet, sicuti fecit Viennae, ubi superbissimos omnium Bavariae Duces compulit humillime scribere Principibus haereticis pro auxilio. Nam in Hungaria dicitur morari Turcus et reverti statuisse ad veris novi tempus. Fuit apud nos unus legatorum, qui a nostris Principibus ad Caesarem missi et ab ipso capti vel detenti fuerant. *) Is narrat mirabilia de pompa excepti a Papa Caesaris Bononiae, ubi jam coronatus est. **) Osculatis autem pedibus dixit Papa: veniam det mihi C. T., invitus passus sum osculari pedes meos, sed lex ceremoniarum ita cogit. Tunc Caesar genuflexit, a latere ejus Papa rursus Caesarem osculatus in max illa saepius, donec omnes proceres sui pariter osculati essent, et in vulgus sparsum aurum ferunt 4000 ducatorum. Carolus aureo marsupio donavit Papae 4000 aureos medanos, h. e. aureos sua et fratris imaginibus insignitos, quos vulgo vocamus **Schenkgülden oder Ehrgülden.** Gaudeant canonici et triumphent, ut cito pereant, Amen. Oportet enim mundum [1]) gaudere et apostolos tristari, sed gaudium hoc fine suo terminabitur. Oremus solum, et nihil valebunt inferorum portae. Vale in Domino. Altera Novembris, MDXXX.

T. Mart. Lutherus.

---

1. April. N⁰. MCXCIV.

An Georg Wicel und Ant. Herrmann.

G. Wicel, geb. 1503. zu Vach, evang. Prediger zu Niemeck, hatte J. Campanus, aus Jülich, der zu Wittenberg studirte und die Dreyeinigkeit leugnete, bey sich in Niemeck aufgenommen, und war deßwegen ins Gefängniß gesetzt worden. S. Seckendorf L. III. §. 24. p. 65., der diesen Vorfall fälschlich ins J. 1532. setzt, richtiger Zeltner l. c. W. wurde nachher losgelassen unter der Bedingung, das Land zu verlassen, und ging zur katholischen Relig. zurück. Von Ant. Herrmann ist nichts bekannt. L. verspricht beyden die baldige Auswirkung ihrer Loslassung.

---

1) Verm. st. nunc dum.

---

*) Wahrscheinlich Michael von Kaden. Vgl. Will memoria Mich. de Kaden, Synd. Norimb. Altorf 1773. 4. **) Es geschah d. 24. Febr. 1530.

Aus dem Autograph, von Beyschlag mitgetheilt, abgedruckt (aber fehlerhaft) in Zeltner hist. Cryptosocinismi Altorfini Lips. 1729. 4. p. 350.; „aus der Sammlung eines Predigers Stechenwalt zu Altenberg in Schwaben" bey Schütze II. 126.; aus Zeltner bey Strobel-Ranner p. 172. Wir liefern den Text nach der Urschrift, welche im Besitz des Hrn. Pfarrers Tritschler in Binningen im Wirtembergischen ist, wovon uns Hr. Dr. Bahnmaier gefälligst eine Abschrift hat zukommen lassen.

Nobilibus Viris, M. Georgio Wiselio 1) *et Antonio Hermanno, afflictis in Bilnitz,* 2) *fratribus suis.*

Gratiam et pacem in Christo. Scripsi statim Principi, charissimi 3) fratres, pro vestra redemtione, misso etiam 4) nuntio proprio, mea impensa. Nam in carcerem vos conjectos esse plane ignorabam, praesertim tam gravem et crudelem. Si autem 5) quid culpae sit, etiam ignoro, nisi forte Campani hospitium: sed spero hoc facile 6) impetrari. Nam is Torgae jam fere dies 15 fuit, miseraque monstra dogmatum indicans, 7) quae mihi tamen nondum visa, sed tantum relata sunt: ut divinare non satis possim, quid alat. 8) Igitur ferte interim patienter: ego fideliter laborabo pro vobis, ut mox dimittamini. Valete in Christo. Feria sexta post Laetare, MDXXX.

Martinus Luther.

---

2. April. N⁰. MCXCV.

An Nic. Hausmann.

L. billigt die Aufführung von geistlichen Schauspielen durch junge Leute, und meldet seine bevorstehende Reise nach Coburg.

Bey Buddeus p. 83. aus Coelestin. H. A. C. I. 29. Vgl. Aurifaber III. f. 7. Deutsch bey Walch XVI. 792.

Gratiam et pacem. Reddidit mihi M. Leonhardus volumen tuum digestum, vir optime. Conferam autem de his cum nostris, et quod in me fuerit, faciam. Nam et ego non illibenter

---

1) So ist deutlich zu lesen. Sch. Westler. 2) Viell. Beltiz. Sch. Belitz. 3) Sch. clarissimi. 4) Zeltn. cum. 5) Z. — si autem. 6) Z. forte. 7) Z. indicavit. 8) Z. quid utar vel quid agam.

viderem gesta Christi in scholis puerorum, ludis seu comoediis latine et germanice, rite ac pure compositis, repraesentari propter rei memoriam, et affectum junioribus 1) augendum. Spero autem, omnia paulatim, sicut bene coepit, pulchre 2) formanda esse, ubi pax regnaverit. Ego cum Principe Coburgum usque vado, et una Philippus et Jonas, donec notum fiat, quid Augustae tentetur. Tu fac, ut Ecclesia tua diligenter oret pro istis Comitiis, et suavissime in gratia Christi vale, mei quoque memor sis in precibus. 3) 2. Aprilis, anno MDXXX.

Mart. Luther.

---

2. April. N⁰. MCXCVI.

An Conr. Cordatus.

Trost wegen des Verlustes eines Sohnes und Rath nicht zum Reichstag zu gehen.

Aus Aurifabers ungedruckter Sammlung bey Schütze II. 127.; aus Strobel Miscell. III. 84. bey Strobel-Ranner p. 172. Ein Stück Caeterum quod audio — — — molliores redde bey Buddeus p. 83. aus Coelestin. H. Aug. Conf. I. 29. und deutsch bey Walch XVI. 792.

Gratiam et pacem in Christo, qui consoletur te in ista humilitate et afflictione tua, mi Cordate, quis enim alius hunc dolorem posset mitigare? Nam facile credo, quae scribis, omnia, utpote expertus hujusmodi casum, qui patris viscera visitat, penetrabilior omni gladio ancipiti, pertingensque usque ad medullas etc. Sed rursus meminisse debes, nihil mirum esse, si is, qui verior et propior pater est, quam tu fueris, pro zelo suo maluerit filium tuum, imo suum, apud se, quam apud te esse: tutior enim ibi, quam hic est. Sed haec frustra: surdo fabula, recenti adhuc dolore: quare nunc cedam dolori, quia luxerunt hujusmodi luctum majores et meliores, quam nos sumus, nec tamen reprehenduntur: utile est tamen tibi simul has quoque partes tentationis attigisse, et conscientiae vim gustasse, ut magis discas in te ipso, quae sit vis

1) Aurif. rudioribus. 2) Aurif. pulchra. 3) Aurif. memor precando.

verbi et fidei, quae in his agonibus probata sit. Nondum enim stimulum carnis et angelum Satanae colaphisantem sensisti: tantum gloriosa et fidenti innocentia, id est, bona conscientia hactenus passus es, quaecunque passus es. Haec satis.

Caeterum quod audio, te ad comitia velle properare, plane dissuadeo. Primum, quod ego non sum eo 1) vocatus, sed cum Principe itinere sui dominii tantum ibo, certis de causis. Deinde quod vix aut valde tarde 2) causa Evangelii tractabitur, non sic festinantibus Principibus in causa pietatis, maxime cum de Turca potior sit futura tractatio. Poteris autem advolare tempore congruo, et 3) interim tuos Cygneos exerce et molliores redde. Saluta sociam doloris tui, et interdum etiam magis in Christo vivente laetare, quam in filio mortuo, imo et ipso vivo, sed abstracto, tristeris. Salutat te mea Ketha et domus tota. 2. Aprilis, anno MDXXX.

Martinus Lutherus D.

---

12. April. N°. MCXCVII.

An Nic. Amsdorf.

L. sendet A.'s Schrift wider Erasmus zurück mit Bemerkungen.

Aus Aurifabers ungedruckter Sammlung, (f. 6.) bey Schütze II. 129. Wir haben Aurifaber verglichen.

Dn. Nicolao Amsdorfio, Licentiato theologiae ac Superintendenti Magdeburg.

Gratiam et pacem in Christo. Remittuntur tibi, ut postulasti, mi Amsdorfi, tuae in Erasmum annotationes, *) in quibus illud mihi mirum fuit, quod statim in principio dicis, Erasmum scripsisse etiam ante Lutherum, fidem sine operibus justificare: postea commoda interpretatione dixisse, legem Moisi

---

1) Str. Budd. — eo. 2) Str. B. — aut valde tarde. 3) Str. B. — et.

*) Diese Schrift ist wahrscheinlich nie im Druck erschienen.

a se intellectam voluisse. An ista scripserit Erasmus, nescio, tantum dico, ut tu certus certa (ut omnia soles) edas, ne istis suis sectatoribus et hostibus acerbissimis occasionem praebeas. Visum est, ut apud vos potius tua excudi cures. Causas facile conjecturare potes, non tantum propter nostros, sed etiam propter adversarios. Tu vide igitur, ut sis vir fortis. Quia Egranus jam totis sui Martis viribus in nos scribit pro Erasmo, *) et faciet defensione sua Erasmum talem, qualem Eccius fecit sua defensione Papam. Wenn die Narren schwiegen, das wär Erasmo das best. Sed ira Dei in Erasmum tales ei suscitat defensores. Si vixero, so will ich die Defensores verachten, aber den Defensum also kämmen, daß er den Kamp fühlen soll, wie sie wollen. Ich hab auch noch Vorrath, deß sie sich nicht versehen. [1]) Vale in Christo, qui vivit et regnat non tantum temporibus Erasmicis. sed in saecula saeculorum, Amen, et nos in illo, Amen. [2]) 3. post Palmarum, anno MDXXX.

M. Luther D.

---

12. April. N⁰. MCXCVIII.

An Justus Menius.

L. schreibt dem J. M. sein Urtheil über dessen Buch wider die Wiedertäufer. Vgl. No. MCLXXXIX. (Er schrieb dazu eine Vorrede s. Walch XIV. 276.)

Aus der Börnerischen Sammlung zu Leipzig bey Schütze II. 125.

---

1) Sch. versehen. 2) Et nos etc. fehlt bey Sch.

---

*) Auch diese Schrift des Egranus (Joh. Wildenauer) ist wahrscheinlich nicht gedruckt worden. Aber E., früher ein Freund und Correspondent L.'s (s. No. LIX. LXI. CXV. im I. Th.), wurde später sein heimlicher Feind und Verächter. Dieß zeigt schon sein Brief an Barth. Golfibius in Wellers Altem aus allen Theilen der Gesch. II. 177. — 180. Er war besonders mit L.'s Lehre von der Unverdienstlichkeit der guten Werke unzufrieden. Das erklärte er in seiner zu Leipzig 1534. 4. gedruckten Schrift: Ein christlicher Unterricht von der Gerechtigkeit des Glaubens und von guten Werken.

Justo Moenio, Episcopo Isenacensi.

Gratiam et pacem. Perplacet scriptum tuum in anabaptistas, mi Juste, etsi prolixitatem, tamen necessariam meo judicio, Philippus vereatur offuturam emtioni. Mihi vero etiam hic locus necessario adjici oportere videtur, nempe de vocatione, quod nullo firmiore argumento refutari possunt, quam quod non vocati sic currunt, non missi sic in angulos repunt. Haec enim manifesta sunt signa, esse Diaboli ministros. Hunc locum, si potes, aut voles, urgebis fortiter exemplis et testimoniis Scripturae. Nam Christus eos definit fures et latrones Joannis X., qui non fallitur. Sed haec sus Minervam. Tu in Christo cum uxore et liberis recte vale, et ora pro nobis. Wimariae, feria 3. post Palmarum, anno MDXXX.

Martinus Lutherus.

Nachträgliche Bemerkungen und Verbesserungen. *)

Zum I. Theil.

Luthers Brief vom 19. Nov. 1503. aus Ritters Nachtrag zu seinem evangelischen Denkmal der Stadt Frankfurt a. M. soll nebst andern Briefen am Schluß des Werkes nachgetragen werden.

S. 42. Z. 4. v. u. Concionator Monacensis, vielleicht Wolfgang Kapelmeyer, welcher nach seinem Abgang von Wittenberg Prädicant in München wurde. Vgl. Walch XXIV. S. 67. B. Aber er heißt ja hier Wenzel.

S. 59. N⁰. XXXVI. Porta Coeli ist ein Kloster am Harz bey Wernigerode, im Bauernkrieg 1525. zerstört. Nach N⁰. XXXV. muß sich auch Staupiz im Jul. 1517. in der Harzgegend aufgehalten haben: „ex Herzberg eum venturum praesumsi." Nach Löscher Ref. Acta I. 816. soll der Brief ins J. 1516. gehören. Der von ihm angeführte Grund ist: „quod patet ex collectione ejus (Aurifabri), quae p. 32. b. extat epistolae" (soll wohl heißen: quod patet ex epistola, quae p. 32. b. collectionis ejus extat); aber es erhellet aus diesem Briefe nichts. Wir haben ihn nach V. d. Hardt ins J. 1518. setzen müssen, und hat bey uns die Numer LV. Staupiz konnte damals (1516.) nicht am Harze seyn. Nach N⁰. XIV. S. 25. war er im Junius 1516. in Antwerpen; nach N⁰. XVII. S. 30. war L. am 30. Aug. d. J. ungewiß, ob St. in München angetroffen werden könne; der Kurfürst von Sachsen und die Grafen von Mansfeld hatten ihn um seine Rückkehr nach Sachsen und Thüringen ersucht, er war aber nicht zurückgekehrt; L. vermuthete, daß er nach dem Elsaß gereist sey. L.

N⁰. XL. und XLI. sind vielleicht Ein Brief, und es ist in der Mitte etwas herausgefallen. L.

S. 102. l. Z. ist vielleicht crines st. dies zu lesen. L.

---

*) Ich verdanke sie meistens Hrn. Dr. Lücke in seiner vortrefflichen Recens. d. I. Th. in Schwarz theol. Jahrb. Aug. 1826., Hrn. Prof. Veesenmeyer und Hrn. Prälaten Schmidt in Ulm.

S. 103. Inhaltsanz. zu N⁰. LXI. Der Brief steht nicht in der Apologia contra calumniatores, sondern, wie in der Quellenanzeige recht steht, in der Apologetica responsio. Es sind zwey verschiedene Schriften. B

S. 111. Z. 22. l. obruerent st. obruerunt.

Ebend. Z. 27. Litaniarum dies, sind die 3 Tage nach Rogate. S. Haltaus Calend. med aevi p. 91. B.

S. 136. l. Z. l. ne st. me.

S. 210. hominem Hebraica professurum. Dieß ist wohl Johann Cäsarius. B.

S. 214. Z. 4. v. u. Böschenstein wird ἀποςατης genannt, nicht weil er zur katholischen Kirche übergetreten (wie Baumgarten vermuthete), sondern weil er von Wittenberg wegging. S. Lücke's gelehrte Bemerkungen a. a. O. S. 566 — 72. B. lehrte 1530. in Nürnberg, und war verheurathet.

S. 258. Note *) Es ist wirklich Staupizens Schrift: Ein Büchlin von der Nachfolgung des willigen Sterbens Christi Leipz. 1514. gemeint. B.

Ebendas. Inhaltsanz. z. N⁰. LXXXIV. Nicht Wimpina, sondern Staupiz ist Verf. der Schrift de executione aeternae praedestinationis. lat. u. deutsch (Scheuerl ist der Uebersetzer) Nürnb. 1517. B. vermuthet, dieser Brief gehöre ins J 1517.

S. 263. Z. 1. v. u. viell. justitia st. pastu. L.

S. 281. Z. 6. l. caeteros (libros) st. caeteras. Bey Augustin. Opp. II. 190. ed. Bened., woher die Stelle genommen, steht alios. L.

N⁰. CLV. S. 326. ist fälschlich nach Schütze ins J. 1519 gesetzt worden. Buddeus hat das J. 1529., was übersehen worden ist. Aber Aurifab. III., aus welchem doch Schütze den Brief haben will, hat die Jahrzahl 1530., wie ich zu spät aus meinen Papieren gesehen habe. Ich merke noch folgende Varianten an. S. 327. 1. Z. nach Sch. u. B. aut privatim: Aurif. ac privatim. Sch. coërceantur: A. coërceatur. Z. 5. Haec enim sunt sibila: A. sunt enim sibila. Z. 7. Caeterum quoniam decalogus et catechismus docent etiam politica et oeconomica, et is sit frequentissime praedicandus: A. Caeterum quando decalogus et catechismus docetur, et is frequentissime praedicandus est. Z. 9. concionns, quibus: A. conciones, ut. Z. 12. doctrinam politiae et oeconomiae: A. politicas et oeconomicas doctrinas. Z. 13. velint: A. volunt. Z. 14. propter eos (Sch. res): A. propter se. Das Datum ist bey A. 21. Maji, 1530.

S. 396. Inhaltsanz. zu N⁰. CXCIII. Der hier erwähnte Brief des Erasmus an den Erzbischof von Mainz steht l. c. p. 400. Schm.

Ebendas. l. Z. wahrsch. z. 1. coenavimus st. certavimus. Schm.

S. 420. Z. 22. vermuthet L. pistoribus st. pictoribus, weil schwerlich soviel Maler zu Wittenberg gewesen seyn möchten.

S. 426. *) V. glaubt eher, unter Dialogus sey Eccius dedolatus zu verstehen.

S. 428. Joh. Huss, wahrsch. die Schrift de unitate ecclesiae, die zwar im Aug. 1520. herauskam, aber nach Panzer Ulr. v. Hutten in litter. Hinsicht S. 211. f. auch früher. V.

Ebendas. Flammas — Viennae visas. Es erschien damals: Auslegung der fünf Zeichen, so zu Wien — am Hymel gesehen sind worden im tausend fünfhundert und X Jahr. s. l. e. a. 1 Bogen. V.

S. 441. Z. 9. propter eclipsin illam. Eclipsis ist Leipzig, wie Riederer Nachr. III. 81. f. bewiesen hat. V.

Ebendas. Z. 17. Praepositus Hall. Novi Operis. Er heißt Nikolaus Demut. Karlstadt dedicirte ihm zwey Schriften, 1521. V.

S. 449. Z. 5. u. 6. D. Boss. Er ist wohl derselbe mit D. Pascha, S. 443. V.

S. 453. Inhaltsanz. zu N⁰. CCXXXII. daß Mel. lieber den Paulus als den Plinius lesen solle: soll heißen über d. P. als über d. Pl.

S. 471. Z. 7. v. u. editurus et contra vern. — — ed. Die Schrift erschien wirklich. S. Panzers Annal. I. N⁰. 984. S. 438. V.

S. 474. Die Richtigkeit der Note ***) wird bezweifelt, da Eck schon vorher auf den Kampfplatz getreten war. Schm.

S. 486. Z. 17. Hutten literas ad me dedit. Der Brief steht Burckhardt Comment. de vita Hutt. II. 63. Wagenseil I. 247. Doch muß es noch ein anderer Brief gewesen, oder dieser bey Wagenseil nicht vollständig abgedruckt seyn. Schm. Da ich beyde Schriften nicht bey der Hand habe, so bemerke ich nur, daß es wahrscheinlich der Brief ist, der in Huttens Werken ed. Münch T. III. p. 575. befindlich ist.

S. 488. Z 3. v. u. Mitto Marferium. Es möchte wohl Marforium zu lesen, und durch dieses, gleich dem Pasquin, berühmte Steinbild Rom überhaupt bezeichnet, folglich der Sinn dieser Worte seyn: ich lasse Rom fahren, was geht mich Rom an? Schm. Vielleicht aber ist Barfotum zu lesen, wie S. 542. Z. 4. v. u. steht.

S. 524. Z. 2. v. u. Sanctula sanctitatula: winziges Päpstchen (?) Schm.; am einfachsten wohl, wie Walch: sein Bischen Heiligkeit.

S. 526. Z. 13. wahrsch. nit st. mit zu lesen. L.

S. 537. Note *) Hat auch den Titel: Ars et modus inquirendi etc. und kam schon 1519. heraus. S. Schelhorn Amoen. IX. p. 771. V.

S. 542. Z. 15. postulavit: Schm. vermuthet apostolavit, in die Welt geschickt.

S. 559. Z. 14. E Bohemia juvenis. Dieß ist Ulrich Velenus. Seine Schrift kam 1520. lat. u. deutsch heraus. Die Angabe von den 18 Conjecturis trifft nicht ganz zu. Der lat. Titel ist: In hoc libello gravissimis certissimisque et in scriptura fundatis rationibus probatur: Apostolum Petrum Romam non venisse neque illic passum, proinde satis frivole ac temere Romanus Pontifex se Petri successorem jactat et nominat. s. l. 1520. 4. V.

S. 568. Z. 4. v. u. l. superbissimae st. superbissime.

S. 571. Z. 2. Lucas, ist L. Kranach. Schm.

Ebendas. Note l. Passional st. Passionat.

S. 574. Z. 2. l. daß st. das.

Ebendas. Z. 16. l. relinquam st. reliquam.

S. 593. Z. 14 — 16. vermuthet L. atque per S. Majestatem — — doceri, statt: quo per S. Maj. — — docere.

Zum II. Theil.

S. 3. Z. 8. v. u. l. longo st. longe, und streiche das Komma nach eques weg. V.

S. 5. Z. 8. v. u. Draconem, ist der durch seine Polyglotten-Bibelstücke bekannte Joh. Draconites, über welchen Strobel N. Beyträge IV. 1. S. 1 — 136. Nachricht gegeben. Er gab Gen. Cap. I — V. Jes. Cap. I. II, 3. (al. bis Cap. VII. incl.) Joël, Zachar., Mich., Malach., Prov., Ps. I. II. hebr., chald., griech., lat., deutsch heraus. V.

S. 12. Note ***) l. Diethmarsen st. Diethmansen.

S. 16. l. Z. l. deseruit st. deservit.

S. 22. Note *) Z. 4. l. Quadruplica st. Quadruplia.

S. 94. Note *) Antonii legatus, wahrscheinlich ein Antonier Mönch, der nach Wittenberg gekommen, um zu betteln, aber von den Studenten übel aufgenommen wurde. Vgl. Kapp diss. de Antonianis s. fratribus S. Antonii. Lips. 1737. 4. In Sachsen hatten sie nach Kapp mehrere Häuser oder Convente. V.

S. 99. Note *) Conrad Schmid war ein Ketzer des 15. Jahrh. In Fabricii Biblioth. med. et infim. Latinitatis Libr. VI. (oder Buchst. F.) steht p. 413.: Conradus Faber, haereticus sub XV saeculi initia, de quo J. Gottlob Horn in vita Friderici bellicosi, Electoris Sax. Alveld gab 1520. 4. heraus: Ein Sermon, darinnen sich Bruder Augustinus von Alveldt — des so in Bruder Martinus Luther — unter viel schmählichen Namen geläßtert rc. Darin sagt er S. 1: Darinnen ich denn gar nichts dann die Wahrheit an den Tag zu bringen gesucht, und ausgeschlossen die falschen vermaledeiten Ketzer und Pigharden, Conrad Schmidt, Wiklef und Huß rc. Bogen A. 111. nennt wieder unter den vergiften, verfluchten und verdammten Ketzern Conrad Schmid von Sangerhausen, und auf der letzten Seite des Bog. A. verheißt er noch zu schreiben und in das Deutsch zu bringen die Artikel der ketzerischen und nicht der frommen Grecken (Griechen), der Pigharden, Kunz Schmidts von Sangerhausen, Joh. Wiklefs, verdammter Gedächtniß, Joh. Huß, des schädlichen Ketzers. V.

S. 110. Note [1]) Anstatt des vermutheten radat hat das Frick'sche Mspt. des Briefes eradat. V.

S. 188. Es ist mir durch die Gefälligkeit des Hrn. Preuschen, gräfl. ysenburg-büdingischen Raths, eine genaue Abschrift des gegenwärtig im Archiv dieser Familie befindlichen Originals zugekommen, deren Vergleichung mich zu folgenden Bemerkungen veranlaßt. In der Zuschrift liest man nur Wol....., das übrige hat das Siegelwachs bedeckt. Z. 4. Büchlin, l. Buchlin. Z. 5. seinen, l. seiner. Z. 7. ungeschickte, l. ungeschickt. Z. 8. drum, l. drumb. — taugt, l. taug. Z. 9. findet, l. findt. Z. 12. erstechen, l. zustechen. Z. 13. Sternen, l. Stern. — Himmel, l. Himel. Z. 14. verboten, l. verbotten (eig. verpotten). Z. 15. anders, l. anderes. — müßte, l. mußt. — Uberkeit, l. Oberkeit. — weder, l. wedder. Z. 17. fürcht, l. furcht. — oder, l. odder. Z. 18. göttl., l. gottl. Z. 19. des, l. den. (?) — halber, l. halben. — fürchte, l. furcht. Z. 20. dann, l. ohn denn. — Vertrauens, l. Vertrauen. S. 189. Z. 1. und Holz, diese Stelle ist unleserlich. Z. 3. streiche: alle. Z. 5. würden, l. wurden. — würde, l. wurde. Z. 7. hangen, l. hängen. Z. 8. zerreißet, l. zureißet. Z. 11. nirgend hernach, l. nirgen hervor. — dieß mal, l. diese Mal. — wolle, l. woll. Z. 12. gnädiglichen, l. gnädiglich. Z. 13. lasse, l. laß.

S. 190. Z. 1. Gerardus ist Gerh. Westerburg. V.

S. 242. Z. 9. Gallus ist Gallus Korn. V.

Ebendas. Z. 14. l. O et P. st. O et F. V.

S. 262. Note l. Z. l. 1523. st. 1522.

S. 270. Z. 7. von unten. Serranus ist Fr. Lambert, vgl. N⁰. CCCCXLIII. CCCCL. CCCCLXVI. DXVI. DXX. DLVI.

S. 287 Z. 8. Note **) Alvelds Schrift hatte den Titel: Malagma contra infirmitatem Jo. Loniceri et Martini Lutheri. V.

S. 365. Inhaltsanzeige zu N⁰. DXIV. Jonas Schrift erschien Zürich 1523. V.

S. 410. l. Z. plebanum Tubingensem; er hieß Joh. Lemp. V.

S. 567. Z. 14. v. u. l. salarium st. solarium. V.

S. 614. N⁰. DCLXIII. Der Brief an den Abt Friedrich gehört ins J. 1532; denn dieser verheurathete sich nach Novitsch d. 28. Junius 1532. mit Anna G. Schwarzens Tochter. V.

S. 643. Z. 6. v. u. rusticum illum seditiosum etc., der Bauer von Wöhrd (einer Vorstadt von Nürnberg). Er nannte sich Diepold Peringer und war kein Bauer, sondern ein vermuthlich vertriebener oder landflüchtiger Geistlicher, von Eschenbronnen, Günzburg gegen über jenseits der Donau. Nachricht von ihm gibt Riederer Nachr. II. 71. f. und Bezzel in Waldau's Beyträgen zur Geschichte der Stadt Nürnberg Heft XXIII. Novbr. 1788. S. 413. Vgl. Nürnberger Gelehrten-Lexicon, fortges. v. Novitsch, 3. Suppl. Band S. 123, wo auch seine Schriften verzeichnet sind, welche 1524. herauskamen.

Zum III. Theil.

S. 91. l. Z. Nic. Demut, Probst des Neuen Werks zu Halle. S. Anm. zu I. Th. S. 441. in diesem Nachtrag.

S. 211. Inhaltsanz. zu N⁰. DCCCCVI. l. Visitatoren st. Visitation.

S. 300. Note *) Z. 6. v. u. Diese Untersuchungen sind indeß im Druck erschienen: Ueber einige gleichzeitige Schriften gegen Luthers Verheurathung mit Katharina von Bore im Kirchenhist. Archiv von Stäudlin, Tzschirner und Vater 1825. 2. Heft.

S. 319. in der Quellen-Angabe l. Eisl. I. st. Eisl. II.

S. 409. Note Z. 1. l. oder st. aber.

Jhesus

Durchleuchtigster hochgeborner furst gnedigster herr. Es ist myr freylich
das e. f. g. so viel von meynen sachen unlust und muhe getragen must
die weyl aber die not und gott so fuget. bitt ich e. f. g. wolle
myr zu gnaden vorgutt haben. Es hatt her Carol von
Miltitz ernstlich mich angesprochen. Die unehr und freveli so durch
mich der Romischen kirchen zugefugt. Und ich mich auffs aller de-
mutigst erbotten. Wo ich vermag erstattung zu erstatten. Und hab
ich e. f. g. wolt meyn ~~bedencken~~ beschliessen die ich keyne zu-
versicht gebe e. f. g. dann ich wolt yhe gerne etwas thun

Zum ersten wolt ich verheyssen disser materien hynfurter still zu stehen und
die sach sich selb lassen zu tod bluten (so ferne der widderpart auch
stillschwyge). Dann ichs dafur acht. hett man meyn schreyben lassen
frey gehen: es were lengst alles gestillet und ausgesungen
und yderman des liedleins mude wurd. Besorge auch, so dissem
mittel nicht folge geschicht und weyter wirt angefochten mit
gewalt adder worten, so wirt das spiel aller erst recht weyt aus-
gehen und aus dem schimpff eyn ernst werden. Denn ich meyn
vorrat noch gantz habe. Darumb ichs das beste acht, so man
mocht stille stehen in der sachen

Zum andern wolt ich der Bepstlichen heyligkeit schreyben und mich
gantz demutiglich unterwerffen, bekennen: wie ich zu hitzig und
zu ~~scharff~~ scharff gewesen, doch nie vormeynet der h. ro. kirchen
damit zu nahe seyn, sondern anzeygen die ursach, dar ich alls
eyn trewe son der kirchen widderfochten habe die lesterliche predigt,
davon gross spott nachred und unehr und ergerniss der volcker
gegen der Romischen kirchen erwachssen ist.

Zum dritten. Wolt ich eyn zedell aussgehen lassen: eynen yder zu ermanen
der Romischen kirchen folgen, gehorsam und erbietig zu seyn
und meyne schrifft nit zur schmach sondern zur eer der h.
Ro. K. verstehen sollen. Auch bekennen, das ich die warheyt allzu
hitzig und villeicht unzeytig an tag bracht. dann wo mir die
ursach so gross gewesen, wie ich gnug gethan und noch eynem
ytzlichen gnug were. So disser stuck zu wissen eynen rechten
unterscheyd zwisschen dem ablass und guten wercken

Zum III. Bd.

Gnad und friede ynn Christo. Mein liebe Kethe. Als ich den
brieff hette zugemacht, kamen mir diese briefe von Augsburg.
Da liess ich den boten auffhalten, das er sie mit sich neme.
Daraus wirstu horen und vernemen, wie es zu Augspurg mit
unser sachen stehe, fast wie ich ym andern briefe geschrieben
habe. Las dir sie Herr Peter Weller lesen oder Ern Johannes
Pomer. Gott helffe weiter, wie er gnediglich angefangen hat
Amen. Ytzt kan ich nicht mehr schreiben, weil der bote
so wegfertig, das er kaum harren kundte. Grusse unsern
lieben sack. Ich hab deinen brieff an die Castnerin ge-
geben und sie dancket dir seer. Hans Polner hab ich
Peter Wellern befolhen, siehe zu, das er sich gehorsamlich halte.
Grusse Hansen Lutheren und seinen Schulmeister, dem wil
ich bald auch schreiben. Grusse Muhme Lehnen und alle kinder.
Wir essen hie reiffe weintrauben, wie wol es diesen mond
heraussen seer nass gewest ist. Gott sey mit euch allen
Amen. Ex Eremo die Assumptionis Mariae 1530.

Mart Luther

Jhesus

Salutem. Et Erasmum & libri [illegible] pro [illegible] Spalatine [illegible]
[illegible] Hieronymi [illegible] mihi [illegible] [illegible] [illegible]
[illegible] libello [illegible] (quod magis [illegible]) mihi [illegible] [illegible]
de S. Bartholomeo [illegible] [illegible] [illegible] [illegible] [illegible]
[illegible] ad [illegible] [illegible]. [illegible] illis & [illegible] [illegible] & legendis [illegible]
[illegible] [illegible] [illegible], [illegible] [illegible]. Ex Monasteriolo nostro

F. Martinus Luder
Augustinus

[illegible] [illegible] [illegible] Theologus [illegible]. de Hieronymo [illegible] [illegible]. Expecto [illegible] Erasmum [illegible]
[illegible]. [illegible] [illegible] [illegible] [illegible]. Johannes Langus [illegible] [illegible] [illegible] [illegible] [illegible]

Kolibri 360 GmbH
Ferdinand-Jühlke-Straße 7
99095 Erfurt, Deutschland
produktsicherheit@kolibri360.de